DESKTOP REFERENCE

LATEX2ε Reference | Tetsumi Yoshinaga

LATEX 2ε 辞典
増補改訂版

吉永徹美　著

SE
SHOEISHA

本書内容に関するお問い合わせについて

このたびは翔泳社の書籍をお買い上げいただき、誠にありがとうございます。弊社では、読者の皆様からのお問い合わせに適切に対応させていただくため、以下のガイドラインへのご協力をお願い致しております。下記項目をお読みいただき、手順に従ってお問い合わせください。

● ご質問される前に
弊社 Web サイトの「正誤表」をご参照ください。これまでに判明した正誤や追加情報を掲載しています。

　　正誤表 https://www.shoeisha.co.jp/book/errata/

● ご質問方法
弊社 Web サイトの「刊行物 Q&A」をご利用ください。

　　刊行物 Q&A　https://www.shoeisha.co.jp/book/qa

インターネットをご利用でない場合は、FAX または郵便にて、下記"翔泳社 愛読者サービスセンター"までお問い合わせください。
電話でのご質問は、お受けしておりません。

● 回答について
回答は、ご質問いただいた手段によってご返事申し上げます。ご質問の内容によっては、回答に数日ないしはそれ以上の期間を要する場合があります。

● ご質問に際してのご注意
本書の対象を越えるもの、記述個所を特定されないもの、また読者固有の環境に起因するご質問等にはお答えできませんので、予めご了承ください。

● 郵便物送付先および FAX 番号
送付先住所　〒160-0006 東京都新宿区舟町 5
FAX 番号　　03-5362-3818
宛先　　　　（株）翔泳社 愛読者サービスセンター

※本書に記載された URL 等は予告なく変更される場合があります。
※本書の出版にあたっては正確な記述につとめましたが、著者や出版社などのいずれも、本書の内容に対してなんらかの保証をするものではなく、内容やサンプルに基づくいかなる運用結果に関してもいっさいの責任を負いません。
※本書に掲載されているサンプルプログラムやスクリプト、および実行結果を記した画面イメージなどは、特定の設定に基づいた環境にて再現される一例です。
※本書に記載されている会社名、製品名はそれぞれ各社の商標および登録商標です。

LaTeX 2_ε 辞典

はじめに（本書初版より再掲）

　本書で取り上げている「LaTeX」およびその背後で用いられている「TeX」は，その高度で「人手でも比較的容易に扱える」数式作成能力のゆえに根強い需要を持つとともに，柔軟かつ強力なカスタマイズ機能のゆえに各種の文書作成システムのバックエンドとして着目されることもある組版システムです．特に，カスタマイズ機能に関してはLaTeXでの文書作成における各種の要望に応えるための「パッケージ」（機能拡張用のプログラムなど）が多数提供されており，「各種の注釈」や「対訳」のような比較的一般的な処理から，数式をはじめとする各種の特殊な記号や表記を必要とする記述までサポートされています．必要があれば，適切な処理を実現するプログラムをユーザー自身で作成することすら可能です．

　本書は「DESKTOP REFERENCE（デスクトップリファレンス）」シリーズの一環として，先に述べた特色を持った組版システム「LaTeX」およびLaTeXの各種のパッケージが提供するコマンドを，「逆引き」形式で，原則として1項目を見開き2ページに収めて説明しています．個々の題材は，まず「一般的な文書作成において必要となること」をひととおり取り上げ，さらに「よく見かける処理やカスタマイズ」に用いられるパッケージなどを紹介するという方針で選択しています．各項目の記述にあたっては，「実際の文書作成時に，必要なコマンドなどを調べる」状況を念頭に置いて個々のコマンドなどの書式と使用例を中心としました．また，「各コマンドの仕様に関する注意点」などの技術上の注意を必要に応じて追加しています．ただし，各見開きで扱っている課題の解決法とそれに直接関係することを優先して述べているため，「どのような設定が望ましい（あるいは美しい）か」といった点や「組版上のルール・慣例」についての説明（いわば，「教科書的な説明」）は省略しています．

　最後に，本書の執筆期間中，筆者をサポートしてくださった方々に感謝いたします．特に，本書の執筆の機会をくださった上原陽一様，遅筆な筆者に永らくお付き合いくださった清水剛様，島伸行様に心よりの感謝を申し上げます．

　本書が読者の皆様の文書作成のお役に立てば幸いです．

平成21年新春
吉永徹美

LaTeX 2ε 辞典

改訂にあたって

旧版の刊行以来，本書は「実用的な LaTeX コマンドのハンドブック」のうち容易に入手可能なものとして，（筆者の著書にもかかわらず）比較的ご好評をいただき，心より感謝しております．ただ，刊行時点で内容が固定されてしまう書籍の常として，刊行から時が経つにつれ中身が古くなったり，新しいパッケージなどが登場したりするといった「現在一般的な状況との乖離」が見られるようになりました．そこでこのたび本書の改訂の運びとなりました．

改訂にあたっては「古すぎる」内容の見直し，近年利用が拡大しつつある有用なパッケージに関する記述の追加，プレゼンテーション関連の記述の追加といった変更を行いました．もっとも，パッケージの取捨選択に関して「新しいものでありさえすればよい」という基準は採用せず，「業務上の文書作成あるいは出版関連の業務であったとしても無難に利用できるかどうか」という面にも配慮しました（実はこの点に関しては旧版でも同様でした）．

最後に，本書の改訂の機会をくださり遅筆な筆者にお付き合いくださった山本智史様および本書の改訂内容に関する有用な示唆をいただいた旧友の本田知亮様に心よりの感謝を申し上げます．

本書が旧版と同じく読者の皆様の文書作成のお役に立てば幸いです．

平成 30 年初夏

吉永徹美

LATEX 2_ε 辞典

本書を読み進める前に

■必要環境

本書で説明する各種のコマンド・環境・パッケージを利用して文書を作成するには，LATEX 本体（latex コマンド）および pLATEX 本体（platex コマンド）が利用可能である必要があります．また，

- dvips（環境によっては, dvipsk, pdvips といった名称であることもあります), dvipdfmx（dvipdfm）などの，dvi ファイルを別の形式のファイルに変換するソフトウェア
- bibtex（文献リスト整形ソフトウェア), mendex（索引整形ソフトウェア）などの LATEX 文書作成支援ソフトウェア

といった TEX 関連ソフトウェアも必要に応じて用います．これらのソフトウェアが利用可能でない場合には，TEX Live インストーラ：CTAN/systems/texlive/tlnet/install-tl.zip（「CTAN」は http://ftp.jaist.ac.jp/pub/CTAN/ などの適切なダウンロードサイト）を展開して得られる inctall-tl というスクリプト（Windows 環境の場合には install-tl-windows.bat もしくは install-tl-windows.exe）を利用するのがよいでしょう．これと概ね同等（+α）の処理を行うインストーラ（が付属した書籍）もあるようです．インストールの詳細については，TEX Wiki（https://texwiki.texjp.org/）の「TeX 入手法」の項などを参照するとよいでしょう．

■ LATEX と pLATEX, upLATEX について

オリジナルの LATEX は（一部の Unicode 化された処理系を用いる場合を除き）欧文専用で，日本ではオリジナルの LATEX を日本語文書に対応させた pLATEX, upLATEX が広く用いられています．もっとも，ユーザーの目に直接触れるコマンドの書式・用法の面ではオリジナルの LATEX と pLATEX, upLATEX との間にはほとんど差はありません．そこで，本書では日本語文書であるか否かが問題にならない箇所では，「LATEX または pLATEX, upLATEX」という代わりに単に「LATEX」ということがあります．同様に，Unicode 対応であるか否かが問題にならない箇所では「pLATEX または upLATEX」という代わりに単に「pLATEX」ということがあります．

■いくつかの文字についての注意

●円記号とバックスラッシュ

テキストファイル中の個々の文字や各種のフォントに収められた個々の文字は，結局のところ，何らかの数値として取り扱われています．ここで，JIS では円記号「¥」に対応している数値 92 には，US-ASCII ではバックスラッシュ「\」が対応しています．この事情により，

005

同じ数値 92 に対応する文字が環境によって「¥」と表示されたり「\」と表示されたりします
が，TEX 関連書籍を読む場合や LATEX 文書を作成する場合には，どちらで表示されているか
を気にする必要はありません（本書では原則として「\」と表記します）．ただ，LATEX 文書を
Unicode テキストとして作成する場合には，TEX のコマンドに現れる「¥」あるいは「\」に
はバックスラッシュ（U+005C）を用いて，円記号（U+00A5）にはしないように注意してくだ
さい．また，和文文字（いわゆる「全角」）の円記号「￥」は「\」，「¥」のどちらともまっ
たく異なる文字ですので，LATEX 文書中の各種のコマンドを記述する際には和文文字の円記号
「￥」を用いないように注意してください．

● 空白文字について

　本書で「空白文字」というときには，いわゆる「半角」スペース（US-ASCII では文字コー
ド 32 の文字）のことのみを指します．和文文字の空白（いわゆる全角空白）あるいはタブ文
字は「空白文字」には含めていないという点に注意してください．本書では，和文文字の空白
に言及する際には必ず「和文文字の空白」，「全角空白」といった和文文字であることを明ら
かにした記述を用います．また，空白文字を明示する場合には「␣」という記号を用います．

■ 本書で用いる表記上の規約

● 等幅フォント（タイプライタ体）の部分

　LATEX 文書の記述例や実行するコマンド，あるいはコマンドを実行した結果のメッセージな
どを表します．ただし，そのような部分に含まれる和文文字列は丸ゴシック体にしています．
［例］「\TeX」（「TEX」というロゴを出力するコマンド）

● 〈something〉 のような，三角括弧で挟んだ文字列

　コマンドの書式の記述に現れる可変部分などの「変数名」のように用いる箇所を表します．
［例］「platex 〈filename〉」（〈filename〉 という名称のファイルを platex コマンドでタイプ
セットする場合の実行コマンドの記述）

● \the〈cntname〉 のように文字 \ に続く文字列に下線を付けたもの

　その下線部がひとつの TEX のコマンドであることを強調する場合の表記です．
［例］　〈cntname〉 が文字列「enumi」のときには，「\the〈cntname〉」はコマンド「\theenumi」
のことを表します．

■ 本書での使用例・出力例の記述について

　使用例・出力例の記述では，「常に現れる共通部分」などは適宜省略しています．例えば，
第 2 章以降の使用例では「\documentclass」コマンドなどをいちいち書いているとは限り
ません．使用例・出力例をユーザー自身で使用・確認する際には，LATEX 文書として成立する

LaTeX 2ε 辞典

だけの記述を適宜補ってください．例えば，「\TeX というコマンドは TeX という出力を与える．」という記述があったとしたら，「\documentclass などを補った

```
\documentclass{article}
\begin{document}
\TeX
\end{document}
```

のような文書を処理したときに『\TeX』に対応する箇所は『TeX』と出力される」という具合に理解してください．

■本書で頻繁に用いられる LaTeX 用語

- **環境**：「\begin{⟨envname⟩}」と「\end{⟨envname⟩}」（⟨envname⟩ は文字列）の間の部分です．環境名を明示するときには「\begin{⟨envname⟩}」，「\end{⟨envname⟩}」の「⟨envname⟩」をとって「⟨envname⟩ 環境」といいます．
- **コマンド**：LaTeX 文書での何らかの機能を表す文字列で，主なものは次の 2 種です．
  - コントロール・ワード：文字「\」とその後に続くアルファベットや漢字・ひらがな・カタカナからなる**なるべく長い文字列**です（**[例]** \TeX）．ただし，\makeatletter が有効になっているところでは，文字「@」もアルファベットと同様にコントロール・ワードに含めることができます（11 ページ「コマンド・環境の定義・再定義の基本」参照）．
  - コントロール・シンボル：文字「\」とその直後の記号類 1 文字です（**[例]** \$）．
- **パッケージ**：LaTeX に対する各種の拡張機能を提供する一連のファイルです．拡張機能の主要な部分は「.sty」という拡張子を持ったファイルに記述され，\usepackage コマンドなどで読み込まれます．
- **引数**：LaTeX のコマンドの後に置かれる文字・コマンドの列で，そのコマンドに対するパラメータなどになるものです．一般的なものは次の 2 種です．
  - 通常の引数：「\textbf{a}」（＝「**a**」）の「a」のような，括弧「{」，「}」で囲まれた引数（ただし，引数が単一の文字・コマンドからなる場合には，引数を囲む括弧「{」，「}」は省略できます）．
  - オプション引数：「\$\sqrt[3]{a}\$」（＝「$\sqrt[3]{a}$」）の「3」のような，「{」，「}」**以外の括弧類**（この例では「[」と「]」）で囲まれた省略可能な引数です．
- **プリアンブル**：LaTeX 文書の \documentclass コマンドから「\begin{document}」までの部分です．文書全体に適用する共通設定やパッケージの読み込みなどを記述します．
- **グループ**：環境の内部や括弧「{」，「}」で挟んだ範囲の内部での書体変更などはその

範囲の外部に及びません。そのような、内部での書体変更などがその範囲に限定されるようなところを「グループ」といいます。

■ LATEX 文書の取り扱いの基本

LATEX 文書の作成から最終的な閲覧・印刷までの作業の流れは概ね次のようになります。

- ソースファイル（LATEX 文書）を作成
- ソースファイルのタイプセット（LATEX, pLATEX（upLATEX）の処理系での組版処理）を実行し、dvi ファイルを作成（タイプセットしたファイルの名称が ⟨filename⟩.tex の場合、組版結果はファイル ⟨filename⟩.dvi に収められます）
- dvi ファイルを各種の dviware（dvi ファイルの加工・閲覧などの処理を行うソフトウェア）を用いた、閲覧・加工・印刷などの実行

ここで、dvi ファイルというのは、LATEX 文書を LATEX あるいは pLATEX（upLATEX）で処理して得られる組版結果を収めたファイルです（ただし、pdfLATEX のように dvi ファイルを経由しない処理系もあります）。さらに、LATEX 文書のタイプセットの際には、次の 2 種のファイルも作られます。

- aux ファイル：相互参照（第 11 章参照）や目次（第 12 章参照）で用いられる情報が記録されたファイル（ファイル名の拡張子は「.aux」）
- log ファイル：タイプセット時の各種のメッセージが記録されたファイル（ファイル名の拡張子は「.log」）

また、LATEX はさまざまな情報を aux ファイル経由でやりとりします。そのため、何らかの理由で aux ファイルを作成しなおす場合（例えば、何らかのパッケージの使用を取り止めたことに伴い、aux ファイルの読み込み時にエラーが生じるようになった場合）を除き、原則として aux ファイルは削除しないように注意してください。

なお、LATEX 文書中で行う処理によっては、さらに別のファイルも作成されることがあります（例えば、目次を出力する場合には拡張子が「.toc」のファイルも生成されます）。そういった各種の外部ファイルについては、必要に応じて説明します。

■「統合環境」について

以前から、各種のテキストエディタには LATEX 文書の編集支援機能が用意されていて、タイプセットなどの作業を簡単なキー操作で実行できるようになっています。また、近年、TeXWorks や TeXShop などの統合環境ソフトウェアが現れ、それらのソフトウェアからも各種のボタンなどを通じて、タイプセットなどの作業を行えるようになっています。そういった編集支援機能や統合環境ソフトウェアについては、読者の好みに応じて適宜利用するとよいでしょ

LaTeX 2_ε 辞典

う．ただし，各種テキストエディタあるいは統合環境ソフトウェア自身は TeX 本体でも各種
dviware でもなく，単にそれらを呼び出しているだけ，という点には注意が必要です．

また，本書ではタイプセット作業や各種 dviware を用いた処理に言及する際には特定のテ
キストエディタや統合環境ソフトウェアを念頭に置くことはせず，コマンドライン操作を行
う場合について説明します．統合環境ソフトウェアなどをお使いの場合には，個々のソフト
ウェアを（必要があれば呼び出す際のオプション指定を適宜変更したうえで）呼び出してく
ださい．

■ LaTeX のパッケージの使い方の基本

LaTeX 文書で何らかのパッケージを用いるときには，その LaTeX 文書のプリアンブルで，用
いたいパッケージを \usepackage コマンドを用いて読み込みます．例えば，amsmath パッ
ケージ（数式関係の機能を拡張するパッケージです（第 15 章参照））を用いる場合には，プ
リアンブルに

```
\usepackage{amsmath}
```

という記述を入れます．

また，パッケージには何らかのオプションを指定できることがあります．今の例の amsmath
パッケージに「leqno」オプション（数式番号を左側に出力するオプション）と「fleqn」オ
プション（ディスプレイ数式を左寄せにして出力するオプション）を指定する場合には，指
定するオプションを \usepackage コマンドのオプション引数にして次のように記述します
（複数のオプションを指定する場合にはオプションをコンマ区切りで列挙します）．

```
\usepackage[leqno,fleqn]{amsmath}
```

さらに，LaTeX 文書のプリアンブルでは \usepackage コマンドは何回でも使えます．した
がって，複数のパッケージを用いる場合には，用いるパッケージのそれぞれを \usepackage
コマンドで読み込めばよいわけです．なお，**オプション指定が共通な**パッケージは

```
\usepackage{amsmath,amssymb}
```

という具合に，ひとつの \usepackage コマンドでまとめて読み込めます．この例では，
amsmath パッケージと amssymb パッケージ（各種の数式用記号を提供するパッケージで
す）を，ともにオプション指定なしの状態で読み込んでいます．

009

LATEX 2ε 辞典

■**パッケージの入手法**

　一般的なパッケージは CTAN（Comprehensive TeX Archive Network）に収録されていることが多いので，読者自身でパッケージを入手・インストールする必要がある場合には，まず CTAN を探すとよいでしょう．また，「和文処理専用」のパッケージであるといった理由で CTAN にあるとは期待できない場合には，ウェブを当該パッケージ名で検索すると配布元がわかることがあります．

　パッケージのインストールに関しては，多くの場合，パッケージのマニュアルなどにインストール法の説明があるのでそれに従ってください．特にインストール法の説明がないときは，パッケージ本体（拡張子が「.sty」のファイル）を適切なディレクトリにコピーすれば済む場合が大半です（よくわからなければ，そのパッケージを利用する LATEX 文書が置かれているディレクトリにコピーしても構いません）．

　パッケージによってはパッケージ本体（拡張子が「.sty」のファイル）が用意されているわけではなく，拡張子が「.ins」のファイルと拡張子が「.dtx」のファイルを用いて生成させるようになっていることがあります．その場合には，拡張子が「.ins」のファイルを LATEX または pLATEX で処理してください（この操作で，パッケージ本体などの各種のファイルが生成されます）．例えば，ファイル〈パッケージ名〉.ins が用意されている場合には次のようになります．

```
latex 〈パッケージ名〉.ins
```

あるいは

```
platex 〈パッケージ名〉.ins
```

　また，拡張子が「.dtx」のファイルはマニュアル文書にもなっています．例えば，ファイル〈パッケージ名〉.dtx が用意されている場合，

```
platex 〈パッケージ名〉.dtx
```

という具合にタイプセットしたときの dvi ファイル（あるいはそれを加工したもの）を閲覧すると，マニュアルを読めます．あるパッケージのマニュアル文書をこのようにして読む場合には，ファイル〈パッケージ名〉.dtx 自身がそのパッケージを用いていることがあるので，先にファイル〈パッケージ名〉.ins を処理してパッケージ本体を生成しておくとよいでしょう．

LATEX 2ε 辞典

■コマンド・環境の定義・再定義の基本

本書では，文書の体裁の変更などに伴ってユーザー自身で再定義することになるコマンドも取り上げられています．ここでは，そのようなコマンドの再定義といった操作の際に用いる，マクロ作成（= LATEX でのプログラミング）の基本事項を挙げます．なお，文字「@」は通常はコマンド名には使えないので，LATEX 文書のプリアンブルなどで文字「@」を含むようなコマンドが現れるような定義・再定義を行う場合には，その定義・再定義の部分の前に \makeatletter を置く必要があり，定義・再定義が済んだら \makeatother を用いて \makeatletter の効果を取り消すことになるという点に注意してください．

●コマンドの定義・再定義

何らかのコマンド \somecs を新規に定義する場合，\newcommand というコマンドを次の形式で用います．

```
\newcommand\somecs[〈引数の個数〉]{〈定義内容〉}
\newcommand\somecs[〈引数の個数〉][〈デフォルトのオプション〉]{〈定義内容〉}
```

- \somecs とその引数の全体が〈定義内容〉に置き換えられます．

  [**例**]「\newcommand\macroA{A}」の場合，「\macroA」は文字列「A」に置き換えられます．

- 〈引数の個数〉は \somecs の引数の個数を表すゼロ以上の整数です．\somecs の引数を〈定義内容〉の中で用いるときには，第 n 引数があてはまる箇所に「#n」を用います．なお，「[〈引数の個数〉]」の部分は省略可能で，省略した場合には〈引数の個数〉= 0 として扱われます．

  [**例**]「\newcommand\macroA[1]{(#1)}」の場合，「\macroA{X}」は文字列「(X)」に置き換えられます．

- 〈デフォルトのオプション〉を与えた場合，\somecs の最初の引数はオプション引数になり，そのオプション引数のデフォルト値が〈デフォルトのオプション〉になります．この場合〈引数の個数〉≥ 1 でなければなりません．

  [**例**]「\newcommand\macroA[2][章]{#2#1}」の場合，「\macroA[節]{1}」は「1 節」に置き換えられる一方，「\macroA{2}」は「\macroA[章]{2}」として扱われて「2 章」に置き換えられます．

定義済みの何らかのコマンド \somecs を**再定義**する場合には，\newcommand の代わりに \renewcommand というコマンドを次の形式で用います（〈引数の個数〉などの意味は \newcommand の場合と同じです）．

011

L^ATEX 2ε 辞典

```
\renewcommand\somecs[⟨引数の個数⟩]{⟨定義内容⟩}
\renewcommand\somecs[⟨引数の個数⟩][⟨デフォルトのオプション⟩]{⟨定義内容⟩}
```

また，\newcommand の代わりに \DeclareRobustCommand というコマンドが用いられることもあります．\DeclareRobustCommand はコマンドの新規定義・再定義のどちらにも用いることができて，\DeclareRobustCommand で定義されたコマンドは自動的に「robust なコマンド」（2.1 節参照）になります．

●環境の定義・再定義

LATEX の環境を新規定義するには \newenvironment というコマンドを次の形式で用います．

```
\newenvironment{⟨環境名⟩}{⟨環境の開始処理⟩}{⟨環境の終了処理⟩}
```

例えば，

```
\newenvironment{envA}{\par\bfseries}{\par}
```

のように envA 環境を定義した場合，「\begin{envA}」のところでは「\par\bfseries」（＝段落を改めた後，太字表記に変更）という処理を行い「\end{envA}」のところでは「\par」（＝段落を改める）という処理を行います．

また，\newenvironment にオプション引数を付けた

```
\newenvironment{⟨環境名⟩}[⟨引数の個数⟩]
    {⟨環境の開始処理⟩}{⟨環境の終了処理⟩}
\newenvironment{⟨環境名⟩}[⟨引数の個数⟩][⟨デフォルトのオプション⟩]
    {⟨環境の開始処理⟩}{⟨環境の終了処理⟩}
```

という形式で新しい環境を定義した場合，「\begin{⟨環境名⟩}」のところが ⟨引数の個数⟩ 個の引数をとるようになります．また，「⟨デフォルトのオプション⟩」を与えた場合には，「\begin{⟨環境名⟩}」の後の引数のうちの最初のものがオプション引数となり，そのオプション引数のデフォルト値が ⟨デフォルトのオプション⟩ になります（\newcommand の場合と同様です）．

例えば，

```
\newenvironment{envA}[1]{\par#1}{\par}
```

のように envA 環境を定義した場合,「\begin{envA}{\bfseries}」＝「\par\bfseries」
で,「\begin{envA}{}」＝「\par」となるという具合に扱われます.

何らかの定義済みの環境を再定義する場合には,\newenvironment コマンドの代わりに
\renewenvironment というコマンドを次の形式で用います.

```
\renewenvironment{〈環境名〉}[〈引数の個数〉]
    {〈環境の開始処理〉}{〈環境の終了処理〉}
\renewenvironment{〈環境名〉}[〈引数の個数〉][〈デフォルトのオプション〉]
    {〈環境の開始処理〉}{〈環境の終了処理〉}
```

ここで,「〈引数の個数〉」などの意味は \newenvironment の場合と同様です.

● LaTeX の「カウンタ」の値の設定

LaTeX では見出し類の番号付けなどに伴い,各種の「カウンタ」が用いられています.LaTeX
のカウンタの値を変更するには,\setcounter というコマンドを次の形式で用います.

```
\setcounter{〈カウンタ名〉}{〈代入する値〉}
```

例えば,「\setcounter{page}{10}」と記述すると,「page」というカウンタ（ページ番号
を表します）の値を 10 に設定できます.

また,カウンタの現在の値に別の値を加算するには \addtocounter というコマンドを次
の形式で用います.

```
\addtocounter{〈カウンタ名〉}{〈加算する値〉}
```

例えば,「\addtocounter{enumi}{\value{enumii}}」という記述では,カウンタ enumi
にカウンタ enumii の値が加算されます（カウンタ名はあくまでカウンタの「名称」なので,
代入などの際にカウンタの値そのものを使うときには「\value{〈カウンタ名〉}」とします）.

また,「カウンタの値に 1 を加算する」という頻繁に用いられる操作のために,\stepcounter,
\refstepcounter というコマンドが用意されています.それらは単に

```
\stepcounter{〈カウンタ名〉}
\refstepcounter{〈カウンタ名〉}
```

という形式で用います（\refstepcounter は,\stepcounter の処理に加え「相互参照」に
関する情報の更新も行います）.

●寸法の代入

LATEX で用いられる各種の寸法に値を代入するには，\setlength というコマンドを次の形式で用います．

> \setlength{⟨代入先⟩}{⟨代入する寸法⟩}

例えば，「\setlength{\parindent}{0 mm}」のように記述すると，\parindent という寸法（段落の先頭での字下げ量）が 0 mm になります．なお，LATEX で寸法の指定の際に使える単位には，「mm」，「cm」といった一般的な単位のほかに「pt」（72.27 pt ＝ 1 インチ），「bp」（72 bp ＝ 1 インチ），「Q」（pTEX, upTEX 専用，1 Q ＝ 0.25 mm），「H」（pTEX, upTEX 専用，1 H ＝ 1 Q），「em」（現在用いられている欧文フォントに応じて決まる寸法，文字「M」の幅が目安），「ex」（現在用いられている欧文フォントに応じて決まる寸法，文字「x」の高さが目安），「zw」（現在用いられている和文フォントに応じて決まる寸法，漢字類の幅が目安）といったものがあります．

また，ある寸法に別の寸法を加算するには，\addtolength というコマンドを次の形式で用います．

> \addtolength{⟨代入先⟩}{⟨加算する寸法⟩}

例えば，「\addtolength{\textwidth}{10zw}」と記述すると，\textwidth という寸法（行長です．1.5 節参照）を 10 zw 増やせます．

ここでは，LATEX でのマクロ作成に関して，本書の説明を理解するのに必要となる範囲のことのみを説明しました．さらに詳しいことについては，LATEX そのものに関する教科書的な解説書（例えば，『LATEX 2ε 美文書作成入門』[1]，『独習 LATEX 2ε』[4]）あるいはマクロ作成そのものをテーマとした解説書（例えば，『LATEX マクロの八衢』[9]）を参照するとよいでしょう．

LATEX 2ε 辞典

CONTENTS

LATEX 2ε 辞典　Contents

はじめに	003
本書を読み進める前に	005

1　LATEX 文書の大枠の設定　023

1.1	文書を書き始めたい	024
1.2	文書の種類を指定したい	026
1.3	用紙サイズを指定したい	028
1.4	文字サイズ・行送りの基準値を指定したい	030
1.5	行長や1ページあたりの行数を指定したい	032
1.6	上下左右の余白を設定したい	034
1.7	2段組にしたい	036
1.8	多段組にしたい	038
1.9	多段組時に最終ページなどでの段の高さを揃えたい	040
1.10	前付け・奥付あるいは付録部分を作成したい	042
1.11	文書の表題・概要を記述したい	044
1.12	表題部分の体裁を変更したい	046
1.13	ソースファイルを複数に分割したい	048
1.14	トンボを付けたい	050

2　見出しと柱の設定　053

2.1	見出しを記述したい	054
2.2	見出しの番号を変更したい	056
2.3	見出しの番号付けの有無を変更したい	058
2.4	見出しの直後での字下げの有無を変更したい	060
2.5	見出しの体裁を変更したい (1) ── \part・\chapter の場合	062
2.6	見出しの体裁を変更したい (2) ── \section 以下の場合	064
2.7	ヘッダ・フッタの形式を変更したい	066
2.8	ヘッダ・フッタにユーザー独自の形式を用いたい (1) ── ユーザー自身でカスタマイズする場合	068
2.9	ヘッダ・フッタにユーザー独自の形式を用いたい (2) ── fancyhdr パッケージを用いる場合	070
2.10	ヘッダ・フッタに載せる項目を調整したい	072
2.11	ページの背景に文字列を入れたい	074
2.12	ページの背景に画像を入れたい	076
2.13	ツメを付けたい	078

015

LaTeX 2ε 辞典

CONTENTS

3 本文の記述 — 081

3.1	段落を改めたい・強制改行したい	082
3.2	改ページしたい	084
3.3	行分割・ページ分割を抑制・促進したい	086
3.4	空白を入れたい	088
3.5	LaTeX の特殊文字を記述したい	090
3.6	アクセント記号を記述したい	092
3.7	コメントを入れたい	094
3.8	文字サイズを変更したい	096
3.9	書体を変更したい (1) —— 属性レベルでの変更	098
3.10	書体を変更したい (2) —— 欧文フォントのフォントレベルでの変更	100
3.11	書体を変更したい (3) —— 和文フォントの追加	102
3.12	書体変更コマンドに対応する書体を変更したい	104
3.13	文字列などの色を変更したい	106
3.14	網掛け・白抜きを行いたい	108
3.15	高度な色指定を行いたい	110

4 文字列レベルの特殊処理・特殊文字 — 113

4.1	短い文字列を書いたとおりに出力したい	114
4.2	丸や四角などの枠で囲んだ文字を出力したい (1) —— 枠と中身を合成する場合	116
4.3	丸や四角などの枠で囲んだ文字を出力したい (2) —— 既存のフォントを利用する場合	118
4.4	「環境依存文字」や多様な異体字を使いたい	120
4.5	文字などの上げ下げを行いたい	122
4.6	文字・記号の積み重ねや重ね書きを行いたい	124
4.7	下線・傍線などを引きたい	126
4.8	傍点・圏点を付けたい	128
4.9	文字列に長体や平体をかけたい・文字列などを回転させたい	130
4.10	均等割りを行いたい	132
4.11	ルビを振りたい	134
4.12	縦中横の文字列を記述したい	136
4.13	割注を出力したい	138
4.14	罫線やリーダーを入れたい	140

5 段落レベルの体裁の変更 — 143

5.1	右寄せ・左寄せ・中央寄せをしたい	144
5.2	引用風の記述を行いたい	146

016

CONTENTS

LaTeX 2ε 辞典

5.3	段落の左右の余白を変更したい	148
5.4	行送り・段落の先頭の字下げ量・段落間の空白量を変更したい	150
5.5	幅を指定した複数行のテキストを作成したい	152
5.6	横（縦）組文書に縦（横）組の段落を入れたい	154
5.7	2種類のテキストの併置（対訳など）を行いたい	156
5.8	飾り枠を作りたい (1) —— 1ページに収まる場合	158
5.9	飾り枠を作りたい (2) —— 複数ページにわたる場合	160
5.10	飾り枠を作りたい (3) —— tcolorbox パッケージ	162
5.11	飾り枠を作りたい (4) —— tcolorbox パッケージの使用例	164
5.12	複数行のテキストを書いたとおりに出力したい	166
5.13	プリティ・プリントを行いたい (1) —— tabbing 環境	168
5.14	プリティ・プリントを行いたい (2) —— listings パッケージの基本	170
5.15	プリティ・プリントを行いたい (3) —— listings パッケージの応用	172
5.16	行番号を付加したい	174

6 箇条書き・定理型の環境 — 177

6.1	番号のない箇条書きを行いたい	178
6.2	番号なし箇条書きの見出し記号を変更したい	180
6.3	番号付き箇条書きを行いたい	182
6.4	番号付き箇条書きの番号の形式を変更したい (1) —— ユーザー自身でカスタマイズする場合	184
6.5	番号付き箇条書きの番号の形式を変更したい (2) —— enumerate パッケージを使用する場合	186
6.6	「見出し項目とその説明」のような箇条書きを行いたい	188
6.7	箇条書きの体裁を変更したい (1) —— list 環境のパラメータ	190
6.8	箇条書きの体裁を変更したい (2) —— カスタマイズ例	192
6.9	項目を横に並べた箇条書きをしたい	194
6.10	「定理」・「定義」などを記述する環境を作りたい	196
6.11	「証明」を記述したい	198
6.12	定理型の環境の番号の形式を変更したい	200
6.13	定理型の環境の体裁を変更したい (1) —— ユーザー自身でカスタマイズする場合	202
6.14	定理型の環境の体裁を変更したい (2) —— theorem パッケージを用いる場合	204
6.15	定理型の環境の体裁を変更したい (3) —— amsthm パッケージを用いる場合	206

017

LaTeX 2ε 辞典

CONTENTS

7　各種の注釈　　209

7.1	脚注を記述したい	210
7.2	脚注記号の体裁を変更したい	212
7.3	脚注テキストの体裁を変更したい	214
7.4	脚注と本文部分との区切り部分を変更したい	216
7.5	脚注番号をページごとにリセットしたい	218
7.6	2段組文書での脚注を右段に集めたい	220
7.7	2段組（多段組）文書に1段組の脚注を入れたい	222
7.8	1段組の文書で脚注のみ2段組（多段組）にしたい	224
7.9	傍注を記述したい	226
7.10	傍注の体裁を変更したい	228
7.11	傍注を「逆サイド」の余白に出力したい	230
7.12	後注を記述したい	232
7.13	表に注釈を付けたい	234

8　表の作成　　237

8.1	表を作成したい	238
8.2	表の特定のセルの書式を変更したい	240
8.3	表での列間隔・行送りを変更したい	242
8.4	罫線の一部を消したい	244
8.5	太い罫線を用いたい	246
8.6	破線の罫線を用いたい	248
8.7	2重罫線をきれいに出力したい	250
8.8	セルを結合したい (1) —— LaTeX 自身の機能を用いる方法	252
8.9	セルを結合したい (2) —— multirow パッケージ	254
8.10	セルに斜線を入れたい	256
8.11	縦書きのセルを作りたい・表全体の組方向を指定したい	258
8.12	各セルの要素を小数点などの位置を揃えて記述したい	260
8.13	表全体の幅を指定したい	262
8.14	表のセルに色を付けたい	264
8.15	表の罫線に色を付けたい	266
8.16	複数ページにわたる表を作成したい (1) —— longtable パッケージ	268
8.17	複数ページにわたる表を作成したい (2) —— supertabular パッケージ	270
8.18	幅が広い表を回転させて配置したい	272

9　画像の取り扱い　　275

9.1	LaTeX 文書で利用できる画像を用意したい	276
9.2	画像を貼り付けたい	278

LATEX 2ε 辞典

CONTENTS

| 9.3 | 画像の大きさを指定したい . . . . | 280 |

9.4　画像を回転させて貼り付けたい 282

9.5　画像の一部のみを表示させたい 284

9.6　画像に文字を書き込みたい (1) ── TEX 自身の機能を用いる方法 286

9.7　画像に文字を書き込みたい (2) ── PSfrag パッケージ 288

10　図表の配置とキャプション　　　　　　　　　　　　　　　　　　　　**291**

10.1　図表にキャプションを付けたものを配置したい 292

10.2　図表を「その場」に配置したい 294

10.3　2 段組（多段組）文書においてページ幅の図表を配置したい 296

10.4　2 段組の文書においてページ幅の図表をページの下部に配置したい 298

10.5　現在のページの上部に図表が入らないようにしたい 300

10.6　図表を文書末にまとめて配置したい 302

10.7　複数の小さな図表を並べて配置したい 304

10.8　図と表を並べて配置したい 306

10.9　複数のページにわたる図表に同じ番号のキャプションを付けたい 308

10.10　図表の周囲にテキストを回り込ませたい (1) ── LATEX 自身の機能を用いる場合
. . . . 310

10.11　図表の周囲にテキストを回り込ませたい (2) ── wrapfig パッケージを用いる
場合 312

10.12　図表の周囲にテキストを回り込ませたい (3) ── picins パッケージを用いる場
合 314

10.13　図表の番号を変更したい 316

10.14　図表の本体で用いる書体・文字サイズを一括変更したい 318

10.15　図表の本体とキャプションとの間隔を変更したい 320

10.16　キャプションの体裁を変更したい (1) ── ユーザー自身でカスタマイズする場
合 322

10.17　キャプションの体裁を変更したい (2) ── caption パッケージを用いる場合
. . . . 324

10.18　キャプションの体裁を変更したい (3) ── plext パッケージを用いる場合 . . 326

10.19　フロートを新設したい (1) ── ユーザー自身でカスタマイズする場合 328

10.20　フロートを新設したい (2) ── float パッケージを用いる場合 330

10.21　ひとつのページに多数の図表が入るようにしたい 332

10.22　図表どうしの間隔・図表と本文との間隔を変更したい 334

10.23　図表のみのページでの図表の配置を変更したい 336

11　相互参照　　　　　　　　　　　　　　　　　　　　　　　　　　　　**339**

11.1　相互参照をしたい 340

019

CONTENTS

11.2	相互参照用のラベルを表示したい	342
11.3	別の LaTeX 文書中のラベルを参照したい	344
11.4	ページ番号の参照時に適宜「前ページ」のような形で参照したい	346
11.5	「図 1」や「第 1 章」などの形式での参照を自動的に行いたい	348
11.6	最終ページのページ番号を取得したい	350

12 目次 353

12.1	目次（図目次・表目次）を作成したい	354
12.2	目次に載せる項目の水準を変更したい	356
12.3	目次項目を追加・削除したい	358
12.4	目次の見出し部の体裁を変更したい	360
12.5	目次項目の体裁を変更したい (1) —— \chapter などに対応する項目の場合	362
12.6	目次項目の体裁を変更したい (2) —— \@dottedtocline のパラメータ調整	364
12.7	目次項目の体裁を変更したい (3) —— \@dottedtocline の再定義	366
12.8	「図目次」の類を新設したい	368
12.9	複数箇所に目次を作成したい	370

13 参考文献リスト 373

13.1	参考文献リストを作りたい	374
13.2	参考文献リストの文献番号を参照したい	376
13.3	文献の参照箇所の体裁を変更したい (1) —— ユーザー自身でカスタマイズする場合	378
13.4	文献の参照箇所の体裁を変更したい (2) —— cite パッケージを用いる場合	380
13.5	参考文献リストの体裁を変更したい	382
13.6	参考文献リストの途中に小見出しを入れたい	384
13.7	参考文献リストを複数箇所に作成したい	386

14 索引 389

14.1	索引語を指定したい	390
14.2	索引そのものを作成したい	392
14.3	索引項目を階層化したい	394
14.4	索引でのページ番号の表記を変更したい	396
14.5	索引の体裁を変更したい (1) —— LaTeX 側だけでできる処理	398
14.6	索引の体裁を変更したい (2) —— 索引スタイルファイルの利用	400
14.7	複数種類の索引を作りたい	402

LATEX 2ε 辞典

CONTENTS

15 数式　405

15.1	数式を書きたい	406
15.2	上添字・下添字を書きたい	408
15.3	分数を書きたい	410
15.4	平方根・累乗根を書きたい	412
15.5	数式用アクセントを使いたい・記号を積み重ねたい	414
15.6	関数名（sin など）を記述したい	416
15.7	関数名への添字の付き方を変更したい	418
15.8	大きな括弧を書きたい	420
15.9	長い矢印・可変長の矢印を書きたい	422
15.10	数式中で書体を変更したい	424
15.11	太字版の数式を書きたい	426
15.12	さまざまな数式用フォントを用いたい	428
15.13	和の記号や積分記号などを大きなサイズで出力したい	430
15.14	行列を書きたい	432
15.15	行列の中に特大の文字を割り込ませたい	434
15.16	「場合わけ」を書きたい	436
15.17	可換図式を描きたい	438
15.18	ディスプレイ数式を書きたい (1) ── LATEX 自身が提供する環境	440
15.19	ディスプレイ数式を書きたい (2) ── amsmath パッケージが提供する環境	
		442
15.20	ディスプレイ数式を書きたい (3) ── ディスプレイ数式の部分構造を記述する環境	444
15.21	数式番号の形式を変えたい	446
15.22	数式番号に副番号を付けたい	448
15.23	ディスプレイ数式を中断してテキストを書き込みたい	450
15.24	数式本体と数式番号との間にリーダーを入れたい	452

16 beamer によるプレゼンテーション　455

16.1	プレゼンテーションスライドを作成したい	456
16.2	beamer を使ってみたい	458
16.3	スライドの雰囲気を変えたい	460
16.4	スライドの中身を徐々に表示したい	462
16.5	「配布用プリント」専用の処理を入れたい	464
16.6	動画を入れたい	466

付録 A	テキスト用の記号類	467
付録 B	各種の欧文フォント	473

021

LaTeX 2ε 辞典

CONTENTS

付録 C　picture 環境 477

付録 D　METAPOST 487

付録 E　文献データベースと BIBTEX 501

付録 F　mendex 509

付録 G　数式用の記号類 517

参考文献　　　　　　　　　　　　　　　　　　　　　　　　　　　　　　527

Index　　　　　　　　　　　　　　　　　　　　　　　　　　　　　　　529

1: LATEX 文書の大枠の設定

1.1	文書を書き始めたい	024
1.2	文書の種類を指定したい	026
1.3	用紙サイズを指定したい	028
1.4	文字サイズ・行送りの基準値を指定したい	030
1.5	行長や 1 ページあたりの行数を指定したい	032
1.6	上下左右の余白を設定したい	034
1.7	2 段組にしたい	036
1.8	多段組にしたい	038
1.9	多段組時に最終ページなどでの段の高さを揃えたい	040
1.10	前付け・奥付あるいは付録部分を作成したい	042
1.11	文書の表題・概要を記述したい	044
1.12	表題部分の体裁を変更したい	046
1.13	ソースファイルを複数に分割したい	048
1.14	トンボを付けたい	050

1 LATEX 文書の大枠の設定

1.1　文書を書き始めたい

> 通常の LATEX 文書は，次の構造を持ちます．
> `\documentclass[〈クラスオプション〉]{〈文書クラス〉}`
> 〈プリアンブル〉
> `\begin{document}`
> 〈本文〉
> `\end{document}`

■文書クラスとクラスオプション

「文書クラス」というのは「書籍」，「論文」といった文書の種別です（1.2 節参照）．また，「クラスオプション」というのは「用紙サイズ」や「文字サイズの基準値」などの，文書クラスに対する追加設定です（1.3, 1.4 節参照）．

■プリアンブル

「プリアンブル」というのは `\documentclass` コマンドと「`\begin{document}`」の間の部分のことで，ここではパッケージの読み込みなどの文書全体に関する設定が行われます．

■ document 環境

document 環境，すなわち「`\begin{document}`」から「`\end{document}`」までの部分が，文書の本文部分です．この部分では，基本的には本文をそのまま書き込んでいきます（もちろん，「見出しの出力」などの特別な処理に対してはそれに対応するコマンドを使います）．ただし，「\」（あるいは「¥」），「{」，「}」，「\$」，「&」，「#」，「^」，「_」，「~」，「%」，「<」，「>」，「'」，「|」，「"」，「`」の各文字は，LATEX の特殊文字であったり LATEX のデフォルトでは「書いたとおりには出力されない」文字であったりするので，注意してください．これらの文字を出力する方法は「3.5　LATEX の特殊文字を記述したい」で説明します．また，和文文字を用いても構わなければ，「\$」の代わりに「＄」（こちらは和文文字のドル記号）で済ませるといったこともできます．

■例 1：最も単純な文書

```
\documentclass{jarticle}
\begin{document}
これは，簡単な文書の例です．
\end{document}
```

> これは，簡単な文書の例です．
>
> 1

この例では，ページ下部に「1」というページ番号が自動的に出力されていることに注意してください．ページ番号などの形式といった点も，「文書クラス」などで設定されます．

■例2：少し長い文書

```
\documentclass{jarticle}
\begin{document}
これは，少しだけ長い \LaTeX 文書の例です．
ソースファイル中の単純な改行には「段落を改める」という効果はないので，
ひとつの段落の中で行を折り返して記述して構いません．
\end{document}
```

> これは，少しだけ長い LaTeX 文書の例です．ソースファイル中の単純な改
> 行には「段落を改める」という効果はないので，ひとつの段落の中で行を折
> り返して記述して構いません．
>
> 1

この例では，次の2点に注意してください．

- 出力結果における改行位置はクラスファイルなどでの行長などの設定により決まります．
- ソースファイルでの改行には「段落を改める」という効果はありません．

段落を改めるには「改段落」のコマンド（実際には「空白行」で充分です）を用います（3.1 節参照）．ソースファイルでの折り返し位置どおりに折り返したい場合（例えば，プログラムのソースコードの記述）には，verbatim 環境などを用います（5.12 節参照）．行長や上下左右の余白などのページレイアウトについては 1.5, 1.6 節を参照してください．

1 LaTeX 文書の大枠の設定

1.2 文書の種類を指定したい

`\documentclass[〈クラスオプション〉]{〈文書クラス〉}` の 〈文書クラス〉 が, 文書の種類に概ね対応します.

■標準的に利用できる文書クラス

LaTeX で標準的に利用できる文書クラスには次のようなものがあります.

- article, jarticle (ujarticle), tarticle (utarticle), jsarticle：最も一般的に用いられる文書クラスです.「章」,「節」などの文書の論理構造 (2.1 節参照) としては, \part (部), \section (節), \subsection (小節, 項), \subsubsection (小小節, 目), \paragraph (段落), \subparagraph (小段落) が利用できます.
- report, jreport (ujreport), treport (utreport)：これらの文書クラスを用いると, 文書の論理構造として, \chapter (章, \part と \section の中間の構造) も利用できます.
- book, jbook (ujbook), tbook (utbook), jsbook：書籍などの大規模な文書を念頭に置いた文書クラスです. これらの文書クラスでは, report, jreport と同様に \chapter を利用できるのに加え, 両面印刷を念頭に置いて奇数ページと偶数ページのページレイアウトを変えてあります.

これらのうち, jarticle, jreport, jbook, jsarticle, jsbook は pLaTeX 用の, ujarticle, ujreport, ujbook は upLaTeX 用の文書クラスで, 横組の日本語文書を念頭に置いています (jsarticle, jsbook はクラスオプション指定により upLaTeX でも利用可能). また, tarticle, treport, tbook は pLaTeX 用の, utarticle, utreport, utbook は upLaTeX 用の文書クラスで, 縦組の日本語文書を念頭に置いています.

■その他の文書クラス

汎用的な文書クラス以外にも, さまざまな文書に応じて各種のクラスファイルが用意されています. 例えば, 次のような文書クラスもあります.

- beamer：プレゼンテーション用スライドのための文書クラス
- amsart, amsbook：AMS (American Mathematical Society) 発行の学術雑誌類への投稿論文あるいは書籍類のための文書クラス

また, 論文原稿を LaTeX ソースファイルの形でも受け付ける学術雑誌は, その雑誌への投稿用の文書クラスを用意していることも多いようです.

■文書クラスとクラスファイル

文書クラスの指定「\documentclass[⟨クラスオプション⟩]{⟨文書クラス⟩}」では，ファイル⟨文書クラス⟩.cls が読み込まれます．このファイルを「クラスファイル」あるいは「cls ファイル」といいます．また，\documentclass コマンドでは，クラスファイル以外にも拡張子が「.clo」のファイルが読み込まれることがあります．それらは「クラスオプションファイル」あるいは「clo ファイル」と呼ばれ，クラスオプションなどに応じた追加設定を行います．

■例1：文書クラスが「article」の場合

```
\documentclass{article}
\begin{document}
\section{Document Classes}
The structure of a \LaTeX\ document is specified
mainly by a document class.
Each document class provides many parameters \dots.
\end{document}
```

1   Document Classes

The structure of a LaTeX document is specified mainly by a document class.
Each document class provides many parameters ....

1

■例2：文書クラスが「amsart」の場合

```
\documentclass{amsart}
\begin{document}
\section{Document Classes}
The structure of a \LaTeX\ document is specified
mainly by a document class.
Each document class provides many parameters \dots.
\end{document}
```

1. DOCUMENT CLASSES

The structure of a LaTeX document is specified mainly by a document class.
Each document class provides many parameters ....

1

1.2　文書の種類を指定したい

1 LaTeX 文書の大枠の設定

1.3 用紙サイズを指定したい

よく用いられる用紙サイズは、「a4paper」オプションなどのクラスオプションによって指定できます。横置きにするには「landscape」オプションを用います。

■用紙サイズを指定するクラスオプション

一般的なクラスファイルで利用できるクラスオプションのうち、用紙サイズの指定を行うものには次のようなものがあります。

- a4paper, a5paper, b4paper, b5paper：それぞれ、A4判（横210 mm、縦297 mm）、A5判（横148 mm、縦210 mm）、B4判（JIS では横257 mm、縦364 mm）、B5判（JIS では横182 mm、縦257 mm）を想定します。
- letterpaper, legalpaper, executivepaper：それぞれ、「レター」サイズ（横8.5インチ、縦11インチ）、「リーガル」サイズ（横8.5インチ、縦14インチ）、「エグゼクティブ」サイズ（横7.25インチ、縦10.5インチ）を想定します。
- a4j, a5j, b4j, b5j：それぞれ、A4判、A5判、B4判、B5判を想定します。ただし、a4paper などの場合とは異なる設定を用います（余白が狭くなっています）。これらのオプションには、a4p, a5p, b4p, b5p という「j」を「p」に変えた別名もあります。

ただし、letterpaper オプションのような日本では一般的ではないサイズに対応するオプションは、jarticle のような pLaTeX が提供する文書クラスでは利用できません。同様に a4j のような「日本的」な設定にするオプションは、article のようなオリジナルの LaTeX が提供する文書クラスでは利用できません。なお、B4判のような B 系列については、pLaTeX が提供する文書クラスでは JIS の（つまり、日本で用いられる）B 系列である一方、オリジナルの LaTeX が提供する文書クラスなどでは ISO の B 系列であることが多いので、注意が必要です。また、article などの欧文用の文書クラスでは、用紙サイズのデフォルトが「letterpaper」になっていることも多いので注意してください。

■例：「a5paper」を指定した場合（1.1 節の例2と比較するとよいでしょう）

```
\documentclass[a5paper]{jarticle}
\begin{document}
これは、少しだけ長い \LaTeX 文書の例です。
ソースファイル中の単純な改行には「段落を改める」という効果はないので、
ひとつの段落の中で行を折り返して記述して構いません。
\end{document}
```

> これは，少しだけ長い LaTeX 文書の例です．ソースファイル中
> の単純な改行には「段落を改める」という効果はないので，ひと
> つの段落の中で行を折り返して記述して構いません．
>
> 1

■ dviware への用紙サイズ指定の必要性

先の「用紙サイズ指定」オプションの説明では「想定します」という言い方をしました．実際，LaTeX には \paperwidth（紙面の幅として想定する寸法），\paperheight（紙面の高さとして想定する寸法）という寸法がありますが，それらは余白の計算などに伴って LaTeX の内部のみで用いられます．また，TeX 自身には「用紙サイズ」の概念はなく，TeX は「事実上無限に広がっているとみなせる充分に大きな仮想的な紙面」に組版結果を配置します．そして，その結果から個々の dviware が「出力時の紙面に相当する領域」を切り出します．したがって，組版結果の表示・印刷の際には，基本的には個々の dviware に用紙サイズを指定することになります（\paperwidth, \paperheight は dviware とは連動していないことに注意が要ります）．なお，プリアンブルに

```
\AtBeginDvi{\special{papersize=〈紙面の幅〉,〈紙面の高さ〉}}
```

（〈紙面の幅〉，〈紙面の高さ〉は「210mm」のような単位付きの寸法で与えます）という記述を入れると，dvi ファイルに「紙面サイズに関するメモ」（「papersize special」と呼ばれます）が埋め込まれます（それに相当する処理を自動的に行うパッケージやクラスファイルもあります）．そして，papersize special に対応している dviware を用いた場合，用紙サイズは papersize special で指定された値に設定されます．

■横置きにする場合

用紙を横置きにする場合には，\documentclass に「landscape」というオプションを付けます．例えば，「B4 判の横置き」にするには次のように指定します．

```
\documentclass[b4paper,landscape]{jarticle}
```

■クラスオプションでは対処できない用紙サイズの場合

A6 判などのクラスオプションでは用意されていない用紙サイズの場合には，\paperwidth などの各種ページレイアウト・パラメータを設定してください（1.5, 1.6 節参照）．

1　LATEX 文書の大枠の設定

1.4　文字サイズ・行送りの基準値を指定したい

- 文字サイズの基準値は，基本的には「10pt」などのクラスオプションで設定します．
- 行送りの基準値は，\linespread コマンドを用いるなどの方法で変更できます．

■文字サイズの基準値を設定するクラスオプション

　jarticle などの文書クラスには「10pt」，「11pt」，「12pt」というクラスオプションがあります．これらは文字サイズの基準値を設定するオプションで，例えば「12pt」を指定すると文字サイズの基準値が 12 pt に設定されます（「10pt」がデフォルトで，文書クラスによっては「20pt」のようなオプションが使えることもあります）．なお，文書中の一部の文字のサイズを「基準値」以外に変更する方法は「3.8　文字サイズを変更したい」で説明します．

■例 1：「12pt」を指定した場合（出力例ではフッタは省略）

```
\documentclass[12pt]{jarticle}
\begin{document}
これは，少しだけ長い \LaTeX 文書の例です．
ソースファイル中の単純な改行には「段落を改める」という効果はないので，
ひとつの段落の中で行を折り返して記述して構いません．
\end{document}
```

> 　　　これは，少しだけ長い LATEX 文書の例です．ソースファイル中の単純
> 　な改行には「段落を改める」という効果はないので，ひとつの段落の中
> 　で行を折り返して記述して構いません．

　なお，「12pt」を指定しないときの出力（縮尺はこの例と同じ）は 1.1 節の例 2 です．

■行送りの基準値の変更

　行送り（隣り合う行のベースラインの間隔）の基準値の変更には，プリアンブルで \linespread というコマンドを次の形式で用います（⟨行送りの拡大率⟩ は正の実数）．また，「\renewcommand \baselinestretch{⟨行送りの拡大率⟩}」のような \baselinestretch の再定義も行われます．

```
\linespread{⟨行送りの拡大率⟩}
```

▶ 注意　「現在の行送り」は \baselineskip という寸法で与えられますが，これは文字サイズ変更コマンドなどで変更されるため，行送りの基準値の設定に用いるには適しません．　　□

■例2：例1に \linespread{1.5} という指定を追加した場合（出力例ではフッタは省略）

```
\documentclass[12pt]{jarticle}
\linespread{1.5}
\begin{document}
これは，少しだけ長い \LaTeX 文書の例です．
ソースファイル中の単純な改行には「段落を改める」という効果はないので，
ひとつの段落の中で行を折り返して記述して構いません．
\end{document}
```

> これは，少しだけ長い LATEX 文書の例です．ソースファイル中の単純
> な改行には「段落を改める」という効果はないので，ひとつの段落の中
> で行を折り返して記述して構いません．

　このような文書全体にわたる行送りの拡大については，setspace パッケージが提供する \doublespace コマンドなどを利用するのもよいでしょう．

■文字サイズ・行送りの基準値をクラスオプションでは設定できない値にする場合

　文字サイズ・行送りの基準値を自由に設定するには，文字サイズ指定コマンドの \normalsize（3.8 節参照）を再定義します．例えば，文字サイズの基準値を 8 pt にし，行送りの基準値を12 pt にするには，プリアンブルに次のような記述を入れます．

```
\makeatletter
\renewcommand\normalsize{%%%   「\normalsize」の定義の中では，
  \@setfontsize\normalsize%%% \@setfontsize の第1引数も \normalsize
    {8pt}{12pt}%%% \normalsize での文字サイズ・行送り
  〈その他，文字サイズに依存する設定（省略）〉}
\makeatother
```

　なお，\small などの \normalsize 以外の文字サイズ指定コマンドについても，これと同様に \normalsize とのバランスがよくなるように再定義するとよいでしょう．

▶ **注意**　pLATEX では文字サイズは欧文フォントが基準で，また，和文フォントと欧文フォントのサイズ比を調整してあります（デフォルトでは和文フォントのサイズは欧文フォントのサイズの 0.962216 倍）．そこで，和文フォントのサイズを指定する（例えば，9 pt にする）場合には，文字サイズを 9 pt ÷ 0.962216 ≒ 9.3534 pt に設定するという具合に和文フォントの縮小率を考慮して補正します．その他の注意点については 3.8 節も参照してください．　□

1 LaTeX 文書の大枠の設定

1.5 行長や 1 ページあたりの行数を指定したい

- 寸法 \textwidth，\textheight を設定します．
- geometry パッケージを用いても設定できます．

■ LaTeX 文書でのテキスト領域の寸法を表す変数

LaTeX 文書ではテキスト領域（版面（はんづら）と呼ばれます）の寸法は次の 2 個の寸法で表されます．

- \textwidth：版面の幅（2 段組の際には 2 段分の幅）
- \textheight：版面の高さ

例えば，1 段組の文書で 1 行の文字数を 40 文字に設定するには，$\textwidth = 40\,zw$ にします．一方，1 ページ（あるいは 1 段）の行数の設定の際には，「各ページの最初の行のベースラインは，基本的には版面の上端から \topskip だけ下がった位置になる」という点に注意します．例えば，1 ページの行数を 36 行に設定するときには，版面の高さは「上端と第 1 行目との距離 ＋ 残り 35 行分」となり，$\textheight = \topskip + 35 \times \baselineskip$ のように設定します（正確には，\baselineskip は「文字サイズが基準値（\normalsize）のときの \baselineskip」です）．一般的には，プリアンブルに次のような記述を入れます．

```
\setlength{\textwidth}{〈テキストの行長〉}
\setlength{\textheight}{\topskip}%%% \textheight ← \topskip
\addtolength{\textheight}{〈行数 − 1〉\baselineskip}
%%% \textheight ← \textheight + 〈行数 − 1〉 × \baselineskip
```

また，これと同等のことを行うには geometry パッケージ（ページレイアウトパラメータの設定を支援するパッケージで，幾何学に関係した機能を提供するものではありません）および calc パッケージ（寸法の代入などの際に計算式を使えるようにするパッケージ）を用いて，次のようにもできます．

```
\usepackage{calc}
\usepackage[textwidth=〈テキストの行長〉,
    textheight=\topskip + 〈行数 − 1〉\baselineskip]{geometry}
```

geometry パッケージの機能の詳細についてはこのパッケージのマニュアルを参照してください．また，版面の寸法の変更に伴い上下左右の余白を変更することもありますが，余白の変更については「1.6　上下左右の余白を設定したい」を参照してください．

■例：1 行あたり 40 字，1 ページあたり 36 行の設定にした場合

```
\documentclass{jarticle}
\setlength{\textwidth}{40zw}
\setlength{\textheight}{\topskip}
\addtolength{\textheight}{35\baselineskip}
%%%（余白は変わりますが）直前の 3 行の代わりに次の 3 行を用いても構いません.
%\usepackage{calc}
%\usepackage[textwidth=40zw,
%    textheight=\topskip + 35\baselineskip]{geometry}
\begin{document}
一□□■□□□□■□□□□■□□□□■□□□□■□□□□■□□□□■□□□□■
□□□□■□□□□■\\ □□□□■□□□□■\\
□□□□■□□□□■\\ □□□□■□□□□■
%%% \\ は段落内改行のコマンド（3.1 節参照）

二□□■□□□□■□□□□■□□□□■□□□□■□□□□■□□□□■□□□□■
□□□□■□□□□■\\ □□□□■□□□□■\\
□□□□■□□□□■\\ □□□□■□□□□■

%%% 以下同様に，「漢数字＋□……」のパターンを繰り返します.
\end{document}
```

なお，geometry パッケージを用いたときの出力では上下左右の余白が上記の出力例とは異なりますが，それはこのパッケージが上下左右の余白も行長などに応じて自動設定することによります（もちろん，ユーザー自身で余白の大きさを変更できます）.

▶ 注意　版面の寸法の設定は原則として文書全体に適用されます．「一部のページについての版面の変更」は困難ですが，左右の余白の局所的な変更は「強制改ページ後に \leftskip, \rightskip を変更」という方法で疑似的に実現できます（\leftskip, \rightskip については，「5.3　段落の左右の余白を変更したい」を参照してください）.　□

1 LᴬTEX 文書の大枠の設定

1.6 上下左右の余白を設定したい

- geometry パッケージを用いて設定できます.
- 上余白は \topmargin, 左余白は \oddsidemargin または \evensidemargin の値を直接設定することでも指定できます.

■ページレイアウト・パラメータを直接設定する場合

上下左右の余白を含むページ・レイアウトは,図 1.1 および表 1.1 に示すページレイアウト・パラメータで定まっています. 余白の設定にあたっては,原理的には,図 1.1 を参考にして各パラメータの値を算出します. 例えば,左右の余白と版面の幅の合計が紙面の幅に等しいという条件は,\hoffset の値がデフォルト値(0 pt)であるときには

$$\text{\textbackslash paperwidth} = \underbrace{\begin{array}{c}\text{\textbackslash oddsidemargin}\\(\text{あるいは \textbackslash evensidemargin})\end{array}}_{\text{左余白}} + (1\,\text{インチ}) + \text{\textbackslash textwidth} + 右余白$$

となります. この関係に基づいて \oddsidemargin などを求めれば,左右の余白を設定できます. 例えば,左余白と右余白を等しくする場合には,上式から \oddsidemargin = (\paperwidth − \textwidth)/2 − (1 インチ) と設定すればよいとわかります. 上下の余白についても同様に図 1.1 に基づいて設定できます.

■ geometry パッケージを用いて余白を設定する場合

geometry パッケージを用いる場合には,このパッケージに対して表 1.2 に示すようなオプションを指定します. ただし,奇数ページと偶数ページの体裁が異なる場合(twoside クラスオプション適用時)には,表 1.2 での「左余白」は奇数ページの左余白(偶数ページの右余白)のことで,「右余白」は奇数ページの右余白(偶数ページの左余白)になります. 例えば,左右の余白を 2 cm,上下の余白を 3 cm にする場合,geometry パッケージを次のように用います.

```
\usepackage[hmargin=2cm,vmargin=3cm]{geometry}
```

▶ 注意 \hoffset, \voffset の値は通常は 0 pt(デフォルト値)にしてください. \hoffset, \voffset の値を不用意に変更すると,「トンボ」の位置が狂うといった不都合があります. □

▶ 注意 LᴬTEX では右余白・下余白は直接設定できず,紙面サイズなどから間接的に決まります. 特に,右余白・下余白を指定する場合には用紙サイズも別途指定する必要があります. なお,geometry パッケージはクラスオプションあるいは \usepackage のオプションで指定した用紙サイズなどを用いて余白の大きさを計算します. □

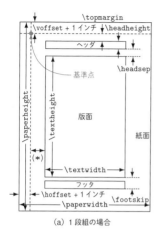
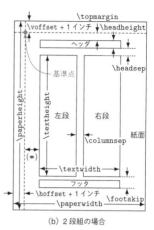

(a) 1段組の場合　　　　　　　　　　　　(b) 2段組の場合

(*) \oddsidemargin または \evensidemargin

図 1.1 ● ページレイアウト・パラメータ

表 1.1 ● 図 1.1 に現れた各ページレイアウト・パラメータの意味

パラメータ	意味
\paperheight	紙面の高さ
\paperwidth	紙面の幅
\textheight	版面の高さ
\textwidth	版面の幅
\headheight	ヘッダ部の高さ
\headsep	ヘッダ部と版面との間隔
\footskip	版面の下端とフッタ部のベースラインとの距離
\columnsep	2段組時（多段組時）の段どうしの間隔

パラメータ	意味
\hoffset	「基準点」の位置の水平移動量
\voffset	「基準点」の位置の垂直移動量
\oddsidemargin	版面の左端の「基準点」からの相対位置（oneside クラスオプション適用時および，twoside クラスオプション適用時の奇数ページ）
\evensidemargin	版面の左端の「基準点」からの相対位置（twoside クラスオプション適用時の偶数ページ）
\topmargin	ヘッダ部の上端の「基準点」からの相対位置

表 1.2 ● 余白の設定に関する，geometry パッケージの主なオプション

オプション	意味
hcentering	版面を紙面の左右中央に配置
vcentering	版面を紙面の上下中央に配置
centering	版面を紙面の中央に配置
left=⟨margin⟩	左余白を ⟨margin⟩ に設定
right=⟨margin⟩	右余白を ⟨margin⟩ に設定
hmargin={⟨left⟩,⟨right⟩}	左余白を ⟨left⟩ に，右余白を ⟨right⟩ に設定

オプション	意味
hmargin=⟨margin⟩	左右の余白を ⟨margin⟩ に設定
top=⟨margin⟩	上余白を ⟨margin⟩ に設定
bottom=⟨margin⟩	下余白を ⟨margin⟩ に設定
vmargin={⟨top⟩,⟨bottom⟩}	上余白を ⟨top⟩ に，下余白を ⟨bottom⟩ に設定
vmargin=⟨margin⟩	上下の余白を ⟨margin⟩ に設定
margin=⟨margin⟩	上下左右の余白を ⟨margin⟩ に設定

1 LᴬTEX 文書の大枠の設定

1.7 2段組にしたい

- 「twocolumn」クラスオプションあるいは \twocolumn コマンドを用います.
- multicol パッケージによる multicols 環境, multicols* 環境も利用できます.

■ \twocolumn コマンドによる2段組

\twocolumn コマンドは次の形式で用います.

```
\twocolumn[⟨1段組部分⟩]
```

ただし, \twocolumn コマンドを文書の途中で用いた場合, 改ページしてから2段組にします. また,「⟨1段組部分⟩」というのは2段組に切り換えた直後のページの上部に1段組で入れるテキストです (「[⟨1段組部分⟩]」は省略可能). なお, \twocolumn で2段組にしている文書を1段組に切り換えるコマンドは \onecolumn です (\onecolumn も改ページを伴います).

LᴬTEX 自身の機能 (\twocolumn コマンド) で2段組にする場合,「twocolumn」というクラスオプションを用いると, ページレイアウトが多少2段組に適したものになり, また, 最初から2段組になっています (クラスファイル内で \twocolumn が実行されます).

■例1: \twocolumn コマンドによる2段組

```
\documentclass[twocolumn]{jarticle}
\begin{document}
\twocolumn[ここは, 1段組部分です. ここは, 1段組部分です.
    ここは, 1段組部分です. ]
2段組の文書の簡単なサンプルです. 2段組の文書の簡単なサンプルです.
2段組の文書の簡単なサンプルです.
\end{document}
```

\twocolumn のオプション引数に文書の概要部分などを入れると,「2段組文書において概要を1段組で出力させる」ようなこともできます.

■例 2：段の間に罫線を入れる場合

段の間に罫線を入れるには，段間の罫線の太さを表す寸法 \columnseprule を正の値（LaTeX でよく用いられるのは 0.4 pt）に設定します．

```
\documentclass[twocolumn]{jarticle}
\setlength{\columnseprule}{0.4pt}%%% 段間の罫線の太さの設定
\begin{document}
2段組の文書の簡単なサンプルです．2段組の文書の簡単なサンプルです．
\end{document}
```

2段組の文書の簡単なサンプルです．2段組の文書
の簡単なサンプルです．

1

■ multicol パッケージを用いた 2 段組

multicol パッケージは，多段組にする環境の multicols 環境および multicols＊ 環境を提供します．2 段組は多段組の特別な場合なので，詳しくは「1.8　多段組にしたい」で説明します．

■ LaTeX 自身の機能による 2 段組の特徴

LaTeX 自身の機能による 2 段組（すなわち \twocolumn コマンドによる 2 段組）には次の特徴があります．

- \twocolumn, \onecolumn による段数の切り換えの際に改ページを伴います．
- 1 段幅のフロート（figure 環境・table 環境などで配置される対象）が利用できます．
- 2 段組部分での脚注は 1 段幅になります．

1.8 節で述べる multicols 環境の特徴と比較するとよいでしょう．特に，1 段幅のフロートを必要とする場合には，基本的には LaTeX 自身の機能による 2 段組を用いることになります．

注意　LaTeX で「2 段組」として処理されるのは，単にテキストが「2 段」に分かれているだけでなく「1 段目のテキストの続きが 2 段目に流れ込む」ようなものです．テキストが「2 段」になっている場合であっても，「対訳」の類のように単に「複数のテキストを併置」している場合は 2 段組とは別の仕組みを用います．詳しくは「5.7　2 種類のテキストの併置（対訳など）を行いたい」を参照してください．　　　　　　　　　　　　　　　　　□

1 LaTeX 文書の大枠の設定

1.8 多段組にしたい

> multicol パッケージが提供する multicols 環境，multicols* 環境が利用できます．

■ multicol パッケージ

multicol パッケージは，多段組にするための環境の multicols 環境，multicols* 環境を用意しています．これらの環境は **1 段組**の LaTeX 文書で，次の形式で用いるのが基本です．

```
\begin{multicols}[〈1 段組部分〉]{〈段数〉}
〈多段組にするテキスト〉
\end{multicols}
\begin{multicols*}[〈1 段組部分〉]{〈段数〉}
〈多段組にするテキスト〉
\end{multicols*}
```

ここで，「〈段数〉」は多段組部分の段数（2 以上 10 以下の整数）で，「〈1 段組部分〉」は多段組部分の直前に 1 段組で配置するテキストです（「[〈1 段組部分〉]」は省略可能）．なお，multicols 環境と multicols* 環境の相違点は，multicols 環境は個々の段の高さを自動的に揃える一方，multicols* 環境は段の高さを揃えないという点です．

▶ 注意　multicols 環境内のテキストによってはテキストが不足したページができることがあります．そのようなときには，collectmore というカウンタの値を「\setcounter{collectmore}{10}」という具合に大きな値に設定すると改善する場合があります．　　　　□

■例 1：multicols 環境の例（出力例ではフッタは省略）

```
\documentclass{jarticle}%%% twocolumn オプションは使いません
\usepackage{multicol}
\begin{document}
\begin{multicols}{3}[ここは，1段組部分になります．]
これは，multicolパッケージを用いた3段組の文書の簡単なサンプルです．
これは，3段組の文書の簡単なサンプルです．
\end{multicols}
\end{document}
```

> ここは，1段組部分になります．
>
> これは，multicolパッ　　の文書の簡単なサンプ　　の文書の簡単なサンプル
> ケージを用いた 3 段組　　ルです．これは，3段組　　です．

■例 2：multicols* 環境の例（出力例ではフッタは省略）

```
\documentclass{jarticle}%%% twocolumn オプションは使いません
\usepackage{multicol}
\begin{document}
\begin{multicols*}{3}
これは，multicolパッケージを用いた3段組の文書のサンプルです．
\end{multicols*}
\end{document}
```

これは，multicol パッ
ケージを用いた3段組の
文書のサンプルです．

■例 3：段間に罫線を入れる場合（出力例ではフッタは省略）

multicols 環境，multicols* 環境の場合でも，段間の罫線の太さは \columnseprule です．

```
\documentclass{jarticle}
\usepackage{multicol}
\setlength{\columnseprule}{0.4pt}%%% 段間の罫線の太さの設定
\begin{document}
\begin{multicols}{3}
これは，multicolパッケージを用いた3段組の文書の簡単なサンプルです．
\end{multicols}
\end{document}
```

これは，multicol パッ | の文書の簡単なサンプル
ケージを用いた 3 段組 | です．

■ multicol パッケージによる多段組の特徴

multicol パッケージによる多段組には次のような特徴があります．

- 改ページなしに段数を切り換えることができます．
- 1 段幅のフロート（figure 環境・table 環境などで配置される対象）は利用できません．
- 脚注もページ幅になります．
- 多段組部分での改段には \newpage（3.2 節参照）ではなく \columnbreak を用います．

特に，「改ページを伴わない段数の変更」が必要な場合には，基本的には multicol パッケージを用いることになります．

1 LATEX 文書の大枠の設定

1.9 多段組時に最終ページなどでの段の高さを揃えたい

- multicol パッケージによる multicols 環境では，各段の高さが揃えられます．
- nidanfloat パッケージは，2段組文書に対して段の高さを揃える処理を提供します．

■ multicol パッケージの場合

multicol パッケージが提供する multicols 環境では，多段組部分の各段の高さが揃えられます（1.8 節の例 1 を参照してください）．

■ nidanfloat パッケージ

nidanfloat パッケージは pLATEX に付随するパッケージで，このパッケージの主要な機能は「2段組文書において，ページ幅のフロートをページ下部に配置できるようにする」というものです．ただ，このパッケージはそのほかにも，次の機能・コマンドを提供します．

- balance オプションを適用して読み込むと，2段組文書内の \clearpage（3.2 節参照）による強制改ページ箇所の直前のページ（例えば，\chapter による見出しの直前のページや文書の最終ページ）の各段の高さを常に揃えるようになります．
- 各段の高さを揃えて改ページするコマンドの \balanceclearpage を提供します．

■例：nidanfloat パッケージの balance オプションを用いた場合（出力例ではフッタは省略）

```
\documentclass[twocolumn]{jarticle}
\usepackage[balance]{nidanfloat}
\begin{document}
これは，nidanfloat パッケージの機能を利用して，
2段組文書の最終ページの左右の段の高さを揃えた例です．
nidanfloat パッケージにはそのほかの機能もあります．
\end{document}
```

これは，nidanfloat パッケージの機能を利用して，　例です．nidanfloat パッケージにはそのほかの機能
2段組文書の最終ページの左右の段の高さを揃えた　もあります．

■その他のパッケージ

multicol パッケージ，nidanfloat パッケージのどちらも用いない場合には，「balance パッケージが提供する \balance コマンドを左段の適当な箇所で用いる」といった方法があります．ただし，\balance コマンドによる方法は「半手動」で，段の高さを揃えない状態で

の組版結果を眺めて段の高さを揃えた場合の改段位置の見当を付け，そこにユーザー自身で
\balance コマンドを書き込む必要があります．

例えば，先の例と同じことを balance パッケージで行うには，まず，段の高さを揃えない
状態の組版結果の最終ページ

> これは，nidanfloat パッケージの機能を利用して，
> 2 段組文書の最終ページの左右の段の高さを揃えた
> 例です．nidanfloat パッケージにはそのほかの機能
> もあります．

を調べたうえで，出力結果の 2 行目の末尾の「揃えた」の直後に \balance を書き込んで

```
\documentclass[twocolumn]{jarticle}
\usepackage{balance}
\begin{document}
これは，nidanfloat パッケージの機能を利用して，
2 段組文書の最終ページの左右の段の高さを揃えた
\balance
例です．
nidanfloat パッケージにはそのほかの機能もあります．
\end{document}
```

のように記述します．

---●コラム●［グローバル・オプション］---

\documentclass コマンドのオプション引数は，実は，プリアンブルなどで読み込まれたパッケージにも適用されます．「1.6　上下左右の余白を設定したい」では geometry
パッケージを用いて余白を設定する例を挙げましたが，例えば

```
\documentclass[a5paper]{jarticle}
\usepackage[hmargin=20mm,vmargin=30mm]{geometry}
```

という具合に記述すると，a5paper オプションは geometry パッケージにも適用され，
用紙サイズが A5 であるものとして各種ページレイアウト・パラメータが設定されます．このような効果があるので，\documentclass コマンドのオプションは「グローバル・オプション」とも呼ばれます．

1 LATEX 文書の大枠の設定

1.10 前付け・奥付あるいは付録部分を作成したい

- 前付け・本文・奥付の切り換えに用いるコマンド：\frontmatter, \mainmatter, \backmatter
- 付録部分の開始を表すコマンド：\appendix

■前付け・本文・奥付の切り換えを行うコマンド

大規模な文書を念頭に置いた文書クラス（「book」など）では，前付け部分・本文部分・奥付部分の切り換えを行うコマンドも用意されています．

- \frotmatter：前付け部分を開始するコマンド
- \mainmatter：本文部分を開始するコマンド
- \backmatter：奥付部分（というより，文書末に付加される部分）を開始するコマンド

■付録部分の開始を行うコマンド

多くの文書クラスには，付録部分を開始するコマンドの \appendix が用意されています．

■例

```
\documentclass{jbook}
\begin{document}
\frontmatter%%% 前付け部分の開始
\section*{まえがき}
ここは，序文です．
\mainmatter%%% 本文部分の開始
\chapter{本文}
本文です．
\appendix%%% 付録部分の開始
\chapter{おまけ}
付録です．
\end{document}
```

● i ページ（通算で 1 ページ目）

> i
>
> **まえがき**
> ここは，序文です．

● 1 ページ（通算で 3 ページ目（白紙ページもカウントします，以下同様です））

1

第1章　本文

本文です．

● 3 ページ（通算で 5 ページ目）

3

付 録A　おまけ

付録です．

この例では，次の 3 点に注意するとよいでしょう．

- 前付け部分と本文部分ではページ番号の形式が異なっています（\frontmatter, \mainmatter の効果）．
- 付録部分では \chapter の見出しの形式が変わっています（\appendix の効果）．
- \appendix 自身は何らかの見出し類を出力するとは限りません．

■ \appendix の簡単なカスタマイズ

先の例のように \appendix 自身は見出し類を出力しないこともあります．それを変更して付録部分に \part（2.1 節参照）の形式の見出しを付けるには，例えばクラスファイル jbook.cls を用いている場合，\appendix をプリアンブルで次のように再定義できます．

```
\renewcommand{\appendix}{%
  \part*{\appendixname}%%% 追加（\chapter などを用いても構いません）
  %%% 残りは，jbook.cls での \appendix の定義を温存
  \setcounter{chapter}{0}\setcounter{section}{0}%
  \renewcommand{\@chapapp}{\appendixname}%
  \renewcommand{\@chappos}\space%
  \renewcommand{\thechapter}{\@Alph\c@chapter}}
```

ここで，\appendixname というのは付録部分の名称（クラスファイル jbook.cls では文字列「付 録」）です．なお，この定義内の \setcounter などのコマンドは \chapter などの番号のリセットなどの付録部分の開始処理を行っています．

1 LaTeX 文書の大枠の設定

1.11 文書の表題・概要を記述したい

- 表題部分に出力する項目の登録
  \title{〈文書の表題〉}, \author{〈著者リスト〉}, \date{〈作成日〉}
- 表題部分を出力するには \maketitle コマンドを用います.
- 概要は abstract 環境などで記述します.

■表題部分に関係するコマンド

汎用的な文書クラス（jarticle など）では，以下のコマンドが使えます.

- \title{〈文書の表題〉}：文書の表題を登録します.
- \author{〈著者リスト〉}：著者名を登録します. 著者が複数の場合は，「〈第 1 著者〉\and 〈第 2 著者〉\and ...」のように各著者を \and で区切って記述するのが基本です. もっとも，「\author{著者 A, 著者 B, ...}」のように単に列挙しても構いません.
- \thanks{〈注釈〉}：\author で登録する著者名に注釈を付けるときに用います.
- \date{〈作成日〉}：文書の作成日を登録します. これは省略可能で，省略した場合には文書をタイプセットした日を作成日として用います.
- \maketitle：\title などで登録した項目を用いて表題部分を作成するコマンドです.

なお，\title などで表題などを登録した後に \maketitle で実際の表題部分を出力するという仕組みになっているので，\title などは \maketitle の前で用いる必要があります.

■概要の記述

論文の類を念頭に置いた文書クラスでは，概要部分は abstract 環境を用いて次の形式で記述できます.

```
\begin{abstract} 〈概要の記述〉 \end{abstract}
```

■表題部分の体裁に関わるクラスオプション

汎用的な文書クラスでは，表題部分を独立したページに出力するか否かに関して，次のオプションを用意しています.

- titlepage：\maketitle による表題部分を独立したページに出力します（jbook などの大規模な文書用の文書クラスではこちらがデフォルト）.
- notitlepage：\maketitle による表題部分に続けて本文部分を出力します（jarticle などの短めの文書用の文書クラスではこちらがデフォルト）.

■日付の表記での和暦・西暦の切り換え

タイプセット時の日付は \today というコマンドで出力できます（\date を用いなかった場合にもこのコマンドが出力する文字列が日付として用いられます）. jarticle などの pLaTeX が提供する文書クラスなどでは,「\西暦」を用いると \today での日付の「年」のところが西暦表記になり,「\和暦」を用いると和暦表記になります.

■例

```
\documentclass{jarticle}
\title{サンプル文書}
\author{誰某何某\thanks{どこかの研究機関}\and 匿名希望}
\date{2008年5月7日}
\begin{document}
\maketitle
\begin{abstract}
ここでは，文書の表題などの出力に用いる標準的なコマンドを取り上げました.
\end{abstract}
\end{document}
```

サンプル文書

誰某何某[*]　　　匿名希望

2008 年 5 月 7 日

概 要

ここでは，文書の表題などの出力に用いる標準的なコマンドを取り上げました.

---

[*] どこかの研究機関

1

■複数の著者に同じ注釈を付ける場合

複数の著者に同じ注釈を付ける場合, 注釈記号 (先の例での *) は個々の著者に付ける一方, 注釈文は 1 回だけ出力することがあります. その場合, 繰り返される注釈記号は \footnotemark で出力させるとよいでしょう. 例えば, 先の例で「匿名希望」氏にも「*」(1 番目の注釈文に対応する注釈記号) を付けるには, \author を次のように用います.

```
\author{誰某何某 \thanks{どこかの研究機関}\and 匿名希望 \footnotemark[1]}
```

1 LATEX 文書の大枠の設定

1.12　表題部分の体裁を変更したい

基本的には，\maketitle, \@maketitle を再定義します．

■ \maketitle の処理に伴って用いられる内部コマンド

　\maketitle の内部処理では，表 1.3 に示すような内部コマンドが用いられます．例えば，「1.11　文書の表題・概要を記述したい」で述べた「表題などの登録」→「\maketitle での出力」という流れは，「\title の引数を \@title に保存」→「その \@title を \maketitle で使用」ということです（\author なども同様に取り扱われます）．そこで，表題部分などの体裁を変更するときには，\@maketitle（あるいは \maketitle 自身）の定義中の \@title などに適用されている書体変更コマンドなどを適宜取り換えたり，その前後に入っている空白を調整したりするとよいわけです（書体変更については「3.9　書体を変更したい (1)——属性レベルでの変更」を，空白の調整については「3.4　空白を入れたい」を参照してください）．

表 1.3 ● \maketitle に関係して用いられる内部コマンド

コマンド	意味
\@maketitle	titlepage クラスオプション非適用時に表題部分の出力処理を実際に行うコマンド
\@title	\title で与えた表題を保存している
\@author	\author で与えた著者リストを保存している
\@date	\date で与えた日付を保存している．\date を用いない場合には「\today」になる

■ \@maketitle の実例

　ファイル jarticle.cls での，\@maketitle の定義（ただし，titlepage オプション非適用時の定義）を引用します（コメントは筆者によります）．

```
\def\@maketitle{%%%  \def もコマンドの定義を行うコマンド
    \newpage%%%    表題の前に何か書いてあれば，改ページ（3.2 節参照）
    \null%%%       次の \vskip による空白が失われないようにするためのダミー
    \vskip 2em%%% 表題部分の前に 2 em 分の空白を追加
    \begin{center}%%% 表題部分は中央寄せ（5.1 節参照）
    \let\footnote\thanks%%%  表題部分の脚注（7.1 節参照）は \thanks と同じ
    {\LARGE \@title \par}%%%  表題部分の文字サイズは \LARGE（3.8 節参照）
                        %%%  \par は改段落のコマンド（3.1 節参照）
    \vskip 1.5em%%%        1.5 em 分の空白を追加
    {\large%%%            著者リスト部分の文字サイズは \large
     \lineskip .5em%%%    個々の行が近づきすぎないようにするための補正
     \begin{tabular}[t]{c}%%% 表（tabular 環境）は第 8 章で扱います．
       \@author%%%         著者リストの出力
     \end{tabular}\par}%
```

046

```
\vskip 1em%%%        1 em 分の空白を追加
{\large \@date}%%%   日付部分の文字サイズは \large
\end{center}%%%      中央寄せ部分の終わり
\par
\vskip 1.5em}%%%     表題部分の後に 1.5 em 分の空白を追加
```

■ \@maketitle の簡単なカスタマイズ例

「\@title に『\title で与えた表題』が保存されている」といったことに注意すると，上記の \@maketitle に対して次のようなカスタマイズができます．

- center 環境を flushleft 環境（左寄せにする環境，5.1 節参照）に変更すると，表題部分が左寄せになります．この場合，\@author を取り囲む tabular 環境を用いるのを取り止めてもよいでしょう．
- 「\LARGE」のところを変更すれば表題の文字サイズを変更できますし，その「\LARGE」の直後に \bfseries（太字にするコマンド，3.9 節参照）を入れると，表題が太字（あるいはゴシック体）で表記されます．

さらに凝ったカスタマイズ例は『LaTeX 2_ε 標準コマンド ポケットリファレンス』[11] の 25 ～26 ページなどに見ることができます．

■ \thanks による注釈文・注釈記号の体裁の変更

\thanks による注釈は，実は，脚注（7.1 節参照）に関係するコマンドを利用して処理されています．したがって，\thanks による注釈文・注釈記号の体裁は脚注の場合とほぼ同様にカスタマイズできます．ただし，\maketitle の処理の中で \thefootnote が再定義されているので，そこにさらに手を加えることになるといった点が面倒なところです．例えば，注釈の番号の形式を，「†1」，「†2」，……という形式にするには，文書クラスが jarticle（titlepage オプション非適用時）だとすると，下記のファイル jarticle.cls における \maketitle の定義（titlepage オプション非適用時に対応するほう）の中の「\fnsymbol{footnote}」のところを「\dag\arabic{footnote}」に変更するという方法が使えます（\fnsymbol, \arabic については本章末のコラムを参照してください）．

```
\newcommand{\maketitle}{\par
  \begingroup
    \renewcommand{\thefootnote}{\fnsymbol{footnote}}%
    %%% \thefootnote は脚注番号を文字列化して出力するコマンド
    %%% （後略）
```

1 LᴬTᴇX 文書の大枠の設定

1.13 ソースファイルを複数に分割したい

- 一般の LᴬTᴇX 文書の断片を読み込むには \input が使えます.
- ソースファイルを「章」といった大きな区分ごとに分割したときの個々の区分を読み込むには \include が使えます.

■ \input を用いる場合

\input を「\input{〈ファイル名〉}」という形式で用いると, その場所で「〈ファイル名〉」で指定されたファイルが読み込まれます. なお, \input で読み込むファイルの名称の拡張子が「.tex」である場合には, 拡張子を省略できます (「\input{sub.tex}」の代わりに「\input{sub}」と書いても構いません).

■例：ファイル main.tex からファイル sub.tex を読み込む場合（出力例ではフッタは省略）

● main.tex

```
\documentclass{jarticle}
\begin{document}
サンプル文書です.

\input{sub.tex}
\end{document}
```

● sub.tex

```
別のファイルを読み込みます.
```

●ファイル main.tex のタイプセット結果

サンプル文書です.
別のファイルを読み込みます.

■ \include を用いる場合

\include を用いる場合には, 文書の本文 (document 環境の中身) を「強制的な改ページで区切られる, 意味上の大きなまとまり」ごと (例えば, \chapter ごと) に分割して別々のファイルにして, それらを \include で読み込みます. ただし, \include で読み込ませるファイルの名称の拡張子は必ず「.tex」で, \include の引数には「ファイル名の拡張子を

除いたもの」を与えます.

例えば，序文をファイル chap0.tex に記述し，第1章〜第3章をそれぞれファイル chap1.tex，chap2.tex，chap3.tex に記述した文書の場合，次のようにしてひとつの文書にまとめあげることができます.

```
\documentclass{jbook}
\begin{document}
\frontmatter%%%      前付け部分の開始（1.10節参照）
\include{chap0}%%%   序文
\tableofcontents%%%  目次（12.1節参照）

\mainmatter%%%       本文部分の開始（1.10節参照）
\include{chap1}%%%   第1章
\include{chap2}%%%   第2章
\include{chap3}%%%   第3章
\end{document}
```

\include を用いた場合，\include 自身が強制改ページ（\clearpage，3.2節参照）を行います．したがって，\include で読み込ませるファイルの中身はもともと強制改ページで区切られているような部分にすることになります.

■ \include で読み込むファイルの選択

\include で読み込むファイルのどれを読み込むかを \includeonly というコマンドをプリアンブルで用いて，次の形式で指定できます.

> \includeonly{〈読み込ませるファイル名（\includeの引数）のコンマ区切りリスト〉}

例えば，上記の例の場合，プリアンブルに「\includeonly{chap1,chap2}」という記述を入れてタイプセットすると，目次と第1章，第2章のみが出力されます（目次部分は \include で読み込んでいるわけではないので，\includeonly の影響を受けません）.

■ \input などで読み込んだファイルの中で別のファイルを読み込む場合

\input，\include で読み込まれるファイルの中でさらに別のファイルを \input で読み込んでも構いません（ただし，あまりにも読み込みのネストが深くなるとエラーが生じます）.一方，\include で読み込まれるファイルの中で別のファイルを \include で読み込むことはできません.

1 LaTeX 文書の大枠の設定

1.14 トンボを付けたい

pLaTeX の標準的に利用できるクラスファイルを用いた場合には，tombo, tombow とい
うクラスオプションを指定すると，トンボ付きの出力が得られます．また，gentombow
パッケージでもトンボ付きの出力が実現されます．

■トンボとは

「トンボ」とは，図 1.2 (a) の周辺部に見られるような，紙面の寸法を現す目印です（なお，
この図では，紙面に相当する範囲に網掛けを行っていますが，実際の出力においては網掛け
は行われません）．また，トンボと紙面との位置関係は図 1.2 (b) のようになっています．ト
ンボ自体は紙面から少し離れた位置に表示されていることに注意してください．

■ pLaTeX 使用時のトンボ

pLaTeX 用のクラスファイルにはたいてい tombo あるいは tombow というクラスオプション
が用意されており，これらのクラスオプションを適用するとトンボ付き出力が得られます．
なお，tombo オプションは単にトンボを付けるのみですが，tombow オプションの場合はト
ンボに加え「ファイル名およびタイプセット日時」といった情報をトンボ部分に添えて出力
することが一般的です．例えば，図 1.2 (a) は次の文書をタイプセットしたときの出力です．

```
\documentclass[tombow]{jarticle}%%% tombow オプションを指定
\begin{document}
これは，トンボ付き出力のサンプルです．
これは，トンボ付き出力のサンプルです．
%%% 以下，上記の文の繰り返し
\end{document}
```

■トンボ付き出力時の紙面サイズの設定

トンボ付きの出力を行う場合，文書側で想定している紙面の外部にトンボが描かれます．
そのため，例えば，文書自体が B5 判のときにトンボを付けたら，トンボ付き出力の全体は
A4 判で出力するという具合に，文書側で想定しているよりも大きなサイズの用紙に出力する
必要があります．

この点は充分に新しい graphicx パッケージなどによって紙面サイズが設定されるときなど
に問題になることがあり，そのような場合には「graphicx パッケージなどに nosetpagesize
オプションを指定し，紙面サイズの設定をやめる」「トンボ込みの紙面サイズをユーザーが
直接指定」「gentombow パッケージ（後述）を使用」といった対処法を用いてください．な

050

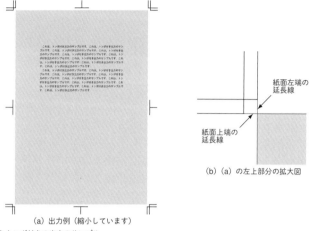

(a) 出力例（縮小しています）

(b) (a) の左上部分の拡大図

図 1.2 ● トンボ付きの出力のサンプル

お，graphicx パッケージなどで紙面サイズが設定される場合，\stockwidth（「実際の」紙面幅），\stockheight（「実際の」紙面高さ）という寸法が定義されているとそれらの値を紙面サイズとして使用します．例えば，「トンボ付き B5 判」を A4 用紙に出力するときには，次のように記述できます．

```
\documentclass[tombow,b5paper]{jarticle}
\newdimen\stockwidth   %%% jarticle.cls クラスファイルでは用意されていない
\newdimen\stockheight  %%% ので，ユーザー自身で定義
\setlength{\stockwidth}{210mm}%%% A4 判の寸法を設定
\setlength{\stockheight}{297mm}
\usepackage[dvipdfmx]{graphicx}
\begin{document}
%%% 後略
```

■ gentombow パッケージ

tombo・tombow クラスオプションを持たないクラスファイルを用いる場合などには，gentombow パッケージが利用できます．このパッケージをプリアンブルで「\usepackage{gentombow}」のように読み込むだけで，図 1.2 (a) と同様のトンボが得られます．

▶ 注意　トンボ付きの出力の全体の出力位置を調整したいときには，\hoffset，\voffset という寸法（図 1.1 参照）を変更してください．　□

1 LATEX 文書の大枠の設定

●コラム● ［LATEX のカウンタの出力形式］

「〈cntname〉」という名称の LATEX のカウンタがあるとき，このカウンタの値を文字
列化して出力するコマンドは\the〈cntname〉です．例えば，ページ番号を数えている
カウンタの名称は page なので，ページ番号の形式は \thepage で与えられます（実
際には，ヘッダやフッタにページ番号を出力する際にページ番号部分に装飾が加わる
ことがあります）．実際，（\frontmatter，\mainmatter のようなページ番号の形
式に影響を与えるコマンドを用いていない場合）プリアンブルで「\renewcommand
{\thepage}{\Roman{page}}」のように \thepage を再定義すると，ページ番号が
大文字のローマ数字で出力されるようになります．ここで用いた「\Roman」は LATEX
のカウンタの値を文字列化するコマンドのひとつで，LATEX では表 1.4 に挙げるコマン
ドが用意されています．

表 1.4 ● LATEX のカウンタの値を文字列化して出力するコマンド

記述	意味
\arabic{〈cntname〉}	カウンタ 〈cntname〉 の値を 10 進表記（1, 2, ……）で出力
\roman{〈cntname〉}	カウンタ 〈cntname〉 の値を小文字のローマ数字（i, ii, ……）で出力 注1
\Roman{〈cntname〉}	カウンタ 〈cntname〉 の値を大文字のローマ数字（I, II, ……）で出力 注1
\alph{〈cntname〉}	カウンタ 〈cntname〉 の値を小文字のアルファベット（a, b, ……）で出力 注2
\Alph{〈cntname〉}	カウンタ 〈cntname〉 の値を大文字のアルファベット（A, B, ……）で出力 注2
\fnsymbol{〈cntname〉}	カウンタ 〈cntname〉 の値が 1 以上 9 以下のとき，記号「＊」，「†」，「‡」，「§」，「¶」，「‖」，「＊＊」，「††」，「‡‡」で出力 注3
\Kanji{〈cntname〉}	カウンタ 〈cntname〉 の値を漢数字（一，二，……）で出力 注4（pLATEX 専用，要 plext パッケージ）

注 1：カウンタ 〈cntname〉 の値が 0 以下なら何も出力しません．
注 2：カウンタ 〈cntname〉 の値が負または 27 以上のときにはエラーが生じます（0 なら何も出力しません）．
注 3：カウンタ 〈cntname〉 の値が負または 10 以上のときにはエラーが生じます（0 なら何も出力しません）．
注 4：カウンタ 〈cntname〉 の値が 0 以下なら何も出力しません．また，10 以上の場合は「一〇」，「一一」，……という形式になります（ただし，漢数字表記に用いる「一」などの文字は変更可能です）．

表 1.5 ● 表 1.4 のコマンドに付随する，整数の値を文字列化して出力するコマンド

記述	意味
\@arabic{〈number〉}	整数 〈number〉 の値を 10 進表記で出力
\@roman{〈number〉}	整数 〈number〉 の値を小文字のローマ数字で出力
\@Roman{〈number〉}	整数 〈number〉 の値を大文字のローマ数字で出力
\@alph{〈number〉}	整数 〈number〉 の値を小文字のアルファベットで出力
\@Alph{〈number〉}	整数 〈number〉 の値を大文字のアルファベットで出力
\@fnsymbol{〈number〉}	整数 〈number〉 の値が 1 以上 9 以下のとき \fnsymbol と同じ形式で出力
\@Kanji{〈number〉}	整数 〈number〉 の値を漢数字で出力（pLATEX 専用，要 plext パッケージ）

文字列化可能な値の範囲については，表 1.4 の注を参照してください．

2: 見出しと柱の設定

2.1	見出しを記述したい	054
2.2	見出しの番号を変更したい	056
2.3	見出しの番号付けの有無を変更したい	058
2.4	見出しの直後での字下げの有無を変更したい	060
2.5	見出しの体裁を変更したい (1)—— \part・\chapter の場合	062
2.6	見出しの体裁を変更したい (2)—— \section 以下の場合	064
2.7	ヘッダ・フッタの形式を変更したい	066
2.8	ヘッダ・フッタにユーザー独自の形式を用いたい (1)——ユーザー自身でカスタマイズする場合	068
2.9	ヘッダ・フッタにユーザー独自の形式を用いたい (2)—— fancyhdr パッケージを用いる場合	070
2.10	ヘッダ・フッタに載せる項目を調整したい	072
2.11	ページの背景に文字列を入れたい	074
2.12	ページの背景に画像を入れたい	076
2.13	ツメを付けたい	078

2 見出しと柱の設定

2.1 見出しを記述したい

「章」,「節」といった見出しの水準に応じて \chapter などのコマンドを用います.

■文書の構造に応じた見出しを作成するコマンド

jarticle などの汎用的な文書クラスで提供される見出し用のコマンドを表 2.1 に挙げます. ただし, \chapter は jbook などの大規模な文書を念頭に置いた文書クラスでのみ定義されます. また, それらのコマンドは次の形式で用います.

- 一般の見出し:〈見出し用コマンド〉[〈目次用見出し〉]{〈本文用見出し〉}
  「[〈目次用見出し〉]」を省略した場合は,〈目次用見出し〉=〈本文用見出し〉として扱われます.
- 見出しに番号を付けない場合:〈見出し用コマンド〉*{〈本文用見出し〉}

■ fragile なコマンドと「動く引数」

\section などの見出し文字列は目次(第 12 章参照)などにも用いられ, 本文中の見出しとは異なる箇所にも出力されます. そのような引数は「動く引数」と呼ばれます. また, 動く引数の中で用いるとエラーが生じるコマンドは「fragile なコマンド」と呼ばれ, それらを動く引数の中で用いる際には \protect を前置して保護します. 最近の LaTeX ではそのような保護を必要とするコマンドは少ないのですが, 古くからあるパッケージが提供するコマンドを使用する場合(あるいは LaTeX 自体が古い場合)には注意が必要です. なお, fragile でないコマンドは「robust なコマンド」と呼ばれます.

■目次用見出しを用いる場合

本文用の見出しには, 本文でしか用いないような体裁の調節用のコマンド(例えば, 強制改行を行う \\(3.1 節参照))が含まれることがあります. そのような場合には, \section などのコマンドのオプション引数を用いて目次用の見出しを本文用の見出しとは別に与えます. なお, \section などに「*」を付けた場合は目次などに載らないので, 通常は「*」を付けたときにオプション引数を与えることはできません(目次は第 12 章で扱います). また, \section などのオプション引数は柱(本文部分の外側に載せる小見出し)としても用いられます.

表 2.1 ● 見出しを作成するコマンドの典型例

コマンド	意味合い	レベル	コマンド	意味合い	レベル	コマンド	意味合い	レベル
\part	部	−1	\subsection	小節，項	2	\paragraph	段落	4
\chapter	章	0	\subsubsection	小小節	3	\subparagraph	小段落	5
\section	節	1						

■**見出しの番号のリセットのされ方**

表 2.1 のコマンドのうち \part 以外のものは，自らの「レベル」より大きな「レベル」に対応するコマンドによる見出しの番号をリセットします．

■**例（文書クラスには jarticle を使用）**

```
\section{サンプル}
\subsection{小見出し}
\section{サンプル2}
\subsection{小見出し2}
\subsubsection{下位の見出し}
\subsection*{小見出し3}%%% 番号を付けない場合
\section{サンプル3}
\subsubsection{下位の見出し2}
```

1　サンプル

1.1　小見出し

2　サンプル 2

2.1　小見出し 2

2.1.1　下位の見出し

小見出し 3

3　サンプル 3

3.0.1　下位の見出し 2

▶ 注意　LaTeX の古い版では，この例の最後の \subsubsection の番号が「3.0.1」ではなく「3.0.2」となります．そのような場合に，この例の最後の \subsubsection の番号を「3.0.1」にするには，この見出しの番号を数えるカウンタ subsubsection の値を直接変更します（詳しくは「2.2　見出しの番号を変更したい」で説明します）．　　　　　　　　　　　　□

055

2 見出しと柱の設定

2.2 見出しの番号を変更したい

見出し用コマンドに対応するカウンタの値・出力形式を変更します.

■見出しの番号を数えているカウンタ

\section などによる見出しの番号を数えているカウンタを表 2.2 に挙げます. それらの
カウンタの値を変更すれば, 見出しの番号を変更できます. また, 見出しの番号の形式を変
更するには, 基本的にはそれらのカウンタの値を文字列化するコマンド（例えば, カウンタ
section に対する \thesection）を再定義します（第 1 章末のコラムも参照してください).

■例 1：見出しの番号の数値を変更（文書クラスには jarticle を使用）

```
\section{サンプル}
\setcounter{section}{2}%%% この時点でのカウンタ section の値を 2 にしたの
\section{サンプル2}%%%     で, 次の \section では番号がさらに 1 増えます.
```

1　サンプル

3　サンプル 2

■例 2：見出しの番号の形式を変更（文書クラスには jarticle を使用）

```
\renewcommand{\thesubsection}{\thesection-\Roman{subsection}}
%%% \subsection の番号は「\section の番号 ＋ ハイフン ＋I, II, ……」の形式
\section{大見出し}
\subsection{小見出し1}
\subsection{小見出し2}
```

1　　大見出し

1-I　　小見出し 1

1-II　　小見出し 2

■ \thesection などの再定義ではうまくいかない場合

\thesection などのカウンタの値を文字列化するコマンドが与える文字列などは相互参照
（第 11 章参照）の際にも用いられます. したがって, 見出しでの番号の形式に「相互参照の

表 2.2 ● 見出しの番号を数えるカウンタ

見出しコマンド	カウンタ	見出しコマンド	カウンタ	見出しコマンド	カウンタ
\part	part	\subsection	subsection	\paragraph	paragraph
\chapter	chapter	\subsubsection	subsubsection	\subparagraph	subparagraph
\section	section				

際には不要となる装飾」がある場合には，その装飾部分は \thesection などに含めること
ができません．そのような装飾を導入する方法は，基本的には次の 2 通りです．

- \@startsection を用いて定義されている見出しコマンド（例えば，汎用のクラスファイルでの \section）の場合：\@seccntformat を再定義するか，その見出しコマンドを \chapter などに準じて再定義します．
- それ以外の見出しコマンド（例えば，汎用のクラスファイルでの \chapter）の場合：その見出しコマンドの処理の中で \thechapter などが現れている箇所を探し，その周囲を直接変更します．ファイル jbook.cls などでは，\@makechapterhead や \@part の定義の中で \thechapter や \thepart が用いられています（2.5 節参照）．

■例 3：\section, \subsection などの番号に一律にピリオドを追加

```
\documentclass{jarticle}
\makeatletter
\def\@seccntformat#1{\csname the#1\endcsname.\quad}
%%% 引数 #1 はカウンタ名（section など）
\makeatother
%%% ファイル latex.ltx にあるオリジナルの定義にピリオドを追加しました．
%%% 「\csname〈文字列〉\endcsname」はコマンド「\〈文字列〉」になります．
\begin{document}
\section{大見出し}
\subsection{小見出し}
\end{document}
```

1. 大見出し
1.1. 小見出し

この例と単に「\renewcommand{\thesection}{\arabic{section}.}」とした場合と
を比較してみるのもよいでしょう（\section の番号を相互参照した箇所に相違が生じます）．

057

2　見出しと柱の設定

2.3　見出しの番号付けの有無を変更したい

- 番号が付く見出しの水準の変更には，カウンタ secnumdepth の値を変更します．
- 一時的に番号を消す場合には，見出し用のコマンドに「*」を付けます．

■見出しのレベルと secnumdepth カウンタ

\section などの見出し用コマンドには，そのコマンドでの見出しに番号が付くかどうかに関係する「見出しのレベル」という値が与えられています（表 2.3 参照）．その見出しのレベルの値がカウンタ secnumdepth の値を超えないときに，見出しに番号が付きます．つまり，「どのレベルの見出しにまで番号が付くか」を変更するには，カウンタ secnumdepth の値を変更すればよいわけです．

■例 1：番号が付く見出しのレベルを変更（文書クラスには jarticle を使用）

```
\setcounter{secnumdepth}{2}%%% カウンタ secnumdepth の値を変更
\section{大見出し}
\subsection{小見出し}
\subsubsection{さらに下位の見出し}
```

1　大見出し
1.1　小見出し
さらに下位の見出し

●例 1 の「\setcounter{secnumdepth}{2}」を用いない場合の出力（比較用）

1　大見出し
1.1　小見出し
1.1.1　さらに下位の見出し

■見出しの番号の有無を一時的に変更する場合

- 番号が付かないようなレベルの見出しに番号を一時的に付ける場合：カウンタ secnumdepth の値を一時的に大きくしてから見出しを記述し，その後カウンタ secnumdepth の値を元に戻します．

表 2.3 ● 見出し用のコマンドと見出しのレベルの一般的な値

コマンド	見出しのレベル	コマンド	見出しのレベル	コマンド	見出しのレベル
\part	―1	\subsection	2	\paragraph	4
\chapter	0	\subsubsection	3	\subparagraph	5
\section	1				

- 番号が付くようなレベルの見出しの番号を一時的に消す場合：基本的には，見出し用のコマンドに「*」を付けます．

これらのうち，見出しコマンドに「*」を付けて番号を消す場合については「2.1 見出しを記述したい」の例を参照してください．

■例 2：カウンタ secnumdepth の値の変更・復元を行う場合（文書クラスは jarticle を使用）

```
\section{大見出し}
\subsection{小見出し}
\subsubsection{さらに下位の見出し}
\xdef\savedsecnumdepth{\arabic{secnumdepth}}
%%% ↑カウンタ secnumdepth の値を 10 進表記したものを保存
\setcounter{secnumdepth}{4}%%% \paragraph まで番号が出力されるように変更
\paragraph{例外的な見出し}
\setcounter{secnumdepth}{\savedsecnumdepth}%%% secnumdepth の値を復元
\paragraph{例外的な見出し2}%%% デフォルトでは \paragraph は番号なし
```

1 大見出し

1.1 小見出し

1.1.1 さらに下位の見出し

1.1.1.1 例外的な見出し

例外的な見出し 2

2　見出しと柱の設定

2.4　見出しの直後での字下げの有無を変更したい

- indentfirst パッケージが使えます.
- 見出しの種類ごとに字下げの有無を設定するには，\section などの各見出しコマンドを再定義（例えば，\@startsection の引数を調整）します.

■ indentfirst パッケージ

　オリジナルの LaTeX が提供する article などの文書クラスでは，\section などの見出しの直後の最初の段落の先頭では字下げが行われません（ただし，2 段組時にはごく一部の例外があります）．それを変更して個々の見出しの直後でも段落の先頭の字下げが行われるようにするには indentfirst パッケージを用います.

■例：indentfirst パッケージを適用した場合

```
\documentclass{article}
\usepackage{indentfirst}
\begin{document}
\section{Sample}
This sample shows the effect of the indentfirst package.
\end{document}
```

1　Sample

　　This sample shows the effect of the indentfirst package.

●今の例において indentfirst パッケージを用いない場合の出力（比較用）

1　Sample

This sample shows the effect of the indentfirst package.

■ indentfirst パッケージの中身

indentfirst パッケージの中身は実質的には次の 2 行の記述です.

```
\let\@afterindentfalse\@afterindenttrue
\@afterindenttrue
```

そこで，indentfirst パッケージとは逆に，デフォルトでは見出しの直後での字下げを行うような文書クラスを用いているときにその字下げを一律に取り止めるには，上記の記述の逆（「false」と「true」を入れ換える），すなわち次の2行の記述をプリアンブルに入れます．

```
\let\@afterindenttrue\@afterindentfalse
\@afterindentfalse
```

■見出しの直後での字下げの有無を見出しの種類ごとに設定する場合

- \@startsection を用いて定義されている見出しコマンド（例えば，汎用のクラスファイルでの \section）の場合：\@startsection の第4引数の符号が見出しの直後での字下げの有無に関わるので，その引数を適宜変更します（2.6節参照）．
- それ以外の見出しコマンド（例えば，汎用のクラスファイルでの \chapter）の場合：その見出しコマンドの処理の中の \@afterindenttrue または \@afterindentfalse の「true」，「false」を適宜変更します．なお，それらの意味は次のとおりです．
  - \@afterindenttrue：見出しの直後の段落の先頭での字下げを行います．
  - \@afterindentfalse：見出しの直後の段落の先頭での字下げを抑制します．

■例：ファイル book.cls における \chapter の場合

ファイル book.cls には次の定義があります．

```
\newcommand\chapter{%
  \if@openright\cleardoublepage\else\clearpage\fi
  \thispagestyle{plain}%
  \global\@topnum\z@
  \@afterindentfalse%%%                                    (*)
  \secdef\@chapter\@schapter}
```

ここで重要なのは (*) の行にある \@afterindentfalse で，この指定により（1段組のときの）\chapter の見出しの直後での字下げが抑制されています．そこで，文書クラスが book の（1段組）文書のプリアンブルで \chapter を再定義してその \@afterindentfalse を \@afterindenttrue に書き換えると，\chapter の見出しの直後でも字下げが行われます．

▶注意 \@afterindenttrue，\@afterindentfalse のどちらも用いられていない場合には，それらを導入します．その際，見出しの出力処理の後で \@afterheading が用いられていなければ \@afterheading を追加してください．実際，「\@afterindenttrue または \@afterindentfalse」と \@afterheading は対にして用いられます．　　□

2 見出しと柱の設定

2.5 見出しの体裁を変更したい (1) —— \part・\chapter の場合

見出し部分を作成するコマンドの \@makechapterhead などを再定義します.

■ **汎用的なクラスファイルでの \part, \chapter の定義のされ方**

汎用的なクラスファイルでは \chapter や \part の定義は一般に次の形をしています.

```
\newcommand⟨\part または \chapter⟩{%
    ⟨\clearpage, \cleardoublepage (3.2 節参照) による改ページ⟩
    ⟨ページスタイル (2.7 節参照) などの設定⟩
    \secdef⟨*なしのときに実行するコマンド⟩⟨*付きのときに実行するコマンド⟩}
```

したがって, \part, \chapter で単に改ページするかそれとも奇数ページで開始するよう
にするかといった点の変更は \chapter などの定義の冒頭の変更で可能です. なお, \secdef
の直後にある 2 個のコマンドは, 次の形式で用いることを念頭に置いています (2.1 節参照).

```
⟨*なしのときに実行するコマンド⟩[⟨目次用見出し⟩]{⟨本文用見出し⟩}
⟨*付きのときに実行するコマンド⟩{⟨本文用見出し⟩}
```

■ **\chapter の場合**

多くのクラスファイルでの \chapter の定義の末尾は「\secdef\@chapter\@schapter」
となっていて, \chapter に「*」を付けないときには \@chapter が実行されることがわか
ります. その \@chapter の定義はいささか複雑ですが, 次のように整理できます.

```
\def\@chapter[#1]#2{%%% #1: ⟨目次用見出し⟩, #2: ⟨本文用見出し⟩
    ⟨カウンタ chapter の更新や目次項目の設定 (12.3 節参照)⟩
    \chaptermark{#1}%%% 柱に載せる (可能性のある) 項目の更新 (2.10 節参照)
    ⟨\@makechapterhead{#2} を含む記述⟩   ⟨\@afterheading など⟩}
```

ここで重要なのは本文用見出しを含む「\@makechapterhead{#2}」のところです. ここ
に現れた \@makechapterhead が見出し部分を実際に整形する処理を行います.

一方,「*」付きの場合の \@schapter の定義は次のように整理できます.

```
\def\@schapter#1{%%% #1: ⟨本文用見出し⟩
    ⟨\@makeschapterhead{#1} を含む記述⟩   ⟨\@afterheading など⟩}
```

ここでも本文用見出しを引数にとる \@makeschapterhead が見出しの整形を行っています.
　以上のことから，\chapter の見出しの体裁を変更するには，\@makechapterhead,
\@makeschapterhead を再定義するのが基本的だとわかります.

■**カスタマイズ例（出力例は「\chapter{章見出しのカスタマイズ}」に対する見出し）**

```
\renewcommand\@makechapterhead[1]{%%% #1: 〈見出し文字列〉
    \vspace*{2\baselineskip}%%% 見出しの上側に追加する空白量
    \noindent {\Large\bfseries 第{\Huge \thechapter}章\\ #1\par}%
    \vspace*{3\baselineskip}}%%% 見出しの下側に追加する空白量
\renewcommand\@makeschapterhead[1]{%%% #1: 〈見出し文字列〉
    \vspace*{2\baselineskip}%
    \noindent {\Large\bfseries #1\par}%
    \vspace*{3\baselineskip}}
```

第 1 章
章見出しのカスタマイズ

　実在するクラスファイルでの \@makechapterhead などの定義でも，この例と同様に「見
出しの文字サイズ・書体の設定」と「見出しの上下の空白の設定」が主な処理になっています.
また，文字列「第」,「章」などを直接書き込む代わりに \@chapapp, \@chappos というコマ
ンドが用いられていることがあります. そのようにしておくと，付録部分では \@chapapp,
\@chappos を再定義することで章番号の前後に置く文字列を変更できて好都合です.

■ **\part の場合**
　\part の場合はやはり「\secdef\@part\@spart」という具合に処理を分岐させることが
一般的です. そして，\@part, \@spart の定義は次のように整理できます.

```
\def\@part[#1]#2{%%% #1: 〈目次用見出し〉, #2: 〈本文用見出し〉
    〈カウンタ part の更新や目次項目の設定〉
    \markboth{}{}%%% 柱のリセット
    〈見出し部分の記述〉 〈改ページなどの後処理〉}
\def\@spart#1{%%% #1: 〈本文用見出し〉
    〈見出し部分の記述〉 〈改ページなどの後処理〉}
```

　そこで，\part の見出し部分の体裁を変更するには，\@part などの定義中の見出し文字
列の周囲の空白量や書体変更コマンドなどを適宜変更すればよいわけです.

063

2 見出しと柱の設定

2.6 見出しの体裁を変更したい (2) —— \section 以下の場合

\@startsection の引数を変更します.

■ \@startsection コマンド

\@startsection は,各種の見出しコマンドの定義の中で次の形式で用いられます.

\@startsection{⟨名称⟩}{⟨レベル⟩}{⟨字下げ量⟩}
　　{⟨見出しの前の空白量⟩}{⟨見出しの後の空白量⟩}{⟨見出しの書体など⟩}

\@startsection の各引数の意味は次のとおりです.

- ⟨名称⟩:見出しの番号を数えるカウンタの名称を表す文字列です.通常,見出し用の コマンドの名称から「\」を取り除いたものになります.
- ⟨レベル⟩:見出しのレベルを表す整数です(表 2.3 参照).
- ⟨字下げ量⟩:見出し部分の字下げ量です.
- ⟨見出しの前の空白量⟩:見出しの前に追加する空白量を表すグルー(伸縮度付きの寸法) です.この引数の値を g とすると,g の自然な長さの正負に応じて次のように扱われ ます.
    - ゼロ以上の場合:原則として,見出しの前に大きさが g の空白を追加します.見 出しの直後の段落の先頭の字下げを行います.
    - 負の場合:原則として,見出しの前に大きさが $-g$ の空白を追加します.見出し の直後の段落の先頭の字下げを抑制します.
- ⟨見出しの後の空白量⟩:見出しの後に追加する空白量を表すグルーです.この引数の値 を g とすると,g の自然な長さの正負に応じて次のように扱われます.
    - 正の場合:見出しの直後で改行し,見出しの後に大きさが g の空白を追加します.
    - ゼロ以下の場合:見出しの後で改行せず,後続のテキストを続けます.見出しと 後続のテキストとの間に大きさが $-g$ の空白を追加します.
- ⟨見出しの書体など⟩:見出し部分の文字サイズ・書体などの指定です(3.8, 3.9 節参照).

■ グルー

グルーというのは「伸縮度付きの寸法」で,一般には「⟨自然な長さ⟩ plus ⟨伸張度⟩ minus ⟨収縮度⟩」という形です(plus, minus の代わりに \@plus, \@minus と書かれることもあ ります).ただし,⟨自然な長さ⟩ は通常の(伸縮度なしの)寸法,⟨伸張度⟩ と ⟨収縮度⟩ は通常 の寸法または「係数 + fil, fill, filll」の形の「無限大」です.また,「plus ⟨伸張度⟩」,「minus

〈収縮度〉」は省略可能で，省略した項目はゼロになります．グルー $g = s$ plus s_+ minus s_-（s は寸法，s_+，s_- は寸法または無限大）については，次の 2 点に注意してください．

- s_- が寸法（有限の値）であるとき，大きさが g の空白が縮むときには $s - s_-$ までしか縮みません．一方，伸びるときにはたとえ s_+ が有限の大きさであってもいくらでも伸びます（ただし，伸びすぎるとアンダーフルが起こります）．

- グルー g の符号を変えたもの $-g$ は，自然な長さ，伸張度，収縮度のすべての符号を変えます．つまり $-g = -s$ plus $-s_+$ minus $-s_-$ となります．

■カスタマイズ例

例えば，ファイル jarticle.cls では \section は次のように定義されています．なお，\z@ は寸法 0 pt（または整数 0）のことで，\Cvs は行送りの基準値（のクラスファイル内で設定した時点での値）（1.4 節参照）です．

```
\newcommand{\section}{\@startsection{section}{1}{\z@}%
   {1.5\Cvs \@plus.5\Cvs \@minus.2\Cvs}%
   {.5\Cvs \@plus.3\Cvs}%
   {\reset@font\Large\bfseries}}% 書体・文字サイズの変更 (3.8, 3.9 節参照)
```

これを変更して，「字下げ量は 0 pt のままにする」，「見出しの上側には 1 行分の空白を追加」，「見出しの下側には空白を追加しない」，「文字サイズは \large に下げる（書体はオリジナルの定義の場合と同じ）」のようにするには，プリアンブルで次のように再定義します．

```
\renewcommand{\section}{\@startsection{section}{1}{\z@}%
   {1\Cvs}%%% 見出しの上の空白は 1 行分
   {1sp minus 2sp}%%% 見出しの下の空白はほぼゼロ
   {\reset@font\large\bfseries}}
```

\@startsection の最初の 2 個の引数（名称とレベル）は変更する必要はないことにも注意してください．また，この例では \@startsection の第 5 引数（見出しの後の空白）の自然な長さを文字どおりにゼロにするのではなく，1 sp（TEX における寸法の最小単位，1 pt = 65536 sp）にしている点にも注意してください．第 5 引数を文字どおりにゼロにすると，見出しの後で改行せずに後続のテキストが追い込まれてしまいます．

■ \@startsection の引数の変更では間に合わない場合

\@startsection の引数を変更するだけではできないような変更を行うときには，\section などを \chapter に準じて直接定義するとよいでしょう．

2 見出しと柱の設定

2.7 ヘッダ・フッタの形式を変更したい

\pagestyle, \thispagestyle コマンドを用いて，ページスタイルを変更します．

■ヘッダ・フッタとページスタイル

ページスタイルとはページのヘッダ・フッタの形式のことで，ページスタイルを設定するには \pagestyle, \thispagestyle というコマンドを次の形式で用います．

- ページスタイルの設定：\pagestyle{〈ページスタイル名〉}
- 現在のページだけページスタイルを変更：\thispagestyle{〈ページスタイル名〉}

また，標準的に利用できるページスタイルの例を表 2.4 に挙げます．

■例 1：headings ページスタイルの場合（フッタは空なので，出力例のフッタは省略）

```
\documentclass{jarticle}
\pagestyle{headings}%%% プリアンブルで指定しているので，文書全体に対する
\begin{document}%%%      ページスタイルの設定になります．
\section{ページスタイル}
ヘッダ・フッタの形式はページスタイルによって決まります．
\end{document}
```

> 1.　ページスタイル　　　　　　　　　　　　　　　　　　　　　　1
>
> **1　ページスタイル**
> ヘッダ・フッタの形式はページスタイルによって決まります．

● plain ページスタイルの場合（jarticle クラスのデフォルト設定）の出力（比較用）

> **1　ページスタイル**
> ヘッダ・フッタの形式はページスタイルによって決まります．
>
> 1

■ \thispagestyle を用いる場合

LaTeX のコマンドの中には自らが \thispagestyle コマンドを実行してページスタイルを一時的に変更するもの（例えば，\maketitle（1.11 節参照））があります．そのようなコマ

表 2.4 ● 標準的に利用できるページスタイル

名称	説明
empty	ヘッダ・フッタに何も出力しない
plain	ヘッダには何も出力せず, フッタにはページ番号のみを出力する. jarticle などの短い文書を念頭に置いた文書クラスでのデフォルトのページスタイル
headings	柱とページ番号を出力する. 多くの文書クラスでは, 柱・ページ番号はヘッダに出力される. また, \section などのうちのどのレベルの見出しを柱として用いるかは文書クラスに依存する. jbook などの大規模な文書を念頭に置いた文書クラスでのデフォルトのページスタイル
myheadings	ページ番号と「ユーザー自身で設定した柱」を出力する.

ンドの直後で \thispagestyle を用いると, 多くの場合, ユーザーの望むページスタイル (例えば, プリアンブルで \pagestyle で指定したスタイル) に上書き変更できます.

■ myheadings ページスタイル使用時の柱の設定

myheadings ページスタイルでの柱は \markboth というコマンドを次の形式で用いて指定します. ただし, oneside クラスオプション (jarticle などの短い文書用の文書クラスではこれがデフォルト) を用いた場合には, すべてのページに「奇数ページ用」の柱が用いられます.

```
\markboth{〈偶数ページ用の柱〉}{〈奇数ページ用の柱〉}
```

■ 例 2：myheadings ページスタイルの場合

```
\documentclass{jbook}
\pagestyle{myheadings}
\begin{document}
\markboth{偶数ページ用の柱}{奇数ページ用の柱}
1ページ目です. \newpage%% \newpage は強制改ページのコマンド (3.2 節参照)
2ページ目です.
\end{document}
```

● 1 ページ目

奇数ページ用の柱	1
1ページ目です.	

● 2 ページ目

2	偶数ページ用の柱
2ページ目です.	

2 見出しと柱の設定

2.8 ヘッダ・フッタにユーザー独自の形式を用いたい (1) —— ユーザー自身でカスタマイズする場合

\ps@⟨ページスタイル名⟩を定義・再定義します.

■ページスタイルの仕組み

ページスタイルは「\pagestyle{⟨スタイル名⟩}」のように指定しますが, 実はこのとき「\ps@⟨スタイル名⟩」というコマンドが実行されます. この\ps@⟨スタイル名⟩がヘッダ・フッタなどの形式を設定するコマンドです. また, \ps@⟨スタイル名⟩では, 原則として表 2.5 に挙げるコマンドを定義・再定義します (そのほかにも柱の設定などに関係するコマンドも導入します (2.10 節参照)). さらに, ヘッダなどで用いる柱とページ番号 (ノンブル) については, 表 2.6 に挙げる項目を押さえておけば基本的なカスタマイズには充分です.

■例 1：ページ番号に装飾を付ける場合

plain ページスタイルは「ヘッダなし」で「フッタの中央にページ番号」というスタイルですが, ページ番号部分は何の装飾もなしにページ番号だけになっています. それを, ページ番号の両側に「–」(「--」で出力できます (付録 A 参照)) を補った「– 1 –」の形式に変更するには, \ps@plain を次のように再定義します.

```
\renewcommand{\ps@plain}{%
    \let\@mkboth\@gobbletwo%%% 柱に載る項目の制御 (2.10 節参照)
    \let\ps@jpl@in\ps@plain%%% pLaTeX の場合 jpl@in ページスタイルも定義
    \renewcommand{\@oddhead}{}%%% ヘッダは空
    \renewcommand{\@evenhead}{}%
    %%% フッタの中央にページ番号 + 飾りを出力
    \renewcommand{\@oddfoot}{\hfill --\ \thepage\ --\hfill}%
    \renewcommand{\@evenfoot}{\hfill --\ \thepage\ --\hfill}}
```

ここで用いている \hfill, \␣ (空白を作成するコマンド) については「3.4 空白を入れたい」を参照してください. また, 定義中の「\let\ps@jpl@in\ps@plain」というのは「\ps@jpl@in = \ps@plain」(左辺に右辺を代入) ということで, 結局「jpl@in ページスタイルは plain ページスタイルと同じ」にしています. この jpl@in ページスタイルは, pLaTeX の文書クラス (jbook など) で各章の最初のページなどに適用されるページスタイルです.

▶ 注意　ページスタイルを再定義・新規定義したときには, 適宜 \pagestyle コマンドを用いてください. 例えば, 例 1 の再定義例を用いる場合, 単に \ps@plain を再定義するだけでな

068

表 2.5 ● ページスタイルの定義の中で設定される「ヘッダ」と「フッタ」

コマンド	説明
\@oddhead	奇数ページのヘッダ. ただし, oneside クラスオプション適用時には偶数ページのヘッダにも用いられる
\@evenhead	twoside クラスオプション適用時の偶数ページのヘッダ
\@oddfoot	奇数ページのフッタ. ただし, oneside クラスオプション適用時には偶数ページのフッタにも用いられる
\@evenfoot	twoside クラスオプション適用時の偶数ページのフッタ

表 2.6 ● ヘッダ・フッタの中で用いる「ページ番号」と「柱」

コマンド	説明
\thepage	ページ番号
\leftmark	偶数ページ用の柱. ただし, 通常は \@evenhead (あるいは \@evenfoot) の中で用いられるので, 結果的には twoside クラスオプション適用時に限り用いられる
\rightmark	奇数ページ用の柱. ただし, 通常は \@oddhead (あるいは \@oddfoot) の中で用いられるので, 結果的に, oneside クラスオプション適用時には全ページで用いられる

く, \ps@plain の再定義の後で「\pagestyle{plain}」を用いて「再定義後の \ps@plain を実行」し, \ps@plain の再定義結果を文書に反映させます. □

■例 2：ヘッダに下線を付ける場合

ヘッダに下線を付けるには, 下線を付けるコマンドの \underline (4.7 節参照) をヘッダ部 (\@oddhead, \@evenhead) で用います. ただ, 単純に「\underline{〈ヘッダ部の記述〉}」 としたのではヘッダ部の \hfill などが無視されてしまうので, 「\underline{\makebox [\textwidth][s]{〈ヘッダ部の記述〉}}」のようにヘッダ部の幅を \textwidth に固定して から (図 1.1 参照) 下線を付けます. 例えば, ファイル jbook.cls (twoside クラスオプショ ン適用時) での \ps@headings を再定義すると, 次のようになります.

```
\renewcommand{\ps@headings}{%
  \let\ps@jpl@in\ps@headnombre
  \renewcommand{\@oddfoot}{}%%% フッタは空
  \renewcommand{\@evenfoot}{}%
  \renewcommand{\@oddhead}{\underline{%
    \makebox[\textwidth][s]{{\rightmark}\hfill \thepage}}}%
  \renewcommand{\@evenhead}{\underline{%
    \makebox[\textwidth][s]{\thepage \hfill \leftmark}}}%
  〈\@mkboth, \chaptermark, \sectionmark の定義 (ファイル jbook.cls 参照)〉}
```

なお, ここで用いた \makebox (幅を指定した「箱」を作成できるコマンド) については 「4.10 均等割りを行いたい」を参照してください.

069

2 見出しと柱の設定

2.9 ヘッダ・フッタにユーザー独自の形式を用いたい (2) ── fancyhdr パッケージを用いる場合

fancyhdr パッケージが提供する各種のコマンドでヘッダ・フッタをカスタマイズできます.

■ fancyhdr パッケージの基本的な用法

文書全体のページスタイルを設定するには, まず, プリアンブルに次の記述を入れます.

```
\usepakcage{fancyhdr}
\pagestyle{fancy}
```

その後で, 表 2.7 に示すカスタマイズ用のコマンドを使用・設定します. 例えば,

```
\chead{〈文書のタイトル〉}
\cfoot{--\ \thepage\ --}
\renewcommand{\headrulewidth}{0pt}%% ヘッダの下に罫線を引かない場合
```

という設定では, ヘッダの中央に「〈文書のタイトル〉」が表示されます. また, フッタの中央にはページ番号が「− 1 −」の形式で表示されます. なお, \headrulewidth, \footrulewidth は \setlength で設定するのではなく \renewcommand で再定義します.

▶ 注意 fancyhdr パッケージを用いた場合, 次のような警告が生じることがあります.

```
Package Fancyhdr Warning: \headheight is too small (12.0pt):
  Make it at least 15.0pt.
```

その場合は, メッセージに従って寸法 \headheight の値を変更してください. また, 充分に新しい fancyhdr パッケージでは, 「偶数ページ用」のデータを

```
\lhead[〈偶数ページのヘッダ左端の文字列〉]{〈奇数ページのヘッダ左端の文字列〉}
```

のように与えることができます. 表 2.7 のほかのコマンド (\cfoot など) についても同様です. ただし, 偶数ページ用のデータは twoside クラスオプション指定時に限り有効です.　□

■ ヘッダ・フッタの詳細な設定

fancyhdr パッケージでは, ヘッダ・フッタを次の形式でも指定できます.

表 2.7 ● fancyhdr パッケージが提供する，ヘッダ・フッタのカスタマイズ用の基本的なコマンド

記述・コマンド	意味
\lhead{⟨text⟩}	⟨text⟩ をヘッダの左端に置く
\chead{⟨text⟩}	⟨text⟩ をヘッダの中央に置く
\rhead{⟨text⟩}	⟨text⟩ をヘッダの右端に置く
\lfoot{⟨text⟩}	⟨text⟩ をフッタの左端に置く
\cfoot{⟨text⟩}	⟨text⟩ をフッタの中央に置く

記述・コマンド	意味
\rfoot{⟨text⟩}	⟨text⟩ をフッタの右端に置く
\headrulewidth	ヘッダ部と本文を区切る罫線の太さ（デフォルト値：0.4pt）
\footrulewidth	フッタ部と本文を区切る罫線の太さ（デフォルト値：0pt）

```
\fancyhead[⟨位置指定⟩]{⟨ヘッダに載せる項目⟩}
\fancyfoot[⟨位置指定⟩]{⟨フッタに載せる項目⟩}
```

ここで，⟨位置指定⟩ には「l」（左側），「c」（中央），「r」（右側），「o」（奇数（odd）ページ），「e」（偶数（even）ページ）を組み合わせて表します（ただし，oneside クラスオプション適用時にはすべてのページに対して「奇数ページ用」の設定が用いられます）．例えば，「ol」は「奇数ページの左側」を意味します．「奇数ページの右側と偶数ページの左側」に出力する項目に対しては「or,el」のように位置指定をコンマ区切りで並べても構いません．なお，位置指定は大文字でも記述できます．また，「e」，「o」のどちらも用いなければ「すべてのページ」に対する指定になります．同様に，「l」，「c」，「r」のいずれも用いなければ「左右・中央のすべて」に対する指定となります．例えば，前節の例 2 のページスタイルと同様の設定にするには，ページスタイルを「fancy」スタイルにした後で次のように記述できます．

```
\fancyhead[or,el]{\thepage}
\fancyhead[ol]{\rightmark}  \fancyhead[er]{\leftmark}
\fancyfoot{}%%% フッタは常に空
%%% あと，必要に応じて \chaptermark などを定義します（2.10 節参照）．
```

■一般の名称のページスタイルも利用する場合

\fancypagestyle コマンドを用いて既存のページスタイルを再定義できます．例えば，前節の例 1 は fancyhdr パッケージ使用時には次のようにも記述できます．

```
\fancypagestyle{plain}{%%% 第 1 引数は（再）定義するページスタイルの名称
  \fancyhf{}%%% ヘッダ・フッタ項目の初期化
  \let\@markboth\@gobble \renewcommand{\headrulewidth}{0pt}%
  \fancyhead{}\fancyfoot[c]{--\ \thepage\ --}}
```

2　見出しと柱の設定

2.10　ヘッダ・フッタに載せる項目を調整したい

- 見出し項目を柱に設定するコマンドの \chaptermark などを再定義します.
- 柱に載せる項目を \markboth などを用いて直接指定できます.

■各種の見出しを柱として用いる仕組み

LATEX の枠組みの中で柱を設定するコマンドは \markboth と \markright で,それらは次の形式で用います. ただし,oneside クラスオプション適用時には,すべてのページに「奇数ページ用」の柱が用いられます. また,\markright は偶数ページ用の柱を変更しません.

```
\markboth{⟨偶数ページ用の柱⟩}{⟨奇数ページ用の柱⟩}
\markright{⟨奇数ページ用の柱⟩}
```

そこで,\section などの見出しを柱に用いるには,「\markboth または \markright を用いて見出しを柱に設定する」コマンドが要ります. 実際,LATEX はその目的のために「\sectionmark」などの「見出しコマンドに mark を追加した名称」のコマンドを用意しています. それらは,「\sectionmark{⟨\section の見出し⟩}」のように見出し文字列を引数とします(同様に,\chaptermark なども見出し文字列を引数にとります). 例えば,\section の見出し文字列を,\section の番号を添えたうえで奇数ページ用の柱に設定するには,\sectionmark を次のように定義します.

```
\renewcommand{\sectionmark}[1]{\markright{\thesection\quad #1}}
```

また,偶数ページ用の柱のみを設定するコマンドは用意されていないので,偶数ページ用の柱を設定するには \markboth を用います. 例えば,\chapter の見出しを,\chaper の番号を添えたうえで偶数ページ用の柱にするには,\chaptermark を次のように定義します.

```
\renewcommand{\chaptermark}[1]{\markboth{第\thechapter 章\quad #1}{}}
```

実在するクラスファイルでの \chaptermark などの定義は「番号が付くかどうか」(2.3 節参照)といった点を考慮しているためいくぶん複雑になっていますが,「\markboth または \markright を用いて柱を設定」という点には変わりはありません.

▶注意　今の \chaptermark の定義例では奇数ページ用の柱(\markboth の第 2 引数)を空にしていますが,たいていの場合それで構いません. 実際,偶数ページ用の柱に \chapter

の見出しが用いられているときには，奇数ページ用の柱には \section の見出しが用いられるという具合に，奇数ページ用の柱は偶数ページ用の柱よりも「下位」の項目になっていることが多く，その場合偶数ページ用の柱の設定の際に奇数ページ用の柱をリセットするのはむしろ自然です．なお，このような事情があるので「偶数ページ用の柱」，「奇数ページ用の柱」というよりも「上位の柱」，「下位の柱」というほうが妥当である場合もあります（実際，ヘッダに章見出しと節見出しの両方を載せる場合なども考えられます）．

■ページスタイルの定義の中で \sectionmark などを変更する場合

\sectionmark などは \ps@headings などの定義の中で再定義されることもあります．その場合，別のマクロの定義の中に文字「#」を書き込むときには「##」のように「#」を重ねて記述するという点に注意してください．例えば，先の \sectionmark の再定義例を \ps@headings の定義に入れるには次のようにします．

```
\renewcommand{\ps@headings}{%
   〈\@oddhead などの定義（2.8 節参照）〉
   \renewcommand{\sectionmark}[1]{%
      \markright{\thesection\quad ##1}}}%%「#」を「##」に変更
```

■ \@mkboth について

実在するクラスファイルでは，目次や索引などの見出しを柱に載せる際に \@mkboth というコマンドが用いられます．これは \markboth と同様に次の形式で用いられます．

```
\@mkboth{〈偶数ページ用の柱〉}{〈奇数ページ用の柱〉}
```

この \@mkboth が \markboth と同じ意味のときには \@mkboth の引数が柱として用いられ，\@mkboth が \@gobbletwo（2個の引数を単に無視するコマンド）と同じ意味のときには \@mkboth の引数は柱になりません．そこで，例えば \ps@plain の定義の中に「\let\@mkboth \@gobbletwo」という記述を含めておくと，plain ページスタイル適用時には \@mkboth の引数は無視されます（このようにページスタイルに応じて目次などの見出しを柱に載せるかどうかを切り換えることができるように \@mkboth が導入されています）．

■番号なしの見出しを柱として用いる場合

「\section*」のように見出しコマンドに「*」を付けた場合には，番号が付かないだけでなく，見出しは柱としては用いられません．そのような見出しを柱として用いるには，見出しの直後で \markboth または \markright を用いて手動で柱を設定してください．

2 見出しと柱の設定

2.11 ページの背景に文字列を入れたい

- 基本的には，背景文字列などを「ヘッダ」の一部として配置します．
- draftwatermark パッケージが利用できます．

■ページスタイルの仕組みを用いてページの背景を設定する方法

ページの背景に配置する文字列・画像は，ページのヘッダとして配置できます．例えば，plain ページスタイル（\ps@plain コマンド）をプリアンブルで次のように再定義すると，このページスタイルを適用したページは図 2.1 (a)のようになります．

```
\usepackage{calc,graphicx,color}
\renewcommand{\ps@plain}{%
   \let\ps@jpl@in\ps@plain \let\@mkboth\@gobbletwo
   \renewcommand{\@oddhead}{%
      \rlap{\raisebox{-\headsep-\textheight}[0pt][0pt]{%
         \parbox[b][\textheight][c]{\textwidth}{\centering
            \scalebox{5}{\textcolor[gray]{.7}{\textgt{部外秘}}}}}}%
      \hfill}%
   \let\@evenhead\@oddhead%%% \@evenhead = \@oddhead
   \renewcommand{\@oddfoot}{\hfil \thepage \hfil}%
   \renewcommand{\@evenfoot}{\hfil \thepage \hfil}}
```

ただし，この方法では，背景のあるページで用いられるページスタイルを**すべて**再定義する必要があります．なお，ここで用いた \raisebox などのコマンドについては 3～5 章で説明しています．\headsep などのページレイアウト・パラメータについては「1.6　上下左右の余白を設定したい」を参照してください．また，背景文字列・背景画像をフッタに入れることはできません．実際，フッタは本文部分の後から配置されるので，背景文字列・背景画像をフッタに入れると本文が背景で隠されます．

■ draftwatermark パッケージ

draftwatermark パッケージを用いるとページの背景文字列を容易に設定できます．（このパッケージは everypage パッケージも必要とします）．また，color パッケージ，graphicx パッケージを用いる場合にはそれらを draftwatermark パッケージよりも先に読み込んでください．

単に「\usepackage{draftwatermark}」のように読み込んでこのパッケージを用いた場合，図 2.1 (b)のように「DRAFT」という背景文字列が設定されます（ただし，この図では type1cm パッケージ（3.8 節参照）も併用して任意の文字サイズを利用できるようにしてい

(a) ページスタイルを用いた例 　　　　　　　(b) draftwatermark パッケージを用いた例

図 2.1 ● ページに背景文字列を設定した例

表 2.8 ● draftwatermark パッケージによる，背景文字の設定用のコマンド

記述	説明
\SetWatermarkAngle{⟨angle⟩}	背景文字列の回転角を ⟨angle⟩ 度にする（デフォルト値：45）
\SetWatermarkLightness{⟨gray-level⟩}	背景文字列のグレーの明るさを ⟨gray-level⟩（0 以上 1 以下の実数，1 が「白」で 0 が「黒」にする（デフォルト値：0.8）
\SetWatermarkFontSize{⟨size⟩}	背景文字列の文字サイズを ⟨size⟩ にする（デフォルト値：5cm）
\SetWatermarkScale{⟨scale⟩}	背景文字列の拡大率を ⟨scale⟩ にする（デフォルト値：1）
\SetWatermarkText{⟨text⟩}	背景文字列を ⟨text⟩ にする（デフォルト値：文字列「DRAFT」）

ます）．

また，背景文字列のカスタマイズ用のコマンドを表 2.8 に挙げます．なお，draftwatermark パッケージの読み込み時に「firstpage」オプションを指定すると，最初のページのみに背景文字列が設定されます（デフォルトでは全ページに設定されます）．

▶ 注意　例えば，奇数ページの柱に \section の見出しを用いる場合，通常はそのページで最初に現れた \section の見出しが柱として用いられます．しかし，古い版の LaTeX では，2 段組時に「左段，右段の両方に \section が現れる場合」などに（右段で最初に現れた \section の見出しになるといった具合に）柱がおかしくなります．そのような版の LaTeX を用いている場合には，fixltx2e パッケージを併用するとよいでしょう．このパッケージは単に「\usepackage{fixltx2e}」のように読み込みます（オプションをとりません）．　　□

2 見出しと柱の設定

2.12 ページの背景に画像を入れたい

wallpaper パッケージが利用できます.

■ wallpaper パッケージ

原理的には背景画像も前節で説明した方法で文字列と同様に配置できます. 一方, wallpaper パッケージを用いると, 「ページの背景に画像を敷き詰める」といった処理も容易にできます. ただし, このパッケージは eso-pic パッケージを必要とします. また, graphicx パッケージを用いる場合は, graphicx パッケージを wallpaper パッケージよりも先に読み込んでください. wallpaper パッケージは次のようなコマンドを提供します.

- \CenterWallPaper{⟨サイズ比⟩}{⟨画像ファイル名⟩}
  紙面の中央に, 画像 ⟨画像ファイル名⟩ を縦横比を保って配置します. 画像のサイズは, 「幅を紙面の幅の ⟨サイズ比⟩ 倍に変更したもの」か「高さを紙面の高さの ⟨サイズ比⟩ 倍に変更したもの」のうちの小さいほうになるように拡大されます. 例えば, ⟨サイズ比⟩ = 1 ならば, 縦横比を保ったままで紙面に収まるサイズの上限にまで拡大します.
- \TileWallPaper{⟨幅⟩}{⟨高さ⟩}{⟨画像ファイル名⟩}
  「幅が ⟨幅⟩ で高さが ⟨高さ⟩ になるように画像 ⟨画像ファイル名⟩ をスケーリングしたもの」を紙面の背景に敷き詰めます.
- \TileSquareWallPaper{⟨横に並べる個数⟩}{⟨画像ファイル名⟩}
  「幅と高さが『紙面の幅の ⟨横に並べる個数⟩ 分の1』になるように画像 ⟨画像ファイル名⟩ をスケーリングしたもの」を紙面の背景に敷き詰めます.
- \ULCornerWallPaper{⟨サイズ比⟩}{⟨画像ファイル名⟩}
  背景画像を紙面の左上隅に置きます. ⟨サイズ比⟩ の意味は \CenterWallPaper の場合と同じです.
- \URCornerWallPaper{⟨サイズ比⟩}{⟨画像ファイル名⟩}
  \ULCornerWallPaper と同様ですが, 背景画像を紙面の右上隅に置きます.
- \LLCornerWallPaper{⟨サイズ比⟩}{⟨画像ファイル名⟩}
  \ULCornerWallPaper と同様ですが, 背景画像を紙面の左下隅に置きます.
- \LRCornerWallPaper{⟨サイズ比⟩}{⟨画像ファイル名⟩}
  \ULCornerWallPaper と同様ですが, 背景画像を紙面の右下隅に置きます.

これらのコマンドは, それらを用いたページ以降の背景を設定します. 一方, コマンド名の先頭に「This」を付けた \ThisCenterWallPaper のような名称のコマンドも用意されていて, そちらは「現在のページのみ」に背景画像を設定します. なお, \ClearWallPaper を用いるとそれ以降のページには背景画像を付けません.

■**使用例**

背景に用いる画像として，図 2.2 (a)に示す画像（画像ファイル名は cat-bg.eps）を用いた場合を考えます．このとき，次の記述のそれぞれに対する背景画像の様子を図 2.2 (b)，(c) に示します．

```
\LRCornerWallPaper{.75}{cat-bg.eps}%%% 図 2.2 (b)
\TileSquareWallPaper{3}{cat-bg.eps}%%% 図 2.2 (c)
```

(a) 背景に用いた画像（原寸）

(b) ページの右下に背景画像を置いた例

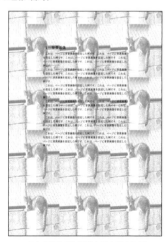

(c) 紙面に背景画像を敷き詰めた例

図 2.2 ● ページに背景画像を設定した例

2 見出しと柱の設定

2.13 ツメを付けたい

ツメはページスタイルの機構を利用すると作成できます.

■本節での「ツメ」

本節では，本書の奇数ページに表示されているような欄外の目印（ツメ）の出力法を扱います．このような目印は，ページスタイル（2.8 節参照）の機構を利用してヘッダの装飾の一部として扱うと出力できます．

■実装例

本書のツメと似たツメを出力するページスタイルを定義してみます．この例の thumb ページスタイル（\ps@thumb）は headings ページスタイルと同様に定義していますが，\@evenhead,
\@oddhead の定義の冒頭にツメの出力用のコマンドを仕込んでいます.

```
\def\ps@thumb{%
   \let\@evenfoot\@empty  \let\@oddfoot\@empty
   \def\@evenhead{\small
      \@put@thumb%%% ツメを出力
      \thepage \quad \leftmark \hfill}%
   \def\@oddhead{\small
      \@put@thumb%%% ツメを出力
      \hfill \rightmark \quad \thepage}%
   〈\@mkboth, \sectionmark などの定義〉}
\pagestyle{thumb}%%% thumb ページスタイルを有効にする
\def\@thumb@height{12.5mm}%%% ツメの高さ
\def\@thumb@width{8.5mm}%%%  ツメの幅（裁ち落とし部分を含まない）
\dimen@\topmargin \advance\dimen@ 1in
\advance\dimen@ \headheight \advance\dimen@ \headsep
\edef\@thumb@offset{\the\dimen@}%%% 最初のツメの上端と紙面上端との距離
\def\@thumb@shift{12.5mm}%%% ツメの移動量
\def\@thumb@maxposition{5}%%% ツメの位置の周期（この場合，第6章のツメの位置と
\newcount\@thumb@position %%% 第1章のツメの位置が同じになる）
\global\@thumb@position\@ne
\def\@put@thumb{%
   \ifodd\c@page %%% 奇数ページの場合
      \rlap{\hskip\textwidth \hskip\@oddthumb@hshift \@put@@thumb{3mm}}%
   \else        %%% 偶数ページの場合
      \rlap{\kern-\@oddthumb@hshift \hskip-\@thumb@width \@put@@thumb{3mm}}%
   \fi}
\dimen@\paperwidth                \advance\dimen@-\textwidth
\advance\dimen@-\oddsidemargin \advance\dimen@-1in
```

```
  \advance\dimen@-\@thumb@width\relax
  \edef\@oddthumb@hshift{\the\dimen@}%%% 右余白 − ツメの幅
  \dimen@\evensidemargin \advance\dimen@ 1in
  \advance\dimen@-\@thumb@width\relax
  \edef\@eventhumb@hshift{\the\dimen@}%%% 左余白 − ツメの幅
  \def\@put@@thumb#1{%%% #1: ツメのはみ出し量
    \vbox to\z@{%
      \vbox to\paperheight{%
        \@tempcnta\c@chapter%%% ツメの位置は章番号に対応して決定
        \advance\@tempcnta\m@ne \@tempcntb\@tempcnta
        \divide\@tempcntb \@thumb@maxposition\relax
        \multiply\@tempcntb \@thumb@maxposition\relax
        \advance\@tempcnta-\@tempcntb \advance\@tempcnta\@ne
        \@thumb@position\@tempcnta
        \count@\@thumb@position \advance\count@\m@ne
        \dimen@\@thumb@shift    \dimen@\count@\dimen@
        \advance\dimen@\@thumb@offset \advance\dimen@-\topmargin
        \advance\dimen@-\headheight    \advance\dimen@-1in
        \kern\dimen@
        \dimen@ii\@thumb@width \advance\dimen@ii#1\relax
        \hbox{%
          \ifodd\c@page \else \kern-#1\relax \fi
          {\color[gray]{.3}%%% ツメの色
          \vrule width\dimen@ii height\@thumb@height depth\z@}%
          \kern-\dimen@ii \ifodd\c@page\else \kern#1\relax \fi
          \vbox to\@thumb@height{\vss
            \hbox to\@thumb@width{{\color{white}%%% ツメ内の文字色
              \ifodd\c@page \hskip2mm \else \hss \fi
                \hbox{\sffamily\bfseries \normalsize
                  \thechapter}%%% ツメに書き込む文字列
              \ifodd\c@page \hss \else \hskip2mm \fi}}%
            \vss}%
          \ifodd\c@page \kern#1\relax \fi}%
        \vss}%
      \vss}}
```

　細かい設定の意味についてはコメントを入れていますので，これをユーザー自身で利用する際にはコメントを参考にカスタマイズしてみてください．なお，この例の \@oddthumb@hshift のように \oddsidemargin, \evensidemargin を使った計算をする際には，基本的にはプリアンブルなどであらかじめ計算しておき，計算結果を保存してください（ヘッダ・フッタの処理の最中に \oddsidemargin, \evensidemargin を読み取ろうとしても本来の値が読み取れないことがあります）．

2　見出しと柱の設定

●コラム● ［カウンタの出力形式を変更する場合の注意］

LaTeX のカウンタの値を文字列化するコマンドの\the⟨カウンタ名⟩を再定義すると
きには、「\the⟨カウンタ名⟩の定義の中では fragile なコマンド（2.1 節参照）や文字列
になるとは限らないコマンドはそのままでは使えない」という点に注意が必要です。例
えば、丸数字を出力する \MARU というコマンドがあるとき、\MARU の定義によっては

```
\renewcommand{\thesection}{\MARU{\arabic{section}}}
```

のように再定義したのではエラーになることがあります。そのようなときには

```
\renewcommand{\thesection}{\expandafter\protect
    \expandafter\MARU\expandafter{\the\c@section}}
```

のようにすれば概ねうまくいくことが知られています。

●コラム● ［ヘッダ・フッタの作成のタイミング］

ページスタイルで指定されるヘッダ・フッタは、そのページの中身が揃ってページ
全体が出力されるときに本文部分と組み合わされます。ページスタイルを一時的に変
更するときにはこの点に注意が必要です。

例えば、ある文書の第 1 章に先立つ部分と第 1 章以降とでページスタイルを変えて

```
\pagestyle{plain}
⟨第 1 章に先立つ部分⟩

\pagestyle{headings}
\chapter{第1章の見出し}
```

のように記述した場合を考えます。この場合、通常はユーザーの意図に反して
⟨第 1 章に先立つ部分⟩ の最後のページのページスタイルも headings スタイルになっ
てしまいます。実際、⟨第 1 章に先立つ部分⟩ の終端ではまだ最後のページは完成して
いないので、出力されません（つまり、まだヘッダ・フッタとは組み合わせられませ
ん）。そして、ページスタイルの変更後の \chapter に伴う強制改ページの時点ではじ
めて ⟨第 1 章に先立つ部分⟩ の最後のページが出力され、ヘッダ・フッタと組み合わせ
られるという状況になっています。

この問題を避けるには、ページスタイルを変更する前にユーザー自身で強制改ペー
ジ（3.2 節参照）を行うとよいでしょう。

3: 本文の記述

3.1	段落を改めたい・強制改行したい	082
3.2	改ページしたい	084
3.3	行分割・ページ分割を抑制・促進したい	086
3.4	空白を入れたい	088
3.5	LaTeX の特殊文字を記述したい	090
3.6	アクセント記号を記述したい	092
3.7	コメントを入れたい	094
3.8	文字サイズを変更したい	096
3.9	書体を変更したい (1)――属性レベルでの変更	098
3.10	書体を変更したい (2)――欧文フォントのフォントレベルでの変更	100
3.11	書体を変更したい (3)――和文フォントの追加	102
3.12	書体変更コマンドに対応する書体を変更したい	104
3.13	文字列などの色を変更したい	106
3.14	網掛け・白抜きを行いたい	108
3.15	高度な色指定を行いたい	110

3 本文の記述

3.1 段落を改めたい・強制改行したい

- 段落を改めるには空白行，\par などを用います．
- 段落内の強制改行には \linebreak, \\ を用います．

■改段落のコマンドと段落内の改行のコマンド

- 改段落を行うコマンド：\par, \endgraf, 空白行
- 段落内の改行を行うコマンド：\linebreak, \\

これらのうち \endgraf は「TEX 自身が持っている \par」の別名です．なお，「空白文字ま
たはタブ文字のみからなる行」も空白行とみなされます．

■例1：改段落のコマンドを用いた場合

文書作成にあたっては「改段落」と「段落内の改行」を意識的に
区別するとよいでしょう．\par%%% \par を用いてみます．
ここは，新しい段落です．%%% 次の行は空白行です．

ここも新しい段落になります．

　文書作成にあたっては「改段落」と「段落内の改行」を意識的に区別するとよいで
しょう．
　ここは，新しい段落です．
　ここも新しい段落になります．

■例2：段落内の改行のコマンドを用いた場合

文書作成にあたっては「改段落」と
「段落内の改行」を\linebreak%%% \linebreak を用いてみます．
意識的に区別するとよいでしょう．\\%%% \\ を用いてみます．
ここは，単に折り返されただけです．

　文 書 作 成 に あ た っ て は「 改 段 落 」と「 段 落 内 の 改 行 」を
意識的に区別するとよいでしょう．
　ここは，単に折り返されただけです．

例1と例2を比較すると，改段落の場合は新しい段落の先頭で字下げが行われる一方，段落内の改行の場合は字下げは行われないとわかります．また，例2では \linebreak の場合は「行の右端（または下端）の位置を保って」改行する一方，\\ の場合は「行の残りの部分を空白で埋めて」改行しています．なお，例2に見られるように \linebreak の場合には改行直前の行が間延びすることがありますが，「行分割がうまくいかず，行の終端を越えてはみ出ている箇所」の解消のために強制改行するような場合には \linebreak のほうが好都合です．

▶ **注意**　コマンド \\ は段落内の改行のほかに，表やディスプレイ数式での個々の行の終端（8.1節，15.18節参照）などでも用いられます．なお，段落の終端で \\ を用いるのは誤用です．□

■コマンド \\ のオプション

　コマンド \\ に対しては，次のようなオプション指定ができます．それらを併用するときには，「*[〈寸法〉]」のように「*」を先に記述してください．

- * のように「*」を後置：改行箇所の直後でのページ分割を抑制します．
- \\[〈寸法〉]：改行箇所の直後に大きさが〈寸法〉の空白を追加します．ただし，〈寸法〉が負であってもよく，そのときには行間隔を −〈寸法〉だけ縮めます．

```
強制改行時に \\[5pt]
行間隔を調整する \\
例です.
```

```
　強制改行時に

行間隔を調整する

例です.
```

■段落の開始時の字下げの有無を制御するコマンド

- \indent：段落が始まっていなければ段落を開始し，字下げを行います．段落内で用いた場合，段落の先頭での字下げ量と同じ大きさの空白を作成します．
- \noindent：段落が始まっていなければ字下げせずに段落を開始します．段落内で用いた場合には何もしません．
- \leavevmode：段落が始まっていなければ段落を開始し，字下げを行います．段落内で用いた場合には何もしません．

段落の開始時にこれらのいずれも用いなければ，通常，\indent として扱われます．

3　本文の記述

3.2　改ページしたい

改ページには \newpage，\clearpage，\pagebreak などのコマンドを用います．

■改ページを行うコマンド

- \newpage：1段組時には単に改ページを行うコマンドです．2段組時には改段（ひとつの段を終了させ，次の段に移ること）を行います．また，段落の途中で用いた場合は，\newpage の直前で段落を終了させてから改ページします．

- \clearpage：何段組の場合でも改ページを行います．未出力のフロート（figure 環境・table 環境などで配置される対象）が存在する場合はそれらも出力します．また，段落の途中で用いた場合は，\clearpage の直前で段落を終了させてから改ページします．

- \cleardoublepage：\clearpage と同様に「未出力のフロートの書き出し」を伴う改ページを行います．さらに，「twoside」クラスオプション適用時には，次のページが奇数ページになるように適宜空白ページを補って調整します．

- \pagebreak：強制改ページ（LaTeX 自身の機能による2段組の際には強制改段）を行います．段落の途中で用いた場合には，**段落を終了させずに \pagebreak が書き込まれた位置を含む行の直後での改ページを行います**．

これらのうち，\newpage，\clearpage，\cleardoublepage は現在のページ（段）の残りを空白で埋めてから改ページ（改段）しますが，\pagebreak は現在のページ（段）の下端をテキスト領域の下端となるように引き伸ばします．したがって，\pagebreak は強制改ページというよりむしろ「ページ分割位置の調整」に用いるコマンドです．

▶注意　multicol パッケージによる multicols 環境内では \newpage は改段ではなく改ページを行います．multicols 環境内で改段を行わせるには \columnbreak を用います．　　　□

■例1：2段組時の \newpage の挙動

```
\documentclass[twocolumn]{jarticle}
\begin{document}
これは，2段組文書での強制改ページの例です．\newpage
ここは，改ページ（あるいは改段）のコマンドの後です．
\end{document}
```

これは，2段組文書での強制改ページの例です．　　　　ここは，改ページ（あるいは改段）のコマンドの後です．

■例2：2段組時の \clearpage の挙動

```
\documentclass[twocolumn]{jarticle}
\begin{document}
これは，2段組文書での強制改ページの例です．\clearpage
ここは，改ページ（あるいは改段）のコマンドの後です．
\end{document}
```

●1ページ

これは，2段組文書での強制改ページの例です．

●2ページ

ここは，改ページ（あるいは改段）のコマンドの
後です．

なお，強制改ページのコマンドを2回以上続けて用いて例えば「\newpage\newpage」のように記述しても，2回目以降の改ページのコマンドは通常は無視されます．改ページ（改段）を続けて行う場合には「\newpage\mbox{}\newpage」のように「出力されるべきダミー」（この例では「\mbox{}」）を補ってください．

●コラム● ［段落の先頭が和文文字の開き括弧類である場合］

段落の先頭が和文文字の開き括弧類である場合，jarticle などの文書クラスでは下記の例のように段落の先頭が全角半（1.5字分）下がりになります．

（標準配布のもののような）汎用的なクラスファイルでは，
段落の先頭に開き括弧類がある場合の補正は行われません．

（標準配布のもののような）汎用的なクラスファイルでは，段落の先頭に開き括弧類がある場合の補正は行われません．

これを全角（1字分）下がりに補正するには，段落の先頭の開き括弧の直前に \<（あるいは \inhibitglue）というコマンドを追加して次のようにします．

\<（標準配布のもののような）汎用的なクラスファイルでは，……

085

3 本文の記述

3.3 行分割・ページ分割を抑制・促進したい

- 行分割の抑制・促進：\nolinebreak, \linebreak
- ページ分割の抑制・促進：\nopagebreak, \pagebreak
- 行分割・ページ分割の抑制・促進：\nobreak, \allowbreak, \break

■**行分割・ページ分割のどちらの抑制・促進にも使えるコマンド**

\nobreak, \allowbreak, \break は，それらを用いた箇所に応じて次のように働きます．

- 段落間で用いた場合：
  - \nobreak：その箇所でのページ分割の抑制（原則として禁止）
  - \allowbreak：その箇所でのページ分割を許可
  - \break：その箇所でのページ分割を促進（原則として強制分割）
- 段落内で用いた場合：
  - \nobreak：その箇所での行分割の抑制（原則として禁止）
  - \allowbreak：その箇所での行分割を許可
  - \break：その箇所での行分割を促進（原則として強制分割）

特に，\allowbreak は通常では分割が起こらないような箇所での分割を可能にするために用いられます．例えば，「$f(x_1, x_2, \ldots, x_n; \alpha_1, \alpha_2, \ldots, \alpha_n)$」のような式は途中で行分割しないにこしたことはありませんし，通常はその途中での行分割は起こりません．しかし，やむを得ずその式の途中で分割するときにはセミコロンの直後に \allowbreak を入れると「$f(x_1, x_2, \ldots, x_n;$」と「$\alpha_1, \alpha_2, \ldots, \alpha_n)$」に分かれるようにできます．

■**行分割の抑制・促進に用いるコマンド**

- \nolinebreak[⟨抑制度⟩]：⟨抑制度⟩は 0 以上 4 以下の整数で，値が大きいほど抑制の度合いが強くなります．また，「[⟨抑制度⟩]」を省略した場合は ⟨抑制度⟩ ＝ 4 として扱われます．具体的には，\nolinebreak[0] は「分割を許可」で，\nolinebreak[4] は「原則として分割禁止」です．
- \linebreak[⟨促進度⟩]：⟨促進度⟩は 0 以上 4 以下の整数で，値が大きいほど促進の度合いが強くなります．また，「[⟨促進度⟩]」を省略した場合は ⟨促進度⟩ ＝ 4 として扱われます．具体的には，\linebreak[0] は「分割を許可」で，\linebreak[4] は「原則として強制分割」です．

ただし，\nolinebreak, \linebreak はともに段落内で用います．それらを段落間で用いるとエラーが生じます．

■ページ分割の抑制・促進に用いるコマンド

- \nopagebreak[⟨抑制度⟩]：⟨抑制度⟩は 0 以上 4 以下の整数で，値が大きいほど抑制の度合いが強くなります．また，「[⟨抑制度⟩]」を省略した場合は ⟨抑制度⟩ = 4 として扱われます．具体的には，\nopagebreak[0] は「分割を許可」で，\nopagebreak[4] は「原則として分割禁止」です．

- \pagebreak[⟨促進度⟩]：⟨促進度⟩は 0 以上 4 以下の整数で，値が大きいほど促進の度合いが強くなります．また，「[⟨促進度⟩]」を省略した場合は ⟨促進度⟩ = 4 として扱われます．具体的には，\pagebreak[0] は「分割を許可」で，\pagebreak[4] は「原則として強制分割」です．

また，\nopagebreak，\pagebreak は段落内で用いても構いません．それらを段落内で用いた場合，\nopagebreak などを用いた箇所を含む行の直後でのページ分割が抑制・促進されます．例えば，LaTeX の多くのクラスファイルでは \section などの見出しの直後の段落の最初の行の直後でのページ分割は抑制されていますが，そこでのページ分割を一時的に許可するには次の例のように見出しの直後の段落の冒頭部分で \pagebreak[0] を用います．この例では \allowbreak はそのままでは使えない（\allowbreak を単純に用いると行分割の許可になります）という点にも注意するとよいでしょう．

```
\section{ページ分割の抑制・促進}
ページ分割を抑制・促進するには，\pagebreak[0]%
原理的には「ペナルティ」を用います. ……
```

■ 1 文字扱いにすることによる行分割の抑制

途中で分割させたくない一連の文字列（例えば，「1 個」）や 2 行に分けたくない単語（例えば，固有名詞由来の語）の途中で行分割させないようにするには，\mbox というコマンドを次の形式で用いて「1 文字扱い」にするという方法があります．

```
\mbox{⟨1 文字扱いにする記述⟩}
```

例えば，「Gaussian」という語を 1 文字扱いにするには「\mbox{Gaussian}」と記述します．

▶ 注意　行分割させやすくするといった目的で何らかの単語の途中にハイフネーション可能位置を追加するには，\- というコマンドを用います．また，このコマンドはハイフネーション可能位置の変更・修正にも使えます．例えば，「English」という語は TeX のデフォルト設定では「En-glish」と分割されますが，それを「Eng-lish」と分割されるように変更するには「Eng\-lish」と記述します．　　　　　　　　　　　　　　　　　　　　　　　　　　　□

3 本文の記述

3.4 空白を入れたい

- 文字送り方向の空白を入れるコマンド：\quad, \hspace{〈空白量〉} など
- 行送り方向の空白を入れるコマンド：\smallskip, \vspace{〈空白量〉} など

■文字送り方向（横組時には横方向）の空白を追加するコマンド

- 単語間スペースを生成するコマンド：\␣, ~（1文字でひとつのコマンドであるかのように振舞う特別な文字です）
- 小さな空白（コマンドの直後の括弧内の2本の縦線の間隔が目安）を生成するコマンド：\, または \thinspace (‖), \enspace (‖, 0.5emの空白), \quad (∣ ∣, 1emの空白), \qquad (∣ ∣, 2emの空白), \negthinspace (\thinspace の −1倍)
- 大きさを指定した空白を作成するコマンド：\hskip〈空白量〉, \hspace{〈空白量〉}. ただし, 〈空白量〉は寸法またはグルー（2.6節参照）で負の値の場合は間隔を狭めます. 例えば, 「A\hskip3mm B」と記述すれば「A　B」のような出力が得られます.

これらを段落間で用いたときには段落を開始したうえで文字送り方向の空白を作成します.

また上記のコマンドのうち, 文字「~」は「行分割しない空白」を作成します. 例えば, 「Appendix A」の空白のような行分割を抑制したい箇所に「~」を用います. \hspace に「*」を付けて「\hspace*{〈空白量〉}」の形式で用いた場合にも行分割しない空白を生成します.

■行送り方向の空白を追加するコマンド

- 小さな空白（コマンドの直後の括弧内の2本の横線の間隔が目安）を生成するコマンド：\smallskip (二), \medskip (⎯), \bigskip (⎴)
- 大きさを指定した空白を作成するコマンド：\vskip〈空白量〉, \vspace{〈空白量〉}. ただし, 〈空白量〉は寸法またはグルーで負の値の場合は間隔を狭めます.

これらのうち, \vskip 以外のものは段落内で用いてもよく, その場合, \smallskip などを用いた箇所を含む行の直後に空白を追加します. 一方, \vskip を段落内で用いた場合, \vskip の直前で段落を終了させてから空白を生成します. なお, \vspace に「*」を付けて「\vspace*{〈空白量〉}」の形式で用いるとページ分割しない空白を生成します.

▶注意 「\vspace*{〈空白量〉}」を改ページの直後で用いた場合, 追加される空白はそのページの1行目のベースラインを基準にして追加されます. その結果空白が1行分余分にあるかのような出力になることがあるので, 必要があれば \vspace の引数を調整してください. □

▶注意 \mbox の引数の中などの改段落できない箇所で \vskip を用いるとエラーが生じます. 一方, そのような箇所で \vspace を用いると単に無視されます. □

■例：行送り方向の空白の追加

> これは，\smallskip%%% \smallskip は，段落を終了させません．
> 垂直方向の空白を生成するコマンドを段落内で用いたときの
> 効果を示す例です．\vskip-7pt%%%   \vskip は段落を終了させます．
> コマンドによっては段落を終了させます．%%% なお，負の空白は間隔を狭めます．

> これは，垂直方向の空白を生成するコマンドを段落内で用いたときの効果を示す例
>
> です．
>   コマンドによっては段落を終了させます．

■いくらでも伸びる空白を作成するコマンド
- 文字送り方向のいくらでも伸びる空白：\hfil, \hfill, \hss
- 行送り方向のいくらでも伸びる空白：\vfil, \vfill, \vss

　例えば，本書の「注意」の木尾にある「□」を出力するには，注意のテキストの末尾で「\hfill □」と記述しています（\hfill が伸ばせるだけ伸びて，「□」が右寄せになります）．

　\hfil, \hss, \hfill はいくらでも伸びる空白ですが，\hfill は \hfil または \hss よりも無限に強く伸びます（例えば，\hfil と \hfill が同じ行の中で両方現れたら，\hfil のほうはまったく伸びません）．同様に，\vfil, \vss と \vfill では \vfill のほうが無限に強く伸びます．なお，\hss, \vss は伸びるだけでなく「限りなく縮む」こともできます．

■具体的な文字列などと同じ大きさの空白を生成するコマンド
- ：〈参照文字列〉と同じ幅・高さの空白を生成
- \hphantom{〈参照文字列〉}：〈参照文字列〉と同じ幅で，高さはゼロの空白を生成
- \vphantom{〈参照文字列〉}：〈参照文字列〉と同じ高さで幅はゼロの空白（見えない支柱）を生成

　〈参照文字列〉が「XYZ」の場合に，これらのコマンドが生成する「空白」の大きさを図3.1の(a)〜(c)の網掛け部分（またはグレーの線分）に示します．なお，この図の中の文字列「XYZ」は「空白」部分との比較のために表示しているもので，実際には表示されません．例えば，「AB」という記述に対しては「A　　　B」と出力されます．

XYZ	XYZ	IXYZ
(a) の場合	(b) \hphantom{XYZ} の場合	(c) \vphantom{XYZ} の場合

図 3.1 ● \phantom, \hphantom, \vphantom が生成する「空白」

3 本文の記述

3.5 LaTeX の特殊文字を記述したい

特殊文字に対応するコマンド（例えば，「\$」に対しては「\\\$」）を用います．

■ TeX 自身の特殊文字

「1.1　文書を書き始めたい」でも触れたように，TeX では表 3.1 に示すような特殊文字が用いられます．なお，ここでは（個々の文字の「字形」を考えているので）「\\」と「¥」を特別に区別しています．また，「{」と「}」については LaTeX のデフォルトでは数式記号用のフォントを流用しているため書体変更に不自由があります（amssymb パッケージが提供する \yen についても同様です）．それらの文字については，T1 エンコーディング（エンコーディングというのはフォントの属性のひとつです（3.9 節参照））を適用して使用フォントを変更するのもよいでしょう．一時的に T1 エンコーディングを用いるには

```
{\fontencoding{T1}\selectfont 〈T1 エンコーディングを適用する範囲〉}
```

のように記述します．また，文書全体にわたって T1 エンコーディングを用いるときには，

```
\usepackage[T1]{fontenc}%%% オプションは使用するエンコーディングの名称
```

のように fontenc パッケージを用いるとよいでしょう．なお，T1 エンコーディングを用いる際には（txfonts パッケージなどの書体変更用パッケージを特に用いていなければ）lmodern パッケージを併用すると，文書の PDF 化などに好都合です．

■ LaTeX のデフォルト設定では見た目とは違う出力になる文字

表 3.2 に示す文字は，LaTeX のデフォルトではソースファイル中の見た目とは異なる文字が出力される文字です．例えば「\`A'」という記述に対して「'A'」と出力されるというのは，引用符の記述の便宜を図ったものです．一方，不等号・縦線がそのまま出力されないというのは「歴史的事情」によります．なお，T1 エンコーディング使用時には，「<」，「>」，「|」もそのまま「<」，「>」，「|」を出力します．

■ 合字・ダッシュ・引用符

合字というのは「複数の文字を組み合わせた文字」（例えば，「f」と「i」を組み合わせた「fi」）で，LaTeX では今の「fi」などのほかにダッシュや引用符などにも合字が利用されます．それらの主なものを表 3.3 に挙げます．なお，何らかの文字の組み合わせが合字として扱わ

表 3.1 ● TₑX の特殊文字

文字	TₑX での役割	対応する記述
\	コマンドの開始	\textbackslash
¥	(\ に同じ)	\textyen[注1], \yen[注2]
{	グループ・引数の開始	\{, \textbraceleft
}	グループ・引数の終了	\}, \textbraceright
$	数式部分の開始・終了	\$, \textdollar
&	表での各セルの区切り	\&

文字	TₑX での役割	対応する記述
#	マクロ定義での引数	\#
^	数式での上添字	\textasciicircum[注3]
_	数式での下添字	_, \textunderscore
~	行分割しない空白	\textasciitilde[注3]
%	コメント文字	\%

注1：textcomp パッケージによって提供されます.　　注2：amssymb パッケージ（など）によって提供されます.
注3：アクセント記号付き文字の出力に用いるコマンドとは異なります（3.6 節参照）.

表 3.2 ● デフォルトでは見た目とは異なる文字に割り当てられている文字

文字	表示	対応する記述
<	¡	\textless[注1]
>	¿	\textgreater[注1]
'	'	\textquotesingle[注2]

文字	表示	対応する記述
|	—	\textbar[注1]
"	"	\textquotedbl[注3]
`	'	\textasciigrave[注2]（「`」で代用）

この表の「表示」欄の記述は，LATₑX のデフォルトの設定の下で「文字」欄にある文字を非数式部分で用いた場合に得られる出力です.
注1：T1 エンコーディング使用時あるいは数式中で用いる際には，「文字」欄の記述をそのまま使えます.
注2：textcomp パッケージによって提供されます.
注3：T1 などのエンコーディングを使用したときに利用できます.

表 3.3 ● 合字として扱われる文字列の例

文字列	対応する合字	対応するコマンド
fi	fi	
ff	ff	
fl	fl	
ffi	ffi	
ffl	ffl	
--	–	\textendash
---	—	\textemdash

文字列	対応する合字	対応するコマンド
``	"	\textquotedblleft
''	"	\textquotedblright
!`	¡	\textexclamdown
?`	¿	\textquestiondown
<<[注1]	«	\guillemotleft[注2]
>>[注1]	»	\guillemotright[注2]
,,[注1]	„[注3]	\quotedblbase[注2]

注1：T1 などのエンコーディングを使用したときに合字として扱われます.
注2：T1 などのエンコーディングを使用したときに利用できます.
注3：ベースライン上に置かれる引用符で「''」とは出力される位置（高さ）が異なります.

れるか否かは，使用フォントにも依存します. 例えば，文字列「fi」はローマン体のフォントの多くでは「fi」となる一方，サンセリフ体のフォントでは通常「fi」のままです. なお，二重引用符に関しては「``」と「''」の使い分けに注意してください. 実際，「``A''」は「"A"」となる一方，「"A"」は「"A"」（T1 エンコーディング使用時には「"A"」）となります. その他の一般のテキスト用記号類については，付録 A を参照してください.

091

3　本文の記述

3.6　アクセント記号を記述したい

アクセント記号用のコマンドを「⟨アクセント用コマンド⟩{⟨アクセント記号を付ける文字⟩}」
の形式で用います.

■ LᴬTEX が用意している基本的なアクセント用コマンド

LᴬTEX が用意している基本的なアクセント用コマンドを表3.4に挙げます. この表で例示しているように, それらのコマンドは「⟨アクセント用コマンド⟩{⟨アクセント記号を付ける文字⟩}」の形式で用います.

■点のない i, 点のない j

文字「i」,「j」にアクセント記号を付ける場合, 単純にアクセントを付加して「ï」のようにするのではなく,「i」あるいは「j」の上部の点を取り除いたうえでアクセントを付加して「ï」のように表記することもよく見られます（例えば「naïve」）. その際に用いる「点のない i」あるいは「点のない j」はそれぞれ「\i」,「\j」というコマンドで出力できます. 例えば,「ï」は「\"{\i}」という記述で出力しました. なお, 充分に新しい LᴬTEX では単に「\"{i}」と記述しても自動的に「\"{\i}」に読み換えられて「ï」という出力になります.

▶ 注意　利用するフォントによっては文字「\j」が欠けていることがあります. その場合は, 使用するフォントを適宜変更してください. 例えば, txfonts パッケージなどの「\j」も提供する書体変更パッケージを用いるという方法や,「{\usefont{OT1}{cmr}{m}{n}\j}」(3.9 節参照) のように一時的に Computer Modern フォントを用いるという方法があります.　□

■多重アクセント

言語によっては「é」のような 2 重アクセントが用いられることがありますが, 2 重アクセントについては次のような対処法が知られています（望ましい順に挙げます）.

- 2 重アクセントなどをサポートするパッケージ（例えば, dblaccnt パッケージ）および必要に応じた適切なエンコーディングのフォントを利用します. この場合,「\'{\^{e}}」のような記述が使えることが多いようです.
- T1 エンコーディングを用いたうえで「\'{\^{e}}」のような素朴な記述を行います（文字とアクセント記号の組み合わせによってはうまくいかないことがあります）.
- 「数式用アクセント」(15.5 節参照) の処理を流用して「$\acute{\hat{\mbox{e}}}$」のような記述を行います（amsmath パッケージを併用するとよいでしょう）. ただし, この方法は非推奨です（ほかの手段ではうまくいかない場合あるいは 3 重以上の多重アクセントが必要となる場合に対する非常措置と考えてください）.

表 3.4 ● テキスト用アクセント記号

記号	使用例	出力例	記号	使用例	出力例	記号	使用例	出力例	記号	使用例	出力例
´	\'{a}	á	˝	\H{a}	a̋	~	\~{a}	ã	‗	\b{a}	a
`	\`{a}	à	^	\^{a}	â	¯	\={a}	ā	¸	\c{c}	ç
·	\.{a}	ȧ	ˇ	\v{a}	ǎ	°	\r{a}	å	˛	\k{a}注	ą
¨	\"{a}	ä	˘	\u{a}	ă	.	\d{a}	ạ	⌢	\t{oo}	o͡o

注：T1 などのエンコーディングを使用したときに利用できます.

注意　表 3.4 に挙げているのはあくまで「テキスト用アクセント」のコマンドです.「15.5 数式用アクセントを使いたい・記号を積み重ねたい」で説明するように, 数式用アクセントにはテキスト用アクセントとは別系統のコマンドを用います.　□

——●コラム●［文字とアクセントの組の自動読み換えのイレギュラーな場合］——

　充分に新しい LaTeX では「\"{i}」を「\"{\i}」に読み換えるというように文字とアクセントの組を適宜読み換えますが, そのような読み換えが起こる組み合わせに「\. + i」,「\. + j」があり, 読み換えが起こる場合「\.{i}」は単に「i」として扱われます. 実際, たいていの書体では「\.{\i}」は「˙ + ı」で「i」に戻ります.

　そのため, スモール・キャプス（小文字に対して「サイズを小さくした大文字」を用いる書体, 3.9 節参照）を用いると, 読み換えが起こる場合「\textsc{\.{I}\.{i}}」に対して「İI」と出力されます. 実際, その場合には \.{i} = i で, スモール・キャプスでの「i」は「I」です. ここで, 小文字部分にもそのままアクセントを付けた「İİ」という出力が要るときには, 数式用アクセントを流用するか, 読み換えの処理を一時的に無効化します. 例えば, 数式用アクセントを流用する場合は「\textsc{\.{I}$\dot{\mbox{i}}$}」となります. 一方, 読み換えの処理を一時的に無効化するには, 今の例の場合

```
{\expandafter\let
 \csname \string\OT1\string\.-\string i\endcsname\relax
\textsc{\.{I}\.{i}}}
```

と記述します（OT1 エンコーディング使用時と仮定しました）. 一般には,

```
\expandafter\let\csname \string\〈エンコーディング名〉%
  \string〈アクセント用コマンド〉-\string〈文字〉\endcsname\relax
```

という記述で,〈エンコーディング名〉エンコーディングでの〈アクセント用コマンド〉＋〈文字〉に対する読み換えを抑制できます.

3 本文の記述

3.7 コメントを入れたい

- 基本的には，文字「%」から行末までがコメントになります．
- 複数行のコメントアウトには comment パッケージなどが使えます．

■ LaTeX 文書におけるコメント

LaTeX 文書では，verbatim 環境（5.12 節参照）の内部のような特別な箇所を除き，文字「%」（ただし，コマンド「\%」の一部ではないもの）からその後で最初に現れる行末（改行箇所）までの部分が「コメント」（タイプセット結果には現れないようなメモ）として扱われます．例えば，次の文書のタイプセット結果には「和文用」あるいは「ここに本文を記述」という文字列は現れません（それらはコメントです）．

```
\documentclass{jarticle}%%% 和文用
\begin{document}
%%% ここに本文を記述
これは，コメントを含む文書のサンプルです．
\end{document}
```

これは，コメントを含む文書のサンプルです．

■複数行コメント

複数行にわたる記述をコメントにする場合，次の例のように個々の行の先頭にいちいち文字「%」を付けるのが確実です（この例では，「複数行……適切ではなく，」の部分をコメントにしています）．テキストエディタによっては，選択範囲の各行の先頭に文字「%」を付けたり外したりするという機能も利用できます．

これは，複数行コメントを含むテキストです．
%%% 複数行コメントにはいくつかの方法が知られていますが，
%%% 条件処理を用いるものはコメントアウトとしてはあまり適切ではなく，
基本的な方法はコメント部分の各行の先頭に
いちいち「\%」を付けるという方法です．

なお，comment パッケージが提供する comment 環境を用いると，次の形式での複数行コメントが使えます（ただし，「\end{comment}」の行にはそれ以外の記述があってはいけません）．

```
\begin{comment}
〈コメントにする記述〉
\end{comment}
```

▶ **注意** コメント部分は dvi ファイルには一切反映しません（不可視データとして紛れ込むこともありません）．また，TeX での本来のコメントは「文字%から行末までの部分」のみです．それ以外の機能（例えば上記の comment 環境）による「コメント」は，「コマンドの引数を使わずに捨てる」といった本来のコメントとは別の処理を用いて「コメントにしたい部分を結果的に無視させている」にすぎません． □

■行末に由来する余分な空白を無視させるためのコメント

LaTeX 文書内の欧文文字（ただし，コマンドの一部ではないもの）の直後の改行箇所は通常は空白文字として扱われます．例えば，「a〈改行〉b」は「a␣b」と同じです．そのため，コマンドの引数の中などで行を折り返すと，余分な空白が入ることがあります．例えば，次の例では「{」または「A」の直後の行末が空白文字となり，「\mbox{␣A␣}」と同じになります．

```
\mbox{
A
}
```

この例の改行箇所に由来する空白が入らないようにするには，次のように「行末がコメントになる」ように「%」を補うという方法が使えます．

```
\mbox{%
A%
}
```

この例では単に改行を止めて「\mbox{A}」とするのが簡単ですが，引数がもっと長い場合や各種のコマンドの定義の中では「行末のコメントアウト」はしばしば用いられます．

■条件処理を流用したコメント

実在する文書には「\iffalse 〈コメント部分〉 \fi」といった形式での「コメント」があることもあります．dtx ファイルのようにこの形式のコメントを必要とする文書もあるのですが，〈コメント部分〉の内容によってはコメントが正常に無視されるとは限らないため通常の文書作成においてはこの形式の「コメント」は避けるのが無難です．

3 本文の記述

3.8 文字サイズを変更したい

- 文字サイズの基準値に対する相対的なサイズ指定：\small，\large など
- 文字サイズの直接指定：\fontsize{〈文字サイズ〉}{〈行送り〉}

■文字サイズの基準値に対する相対指定

「1.4 文字サイズ・行送りの基準値を指定したい」で説明したように，文字サイズの基準値は「10pt」などのクラスオプション（あるいは \normalsize の再定義）によって設定できます．そのような「基準サイズ」に文字サイズを変更するコマンドが表 3.5 の \normalsize です．それ以外のコマンドは \normalsize を基準として相対的に文字サイズを変更します．また，それらは基本的には次の形式で用います．例えば，「{\footnotesize 小さな} 文字」と記述すると「小さな文字」のように出力されます．

{〈文字サイズ変更コマンド〉〈文字サイズを変更する範囲〉}

一般に表 3.5 の各コマンドは下側にあるものほど大きなサイズに対応しますが，クラスオプションなどの設定によっては「\Huge と \huge が同じサイズに対応する」といった状況も起こります．

■現在の文字サイズからの相対的な文字サイズ変更

relsize パッケージを用いると，現在の文字サイズから相対的に文字サイズを変更するコマンドの \smaller，\larger を利用できます．

- \smaller[〈段階数〉]：現在の文字サイズから，表 3.5 において〈段階数〉段階小さなサイズに変更します（ただし，\tiny を下限とします）．
- \larger[〈段階数〉]：現在の文字サイズから，表 3.5 において〈段階数〉段階大きなサイズに変更します（ただし，\Huge を上限とします）．

なお，「[〈段階数〉]」を省略した場合は〈段階数〉＝ 1 として扱います．使用例を挙げます．

```
文字サイズを {\smaller 小さく {\smaller 小さく
{\smaller さらに小さく}}} しました．\par
文字サイズを {\larger 大きく {\larger 大きく
{\larger さらに大きく}}} しました．\par
文字サイズを {\smaller[3] 一気に小さく} しました．
```

表 3.5 ● LaTeX が用意している基本的な文字サイズ変更コマンド

コマンド	文字サイズの目安	備考
\tiny	文字サイズ	通常，\normalsize の約 1/2
\scriptsize	文字サイズ	
\footnotesize	文字サイズ	
\small	文字サイズ	
\normalsize	文字サイズ	基準サイズ
\large	文字サイズ	
\Large	文字サイズ	
\LARGE	文字サイズ	
\huge	文字サイズ	
\Huge	文字サイズ	

文字サイズを小さく小さくさらに小さくしました.
文字サイズを大きく大きくさらに大きくしました.
文字サイズを一気に小さくしました.

なお，文書クラスによっては（例えば，amsart では），relsize パッケージを読み込まなくても \smaller，\larger が使えることがあります.

■文字サイズの絶対指定

文字サイズを具体的な寸法で指定するには，\fontsize コマンドを次の形式で用います．例えば，「{\fontsize{100pt}{120pt}\selectfont 特大の文字}」のように使用できます.

> {\fontsize{〈文字サイズ〉}{〈行送り〉}\selectfont 〈文字サイズの変更範囲〉}

このコマンドは，文字サイズだけでなく行送りの指定も必要なので注意してください．なお，\selectfont は \bfseries などの書体変更コマンド（次節参照）の内部でも実行されるので，「\fontsize{〈文字サイズ〉}{〈行送り〉}\bfseries...」のような記述も可能です.

注意　LaTeX のデフォルトでは，「歴史的事情」により欧文フォントの文字サイズは 9 pt，10 pt，12 pt のような特定の値のみを用いるように設定されています．これが問題になる場合（例えば，先の「\fontsize{100pt}{120pt}」の指定を用いても欧文部分の文字サイズが上限のサイズ（24.88 pt）になる場合）は，type1cm パッケージを読み込むとよいでしょう．　□

3 本文の記述

3.9 書体を変更したい (1) —— 属性レベルでの変更

- 書体の変更には \textit, \textbf などの書体変更コマンドが使えます.
- 書体の属性を直接指定するには \fontfamily などのコマンドを用います.

■引数型のコマンド・宣言型のコマンド

LaTeX が用意しているテキスト用書体変更コマンドを表 3.6〜表 3.8 に挙げます. これらの表での「引数型」,「宣言型」という 2 種類のコマンドの相違は次のとおりです.

- **引数型**:「\textbf{Bold}」のように適用範囲をコマンドの引数にします.
- **宣言型**:宣言型のコマンドは,「そのコマンドを用いた箇所以降に」適用されます. ただし, 括弧 {, } で囲んだ範囲など (「グループ」といいます) の中で用いた宣言型のコマンドの効果は, そのグループの内部に留まります. つまり,「{\bfseries Bold}」のように括弧を用いて書体変更の範囲を制限できます.

■フォントの属性と書体変更コマンドの組み合わせ使用

LaTeX でのフォントは, 次の 4 種の属性と文字サイズで管理されています.

- エンコーディング:文字コードと「個々の文字の字形」との対応関係など
- ファミリー:フォントのデザイン上の系統
- シリーズ:線の太さ・個々の文字の幅に着目した分類
- シェイプ:イタリック体と直立体の別のような個々の文字の形状に着目した分類

表 3.6〜表 3.8 は, 書体変更コマンドを上記の属性のどれを変更するかによって分けています. 各属性は独立に変更できるので表 3.6〜表 3.8 のコマンドのうち, 異なる表に載っているものは組み合わせて使えます. 例えば,「\textbf{\textit{Bold Italic}}」と記述すると「*Bold Italic*」という出力が得られます. 一方, 同じ表に載っているコマンドどうしでは,「後から適用したもの」あるいは「最も内側にあるもの」が有効です. 例えば,「\textsl{\textsc{Small Caps}}」と記述すると単に直立体のスモール・キャプスで出力されます.

■書体変更のリセット

書体変更をリセットして「現在作成中の文書におけるデフォルトの書体」に戻すには, \textnormal (引数型), \normalfont (宣言型) というコマンドを用います. 例えば, jarticle などの一般的な文書クラスを用いている場合には,「\textnormal{Abcde}」という記述を行うと, その周囲の書体によらず「Abcde」という出力が得られます.

▶ 注意 「数式」での書体変更には数式用の書体変更コマンドを用います (15.10 節参照). □

098

表 3.6 ● 書体変更コマンド (1) (「ファミリー」属性の変更)

(a) 欧文フォント用

引数型	宣言型	対応する書体	例
\textrm	\rmfamily	ローマン体	\textrm{Roman}, {\rmfamily Abcde} → Abcde
\textsf	\sffamily	サンセリフ体	\textsf{Abcde}, {\sffamily Abcde} → Abcde
\texttt	\ttfamily	タイプライタ体	\texttt{Abcde}, {\ttfamily Abcde} → Abcde

(b) 和文フォント用 (pLATEX でのみ利用可)

引数型	宣言型	対応する書体	例
\textmc	\mcfamily	明朝体	\textmc{明朝体}, {\mcfamily 明朝体} → 明朝体
\textgt	\gtfamily	ゴシック体	\textgt{ゴシック}, {\gtfamily ゴシック} → **ゴシック**

表 3.7 ● 書体変更コマンド (2) (「シリーズ」属性の変更)

引数型	宣言型	対応する書体	例
\textmd	\mdseries	「通常の太さ・幅」の書体	\textmd{Abcde}, {\mdseries Abcde} → Abcde
\textbf	\bfseries	太字	\textbf{Abcde}, {\bfseries Abcde} → **Abcde**

表 3.8 ● 書体変更コマンド (3) (「シェイプ」属性の変更)

引数型	宣言型	対応する書体	例
\textup	\upshape	直立体	\textup{Abcde}, {\upshape Abcde} → Abcde
\textit	\itshape	イタリック体	\textit{Abcde}, {\itshape Abcde} → *Abcde*
\textsl	\slshape	スラント体	\textsl{Abcde}, {\slshape Abcde} → *Abcde*
\textsc	\scshape	スモール・キャプス	\textsc{Abcde}, {\scshape Abcde} → Abcde

表 3.9 ● 属性値を直接指定するコマンド

指定する属性	欧文フォントの属性のみを変更	和文フォントの属性のみを変更	和文・欧文共用
エンコーディング	\romanencoding	\kanjiencoding	\fontencoding
ファミリー	\romanfamily	\kanjifamily	\fontfamily
シリーズ	\romanseries	\kanjiseries	\fontseries
シェイプ	\romanshape	\kanjishape	\fontshape

注：オリジナルの LATEX では「和文・欧文共用」のものだけが利用できます．

■個々の属性の値の直接指定

個々の属性を「phv」(Helvetica に対応するファミリー) などの具体的な値で直接指定するには，表 3.9 のコマンドを用います．それらは宣言型で，「{\fontfamily{phv}\selectfont 〈書体変更範囲〉}」のように変更後の属性を各コマンドの引数にして，さらに \selectfont を用います (\selectfont を忘れると書体が変更されません)．また，エンコーディング・ファミリー・シリーズ・シェイプを一度に変更して \selecfont も実行するには，\usefont を次の形式で用います．なお，個々の属性の具体的な値については次節を参照してください．

```
\usefont{〈エンコーディング名〉}{〈ファミリー名〉}{〈シリーズ名〉}{〈シェイプ名〉}
```

3 本文の記述

3.10 書体を変更したい (2) —— 欧文フォントのフォントレベルでの変更

欧文フォントの場合，フォントの属性の組み合わせが実在のフォントに概ね対応しているので，\usefont などで属性を直接指定します．

■フォントの属性の典型的な値

表 3.10〜表 3.13 にフォントの属性の典型的な値を示します．これらの属性は基本的には各書体の「性質」に関するものですが，欧文フォントのファミリー属性は実在のフォントと緩やかに対応していることに注意するとよいでしょう．つまり，欧文フォントをフォント名のレベルで具体的に指定するには，ファミリーなどの属性を \usefont などのコマンドを用いて具体的に指定すれば概ねうまくいきます．例えば，「*Times-BoldItalic*」を用いる場合は，

```
{\usefont{OT1}{ptm}{b}{it} 〈Times-BoldItalic を適用する範囲〉} あるいは
{\usefont{T1}{ptm}{b}{it} 〈Times-BoldItalic を適用する範囲〉}
```

のように ptm ファミリー・b シリーズ・it シェイプを用います（付録 B 参照）．

▶ **注意** もし，欧文フォントの属性を直接指定したときに意図どおりのフォントが用いられない場合は，その属性のフォントを利用するために必要なファイル一式を入手・インストールする必要があります．CTAN の fonts ディレクトリを検索するとよいでしょう．なお，そのようにして入手したファイルは種類ごとに適切なディレクトリにコピーしてください．例えば，比較的新しい LaTeX システムの場合のコピー先は次のようになります（ただし，$TEXMF は TeX システムのインストールディレクトリ）．

- 各種 tfm ファイル → $TEXMF/fonts/tfm の適当なサブディレクトリ
- 各種 vf ファイル → $TEXMF/fonts/vf の適当なサブディレクトリ
- 各種 fd ファイル → $TEXMF/tex/latex の適当なサブディレクトリ
- 各種 map ファイル → $TEXMF/fonts/map/dvips, $TEXMF/fonts/map/dvipdfm といった map ファイルが対象とする dviware に応じたディレクトリ □

■書体変更用パッケージ

文書中で用いる欧文フォントを一括して変更するという目的のために，times パッケージなどの書体変更用パッケージが用意されています（「PSNFSS」について調べるとよいでしょう）．ただし，数式も用いる場合には，mathptmx パッケージや txfonts パッケージといった数式用フォントもカバーするようなパッケージを用いてください．

表 3.10 ● 典型的なエンコーディング

名称	説明
OT1	テキスト用欧文フォントのエンコーディングのひとつ（TEX text エンコーディング）
T1	拡張 TEX text エンコーディング
TS1	textcomp パッケージの記号で用いられる text symbol エンコーディング
OML	数式テキスト用エンコーディング
OMS	数学記号用エンコーディング
OMX	数学拡張記号用エンコーディング
U	記号類を集めたフォントなどの個々の文字と文字コードの対応に規則性がない場合のエンコーディング

名称	説明
JY1	横組用和文テキストのエンコーディング（pLATEX 専用）
JT1	縦組用和文テキストのエンコーディング（pLATEX 専用）
JY2	横組用和文テキストのエンコーディング（upLATEX 専用）
JT2	縦組用和文テキストのエンコーディング（upLATEX 専用）

表 3.11 ● 典型的なファミリー

名称	説明
cmr	「Computer Modern Roman」に対応するファミリー
cmss	「Computer Modern Sans Serif」に対応するファミリー
cmtt	「Computer Modern Typewriter」に対応するファミリー
ptm	「Times」に対応するファミリー
phv	「Helvetica」に対応するファミリー
pcr	「Courier」に対応するファミリー

名称	説明
pag	「Avant Garde」に対応するファミリー
pbk	「Bookman」に対応するファミリー
pnc	「New Century Schoolbook」に対応するファミリー
ppl	「Palatino」に対応するファミリー（pplx, pplj というファミリー名でも利用できます）
pzc	「Zapf Chancery」に対応するファミリー
mc	「明朝体」に対応するファミリー（pLATEX 専用）
gt	「ゴシック体」に対応するファミリー（pLATEX 専用）

表 3.12 ● 典型的なシリーズ

名称	説明
m	「通常の太さ・幅」の（Medium, Regular）書体に対応するシリーズ
mc	通常の太さで幅が狭い（Condensed）書体に対応するシリーズ
b	太字の（**Bold**）書体に対応するシリーズ
bx	太字で幅が広い（**Bold Extended**）書体に対応するシリーズ
bc	太字で幅が狭い（**Bold Condensed**）書体に対応するシリーズ

表 3.13 ● 典型的なシェイプ

名称	説明
n	直立体（upright，「n」は「normal」の意味）に対応するシェイプ
it	イタリック体（*italic*）に対応するシェイプ
sl	スラント体（*slanted*，直立体を単に傾斜させたもの）に対応するシェイプ
sc	スモール・キャプス（SMALL CAPS，小文字部分に「サイズの小さな大文字」を用いる書体）に対応するシェイプ

3 本文の記述

3.11 書体を変更したい (3) —— 和文フォントの追加

和文フォントのカスタマイズは，基本的には，(1) jfm データの用意，(2) 仮想フォントの作成，(3) dviware への登録，(4) LATEX への登録という手順を踏みます．

■手順 1：jfm データ（tfm ファイル）の用意

TEX 側の組版処理では個々の文字の寸法などのフォントメトリック情報（TEX font metric (tfm) 情報，(u)pTEX 用の和文フォントのメトリックは jfm（Japanese font metric）と呼ばれます）を用います．ここでも，追加するフォントの jfm 情報を収めた tfm ファイルを用意します．通常は，ファイル jis.tfm, jis-v.tfm（オリジナルの pTEX の横組用，縦組用）または upjisr-h.tfm, upjisr-v.tfm（upTEX の横組用，縦組用）の別名コピー（「〈新規 jfm 名〉.tfm」とします）を用いれば充分です．「〈新規 jfm 名〉」はユーザーの任意に定めて構いません．

■手順 2：仮想フォントの作成

手順 1 で用意した jfm データでは括弧類などは「文字の本体（1/2 字幅）＋ その前後の空白」として扱われる一方，（本文用の）和文フォントではどの文字も通常「1 字幅」でデザインされています．そこで，和文フォントの追加の際には，「〈新規 jfm 名〉.tfm」に対応する「どの文字も 1 字幅の」jfm データ（〈dviware 用〉.tfm とします）とそれらの相違を吸収する仮想フォントも用意します．そのためには，ファイル〈新規 jfm 名〉.tfm が存在するディレクトリで makejvf を次のように用いた後，「〈新規 jfm 名〉.tfm」，「〈dviware 用〉.tfm」，「〈新規 jfm 名〉.vf」を適切な場所にコピーします（前節の注意を参照してください．後述する map ファイルについても同様です）．ここで，「〈dviware 用〉」もユーザーの任意に決めて構いません．なお，upTEX 用のフォントの場合には makejvf 使用時に「-u jis」というオプションを適用してください．

```
makejvf 〈新規 jfm 名〉 〈dviware 用〉
```

■手順 3：dviware への登録

次に，〈dviware 用〉.tfm に対して割り当てるフォントを指定します．

● dvipdfmx の場合

tfm ファイル名と実際に用いるフォント名の対応は map ファイルに次の形式で記述します．

```
〈tfm ファイル名〉 〈エンコーディング〉 〈フォント名〉 〈その他の指定〉
```

例えば，横組用に OpenType フォントを用いる場合は，次のような記述を持ったファイル（〈map 名〉.map とします）を作り，適切な場所に置きます．なお，upTEX 用のフォントの場

合は，「H」のところを「UniJIS-UTF16-H」にします（さらに，縦組用フォントの場合には「H」を「V」にします）．

〈dviware 用〉H 〈フォントファイル名〉

---

map ファイルの内容を有効にするには，dvipdfmx を用いる際に「-f 〈map 名〉.map」というオプションを付けるなどの方法があります．

● dvips の場合

dvips 用の map ファイルの中の和文フォントに対する項目は次の形式で記述します．

〈tfm ファイル名〉〈POSTSCRIPT フォント名〉-〈エンコーディング〉〈その他の指定〉

例えば，横組用に OpenType フォントを用いる場合は，そのフォントの「POSTSCRIPT フォント名」を調べて次のような記述を持ったファイル（〈map 名〉.map とします）を作り，適切な場所に置きます．エンコーディング（この例での「H」）については，dvipdfmx の場合と同様に適宜変更してください．

〈dviware 用〉〈POSTSCRIPT フォント名〉-H

この map ファイルの内容を有効にするには，dvips の使用時に「-u+〈map 名〉.map」というオプションを付けるといった方法があります．

■手順 4：LaTeX への登録

追加するフォントの属性（例えば，ファミリー名）を決めます．例えば，追加するフォントを「〈新ファミリー〉」という既存のものとは異なるファミリー名で用いるには，

```
\DeclareKanjiFamily{JY1}{〈新ファミリー〉}{}
\DeclareFontShape{JY1}{〈新ファミリー〉}{m}{n}{<->〈新規 jfm 名〉}{}
```

という指定をプリアンブルで用います．なお，これはオリジナルの pTeX の横組用の場合で，縦組用の場合には「JY1」を「JT1」にします．さらに，upTeX の場合は「JY1」「JT1」の「1」を「2」にします．このとき「\kanjifamily{〈新ファミリー〉}\selectfont」という記述でこのファミリーを使用できます（フォントの属性については前節の表を参照してください）．また，upTeX 用の場合には，ファイル jy2mc.fd に準じて，フォントサイズのスケーリングの指定（s*[0.962216]）を「〈新規 jfm 名〉」の直前に入れるとよいでしょう．

103

3 本文の記述

3.12 書体変更コマンドに対応する書体を変更したい

\textrm に対する \rmdefault のような，各書体変更コマンドに対応する属性値を収めたコマンドを再定義します.

■各書体変更コマンドに対応する属性値を収めたコマンド

「3.9 書体を変更したい (1)——属性レベルでの変更」の表 3.6〜表 3.8 で挙げたコマンドは，「\textsf はサンセリフ体に変更する」という具合におおまかな書体変更を行います. しかし，それらのコマンドも内部では \fontfamily などを用いて個々の属性の値を設定しています. 実際，各書体変更コマンドで選択される属性の値は表 3.14 に挙げるコマンドに保存されているので，それらを再定義すれば「\textsf で選択されるサンセリフ体を Computer Modern Sans Serif から Helvetica に変更する」ようなカスタマイズができます. 例えば，この例の場合，表 3.11 も参照すると次の再定義で済むことがわかります.

```
\renewcommand{\sfdefault}{phv}
```

■ \normalfont に対応する書体

\normalfont は，欧文フォントの属性を「エンコーディング：\encodingdefault, ファミリー：\familydefault, シリーズ：\seriesdefault, シェイプ：\shapedefault」に変更します. また，pLATEX の \normalfont は，さらに和文フォントの属性を「エンコーディング：\kanjiencodingdefault, ファミリー：\kanjifamilydefault, シリーズ：\kanjiseriesdefault, シェイプ：\kanjishapedefault」に変更します（なお，横組用和文フォントのエンコーディングと縦組用和文フォントのエンコーディングは連動して変更されます）. そこで，\familydefault などを再定義すると，その文書でのデフォルトの書体を変更できます. 例えば，プレゼンテーション用の文書などで，欧文書体のデフォルトをサンセリフ体にして和文書体のデフォルトをゴシック体にするには，プリアンブルで次のように再定義します. もちろん，「\sfdefault」などの代わりに「phv」のような具体的な値を直接用いても構いません.

```
\renewcommand{\familydefault}{\sfdefault}
\renewcommand{\kanjifamilydefault}{\gtdefault}
```

▶注意　デフォルトのエンコーディングを変更する場合には，\encodingdefault をユーザー自身で再定義するのではなく，fontenc パッケージを用いてください（3.5 節参照）.　　□

表 3.14 ● 各書体変更コマンドに対応する属性値を保存しているコマンド

書体変更コマンド		対応する属性値
引数型	宣言型	
\textrm	\rmfamily	\rmdefault
\textsf	\sffamily	\sfdefault
\texttt	\ttfamily	\ttdefault
\textmd	\mdseries	\mddefault
\textbf	\bfseries	\bfdefault

書体変更コマンド		対応する属性値
引数型	宣言型	
\textup	\upshape	\updefault
\textit	\itshape	\itdefault
\textsl	\slshape	\sldefault
\textsc	\scshape	\scdefault
\textmc	\mcfamily	\mcdefault
\textgt	\gtfamily	\gtdefault

●コラム● ［dvipdfmx, dvips に対する和文フォントの設定］

dvipdfmx の場合の map ファイルの記述

⟨tfm ファイル名⟩ ⟨エンコーディング⟩ ⟨フォント名⟩ ⟨その他の指定⟩

の ⟨その他の指定⟩ のところでは次のような指定ができます.

- 「-s ⟨傾斜率⟩」：斜体をかけます. ⟨傾斜率⟩ は傾斜角の正接（tan）です.
- 「-e ⟨拡大率⟩」：個々の文字を文字送り方向に ⟨拡大率⟩ 倍に拡大します.

なお, dvipdfmx などで用いる OpenType フォントはディレクトリ $TEXMF/fonts/opentype に置きます（シンボリックリンクでも構いません）. また, TrueType フォントも map ファイル内の ⟨フォント名⟩ のところをフォントファイル名にすれば利用できます（TrueType フォントはディレクトリ $TEXMF/fonts/truetype に置きます）.

一方, dvips の場合の map ファイルでの和文フォントに対する記述

⟨tfm ファイル名⟩ ⟨POSTSCRIPT フォント名⟩-⟨エンコーディング⟩ ⟨その他の指定⟩

の ⟨その他の指定⟩ のところでは次のような指定ができます.

- 「"⟨傾斜率⟩ SlantFont "」：斜体をかけます. ⟨傾斜率⟩ は傾斜角の正接です.
- 「"⟨拡大率⟩ ExtendFont "」：個々の文字を横に ⟨拡大率⟩ 倍に拡大します.

なお, dvips を用いる場合は, 変換後の POSTSCRIPT ファイルを処理するソフトウェアの側が実際に使用する和文フォントを適切に取り扱う必要があります. 例えば, TrueType フォントを用いるには, map ファイル内の ⟨POSTSCRIPT フォント名⟩ のところにはダミーの名称を入れておき, そのダミーのフォント名に対して実際に使用する TrueType フォントを ghostscript などの側で対応付けるという方法が使えます.

3　本文の記述

3.13　文字列などの色を変更したい

> color パッケージが提供する \textcolor などのコマンドを用います.

■ color パッケージ

「色」に関する基本的な処理は，color パッケージの機能で実現できます．このパッケージに対しては，原則として次のように「使用する dviware の指定」（ドライバ指定）が必要です.

```
\usepackage[dvips]{color}%%% dvips (から派生したソフトウェア) を用いる場合
\usepackage[dvipdfm]{color}%%% dvipdfm (から派生したソフトウェア) を用いる場合
```

なお，ファイル dvipsnam.def で定義される色名（例えば，Sepia）を用いるには「\usepackage[dvips,usenames]{color}」のように usenames オプションを用います（usenames オプションだけではうまくいかない場合は，dvipsnames オプションも用います）.

▶ 注意　color パッケージ使用時に紙面がおかしくなった場合（例えば，トンボ付きの出力を作成しているのにトンボを考慮しない紙面サイズになったとき）には，1.14 節で説明する対処法を試してみてください.　　　　　　　　　　　　　　　　　　　　　　　　　　　□

■「ドライバ指定」に関する注意

色の処理は TEX 自身の機能ではなく，dvi ファイルに埋め込んだ色に関する指示を各 dviware に解釈させるという仕組みで扱われます．そして，ドライバ指定に応じて「dviware に対する指示の仕方」が決まるので，color パッケージに適用できるドライバ指定は**一度にはただひとつのみ**です.

▶ 注意　「ドライバ指定は一度にはただひとつしか適用できない」というのは color パッケージに限ったことではなく，graphicx パッケージなどの「TEX 自身の機能ではない」処理へのインターフェイスを提供するパッケージ全般に共通することです.　　　　　　　　　　　　　　□

■色を付けるコマンド

color パッケージは，色を付けるコマンドとして \color，\textcolor を用意しています.これらは，色を「white」のような色名で指定する場合には次の形式で用います.

```
{\color{〈色名〉} 〈色を変更する範囲〉}%%%　　「宣言型」です
\textcolor{〈色名〉}{〈色を変更する範囲〉}%%%「引数型」です
```

106

表 3.15 ● カラーモデルの例

カラーモデル	説明
gray	グレースケールにおけるグレーの「明るさ」を 0 以上 1 以下の数値で表します. 「0」が「黒」に対応し,「1」が「白」に対応します.
rgb	赤・緑・青の各成分の強度を,この順に 0 以上 1 以下の数値で表します. 「0, 0, 0」は「黒」に対応し,「1, 1, 1」は「白」に対応します. また,「0, 0, 1」は青になります.
cmyk	シアン (水色, 赤の補色)・マゼンタ (赤紫, 緑の補色)・黄 (青の補色)・黒の各成分の強度を, この順に 0 以上 1 以下の数値で表します. 「0, 0, 0, 0」は「白」(まったくインクをのせない状態) に対応し,「0, 0, 0, 1」は「黒」に対応します.

例えば,「\textcolor{blue}{CAT}」と記述すると文字列「CAT」が青色で出力されます. また, 色を「30% のグレー」のような「カラーモデル」(色をパラメータで表す方式) と
「パラメータ」で表すには, 次のように \color, \textcolor のオプション引数を用います.

```
{\color[⟨カラーモデル⟩]{⟨パラメータ⟩} ⟨色を変更する範囲⟩}
\textcolor[⟨カラーモデル⟩]{⟨パラメータ⟩}{⟨色を変更する範囲⟩}
```

例えば,「\textcolor[gray]{.3}{test}」という記述に対しては「test」のように文字
列「test」を 70% のグレーで表示したものが得られます. 表 3.15 によく用いられるカラー
モデルとそのカラーモデルでのパラメータの与え方を挙げます.

■ページ全体の背景色の設定

ページに背景色を設定するには, \pagecolor というコマンドを次の形式で用います.

```
\pagecolor{⟨色名⟩}
\pagecolor[⟨カラーモデル⟩]{⟨パラメータ⟩}
```

例えば, プリアンブルで, color パッケージを読み込んだ後に「\pagecolor[gray]{.9}」
と記述すると, 各ページの背景色が 10% のグレーになります.

■ユーザー独自の色名の定義

カラーモデルとパラメータで指定された色に別名を付けるには, \definecolor というコ
マンドを次の形式で用います. 例えば,「10% のグレー」に「lightgray」という別名を付ける
には「\definecolor{lightgray}{gray}{.9}」のように記述できます.

```
\definecolor{⟨別名⟩}{⟨カラーモデル⟩}{⟨パラメータ⟩}
```

3 本文の記述

3.14 網掛け・白抜きを行いたい

color パッケージが提供する \colorbox などのコマンドを用います.

■網掛け（背景色の設定）

網掛けは，color パッケージが提供する \colorbox コマンドを用いて実現できます．なお，「白抜き」を行うには「白色で記述したテキスト」に背景色を付けます.

```
\colorbox{〈背景色〉}{〈背景色を付けるテキスト〉}
\colorbox[〈カラーモデル〉]{〈背景色のパラメータ〉}{〈背景色を付けるテキスト〉}
```

また，\colorbox で背景色を付ける範囲は，背景色を付けるテキストが占める矩形を上下左右に \fboxsep という寸法だけ膨らませた範囲になります.

■ \colorbox の使用例

```
\colorbox[gray]{.8}{網掛け} と
\colorbox{black}{\textcolor{white}{\textgt{白抜き}}}
\qquad
\setlength{\fboxsep}{0pt}%
\colorbox[gray]{.8}{網掛け} と
\colorbox{black}{\textcolor{white}{\textgt{白抜き}}}
```

網掛け と **白抜き**　　網掛けと**白抜き**

■枠付きの網掛け

網掛け部分にさらに枠を付けるには，\fcolorbox というコマンドが利用できます.

```
\fcolorbox{〈枠の色〉}{〈背景色〉}{〈枠の中身〉}
\fcolorbox[〈カラーモデル〉]{〈枠の色のパラメータ〉}
    {〈背景色のパラメータ〉}{〈枠の中身〉}
```

\fcolorbox での色の指定に用いるカラーモデルは枠・背景の両方に用いられます．なお，\fcolorbox では，枠と中身の間隔は寸法 \fboxsep で，枠の太さは寸法 \fboxrule です.

108

■ \fcolorbox **の使用例**

```
\fcolorbox[gray]{0}{.8}{枠付きの網掛け} と
\fcolorbox[gray]{.5}{.3}{\textcolor{white}{\textgt{枠付きの白抜き}}}
\qquad
\setlength{\fboxrule}{1.5pt}%
\setlength{\fboxsep}{5pt}%
\fcolorbox[gray]{0}{.8}{枠付きの網掛け} と
\fcolorbox[gray]{.5}{.3}{\textcolor{white}{\textgt{枠付きの白抜き}}}
```

枠付きの網掛け と **枠付きの白抜き**　　　枠付きの網掛け と **枠付きの白抜き**

注意　\colorbox, \fcolorbox で背景色を付けた部分は「1 文字扱い」になり，その途中
での行分割は起こりません．背景色を付けた部分の途中で改行したいときには，個々の行に
収まる部分ごとに背景色を付けてください．なお，段落全体に背景色を付ければ充分である
場合は，「\colorbox{〈背景色〉}{\parbox{〈テキストの幅〉}{〈テキスト〉}}」という具合に
\parbox（5.5 節参照）を併用するとよいでしょう．　　　　　　　　　　　　　　　□

▶注意　LaTeX では個々のオブジェクトを重ね書きする際の順序を指定する方法は用意されて
おらず，通常は後から書いたものがすでに書かれているものを上書きします．網掛けなどに
伴って隠れてしまうものが生じたときには，隠されたものと隠すものの記述順を変更してく
ださい．必要があれば \llap（4.6 節参照）などのコマンドを用いるとよいでしょう．　　□

　──●コラム●［色付けできない対象］

　　color パッケージを用いてもあらゆるものに色付けできるわけではありません．例え
ば，図 2.2 で用いたグレースケールの画像 cat-bg.eps を \includegraphics コマン
ド（9.2 節参照）を用いて「\includegraphics{cat-bg.eps}」のように（原寸で）
取り込んだ場合を考えます．この記述に \textcolor を適用して

```
\textcolor{cyan}{\includegraphics{cat-bg.eps}}
```

のように記述しても，画像 cat-bg.eps の部分がシアンの濃淡で表された状態になると
は限りません．このような場合には，色を付ける対象（この例では画像 cat-bg.eps）
そのものを編集してください．

3　本文の記述

3.15　高度な色指定を行いたい

xcolor パッケージを用いると，色の混合や補色の指定などができます．

■ xcolor パッケージ

xcolor パッケージは color パッケージの機能を拡張したもので，特に「色の混合」の記述を容易にする機能を提供しています．なお，xcolor パッケージも color と同様に次の形で読み込みます．

```
\usepackage[〈ドライバ指定など〉]{xcolor}
```

▶ 注意　xcolor パッケージを使用する場合には，color パッケージを読み込む必要はありません．color，xcolor の両パッケージを併用すると，読み込みの順序などによってはエラーが生じます．　　　　　　　　　　　　　　　　　　　　　　　　　　　　　　　　　　　　□

■色の混合

色の混合を行う場合，基本的には色を次のような形式で指定します．ただし，「〈色 1〉」「〈色 2〉」は色名で，「〈混合比〉」は「〈色 1〉と〈色 2〉を混合する際の〈色 1〉の百分率」です．

```
〈色 1〉!〈混合比〉!〈色 2〉
```

●グレーの濃淡を変化させた●印を並べた例

```
\colorbox[gray]{.5}{%
\textcolor{black}{●}\textcolor{black!80!white}{●}
\textcolor{black!60!white}{●}\textcolor{black!40!white}{●}
\textcolor{black!20!white}{●}\textcolor{white}{●}}
```

この例の「black」を「blue」に「white」を「red」に変えてみると「!」による色の混合の指定の便利さがわかります．

■補色の指定

「〈色名〉」で表される色の補色は，次のようにマイナス記号で指定します．

> -〈色名〉

例えば，「\textcolor{-magenta}{●}」という記述を行うと「緑色（マゼンタの補色）の
●印」が出力されます．

■3色以上の混合

文字「!」を用いた色の混合の指定は3色以上を混合する場合にも，次のように混合比と色
名を追加できます．

> 〈色1〉!〈混合比1〉!〈色2〉!〈混合比2〉!〈色3〉
> 〈色1〉!〈混合比1〉!〈色2〉!〈混合比2〉!〈色3〉!〈混合比3〉!〈色4〉

このような記述は，「〈色1〉!〈混合比1〉!〈色2〉」で指定される色を「〈中間色1〉」とする
と，「〈色1〉!〈混合比1〉!〈色2〉!〈混合比2〉!〈色3〉」＝「〈中間色1〉!〈混合比2〉!〈色3〉」と
いう具合に左から順に処理されます．

▶ 注意　色の混合において最後の「!〈色名〉」が欠けている場合には，「!white」が補われます．
例えば，「\textcolor{blue!30}{●}」は「\textcolor{blue!30!white}{●}」として
扱われます．　　　　　　　　　　　　　　　　　　　　　　　　　　　　　　　　□

また，n 種類の色 〈色$_1$〉～〈色$_n$〉を 〈色$_1$〉:〈色$_2$〉:・・・:〈色$_n$〉＝〈比率$_1$〉:〈比率$_2$〉:・・・:
〈比率$_n$〉（ただし，〈比率$_1$〉～〈比率$_n$〉は正の数）という比率で混合した色は，色の処理に用
いるカラーモデル（表3.15参照）が 〈model〉であるとき次のように指定できます．

> 〈model〉:〈色$_1$〉,〈比率$_1$〉;〈色$_2$〉,〈比率$_2$〉;・・・;〈色$_n$〉,〈比率$_n$〉

▶ 注意　この形式での色の指定において 〈比率$_k$〉として負の数を指定した場合，「〈色$_k$〉の補
色」の比率が「$-$〈比率$_k$〉」であるものとして処理されます．ただし，「〈比率$_1$〉～〈比率$_n$〉の
総和」がゼロになるとエラーが生じるので注意が必要です．　　　　　　　　　　　　□

3 本文の記述

●コラム● [\addvspace コマンド]

「3.4 空白を入れたい」では行送り方向の空白を追加するコマンドとして \vspace を紹介しましたが，これと似た名称の \addvspace というコマンドも存在します．このコマンドはやはり「\addvspace{〈空白量〉}」という形式で用いて，基本的には行送り方向に〈空白量〉だけの空白を追加します．

ただし，このコマンドは必ず段落間で用いなければならない一方（段落内で用いるとエラーを引き起こします），「\addvspace{10pt}\addvspace{20pt}」のように正の大きさの空白を連続して追加しようとした場合には「追加しようとした空白のうちの最大のもの」だけが追加されるという性質があります．この性質のため，LaTeX の既存のコマンドの内部では \addvspace がしばしば用いられています．

●コラム● [行送りの変更のタイミング]

「3.8 文字サイズを変更したい」で説明したように文字サイズの変更は行送りの変更を伴います．ただし，「個々の段落での行送りは段落の終端における値が有効」という点に注意してください．例えば，下記の例の最初の段落では文字サイズの変更範囲の終了後に段落が終わっているので行送りは変わりませんが，第2段落では文字サイズを変更している間に段落を終了させているので行送りも変わります．

```
これは, {\footnotesize
文字サイズの変更と行送りの変更の様子を調べるための実験です.
行送りを変更している範囲で段落が終わっているかどうかに
注意が必要です. }%%% ここではまだ段落は終わっていません.

これは, {\footnotesize
文字サイズの変更と行送りの変更の様子を調べるための実験です.
行送りを変更している範囲で段落が終わっているかどうかに注意が必要です.
\par%%% ここで段落を終わらせました.
}
```

●コラム● [updmap コマンド]

3.11 節で触れたように，フォントの追加の際には各種 dviware に対する map の設定も必要となるのですが，充分に新しい LaTeX システムには dvipdfmx をはじめとするいくつかの標準的な dviware および pdfTeX に対するそのような設定を一括して実行してくれる updmap というコマンドがあります．updmap の用法については，updmap --help を実行して得られるヘルプメッセージなどを参照してください．

4: 文字列レベルの特殊処理・特殊文字

4.1 短い文字列を書いたとおりに出力したい 114

4.2 丸や四角などの枠で囲んだ文字を出力したい (1)──枠と中身を合成する場合 116

4.3 丸や四角などの枠で囲んだ文字を出力したい (2)──既存のフォントを利用する場合 118

4.4 「環境依存文字」や多様な異体字を使いたい 120

4.5 文字などの上げ下げを行いたい 122

4.6 文字・記号の積み重ねや重ね書きを行いたい 124

4.7 下線・傍線などを引きたい 126

4.8 傍点・圏点を付けたい 128

4.9 文字列に長体や平体をかけたい・文字列などを回転させたい 130

4.10 均等割りを行いたい 132

4.11 ルビを振りたい 134

4.12 縦中横の文字列を記述したい 136

4.13 割注を出力したい 138

4.14 罫線やリーダーを入れたい 140

4 文字列レベルの特殊処理・特殊文字

4.1 短い文字列を書いたとおりに出力したい

基本的には \verb⟨何か1文字⟩⟨文字列⟩⟨⟨何か1文字⟩と同じ文字⟩のように記述できます.

■ \verb コマンド

「(=^o^=)」のような短い文字列を書いたとおりに出力するには，\verb というコマンドを次の形式で用います.

```
\verb⟨* 以外の何か1文字⟩⟨文字列⟩⟨⟨* 以外の何か1文字⟩と同じ文字⟩
\verb*⟨何か1文字⟩⟨文字列⟩⟨⟨何か1文字⟩と同じ文字⟩
```

これらはともに「⟨文字列⟩」の部分を文字どおりに出力します．また，\verb の直後に「*」を付けると，「⟨文字列⟩」に含まれる空白文字を空白文字の記号（␣）で表します．一方，空白文字を空白のままにするときには，「⟨文字列⟩」部分を「*」以外の文字で挟んでください（文字「*」で挟むと \verb の直後に「*」を置いた場合と誤認されます）.

■ \verb の使用例

```
\verb"(;_;)" and \verb*/(- -)/
```

```
(;_;) and (-␣-)
```

■ \verb が使えない場合

\verb を用いると先の例の「_」のような特殊文字もそのまま出力できますが，そのことは「\verb は特殊文字をそのまま出力するための特別な処理を行っている」ということも意味します．そのため，\verb はどこで用いてもよいわけではなく，ほかのコマンドの引数の中では通常は使えません．\verb が使えない箇所では，下記の例のように \texttt などの書体変更コマンドと表 3.1 などに挙げるコマンドを組み合わせて記述します．なお，個々の文字は \symbol を用いて「\symbol{⟨文字コード⟩}」のように文字コード指定でも出力できます．その際の文字コードについては付録 A の「文字コード表」などを参照してください．

```
\section{文字\,\texttt{\#}\,の用法}%%%  これは問題なく処理されます.
% \section{文字\,\verb/#/\,の用法}%%%  これはエラーを引き起こします.
```

114

■ \verb で用いる書体を変更する方法

\verb コマンドの出力部分に適用される書体は \verbatim@font というコマンドで指定されます．LaTeX のデフォルトでは \verb コマンドでの出力部分にはタイプライタ体が用いられますが，それは \verbatim@font のデフォルトの定義が次のようになっていて「\verb に \ttfamily を適用する」ように設定されていることによります（なお，\def もコマンドの定義を行うコマンドです）．

```
\def\verbatim@font{\normalfont\ttfamily}
```

そこで，この \verbatim@font を再定義すれば，\verb での出力部分のフォントを変更できます．ただし，タイプライタ体以外のフォントに変更する場合はフォントのエンコーディングを T1 にしてください．個々の書体変更コマンドについては「3.9　書体を変更したい(1)——属性レベルでの変更」を参照してください．

■ \verb の出力部分の書体を変更した例

```
\verb/({><})/
\makeatletter
\renewcommand{\verbatim@font}{\normalfont
    \fontfamily{pcr}\selectfont}
\makeatother
\verb/({><})/
\makeatletter
\renewcommand{\verbatim@font}{\normalfont
    \fontencoding{T1}\fontfamily{phv}\selectfont}
\makeatother
\verb/({><})/
```

({><})　({><})　({><})

▶ 注意　「複数行にわたるテキストを書いたとおりに出力する」には verbatim 環境（5.12 節参照）などを用います．また，\verbatim@font は verbatim 環境の内部のテキストに対しても適用されます．　　　　　　　　　　　　　　　　　　　　　　　　　　　　　　　　□

115

4 文字列レベルの特殊処理・特殊文字

4.2 丸や四角などの枠で囲んだ文字を出力したい (1) ── 枠と中身を合成する場合

- \fbox (長方形の枠囲み), \textcircled (丸囲み) などが使えます.
- ascmac パッケージなどを利用すると, 文字列をさまざまな形状の枠で囲めます.

■文字を長方形の枠で囲むコマンド

文字列に単に長方形の枠を付けるには \fbox というコマンドが使えます.

```
\fbox{⟨枠の中身⟩}
```

\fbox での枠線の太さは寸法 \fboxrule で, 枠と中身との間隔は寸法 \fboxsep です. なお, 「猫」のように, 長方形の背景に白抜きで文字列を記述するには, \colorbox コマンドあるいは \fcolorbox コマンド (3.14 節参照) を用います.

また, \fbox の代わりに \frame というコマンドを用いると, 枠の中身に密着した枠を作成します. 例えば, 「\frame{ZZZ}」は「ZZZ」となります. \frame による枠線の太さは, 「\linethickness{⟨線の太さ⟩}」のように \linethickness コマンドを用いて指定します.

■ \fbox の使用例

```
\fbox{親猫}\quad
{\setlength{\fboxsep}{1pt}\fbox{子猫}}\quad
{\setlength{\fboxrule}{1pt}\fbox{孫猫}}
```

親猫　子猫　孫猫

■文字を丸で囲むコマンド

文字を丸で囲む基本的なコマンドとしては \textcircled が用意されています.

```
\textcircled{⟨丸で囲む文字⟩}
```

ただし, \textcircled による丸は, 文字サイズが 10 pt から下回るにつれて歪みます. 必要があれば, 10 pt での出力を \scalebox を用いて縮小するといった対処を施してください.

■ \textcircled の使用例

```
\textcircled{a}/\textcircled{1}/\textcircled{X}
```

ⓐ/①/Ⓧ

　なお，この例のように，\textcircled コマンドをそのまま用いるだけでは数字などはうまく囲めません．丸数字を出力するためのコマンドを簡単に用意するには，

```
\newcommand{\maru}[1]{%% 引数は 1 桁の数字
    \raisebox{.1zh}{\textcircled{\raisebox{-.1zh}{#1}}}}
```

のような \maru を定義するという方法が知られています（この例では「\maru{1}」＝「①」のようになります．\raisebox については 4.5 節を参照してください）．丸数字の類をさらにきれいに出力するには，次節で紹介する otf パッケージなどを利用するとよいでしょう．

■その他の形状の枠
　例えば，ascmac パッケージが提供する \keytop コマンドを用いると，「\keytop{A}」に対して「Ⓐ」という出力が得られるという具合に四隅を四分円にした枠が利用できます．この類の枠はほかのパッケージでも提供されますし，また，picture 環境（付録 C 参照）などを用いるとさまざまな形状の枠が実現できます．graphicx パッケージが提供する文字列などの回転・拡大を行うコマンド（4.9 節参照）を picture 環境と組み合わせた例を挙げます（ただし，この例では pict2e パッケージも併用しています）．

```
サンプル
\raisebox{-.2zw}{\setlength{\unitlength}{1zw}%
\begin{picture}(1.2,1.2)
  \linethickness{.06\unitlength}
  \put(.6,.6){\rotatebox{45}{\oval[.25](.85,.85)}}
  \put(.6,.6){\makebox(0,0)[c]{\scalebox{.85}{1}}}
\end{picture}}
```

サンプル①

4.2　丸や四角などの枠で囲んだ文字を出力したい (1) ── 枠と中身を合成する場合

117

4.3 丸や四角などの枠で囲んだ文字を出力したい (2) —— 既存のフォントを利用する場合

pifont パッケージなどの各種の記号フォントを用いるパッケージや，otf パッケージが利用できます．

■ pifont パッケージ

pifont パッケージなどの記号フォントを利用するためのパッケージを用いても丸囲みの数字などが出力できます．例えば，付録 A の「pifont パッケージを用いて利用できる記号 (2) (ZapfDingbats)」の表にある記号を出力するには，\ding コマンドを下記の形式で用います．例えば，「\ding{172}」は「①」で，「\ding{204}」は「❸」になります．

```
\ding{⟨出力したい文字の文字コード⟩}
```

■ otf パッケージが提供するコマンドによる囲み文字

otf パッケージを用いた場合，表 4.1 に挙げるコマンドを用いると 0 から 100 までの番号を丸などで囲んで出力できます．例えば，「\ajMaru{1}」は「①」に対応し，「\ajKuroKaku{9}」は「🅉」に対応します．さらに，それらのコマンドに「*」を付けて用いると，1 桁の数字の前に 0 を補って 2 桁表記にします．例えば，「\ajMaru*{1}」は「01」という出力を与えます．また，表 4.1 のコマンドに表 4.2 に挙げる文字列を追加した形のコマンドを用いると，番号の形式を変更できます．例えば，「\ajMaruAlph」は「丸囲みの大文字のアルファベット」の形式（「Ⓐ」など）に対応し，「\ajKuroMaruKakuHira」は「矩形の四隅を丸くしたものの中の白抜きのひらがな」の形式（「あ」など）に対応します．さらに，表 4.3 に挙げるような，番号をローマ数字などで表記するコマンドも用意されています．

一方，otf パッケージは，数字（番号）以外の文字を丸などで囲むために，表 4.4 に挙げるコマンドも用意しています．それらのうち「\（」以外のものは，「\○ {あ}」(=「ⓐ」) のように枠で囲む文字を引数にとります（「○」などは記号なので，単に「\○あ」のように書いても構いません）．また，次の 4 種の記号も簡単に出力できます：〒（\▽〒），▽（\▽▽），⚠（\△!），◆（\■◇）（これは「◆」とはならないので注意してください）．

▶ 注意　表 4.4 のコマンドを用いた場合，枠の中に入れる文字によっては出力できないことがあります．実際，枠とその中身の組み合わせが何らかの和文 OpenType フォントで「文字」として用意されていなければ出力できません．出力できない組み合わせ（例えば，「○＋猫」）については，前節で説明したような方法を用いてください．□

表 4.1 ● otf パッケージによる「囲み数字」用のコマンド

枠の形状	対応するコマンド	例	枠の形状	対応するコマンド	例
丸	\ajMaru	①①……⑩	角を丸くした矩形	\ajMaruKaku	⓪①……⑩
丸（白抜き）	\ajKuroMaru	❶❶……⑩	角を丸くした矩形（白抜き）	\ajKuroMaruKaku	⓿❶……⑩
矩形	\ajKaku	⓪①……⑩	丸括弧	\ajKakko	(0)(1)……(10)
矩形（白抜き）	\ajKuroKaku	⓪❶……⑩			

表 4.2 ● 表 4.1 のコマンドの番号の形式の変更に用いる文字列

形式	文字列	範囲	例	形式	文字列	範囲	例
大文字のアルファベット	Alph	1〜26	Ⓐ Ⓑ……Ⓩ	ひらがな	Hira	1〜48	ⓐ ⓘ……ⓝ
小文字のアルファベット	alph	1〜26	ⓐ ⓑ……ⓩ	カタカナ	Kata	1〜48	⑦ ⑦……⑦
曜日	Yobi	1〜7	⑪⑫⑬⑭⑮⑯⑰				

表 4.3 ● otf パッケージが提供する, 各種の「番号」用のコマンド

形式	コマンド	範囲	例	形式	コマンド	範囲	例
大文字のローマ数字	\ajRoman[注]	1〜15	I II ……XV	丸括弧付き大文字ローマ数字	\ajKakkoRoman	1〜15	(I)(II)……(XV)
小文字のローマ数字	\ajroman	1〜15	i ii ……xv	丸括弧付き小文字ローマ数字	\ajKakkoroman	1〜15	(i)(ii)……(xv)
ピリオド付き	\ajPeriod	0〜9	0. 1.……9.	丸括弧付き漢数字	\ajKakkoKansuji	1〜20	(一)(二)……(卄)
二重丸囲み	\ajNijuMaru	1〜10	⑴⑵……⑽	丸囲み漢数字	\ajMaruKansuji	1〜10	㊀㊁……㊉
リサイクルマーク	\ajRecycle	0〜11	♻♳♴♵♶♷♸♹♺♻♼♽				

注：「*」を付けて用いた場合，番号「4」に対する出力が変化（「*」なしでは「IV」で，「*」付きでは「IIII」）.

表 4.4 ● otf パッケージによる一般の囲み文字用のコマンド

枠の形状	コマンド	枠の形状	コマンド	枠の形状	コマンド
丸	\○	矩形（白抜き）	\■	角を丸くした矩形（白抜き）	\◆
丸（白抜き）	\●	角を丸くした矩形	\◇	丸括弧	\ (注
矩形	\□				

注：「\〈（括弧に入れる文字〉)」（〈括弧に入れる文字〉を囲む丸括弧は和文文字）という形式で使用

▶ 注意　otf パッケージが利用可能でない場合は，LaTeX システム全体を更新するとよいでしょう（充分新しい TeXLive を日本語関連パッケージ込みでインストールした場合，otf パッケージは特に何もしなくても利用可能です）.　　　　　　　　　　　　　　　　　　□

■ upLaTeX を利用する場合

upLaTeX を利用する場合，「①」などの記号は LaTeX 文書中に直接記述できることがあります.

4 文字列レベルの特殊処理・特殊文字

4.4 「環境依存文字」や多様な異体字を使いたい

otf パッケージを用いると，「\UTF{〈Unicode 番号〉}」，「\CID{〈CID 番号〉}」という形式でさまざまな文字が利用できます．upLATEX 使用時には，文字によっては直接記述できます．

■環境依存文字

● Unicode 番号・CID 番号の直接指定による出力

otf パッケージ使用時には，丸数字やいわゆる「全角」のローマ数字などの従来「環境依存文字」とされてきた記号についても，基本的には Unicode 番号を持つものは \UTF コマンドで出力できますし，Adobe-Japan1-5（あるいは 1-6）の CID 番号を持つものは \CID コマンドで出力できます．それらのコマンドの書式は下記のとおりです．例えば，「①」は U+2460（CID 番号は 7555）なので「\UTF{2460}」，「\CID{7555}」のどちらでも「①」が得られます（なお，囲み文字に関しては前節も参照してください）．

> \UTF{〈Unicode 番号〉} %%% ただし，〈Unicode 番号〉は 16 進表記
> \CID{〈CID 番号〉}

● 組文字の類の出力

「㌢」の類の組文字は \ajLig というコマンドを用いて下記の書式で出力できます．例えば，今の「㌢」は「\ajLig{センチ}」に対応します．また，「\ajLig{センチ *}」（＝「㌢」）のように引数に「*」を追加すると「別の組み合わせ方」になるものもあります．

> \ajLig{〈組文字にする内容〉}

なお，「が」（＝「\ajLig{か ゚ }」）や「ゕ」（＝「\ajLig{小か}」，小書きの「か」）などについても \ajLig の引数に「組み合わせる文字列」あるいは「コマンド文字列」を指定することで出力できます．

■各種の異体字

文字によっては，「吉」という字には「士＋口」のもののほかに「土＋口」のものがあるという具合に「別の字形を持った文字」（異体字）があるものもあります．そのような異体字についても，個々の異体字に相異なる CID 番号が割り当てられているような場合には \CID コマンドなどを用いて区別して出力できます．個々の文字の CID 番号については，https://wwwimages2.adobe.com/content/dam/acom/en/devnet/font/pdfs/5078.Adobe-Japan1-6.pdf などのリファ

120

レンス文書を参照してください．なお，次の 4 個の文字については専用のコマンドが用意されています：濵（\ajMayuHama，\CID{8531}），髙（\ajHashigoTaka，\CID{8705}），𠮷（\ajTsuchiYoshi，\CID{13706}），﨑（\ajTatsuSaki，\CID{14290}）．

■半角カナ

半角カナは，\aj半角というコマンドを「\aj半角 {〈半角カナ表記する文字列〉}」という形式で用いると出力できます．例えば，「\aj半角 {ネコ}」は「ﾈｺ」となります．なお，otfパッケージを用いない場合には 4.9 節で説明する \scalebox コマンドを用いて「全角」のカタカナを縮小するという方法が使えます．

■半角（1/2 字幅）・3 分（1/3 字幅）・4 分（1/4 字幅）の数字

1/2〜1/4 字幅の数字を出力するには，\ajTsumesuji（\ajTumesuji）というコマンドを下記の形式で用います．例えば，「\ajTsumesuji{2}{0123456789}」，「\ajTsumesuji{3}{0123456789}」，「\ajTsumesuji{4}{0123456789}」に対してはそれぞれ「0123456789」，「0123456789」，「0123456789」という出力が得られます．なお，「\ajTsumesuji{1}{〈数字列〉}」としても構いませんが，これは単に「全角」の数字を並べただけになります．

> \ajTsumesuji{〈1 文字分の幅に入れる数字の数〉}{〈数字列〉}

■絵文字など

「☎」などの絵文字は \ajPICT というコマンドを「\ajPICT{〈絵文字の名称〉}」という形で用いて出力できます．例えば，今の「☎」は「\ajPICT{電話}」に対応します（そのほかの絵文字については付録 A を参照してください）．なお，「\ajPICT」の代わりに「\※」と書いても構いません（例えば，「\ajPICT{電話}」＝「\※ {電話}」です）．

▶ 注意　前節と本節で紹介した \ajMaru などの「\aj...」の形の名称のコマンドの大半は，正確には otf パッケージの中で読み込まれる ajmacros パッケージによって定義されます．特に，otf パッケージの読み込み時に「nomacros」（あるいは「nomacro」）オプションを適用すると ajmacros パッケージは読み込まれなくなり，それに伴い \ajMaru なども利用できなくなるので注意してください．　□

▶ 注意　otf パッケージ（および適切な OpenType フォント）を用いて出力できる範囲の漢字・記号では間に合わない場合には，さらに多くの漢字などを収録したフォントを用いることになります．そのようなフォントのうち pTEX で利用可能なものとしては，「今昔文字鏡フォント」，「GT 書体フォント」が知られています．　□

4 文字列レベルの特殊処理・特殊文字

4.5 文字などの上げ下げを行いたい

- \textsuperscript, \textsubscript というコマンドが利用できます.
- 文字列などの一般的な上下移動には \raisebox を用います.

■数式ではないところでの上付き文字・下付き文字

数式（第 15 章参照）ではないところで上付き文字・下付き文字を記述するには，基本的には \textsuperscript, \textsubscript というコマンドを下記の形式で用います．なお，古い版の LaTeX では，\textsubscript を用いる際に sfixltx2e パッケージを読み込む必要がある場合があります．

```
\textsuperscript{〈上付きにする文字列〉}
\textsubscript{〈下付きにする文字列〉}
```

■一般の文字列の上下移動

文字列などの一般的な上下移動を行うには，\raisebox というコマンドを次の形式で用います．\textsuperscript, \textsubscript とは異なり，\raisebox は単に上下移動を行うだけなので，必要があれば移動対象の文字サイズもユーザー自身で調整してください．

```
\raisebox{〈移動量〉}{〈上下移動させる対象〉}
\raisebox{〈移動量〉}[〈処理上の高さ〉][〈処理上の深さ〉]{〈上下移動させる対象〉}
```

■ \textsuperscript, \textsubscript, \raisebox の使用例

```
10\,cm\textsuperscript{3} の H\textsubscript{2}O\par
上移動 \raisebox{.5zw}{上付き} と下移動 \raisebox{-.5zw}{下付き}
```

$10\,\mathrm{cm}^3$ の $\mathrm{H_2O}$
上移動 ^上付き と下移動 _下付き

▶注意　実在する LaTeX 文書では，「数式での上下の添字」の機能を流用して，例えば「cm³」に対して「cm^3」，「$\mbox{cm}^3$」などと記述していることがあります．なお，数式での上下の添字については「15.2 上添字・下添字を書きたい」を参照してください．□

■ \raisebox のオプション引数

\raisebox のオプション引数を用いない場合，上下移動後の対象の「高さ（height）」（ベースラインより上の部分の高さ）と「深さ（depth）」（ベースラインより下の部分の高さ）は移動前の高さ・深さに移動量を加味した値になります．一方，オプション引数を用いると，移動後の高さ・深さをオプション引数で与えた値であるものとして扱います．下記の例では，移動後の対象の「処理上の」サイズを \fbox（4.2 節参照）による枠で示しています．なお，「\raisebox{0pt}[0pt][0pt]{⟨文字列⟩}」は「\smash{⟨文字列⟩}」とも記述できます．

```
{\setlength{\fboxsep}{0pt}%%% 枠と枠の中身を密着させる設定
\fbox{\raisebox{1ex}{A}} and
\fbox{\raisebox{1ex}[0pt][0pt]{A}}}%%% 高さ・深さを無視させる場合
```

$\boxed{\mathrm{A}}$ and $\underline{\mathrm{A}}$

■ 2 個のオブジェクトの上端を揃える場合

2 個のオブジェクトの上端を揃えるには，「高さが低いほうのオブジェクトを，2 個のオブジェクトの高さの差だけ持ち上げる」という方法が基本的です．例えば，ボックスの高さを取得する \ht を利用すると，次の例のような記述で「上端揃え」ができます．なお，この例の「\ht\BoxA」は「\BoxA の中身の高さ」で「\ht\BoxB」は「\BoxB の中身の高さ」なので，\raisebox の第 1 引数は \BoxA の中身と \BoxB の中身の高さの差です．また，\ht の代わりに \dp を用いるとボックスの深さが取得できるので，それを用いて深さの差を計算すると「下端揃え」も（原理的には）この例と同様にできます．

```
\documentclass{jarticle}%%% 次の行はテキストの保存用のボックスの割り当て
\newsavebox{\BoxA}\newsavebox{\BoxB}%%% これはプリアンブルで 1 回行えば充分
\usepackage{calc}%%% \raisebox の引数で計算式を利用するための措置
\begin{document}
\sbox{\BoxA}{{\Large X}}%%% \BoxA に「{\Large X}」を保存
\sbox{\BoxB}{{\small X}}%%% \BoxB に「{\small X}」を保存
\usebox{\BoxA}%%% \BoxA の中身を貼り付け
\raisebox{\ht\BoxA - \ht\BoxB}{\usebox{\BoxB}}
\end{document}
```

$\mathrm{X^X}$

4　文字列レベルの特殊処理・特殊文字

4.6　文字・記号の積み重ねや重ね書きを行いたい

- 文字・記号の積み重ねに用いるコマンド：\shortstack, \oalign
- 文字・記号の重ね書きに用いるコマンド：\ooalign, \llap, \rlap

■文字・記号の積み重ね

　複数の文字・記号の積み重ねを行うには，\shortstack または \oalign というコマンドを次の形式で用います．ただし，「〈項目 1〉」〜「〈項目 n〉」は積み重ねる項目で，「〈揃え方〉」は積み重ねる項目の揃え方を表す文字（r：右寄せ，c：中央寄せ，l：左寄せ）です．また，「[〈揃え方〉]」を省略した場合には，〈揃え方〉＝ c として扱われます．なお，上下方向（縦組時には左右方向）の位置に関しては，\shortstack の場合には最後の項目が周囲のテキストと揃えられる一方，\oalign の場合には最初の項目が周囲のテキストと揃えられます．

```
\shortstack[〈揃え方〉]{〈項目 1〉\\ 〈項目 2〉\\ ... \\ 〈項目 n〉}
\oalign{〈項目 1〉\cr 〈項目 2〉\cr ... \cr 〈項目 n〉}
```

■ \shortstack, \oalign の使用例

```
サンプル\qquad
\shortstack{A\\ AA}, \shortstack[l]{A\\ AA},
\shortstack[r]{A\\ AA}\qquad
\oalign{>\cr =}
```

```
             A    A      A
サンプル    AA, AA, AA        >
                            =
```

■文字・記号の重ね書き

　複数の文字・記号を重ね書きするには，基本的には \ooalign というコマンドを用います．\oailgn と同様に，「〈項目 1〉」〜「〈項目 n〉」を積み重ねる場合，次のように各項目を \cr で区切ります．

```
\mbox{\ooalign{〈項目 1〉\cr 〈項目 2〉\cr ... \cr 〈項目 n〉}}
```

■ \ooalign の使用例

```
\mbox{\ooalign{△ \cr ▽}}\quad
\mbox{\ooalign{\hfil Y\hfil \cr \hfil =\hfil}}\quad
\mbox{\textit{\ooalign{\hfil Y\hfil \cr \hfil =\hfil}}}
```

ㅤ ⊠ㅤ ¥ㅤ ¥

　この例で「Y」と「=」を重ねるところでは，\hfil を用いて重ねる記号を中央寄せにしています．実際，単に「\mbox{\ooalign{Y\cr =}}」と記述すると，フォントによっては「Y」と「=」の幅が大きく異なるため「¥」のように重ねる文字の中心がずれることがあります．

▶ 注意　\ooalign は段落の体裁に関係するパラメータを変更するので，\ooalign を単独で用いると周囲の体裁に悪影響を与えることがあります．そのため，\ooalign は原則として\mbox の引数の中などの「行分割しない，1 文字扱いになる箇所」で用いてください．　□

■左右へのはみ出し

　現在の位置の左右（縦組時には上下）にはみ出して周囲の文字などに重ね書きを行うには，\llap，\rlap というコマンドを次の形式で用います．なお，\llap，\rlap とその引数の全体は「幅がゼロ」であるものとして扱われます．

```
\llap{〈左側にはみ出させる記述〉}
\rlap{〈右側にはみ出させる記述〉}
```

■ \llap，\rlap の使用例

```
サン\llap{○}プル\quad サン\rlap{○}プル\qquad
\rlap{\underline{\phantom{f}}}finite%%% \underline は下線を引くコマンド
```

　サ○ンプル　サン○プル　　finite

　最後の例では文字「f」と同じ幅の下線（次節参照）を直後の単語に重ね書きして「fi」の合字を崩さずに「f」のみに下線を引いています．

▶ 注意　\llap，\rlap は段落の先頭では用いないでください（段落の先頭で用いると体裁が狂います）．必要があれば，\leavevmode（3.1 節参照）などで段落を開始してください．　□

125

4 文字列レベルの特殊処理・特殊文字

4.7 下線・傍線などを引きたい

LaTeX 自身では \underline を提供するほか, jumoline パッケージが提供する \Underline
コマンドなどが利用できます.

■ LaTeX が提供する下線

LaTeX 自身では文字列などにを付けるコマンドの \underline を用意しています. 書式は
下記のとおりで, 例えば「\underline{下線}」に対して「下線」という出力が得られます.

> \underline{〈下線を付ける対象〉}

ただし, \underline による下線は「数式中で下線を作成する」機能を流用したもので,
特に下線の途中での行分割はできません. 複数行にわたる下線を用いる場合には, 後述する
jumoline パッケージを用いるとよいでしょう.

■ jumoline パッケージ

jumoline パッケージは行分割可能な下線・上線・打ち消し線を作成するコマンドを提供し
ます. なお, \UMOline コマンドの第 1 引数は, テキストに付ける線のベースラインからの
高さです.

> \Underline{〈下線を付けるテキスト〉}
> \Midline{〈打ち消し線を付けるテキスト〉}
> \Overline{〈上線を付けるテキスト〉}
> \UMOline{〈線の位置〉}{〈下線などを付けるテキスト〉}

また, これらのコマンドによる下線類の位置・太さは表 4.5 に挙げる寸法で与えられま
す. ただし, \UnderlineDepth, \MidlineHeight, \OverlineHeight に負の値を設定し
ても無効です (無効な値が設定されているときには, デフォルト値が用いられます). なお,

表 4.5 ● jumoline パッケージが提供する下線類の体裁に関係するパラメータ

パラメータ	意味	横組時のデフォルト値
\UnderlineDepth	\Underline による下線がベースラインから下がる距離	行送りの 0.3 倍
\MidlineHeight	\Midline による打ち消し線のベースラインからの高さ	和文文字の高さの 1/2
\OverlineHeight	\Overline による上線のベースラインからの高さ	行送りの 0.7 倍
\UMOlineThickness	\Underline, \Midline, \Overline, \UMOline による下線類の太さ	0.4 pt (縦組時も同じ)

縦組時には \UnderlineDepth などの下線類の位置に関する寸法を \UnderlineDepth と \OverlineHeight は 0.6 zw 程度に, \MidlineHeight は 0 pt に設定するとよいでしょう.

■ \Underline などの使用例

```
\Underline{下線}\Midline{打ち消し線}\Overline{上線}\UMOline{0pt}{下線}\par
\setlength{\UnderlineDepth}{.1zw}%%%    下線の位置を変更
\setlength{\UMOlineThickness}{.8pt}%%% 線の太さを一律に変更
\Underline{下線}\Midline{打ち消し線}\Overline{上線}
```

下線打ち消し線上線下線
下線打ち消し線上線

■下線などの範囲に別のコマンドが含まれる場合

下線用のコマンドを提供するパッケージは数多く知られていますが, それらの大半が提供するコマンドでは, 下線などの範囲に引数をとるコマンドを単純に含めることはできません. 例えば, \Underline による下線の中で \ajMaru コマンド (4.3 節参照) による丸数字を用いようとして「\Underline{下線 \ajMaru{1}}」のように記述してもエラーが生じます. このような場合は,「\Underline{下線 {\ajMaru{1}}}」のようにコマンドとその引数の全体を括弧「{」,「}」で囲んでください. これは \textbf のような書体変更コマンドについても例外ではありません. ただし, \Underline をはじめとする下線類用のコマンドの大半は括弧「{」,「}」で囲まれた部分を「1 文字扱い」にし, その途中では行分割を行いません. 下線類の途中で「書体変更範囲内での行分割も可能であるような書体変更」を行うには, 下記の例のように書体変更範囲とそれ以外とで別々に下線などを引いてください.

```
\Underline{これは}\textbf{\Underline{下線と書体変更}}\Underline{の併用例}
```

■線種の変更

LaTeX 自身の \underline コマンドを用いる場合,「\textcolor[gray]{.5}{\underline {\textcolor{black}{sample}}}」(=「sample」) のような記述で, 色付きの下線を出力できます (4.13 節のコラムも参照するとよいでしょう). 一方, 破線や波線の下線 (傍線) を引くには, 例えば「みなも」氏による udline パッケージが提供する各種のコマンドが利用できます. また, 欧文テキストに波線・2 重下線を付けるには ulem パッケージが利用できます.

4　文字列レベルの特殊処理・特殊文字

4.8　傍点・圏点を付けたい

- plext パッケージが提供する \bou（傍点を付加），okumacro パッケージが提供する \kenten（圏点を付加）などのコマンドが利用できます．
- アクセント記号用のコマンドを流用することもできます．

■傍点を付けるコマンド

テキストに傍点を付けるには，plext パッケージが提供する \bou コマンドを次の形式で用います．

```
\bou{〈傍点を付けるテキスト〉}
```

■圏点を付けるコマンド

テキストに圏点を付けるには，奥村晴彦氏による okumacro パッケージ（クラスファイル jsarticle.cls, jsbook.cls とともに配布されています）が提供する \kenten コマンドを次の形式で用います．

```
\kenten{〈圏点を付けるテキスト〉}
```

■ \bou, \kenten の使用例

```
\bou{傍点付きのテキスト} と \kenten{圏点付きのテキスト}
```

傍点付きのテキストと圏点付きのテキスト

■傍点や圏点を付ける範囲に別のコマンドが含まれる場合

下線類の場合と同様に，傍点や圏点を付ける範囲に引数をとるコマンドが含まれる場合には，コマンドとその引数の全体を括弧「{」，「}」で囲んでください．ここでも \ajMaru コマンド（4.3 節参照）による丸数字を用いる場合を例にとると，「\bou{例 \ajMaru{1}}」ではエラーが生じますが，「\bou{例 {\ajMaru{1}}}」のようにすると，エラーなく処理されます（\kenten についても同様です）．なお，\bou と \kenten はともに，それらの引数の中の括弧「{」，「}」で囲まれた部分を 1 文字扱いにします．書体を変更している部分の途中で

も行分割ができるような形で \bou や \kenten と書体変更を併用する場合は，書体変更コマンドを \bou，\kenten の引数の外に出してください．

■ \bou コマンドでの「傍点」として用いる記号の変更

\bou コマンドで「傍点」として用いる記号は \boutenchar を再定義すると変更できます．ただし，\boutenchar の再定義の際には記号の位置を \hspace や \raisebox を用いて調整したほうがよい場合もあります．

```
\documentclass{jarticle}
\usepackage{plext}
\begin{document}
\renewcommand{\boutenchar}{。}%%% 位置を調整しない場合
\bou{白丸付きテキスト}

%%% 位置を調整した場合（縦組時には調整の仕方は変わります）
\renewcommand{\boutenchar}{\hspace{.15zw}\raisebox{.2zw}{。}}
\bou{白丸付きテキスト}
\end{document}
```

白丸つきテキスト
白丸つきテキスト

■テキスト用アクセント記号で代用する場合

「3.6　アクセント記号を記述したい」で紹介したテキスト用アクセントのコマンドは和文文字に対しても適用できます．例えば，「\r{猫}」に対しては「猫」という出力が得られます．このことに着目すると，圏点などを出力するのにテキスト用アクセントのコマンドで代用できる場合もあることがわかります．実際，実在する LaTeX 文書では下記の例のような記述も見かけます．

\. 簡 \. 易 \. 版 \. の \. 圏 \. 点（テキスト用アクセントを \r{流}\r{用}）

簡易版の圏点（テキスト用アクセントを流用）

4 文字列レベルの特殊処理・特殊文字

4.9 文字列に長体や平体をかけたい・文字列などを回転させたい

graphicxパッケージが提供する \scalebox, \rotateboxなどのコマンドが利用できます.

■ graphicx パッケージ

「オブジェクトの拡大・回転」および「画像の貼り付け」に関する基本的な処理は, graphicx パッケージの機能で実現できます. このパッケージに対しては, color パッケージの場合と同様に原則として次のように「使用する dviware の指定」（ドライバ指定）が必要です. また, 場合によっては graphicx パッケージに nosetpagesize オプションを適用する必要があるという点も, color パッケージの場合と同様です.

```
\usepackage[dvips]{graphicx}%%% dvips (から派生したソフトウェア) を用いる場合
\usepackage[dvipdfm]{graphicx}%%% dvipdfm (から派生したソフトウェア) を用いる場合
```

■文字列などの拡大・縮小

文字列などの拡大・縮小を行うには, \scalebox, \resizebox というコマンドを次の形式で用います（ただし,「縦」,「横」などの向きについては横組時の向きです）.

```
\scalebox{〈横方向の拡大率〉}[〈縦方向の拡大率〉]{〈変形対象〉}
\resizebox{〈変形後の幅〉}{〈変形後の高さ〉}{〈変形対象〉}
```

- 「〈横方向の拡大率〉」,「〈縦方向の拡大率〉」はゼロでない実数です. 負の値を用いると「反転と拡大・縮小の組み合わせ」になります. 例えば, 〈横方向の拡大率〉が負の場合, 「左右を反転した後, 横方向には −〈横方向の拡大率〉倍に拡大・縮小」します. また, 「[〈縦方向の拡大率〉]」を省略すると〈横方向の拡大率〉を縦方向にも用います. なお, 「\scalebox{-1}[1]」（左右を反転）の代わりに「\reflectbox」と記述できます.
- 「〈変形後の幅〉」,「〈変形後の高さ〉」は基本的にはゼロでない寸法です. 負の値の場合, 反転と拡大・縮小の組み合わせになります. 〈変形後の幅〉, 〈変形後の高さ〉の一方が文字「!」の場合,「!」にしたほうは「縦横比を保つように」設定されます（両方が「!」ならば「原寸大」で出力されます）. また, 〈変形後の幅〉, 〈変形後の高さ〉のところでは,「\width」は「変形前の幅」を表し「\height」は「変形前の高さ」を表します.

▶ 注意　\scalebox, \resizebox で変形した範囲は「1 文字扱い」になります. 行分割を必要とするような長い文字列を変形するときには, 長体あるいは平体をかけたフォント（map ファイルの記述でそのような変形ができます）の利用を検討したほうがよいでしょう. □

注意 \resizebox はデフォルトでは変形後のオブジェクトの「ベースラインより上にある部分の高さ」が指定された寸法になるように拡大します．「直感的な高さ」を指定どおりの寸法にするには，「\resizebox*{⟨幅⟩}...」のように \resizebox に「*」を付けます． □

■文字列などの回転

文字列などの回転を行うには，\rotatebox というコマンドを次の形式で用います．

\rotatebox[⟨オプション指定⟩]{⟨回転角⟩}{⟨回転対象⟩}

● 「⟨回転角⟩」は通常は「度」を単位とする数値で指定します（左回りが正です）．
● 「⟨オプション指定⟩」では，回転の中心や回転角の単位を指定できます．主な指定には次のようなものがあります．
  - 「units=⟨1 回転に相当する数値⟩」：例えば，「units=360」では「1 回転 = 360」で，これは「度」を単位にする指定です．なお，負の値の場合「右回りが正」になります．例えば，「\rotatebox[units=-100]{3}{...}」は「右回りに 3/100 回転」になります．
  - 「origin=⟨回転の中心を表す文字列⟩」：例えば，「origin=c」では回転対象の中心を回転の中心にします．また，「origin=bl」（回転対象の左下隅を中心にして回転）のように，「t」（上端），「b」（下端），「l」（左端），「r」（右端），「B」（ベースラインの高さ）を組み合わせた文字列でも指定できます．ただし，回転の中心の上下方向の位置を指定しない場合（「l」，「r」のみを用いた場合）には，上下方向の位置は回転対象の天地中央になります．同様に，回転の中心の左右方向の位置を指定しない場合には，回転対象の左右中央が用いられます．

■拡大・回転の例

\scalebox{.8}[1]{長体} と \scalebox{1}[.8]{平体}\qquad
文字の \rotatebox[origin=c]{30}{回}\rotatebox[origin=c]{30}{転}

長体と平体　　　文字の 回 転

注意 graphicx パッケージは「斜体をかける」コマンドは用意していませんが，PSTricks パッケージ（を構成する pst-3d パッケージ）が斜体をかけるコマンドの \psTilt を提供しています．また，斜体をかけるという操作は回転と拡大・縮小の組み合わせで実現できることが知られています．なお，斜体のフォントは map ファイルの設定で実現できます． □

4　文字列レベルの特殊処理・特殊文字

4.10　均等割りを行いたい

okumacro パッケージなどが提供する \kintou コマンドなどが利用できます.

■幅を指定した領域の確保

　例えば，4 文字を 5 文字分の幅に出力した「均 等 割 り」のような出力を行うには，基本的には「指定した幅の領域を確保」したうえで，その領域の中で文字間に \hfill などのできるだけ伸びる空白（3.4 節参照）を入れればよいわけです．そのような「指定した幅の領域を確保」する処理は \makebox というコマンドで実現できます.

> \makebox[⟨幅⟩][⟨位置指定⟩]{⟨確保した領域に入れるテキスト⟩}

　ここで，「⟨位置指定⟩」には「s」（⟨確保した領域に入れるテキスト⟩ を可能ならば指定した幅になるように引き伸ばして出力），「l」（左寄せ），「c」（中央寄せ），「r」（右寄せ）が利用できます．なお，「[⟨位置指定⟩]」を省略した場合，⟨位置指定⟩ ＝ c として扱われます．特に，本節で考えている均等割りの場合には，⟨位置指定⟩ を「s」にします.

■ \makebox の使用例

> \fbox{\makebox[6zw][l]{均等割り}}, \fbox{\makebox[6zw][c]{均等割り}},
> \fbox{\makebox[6zw][r]{均等割り}},
> \fbox{\makebox[6zw][s]{均 \hfill 等 \hfill 割 \hfill り}}

> | 均等割り | , | 均等割り | , | 均等割り | , | 均 等 割 り |

■均等割り用のコマンド

　均等割り用のコマンドを提供するパッケージも存在します．例えば，okumacro パッケージ使用時には，\kintou コマンドを次の形式で利用できます．このコマンドを用いる場合，「\kintou{6zw}{均等割り}」という記述に対しては「均 等 割 り」という出力が得られます.

> \kintou{⟨幅⟩}{⟨均等割りにする文字列⟩}

■ **簡単な均等割りのコマンド**

均等割り用のコマンドを手短に用意するには，コマンド \kintou を次のように定義できます．この \kintou は，「\kintou{〈幅〉}{〈均等割りにする文字列〉}」という形式で用います．

```
\DeclareRobustCommand*\kintou[2]{%
  \ifvmode \leavevmode \fi
  \hbox to#1{\autospacing \autoxspacing
    \kanjiskip=0pt plus 1fill
    \xkanjiskip\kanjiskip \spaceskip\kanjiskip
    {#2}}}
```

■ **均等割りがうまくいかない場合**

既存の均等割り用のコマンドでは，「年・月」のような記号類を含む文字列の均等割りがうまくいかないことがあります．それは，「文字間を広げるという処理に対して，上記の定義例のように \kanjiskip（通常の和文文字間に挿入されるグルー）などを利用する」均等割り用のコマンドに共通の特徴です．均等割りがうまくいかない文字列に対しては，文字間を広げるところに明示的に空白文字を書き込んでください（下記の例を参照してください．なお，この例では \kintou は上記の定義例のものを用いています）．

```
\fbox{\kintou{5zw}{年・月}}, \fbox{\kintou{5zw}{NFSS}}\par
\fbox{\kintou{5zw}{年␣・␣月}}, \fbox{\kintou{5zw}{N␣F␣S␣S}}
```

■ **jdkintou パッケージ**

藤田眞作氏による jdkintou パッケージが提供する \jidoukintou コマンドを用いると，均等割りにする幅を和文文字列の文字数に応じて「2文字ならば4文字分の幅」，「3文字ならば5文字分の幅」，「4文字または5文字ならば6文字分の幅」のように自動的に決定したうえで均等割りを行います（1文字あるいは6文字以上の場合，文字列を自然な幅で出力します）．なお，このコマンドは「\jidoukintou{〈均等割りにする文字列〉}」という形式で用います．例えば，「\jidoukintou{雪月花}」は「\kintou{5zw}{雪月花}」のように扱われ，「雪　月　花」という出力を与えます．

4 文字列レベルの特殊処理・特殊文字

4.11 ルビを振りたい

> okumacro パッケージなどが提供する \ruby コマンドなどが利用できます.

■ okumacro パッケージの \ruby コマンド

　ルビ用のコマンドはあちこちで定義されていますが, よく知られているもののひとつに okumacro パッケージが提供する \ruby コマンドがあります. このコマンドは次の形式で用います.

```
\ruby[〈幅〉]{〈親文字列〉}{〈ルビ文字列〉}
```

　また, オプション引数の「〈幅〉」にゼロでない寸法を与えた場合, ルビが長すぎるときにルビ付き文字の全体の幅を〈幅〉として扱います (ただし, 〈幅〉が親文字列の幅よりも小さいときには親文字列の幅を〈幅〉として用います). なお, 「[〈幅〉]」を与えない場合は, 親文字列とルビ文字列の長いほうの幅がルビ付き文字の全体の幅になります.

■ okumacro パッケージでの \ruby の使用例

```
\ruby{昨日}{きのう}, \ruby{五月雨}{さみだれ}\qquad
「\ruby{承}{うけたまわ} る」と「\ruby[1.5zw]{承}{うけたまわ} る」\qquad
{\footnotesize \ruby{子猫}{こねこ}}, \ruby{子猫}{こねこ},
{\Large \ruby{子猫}{こねこ}}
```

　この例では, okumacro パッケージの \ruby の特徴の「文字サイズが変化してもルビ部分の文字サイズには『親文字のサイズの 1/2 のサイズ』を自動的に選択する」という点を確認するとよいでしょう. また, otf パッケージは「expert」オプション付きで用いた場合「ルビ用のフォント」を設定しますが, okumacro パッケージの \ruby はその「ルビ用のフォント」を自動的に用います.

■ furikana パッケージの \kana コマンド

　藤田眞作氏による furikana パッケージが提供する \kana コマンドもまた, ルビ用のコマンドとしてよく知られています. このコマンドは次の形式で用います.

```
\kana[〈書式指定〉]{〈親文字列〉}{〈ルビ文字列〉}
```

　ここで，「〈書式指定〉」というのは親文字列とルビ文字列の整形の仕方（特に，ルビ文字列が長い場合のはみ出させ方）を制御する整数で，0以上4以下の値をとります（デフォルト値は1です）．なお，ファイル furikana.sty 自身に〈書式指定〉の値についての簡単な説明があります．

■ furikana パッケージでの \kana の使用例

```
\kana{昨日}{きのう}, \kana{五月雨}{さみだれ}\qquad
「\kana[0]{承}{うけたまわ} る」, 「\kana[1]{承}{うけたまわ} る」,
「\kana[2]{承}{うけたまわ} る」\qquad
{\footnotesize \kana{子猫}{こねこ}}, \kana{子猫}{こねこ},
{\Large \kana{子猫}{こねこ}}
```

きのう　さみだれ　　　うけたまわ　　うけたまわ　　うけたまわ　　こねこ　こねこ　ねこ
昨日, 五月雨　　「承 る」, 「承 る」, 「承 る」　　子猫, 子猫, 子猫

　furikana パッケージのデフォルト設定ではルビ部分の文字サイズは「\tiny」に固定されていますが，\rubykatuji コマンドを再定義すると別のサイズにできます．なお，furikana パッケージの \kana コマンドも otf パッケージ（expert オプション適用時）の「ルビ用フォント」を自動的に用います．

▶ 注意　\kana コマンドでも otf パッケージの「ルビ用フォント」が用いられるというのは，otf パッケージ側で \rubykatuji を再定義することによります．expert オプションを適用した otf パッケージを用いる場合，ユーザー自身での \rubykatuji の再定義は \begin{document} の後で行ってください．　　　　　　　　　　　　　　　　　　　　　　　　　　　□

■ furikana パッケージのその他の機能

　\kana コマンドでの親文字列とルビ文字列の間隔は \furikanaaki という寸法で与えられます（この寸法のデフォルト値は 0 pt です）．また，furikana パッケージは，「\kana{京}{きょう}\kana{都}{と}」の代わりに「\Kana{京, 都}{きょう, と}」と書けるというように一連のルビ付き文字を下記の形式でまとめて記述できる \Kana コマンドも提供しています．

```
\Kana[〈書式指定〉]{〈親文字列のコンマ区切りリスト〉}{〈ルビ文字列のコンマ区切りリスト〉}
```

135

4 文字列レベルの特殊処理・特殊文字

4.12 縦中横の文字列を記述したい

plext パッケージが提供する \rensuji コマンドが利用できます.

■縦中横の記述に用いるコマンド

縦中横(縦組文書中の小さな横組テキストで,数字のみの場合には連数字とも呼ばれます)の記述には,plext パッケージが提供する \rensuji コマンドを次の形式で用います.

```
\rensuji[〈位置指定〉]{〈横組にする文字列〉}
```

ただし,\rensuji コマンドを横組の箇所で用いると単に引数の「〈横組にする文字列〉」を1文字扱いにするだけです.また,「〈位置指定〉」は〈横組にする文字列〉の左右方向の位置を指定する文字で,「l」(左端揃え),「c」(中央揃え,デフォルト),「r」(右端揃え)という指定が利用できます.

■ \rensuji コマンドの使用例

```
\documentclass{tarticle}%%% plext パッケージも読み込まれます
\begin{document}
平成\rensuji{20}年\rensuji{9}月\rensuji{2}日\par
文書の\rensuji{P}\rensuji{D}\rensuji{F}化\par
第\rensuji[r]{1233}・\rensuji[c]{1234}・\rensuji[l]{1235}回
\end{document}
```

```
第        文      平
1233      書      成
・        の      20
1234      P       年
・        D       9
1235      F       月
回        化      2
                  日
```

この例からわかるように \rensuji の引数の幅が大きいとき(位置指定の「l」,「r」併用時)には行送りに影響します.通常はそれで構いませんが,行送りを変えなくても問題がない場合には「\rensuji*」のように「*」を付けると行送りを変えずに出力します.なお,\rensuji コマンドを用いた箇所の前後に入る空白は \rensujiskip というグルーで与えら

れるので，必要があれば次の例のように \rensujiskip の値を変更してください．

```
\documentclass{tarticle}
\begin{document}
文書の \rensuji{P}\rensuji{S} 化 \par
\setlength{\rensujiskip}{.125zw}
文書の \rensuji{P}\rensuji{S} 化
\end{document}
```

文書の
ＰＳ
化

文書の
ＰＳ
化

■縦中横を用いる場合・用いない場合

縦組時には，1桁の数字やアルファベットなどに和文文字を用いて「9月9日」あるいは「ＰＤＦファイル」のように記述することもよくあります．ただ，使用フォントによっては2桁以上の数字などを \rensuji コマンドを用いた箇所との書体の違いが気になることがあります．そのようなときには，1桁の数字などにも \rensuji コマンドを用いるといった方法で書体を揃えるとよいでしょう．

■ plext パッケージを用いない場合

縦中横を行うには「一時的な横組」ができればよいので，plext パッケージを用いない場合でも \yoko を用いて直接横組にするという方法が使えます．実際，4.10 節で説明した \makebox コマンドと \yoko を組み合わせると次のように記述できます．

```
\documentclass{tarticle}
\begin{document}
 付録 \makebox[1zw][c]{\hbox{\yoko \makebox[1zw][c]{a}}} 参照
\end{document}
```

付録a参照

137

4 文字列レベルの特殊処理・特殊文字

4.13 割注を出力したい

- warichu パッケージが提供する \warichu コマンドが利用できます.
- 「小さな文字サイズで表を書く」という方法もあります.

■ warichu パッケージ

藤田眞作氏による warichu パッケージは,割注(ひとつの行の中に小さな文字で複数行(多くの場合は 2 行)にわたって記述した注釈)を作成するコマンドの \warichu, \warigaki を用意しています. それらのコマンドの書式は下記のようになります. なお,\warichu,\warigaki は横組用で,縦組時には \twarichu, \twarigaki という「t」を付けた名称のコマンドを用います(書式は横組用のコマンドと同じです). また,「⟨注釈テキスト⟩」の途中で改行するには,改行位置に「==」を書き込みます.

```
\warichu{⟨親文字列⟩}{⟨注釈テキスト⟩}
\warigaki{⟨注釈テキスト⟩}
```

■ \warichu, \warigaki の使用例

```
\warichu{猫}{ネコ科の小動物}, \warichu{}{注釈テキストのみの場合}\qquad
[\warigaki{括弧のない注釈}]
```

猫 (ネコ科の小動物), (注釈テキストのみの場合) [括弧のない注釈]

\warigaki コマンドは注釈を囲む括弧を出力しないので,「注釈を丸括弧で囲むが『親文字』は必要ではない」という場合には \warichu の第 1 引数を空にするのが簡単でしょう.

▶ 注意 複数行にわたるような長い割注を作成する場合,割注の途中での行分割位置は手動で決めることになります. □

■ LaTeX 自身の機能のみを用いる場合

LaTeX 自身の機能のみを用いる場合,「小さな表」を括弧で囲むことで割注を記述できます. この例で用いている tabular 環境(表を作成する環境)については第 8 章を,\left と \right(括弧のサイズを調整するコマンド)については 15.8 節を参照してください.

```
割注{\tiny
$\left( \begin{tabular}{@{}l@{}} わり\\ ちゅう \end{tabular} \right)$}%
の例です
```

割注 $\left(\genfrac{}{}{0pt}{}{わり}{ちゅう}\right)$ の例です

───●コラム● ［jumoline パッケージによる下線類に色を付ける方法］───────

　\underline コマンドの場合とは異なり，\Underline コマンドなどの引数の中では
\textcolor または \color での色付けはうまくいかないので，\Underline などに
よる下線に色を付けるにはいくぶん手の込んだ方法が要ります．例えば，\Underline
などの内部処理に手を入れて下線部などでのテキストの色を指定できるようにすると，
次の例のような処理も可能です．

```
\documentclass[jarticle]
\usepackage[dvips]{color}%%% オプション指定は適宜変更してください
\usepackage{jumoline}
\makeatletter
\def\UMO@putbox#1#2{%
   \setbox\@tempboxa\hbox{{\UMOtextColor #1#2#1}}%
   \@tempdima\wd\@tempboxa
   \ifUMO@firstelem\else \rlap{\vrule\@height\UMO@height
     \@depth\UMO@depth\@width\@tempdima}\fi
   \box\@tempboxa
   \ifUMO@firstelem \UMO@firstelemfalse \llap{\vrule
     \@height\UMO@height\@depth\UMO@depth\@width\@tempdima}\fi}
\let\UMOtextColor\empty
\makeatother
\begin{document}
\setlength{\UMOlineThickness}{1pt}
\Underline{下線のサンプル}\par
\renewcommand{\UMOtextColor}{\normalcolor}%%% テキスト部分は通常の色
\textcolor[gray]{.5}{\Underline{下線のサンプル}}
\end{document}
```

下線のサンプル

下線のサンプル

4 文字列レベルの特殊処理・特殊文字

4.14 罫線やリーダーを入れたい

- 罫線（寸法を具体的に指定）を作成するコマンド：\rule
- 罫線（可変長）を作成するコマンド：\hrulefill
- リーダーを作成するコマンド：\leaders, \cleaders, \xleaders

■罫線を作成するコマンド

寸法を指定した罫線（というよりむしろ「塗りつぶした長方形」）を作成するには，\rule というコマンドを次の形式で用います．ただし，「〈垂直移動量〉」は作成した長方形をベースラインから持ち上げる高さで，「[〈垂直移動量〉]」を与えないときには〈垂直移動量〉＝ 0 pt として扱われます．

```
\rule[〈垂直移動量〉]{〈幅〉}{〈高さ〉}
```

■可変長の罫線

何らかの範囲を埋め尽くすような可変長の（なるべく伸びる）罫線は \hrulefill というコマンドで出力できます．

■ \rule, \hrulefill の使用例

```
\rule{10mm}{3mm}\rule[1mm]{10mm}{2mm}\rule[2mm]{10mm}{1mm}%
\hrulefill
\rule{10mm}{1mm}\rule{10mm}{2mm}\rule{10mm}{3mm}
```

■ \hrulefill による罫線の太さ・位置の変更

\hrulefill による罫線の太さを変更するには，\hrulefill を適宜再定義します．次の例は太さを 1 pt にする場合ですが，寸法 1 pt を変更すればそれ以外の太さにできます．

```
\renewcommand{\hrulefill}{\leavevmode
    \leaders\hrule height 1pt \hfill \kern0pt}
```

140

また，次の例のように height を「線の太さ ＋ 線のベースラインからの高さ」に，depth を「線のベースラインからの高さの −1 倍」にすると，線の高さを指定できます（これは太さ 1 pt でベースラインから 5 pt 持ち上げる場合の例です）．

```
\renewcommand{\hrulefill}{\leavevmode
  \leaders\hrule height 6pt depth -5pt \hfill \kern0pt}
```

■ リーダーの作成

リーダー（「‥‥‥‥」のような文字・記号を繰り返して並べたもの）を作成する場合，基本的には \leaders，\cleaders，\xleaders というコマンドを次の形式で用います．ここで，「⟨空白⟩」は「\hskip⟨グルー⟩」あるいは「\hfill」，「\hfil」の形の空白を生成する記述（3.4 節参照）で，その ⟨空白⟩ が生成するスペースに ⟨繰り返しパターン⟩ を敷き詰めます．

```
\leaders\hbox{⟨繰り返しパターン⟩}⟨空白⟩
\cleaders\hbox{⟨繰り返しパターン⟩}⟨空白⟩
\xleaders\hbox{⟨繰り返しパターン⟩}⟨空白⟩
```

■ リーダーの作成例

```
サンプル\leaders\hbox{‥‥‥‥}\hfill サンプル\par
サンプル\cleaders\hbox{‥‥‥‥}\hfill サンプル\par
サンプル\xleaders\hbox{‥‥‥‥}\hfill サンプル
```

サンプル‥‥‥‥‥‥‥‥‥‥‥‥‥‥‥‥‥‥‥‥‥‥‥‥‥‥‥‥‥‥‥‥‥‥‥‥‥‥‥	サンプル
サンプル ‥‥‥‥‥‥‥‥‥‥‥‥‥‥‥‥‥‥‥‥‥‥‥‥‥‥‥‥‥‥‥‥‥‥‥‥	サンプル
サンプル ‥‥‥ ‥‥‥‥ ‥‥‥‥ ‥‥‥‥ ‥‥‥‥ ‥‥‥‥ ‥‥‥‥ ‥‥‥‥	サンプル

\cleaders は繰り返しパターンをすきまを空けずに並べ，一連の繰り返しパターンを中央寄せにして配置します．また，\xleaders は一連の繰り返しパターンの間と前後に均等に空白を入れます．\leaders での繰り返しパターンの配置規則は複雑ですが，目次でのページ番号の前に入れるリーダーなどでは \leaders が用いられます．なお，今の例は \leaders などの相違を目立たせた例で，多くの場合には繰り返しパターンをなるべく小さくします．

4 文字列レベルの特殊処理・特殊文字

●コラム● ［斜体をかける操作］

　文字列などのオブジェクトを傾斜させる操作（例えば，文字列「斜体」を「*斜体*」のように変形させる操作）を行うコマンドは，graphicx パッケージでは提供されませんが，そのような操作は回転と拡大・縮小の組み合わせで表せます．

　実際，鋭角 θ に対して $\tan 2\varphi \cdot \tan \theta = 2$ をみたす鋭角 φ をとって（そのような φ は関数電卓の類を用いればすぐに計算できます），

- 角度 φ の回転
- 水平方向に $\tan \varphi$ 倍，垂直方向に $1/\tan \varphi$ 倍のスケーリング
- 角度 $\varphi - 90^\circ$ の回転

という操作をこの順に行うと，角度 θ だけ傾斜させることができます．例えば，$\theta = 15^\circ$ の場合には $\varphi \fallingdotseq 41.2^\circ$（$\tan \varphi \fallingdotseq 0.875$）となるので，

```
\rotatebox{-48.8}{\scalebox{0.875}[1.143]{%
    \rotatebox{41.2}{斜体}}}
```

のような記述を行うと，一応「*斜体*」のように文字列を 15° 傾斜させた出力が得られます．ただし，回転などに伴い「オブジェクトの形式上のサイズ」が拡大していくので，\makebox や \smash などのコマンドを適宜併用して，変形後のオブジェクトが占める領域を調整する必要があります．

　例えば，変形前のオブジェクトの寸法をいったんゼロとみなさせてから変形し，その後で適当なサイズの領域に収めなおすという方針をとると，「*斜体*」の場合には次のように記述できます．

```
\makebox[2.25zw][l]{\vphantom{斜体}%
    \rotatebox{-48.8}{\scalebox{0.875}[1.143]{%
        \rotatebox{41.2}{\smash{\rlap{斜体}}}}}}%
```

5: 段落レベルの 体裁の変更

5.1 右寄せ・左寄せ・中央寄せをしたい 144

5.2 引用風の記述を行いたい 146

5.3 段落の左右の余白を変更したい 148

5.4 行送り・段落の先頭の字下げ量・段落間の空白量を変更したい 150

5.5 幅を指定した複数行のテキストを作成したい 152

5.6 横（縦）組文書に縦（横）組の段落を入れたい 154

5.7 2種類のテキストの併置（対訳など）を行いたい 156

5.8 飾り枠を作りたい (1)——1ページに収まる場合 158

5.9 飾り枠を作りたい (2)——複数ページにわたる場合 160

5.10 飾り枠を作りたい (3)——tcolorbox パッケージ 162

5.11 飾り枠を作りたい (4)——tcolorbox パッケージの使用例 164

5.12 複数行のテキストを書いたとおりに出力したい 166

5.13 プリティ・プリントを行いたい (1)——tabbing 環境 168

5.14 プリティ・プリントを行いたい (2)——listings パッケージの基本 .. 170

5.15 プリティ・プリントを行いたい (3)——listings パッケージの応用 ... 172

5.16 行番号を付加したい 174

5 段落レベルの体裁の変更

5.1 右寄せ・左寄せ・中央寄せをしたい

- **右寄せ**：flushright 環境，\raggedleft コマンド
- **左寄せ**：flushleft 環境，\raggedright コマンド
- **中央寄せ**：center 環境，\centering コマンド

■テキストの右寄せ

テキストを右寄せにするには，flushright 環境あるいは \raggedleft コマンドを次の形式で用います．\raggedleft の場合，適用範囲とその前後のテキストとは改段落で区切ってください．例えば，適用範囲の終端では \par コマンドなどを用いて段落を終わらせます．

- \begin{flushright} 〈右寄せにするテキスト〉\end{flushright}
- 〈必要があれば改段落〉{\raggedleft 〈右寄せにするテキスト〉\par}

■テキストの左寄せ

左寄せの場合，flushleft 環境あるいは \raggedright コマンドを次の形式で用います．\raggedright の場合，\flushleft の場合と同様に適用範囲とその前後のテキストとを改段落で区切る必要があります．

- \begin{flushleft} 〈左寄せにするテキスト〉\end{flushleft}
- 〈必要があれば改段落〉{\raggedright 〈左寄せにするテキスト〉\par}

■テキストの中央寄せ

中央寄せの場合，center 環境あるいは \centering コマンドを次の形式で用います．\centering の場合にも適用範囲とその前後のテキストとを改段落で区切ってください．

- \begin{center} 〈中央寄せにするテキスト〉\end{center}
- 〈必要があれば改段落〉{\centering 〈中央寄せにするテキスト〉\par}

▶ **注意** \parbox コマンドや minipage 環境（5.5 節参照）で作成する「幅を指定したテキスト」の中身全体を中央寄せなどにするときには，「\parbox{〈テキストの幅〉}{\centering 〈テキスト〉}」のように記述しても構いません．実際，\parbox の中身の終端や minipage 環境の終端では暗黙のうちに段落が終了します． □

■ center 環境などの使用例

```
中央寄せと右寄せのサンプルです.
\begin{center}
  この部分は\\ %%% center 環境などの中でも「\\」は強制改行になります.
  中央寄せになります.
\end{center}
次は右寄せにしてみます.
\begin{flushright}
  右寄せですね
\end{flushright}
今度は\verb/\centering/コマンドで中央寄せにします. \par
{\centering ここも中央寄せです. \par}
ここは通常のテキストです.
```

中央寄せと右寄せのサンプルです.

この部分は
中央寄せになります.

次は右寄せにしてみます.

右寄せですね

今度は\centering コマンドで中央寄せにします.
ここも中央寄せです.

ここは通常のテキストです.

■中央寄せなどの「環境版」と「コマンド版」の相違

中央寄せなどの処理には center 環境などの「環境版」と \centering コマンドなどの「コマンド版」があります. ここで, 上記の出力例のように環境版のほうでは中央寄せなどにする範囲の前後に多少の空白が入る一方, コマンド版ではその類の空白は入りません. この相違が環境版とコマンド版の使い分けについてのひとつの目安になります. なお, center 環境などの前後の空白の大きさを変更する方法については「6.7 箇条書きの体裁を変更したい (1)—— list 環境のパラメータ」を参照してください (center 環境などは箇条書きの環境と同じ仕組みを用いています).

5　段落レベルの体裁の変更

5.2　引用風の記述を行いたい

quote 環境（短い引用），quotation 環境（長い引用）が利用できます．

■「引用風」の記述を行う環境

　字下げによって「引用風」の記述を行うには，quote 環境，quotation 環境を次の形式で利用できます．これらの環境の相違は，quote 環境は「1 段落以内の引用文」の記述を念頭に置いているのに対し，quotation 環境は「複数段落にわたる引用文」の記述に用いる場合も考慮しているという点にあります．

- \begin{quote} ⟨引用文⟩ \end{quote}
- \begin{quotation} ⟨引用文⟩ \end{quotation}

■ quote 環境・quotation 環境の使用例

```
引用文を quote 環境を用いて記述した例です.
字下げ量・行長の変更で引用部分を表しています.
\begin{quote}
1 段落に収まる引用文です. この場合, 段落の先頭での字下げは行われません.
\end{quote}
次は, quotation 環境の例です.
\begin{quotation}
quotation 環境を用いた場合です. この環境では段落の先頭での字下げも行われます.
\end{quotation}
```

　　引用文を quote 環境を用いて記述した例です．字下げ量・行長の変更で引用部分を表しています．

　　　1 段落に収まる引用文です．この場合，段落の先頭での字下げは行われません．

　次は，quotation 環境の例です．

　　　quotation 環境を用いた場合です．この環境では段落の先頭での字下げも行われます．

146

▶ 注意 jarticle などの文書クラスの設定では，quote 環境・quotation 環境は行頭側・行末側の両方に余白をとります．これを行頭側の字下げのみを行うように変更するには，quote 環境・quotation 環境を再定義して寸法 \rightmargin を 0 pt に変更します（6.7 節参照．quote 環境・quotation 環境も内部では箇条書きと同じ仕組みを用いています）．また，quote 環境などを用いる代わりに「5.3 段落の左右の余白を変更したい」を参考にして字下げ量を設定するという方法もあります． □

■「引用」部分の行頭側に罫線を付ける場合

「引用」部分の行頭側（横組時には左側）に罫線を付けるという形式が用いられることもあるようですが，そのような出力を得る素朴な方法としては，\parbox コマンドや minipage 環境（5.5 節参照）で引用部分のテキストを整形した後，その全体に罫線を追加するという方法があります．例えば，次のように記述できます．

```
これは，罫線付きの引用の例です．\par\medskip
\noindent
\vrule \hfill%%% \vrule は罫線を作成するコマンド（この用法では可変サイズ）
\parbox{\linewidth - 2zw}%%% calc パッケージを読み込んでください．
  {これは，引用風の出力のサンプルです．引用部分に罫線を付加してみました．}
```

これは，罫線付きの引用の例です．

これは，引用風の出力のサンプルです．引用部分に罫線を付加してみました．

▶ 注意 この方法では罫線を付加した部分の途中でのページ分割はできないので，必要があれば手動で分割（複数の \parbox などに分けて記述）してください．なお，boites パッケージを利用することでもこのような出力が実現できます（5.9 節参照）． □

●コラム● ［欧文のみの文書での右寄せ処理などの改善］

欧文のみの文書では，右寄せ・左寄せ・中央寄せに対して ragged2e パッケージが提供する RaggedLeft 環境・RaggedRight 環境・Center 環境を用いるのもよいでしょう（LaTeX 自身による flushright 環境などを用いた場合に比べ，行分割の起こり方などが改善されます）．ただし，ragged2e パッケージは pLaTeX との相性が悪いことが知られています．

147

5 段落レベルの体裁の変更

5.3 段落の左右の余白を変更したい

- 段落の行頭側余白：\leftskip，段落の行末側余白：\rightskip
- 段落の形状を指定するパラメータ：\hangindent，\hangafter

■行頭側・行末側の余白の変更

　段落単位で行頭側・行末側の余白を変更するには，基本的には \leftskip，\rightskip というグルーの値を変更します．なお，これらのパラメータは**段落の終了時の値が有効**なので，次の例のようにパラメータの変更範囲内で段落を終わらせてください．

```
これは，段落の左右の余白を一時的に変更する例です．
段落の終端での設定が有効なので注意が必要です．\par
{\setlength{\leftskip}{2zw}\setlength{\rightskip}{3zw}%
ここでは，左側に2字分，右側に3字分のマージンを設定しました．
\par}%%% \leftskip, \rightskip の変更範囲内（「}」の前）で段落を終了
```

> 　これは，段落の左右の余白を一時的に変更する例です．段落の終端での設
> 定が有効なので注意が必要です．
> 　　　ここでは，左側に 2 字分，右側に 3 字分のマージンを設定しま
> 　　した．

■ indent パッケージを用いる場合

　indent パッケージが提供する indentation 環境を用いても，段落の行頭側・行末側の余白を設定できます．この環境は次の形式で用います．

```
\begin{indentation}{〈行頭側余白〉}{〈行末側余白〉}
  〈余白を設定するテキスト〉
\end{indentation}
```

　例えば，上記の例の余白を設定した部分は次のようにも記述できます．

```
\begin{indentation}{2zw}{3zw}
ここでは，左側に 2 字分，右側に 3 字分のマージンを設定しました．
\end{indentation}
```

段落の形状 を変更する 例	段落の形状 を変更 する例	段落の形状 を変更 する例
(a) 無指定	(b) 〈size〉 = 2 zw, 〈lines〉 = 1	(c) 〈size〉 = −2 zw, 〈lines〉 = 1

	段落の 形状を変更 する例	段落の 形状を変更 する例
	(d) 〈size〉 = 2 zw, 〈lines〉 = −1	(e) 〈size〉 = −2 zw, 〈lines〉 = −1

図 5.1 ● \hangindent, \hangafter の効果

■段落の形状を指定するパラメータ

- \hangindent：行頭側・行末側に設定する余白の大きさを表す寸法
- \hangafter：\hangindent で設定した余白の適用範囲を表す整数

- 行頭側に余白をとる場合は，\hangindent の値をその余白の大きさにします．行末側に余白をとる場合は，\hangindent の値を「その余白の大きさの −1 倍」にします．
- \hangindent の設定を「段落の n 行目以降」（n は正整数）に適用する場合，\hangafter の値を $(n-1)$ にします．\hangindent の設定を「段落の先頭から n 行目まで」（n は正整数）に適用する場合，\hangafter の値を $-n$ にします．
- これらのパラメータも**段落の終了時の値が有効**です．また，通常は **1 段落のみ**に適用されます．

\hangindent と \hangafter は基本的には対にして用います．ここで，「\parbox{5zw} {段落の形状を変更する例}」と記述すると図 5.1 (a)のように出力されますが（5.5 節参照），この例の「段落の」の直前に下記の設定を追加した場合の出力を図 5.1 (b)〜(e)に挙げます．

```
\setlength{\hangindent}{〈size〉}
\hangafter=〈lines〉
```

\hangindent, \hangafter の利用例については，「10.10　図表の周囲にテキストを回り込ませたい (1)——LaTeX 自身の機能を用いる場合」や次節のコラムを参照してください．

▶注意　\hangindent に負の値を設定すると行末側の余白の指定として扱われるので，「行頭側に負の余白を設定」（つまり，行頭側にはみ出させる）という指定は \hangindent ではできません（\leftskip などを用いてください）．同様に，行末側にはみ出させるという指定にも，\hangindent ではなく \rightskip, indentation 環境などを用います．　　　　□

5 段落レベルの体裁の変更

5.4 行送り・段落の先頭の字下げ量・段落間の空白量を変更したい

- （段落内の）行送り：\baselineskip
- 段落の先頭の字下げ量：\parindent
- 段落間の空白量：\parskip

■行送りの一時的な変更

　行送りを一時的に変更するには，次の例のように \baselineskip というグルーの値を変更します．また，\baselineskip は**段落の終端における値が有効**です．

```
これは，行送りを一時的に変更する例です．
ある段落における行送りは，段落の終端における設定が有効です．\par
\setlength{\baselineskip}{1.2zw}
これは，行送りを一時的に変更する例です．
ある段落における行送りは，段落の終端における設定が有効です．
```

　　　これは，行送りを一時的に変更する例です．ある段落における行送りは，段
落の終端における設定が有効です．
　　　これは，行送りを一時的に変更する例です．ある段落における行送りは，段
落の終端における設定が有効です．

　ただし，行送りの基準値はクラスオプションなどを用いて設定します（1.4 節参照）．また，文字サイズ変更コマンドを用いると行送りも変更されます（3.8 節参照）．なお，段落全体ではなく特定の行どうしの間隔を変更するには \vspace コマンド（3.4 節参照）などを用います．

▶ 注意　TeX では，「個々の行の高さが規則的な場合（特大の文字が紛れ込んでいる場合など）に隣り合う行が衝突する」のを回避する設定がなされています．そのため，例えば \baselineskip をゼロに設定しても通常は「隣り合う行が重ね書きされる状態」にはなりません．実際，「隣り合う行のベースラインどうしを仮に \baselineskip だけ離して配置したときに行間に残るすきま」の大きさが \lineskiplimit という寸法を下回る場合，基本的には行間のすきまの大きさを \lineskip というグルーに変更します．　　　　　　　　　　　　　□

■段落の先頭の字下げ量

　段落の先頭での字下げ量を変更するには，次の例のように \parindent という寸法の値を変更します．なお，\baselineskip などのパラメータとは異なり，\parindent は**段落の開始時における値が有効**です．

```
これは，段落の開始時の字下げ量を変更する例です．\par
\setlength{\parindent}{0pt}
これは，段落の開始時の字下げ量を変更する例です．
```

これは，段落の開始時の字下げ量を変更する例です．
これは，段落の開始時の字下げ量を変更する例です．

　なお，文書全体にわたって段落の先頭の字下げを取り止める場合には，字下げに代わる「改段落箇所を表す表記」を用意する（例えば，次に説明する \parskip を用いて段落間に空白を入れる）とよいでしょう．

■段落間の空白量

　段落間の空白の大きさを一律に変更するには，次の例のように \parskip というグルーの値を変更します．

```
これは，段落間に追加される空白の大きさを変更する例です．\par
これは，段落間に追加される空白の大きさを変更する例です．\par
\setlength{\parskip}{.5\baselineskip}
これは，段落間に追加される空白の大きさを変更する例です．
```

これは，段落間に追加される空白の大きさを変更する例です．

これは，段落間に追加される空白の大きさを変更する例です．

これは，段落間に追加される空白の大きさを変更する例です．

---●コラム●［ドロップ・キャプス］---

　こ の段落のように，段落の先頭の 1 文字（あるいは数文字）を特大の文字で表記し，段落の残りのテキストをその文字のまわりに流し込むドロップ・キャプスという装飾があります．これも次の例のように \hangindent などを用いて段落の形状を指定することで実現できます（文字の位置・大きさには調整の余地があります）．

```
\setlength{\hangindent}{2zw}\hangafter=-2
\noindent\llap{\raisebox{-1zw}[0pt][0pt]{\huge こ}} の段落……
```

5 段落レベルの体裁の変更

5.5 幅を指定した複数行のテキストを作成したい

幅を指定したテキストは，\parbox コマンドや minipage 環境を用いて記述できます．

■ \parbox コマンド

図表の配置（10.7 節参照）などの局所的なレイアウト調整に伴い，「幅を指定したテキスト」を作成することがあります．LaTeX はそのような場合に利用できる \parbox コマンドを用意しています．このコマンドは次の形式で用います．

> \parbox[〈周囲との位置関係〉][〈高さ〉][〈テキストの位置〉]{〈幅〉}{〈テキスト〉}

- 「〈テキスト〉」は整形対象のテキストで，「〈幅〉」は〈テキスト〉部分の幅として用いる寸法です（〈テキスト〉は行長が〈幅〉になるように折り返されます）．
- 「〈周囲との位置関係〉」は \parbox の中身（〈テキスト〉部分）とその周囲のテキストとの位置関係を表す文字で，
  - t：中身の先頭行のベースラインを周囲のテキストのベースラインと揃える
  - b：中身の最終行のベースラインを周囲のテキストのベースラインと揃える
  - c：中身の天地中央を周囲のテキストの天地中央と概ね揃える

  という指定が利用できます．また，「[〈周囲との位置関係〉]」の部分は省略可能（デフォルト値は「c」）です．
- 「〈高さ〉」は〈テキスト〉を収めるための領域の高さとして用いる寸法です．「[〈高さ〉]」は省略可能で，省略した場合には〈テキスト〉部分は自然な高さのままで扱われます．なお，〈高さ〉を指定するときには〈周囲との位置関係〉も指定してください．
- 「〈テキストの位置〉」は〈高さ〉で指定した領域での〈テキスト〉部分の位置を表す文字で，「s」（〈テキスト〉を可能ならば指定した高さになるように引き伸ばして出力），「t」（上寄せ），「c」（中央寄せ），「b」（下寄せ）が利用できます．「[〈テキストの位置〉]」は省略可能（デフォルト値は「s」）です．なお，〈テキストの位置〉を指定するときには〈周囲との位置関係〉，〈高さ〉も指定してください．

■ \parbox の第 1 オプション引数（〈周囲との位置関係〉）の効果

```
これは\parbox{5zw}{幅を指定したテキスト}で，%% デフォルトでは「c」配置
\parbox[t]{5zw}{幅を指定したテキスト}も
\parbox[b]{5zw}{幅を指定したテキスト}です．
```

152

> これは 幅を指定し
> たテキスト で，幅を指定し 幅を指定し もたテキストです．
> たテキスト

■ \parbox の第 2，第 3 オプション引数（⟨高さ⟩，⟨テキストの位置⟩）の効果

```
\fbox{\parbox[b][10mm][t]{5zw}{幅を指定したテキスト}}\quad
\fbox{\parbox[b][10mm][c]{5zw}{幅を指定したテキスト}}\quad
\fbox{\parbox[b][10mm][b]{5zw}{幅を指定したテキスト}}\quad
\fbox{\parbox[b][10mm][s]{5zw}{幅を指定し\par\vfill たテキスト}}\quad
\fbox{\parbox[b][10mm][s]{5zw}{幅を指定したテキスト}}
```

この例では，\parbox の中身を収めた領域を明示するために \fbox で枠を付けています．また，\parbox の第 3 オプション引数が「s」の場合，「**可能ならば**指定した高さに引き伸ばす」という点も確認するとよいでしょう．実際，この例の最後の \parbox では中身に「縦方向に伸びる余地」がないため，結果的に「t」指定の場合と同じ出力になっています．

■ minipage 環境

幅を指定したテキストを作成するには，minipage 環境も利用できます．この環境は次の形式で用います（⟨幅⟩ などの意味は \parbox の場合と同じです）．また，minipage 環境の内部では，\verb コマンドや verbatim 環境（5.12 節参照）などの「他のコマンドの引数の中では使えないコマンド・環境」を使用できます．

```
\begin{minipage}[⟨周囲との位置関係⟩][⟨高さ⟩][⟨テキストの位置⟩]{⟨幅⟩}
 ⟨テキスト⟩
\end{minipage}
```

▶ 注意 \parbox コマンド・minipage 環境で整形したテキストの途中でのページ分割はできません．また，\parbox コマンド・minipage 環境では段落の先頭の字下げの大きさがゼロに設定されるので，必要があれば \parindent（5.4 節参照）の値を変更してください．　　□

5　段落レベルの体裁の変更

5.6　横（縦）組文書に縦（横）組の段落を入れたい

> plextパッケージを用いると，\parboxコマンド・minipage環境で「組方向指定」のオプションが使えます．また，\tate，\yokoを用いると組方向を直接指定できます．

■ plextパッケージ使用時の \parboxコマンド・minipage環境の拡張機能

plextパッケージ使用時には，「\parbox」あるいは「\begin{minipage}」の直後に「組方向」を指定するオプションを次の形式で付けることができます（⟨幅⟩などの意味については前節を参照してください）．

```
\parbox<⟨組方向⟩>[⟨周囲との位置関係⟩][⟨高さ⟩][⟨テキストの位置⟩]{⟨幅⟩}{⟨テキスト⟩}
\begin{minipage}<⟨組方向⟩>[⟨周囲との位置関係⟩][⟨高さ⟩][⟨テキストの位置⟩]{⟨幅⟩}
```

ここで，「⟨組方向⟩」としては，「t」（縦組），「y」（横組），「z」（数式組，横組にしたものを90°回転させたもの）が利用できます．ただし，「z」指定は縦組時にのみ有効です（横組時には無視されます）．また，「t」，「y」，「z」以外の文字を用いた場合も単に無視されます．なお，「<⟨組方向⟩>」の部分は省略可能で，省略した場合には単に \parboxコマンドなどの周囲での組版方向と同じ向きになります．

■組方向指定オプションの使用例

```
\begin{minipage}<t>{6zw}
一時的に縦組にしたテキスト\\
\parbox<z>{5zw}{数式組部分の例}
\end{minipage}
```

一時的に縦組にしたテキスト ｔ 数式組部分の例

■ plextパッケージを用いない場合

plextパッケージによる拡張機能を用いない場合でも，\tate（組版方向を縦組に設定するコマンド），\yoko（組版方向を横組に設定するコマンド）を用いて組版方向を直接指定でき

ます．ただし，これらは次の例のように \vbox などで作成されるボックスの先頭で用います．また，\tate，\yoko を用いない場合は，\vbox などの中身は \vbox などの周囲のテキストと同じ向きに組まれます．

```
\leavevmode
\vbox{\tate%%% 縦組テキストを作成（\vbox は「\parbox[b]」に対応）
   \hsize=6zw %%% \hsize は \vbox などの中での行長です．
   縦組テキストの例\\[5pt]
   $\vcenter{\hsize=5zw 数式組テキスト}$\\[5pt]
   %%% 縦組時の「$\vcenter{...}$」は数式組
   例\vtop{\hsize=5zw%%% \vtop は「\parbox[t]」に対応
      周囲と同じ向きで組まれます}}
```

縦組テキストの例
数式組テキスト
例 周囲と同じ向きで組まれます

この例では \vbox などで作成するテキストの行長を \hsize を用いて設定していますが，\hsize の設定は省略しても構いません．\hsize を設定しない場合には，\vbox などの周囲での行長がそのまま \vbox などの中でも用いられます．なお，\vbox，\vtop を段落の先頭で用いるときには，適宜 \leavevmode などを用いて段落を開始してください（段落を開始せずに直接 \vbox などを用いると体裁が狂うことがあります）．また，横組時の「$\vcenter{...}$」は「\parbox[c]」に対応します．

上記の例では複数行にわたるテキストの組方向を指定しましたが，複数行にならない短いテキストの組方向を一時的に変更するには「\hbox{\tate 〈テキスト〉}」あるいは「\hbox{\yoko 〈テキスト〉}」という形の記述が利用できます．例えば，「4.12 縦中横の文字列を記述したい」では縦中横を手短に実現するのに「\hbox{\yoko ...}」の形の局所的な横組を用いるという例を挙げました．

▶ 注意 \vbox，\vtop，\hbox を直接用いて作成したテキストの中で色を変更する場合には，原則として \textcolor コマンドを用いてください．そのような箇所で \color コマンドを用いた場合，使い方によっては「色の管理」に不整合が生じる場合やエラーが生じる場合があることが知られています． □

▶ 注意 \tate，\yoko を用いて直接組方向を変更した場合，それらの直後で \adjustbaseline を用いて「欧文部分のベースラインの位置の補正」を行う必要があることがあります． □

5 段落レベルの体裁の変更

5.7 2種類のテキストの併置（対訳など）を行いたい

基本的には，\parbox などを用いて併置するテキストのそれぞれを整形します．また，parallel パッケージなどが利用できます．

■ \parbox コマンド・minipage 環境を用いる場合

「2種類のテキストの併置」を LaTeX が提供する機能のみで行うには，次の例のように「併置するテキストを \parbox コマンドまたは minipage 環境で整形したものを並べる」という方法が使えます．この例では，2個の \parbox の中身の先頭行の位置を揃えるために \parbox の「t」オプションを用いていることにも注意するとよいでしょう．ただし，\parbox コマンドおよび minipage 環境の中身の途中では改ページできないので，2種類のテキストを複数ページにわたって併置する場合は，parallel パッケージなどを利用するとよいでしょう．

```
\noindent
\parbox[t]{16em}{\setlength{\parindent}{1.5em}%
  This example shows one of the important applications
  of \texttt{\symbol{92}parbox} command.}%
\hfill
\parbox[t]{16zw}{\setlength{\parindent}{1zw}%
  この例は\,\texttt{\symbol{92}parbox}コマンドの
  重要な応用のひとつを表しています. }
```

> This example shows one of the important applications of \parbox command.
>
> この例は \parbox コマンドの重要な応用のひとつを表しています．

▶ 注意　このような「2種類のテキストの併置」は「1段目のテキストの続きが2段目に流れ込む」というわけではないので，twocolumn クラスオプションなどによって実現する「2段組」とは異なる処理です．実際，次に紹介する parallel パッケージは「1段組」の（twocolumn クラスオプションを用いていない）LaTeX 文書で使用します． □

■ parallel パッケージ

parallel パッケージを読み込んだ場合，「2種類のテキストの併置」を行う環境の Parallel 環境が提供されます．この環境は，基本的には次の形式で用います．なお，「左段」，「右段」というのは横組の場合で，縦組時にはそれぞれ「上段」，「下段」になります．

```
\begin{Parallel}[〈オプション〉]{〈左段の幅〉}{〈右段の幅〉}
\ParallelLText{〈左段のテキスト〉}
\ParallelRText{〈右段のテキスト〉}
\ParallelPar%%% 「\ParallelLText, \ParallelRText の組」の間の区切り
\ParallelLText{〈左段のテキスト (2)〉}
\ParallelRText{〈右段のテキスト (2)〉}
%%% 以下, \ParallelPar, \ParallelLText{...}, \ParallelRText{...} の繰り返し
\end{Parallel}
```

「〈左段の幅〉」,「〈右段の幅〉」は空欄にしてもよく，そのときは〈左段の幅〉,〈右段の幅〉のうちの空欄ではないものの個数に応じて空欄の箇所を適宜計算します（例えば，両方空欄なら左段と右段の幅を同じにします）．また，「〈オプション〉」には次の指定が可能です．

- 「c」：〈左段のテキスト〉,〈右段のテキスト〉をそれぞれ左段，右段に配置（デフォルト）
- 「p」：〈左段のテキスト〉,〈右段のテキスト〉をそれぞれ偶数ページ，奇数ページに配置
- 「v」：〈左段のテキスト〉,〈右段のテキスト〉をそれぞれ左段・右段に配置したうえで，段間に罫線を入れる（罫線の太さは 0.4 pt に固定）

■ Parallel 環境の使用例

```
\begin{Parallel}[v]{}{10zw}
\ParallelLText{これは，幅の異なる2種類のテキストを併置するサンプルです．\par
    幅のところを空欄にすると幅が自動設定されます．}
\ParallelRText{こちらは幅を狭くしています．}
\ParallelPar%%% \ParallelPar の直後では，左段と右段が揃います．
\ParallelLText{\texttt{\symbol{92}ParallelPar}で左右を揃えます．}
\ParallelRText{右側のテキスト}
\end{Parallel}
```

これは，幅の異なる2種類のテキストを併置するサンプルです． 　幅のところを空欄にすると幅が自動設定されます． 　\ParallelPar で左右を揃えます．	こちらは幅を狭くしています． 右側のテキスト

この例に示すように，\ParallelLText, \ParallelRText の引数は複数段落にわたっても構いません．

5 段落レベルの体裁の変更

5.8 飾り枠を作りたい (1) —— 1 ページに収まる場合

LaTeX 自身では \fbox コマンドを用意しています．また，ascmac パッケージなどが screen 環境，itembox 環境といった各種の飾り枠用の環境・コマンドを提供しています．

■ LaTeX 自身の機能で作成できる枠

テキストの枠囲みには，基本的には「枠を付ける対象のテキストを \parbox コマンドなどで整形し，それに \fbox などによる枠を付加する」という方法が使えます．\fbox を用いると次の例に示すような長方形の枠になりますが，picture 環境（付録 C 参照）を併用して \oval などを用いると別の形状の枠も作成できます．

```
\fbox{\parbox{10zw}{枠付きのテキストを作成する例です．}}
```

```
枠付きのテキストを作
成する例です．
```

■ ascmac パッケージが提供する枠

ascmac パッケージを用いると，いくつかの種類の飾り枠を利用できます．

- screen 環境：四隅を四分円にした枠
- itembox 環境：四隅を四分円にした枠（見出し付き）
- shadebox 環境：影付きの枠
- boxnote 環境：ノート（ルーズリーフ）の切れ端のような雰囲気の枠（ただし，枠を作成するのに専用のフォントを使用）

これらの環境のうち itembox 環境以外のものは，次の形式で用います．

```
\begin{〈環境名〉} 〈枠を付けるテキスト〉 \end{〈環境名〉}
```

また，itembox 環境は次の形式で用います．

```
\begin{itembox}[〈見出しの位置〉]{〈見出し文字列〉}
   〈枠を付けるテキスト〉
\end{itembox}
```

「〈見出しの位置〉」としては「l」（左寄せ），「c」（中央寄せ，デフォルト），「r」（右寄せ）が利用できます．

なお，これらの環境での枠の幅は概ね「現在の行長」になるので，枠の幅を調整したいときには適当な幅の \parbox コマンドあるいは minipage 環境を用意して，その中で screen 環境などを用いてください．

■ screen 環境，itembox 環境，shadebox 環境，boxnote 環境の使用例

```
\begin{screen} 枠付きテキスト \end{screen}
\begin{itembox}[l]{見出し} 枠付きテキスト \end{itembox}\par\medskip
\begin{shadebox} 枠付きテキスト \end{shadebox}
\begin{boxnote} 枠付きテキスト \end{boxnote}
```

■その他の飾り枠用のパッケージ

ascmac パッケージ以外にも飾り枠を作成するパッケージはいろいろと作成されています．例えば, niceframe パッケージは「飾り枠用のフォントの個々の文字（記号）を並べて作成する枠」のための一般的なコマンドを提供しています．また，このパッケージは「\niceframe{〈テキスト〉}」と記述すると〈テキスト〉部分が　　　　　　　　のような形状の枠で囲まれる \niceframe コマンドといった特定の形状の枠を作成するコマンドも提供しています．

159

5 段落レベルの体裁の変更

5.9 飾り枠を作りたい (2) —— 複数ページにわたる場合

ページ分割可能な枠の作成には, eclbkbox パッケージや framed パッケージが利用できます.

■ eclbkbox パッケージ

eclbkbox パッケージはページ分割可能な長方形の枠を作成する breakbox 環境を提供します. この環境は下記の形式で用います. また, \bkcounttrue というコマンドを用いると, その後にある breakbox 環境の中身に行番号を付けます (行番号は枠の外に表示されます). また, 行番号を付けるのを取り止めるには \bkcountfalse コマンドを用います.

```
\begin{breakbox} 〈枠で囲むテキスト〉 \end{breakbox}
```

breakbox 環境での枠の幅は現在の行長になるので, 枠の幅を変更するには適当な幅の minipage 環境などを作成してその中で breakbox 環境を用いてください. また, 枠の太さは \fboxrule で, 枠の中身と枠との間隔は \fboxsep になります. 一方, 枠の中身の各段落の先頭の字下げ量は \breakboxparindent (デフォルト値は 1.8 em) に設定されます.

■ breakbox 環境の使用例

```
\begin{breakbox}
これは，ページ分割可能な，比較的シンプルな長方形状の枠を作成するサンプルです．
\end{breakbox}
\setlength{\fboxrule}{1pt}%%% 枠の太さを変更
%%% \breakboxparindent の変更には \renewcommand を用います.
\renewcommand{\breakboxparindent}{1zw}
\bkcounttrue%%% 行番号を付加
\begin{breakbox}
これは，ページ分割可能な，比較的シンプルな長方形状の枠を作成するサンプルです．
\end{breakbox}
```

> これは，ページ分割可能な，比較的シンプルな長方形状の枠を作成するサンプルです．

1 これは，ページ分割可能な，比較的シンプルな長方形状の枠を作成する
2 サンプルです．

■ boites パッケージ

上記の breakbox 環境は boites パッケージによっても提供されます．また，boites パッケージでは breakbox 環境の体裁をカスタマイズしやすくなっています．例えば，次の設定で「breakbox 環境の中身の左側（行頭側）のみに罫線を付ける」ように変更できます．

```
\renewcommand\bkvz@right{}%%% 枠の右罫線の部分（左罫線の部分は \bkvz@left）
\renewcommand\bkvz@top{}%%%    枠の上罫線の部分
\renewcommand\bkvz@bottom{}%%% 枠の下罫線の部分
\renewcommand\bkvz@set@linewidth{%%% 枠の中での行長の計算を行うコマンド
    \advance\linewidth -\fboxrule \advance\linewidth -\fboxsep}
```

■ framed パッケージ

framed パッケージは次のような環境を提供します．

- framed 環境：テキストに長方形の枠を付ける環境
- shaded 環境：テキストに網掛けを行う環境（ただし，網掛けに用いられる「shadecolor」という色をユーザー自身で \definecolor コマンドなどを用いて定義してください）
- leftbar 環境：テキストの左側に罫線を付ける環境

framed 環境での枠の太さは \FrameRule という寸法で，枠の中身と枠との間隔は \FrameSep という寸法になります（これらの寸法の値は \setlength で変更できます）．これらの環境での枠（あるいは網掛け部分）の幅を変えるには，適当な幅の minipage 環境などの中で framed 環境などを用いてください．また，上記の framed 環境などは，次の形式で用います．

```
\begin{〈環境名〉} 〈環境内のテキスト〉 \end{〈環境名〉}
```

■ breakbox 環境と framed 環境の相違

枠の中身が複数ページにわたる場合，breakbox 環境は「テキストに枠を付けた後で分割」したかのような出力になる一方，framed 環境は「各ページのテキストの各々に枠を付加」したかのような出力になります．例えば，breakbox 環境による枠がちょうど 2 ページにわたる場合，1 ページ目の部分は「テキストの下側以外の 3 方向を罫線で囲んだもの」になり，2 ページ目の部分は「テキストの上側以外の 3 方向を罫線で囲んだもの」になります．一方，framed 環境による枠がちょうど 2 ページにわたる場合には，1 ページ目のテキストと 2 ページ目のテキストのそれぞれの上下左右のすべてが罫線で囲まれます．breakbox 環境と framed 環境のどちらを用いるかの選択にあたってはこの点に注意するとよいでしょう．

5 段落レベルの体裁の変更

5.10 飾り枠を作りたい (3) —— tcolorbox パッケージ

tcolorbox パッケージが提供する tcolorbox 環境, \tcbox コマンドを用いると, 背景色付きの枠などを柔軟にカスタマイズできます.

■ tcolorbox パッケージ

tcolorbox パッケージを用いる際には, プリアンブルで次のように読み込みます.

```
\usepackage{tcolorbox}
```

▶ 注意　tcolorbox パッケージは, graphicx パッケージ, xcolor パッケージなどの「ドライバ指定」(3.13 節参照) を必要とするパッケージを読み込みますが, tcolorbox パッケージ自体には「ドライバ指定」のためのオプションがありません. そのため, graphicx パッケージなどの「ドライバ指定」を必要とするパッケージは tcolorbox パッケージよりも先に読み込むか, 「ドライバ指定」を \documentclass のオプションに入れておくのが無難です. □

　また, tcolorbox パッケージ自体にも各種の拡張機能 (「ライブラリ」と呼ばれます) があり, それらを利用するときには \tcbuselibrary コマンドを, プリアンブル中の tcolorbox パッケージを読み込んだ箇所の後で次のように用います.

```
\tcbuselibrary〈使用するライブラリ名のコンマ区切りリスト〉
```

　例えば, breakable ライブラリ (tcolorbox 環境による枠をページ分割可能にするライブラリ) と skins ライブラリ (tcolorbox 環境による枠のカスタマイズ機能を tikz パッケージを利用して拡張するライブラリ) を併用する場合には, 次のように記述します.

```
\tcbuselibrary{breakable,skins}
```

■ tcolorbox 環境・\tcbox コマンド

　tcolorbox パッケージによる各種の枠を作成する tcolorbox 環境および \tcbox コマンドは, 次の形式で用います. ただし, \tcbox コマンドは \fbox コマンド (4.2 節参照) と同様の枠を作成します.

```
\begin{tcolorbox}[〈オプション指定〉]
  〈枠で囲むテキスト〉
```

表 5.1 ● tcolorbox 環境・\tcbox コマンドによる枠・背景色に関するオプション

オプション	意味	オプション	意味
width=⟨width⟩	枠の幅を ⟨width⟩ に設定[注1]	outer arc=⟨radius⟩	枠線の四隅の円弧の外側の境界の半径を ⟨radius⟩ に設定
height=⟨height⟩	枠の高さを ⟨height⟩ に設定[注1]	colframe=⟨color⟩	枠の色を ⟨color⟩ に設定
text width=⟨width⟩	枠内のテキスト部の幅を ⟨width⟩ に設定[注1]	colback=⟨color⟩	枠の中の背景色を ⟨color⟩ に設定
boxrule=⟨width⟩	枠線の太さを ⟨width⟩ に設定	arc is angular	枠の四隅を「角を切り落とした」形状に設定
⟨pos⟩rule=⟨width⟩	枠の, ⟨pos⟩ に対応する辺の太さを ⟨width⟩ に設定[注2]	sharp corners =⟨position⟩	⟨position⟩ で指定した隅を直角に設定[注3]
arc=⟨radius⟩	枠線の四隅の円弧の内側の境界の半径を ⟨radius⟩ に設定		

注1：\tcbox コマンドの場合枠の中身の寸法によっては，指定した寸法よりも枠が大きくなることがあります.
注2：⟨pos⟩ は, top = 上, bottom = 下, left = 左, right = 右 のように指定します. なお, これらのオプションでは「leftrule=3mm」のように, ⟨pos⟩ と rule の間には空白を入れません.
注3：⟨position⟩ は, north = 上, south = 下, west = 左, east = 右 のように指定します. southwest = 左下 ように複合させても構いません. また,「=⟨position⟩」を省略した場合，四隅すべてを直角にします.

表 5.2 ● tcolorbox 環境・\tcbox コマンドによる枠の内側・外側の余白に関するオプション

オプション	意味	オプション	意味
before skip=⟨dimen⟩	枠の前に大きさ ⟨dimen⟩ の空白を追加[注1]	leftright skip =⟨dimen⟩	枠の左右両側の外部に大きさ ⟨dimen⟩ の空白を追加[注1]
after skip=⟨dimen⟩	枠の後に大きさ ⟨dimen⟩ の空白を追加[注1]	top=⟨dimen⟩ bottom=⟨dimen⟩ left=⟨dimen⟩ right=⟨dimen⟩	枠内のテキストの上下左右側の余白（枠線との間隔）を ⟨dimen⟩ に設定[注2] top, bottom, left, right はそれぞれ上余白, 下余白, 左余白, 右余白に対応
beforeafter skip =⟨dimen⟩	枠の前後に大きさ ⟨dimen⟩ の空白を追加[注1]		
left skip=⟨dimen⟩	枠の左側外部に大きさ ⟨dimen⟩ の空白を追加[注1]		
right skip=⟨dimen⟩	枠の右側外部に大きさ ⟨dimen⟩ の空白を追加[注1]	boxsep=⟨dimen⟩	枠内のテキストの上下左右に ⟨dimen⟩ だけの大きさの追加余白を設定[注2]

注1：枠の周囲の空白の大きさがちょうど ⟨dimen⟩ になるとは限りません.
注2：ただし, 枠内のテキストは上下左右を boxsep オプションで指定した寸法だけ膨らませた領域を占めるものとして扱われるため，最終的な上下左右の余白の大きさは left オプションなどで指定した寸法と boxsep オプションで指定した寸法の和になります. 設定に慣れないうちは boxsep をゼロにするのもよいでしょう.

```
\end{tcolorbox}
\tcbox[⟨オプション指定⟩]{⟨枠で囲むテキスト⟩}
```

tcolorbox 環境・\tcbox コマンドへのオプション指定のうち基本的なものを表 5.1，表 5.2 に挙げます. なお,（breakable ライブラリを用いたうえで）tcolorbox 環境に breakable オプションを適用すると「ページ分割可能な枠」を作成します.

5 段落レベルの体裁の変更

5.11 飾り枠を作りたい (4) —— tcolorbox パッケージの使用例

本節の tcolorbox パッケージについての例は，次のように breakable, skins の両ライブラリを使用することを想定しています．

```
\tcbuselibrary{breakable,skins}
```

■例 1：枠の太さ，枠と背景の色，一部の隅の形状の変更例

```
\begin{tcolorbox}[boxrule=.8pt,
    sharp corners=northeast,%%% 2 箇所の隅を直角に変更
    sharp corners=southwest,
    colframe=black, colback=white,
    arc=2mm]
  Sample of tcolorbox.
\end{tcolorbox}
```

Sample of tcolorbox.

■例 2：二重の枠

```
\begin{tcolorbox}[boxsep=0mm,
    top=1mm, bottom=1mm, left=1mm, right=1mm,
    sharp corners, boxrule=.75mm,
    colframe=black!50, %%% xcolor パッケージで利用できる色指定の形式
    colback=white]    %%%（3.15 節参照）
\begin{tcolorbox}[boxsep=0mm,
    top=2mm, bottom=2mm, left=3mm, right=3mm,
    sharp corners, boxrule=.25mm, after skip=0mm,
    colframe=black, colback=white]
  Sample of tcolorbox. Sample of tcolorbox.
  Sample of tcolorbox. Sample of tcolorbox.
\end{tcolorbox}
\end{tcolorbox}
```

> Sample of tcolorbox. Sample of tcolorbox. Sample of tcolorbox.
> Sample of tcolorbox.

■例3：ページ分割可能な破線の枠

```
\begin{tcolorbox}[breakable, %%% 枠をページ分割可能にする
   enhanced, %%% 「borderline=……」形式の指定を有効にする
   borderline=
      {.5mm}%%%      枠線の太さ
      {0pt}%%%       枠線の位置の「標準的な位置」からのずれ
      {dashed,  %%% 破線を指定（点線は dotted，実線は solid）
      black!50, %%% 枠線（の実線部）の色
      dash pattern={on 2mm off 1mm}},
   colback=white, %%% ↑破線のパターン：on〈実線部の長さ〉off〈間隙部の長さ〉
   colframe=white]%%% 枠線（の破線部）の色
   Sample of tcolorbox. Sample of tcolorbox.
   Sample of tcolorbox. Sample of tcolorbox.
\end{tcolorbox}
```

> Sample of tcolorbox. Sample of tcolorbox. Sample of tcolorbox.
> Sample of tcolorbox.

　本書では紙面の都合で深入りできませんが，例3で用いた「borderline=……」の形式の指定は，線の種類の変更といった描画方法の変更も可能な線種の指定です．「borderline west=……」（左側の罫線に対する指定）のように north，south，west，east を用いて枠の4辺の線種を個別に指定することもできます．また，破線のパターンについては，「on 2mm off 1mm on .5mm off 1mm」という具合に「on」「off」の組を追加すると1点鎖線なども指定できます．

　本節で挙げた例は比較的シンプルな例ですが，tcolorbox パッケージが提供する機能は非常に多岐にわたります．tcolorbox パッケージの詳細について興味がある読者はマニュアル（tcolorbox.pdf）を参照してください（ここで挙げた例よりも面白い例が多数あります）．

165

5 段落レベルの体裁の変更

5.12 複数行のテキストを書いたとおりに出力したい

複数行のテキストをそのまま出力するには，verbatim 環境が利用できます．

■ verbatim 環境・verbatim* 環境

LaTeX には複数行のテキストを改行位置も含めて書いたとおりに出力する環境の verbatim 環境，verbatim* 環境があります．これらの環境は次の形式で用います（verbatim* 環境の場合は環境名が変わるだけです）．なお，verbatim* 環境では空白文字を記号「␣」で表示します．

```
\begin{verbatim}
〈書いたとおりに出力するテキスト〉
\end{verbatim}
```

ただし，verbatim 環境，verbatim* 環境内の和文文字の前後では行が折り返されることがあります．また，verbatim 環境，verbatim* 環境の内部ではタブ文字は「verbatim 環境の外部での空白文字」と同様に扱われます．字下げにタブ文字を用いている場合，タブ文字を適当な個数の空白文字に置換するか，moreverb パッケージが提供する verbatimtab 環境を用いてください．verbatimtab 環境は verbatim 環境と同様に使えますが，「\begin{verbatimtab}[4]」のようにオプション引数で「タブ文字での字下げ幅（文字数）」を指定できます．

なお，verbatim 環境，verbatim* 環境で用いられる書体は \verbatim@font というコマンドで指定されます．\verbatim@font の変更の効果については，「4.1 短い文字列を書いたとおりに出力したい」を参照してください．

■ verbatim 環境・verbatim* 環境の使用例

```
\begin{verbatim}
\newcommand\secref[1]{Section\ \ref{sec:#1}}
\end{verbatim}
\begin{verbatim*}
\newcommand\secref[1]{Section\ \ref{sec:#1}}
\end{verbatim*}
```

```
\newcommand\secref[1]{Section\ \ref{sec:#1}}

\newcommand\secref[1]{Section\␣\ref{sec:#1}}
```

166

▶ 注意 「verbatim 環境を含むような環境」を定義するときには verbatim パッケージを読み込んだうえで，次の形式で定義してください．

```
\newenvironment{〈環境名〉}{〈前処理〉 \verbatim}{\endverbatim 〈後処理〉}
```

また，verbatim 環境内に「\end{verbatim}」を含む記述を入れることはできません．「\end{verbatim}」を含む記述を扱うには verbatim* 環境などの別の環境を用いてください．　□

■ alltt パッケージ

verbatim 環境内では LaTeX のコマンドを使えませんが，alltt パッケージが提供する alltt 環境では「\」，「{」，「}」の 3 文字以外はそのまま出力しつつ，「\」，「{」，「}」はコマンドの記述あるいは引数などを囲む括弧にそのまま使えます．また，alltt 環境は次の形式で用います．

```
\begin{alltt}
〈ほぼ文字どおりに出力するテキスト〉
\end{alltt}
```

ただし，alltt 環境の中では空白文字もそのまま出力されるため「コマンドとその後にある文字列との区切り」には空白文字を使わず，括弧「{」，「}」を適宜用いて区切ってください．また，alltt 環境内で「\」，「{」，「}」を出力するには，それらに対応する記述の「\textbackslash」，「\{」，「\}」などを用いてください．なお，alltt 環境内の「\」，「{」，「}」もタイプライタ体で出力するには，文書全体（あるいはそれらの文字を用いている箇所）で T1 エンコーディングを用いるとよいでしょう（3.5 節参照）．

■ alltt 環境の使用例

```
\begin{alltt}
\textbackslash{}begin\{\underline{verbatim}\}
    \textbf{文字どおりに出力するテキスト}
\textbackslash{}end\{\underline{verbatim}\}
\end{alltt}
```

```
\begin{verbatim}
    文字どおりに出力するテキスト
\end{verbatim}
```

167

5	段落レベルの体裁の変更

5.13 プリティ・プリントを行いたい (1) —— tabbing 環境

LaTeX 自身の機能でプリティ・プリントを行うには，tabbing 環境が利用できます．

■ tabbing 環境

プリティ・プリント（ソースコードやアルゴリズムなどに対する，キーワードや「文字列定数」などを適宜色や書体で区別し，条件分岐などの構造に応じた字下げを行った整形済み出力）を行うには，alltt 環境（前節参照）や tabbing 環境（これは LaTeX 自身が提供します）が利用できます．tabbing 環境は一種の表を作成する環境で，基本的には次の形式で用います．

```
\begin{tabbing}
〈項目 1〉〈\> または \=〉〈項目 2〉〈\> または \=〉 ... 〈項目 n〉〈\\ または \kill〉
〈上記の形式の記述の繰り返し（ただし，最終行では \\（または \kill）は不要）〉
\end{tabbing}
```

tabbing 環境内で用いられる \> などは次の役割を持ちます．

- \= : 各項目の書き始めの位置（以下，「タブ位置」と呼びます）を設定します．
- \> : 次のタブ位置に移動します．
- \\ : 行の終端を表します．
- \kill : 行の終端を表しますが，\kill で終わる行は出力されません（「タブ位置の設定専用」の行の記述などに用います）．

■例 1 : tabbing 環境の簡単な例

```
\begin{tabbing}
\textbf{for}\ \=%%% 行頭から「for␣」の幅だけ下がった位置に最初のタブ位置を設定
\textbf{begin}\ \=%%% さらに「begin␣」の幅だけ下がった位置に次のタブ位置を設定
\kill%%% タブ位置の設定用の行は出力しない
\textbf{for} $n=1$ \textbf{to} $N$ \textbf{do}\\
%%% ↑最初の \> に先立つ項目の書き始めの位置は基本的には行頭
%%%    文字「$」に挟まれた部分は数式（第 15 章参照）
\>\textbf{begin}\\
%%% ↑\> で 1 番目のタブ位置に移動してから「begin」を出力
\>\>\textbf{if} $f(n)=0$ \textbf{then} output $n$\\
%%% ↑2 個の \> で 2 番目のタブ位置に移動してから「if……」を出力
\>\textbf{end}
\end{tabbing}
```

168

```
for n = 1 to N do
    begin
            if f(n) = 0 then output n
    end
```

■例2：tabbing 環境の途中でタブ位置を変更する例

```
\begin{tabbing}
検査日時：\= 4月8日\hspace{1zw}\= 10:00～15:00\\
        \> 4月9日              \> 10:00～12:00\\
上記の日時では都合が悪い場合の予備日：\= %%% タブ位置を再設定
4月22日～26日 \+ \\ %%% \+ は次の行以降の開始位置を「次のタブ位置」に変更
5月6日～10日        %%% \+ の効果で，1番目のタブ位置から開始
\end{tabbing}
```

```
検査日時：4 月 8 日   10:00～15:00
        4 月 9 日   10:00～12:00
上記の日時では都合が悪い場合の予備日：4 月 22 日～26 日
                                5 月 6 日～10 日
```

なお，\+ とは逆に「次の行以降の開始位置をひとつ前のタブ位置に戻す」コマンドは \- です（\- は tabbing 環境内で再定義されています）.

▶ **注意** tabbing 環境では環境内の個々の項目の終端の位置は制限しない（版面の右端（あるいは下端）を超えて伸びても，エラー・警告は生じない）ので，注意が必要です. □

■ tabbing 環境内では再定義されるコマンド

コマンド \= は通常はテキスト用アクセントのコマンドのひとつですが（3.6 節参照），tabbing 環境内では \= は再定義されています. tabbing 環境内で再定義されるコマンドは次のコマンドです：\=, \', \`, \-, \<. tabbing 環境内で「\=」，「\'」，「\`」に対応するアクセント記号を用いるには，「\={u}」の代わりに「\a={u}」と記述するという具合に \a というコマンドを用いてください. 同様に，tabbing 環境内では「\'」，「\`」の代わりに「\a'」，「\a`」を用います. また，「\<」の代わりには「\inhibitglue」を用いてください（pLATEX では，「\<」は「\inhibitglue」の別名です）.

169

5 段落レベルの体裁の変更

5.14 プリティ・プリントを行いたい (2) ―― listings パッケージの基本

高度なプリティ・プリントには，listings パッケージなどが利用できます．

■ listings パッケージ

キーワードや変数名などの表記形式の変更や特定の変数名の強調表記などの高度なカスタマイズが可能なプリティ・プリントを行うには，listings パッケージが提供する lstlisting 環境を次の形式で用います．利用可能なオプション指定のうちの主なものを表 5.3 に挙げます（listings パッケージの機能の詳細についてはマニュアル（listings.pdf）を参照してください）．

```
\begin{lstlisting}[⟨オプション⟩]
⟨プリティ・プリントの対象となるコード⟩
\end{lstlisting}
```

lstlisting 環境は C，C++，Fortran，Java，Perl，Ruby など多数の言語をサポートします．また，各言語の亜種・バージョン（マニュアル listings.pdf では「方言（dialect）」と呼んでいます）を明示する場合は，「language=[Sharp]C」（C# の場合）のように言語名にオプションを付けてください（サポートする言語の詳細については，マニュアルを参照してください）．

■行番号を付加した例

```
\begin{lstlisting}[language=C, numbers=left, numberstyle=\footnotesize]
#include<stdio.h>
int main(int argc, char *argv[]){
    printf("Hello, C!");    /* print message */
    return 0;
}
\end{lstlisting}
```

```
1   #include<stdio.h>
2   int main(int argc, char *argv[]){
3       printf("Hello,_C!");        /* print message */
4       return 0;
5   }
```

表 5.3 ● lstlisting 環境の主なオプション

オプション	意味
language=[〈ver〉]〈lang〉	使用言語を〈lang〉に設定（〈ver〉は〈lang〉の「方言」の名称，「[〈ver〉]」は省略可）
firstline=〈num〉	「出力範囲」を lstlisting 環境の中身の〈num〉行目以降に設定
lastline=〈num〉	「出力範囲」を lstlisting 環境の中身の〈num〉行目以前に設定
tabsize=〈num〉	タブ文字での字下げ幅を〈num〉文字分に設定
flexiblecolumns=true	文字列を間延びさせずに（上下の位置を必ずしも揃えずに）表記
numbers=〈pos〉	行番号の有無・出力位置の指定（〈pos〉としては，left：左側に出力，right：右側に出力，none：出力しないが利用可）
stepnumber=〈num〉	firstnumber オプション使用時：行番号が整数〈num〉の倍数の行に行番号を出力，firstnumber オプション不使用時：〈num〉行ごとに行番号を出力
numberfirstline=true	firstnumber オプション使用時にコードの先頭行の行番号を（stepnumber の設定を無視して）出力
numberstyle=〈style〉	行番号の書体などを〈style〉に対応するものに設定注1
numbersep=〈size〉	行番号とコード部分との間隔を寸法〈size〉に設定
firstnumber=〈num〉	最初の行の行番号を〈num〉に設定
firstnumber=last	最初の行の行番号を直前の lstlisting 環境の続きになるように設定
basicstyle=〈style〉	コード部分の書体などの「基本スタイル」を〈style〉に対応するものに設定注2
identifierstyle=〈style〉	識別子（変数名など）の書体などを〈style〉に対応するものに設定注1
commentstyle=〈style〉	コメント部分の書体など〈style〉に対応するものに設定注1
stringstyle=〈style〉	文字列定数の書体などを〈style〉に対応するものに設定注1
keywordstyle=〈style〉	キーワードの書体などを〈style〉に対応するものに設定注1
moreemph=[〈class〉]{〈words〉}	「分類番号〈class〉の強調語」として〈words〉にコンマ区切りで列挙した文字列を追加
emphstyle=[〈class〉]〈style〉	「分類番号〈class〉の強調語」の書体などを〈style〉に対応するものに設定注1

注1：〈style〉には宣言型の書体変更や色変更のコマンドを列挙．ただし，〈style〉の末尾に限り，引数型のコマンドも使用可．なお，下線を付ける場合，〈style〉の末尾で \underbar を使用．
注2：〈style〉には宣言型の書体変更や色変更のコマンドを列挙（引数型のコマンドは使用不可）．

■ listings パッケージのその他の機能

lstlisting 環境のオプションで与える設定は，「\lstset{〈オプション〉}」のように \lstset コマンドを用いても指定できます．また，listings パッケージは次のコマンドも提供します．

- \lstinputlisting：「\lstinputlisting[〈オプション〉]{〈ファイル名〉}」という形式で用いて，別ファイル〈ファイル名〉に記述されたソースコードを読み込んで表示
- \lstinline：「\lstinline[〈オプション〉]〈何か 1 文字〉〈コード片〉〈〈何か 1 文字〉と同じ文字〉」という形式で用いて，〈コード片〉の部分を lstlisting 環境内と同様に表記

なお，「[〈オプション〉]」（省略可能）では，lstlisting 環境のオプションと同じ指定が可能です．

■その他のプリティ・プリント用パッケージなど

プリティ・プリントのためには cprog パッケージなどの特定言語用のものも知られています．また，各言語でのコードを LaTeX 文書に変換するプリプロセッサも知られています．

171

5 段落レベルの体裁の変更

5.15 プリティ・プリントを行いたい (3) —— listings パッケージの応用

listings パッケージによる lstliting 環境の体裁を変更した例を挙げます．なお，本節の例では color パッケージ（3.13 節参照）を併用しています．

■例 1：キーワード・識別子などの表記形式を変更した例

```
\begin{lstlisting}[language=C, basicstyle=\small,
    keywordstyle=\underbar, identifierstyle=\itshape,
    stringstyle=\ttfamily, commentstyle={\color[gray]{.3}\itshape}]
#include<stdio.h>
int main(int argc, char *argv[]){
    printf("Hello, C!");     /* print message */
    return 0;
}
\end{lstlisting}
```

```
#include<stdio.h>
int main(int argc, char *argv[]){
    printf("Hello,␣C!");      /* print message */
    return 0;
}
```

■例 2：強調表記する変数名を指定した例

```
\begin{lstlisting}[language=C, basicstyle=\small,
    %%% ↓強調語（分類番号 1）の登録と出力形式の設定
    moreemph={[1]{n}}, emphstyle={[1]\bfseries\underbar},
    %%% ↓強調語（分類番号 2）の登録と出力形式の設定
    moreemph={[2]{i}}, emphstyle={[2]\colorbox[gray]{.85}}]
double non_recursive_factorial(int n){
    double p = 1.0;
    int i;
    if(n > 0) for(i = 1; i <= n; i++){p *= i;}
    return p;
}
\end{lstlisting}
```

172

```
double  non_recursive_factorial(int n){
    double p = 1.0;
    int i ;
    if(n > 0)  for( i  = 1;  i  <= n;  i ++){p *=  i ;}
    return p;
}
```

■例 3：文字間に空白が入るのを嫌う場合

```
\begin{lstlisting}[language=C, flexiblecolumns=true]
double recursive_factorial(int n){
   if(n < 2) return 1.0;
   else       return n * recursive_factorial(n - 1);
}
\end{lstlisting}
```

```
double recursive_factorial(int n){
   if(n < 2) return 1.0;
   else      return n * recursive_factorial(n − 1);
}
```

　なお，lstlisting 環境には，ここで例示した機能以外にも「コード部分を囲む枠の作成」，「複数の表示形式のコメントの使い分け」といった多彩な機能があります．

注意 lstlisting 環境では，コメント部分の先頭および複数行コメントの 2 行目以降の「空白文字以外で最初に現れるもの」が和文文字である場合，コメントの出力がおかしくなることがあります．現時点では，コメントの各行を和文文字では始めないようにするのが無難です．　□

───**●コラム●**［ページ分割可能な枠と 2 段組・多段組］───

　multicol パッケージを用いて 2 段組（あるいは多段組）にしている文書では，framed パッケージが提供する framed 環境などは使えません．2 段組（あるいは多段組）の文書で複数の段にわたる枠が必要なときには，eclbkbox パッケージを用いるか，LaTeX 自身の機能による 2 段組を用いてください．

5 段落レベルの体裁の変更

5.16 行番号を付加したい

lineno パッケージを用いると，テキストに行番号を付加できます．

■ lineno パッケージ

lineno パッケージを用いると，テキストに行番号を付けるという処理が実現できます．このパッケージに対する主なオプションを表 5.4 に挙げます．この表の「対応するコマンド」の欄の記述は，それと同じ行の左端のオプションとほぼ同じ機能を持つコマンドです．

lineno パッケージは次のコマンドも提供します．

- `\linenumbers`：行番号の出力を開始（または再開）します．「`\linenumbers[⟨番号⟩]`」（⟨番号⟩ は整数）のように番号を付けると，最初の行番号を ⟨番号⟩ にします．「`*`」を付けた「`\linenumbers*`」は「`\linenumbers[1]`」と同じです．

- `\nolinenumbers`：行番号の出力を中断します．

- `\firstlinenumber`：「`\firstlinenumber{⟨表示開始行⟩}`」（⟨表示開始行⟩ は整数）という形式で用いて，番号が ⟨表示開始行⟩ 以上である行のみに行番号を付けます．

- `\modulolinenumbers`：「`\modulolinenumbers[⟨周期⟩]`」（⟨周期⟩ は正整数）という形式で用いた場合，行番号が ⟨周期⟩ の倍数である行のみに行番号を出力するように設定します．ただし，「`\modulolinenumbers*[⟨周期⟩]`」のように「`*`」を付けて用いた場合，`\linenumbers` コマンドなどで行番号の付加を開始・再開した直後の行に対しては，その行の行番号が 2 以上であると原則として行番号を付けます（行番号が 1 でも行番号を出力させるには「`\firstlinenumber{1}`」を併用します）．

なお，行番号を付ける範囲を「linenumbers 環境」の形で記述しても構いません．ただし，行番号を付加する処理は段落単位で適用されるので，文書の途中で行番号の有無を切り換えるときには適宜改段落を行ってください．また，lineno パッケージの機能の詳細についてはマニュアル（lineno.pdf）を参照してください．

▶ 注意　ディスプレイ数式（第 15 章参照）を用いたときに行番号の出力がおかしくなった場合は，その数式の全体を linenomath 環境（または linenomath* 環境）に入れてください．　□

■行番号の参照

行番号を付けている範囲で「`\linelabel{⟨ラベル文字列⟩}`」のように `\linelabel` というコマンドを用いると，それを書き入れた箇所の行番号を「`\ref{⟨ラベル文字列⟩}`」という記述で取得できます．ただし，相互参照（第 11 章参照）と同じ仕組みを用いているので，正しく取得するには複数回のタイプセットが必要です．

174

表 5.4 ● lineno パッケージに対する主なオプション

オプション	意味	対応するコマンド
left	行番号をテキストの左側(縦組時には上側)に出力(デフォルト)	\leftlinenumbers
right	行番号をテキストの右側(縦組時には下側)に出力	\rightlinenumbers
switch	2段組時に,行番号をテキストの外側の余白に出力	\switchlinenumbers
switch*	2段組時に,行番号をテキストの内側の余白に出力	\switchlinenumbers*
running	行番号を通し番号でカウント(デフォルト)	\runninglinenumbers
pagewise	行番号をページごとにリセット	\pagewiselinenumbers
columnwise	2段組時に,行番号を段が変わるごとにリセット	\columnwiselinenumberstrue

■行番号の付加と行番号の参照の例

```
\linenumbers%%% 行番号の付加を開始
これは, テキストに行番号を付加した例\linelabel{line:sample}です.
行番号の参照も可能です (\ref{line:sample}\nobreak 行目にラベルを設定).
```

1　これは, テキストに行番号を付加した例です. 行番号の参照も可能で
2　す(1行目にラベルを設定).

■行番号の形式の簡単なカスタマイズ

行番号部分の形式を変更するには, 基本的には次のコマンド・寸法を再定義・再設定します.

- \thelinenumber:行番号を文字列化して出力するコマンドです.「\renewcommand{\thelinenumber}{\Kanji{linenumber}}」(行番号を漢数字表記する場合(要 plext パッケージ))のようにカウンタ linenumber の出力形式として再定義します.

- \linenumberfont:行番号の書体・文字サイズの指定です. \renewcommand を用いて「\renewcommand{\linenumberfont}{\tiny\ttfamily}」のように再定義します(宣言型の書体変更コマンド・文字サイズ変更コマンドを用いてください).

- \linenumbersep:行番号とテキストとの間隔を表す寸法です. 行番号を左側に出力するときの行番号部分の右端はテキスト部分の左端からこの寸法だけ離れた位置になります. \setlength で再設定します.

- \linenumberwidth:行番号部分の幅を表す寸法です. 行番号がテキストの右側に出力されるとき, 行番号部分の右端はテキスト部分の右端から \linenumbersep + \linenumberwidth だけ離れた位置になります. \setlength で再設定します.

175

5　段落レベルの体裁の変更

●コラム●［verbatim 環境などでバックスラッシュの代わりに円記号を用いる方法］

LaTeX のデフォルトでは，verbatim 環境や \verb コマンドでの出力部分に含まれる
バックスラッシュ文字はそのまま「\」で出力されます．それを円記号に変更する方
法としては，「文字コードが 92（バックスラッシュ文字の文字コード）の文字として
バックスラッシュ文字ではなく円記号を出力するようにしたタイプライタ体のフォン
ト」を用意して，それを \verbatim@font（4.1 節参照）で用いるという方法が知ら
れています．その方法を用いた既製品としては，乙部厳己氏による bs2yen パッケージ
およびそれに付随する仮想フォントがあります（乙部氏のサイトから入手できます）．

●コラム●［段落の形状を柔軟に設定するコマンド］

「5.3　段落の左右の余白を変更したい」では \hangindent と \hangafter を用い
て段落の形状を変更する方法を説明しましたが，TeX には段落の形状をさらに自由に
設定する \parshape というコマンドも用意されています．このコマンドは，次の形式
で個々の行の字下げ量と行長を指定します．

```
\parshape n I_1 L_1 I_2 L_2 ... I_n L_n
```

ただし，n はその後に続く「字下げ量と行長の組」の個数，I_k（$1 \leq k \leq n$）は段
落の第 k 行の字下げ量，L_k（$1 \leq k \leq n$）は段落の第 k 行の行長です．また，段落
の第 $n+1$ 行目以降には第 n 行と同じ設定が用いられます．

例えば，テキストを三角形状に整形するには，次のような記述が使えます．

```
\setlength{\parindent}{0pt}
\parshape 3 2zw 1zw 1zw 3zw 0zw 5zw
三角形状のテキスト
```

　　　三
　　角形状
　のテキスト

\parshape の指定も原則として 1 段落のみに適用されます．また，ひとつの段落に
\parshape と「\hangindent と \hangafter の組」を両方適用すると，\parshape
の指定が優先されます．なお，箇条書きの環境（第 6 章参照）での字下げの設定には
\parshape が用いられています．そのため，enumerate 環境や itemize 環境の中では
「\hangindent と \hangafter の組」は効かないという点に注意してください．

6: 箇条書き・定理型の環境

6.1 番号のない箇条書きを行いたい 178

6.2 番号なし箇条書きの見出し記号を変更したい 180

6.3 番号付き箇条書きを行いたい 182

6.4 番号付き箇条書きの番号の形式を変更したい (1)——ユーザー自身でカ
スタマイズする場合 184

6.5 番号付き箇条書きの番号の形式を変更したい (2)—— enumerate パッ
ケージを使用する場合 186

6.6 「見出し項目とその説明」のような箇条書きを行いたい 188

6.7 箇条書きの体裁を変更したい (1)—— list 環境のパラメータ 190

6.8 箇条書きの体裁を変更したい (2) ——カスタマイズ例 192

6.9 項目を横に並べた箇条書きをしたい 194

6.10 「定理」・「定義」などを記述する環境を作りたい 196

6.11 「証明」を記述したい 198

6.12 定理型の環境の番号の形式を変更したい 200

6.13 定理型の環境の体裁を変更したい (1)——ユーザー自身でカスタマイズ
する場合 202

6.14 定理型の環境の体裁を変更したい (2)—— theorem パッケージを用い
る場合 204

6.15 定理型の環境の体裁を変更したい (3)—— amsthm パッケージを用い
る場合 206

6 箇条書き・定理型の環境

6.1 番号のない箇条書きを行いたい

番号のない箇条書きには，基本的には itemize 環境が利用できます．

■ itemize 環境

LaTeX では「番号を付けず，各項目の先頭に見出しを表す記号（例えば，『●』）を置いた箇条書き」を行う環境の itemize 環境が用意されています．この環境は，次の形式で用います．ただし，「[⟨見出し用の記号⟩]」の部分は省略可能で，省略するとクラスファイルなどで設定された記号が用いられます．一方，箇条書きの項目の先頭が文字「[」の場合（で，\item にオプション引数を付けていないとき）には，その「[」以降がオプション引数とはならないように，「[」の前に \relax（「何もしない」という操作を行うコマンド）などを入れてください．

```
\begin{itemize}
\item[⟨見出し用の記号⟩] ⟨項目の記述⟩
⟨「\item[⟨見出し用の記号⟩] ⟨項目の記述⟩」の繰り返し⟩
\end{itemize}
```

⟨項目の記述⟩ の中に箇条書きが含まれる場合，itemize 環境の中で別の箇条書きの環境を使用できます．ただし，重ねることができるのは「itemize 環境については 4 段階まで」で「itemize 環境と後述する enumerate 環境などとの**合計では 6 段階まで**」です．

■例 1：簡単な例

```
箇条書きの例：
\begin{itemize}
\item 番号なし箇条書き
\item \relax [1]番号付き箇条書き%%% 文字「[」で始まる項目の場合
\item[◎] 見出し文字列付き箇条書き
%%% ↑\item のオプション引数を用いて見出しを一時的に変更
\end{itemize}
```

箇条書きの例：

- 番号なし箇条書き

- [1] 番号付き箇条書き

◎ 見出し文字列付き箇条書き

178

標準配布のクラスファイルでは，この例のように各項目間にいくぶん空白が入ります．そのような項目間の空白の大きさは「6.7　箇条書きの体裁を変更したい (1)——list 環境のパラメータ」で説明するパラメータで決まるので，それらを必要に応じて変更してください（カスタマイズ例は 6.8 節で挙げます）．

▶ 注意　箇条書きの環境での \item にはオプション引数が付くことはありますが，\item は必須の引数をとりません．つまり，「\item{⟨項目の記述⟩}」のように各項目の記述を括弧「{」，「}」で囲むのは誤りです（そのように記述すると，箇条書きの環境の内部処理に不整合が生じることがあります）．\item の直後で文字サイズ変更コマンドなどを用いる場合は，なるべく引数型のコマンドを用いてください．やむを得ず宣言型のコマンドを用いるときには，「\item \leavevmode {\large ...}」という具合に \item の直後で明示的に段落を開始する必要があります．　　　　　　　　　　　　　　　　　　　　　　　　　　　　　　　　　　　□

■例 2：itemize 環境を重ねて用いた例

```
\begin{itemize}
\item 箇条書きその1
      \begin{itemize}
      \item 箇条書きその2
            \begin{itemize}
            \item 箇条書きその3
                  \begin{itemize}
                  \item 箇条書きその4
                  \end{itemize}
            \end{itemize}
      \end{itemize}
\end{itemize}
```

- 箇条書きその 1
  - 箇条書きその 2
    * 箇条書きその 3
      · 箇条書きその 4

　この例のように，itemize 環境を重ねる段階数に応じて見出し記号が変わります．また，デフォルトの見出し記号はクラスファイルなどで設定されています．それらを変更する方法は「6.2　番号なし箇条書きの見出し記号を変更したい」で説明します．

6 箇条書き・定理型の環境

6.2 番号なし箇条書きの見出し記号を変更したい

> itemize 環境での見出し記号は \labelitemi, \labelitemii などで与えられます. また, \item のオプション引数を用いると見出し記号を一時的に変更できます.

■ itemize 環境での見出し記号の変更

itemize 環境での各項目の見出し記号を出力するコマンドを表 6.1 に挙げます. itemize 環境でのデフォルトの見出し記号を変更するにはそれらを再定義します. また, 特定の項目の見出し記号を変更するには, 「\item[〈見出し記号〉]」のように \item のオプション引数を用います. なお, 表 6.1 のコマンドは「\labelitem〈段階数を小文字のローマ数字で表したもの〉」という形をしている点に注意するとよいでしょう.

■ itemize 環境での見出し記号の変更例

```
\documentclass{jarticle}
\usepackage{pifont}%%% \ding コマンドのために使用
\usepackage[dvips]{graphicx}
%%% ↑ \scalebox コマンドのために使用 (オプションは 3.13 節参照)
\renewcommand{\labelitemi}{\ding{43}}
\renewcommand{\labelitemii}{\ding{51}}
\renewcommand{\labelitemiii}{%
    %%% 網掛け部分は「\△!」(otf パッケージが提供, 4.3 節参照) の代用品
    \mbox{\ooalign{△ \cr
        \hfil \raisebox{.08zh}{\scalebox{.6}{\textbf{!}}}\hfil}}}
\renewcommand{\labelitemiv}{\textbullet}
\begin{document}
\begin{itemize}
\item 要点 (第1段階)
        \begin{itemize}
        \item チェックポイント (第2段階)
                \begin{itemize}
                \item 注意点 (第3段階)
                        \begin{itemize}
                        \item さらに細かい点 (第4段階)
                        \end{itemize}
                \end{itemize}
        \end{itemize}
\end{itemize}
```

表 6.1 ● itemize 環境でのデフォルトの見出し記号に対応するコマンド

段階	デフォルトの見出し記号を出力するコマンド
第 1 段階	\labelitemi
第 2 段階	\labelitemii
第 3 段階	\labelitemiii
第 4 段階	\labelitemiv

> ☞ 要点（第 1 段階）
> ✓ チェックポイント（第 2 段階）
>   ⚠ 注意点（第 3 段階）
>   ● さらに細かい点（第 4 段階）

　この例で用いた記号以外にも，付録 A などの「記号表」に載っている記号を適宜 \labelitemi などに用いるとよいでしょう．

●コラム● ［\item での見出しが出力されるタイミング］

　箇条書きの環境では「\item の直後で明示的に段落を開始する」必要がある場合がときどきあります．それは，「箇条書きの見出し記号の出力およびそれに伴う各種の内部処理」が実行されるタイミングが「\item が処理された時点」ではなく「\item の後に続く段落が開始した時点」であるということによります．なお，見出し記号を \item を処理した時点で直ちに出力しないというのは多少直感に反しているようなところがないわけでもないのですが，次の例のような「\item の直後に内側の箇条書きが置かれる」場合の見出し記号の出力の都合で，LaTeX では見出し記号を「遅延出力」するようにしています．

```
\begin{itemize}
\item %%% 見出し記号の後で改行せずに内側の箇条書きの見出し記号を出力
  \begin{itemize}
    \item 内側の箇条書きの第1項目
    \item 内側の箇条書きの第2項目
  \end{itemize}
\end{itemize}
```

> ●　－ 内側の箇条書きの第 1 項目
> 　　－ 内側の箇条書きの第 2 項目

6 箇条書き・定理型の環境

6.3 番号付き箇条書きを行いたい

番号付きの箇条書きには，基本的には enumerate 環境を用います．

■ enumerate 環境

LATEX では「各項目に番号を付けた箇条書き」を行う環境の enumerate 環境が用意されています．この環境は，次の形式で用います（「[⟨一時的な番号⟩]」は省略可能）．ただし，各項目の番号付けの際には，「[⟨一時的な番号⟩]」を与えた項目はカウントされません．

```
\begin{enumerate}
\item[⟨一時的な番号⟩] ⟨項目の記述⟩
⟨「\item[⟨一時的な番号⟩] ⟨項目の記述⟩」の繰り返し⟩
\end{enumerate}
```

itemize 環境（6.1 節参照）の場合と同様に，⟨項目の記述⟩ が文字「[」で始まる場合は「[」の前に \relax などを入れてください．なお，通常は ⟨項目の記述⟩ を括弧「{」,「}」では囲みません．一方，⟨項目の記述⟩ の中に箇条書きが含まれる場合，enumerate 環境の中で別の箇条書きの環境を使用できます．ただし，重ねることができるのは「enumerate 環境については 4 段階まで」で「enumerate 環境と itemize 環境などとの合計では 6 段階まで」です．

■箇条書きの各項目の番号（数値そのもの）を変更する方法

第 1 段階から第 4 段階の enumerate 環境の各項目の番号は，それぞれ enumi, enumii, enumiii, enumiv というカウンタで数えられています（カウンタ名は「enum⟨段階数を小文字のローマ数字で表したもの⟩」という形をしています）．そこで，これらのカウンタの値を次の例のように変更すれば，「箇条書きの開始番号」などを変更できます．なお，\item の番号付けに用いられるカウンタの値は enumerate 環境の開始時に初期化されるので，カウンタ enumi などの値の変更は enumerate 環境の中で行います．

```
\begin{enumerate}
\item 番号1の項目 %%% 最初の項目の番号は 1
\setcounter{enumi}{4}%%% 第 1 段階なので，カウンタ enumi の値を変更
\item 番号5の項目
\item 番号6の項目          %%% 通常は単に連番で出力
\item[10.] 番号10の項目？ %%% 番号を一時的に変更する場合
\item 番号7の項目
\end{enumerate}
```

182

```
   1.  番号 1 の項目
   5.  番号 5 の項目
   6.  番号 6 の項目
  10.  番号 10 の項目?
   7.  番号 7 の項目
```

　なお，enumerate 環境の個々の \item（ただし，オプション引数を伴わないもの）ではカウンタの値が 1 だけ進められてから番号部分が作成されるので，ある \item の直前でこのカウンタの値を「4」にすると，その \item での番号は「5」になります．また，\item にオプション引数で「一時的な番号」を与えた場合，その「一時的な番号」の項目は周囲の項目の番号付けに影響しないという点にも注意してください．実際，先の例でも，番号 6 の項目と番号 7 の項目の間に「\item[10.]」を追加しても番号 7 の項目の番号は変わっていません．

■例 2：enumerate 環境を重ねて用いた例

```
\begin{enumerate}
\item 箇条書きその1
      \begin{enumerate}
      \item 箇条書きその2
            \begin{enumerate}
            \item 箇条書きその3
                  \begin{enumerate}
                  \item 箇条書きその4
                  \end{enumerate}
            \end{enumerate}
      \end{enumerate}
\end{enumerate}
```

```
   1.  箇条書きその 1
      (a)  箇条書きその 2
            i.  箇条書きその 3
                  A.  箇条書きその 4
```

　この例のように，enumerate 環境を重ねる段階数に応じて番号の形式が変わります．また，各段階での番号の形式はクラスファイルなどで設定されています．それらを変更する方法は 6.4，6.5 節で説明します．

183

6 箇条書き・定理型の環境

6.4 番号付き箇条書きの番号の形式を変更したい (1) —— ユーザー自身でカスタマイズする場合

enumerate 環境での見出しの番号の形式は，\theenumi，\theenumii などおよび \labelenumi，\labelenumii などで与えられます．

■ enumerate 環境での各項目の番号の形式を定めるコマンド

第 1 段階から第 4 段階のそれぞれの enumerate 環境の各項目の番号付けに用いられるカウンタとコマンドを表 6.2 に挙げます．この表の \thenumi などの「番号部分」は「1」，「2」（算用数字を用いる場合）あるいは「a」，「b」（小文字のアルファベットを用いる場合）といった「番号そのもの」の部分で，それに装飾を加えて「1.」，「2.」あるいは「(a)」，「(b)」のようにしたものが \labelenumi などです．そこで，\theenumi などと \labelenumi などを再定義すると enumerate 環境での番号の形式を変更できます．LaTeX のカウンタの出力形式の変更に用いるコマンドについては，第 1 章末尾のコラムなどを参照してください．

■ enumerate 環境での番号の形式の変更例

```
\renewcommand{\theenumi}{\arabic{enumi}}%%% 第 1 段階の番号は算用数字
\renewcommand{\labelenumi}{(\theenumi)}%%%  見出しは番号 ＋ 丸括弧
%%% ↓第 2 段階の番号は「第 1 段階の番号 ＋ ハイフン ＋ 小文字ローマ数字」の形式
\renewcommand{\theenumii}{\theenumi-\roman{enumii}}
\renewcommand{\labelenumii}{(\theenumii)}%%% 見出しは番号 ＋ 丸括弧
\begin{enumerate}
\item 項目その1
\item 項目その2
    \begin{enumerate}
    \item 項目2-i
    \item 項目2-ii
    \end{enumerate}
\end{enumerate}
```

```
(1)  項目その 1
(2)  項目その 2
  (2-i)  項目 2-i
  (2-ii)  項目 2-ii
```

表 6.2 ● enumerate 環境の番号付けに用いられるカウンタと番号の形式などを定めるコマンド

段階	カウンタ名	番号部分を文字列化するコマンド	見出し用のコマンド	相互参照時に前置する文字列
第 1 段階	enumi	\theenumi	\labelenumi	\p@enumi
第 2 段階	enumii	\theenumii	\labelenumii	\p@enumii
第 3 段階	enumiii	\theenumiii	\labelenumiii	\p@enumiii
第 4 段階	enumiv	\theenumiv	\labelenumiv	\p@enumiv

注：それぞれの列のカウンタ名あるいはコマンド名は、「enum」、「\theenum」、「\labelenum」、「\p@enum」の部分が共通で，それに「段階数を小文字のローマ数字で表したもの」が続いた形になります．

■箇条書きの番号の形式と相互参照

箇条書きの個々の項目の番号も \label と \ref（第 11 章参照）を用いて参照できます．その際，次の例（出力例は文書クラスが jarticle などの場合の例）の「\ref{item:1-a}」に対応する箇所は単に「a」となるのではなく「1a」となります．このように箇条書きの項目の番号の参照では，一般には参照された項目の番号に親項目の番号に相当する文字列（この例では「1」）が前置されます．その前置文字列を表すコマンドが表 6.2 の \p@enumii などです．

```
\begin{enumerate}
\item 項目1
      \begin{enumerate}
      \item 項目1-a\label{item:1-a}
      \end{enumerate}
\item 項目2
      \begin{enumerate}
      \item 項目2-a (項目\ref{item:1-a}とは区別されます)
      \end{enumerate}
\end{enumerate}
```

1. 項目 1
   (a) 項目 1-a
2. 項目 2
   (a) 項目 2-a (項目 1a とは区別されます)

単に参照された項目の番号のみを用いたのでは今の例の「項目 1-a」と「項目 2-a」がともに「a」（あるいは「(a)」など）となって区別できないため，基本的には「\renewcommand{\p@enumii}{\theenumi}」という具合に \p@enumii などには親項目を特定できる文字列を用います．もっとも，本節の \theenumii の再定義例のように \theenumii のみを用いてもどの項目であるかを特定できるようなときなどには，「\renewcommand{\p@enumii}{}」のように \p@enumii などを空文字列にしても問題ないこともあります．

6 箇条書き・定理型の環境

6.5 番号付き箇条書きの番号の形式を変更したい (2) ── enumerate パッケージを使用する場合

enumerate パッケージを用いると，enumerate 環境のオプション引数を用いて番号の形式を指定できます．

■ enumerate パッケージ

enumerate 環境での各項目の番号の形式の一時的な変更を支援するパッケージとして enumerate パッケージが知られています．このパッケージを読み込んだ場合，enumerate 環境の開始時に「番号の形式の指定」を行うオプション引数を使えるようになります．

```
\begin{enumerate}[〈番号の形式の指定〉]
〈「\item[〈一時的な番号〉] 〈項目の記述〉」の繰り返し（enumerate パッケージ不使用時と同様）〉
\end{enumerate}
```

なお，「[〈番号の形式の指定〉]」を省略した場合，各項目の番号には \theenumi, \labelenumi など（前節参照）で定まるデフォルトの形式が用いられます．

また，enumerate 環境のオプション引数では，表 6.3 に挙げる文字を用いて番号の形式を指定します．なお，この表に載っていない文字は「番号の装飾に用いる文字列」としてそのまま用いられます．例えば，「(i)」という指定では，番号の形式は「小文字のローマ数字を丸括弧で囲んだもの」となります．ただし，enumerate 環境のオプション引数の中でも，括弧「{」,「}」で囲まれた部分はただの文字列として扱われます．例えば，「{A}-a」というオプションを与えると，括弧「{」,「}」に囲まれた「A」は（大文字のアルファベットの指定としてではなく）単なる文字列として扱われて，「文字列『A』＋ ハイフン ＋ 小文字アルファベット」という指定になります．

■例 1：enumerate 環境のオプション引数（enumerate パッケージの機能）の使用例

```
\begin{enumerate}[[A{]}]%%% 「角括弧付き大文字アルファベット」を指定
\item 項目[A]
        %%% ↓「文字列『(A-』＋ 小文字ローマ数字 ＋ 文字列『)』」を指定
        \begin{enumerate}[({A}-i)]
        \item 項目(A-i)
        \item 項目(A-ii)
        \end{enumerate}
\end{enumerate}
```

表 6.3 ● enumerate 環境使用時の，箇条書きの番号の形式の指定文字

形式	対応する文字	形式	対応する文字	形式	対応する文字
小文字のアルファベット	a	小文字のローマ数字	i	算用数字	1
大文字のアルファベット	A	大文字のローマ数字	I		

```
[A]   項目 [A]
  (A-i)   項目 (A-i)
  (A-ii)  項目 (A-ii)
```

　この例の第 1 段階の enumerate 環境のオプション引数の内側の「]」を括弧「{」,「}」で囲んでいるのは，その「]」がオプション引数の終端と誤認されないようにするための措置です．

▶ 注意　enumerate 環境のオプション引数で「A-a」のような「番号の形式の指定文字」（ただし，括弧「{」,「}」で囲まれていないもの）を複数含む指定を行うと，ユーザーの意図とは異なる出力になることがあります．また，enumerate 環境のオプション引数を用いた場合，箇条書きの左余白の大きさが変更されることがあるので注意してください．　　　　　　　　□

■例 2 : 番号部分にコマンドが含まれる場合

　例えば，番号を「1」のような枠囲み数字にする場合，enumerate 環境のオプション引数を「\fbox{1}」としてもうまくいきません（括弧「{」,「}」で囲まれた「1」はただの文字列です）．この場合は「\expandafter\fbox1」のように指定します．番号の形式がさらに複雑な場合は，次の例のように「『カウンタ部分』のみを引数とするようなコマンドを導入して，それを enumerate 環境のオプション引数の中で用いる」という方法が使えます．

```
\newcommand\mylabelenumi[1]{%
  \fcolorbox[gray]{0}{.85}{例#1}}%%% 要 color パッケージ（3.14 節参照）
\begin{enumerate}[\expandafter\mylabelenumi1]
\item 項目1
\item 項目2
\end{enumerate}
```

```
例 1    項目 1
例 2    項目 2
```

187

6 箇条書き・定理型の環境

6.6 「見出し項目とその説明」のような箇条書きを行いたい

「見出し項目とその説明」のような形式の箇条書きには，description 環境が利用できます．

■ description 環境

LaTeX では，各項目が「項目名とその説明」の形の箇条書きを行う環境の description 環境が用意されています．この環境は，次の形式で用います．「[〈見出し文字列〉]」の部分は省略可能ですが，一般には省略しません．なお，見出しの直後で改行するには，「[〈見出し文字列〉]」の直後で \leavevmode などを用いて明示的に段落を開始してから \\ を用いてください．

```
\begin{description}
\item[〈見出し文字列〉] 〈項目の記述〉
〈「\item[〈見出し文字列〉] 〈項目の記述〉」の繰り返し〉
\end{description}
```

itemize 環境（6.1 節参照）の場合と同様に，〈項目の記述〉が文字「[」で始まる場合は「[」の前に \relax などを入れてください．なお，通常は〈項目の記述〉を括弧「{」,「}」では**囲みません**．一方，〈項目の記述〉の中に箇条書きが含まれる場合，description 環境の中で別の箇条書きの環境を使用できます．ただし，重ねることができるのは「description 環境と itemize 環境などとの**合計で 6 段階まで**」です（description 環境だけを 6 段階重ねても構いません）．

■ description 環境の使用例

```
\begin{description}
\item[引用風の環境] \leavevmode\\%%% \leavevmode を削除するとエラーが生じます
汎用の文書クラスでは，次の2種類が用意されています．
  \begin{description}
  \item[quote環境]      短い引用文
  \item[quotation環境]  長い（複数段落にわたるような）引用文
  \end{description}
\end{description}
```

引用風の環境

　　　汎用の文書クラスでは，次の 2 種類が用意されています．

　　　quote 環境 短い引用文

　　　quotation 環境 長い（複数段落にわたるような）引用文

188

▶ 注意　見出し文字列に文字「]」が含まれる場合は、「\item[{[例]}]」という具合に見出し
文字列の全体を括弧「{」、「}」で囲んでください.　　　　　　　　　　　　　　　□

■見出し部分の書体などの変更

　description 環境の各項目の見出し部分の書体などは \descriptionlabel というコマンド
で定められます. 例えば, ファイル jarticle.cls での \descriptionlabel の定義は次のよう
になっていて, この定義中の \bfseries の効果で見出しが太字表記になります. そこで, 定
義中の「#1」の部分に適用する書体などを変更すれば, 見出し部分の体裁も変わります.

```
\newcommand{\descriptionlabel}[1]{%%% 引数 #1 は見出し文字列
   \hspace\labelsep\normalfont\bfseries #1}
```

■ description 環境での見出しの体裁の変更例

```
\renewcommand{\descriptionlabel}[1]{\hskip\labelsep
   \normalfont%%% 書体をいったんリセット
   \gtfamily\sffamily%%% 和文文字はゴシックで, 欧文文字はサンセリフ
   [#1]}%%% 見出しの前後に角括弧を追加
\begin{description}
\item[quote環境]　短い引用文
\item[quotation環境]　長い（複数段落にわたるような）引用文
\end{description}
```

[quote 環境] 短い引用文
[quotation 環境] 長い（複数段落にわたるような）引用文

▶ 注意　description 環境では, 見出し文字列が短い（例えば, 1文字の）場合に, 見出しに続
く項目本体の書き出し位置が見出しの側に引き寄せられることがあります. それが気になる
ときには, \descriptionlabel を次のように再定義するとうまくいくことがあります.

```
\renewcommand{\descriptionlabel}[1]{\normalfont\bfseries
   \setbox0\hbox{\hskip\labelsep\relax #1}%
   \ifdim\wd0<\leftmargin \setbox0\hbox to\leftmargin{\box0\hfil}\fi
   \box0}
```

必要に応じてこれにさらに手を加えるとよいでしょう.　　　　　　　　　　　　　　□

189

6 箇条書き・定理型の環境

6.7 箇条書きの体裁を変更したい (1) ── list 環境のパラメータ

- 箇条書きの左右（縦組の場合は上下）の余白：\leftmargin, \rightmargin
- 箇条書き全体の上下（縦組の場合は左右）の空白量に関わるパラメータ：\topsep, \partopsep
- 項目間の空白量に関わるパラメータ：\itemsep, \parsep
- 見出し部分の位置に関わるパラメータ：\labelwidth, \labelsep, \itemindent
- 箇条書きの環境のパラメータを設定する内部コマンド：\@listi, \@listii など

■箇条書きの体裁に関わるパラメータとそれらの設定方法

LaTeX が用意している箇条書きの環境の itemize 環境・enumerate 環境などは「一般的な箇条書き」を行う環境の list 環境を用いて定義されています．この環境は，次の形式で用います．

```
\begin{list}{⟨各項目のデフォルトの見出し⟩}{⟨追加設定⟩}
⟨「\item[⟨見出し用の記号⟩] ⟨項目の記述⟩」の繰り返し⟩
\end{list}
```

これは itemize 環境などの用法とほとんど同じで，例えば，第 1 段階の itemize 環境では「\begin{itemize}」は「\begin{list}{\labelitemi}{⟨追加設定⟩}」に itemize 環境の段階数の管理の処理が加わったもので，「\end{itemize} ＝ \end{list}」となっています．

▶ 注意　実在するクラスファイルなどでは，「\begin{list}」の代わりに「\list」が用いられ，「\end{list}」の代わりに「\endlist」が用いられることがあります．実際，大雑把にいえば，「\begin{list}」から「\begin が行うすべての環境に共通の開始処理」を省くと \list になります．環境の終了処理に関しても同様です． □

また，list 環境での左余白などは図 6.1 および表 6.4 に示すパラメータで定められます．ただし，それらをプリアンブルなどで \setlength で変更してもうまくいくとは限りません．実際，list 環境で \leftmargin などのパラメータが設定される仕組みは次のとおりです．

- 第 1 段階から第 6 段階の list 環境のそれぞれに対応するパラメータ設定コマンド \@listi, \@listii, \@listiii, \@listiv, \@listv, \@listvi で設定されていれば，基本的にはそこで設定されている値が用いられます．
- ただし，list 環境の第 2 引数（上記の ⟨追加設定⟩）で上書き設定できます．
- \@listi などと list 環境の第 2 引数のどちらでも設定されていない場合，\rightmargin, \listparindent, \itemindent についてはゼロに設定されます．それ以外のものについてはプリアンブルなどでの設定が用いられます．

190

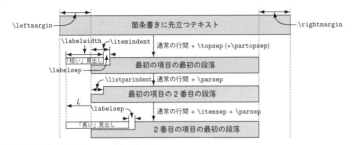

$L = \backslash\text{labelwidth} + \backslash\text{labelsep} - \backslash\text{itemindent}$

図 6.1 ● 箇条書きの環境の体裁に関わるパラメータ

表 6.4 ● 図 6.1 に現れたパラメータの意味

パラメータ	意味
\topsep	箇条書きの環境全体の上下(縦組の場合は左右)に追加される空白量
\partopsep	箇条書きが新しい段落となっている場合に,箇条書きの全体の上下(縦組の場合は左右)に余分に追加される空白量
\itemsep	項目間に追加される空白量
\parsep	段落間に追加される空白量[注1]

パラメータ	意味
\leftmargin	左余白の大きさ
\rightmargin	右余白の大きさ
\labelwidth	見出し部分用に確保する領域の幅
\labelsep	見出し部分と項目本体との間隔
\itemindent	各項目の最初の段落の先頭の字下げ量
\listparindent	各項目の第2段落以降の先頭の字下げ量[注2]

注1:list 環境の開始時に,\parsep の値が \parskip (5.4 節参照) に代入されます.
注2:list 環境の開始時に,\listparindent の値が \parindent (5.4 節参照) に代入されます.

そこで,箇条書きの環境の体裁を変更する際には,各種の箇条書きに共通の設定は \@listi などを通じて行い,個々の環境に固有の設定は list 環境(\list コマンド)の第2引数を通じて行うのが基本です(具体例は次節で扱います).

また,\@listi などはクラスオプションファイルなどで定義されています.例えば,ファイル jsize10.clo での \@listi の定義は次のようになっていて,左余白(\leftmargin)には \leftmargini という寸法が用いられています.第2段階以降の箇条書きについても同様で,汎用的なクラスファイルでは第1段階から第6段階の箇条書きの左余白は,\leftmargini,\leftmarginii,\leftmarginiii,\leftmarginiv,\leftmarginv,\leftmarginvi という寸法で与えられます.

```
\def\@listi{\leftmargin\leftmargini%%% \leftmargin = \leftmargini の意味
  \parsep 4\p@ \@plus2\p@ \@minus\p@  %%% これらはグルー(2.6節参照)です.
  \topsep 8\p@ \@plus2\p@ \@minus4\p@ %%% なお,\p@ は寸法1ptです.
  \itemsep4\p@ \@plus2\p@ \@minus\p@}
```

6 箇条書き・定理型の環境

6.8 箇条書きの体裁を変更したい (2) —— カスタマイズ例

■例1：項目間に空白を入れないようにし，箇条書き全体の上下の空白の大きさも変更

項目間の空白は \parsep と \itemsep で決まります（図6.1参照．\item は改段落を伴うので，\parsep の大きさの空白も追加されます）．そこで，項目間に空白を入れないようにするにはそれらをゼロに設定します．また，箇条書き全体の上下（縦組の場合は左右）の空白の大きさは基本的には \topsep で，それに \partopsep が追加されることもあります．そこで，例えば，「第1段階の箇条書きの上下には 1/2 行分の空白を入れる」，「第2段階の箇条書きの上下には空白を入れない」ように設定するには，\@listi, \@listii を次のように再定義します．

```
\renewcommand{\@listi}{%
    \setlength{\leftmargin}{\leftmargini}%%% 左余白は標準的な設定
    \setlength{\itemsep}{0pt}\setlength{\parsep}{0pt}%
    \setlength{\topsep}{0.5\baselineskip}\setlength{\partopsep}{0pt}%
    %%% ↓\listparindent の値は地の文での \parindent の値に準じるとよいでしょう
    \setlength{\listparindent}{1zw}}
\let\@listI=\@listi %%% \@listi のコピーを \@listI として保存
\renewcommand{\@listii}{%
    \setlength{\leftmargin}{\leftmarginii}%%% 左余白は標準的な設定
    \setlength{\itemsep}{0pt}\setlength{\parsep}{0pt}%
    \setlength{\topsep}{0pt}\setlength{\partopsep}{0pt}%%% \topsep もゼロ
    \setlength{\listparindent}{1zw}}
```

ここで，\partopsep は \parsep（箇条書きの中での段落間の空白量）に準じてゼロに設定しています．また，第3段階以降の初期設定コマンドの \@listiii なども，\@listii と同様に定義するとよいでしょう（\leftmarginii のところを段階数に応じて変えるだけでも充分です）．なお，\@listi は \small などの文字サイズ変更コマンドによって変更されることがあるので，LATEX では「デフォルトの \@listi」を \@listI として保存しています．

■例2：各箇条書きの字下げ量を和文文字2字分に設定

一般的な文書クラスを用いている場合，箇条書きの字下げ量を一律に変更するには，プリアンブルなどで \leftmargini などの寸法を変更します．例えば，どの段階の箇条書きについても字下げ量を和文文字2字分にする場合，次のようになります．

```
\setlength{\leftmargini}{2zw}\setlength{\leftmarginii}{2zw}
\setlength{\leftmarginiii}{2zw}\setlength{\leftmarginiv}{2zw}
\setlength{\leftmarginv}{2zw}\setlength{\leftmarginvi}{2zw}
```

■例3：例2の設定に加え，各項目の先頭ではさらに1字分下げる場合

各項目の「段落の形状」の設定の際には，各項目の先頭行以外の字下げ量（\leftmargini など）を先に設定します．次に，先頭行の開始位置を \itemindent で調整します．その後，見出しの位置を \labelsep, \labelwidth などを用いて調整するとよいでしょう．ここでは，各項目の先頭行を2行目以降よりも1字分余分に字下げするので，\itemindent を1zwにします．また，\labelsep の値が \itemindent の値を下回ると見出し部分がテキスト部分に食い込むので（図6.1参照），ここでは \labelsep を \itemindent と等しくします（さらに大きな値にしても構いません）．それと例2を組み合わせると次のようになります．

```
\setlength{\leftmargini}{2zw}%%% \leftmarginii なども同様に設定
\noindent 箇条書きの体裁の変更：
\begin{enumerate}
\setlength{\itemindent}{1zw}%%% \itemindent, \labelsep は環境内で変更可能
\setlength{\labelsep}{\itemindent}
\item これは，箇条書きの各項目の字下げ量などを変更した例です．
     字下げ量に関するパラメータは比較的容易に変更できます．
\end{enumerate}
```

箇条書きの体裁の変更：

1. これは，箇条書きの各項目の字下げ量などを変更した例です．字下げ量に関するパラメータは比較的容易に変更できます．

なお，個々の環境内でパラメータを変更するのを避ける場合は，enumerate 環境などを再定義してください．

■例4：個々の環境に固有の設定を行う場合

個々の環境に固有の設定は list 環境（\list コマンド）の第2引数経由で行います．例えば，quote 環境では行末側の余白をとらないようにするには，次のように再定義します．

```
\renewenvironment{quote}%
    %%% ↓jarticle.cls などでの定義では，\rightmargin = \leftmargin
    {\list{}{\setlength{\rightmargin}{0pt}}%
     \item\relax}%%% 形式的には箇条書きなので \item が必要
    {\endlist}
```

193

6　箇条書き・定理型の環境

6.9　項目を横に並べた箇条書きをしたい

LaTeX 自身の機能で項目を横に並べた箇条書きを行うには，tabbing 環境が利用できます．

■ LaTeX 自身の機能（tabbing 環境）を用いる場合

項目を横に並べた箇条書きを行うには，tabbing 環境（5.13 節参照）が利用できます．

```
\begin{tabbing}
%%% ↓行長（\linewidth）のほぼ 1/3 ごとにタブ位置を設定
\hspace{.333\linewidth}\=\hspace{.333\linewidth}\= \kill
(1)\quad ロシアンブルー\>(2)\quad ヒマラヤン　\>(3)\quad メインクーン\\
(4)\quad ペルシャ　　　\>(5)\quad アビシニアン
\end{tabbing}
```

(1)　ロシアンブルー	(2)　ヒマラヤン	(3)　メインクーン
(4)　ペルシャ	(5)　アビシニアン	

■既存のパッケージを用いる場合

大熊一弘氏による「emath」パッケージとして知られる一連のパッケージ群を用いる場合，
edaenumerate 環境，yokoenumerate 環境，betaenumerate 環境という環境で項目を横に並
べる箇条書きができます．これらの環境は，基本的には enumerate 環境と同じ形式で用いま
す（環境名を変更するだけでも間に合うことも多いでしょう）．例えば，上記の箇条書きは次
の記述でも得られます（yokoenumerate 環境では，項目を横に並べる個数は自動的に計算・
設定されます）．また，edaenumerate 環境では項目の並べ方に関する各種のオプション指定
が可能ですが，機能の詳細についてはマニュアル（sample.pdf）を参照してください．

```
\documentclass{jarticle}
\usepackage{enumerate,emathEy}%%% 読み込み順に注意
\begin{document}
\begin{yokoenumerate}[(1)]%%% 番号の形式を enumerate パッケージ
                      %%%（6.5 節参照）の機能を用いて設定
\item ロシアンブルー　\item ヒマラヤン　　\item メインクーン
\item ペルシャ　　　　\item アビシニアン
\end{yokoenumerate}
\end{document}
```

▶ 注意　emath パッケージは比較的頻繁に更新されているので，利用する際には最新版のチェックをこまめに行ってください．執筆時点では edaenumerate 環境などは emathEy パッケージで定義されます（ただし，ファイル emathEy.sty などは別のファイルも読み込むので，emath パッケージを用いる際にはパッケージ一式をインストールしてください）．また，この種の環境を用いるためだけに emath パッケージを導入するのは大袈裟であるときには，項目を横に並べる箇条書きの環境の「作成法」を学習するのもよいでしょう．　　　　　　　　　　□

──●コラム●─［箇条書きの見出し部分の取り扱われ方］──────────

　図 6.1 での「短い」見出し・「長い」見出しというのはそれぞれ，「幅が \labelwidth を超えない見出し」，「幅が \labelwidth を超える見出し」です．ただし，見出し部分は \makelabel というコマンドを用いて「\makelabel{〈見出し文字列〉}」のように整形されてから見出し部分に用いられます．そのため，\makelabel の定義によっては，図 6.1 とは矛盾するかのような出力になることがあります．実際，jarticle などの文書クラスでは，次の例のように「番号部分」が長くなると行頭側にはみ出します．

```
\renewcommand{\theenumi}{\arabic{enumi}}
\renewcommand{\labelenumi}{(\theenumi)}
\begin{enumerate}
\item 項目1
\setcounter{enumi}{12344}
\item 項目12345
\end{enumerate}
```

```
    (1)　項目 1
(12345)　項目 12345
```

　実は，enumerate 環境などでの \makelabel の定義は次のようになっていることが多く，そのため，見出し部分がどのような文字列であっても形式的には「短い」見出しとして扱われて今の例のようなことが起こります．

```
\def\makelabel#1{%%% \def もコマンドを定義するコマンド．引数 #1 は見出し
  \hss%%% \llap{...} の部分を右に寄せます
  \llap{#1}}%%% 見出しを左にはみ出した形で記述します（4.6 節参照）
```

　このように，list 環境では \makelabel を用いても見出し部分の体裁を変更できます．なお，\makelabel の再定義は list 環境（\list コマンド）の第 2 引数の中で行ってください．

6 箇条書き・定理型の環境

6.10 「定理」・「定義」などを記述する環境を作りたい

定理型の環境は \newtheorem コマンドを用いて定義できます.

■ \newtheorem コマンド

何らかの解説を行うような文書では,「一定の文字列 + 番号」(例えば,「例1」,「例2」)の形の見出しを持った記述がしばしば用いられます. LaTeX は,そのような記述に用いる環境を定義するためのコマンドの \newtheorem を用意しています. このコマンドは次の形式で用います. なお,\newtheorem で定義される環境を,本書では「定理型の環境」と呼びます.

- 独自の番号付けを行う場合:
  \newtheorem{〈環境名〉}{〈見出し〉}[〈親カウンタ〉]
- 別の定理型の環境との通し番号を付ける場合:
  \newtheorem{〈環境名〉}[〈カウンタの共有先〉]{〈見出し〉}

ここで,「〈環境名〉」は定義する環境の名称で,「〈見出し〉」は「〈環境名〉環境」での見出しに用いる文字列です(実際の見出しは〈見出し〉に番号を追加したものになります).

また,「〈親カウンタ〉」は〈環境名〉環境の番号のリセットを行うカウンタの名称です. 例えば,〈親カウンタ〉が「section」(\section の番号を数えるカウンタ)なら,〈環境名〉環境の番号は「\section の番号 + ピリオド + \section の中での〈環境名〉環境の通し番号」(例えば「1.1」)の形式になり,番号付きの \section が用いられると〈環境名〉環境の番号は「1.3」から「2.1」に戻るという具合にリセットされます. なお,「[〈親カウンタ〉]」は省略可能で,省略すると〈環境名〉環境の番号は文書全体にわたっての通し番号になります.

一方,「〈カウンタの共有先〉」は「独自の番号付けを行う場合」の形式で定義された定理型の環境の名称で,〈カウンタの共有先〉を与えると「〈環境名〉環境」の番号は「〈カウンタの共有先〉環境」との通し番号になります. なお,他の定理型の環境との通し番号にする場合,「[〈カウンタの共有先〉]」は省略できません(省略したら「独自の番号付けを行う場合」になります).

■ 定理型の環境の書式

定理型の環境は次の形式で用います. なお,「〈補足説明〉」は見出しの後に記述する出典などのコメントです(「[〈補足説明〉]」は省略可能です). また,〈環境の中身〉の先頭(見出しの直後)で改行する場合は,\leavevmode などで段落を開始してから改行してください.

\begin{〈環境名〉}[〈補足説明〉] 〈環境の中身〉 \end{〈環境名〉}

■定理型の環境の番号を数えるカウンタ

「独自の番号付けを行う場合」の形式で定義された定理型の環境の番号は，環境と同じ名称のカウンタで数えられます．例えば，「\newtheorem{Thm}{定理}」のように定義された Thm 環境の番号は Thm というカウンタで数えられます．そこで，「\setcounter{Thm}{2}」のようにカウンタ Thm の値を変更すると，その直後の Thm 環境の番号は「3」となります．一方，「別の定理型の環境との通し番号を付ける場合」の形式で定義された定理型の環境の番号付けには，〈カウンタの共有先〉環境の番号付け用のカウンタが流用されます．例えば，「\newtheorem{Lem}[Thm]{補題}」のように定義された Lem 環境の番号もカウンタ Thm で数えられます．なお，定理型の環境の番号の形式の変更については 6.12 節で説明します．

■ \newtheorem の使用例

次の LaTeX 文書のプリアンブルに，さまざまな形式での Thm 環境・Lem 環境の定義を追加したときの出力を表 6.5 に挙げます．なお，LaTeX のデフォルトでは出力例のように「その 1」の「1」などがイタリック体で出力されます．定理型の環境の本文部分の書体などを変更する方法は 6.13～6.15 節で説明します．

```
\documentclass{jarticle}
\begin{document}%%% この行の直前に Thm 環境，Lem 環境の定義を追加
\section{サンプル}
\begin{Thm} 定理その1 \end{Thm}
\begin{Thm} 定理その2 \end{Thm}
\begin{Lem} 補題その1 \end{Lem}
\section{サンプル2}
\begin{Thm}[例] 定理その3 \end{Thm}
\end{document}
```

表 6.5 ● 定理型の環境の例

	シンプルな番号付けを行う場合	親カウンタを設定した場合	2個の環境の番号を通し番号にした場合	親カウンタを設定したうえで 2 個の環境の番号を通し番号にした場合
定義例	\newtheorem{Thm}{定理} \newtheorem{Lem}{補題}	\newtheorem{Thm}{定理}[section] \newtheorem{Lem}{補題}[section]	\newtheorem{Thm}{定理} \newtheorem{Lem}[Thm]{補題}	\newtheorem{Thm}{定理}[section] \newtheorem{Lem}[Thm]{補題}
対応する出力の例	**1　サンプル** **定理 1** 定理その1 **定理 2** 定理その2 **補題 1** 補題その1 **2　サンプル2** **定理 3** (例) 定理その3	**1　サンプル** **定理 1.1** 定理その1 **定理 1.2** 定理その2 **補題 1.1** 補題その1 **2　サンプル2** **定理 2.1** (例) 定理その3	**1　サンプル** **定理 1** 定理その1 **定理 2** 定理その2 **補題 3** 補題その1 **2　サンプル2** **定理 4** (例) 定理その3	**1　サンプル** **定理 1.1** 定理その1 **定理 1.2** 定理その2 **補題 1.3** 補題その1 **2　サンプル2** **定理 2.1** (例) 定理その3

6 箇条書き・定理型の環境

6.11 「証明」を記述したい

amsthm パッケージが提供する proof 環境が利用できます.

■ amsthm パッケージ

amsthm パッケージを用いると,「証明」の記述をサポートする proof 環境を利用できます. この環境は次の形式で用います. ただし,「[〈見出し〉]」の部分は省略可能で, 省略した場合はコマンド \proofname に保存されている文字列（amsthm パッケージのデフォルトでは「*Proof*」）にピリオドを追加したものが見出しになります.

```
\begin{proof}[〈見出し〉]
〈証明の記述〉
\end{proof}
```

proof 環境の終端には自動的に「証明終わり」を表す記号（amsthm パッケージのデフォルトでは「□」）が置かれます. 証明終わりの記号を変更するには, \qedsymbol というコマンドを再定義します. なお, proof 環境の中で proof 環境を用いても構いません. また, 証明の末尾に箇条書きやディスプレイ数式が置かれるときなどに「証明終わり」の記号の位置を変更する場合は, \qedhere コマンドを用いたところに「証明終わり」の記号が出力されます.

■ proof 環境の使用例（amsmath, amssymb パッケージも併用）

```
\noindent\textgt{命題}\quad
素数$p$と$p$の倍数ではない正整数$a$に対して$a^{p-1} \equiv 1 \pmod{p}$.
\begin{proof}
ここでは, 次の事実を用いる. \par\medskip
\noindent\textgt{事実}\quad $p - 1$個の整数$ka$($1 \leq k \leq p - 1$)の
それぞれを$p$で割ったときの余りには1から$p - 1$が1回ずつ現れる.
\begin{proof}[この事実の証明]
$p - 1$個の整数$ka$($1 \leq k \leq p - 1$)のそれぞれを$p$で割ったときの余りは
相異なり, いずれも0でないことから明白.
\end{proof}
このことから, 次式を得る.
\begin{gather*}
  a\cdot (2a) \dotsm ((p-1) a) \equiv 1\cdot 2\dotsm (p-1) \pmod{p} \\
  \therefore\quad a^{p-1} \equiv 1 \pmod{p}            \tag*{\qedhere}
\end{gather*}%%% ディスプレイ数式では, \qedhere を数式番号扱いにします. ↑
\end{proof}
```

> **命題** 素数 p と p の倍数ではない正整数 a に対して $a^{p-1} \equiv 1 \pmod{p}$.
>
> *Proof.* ここでは，次の事実を用いる．
>
> **事実** $p-1$ 個の整数 ka（$1 \leq k \leq p-1$）のそれぞれを p で割ったときの余りには 1 から $p-1$ が 1 回ずつ現れる．
>
> この事実の証明．$p-1$ 個の整数 ka（$1 \leq k \leq p-1$）のそれぞれを p で割ったときの余りは相異なり，いずれも 0 でないことから明白． □
>
> このことから，次式を得る．
>
> $$a \cdot (2a) \cdots ((p-1)a) \equiv 1 \cdot 2 \cdots (p-1) \pmod{p}$$
> $$\therefore \quad a^{p-1} \equiv 1 \pmod{p}$$
>
> □

なお，数式（文字「\$」で挟まれた部分など）については第 15 章を参照してください．

■ \proofname, \qedsymbol の変更例

```
\renewcommand{\proofname}{\textgt{証明}}
\renewcommand{\qedsymbol}{\mbox{\small （証明終）}}
\begin{proof}
proof環境のサンプル
\end{proof}
```

> **証明**. proof 環境のサンプル （証明終）

なお，\proofname の後に置かれているピリオドを削除するには，\proofname の定義の末尾に \nopunct というコマンドを追加します．今の例でも，\proofname の定義を「\renewcommand {\proofname}{\textgt{証明}\nopunct}」に変更すると，「証明」の後のピリオドが消えます．また，\nopunct は「\begin{proof}[補題の証明 \nopunct]」のように proof 環境のオプション引数で用いても構いません．

▶ 注意 proof 環境の見出し（デフォルトでは「*Proof.*」）の直後で改行するときには，「\begin {proof}\leavevmode\\...」のように明示的に段落を開始してから改行してください．実際，proof 環境や前節で説明した「定理型の環境」は，箇条書きの一種として定義されています（list 環境を簡略化した環境の trivlist 環境を用いています）．そして，「*Proof.*」のような見出しは，実は \item を用いて出力されています．そのため，見出しの直後で改行する場合，基本的にはいったん段落を開始する必要があります． □

6 箇条書き・定理型の環境

6.12 定理型の環境の番号の形式を変更したい

定理型の環境 ⟨envname⟩ の番号の形式を変更するには，基本的には\the⟨envname⟩を
再定義します．

■定理型の環境の番号を数えるカウンタ

定理型の環境を 6.10 節の「独自の番号付けを行う場合」の形式で定義した場合，その定理型
の環境の番号は環境名と同じ名称のカウンタで数えられます．そこで，環境名が ⟨envname⟩ な
ら，コマンド\the⟨envname⟩を再定義すれば番号そのものの形式を変更できます．

```
\documentclass{jarticle}
\newtheorem{Thm}{定理}%%% デフォルトでは，Thm 環境の番号は算用数字で出力
\renewcommand{\theThm}{\Alph{Thm}}%%% 大文字のアルファベットに変更
\newtheorem{Lem}[Thm]{補題}%%% Lem 環境の番号は Thm 環境との通し番号
\begin{document}
\begin{Thm} サンプルです.      \end{Thm}
\begin{Lem} 別のサンプルです. \end{Lem}
\end{document}
```

定理 A サンプルです.

補題 B 別のサンプルです.

■番号の形式の一括変更

定理型の環境の番号のデフォルトの形式は \@thmcounter というコマンドで指定されます．
例えば，このコマンドを次のように再定義すると，定理型の環境の番号のデフォルトの形式
は「大文字のローマ数字」となります．他の形式にするときには，\Roman の部分を \Alph
などのカウンタの出力形式を定めるコマンドに変更します．

```
\renewcommand{\@thmcounter}[1]{\noexpand\Roman{#1}}%%% \noexpand が必要
```

▶ **注意** amsthm パッケージ（6.15 節参照）使用時には，\@thmcounter を再定義しても無視
されることがあります． □

■親カウンタの番号と個々の環境自身の番号との間の区切りの変更

LaTeX のデフォルトでは，定理型の環境の定義の際に \newtheorem の最後のオプション引
数（親カウンタ）を指定すると，その環境の番号は「1.1」のような「親カウンタの番号 ＋

ピリオド ＋ 環境自身の番号」という形式になります．この「ピリオド」の部分を変更するには `\@thmcountersep` というコマンドを再定義するという方法も使えます（もちろん，`\the⟨環境名⟩` を再定義しても構いません）．

■ `\@thmcounter`, `\@thmcountersep` を再定義した例

```
\documentclass{jarticle}
\makeatletter
\renewcommand{\@thmcounter}[1]{\noexpand\Alph{#1}}
\def\@thmcountersep{-}
\makeatother
\newtheorem{Thm}{定理}
\newtheorem{Prop}{命題}[section]
\begin{document}
\section{サンプル}
\begin{Thm} サンプルです. \end{Thm}
\begin{Prop} 別のサンプルです. \end{Prop}
\end{document}
```

1 サンプル

定理 A サンプルです．

命題 1-A 別のサンプルです．

───●コラム● ［定理型の環境と連番にできる対象］───

定理型の環境を次の形式で定義する場合，「⟨カウンタの共有先⟩」としては「定義済みの，別の定理型の環境の名称」を用いる場合を念頭に置いていますが，`\newtheorem` の処理のうえでは「定義済みのカウンタの名称」であればほぼ何でも使えます．

```
\newtheorem{⟨環境名⟩}[⟨カウンタの共有先⟩]{⟨見出し⟩}
```

例えば，次のような定義も（LaTeX 自身が提供する `\newtheorem` の）機能のうえでは可能です．

```
\newtheorem{Prop}[equation]{命題}%%% 数式番号との通し番号に設定
\newtheorem{Def}[subsection]{定義}%%% \subsection との通し番号に設定
```

6　箇条書き・定理型の環境

6.13　定理型の環境の体裁を変更したい (1) —— ユーザー自身で カスタマイズする場合

定理型の環境の体裁の変更には，基本的には \@begintheorem, \@opargbegintheorem を再定義します．

■定理型の環境の開始処理を行うコマンド

定理型の環境の開始処理は，基本的には \@begintheorem および \@opargbegintheorem というコマンドが実行します．それらはファイル latex.ltx において次のように定義されてい て（ただし，定理型の環境の体裁をカスタマイズするパッケージによって再定義されます）．

```
\def\@begintheorem#1#2{%%% #1: 見出し文字列，#2: 番号
   \trivlist
   \item[\hskip \labelsep{\bfseries #1\ #2}]%
   \itshape}%%% この \itshape は定理型の環境の内部での書体の設定
\def\@opargbegintheorem#1#2#3{%% #1: 見出し文字列，#2: 番号，#3: 補足説明
   \trivlist
   \item[\hskip \labelsep{\bfseries #1\ #2\ (#3)}]%
   \itshape}%%% この \itshape は定理型の環境の内部での書体の設定
```

この定義において，引数 #1 は環境の見出し文字列の番号部分以外（\newtheorem での定 義時に与えた見出し文字列），引数 #2 は番号部分，引数 #3 は定理型の環境の開始時に与え たオプション引数（6.10 節参照）です．そこで，この定義の中の「#1」などに適用する書体 変更コマンドやそれらの周囲の文字列を変更すると，定理型の環境の体裁を変更できます．

▶注意　この定義に現れた \trivlist というのは trivlist 環境（list 環境を簡略化したもの）の開 始処理を行うコマンドです．したがって，定理型環境の上下（縦組の場合は左右）の空白量など は 6.7 節で挙げた list 環境のパラメータを用いて変更できます（ただし，trivlist 環境では一部のパ ラメータは用いられません）．例えば，\@begintheorem, \@opargbegintheorem の定義中 の \trivlist の直前に次の記述を追加すると，定理型環境の上下に空白が入らなくなります．

```
\setlength{\topsep}{0pt}%
\setlength{\partopsep}{0pt}%
```

ただし，\topsep などを変更すると「trivlist 環境を用いた環境（center 環境など）」の体 裁に影響するので，もう少し丁寧な処理（例えば，変更前の \topsep などの値を保存し， \@begintheorem などの定義の末尾でそれらの値を復元）を必要とすることもあります．□

202

■体裁の変更例

ここでは，定理型の環境の体裁を次のように変更しています．

- 見出し部分の書体は，和文部分はゴシック体で欧文部分はサンセリフ体
- 定理型の環境の中身の書体は \normalfont（通常の書体）
- 補足説明部分を囲む丸括弧には和文文字を用い，また，補足説明部分とそれを囲む括弧の書体は \normalfont

なお，定義中の「\hskip\labelsep」を削除すると見出し部分が行頭側にはみ出すので，注意してください．

```
\documentclass{jarticle}
\makeatletter
\renewcommand{\@begintheorem}[2]{%%% #1: 見出し文字列，#2: 番号
   \trivlist
   \item[\hskip\labelsep
      {\gtfamily\sffamily%%% 書体を \gtfamily（和文：ゴシック体）と
      #1\ #2}]%%%                \sffamily（欧文：サンセリフ体）に変更
   \normalfont}%%% 定理型の環境の内部では \normalfont
\renewcommand{\@opargbegintheorem}[3]{%
%%% #1: 見出し文字列，#2: 番号，#3: 補足説明
   \trivlist
   \item[\hskip\labelsep
      {\gtfamily\sffamily #1\ #2}%%% 書体変更範囲は #2 まで
      {\normalfont （#3）}]%%% #3を囲む括弧を和文文字に変更し，書体も変更
   \normalfont}%%% 定理型の環境の内部では \normalfont
\makeatother
\newtheorem{Sample}{例}
\begin{document}
\begin{Sample} サンプル（その1） \end{Sample}
\begin{Sample}[コメント] サンプル（その2） \end{Sample}
\end{document}
```

例 1 サンプル（その 1）

例 2（コメント）サンプル（その 2）

▶ 注意　\@begintheorem, \@opargbegintheorem の再定義の際には，\item のオプション引数の中の #1〜#3 は括弧「{」，「}」で囲まれた範囲に入れてください．　　　　　　□

6　箇条書き・定理型の環境

6.14　定理型の環境の体裁を変更したい (2) —— theorem パッケージを用いる場合

theorem パッケージを用いた場合，\theorembodyfont（定理型の環境の本文部分の書体），\theoremheaderfont（見出し部分の書体），\theoremstyle（見出しの形式を指定）を用いて定理型の環境の体裁を変更できます．

■定理型の環境の本文部分・見出しの書体

theorem パッケージ使用時には，定理型の環境の本文部分の書体を設定するコマンドの \theorembodyfont と見出し部分の書体を設定するコマンドの \theoremheaderfont が利用できます．これらは次の形式で用います．ただし，「⟨本文部分の書体⟩」，「⟨見出し部分の書体⟩」には宣言型の書体変更コマンドなどを列挙します．

```
\theorembodyfont{⟨本文部分の書体⟩}
\theoremheaderfont{⟨見出し部分の書体⟩}
```

なお，\theoremheaderfont の指定は，\theorembodyfont の指定に「追加設定」されます．例えば，「\theorembodyfont{\itshape}」で「\theoremheaderfont{\bfseries}」という設定では，見出し部分は「ボールド・イタリック」になります．この場合，見出し部分を直立のボールド体にするには，「\theoremheaderfont{\upshape\bfseries}」くらいの設定を用います（\upshape のところを \normalfont にしても構いません）．

また，\theorembodyfont，\theoremheaderfont はプリアンブルで用い，それらを用いた箇所以降にある \newtheorem で定義した定理型の環境に対して適用されます．ただし，2 回目以降の \theoremheaderfont は無視されます．

▶ 注意　theorem パッケージ使用時には \newtheorem もプリアンブルで用いてください．□

■定理型の環境の見出し・本文部分の書体の変更例

```
\documentclass{article}
\usepackage{theorem}
\theorembodyfont{\itshape}%%%                                    (*)
\theoremheaderfont{\normalfont\bfseries}
\newtheorem{Thm}{Theorem}%%%     (*) の設定が有効（本文部分はイタリック）
\theorembodyfont{\normalfont}%%%                                 (**)
\newtheorem{Def}{Definition}%%%  (**) の設定が有効（本文部分は通常の書体）
\begin{document}
```

```
\begin{Thm} Sample Text \end{Thm}
\begin{Def} Sample Text \end{Def}
\end{document}
```

Theorem 1 *Sample Text*

Definition 1 Sample Text

■定理型の環境の上下の空白量

theorem パッケージ使用時には, 定理型の環境の上下 (縦組の場合は左右) に追加される空白の大きさは \theorempreskipamount (上側に追加される空白量), \theorempostskipamount (下側に追加される空白量) というグルーで与えられます (これらの値は \setlength で変更できます).

■見出し部分の形式の変更

見出し部分の形式 (定理型の環境のスタイル) を変更するには, \theoremstyle というコマンドを「\theoremstyle{⟨スタイル名⟩}」という形式で用います. 次の文書の ⟨style⟩ のところを変化させたときの出力を図 6.2 に挙げます. ただし, \theoremstyle はプリアンブルで用いて, このコマンドの後で用いた \newtheorem で定義した環境に適用されます.

```
\documentclass{article}
\usepackage{theorem} \theoremstyle{⟨style⟩}
\newtheorem{Ex}{Example}%%% ⟨style⟩ スタイルが適用されます.
\begin{document}
\noindent Sample Text
\begin{Ex} Test \end{Ex}
\end{document}
```

Sample Text	Sample Text	Sample Text
Example 1 *Test*	**1 Example** *Test*	**1 Example** *Test*
(a) ⟨style⟩ = plain (デフォルト)	(b) ⟨style⟩ = change	(c) ⟨style⟩ = margin
Sample Text	Sample Text	Sample Text
Example 1	**1 Example**	**1 Example**
Test	*Test*	*Test*
(d) ⟨style⟩ = break	(e) ⟨style⟩ = changebreak	(f) ⟨style⟩ = marginbreak

図 6.2 ● theorem パッケージ使用時の定理型環境のスタイル

205

6 箇条書き・定理型の環境

6.15 定理型の環境の体裁を変更したい (3) —— amsthm パッケージを用いる場合

amsthm パッケージを用いた場合，\theoremstyle コマンドを用いて定理型の環境の「スタイル」を指定できます．

■定理型の環境の見出し部分の体裁に関わるコマンド

amsthm パッケージ使用時には，定理型の環境の見出しの「スタイル」を \theoremstyle コマンドを用いて「\theoremstyle{⟨スタイル名⟩}」の形式で指定できます．あらかじめ用意されているスタイルは「plain」（デフォルトのスタイル），「definition」，「remark」の3種です．また，\swapnumbers というコマンドを用いると，このコマンドの後で用いた \newtheorem で定義された定理型の環境の見出しでは番号部分が先に置かれます．

■定理型環境のスタイルの指定例（\theoremstyle の使用例）

```
\documentclass{article}
\usepackage{amsthm}
\theoremstyle{plain}
\newtheorem{Thm}{Theorem}%% 本文はイタリック体，見出しはボールド体
\theoremstyle{definition}
\newtheorem{Def}{Definition}%% 本文は通常の書体，見出しはボールド体
\theoremstyle{remark}
\newtheorem{Rem}{Remark}%% 本文は通常の書体，見出しはイタリック体
\begin{document}
\begin{Thm} Sample \end{Thm}
\begin{Def} Sample \end{Def}
\begin{Rem} Sample \end{Rem}
\end{document}
```

Theorem 1. *Sample*

Definition 1. Sample

Remark 1. Sample

■ amsthm パッケージ使用時の \newtheorem の拡張機能

amsthm パッケージ使用時には，\newtheorem に「*」を付けて「\newtheorem*{⟨環境名⟩}{⟨見出し⟩}」という形で用いると，「番号なしの定理型の環境」を定義できます．

■ \swapnumbers の使用例，番号なしの定理型の環境の作成例

```
\documentclass{article}
\usepackage{amsthm}
\swapnumbers
\newtheorem{Thm}{Theorem}
\newtheorem*{MainThm}{Main Theorem}%%% 番号なしの定理型の環境
\begin{document}
\begin{Thm} Sample \end{Thm}
\begin{MainThm} Sample \end{MainThm}
\end{document}
```

1 Theorem. *Sample*

Main Theorem. *Sample*

■ 定理型の環境のスタイルの新設・再定義

定理型の環境のスタイルの新設・再定義には，\newtheoremstyle を次の形式で用います．

```
\newtheoremstyle{〈スタイル名〉}{〈環境の上側の空白量〉}{〈環境の下側の空白量〉}
    {〈本文の書体〉}{〈見出しの字下げ量〉}{〈見出しの書体〉}
    {〈見出しの直後に置く文字列〉}{〈見出しの後の空白など〉}{〈見出しの形式〉}
```

ここで，〈スタイル名〉は新設・再定義するスタイルの名称です．〈環境の上側の空白量〉，〈環境の下側の空白量〉（ただし，縦組の場合は「上」が「右」に，「下」が「左」になります）にはグルーを与えますが，空にした場合は amsthm パッケージ側で用意しているデフォルト値が用いられます．〈本文の書体〉，〈見出しの書体〉には宣言型の書体変更コマンドなどを列挙します．〈見出しの字下げ量〉は寸法で与えますが，空にしたときはゼロを指定したものとして扱われます．また，〈見出しの後の空白など〉では基本的には見出し部分の後の空白の大きさを寸法で指定します．ただし，空白文字にしたときには単語間スペースと同じ大きさの空白が用いられ，「\newline」にしたときには見出しの直後で改行します．

〈見出しの形式〉は通常は空にしてください（この引数を正しく指定するには，amsthm パッケージの内部処理をふまえる必要があります）．例えば，theorem パッケージでの「break」スタイル（前節参照）と同様のスタイルは次のように定義できます．

```
\newtheoremstyle{break}{}{}{\itshape}{}{\bfseries}{}{\newline}{}
```

6 箇条書き・定理型の環境

●コラム● ［定理型の環境を枠で囲む場合］

　定理型の環境を枠で囲む簡単な方法としては，次の例のように定理型の環境を別の環境で囲むという方法があります．

```
\documentclass{jarticle}
\usepackage{ascmac}%%% screen 環境（5.8 節参照）のために使用
\newtheorem{ex}{例}
\newenvironment{Ex}{\begin{screen}\begin{ex}}{\end{ex}\end{screen}}
\begin{document}
\begin{Ex} サンプルです． \end{Ex}
\end{document}
```

> **例 1** サンプルです．

　ただし，この場合は本文中で実際に用いる環境の名称（Ex）と環境の番号を実際に数えているカウンタの名称（ex）が異なることに注意が必要です．

　さらに複雑な枠の付け方をする場合は，次の例のように環境全体を直接定義したほうがよい場合もあります．

```
\documentclass{jarticle}
\usepackage{ascmac}%%% itembox 環境（5.8 節参照）のために使用
\newcounter{Ex}%%% 環境の番号付け用のカウンタを準備
\newenvironment{Ex}{\refstepcounter{Ex}%%% カウンタ Ex を更新
    \begin{itembox}[l]{\textbf{例\theEx}}%
    \setlength{\parindent}{1zw}}%
   {\end{itembox}}
\begin{document}
\begin{Ex} サンプルです． \end{Ex}
\end{document}
```

> **例 1**
> サンプルです．

　なお，ntheorem パッケージを用いると，「枠付きの定理型の環境の作成」，「定理型の環境の終端に記号を配置」といった処理がサポートされます．ただし，一部の処理を用いた場合日本語文書との相性が悪くなる（例えば，定理型の環境の末尾が和文文字なら，その後に「\␣」などを置く必要が生じる）ので，注意が必要です．

7: 各種の注釈

7.1	脚注を記述したい	210
7.2	脚注記号の体裁を変更したい	212
7.3	脚注テキストの体裁を変更したい	214
7.4	脚注と本文部分との区切り部分を変更したい	216
7.5	脚注番号をページごとにリセットしたい	218
7.6	2 段組文書での脚注を右段に集めたい	220
7.7	2 段組（多段組）文書に 1 段組の脚注を入れたい	222
7.8	1 段組の文書で脚注のみ 2 段組（多段組）にしたい	224
7.9	傍注を記述したい	226
7.10	傍注の体裁を変更したい	228
7.11	傍注を「逆サイド」の余白に出力したい	230
7.12	後注を記述したい	232
7.13	表に注釈を付けたい	234

7 各種の注釈

7.1 脚注を記述したい

> 脚注は \footnote コマンドで作成できます．また，\footnotemark，\footnotetext
> の各コマンドを用いると脚注記号と脚注テキストを個別に設定できます．

■脚注を作成するコマンド

脚注の作成には \footnote コマンドが利用できます．ただし，\parbox コマンド（5.5 節
参照）で整形したテキストや表（第 8 章参照）のような \footnote コマンドが使えない箇所
もあるので，\footnotemark，\footnotetext というコマンドを用いて脚注記号と脚注テ
キストを個別に設定できるようにもなっています．これらのコマンドは次の形式で用います．

- 脚注を記述：\footnote[〈番号〉]{〈脚注テキスト〉}
- 脚注記号のみを出力：\footnotemark[〈番号〉]
- 脚注テキストを設定：\footnotetext[〈番号〉]{〈脚注テキスト〉}

なお，「〈番号〉」は「脚注記号に対応する整数」です（脚注記号そのものとは限りません）．
例えば，脚注記号が「イタリック体の小文字アルファベット」のときに脚注記号を「c」にする
には，それに対応する番号の「3」を指定して「\footnote[3]{...}」と記述します．また，
「[〈番号〉]」の部分は省略可能で，省略すると \footnote と \footnotemark は脚注の番号
を更新したうえで脚注記号を付けますが，\footnotetext は脚注の番号を**更新しません**．

▶ 注意　縦組文書では，\footnote による注釈は各ページの末尾（左端）に置かれます．縦組
文書でページ下部に注釈を置くには，傍注（7.9 節参照）の仕組みを利用します．　　　　□

■脚注の例

```
これは，脚注\footnote{脚注です．}の例です．
\fbox{枠の中など\footnotemark のページ分割できない箇所\footnotemark}では
\footnotetext[2]{2番目の脚注．}\footnotetext[3]{3番目の脚注．}%
脚注記号\footnote[10]{番号10の脚注．}%
と脚注テキストを個別に与えます\footnote{最後の脚注．}．
```

●本文部分

これは，脚注 [1] の例です．枠の中など [2] のページ分割できない箇所 [3] では
脚注記号 [10] と脚注テキストを個別に与えます [4]．

●脚注部分

---
[1] 脚注です.
[2] 2番目の脚注.
[3] 3番目の脚注.
[10] 番号 10 の脚注.
[4] 最後の脚注.

この例では，2箇所の \footnotetext のオプション引数を省略すると，2番目と3番目の脚注テキストの番号がともに「3」となることも確認するとよいでしょう．また，脚注番号はオプション引数付きの \footnote を無視して数えます．実際，この例の最後の脚注の番号は，その直前の「\footnote[10]{...}」を無視して数えた「4」になります．脚注の開始番号を変更するには，脚注番号を数えているカウンタ（minipage 環境の外部の脚注に対しては footnote，minipage 環境の中の脚注に対しては mpfootnote）の値を設定してください．

■ minipage 環境の中の「脚注」

minipage 環境の中の \footnote と \footnotetext は「minipage 環境用の注釈」を作成します．それらは minipage 環境の中ではほぼすべての箇所で使えます．一方，\footnotemark は常に minipage 環境の外部での形式で脚注記号を出力します（これは minipage 環境の中身に minipage 環境の外部から脚注を付ける場合に用います）．

```
minipage環境での脚注\footnote{minipage環境の外部の脚注です. }の例です.
\begin{minipage}{10zw}
  局所的な注釈\footnote{局所的な注釈です. }が使えます\footnotemark{}.
\end{minipage}%
\footnotetext{この脚注に対応する脚注記号はminipage環境の中にあります. }
```

●本文部分

　　　　　　　　　　　　　　　　局所的な注釈 [a] が使え
minipage 環境での脚注 [1] の例です．　ます [2]．
　　　　　　　　　　　　　　　　―――――――
　　　　　　　　　　　　　　　　[a] 局所的な注釈です.

●脚注部分

---
[1] minipage 環境の外部の脚注です.
[2] この脚注に対応する脚注記号は minipage 環境の中にあります.

7　各種の注釈

7.2　脚注記号の体裁を変更したい

脚注記号そのものは \thefootnote, \thempfootnote で与えられます．また，脚注記号部分の体裁は \@makefnmark で与えられます．

■脚注の番号を数えるカウンタ

minipage 環境の外部での脚注の番号は footnote というカウンタで数えられています．また，minipage 環境内の「脚注」の番号は mpfootnote というカウンタで数えられています．そこで，これらのカウンタの値を文字列化して出力するコマンドの \thefootnote または \thempfootnote を再定義すると，脚注記号そのものの形式を変更できます．例えば，「\renewcommand{\thefootnote}{\roman{footnote}}」のように \thefootnote を再定義すると，minipage 環境の外部での脚注の番号は小文字のローマ数字となります（カウンタの出力形式については，第 1 章の末尾のコラムなどを参照してください）．

■脚注記号を整形するコマンド

脚注記号には \thefootnote などをそのまま用いるのではなく，それらを \@makefnmark というコマンドで整形したものを用います．この \@makefnmark は，LaTeX のデフォルトでは次のように定義されています（個々のクラスファイルなどで再定義されることもあります）．なお，\@makefnmark は，通常 minipage 環境の内外の脚注に共通に用いられます．

```
\def\@makefnmark{\hbox{\@textsuperscript{\normalfont\@thefnmark}}}
```

ここに現れた \@thefnmark は，「現在の脚注記号」（\thefootnote などを文字列化したもの）を与えるコマンドです．また，\@textsuperscript は \textsuperscript（4.5 節参照）の内部で文字列を実際に上付きにする処理を行うコマンドです．\@textsuperscript の引数には概ね上付きにする文字列を用いますが，引数の先頭に書体変更コマンドなどの \selectfont を実行するコマンドを入れる必要があります．

■脚注記号の形式の変更例（出力例は 2 回以上タイプセットを繰り返した後の状態）

```
\documentclass{jarticle}
\begin{document}
脚注記号の形式の変更例\footnote{脚注です．}です．

\setcounter{footnote}{0}%%% 脚注番号のリセット
\renewcommand{\thefootnote}{\alph{footnote}}%%% 小文字アルファベット
```

```
脚注記号の形式の変更例\footnote{脚注です. }です.

\setcounter{footnote}{0}%%% 脚注番号のリセット
\renewcommand{\thefootnote}{\roman{footnote}}%%% 小文字ローマ数字
\makeatletter
%%% 脚注記号に「*」を前置
\renewcommand{\@makefnmark}{%
    \@textsuperscript{\normalfont \textasteriskcentered\@thefnmark}}
\makeatother
脚注記号の形式の変更例%
\footnote{脚注です. \label{fn:sample}}です（脚注\ref{fn:sample}参照）.
%%% \label, \ref は相互参照に用いるコマンド（11.1 節参照）
\end{document}
```

● **本文部分**

脚注記号の形式の変更例 [1] です.

脚注記号の形式の変更例 [a] です.

脚注記号の形式の変更例 *[i] です（脚注 i 参照）.

● **脚注部分**

[1] 脚注です.

[a] 脚注です.

*[i] 脚注です.

■ \thefootnote などと \@makefnmark の使い分け

脚注記号の形式は \thefootnote（または \thempfootnote）と \@makefnmark の組み合わせで決まりますが, それらの使い分けについては, \thefootnote（または \thempfootnote）は「相互参照（第 11 章参照）の際にも用いる部分」にする一方, \@makefnmark には「\thefootnote などに対する装飾部分」を指定します. 例えば, 先の例の脚注記号を「*i」という「*」付きの形式にした場合では,「脚注番号の相互参照の際には単に『i』の部分のみを取得する」という意図で \thefootnote の定義には \textasteriskcentered を含めていません.

▶ 注意　本文中の脚注記号は「[1)]」のように上付きにする一方, 脚注テキストでは単に「1) この注では……」のように通常の文字サイズで出力するという具合に本文部分と脚注部分とで脚注記号の形式を変えるには, 脚注テキストの体裁も変更します（次節参照）.　　　　　□

7　各種の注釈

7.3　脚注テキストの体裁を変更したい

> 脚注テキストの体裁を変更するには，基本的には \@makefntext を再定義します．また，footmisc パッケージなども利用できます．

■脚注テキストの体裁に関わるコマンド

脚注テキストは \@makefntext というコマンドで整形されます．一般にこのコマンドは個々のクラスファイルで定義されていて（ただし，脚注に関係するパッケージによって再定義されることもあります），例えば，ファイル jarticle.cls での定義は次のようになっています．

```
\newcommand\@makefntext[1]{\parindent 1em
  \noindent\hb@xt@ 1.8em{\hss\@makefnmark}#1}
```

\@makefntext の引数には脚注テキストが与えられるものとして定義されているので，脚注テキスト（#1）の部分に適用する書体などを変更すれば，脚注テキストの体裁を変更できます．なお，\@makefntext も通常は minipage 環境の内外の脚注に共通に用いられます．

▶ 注意　脚注テキストでの文字サイズは \@footnotetext，\@mpfootnotetext（それらは \footnote などの内部処理に現れ，\@makefntext を呼び出します）によって \footnotesize に設定されます．なお，\@makefntext の定義中で別のサイズを指定する場合には，寸法 \footnotesep（ある脚注とその次の脚注が近づきすぎないように加えられる支柱の高さ）も適宜変更してください（通常は脚注における行送りの 0.7 倍にします）．　　　　　　□

■ \@makefntext の再定義例

```
\documentclass{jarticle}
\begin{document}%%% 次の3行は比較用の記述
脚注テキストの形式の変更例%
\footnote{脚注テキストの体裁は\texttt{\symbol{92}@makefntext}で定められます.
    複数行にわたるような長い脚注はこの例のように出力されます. }です.

\makeatletter%%% ↓脚注番号に丸括弧を付加（相互参照時にも丸括弧付きでよい場合）
\renewcommand{\thefootnote}{\arabic{footnote})}
\renewcommand\@makefntext[1]{\parindent 1zw
    \leftskip=2zw %%% 行頭側の字下げ量を設定
    \noindent\llap{\@thefnmark\ }#1}%%% 脚注記号を上付きにせずに出力
\makeatother
脚注テキストの形式の変更例%
\footnote{脚注テキストの体裁は\texttt{\symbol{92}@makefntext}で定められます.
```

```
    複数行にわたるような長い脚注はこの例のように出力されます. }です.
\end{document}
```

●本文部分

脚注テキストの形式の変更例 [1] です.
脚注テキストの形式の変更例 [2)] です.

●脚注部分

---
   [1] 脚注テキストの体裁は \@makefntext で定められます. 複数行にわたるような長い脚注はこの例のように出力されます.
   2) 脚注テキストの体裁は \@makefntext で定められます. 複数行にわたるような長い脚注はこの例のように出力されます.

■ footmisc パッケージ

　脚注の体裁を変更するパッケージとして有名なもののひとつに footmisc パッケージがあります. このパッケージを用いる場合, 基本的には「\usepackage[hang]{footmisc}」(脚注テキストの 2 行目以降を字下げする場合) のようにカスタマイズ内容に応じたオプション (表 7.1 参照) を指定して読み込みます (次節のコラムも参照するとよいでしょう).

▶ 注意　脚注の体裁のカスタマイズ用のパッケージの多くはオリジナルの LaTeX に基づいています. pLaTeX の場合にも横組の文書では問題なく使えることも多いのですが, 問題が生じるようなら \@makefntext をユーザー自身で再定義するといった手段を検討してください. □

表 7.1 ● footmisc パッケージに対する主なオプション

オプション	意味	オプション	意味
perpage	脚注番号をページごとにリセット	marginal	脚注記号を行頭側にはみ出させて出力 [注3]
para	複数の脚注を連結して 1 段落にして出力	flushmargin	脚注記号を行頭側にはみ出させて出力 [注3]
bottom	脚注をページ下部の図版の下側に配置 [注1]	norule	本文部分と脚注部分の間の罫線を消去
side	\footnote による注釈を傍注化	splitrule	2 ページにわたる脚注の 2 ページ目の部分と本文部分の間に特別な罫線を使用
hang	脚注テキストの 2 行目以降を字下げ		
ragged	脚注テキストの行末を揃えずに出力	stable	\footnote コマンドを動く引数 (2.1 節参照) の中で使えるように設定
symbol	脚注記号を「＊」などの記号で出力		
symbol*	脚注記号を「＊」などの記号で出力 [注2]	multiple	2 個以上の脚注が連続するときに, 脚注記号間にコンマを挿入 [注4]

注 1：pLaTeX ではもともと脚注をページ下部の図版の下側に配置しますが, 併用するオプションによっては bottom オプションも必要になることがあります. また, このオプションを用いると図版の配置が変わることがあります. 注 2：perpage オプションを併用する場合には symbol* オプションのほうが安全です.
注 3：marginal と flushmargin とでは脚注記号部分の体裁が異なります.
注 4：LaTeX 文書側の記述では, 連続する脚注の間には何も入れません (空白が入ってもいけません).

215

7　各種の注釈

7.4　脚注と本文部分との区切り部分を変更したい

脚注と本文部分を区切る罫線は \footnoterule コマンドが作成します．また，脚注部分と本文部分との間隔は \skip\footins という寸法で与えられます．

■脚注部分と本文部分の間の罫線

本文と脚注を区切る罫線は \footnoterule コマンドが作成します．これは LaTeX 自身で定義されていますが，各種のクラスファイルやパッケージで再定義されることもあります．例えば，ファイル jarticle.cls では次のように再定義されています（コメントは筆者によります）．

```
\renewcommand{\footnoterule}{%
    \kern-3\p@%% 罫線の前に 3pt 戻る（\kern は空白を作成するコマンド）
    \hrule width .4\columnwidth
    \kern 2.6\p@}%% 罫線の後に 2.6pt の空白を追加
```

ここに現れた \hrule は罫線を作成するコマンドで，「width .4\columnwidth」というのは「罫線の幅（width）は 1 段の幅（\columnwidth）の 0.4 倍」ということです．罫線の高さ（height）と深さ（depth）を指定しないときには，デフォルト値（height は 0.4pt，depth は 0pt）が用いられます．また，color パッケージ使用時には，\color コマンド（3.13 節参照）を用いて罫線の色を変更できます．なお，\footnoterule の再定義の際は「\footnoterule が作成するものの高さ」をゼロにしてください．例えば，jarticle.cls における定義では −3pt 移動した後に高さ 0.4pt の罫線と 2.6pt の空白を追加して高さの合計はゼロになっています．

■ \footnoterule の再定義例（出力例では本文部分は省略）

```
\documentclass{jarticle}
\usepackage[dvips]{color}%%% オプションは 3.13 節参照
\renewcommand{\footnoterule}{%
    \kern-1.25mm %%% \footnoterule 全体の高さがゼロになるように調整
    %%% 罫線の色は 60% のグレー，長さは 1 段の幅の 1/2，太さは 0.25mm
    {\color[gray]{.4}\hrule width .5\columnwidth height .25mm}%
    \kern1mm}%%% 罫線と脚注の間に 1mm の空白を追加
\begin{document}
これは，脚注\footnote{これは，脚注です．}を含む文書の例です．
\end{document}
```

---

　　　[1] これは，脚注です．

■脚注部分と本文部分との間隔

脚注部分と本文部分との間隔の大きさは \skip\footins というグルーで指定されます（「\skip\footins」でひとつのグルーです）．これは，次のように \setlength を用いて変更できます（「10mm plus 2mm」は値の一例で，もちろんほかの値でも構いません）．

```
\setlength{\skip\footins}{10mm plus 2mm}
```

また，一般には，「脚注部分の高さと『脚注と本文の間の空白量』の合計」が「整数行分の高さ」になるとは限らないといった理由により，ページの中身の高さを版面（テキスト領域）の高さに合わせるための調整が脚注と本文の間で行われることがあります．そこで，\skip\footins の値には伸縮度を設定するとよいでしょう．なお，これと同じ理由で，脚注部分と本文部分との実際の間隔は \skip\footins の値（の自然な長さ）になるとは限りません．

●コラム● [footmisc パッケージが提供するカスタマイズ用コマンド]

footmisc パッケージでは，パッケージのオプション指定のほかにもいくつかのコマンド・パラメータを用いて脚注の体裁をカスタマイズできるようになっています．ここでは，それらのコマンド・パラメータのうちのいくつかを紹介します．

- \footnotemargin：hang オプション指定時の脚注テキストの字下げ量などに用いられる寸法（\setlength で設定可能）
- \pagefootnoterule, \splitfootnoterule：splitrule オプション指定時の脚注と本文との区切り．\pagefootnoterule は通常の脚注用の区切りで，\splitfootnoterule は 2 ページにわたる脚注の 2 ページ目の部分に用いるもの（\footnoterule と同様に \renewcommand で再定義可能）
- \multfootsep：multiple オプション指定時の脚注記号間の区切り（\renewcommand で再定義可能）
- \DefineFNsymbols, \setfnsymbol：symbol, symbol* オプション使用時の「脚注記号のセット」を設定・使用するコマンド

\DefineFNsymbols の書式やここでは触れなかったコマンドなどの footmisc パッケージの機能の詳細については，マニュアル（footmisc.pdf）を参照してください．なお，古い版の LaTeX では footmisc パッケージを読み込んだときに，「! Package footmisc Error: Can't define commands for footnote symbol.」というエラーが生じることがあります．そのような場合は，（LaTeX システム全体を更新するか）footmisc パッケージを読み込む前に fixltx2e パッケージも読み込んでください．

7.4　脚注と本文部分との区切り部分を変更したい

217

7 各種の注釈

7.5 脚注番号をページごとにリセットしたい

footnpag パッケージや footmisc パッケージを用いると，脚注番号をページごとにリセットできます．

■「脚注番号のページごとのリセット」を行うパッケージ

脚注番号のページごとのリセットという処理は footnpag パッケージや footmisc パッケージ（perpage オプション指定時，7.3 節参照）によって実現されます．

■ footnpag パッケージの使用例

```
\documentclass{jarticle}
%%% 次の2行は版面（テキスト領域）の高さを4行分にする設定（1.5節参照）
\setlength{\textheight}{\topskip}
\addtolength{\textheight}{3\baselineskip}
\usepackage{footnpag}
\begin{document}
これは，脚注番号をページごとにリセットする実験\footnote{脚注その1}です．
これは，脚注番号をページごとにリセットする実験\footnote{脚注その2}です．
これは，脚注番号をページごとにリセットする実験\footnote{脚注その3}です．
\end{document}
```

● 1 回目のタイプセット時の 1 ページ目

これは，脚注番号をページごとにリセットする実験[0]です．これは，脚注番号をページごとにリセットする実験[0]です．これは，脚注番号をページごとに
***
[0] 脚注その 1
[0] 脚注その 2

1

● 1 回目のタイプセット時の 2 ページ目

リセットする実験[0]です．

***
[0] 脚注その 3

2

218

● 2 回目以降のタイプセット時の 1 ページ目

> これは，脚注番号をページごとにリセットする実験 [1] です．これは，脚注番
> 号をページごとにリセットする実験 [2] です．これは，脚注番号をページごとに
>
> ──────────────
> [1] 脚注その 1
> [2] 脚注その 2
>
> 1

● 2 回目以降のタイプセット時の 2 ページ目

> リセットする実験 [1] です．
>
>
> ──────────────
> [1] 脚注その 3
>
> 2

　この例に見られるように，1 回目のタイプセット時には脚注番号が正しくありません．この例は footnpag パッケージの場合ですが，footmisc パッケージの perpage オプション指定の場合でも「最初は脚注番号を文書全体にわたる通し番号にする」という具合にいったん「仮の番号」で出力します．これは，個々のページの脚注番号を相互参照（第 11 章参照）と類似の処理を用いて設定していることによります．したがって，脚注番号を正しく出力するためには，通常は複数回のタイプセット処理を必要とします（相互参照の場合と同様です）．

▶ 注意　footnpag パッケージは脚注番号に関する情報を，拡張子が「.fot」のファイルに出力します（ファイル ⟨filename⟩.tex をタイプセットしたときには，ファイル ⟨filename⟩.fot が作成されます）．そのファイルを不用意に削除しないように注意してください．一方，footmisc パッケージは脚注番号に関する情報も aux ファイルに出力します．　　　□

注意　一般に，あるカウンタ ⟨subcounter⟩ を別のカウンタ ⟨counter⟩ に従属させる（カウンタ ⟨counter⟩ の値が \stepcounter, \refstepcounter によって増加する際にカウンタ ⟨subcounter⟩ の値を 0 にリセットするように設定する）には \@addtoreset というコマンドを「\@addtoreset{⟨subcounter⟩}{⟨counter⟩}」のように用いるという方法が知られています．しかし，「脚注番号のページごとのリセット」の場合は「\@addtoreset{footnote}{page}」という設定を用いてもうまくいきません．これは「ページ分割処理のタイミング」に由来する問題で，何らかのカウンタをページごとにリセットするという処理を正しく行うには何らかの形で「相互参照」と同様の処理を行う必要があります．　　　□

7　各種の注釈

7.6　2段組文書での脚注を右段に集めたい

2段組時に ftnright パッケージを用いると，脚注を右段に集めることができます．

■ ftnright パッケージ

LaTeX のデフォルトでは，2段組の文書中の脚注は個々の段の下部に出力されます．一方，2段組の文書で ftnright パッケージを用いると，ひとつのページにある脚注をすべて2段目に集めることができます．ただし，ftnright パッケージ使用時に「脚注を含むような1段組のページ」が存在するとエラーが生じます．特に，ftnright パッケージは multicol パッケージとは併用できません．実際，multicol パッケージの機能で多段組にした文書は脚注の処理に関しては1段組の文書と同じです（1.8節あるいは7.7節を参照してください）．

■ ftnright パッケージの使用例

```
\documentclass[twocolumn]{jarticle}
\usepackage{ftnright}
\begin{document}
これは，脚注を右段に集める実験\footnote{脚注その1}です．
これは，脚注を右段に集める実験\footnote{脚注その2}です．
これは，脚注を右段に集める実験\footnote{脚注その3}です．
\end{document}
```

これは，脚注を右段に集める実験[1]です．これは，脚注を右段に集める実験[2]です．これは，脚注を右段に集める実験[3]です．

　　1. 脚注その1
　　2. 脚注その2
　　3. 脚注その3

1

■ ftnright パッケージ使用時の注意点

先の出力例のように，単に ftnright パッケージを用いるだけでは，脚注が2段目に集められるだけではなく，脚注テキスト部分の体裁が ftnright パッケージを使用しないときとは変わります．これは，ftnright パッケージが \@makefntext（7.3節参照）と \footnoterule（7.4節参照）を再定義することによります．そこで，次の例のように \@makefntext などの定義を保存・復元すれば，単純に脚注を2段目に集めることができます．なお，ftnright

パッケージ使用時には，\footnotesep（ある脚注とその次の脚注が近づきすぎないように加えられる支柱の高さ）も \begin{document} の時点で変更されます．そこで，必要に応じて \begin{document} の直後で \footnotesep を再設定するとよいでしょう．

```
\documentclass[twocolumn]{jarticle}
\makeatletter%%% \@makefntext, \footnoterule の保存
\let\original@@makefntext\@makefntext
\let\original@footnoterule\footnoterule
\makeatother
\usepackage{ftnright}
\makeatletter%%% \@makefntext, \footnoterule の復元
\let\@makefntext\original@@makefntext
\let\footnoterule\original@footnoterule
\makeatother
\begin{document}
これは，脚注を右段に集める実験\footnote{脚注その1}です．
これは，脚注を右段に集める実験\footnote{脚注その2}です．
これは，脚注を右段に集める実験\footnote{脚注その3}です．
\end{document}
```

これは，脚注を右段に集める実験[1]です．これは，脚注を右段に集める実験[2]です．これは，脚注を右段に集める実験[3]です．

〰〰〰〰〰〰〰〰〰〰〰〰〰〰〰〰〰〰〰〰〰〰〰〰〰〰〰〰〰〰〰

────────────
[1] 脚注その 1
[2] 脚注その 2
[3] 脚注その 3

1

▶ 注意 ftnright パッケージ使用時には，脚注を含むページの右段の下部に配置したフロート（figure 環境，table 環境などで配置される対象）は脚注の下側に置かれます．これは，ftnright パッケージがオリジナルの LaTeX に基づいていることによります（オリジナルの LaTeX ではページ下部のフロートを脚注の下側に置きます）．これを pLaTeX での処理のように脚注をページ下部のフロートの下側に置くようにするには，次のような方法が知られています．

- ftnright パッケージの使用を取り止めて \footnotemark と \footnotetext を用いて脚注記号と脚注テキストを手動で配置

- \@makecol などの内部コマンドを ftnright パッケージと pLaTeX のそれぞれでの処理を考慮して再定義（本章の末尾のコラムを参照してください）　　　□

7　各種の注釈

7.7　2段組（多段組）文書に1段組の脚注を入れたい

multicol パッケージを用いて2段組にすると，脚注は1段組になります．また，フロートを流用するといった方法も知られています．

■ multicol パッケージ使用時の脚注

2段組の文書に1段組の脚注を入れるには，次の例のように multicol パッケージを用いて2段組にするという方法が使えます．逆に，LaTeX のデフォルトの脚注のように2段組の文書の脚注を個々の段の下部に置く場合，基本的には multicol パッケージは使えません．

```
\documentclass{jarticle}
\usepackage{multicol}
\begin{document}
\begin{multicols}{2}
これは，2段組の文書に1段組の脚注を入れる実験です%
\footnote{これは，2段組の文書の中で用いた1段組の脚注のサンプルです．}.
これは，2段組の文書に1段組の脚注\footnote{脚注です．}を入れる実験です．
\end{multicols}
\end{document}
```

これは，2段組の文書に1段組の脚　組の文書に1段組の脚注[2]を入れる実
注を入れる実験です[1]．これは，2段　験です．

---
[1] これは，2段組の文書の中で用いた1段組の脚注のサンプルです．
[2] 脚注です．

■ nidanfloat パッケージを用いる方法

nidanfloat パッケージ（pLaTeX に付随）は「2段組の文書内のページ幅のフロート（figure 環境などで配置される対象）のページ下部への配置」を実現します（10.4 節参照）．そこで，「脚注テキストを収めたページ幅のフロート」をこのパッケージを用いてページ下部に配置すると，次の例のように「2段組の文書での1段組の脚注」であるかのような出力が得られます．

```
\documentclass[twocolumn]{jarticle}
\usepackage{nidanfloat}
\begin{document}
これは，2段組の文書に1段組の脚注\footnotemark{}を入れる実験です．
```

```
これは，2段組の文書に1段組の脚注\footnotemark{}を入れる実験です．

\begin{figure*}[b]%%% figure* 環境はページ幅のフロートの一種（10.3 節参照）
\footnoterule \footnotesize
\noindent \makebox[2zw][r]{\textsuperscript{1}}%
これは，2段組の文書の中で用いた1段組の脚注のサンプルです．\par
\noindent \makebox[2zw][r]{\textsuperscript{2}}脚注です．
\end{figure*}
\end{document}
```

これは，2段組の文書に1段組の脚注[1] を入れる実
験です．これは，2段組の文書に1段組の脚注[2] を入
れる実験です．

〜〜〜〜〜〜〜〜〜〜〜〜〜〜〜〜〜〜〜〜〜〜〜〜〜〜〜〜〜〜〜〜〜〜〜〜〜〜

[1] これは，2段組の文書の中で用いた1段組の脚注のサンプルです．
[2] 脚注です．

1

▶ **注意** nidanfloat パッケージを使わない場合は，各ページの左段の中で

```
\begin{figure}[b]
  \hbox to0pt{\parbox{\textwidth}{%
    \footnoterule\footnotesize 〈脚注テキスト〉}\hss}
\end{figure}
```

のような形で脚注テキストを配置し，右段の中で

```
\begin{figure}[b] \vspace{〈左段に置いた脚注テキストの高さ〉} \end{figure}
```

のような形で脚注が入るスペースを確保するという方法が知られています．　　　　　□

■ 1-in-2 パッケージ

「2 段組文書に 1 段組の脚注を入れる」という処理に関して以前より知られているものに，
1-in-2 パッケージ（岩熊哲夫氏のサイトより入手可能）があります．これを LaTeX 2_ε 文書で
用いる場合，プリアンブルで単に「\usepackage{1-in-2}」のように読み込みます．1-in-2
パッケージでは，1 段組（ページ幅）の脚注を作成する \mathfootnote コマンドを提供す
るほか，\thanks コマンド（1.11 節参照）による注釈を 1 段組（ページ幅）の脚注にするな
どの機能を提供しています．機能の詳細については，ファイル 1-in-2.sty 自身の末尾にある
サンプル文書を参照してください．

7　各種の注釈

7.8　1段組の文書で脚注のみ2段組（多段組）にしたい

> 一般論としては，脚注部分を N 段にする場合，\@footnotetext を再定義して脚注テキストの幅を N 段組時の幅にする一方で，ページ出力時に1ページ分の脚注を N 分割して並べます．なお，2段組にする場合については stdfn パッケージが知られています．

■ 1段組の文書で脚注のみ多段組にする処理の方針

脚注のみ多段組にするには，原理的には次の3種類の作業を行います．

- \@footnotetext を再定義して，行長（\hsize）を「多段組時の幅」にします．
- 各ページの中身を作成する処理（\@makecol，\@makespecialcolbox）に手を加えて，「脚注部分を等分して横に並べる」処理を導入します．
- 脚注領域の大きさの管理に関わるパラメータ（\count\footins，\dimen\footins）を再設定します．具体的には，脚注部分を N 段組にするときには \count\footins を $1000/N$（の小数点以下を丸めた整数値）にし，\dimen\footins を「脚注も1段組であるときの値」の N 倍にします．

これらの作業のうちの第2点については LaTeX でのプログラミングに関する詳しい知識を必要とするので，本書ではこれ以上深入りしません．興味がある読者は『The TeXbook』（特に，第15章および第23章）などを参照してください．

なお，脚注部分を2段組にする場合については乙部厳己氏による stdfn パッケージ（同氏によるクラスファイル explan.cls とともに配布され，このクラスファイルの中で読み込まれています）がほぼそのまま利用できます．

■ stdfn パッケージの使用例

```
\documentclass{jarticle}
%%% 次の4行は stdfn パッケージを一般のクラスファイルと組み合わせるための細工
\makeatletter
{\footnotesize \xdef\footnotefontsize{\f@size pt}}%
\let\@makefntext\relax
\makeatother
\usepackage{stdfn}
\begin{document}
これは，1段組の文書に2段組の脚注%
\footnote{これは，1段組の文書の中で用いた2段組の脚注のサンプルです．
    脚注部分を複数段に分割する処理には既存のパッケージを利用しています．}%
を入れる実験です．
```

```
これは，1段組の文書に2段組の脚注%
\footnote{1段組の文書の中で用いた2段組の脚注の例です．}%
を入れる実験です．
\end{document}
```

　これは，1段組の文書に2段組の脚注 [1] を入れる実験です．これは，1段組の文書に2段組の脚注 [2] を入れる実験です．

---

[1] これは，1段組の文書の中で用いた2段組　　　用しています．
　の脚注のサンプルです．脚注部分を複数段　[2] 1段組の文書の中で用いた2段組の脚注の
　に分割する処理には既存のパッケージを利　　　例です．

1

この例では，stdfn パッケージを読み込む前に細工をしていますが，それは次の2点です．

- stdfn パッケージが必要とする \footnotefontsize（\footnotesize における文字サイズ）の用意
- \@makefntext を「定義されていない」ことにする処置

　この2点を押さえておけば，stdfn パッケージをほかのクラスファイル・パッケージに組み込んで用いることもできるでしょう．なお，\footnotefontsize は，「\newcommand{\footnotefontsize}{8pt}」のように直接定義して構いません．

　なお，先の出力例からわかるように stdfn パッケージでは \footnoterule（脚注部分と本文部分とを区切る罫線），\@makefnmark（脚注記号の形式）などを再定義しています．必要に応じて 7.2 節あるいは 7.4 節などを参照して体裁を変更してください．さらに，stdfn パッケージ使用時には脚注番号が \section ごとにリセットされます．それが問題になる場合には，ファイル stdfn.sty の別名コピーを用意し，そのコピーから「\@addtoreset{footnote}{section}」という記述を削除したものを読み込むとよいでしょう．

■ LaTeX があらかじめ提供しているコマンドのみを用いる場合

　ユーザー自身が定義したコマンドや各種のパッケージを用いずに「脚注のみを多段組にする」という処理を行うには，例えば，「1 ページ分の脚注テキストを \parbox コマンドなどを用いて 2 段組（多段組）に見えるように整形したもの」をフロートを流用して配置するといった方法が使えます（前節の例と同様です）．

225

7 各種の注釈

7.9 傍注を記述したい

傍注を作成するには \marginpar コマンドが利用できます.

■ \marginpar コマンド

傍注を作成するには基本的には \marginpar コマンドを次の形式で用います. ただし,「[〈左余白用傍注テキスト〉]」(省略可能)を与えた場合は,傍注が実際に出力される位置が左右どちらの余白であるかに応じて〈左余白用傍注テキスト〉と〈右余白用傍注テキスト〉のうちの適切なほうが選択されて用いられます(左右の余白の両方にそれぞれの傍注テキストが出力されるわけではありません). なお,「右余白」,「左余白」というのは横組の場合で,縦組時にはそれぞれ「下余白」,「上余白」になります.

```
\marginpar{〈傍注テキスト〉}
\marginpar[〈左余白用傍注テキスト〉]{〈右余白用傍注テキスト〉}
```

■傍注が出力される余白

\marginpar コマンドによる傍注がどちらの余白に出力されるかは,次のように決まります.

- 2 段組の文書の場合:左段で用いた傍注は左余白に,右段で用いた傍注は右余白に出力されます(ただし,pLATEX の縦組用文書クラスを用いている場合は,「右」,「左」の代わりに「下」,「上」になります).
- 1 段組の文書の場合:oneside クラスオプション(jarticle などの文書クラスでのデフォルト)適用時には,通常,各ページの右余白に出力されます. twoside クラスオプション(jbook などの文書クラスでのデフォルト)適用時には,通常,奇数ページでは右余白に,偶数ページでは左余白に出力されます. 一方,pLATEX の縦組用文書クラスを用いている場合は,常に下側の余白に出力されます. ただし,\reversemarginpar コマンドを用いた場合,今述べた「通常の場合」とは逆の側の余白に出力されます(7.11 節参照).

▶ 注意 2 段組の文書で傍注を用いる場合は,LATEX 自身の機能(twocolumn クラスオプションあるいは \twocolumn コマンド)で 2 段組にしてください. multicol パッケージによる multicols 環境では \marginpar コマンドは使えません. □

▶ 注意 \marginpar コマンドは,脚注の場合と同様に \parbox コマンド(5.5 節参照)で整形したテキストなどの中では使えません. そのような箇所に傍注を付ける場合,\marginpar コマンドを記述する位置を適宜変更してください. □

■ \marginpar コマンドの使用例

```
\documentclass{jarticle}
\begin{document}
\twocolumn
これは，傍注を用いた文書のサンプルです\marginpar{これは，傍注です．}.
左余白用の傍注と右余白用の傍注をそれぞれ設定できます
\marginpar[左余白用→]{←右余白用}.
\newpage
右段にも傍注を配置してみます\marginpar[左余白用→]{←右余白用}.
\end{document}
```

これは，傍注を用いた文書のサンプ　　　右段にも傍注を配置してみます．　　←右余白用
ルです．左余白用の傍注と右余白用の
これは，傍注です．　　傍注をそれぞれ設定できます．
左余白用→

■傍注の出力位置の調整が必要になる場合

ディスプレイ数式（15.18, 15.19 節参照）を多用する文書などでは，ページ分割位置（あるいは改段位置）の直後付近の傍注が本来出力される側の逆の余白に出力されることがあります．そのような場合や \marginpar コマンドをこのコマンドが使えない箇所で用いていた場合には \marginpar コマンドの記述位置を変更することになります．その場合，傍注の位置が本来の位置からずれるので，傍注の位置の調整が必要です．また，傍注は基本的には \marginpar コマンドを用いた箇所の真横（縦組時には真下または真上）に出力されるため，ページの末尾付近で長い傍注を用いた場合には傍注が下がりすぎる（縦組時には左に寄りすぎる）ことがあり，その場合にも傍注の位置の調整が必要です．そのような調整を簡単に行うには，次のように傍注テキストの先頭に適当な寸法の空白を入れるとよいでしょう．

```
\marginpar{\vspace{〈適当な寸法〉} 〈傍注テキスト〉}
\marginpar[\vspace{〈適当な寸法〉} 〈左余白用傍注テキスト〉]
        {\vspace{〈適当な寸法〉} 〈右余白用傍注テキスト〉}
```

■傍注に番号を付ける場合

先の出力例からわかるように，LaTeX のデフォルトでは \marginpar コマンドによる傍注には番号は付きません．番号付きの傍注を使いたい場合には，footmisc パッケージ（7.3 節参照）を side オプション付きで読み込んで \footnote による注釈を傍注化するとよいでしょう．

227

7 各種の注釈

7.10 傍注の体裁を変更したい

- 傍注の配置に関わる寸法：\marginparsep, \marginparpush, \marginparwidth
- 傍注テキストの体裁に直接関わるコマンド：\@savemarbox, \@marginparreset

■傍注の配置に関わる寸法

傍注領域の配置は次の寸法で定められます（図 7.1 参照）．これらの寸法の値は，すべて \setlength を用いて設定できます．

- \marginparwidth：傍注領域の幅
- \marginparsep：傍注領域と本文部分との間隔
- \marginparpush：傍注どうしの間隔の下限

特に，\marginparpush がゼロ以上の値であるときには，ある傍注を追加するときに「仮に \marginpar コマンドを用いた箇所の真横に追加すると図 7.1 (b) のように傍注が近づきすぎる」場合，同図 (c) のように追加された傍注の位置を傍注の間隔が \marginparpush となるように変更します．それに伴い「LaTeX Warning: Marginpar on page ⟨page⟩ moved.」（⟨page⟩ は移動した傍注が現れたページ）という警告が生じます．

■傍注テキストの体裁に関わるコマンド

傍注テキストの体裁は \@savemarbox, \@marginparreset というコマンドで定められます．これらは，LaTeX 自身が定義しているコマンドで，ファイル latex.ltx において次のように定義されています（コメントは筆者によります）．

```
\long\def \@savemarbox #1#2{%%% 引数 #2 は傍注テキスト
  \global\setbox #1%
    \color@vbox
      \vtop{%
        \hsize\marginparwidth
        \@parboxrestore%%%  \parbox コマンドなどと共通の初期化処理
        \@marginparreset%%% 書体などの初期化
        #2%%%               ここが傍注テキスト              (*)
        \@minipagefalse
        \outer@nobreak}%
    \color@endbox}
\def\@marginparreset{%
  \reset@font
  \normalsize
  \@setminipage}%%% minipage 環境などと共通の初期化処理
```

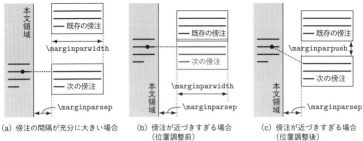

●：\marginpar コマンドを用いた箇所　　……：\marginpar コマンドと傍注の対応　　—：個々の行
図 7.1 ● 傍注の配置に関わる寸法

そこで，\@savemarbox の定義中の (∗) の行の #2 の周囲に装飾を加えたり，\@marginparreset の定義中の \normalsize のところを変更したりすると，傍注テキストの体裁を変更できます．なお，\@savemarbox の引数 #1 は傍注テキストの一時的な保存先に対応する整数（保存先のボックスの番号）で，通常のカスタマイズでは変更する必要はありません．

■傍注の体裁のカスタマイズ例

```
\documentclass{jarticle}
\makeatletter
\long\def\@savemarbox#1#2{%
   \global\setbox#1 \color@vbox
      \vtop{\hsize\marginparwidth
         \@parboxrestore \@marginparreset
         注：#2%%% 傍注テキストに文字列を追加
         \@minipagefalse \outer@nobreak}\color@endbox}
\def\@marginparreset{\reset@font
   \footnotesize \sffamily\gtfamily%%% 文字サイズ・書体を変更
   \@setminipage}
\makeatother
\begin{document}
これは，傍注を用いた文書のサンプルです\marginpar{これは，傍注の例です．}.
\end{document}
```

これは，傍注を用いた文書のサンプルです． 　　　　　　　注：これは，傍注の例です．

7　各種の注釈

7.11　傍注を「逆サイド」の余白に出力したい

傍注の出力先を通常の余白とは逆にするには \reversemarginpar を用います．また，\reversemarginpar の効果をキャンセルするには \normalmarginpar を用います．

■傍注の出力先の余白を切り換えるコマンド

LATEX では次の 2 個のコマンドで傍注の出力先の余白の切り換えができます．

- \reversemarginpar：1 段組の文書での傍注の出力先を通常とは逆の余白にします．
- \normalmarginpar：1 段組の文書での傍注の出力先を通常の側に戻します．

ただし，これらのコマンドは 2 段組の文書では無視されます．なお，傍注の「通常の」出力先については 7.9 節を参照してください．

また，傍注の出力先の切り換えは，基本的には \newpage，\clearpage などでの強制改ページ（3.2 節参照）の直後で行ってください．それ以外のタイミングでも問題なく切り換わることも多いのですが，頻繁に切り換えると傍注が重なるのを防ぐために用いられる内部情報の管理に不整合が生じます．なお，段落の途中では傍注の出力先の切り換えはできません．

■傍注の出力先を切り換える例

```
\documentclass{jarticle}
\begin{document}
これは，傍注の出力位置を切り換える実験です\marginpar{傍注Aです．}.
\newpage
\reversemarginpar %%% 傍注の出力先を切り換え
これは，傍注の出力位置を切り換える実験です\marginpar{傍注Bです．}.
\newpage
\normalmarginpar　　%%% 傍注の出力先を元に戻す
これは，傍注の出力位置を切り換える実験です\marginpar{傍注Cです．}.
\end{document}
```

● 1 ページ目

> これは，傍注の出力位置を切り換える実験です．　　　　　　　　　傍注 A です．

● 2 ページ目

> 傍注 B です．　　　　　これは，傍注の出力位置を切り換える実験です．

● 3 ページ目

> これは，傍注の出力位置を切り換える実験です．　　　　　　　　　　傍注 C です．

7-11

──●コラム● 〔傍注と「! LaTeX Error: Too many unprocessed floats.」〕──

　ひとつの段落内で多数の（例えば，30 個以上の）傍注を用いると，「! LaTeX Error: Too many unprocessed floats.」というエラーが生じることがあります．傍注に関するエラーなのに「未処理のフロートが多すぎる」というのはわかりにくいところがありますが，実は傍注の内部処理にはフロート（figure 環境などで配置される対象）と共通の処理を用いているため，エラーメッセージにもフロートの場合のメッセージがそのまま用いられています．

　ひとつの段落内で多数の傍注を用いた結果そのエラーが生じたときには，次の例のように段落の途中の改行箇所に「{\parfillskip=0pt \par}\noindent」という記述を（必要があれば複数箇所に）挟み込んで「見た目を（ほとんど）変えずに複数段落に分割」するとよいでしょう（この例は，現在の LaTeX では複数段落に分割しなくてもエラーは生じません．単に「\parfillskip... の挟み込み方」を示す例です）．

```
\documentclass{jarticle}
\begin{document}
これは，ひとつの段落内で多数の傍注を用いる実験です\marginpar{傍注Aです．}.
これは，ひとつの段落内で多数の傍注を用いる実験です\marginpar{傍注Bです．}.
これは，ひとつの段落内で多数の傍注を用いる実験です\marginpar{傍注Cです．}.
これは，ひとつの段落内で多数の傍注を用いる実験です\marginpar{傍注Dです．}.
これは，ひとつの段落内で多数の傍注を用いる実験です\marginpar{傍注Eです．}.
これは，ひとつの段落内で多数の傍注を用いる実験です\marginpar{傍注Fです．}.
これは，ひとつの段落内で多
{\parfillskip=0pt \par}\noindent
数の傍注を用いる実験です\marginpar{傍注Gです．}.
これは，ひとつの段落内で多数の傍注を用いる実験です\marginpar{傍注Hです．}.
これは，ひとつの段落内で多数の傍注を用いる実験です\marginpar{傍注Iです．}.
これは，ひとつの段落内で多数の傍注を用いる実験です\marginpar{傍注Jです．}.
これは，ひとつの段落内で多数の傍注を用いる実験です\marginpar{傍注Kです．}.
\end{document}
```

7.11　傍注を「逆サイド」の余白に出力したい

7 各種の注釈

7.12 後注を記述したい

endnotes パッケージまたは endnotesj パッケージが提供する \endnote コマンド，\theendnotes コマンドが利用できます．

■後注用のパッケージ

後注用のコマンドを提供するパッケージとしては，endnotes パッケージがよく知られています．また，endnotes パッケージを和文文書に適するように調整した endnotesj パッケージ（小川弘和氏のサイトより入手可能）も知られています．

これらのパッケージでは，後注に関して次のようなコマンドを提供しています．

- \endnote[〈番号〉]{〈注釈テキスト〉}：後注記号を出力し，〈注釈テキスト〉を後注にします．〈番号〉は後注記号に対応する番号（省略可能）で，「[〈番号〉]」を省略した場合には後注番号を更新してから後注記号を出力します．

- \endnotemark[〈番号〉]：後注記号を出力します．〈番号〉は後注記号に対応する番号（省略可能）で，「[〈番号〉]」を省略した場合には後注番号を更新してから後注記号を出力します．

- \endnotetext[〈番号〉]{〈注釈テキスト〉}：後注記号を出力せず，〈注釈テキスト〉を後注にします．〈番号〉は後注記号に対応する番号（省略可能）で，「[〈番号〉]」を省略した場合には〈注釈テキスト〉に添える後注番号を**更新しません**．

- \theendnotes：前回の \theendnotes コマンド（あるいは文書の冒頭）からこのコマンドまでに用いた後注を出力します．\theendnotes コマンドは文書中で何回用いても構いません．

▶ 注意　endnotes パッケージ・endnotesj パッケージ使用時には \endnote による注釈テキストは一時的に拡張子が「.ent」のファイルに保存されます（ファイル 〈filename〉.tex をタイプセットしたときには，ファイル 〈filename〉.ent が作成されます）．このファイルはユーザー自身で削除しても構いません．　　　　　　　　　　　　　　　　　　　　　　　　　　　□

■ endnotesj パッケージのオプション

endnotes パッケージにはパッケージオプションはありませんが，endnotesj パッケージには次のようなオプションが導入されています．

- single：後注の番号を「1)」のような片側に丸括弧を付けた形式にし，\endnote あるいは \endnotemark を用いた箇所に上付き（横組の場合）で表示します（endnotesj パッケージのデフォルトでは，後注の番号は \endnote などを用いた箇所の直前の文

232

字の上（縦組時には右）に出力されます．

- yoko：後注の番号を「(1)」のような両側に丸括弧を付けた形式にし，\endnote あるいは \endnotemark を用いた箇所に上付き（横組の場合）で表示します．
- 注：\theendnotes で注釈を出力する際に「注」という見出しを付けます．
- 註：\theendnotes で注釈を出力する際に「註」という見出しを付けます．
- utf：otf パッケージあるいは utf パッケージを読み込んで，後注の番号にこれらのパッケージが提供する組数字を利用します（otf パッケージを優先的に用います）．

■後注の作成例

```
\documentclass{jarticle}
\usepackage[注,yoko]{endnotesj}
\begin{document}
これは，注釈を後注\endnote{これは注釈です．}にするサンプルです．
これは，注釈を後注にするサンプルです
\endnote{後注というのは人文科学系の文書ではしばしば見かける形式です．}．
\theendnotes
\end{document}
```

これは，注釈を後注 (1) にするサンプルです．これは，注釈を後注にするサンプルです (2)．

注

(1) これは注釈です．
(2) 後注というのは人文科学系の文書ではしばしば見かける形式です．

■後注の体裁のカスタマイズ

\endnote による注釈の番号は，endnote というカウンタで数えられています．したがって，番号そのもの（数値の部分）の形式は \theendnote というコマンドで定められます．さらに，\enotesize（注釈テキストの文字サイズ），\enoteformat（注釈テキストの形式，脚注の場合の \@makefntext に相当），\enoteheading（\theendnotes のところで用いる見出し），\@makeenmark（後注の番号を出力するコマンド，脚注の場合の \@makefnmark に相当）などを再定義することで注釈テキスト・後注記号の体裁を変更できます（カスタマイズの際には，ファイル endnotesj.sty などでのオリジナルの定義をコピーしてきてそれを適宜変更すればよいでしょう）．

233

7　各種の注釈

7.13　表に注釈を付けたい

基本的には，minipage 環境の中で表を記述し，表への注釈には「minipage 環境の中の
\footnote」を利用します．

■ minipage 環境を用いる場合

　表への注釈は minipage 環境での「脚注」の機能（7.1 節参照）を用いると次の例のように
作成できます．ただし，minipage 環境の中で用いた \footnotemark は minipage 環境の外
部の形式での脚注記号を作成するので，この例では同じ脚注記号「a」を繰り返して用いる箇
所では脚注記号を直接記述しています．なお，表（tabular 環境）の記述については第 8 章を
参照してください．

```
\begin{minipage}{19zw}
\renewcommand{\footnoterule}{}%%% 脚注の前の罫線を消去
\begin{tabular}{|l|l|} \hline
  コマンド & 意味 \\ \hline
    \verb/\footnote/
  & 脚注を作成\footnote{オプション引数で脚注番号を与えない場合,
        自動的に脚注番号を更新}
  \\ \hline
    \verb/\footnotemark/
  & 脚注記号を出力\mbox{\textsuperscript{\textit{a}}}
  \\ \hline
    \verb/\footnotetext/
  & 脚注テキストを設定\footnote{オプション引数を省略した場合,
        脚注番号を更新しない}
  \\ \hline
\end{tabular}
\end{minipage}
```

コマンド	意味
\footnote	脚注を作成 [a]
\footnotemark	脚注記号を出力 [a]
\footnotetext	脚注テキストを設定 [b]

[a] オプション引数で脚注番号を与えない場合，自動
的に脚注番号を更新
[b] オプション引数を省略した場合，脚注番号を更新
しない

もっとも, (注釈の形式がばらつかないようにユーザー自身で注意する必要はありますが) minipage 環境の中で注釈記号・注釈テキストを \footnote コマンドを用いずに直接記述するという方法で済ませることもできます.

■表に対する注釈テキストをあくまで各ページの下部に配置する場合

注釈テキストをあくまでページ下部に置く場合は, 表の中での脚注記号を \footnotemark で作成する一方, 表の外部で \footnotetext を用いて脚注テキストを設定します. その際, 脚注番号の管理に次の例のような「半手動」の方法を用いると, 個々の脚注の番号を調べなくても済みます.

```
表に脚注を付ける例\footnote{脚注の例です. }：\\[3pt]
\begin{tabular}{|l|l|} \hline
  コマンド & 意味 \\ \hline
  \verb/\footnote/ & 脚注を作成\footnotemark
    \xdef\fnA{\arabic{footnote}}%% 脚注番号を保存
  \\ \hline
  \verb/\footnotemark/ & 脚注記号を出力\footnotemark[\fnA] \\ \hline
  \verb/\footnotetext/ & 脚注テキストを設定\footnotemark
    \xdef\fnB{\arabic{footnote}}%% 脚注番号を保存
  \\ \hline
\end{tabular}%
\footnotetext[\fnA]{オプション引数を省略した場合, 自動的に脚注番号を更新. }%
\footnotetext[\fnB]{オプション引数を省略した場合, 脚注番号を更新しない. }
```

●本文部分

表に脚注を付ける例 [1] :

コマンド	意味
\footnote	脚注を作成 [2]
\footnotemark	脚注記号を出力 [2]
\footnotetext	脚注テキストを設定 [3]

●脚注部分

[1] 脚注の例です.
[2] オプション引数を省略した場合, 自動的に脚注番号を更新.
[3] オプション引数を省略した場合, 脚注番号を更新しない.

7 各種の注釈

─●コラム● [ftnright パッケージを pLaTeX に対応させる方法] ─

7.6 節で言及したように，ftnright パッケージと pLaTeX との間には多少の不整合があります．それを調整するには，ftnright パッケージを読み込んだのち，\@makecol, \@makespecialcolbox というコマンドを次の手順で再定義するとよいでしょう．ただし，以下の記述は執筆時点の pLaTeX および ftnright パッケージに基づいています．

- ファイル plcore.ltx での \@makecol, \@makespecialcolbox の定義（\gdef \@makecol{...}, \gdef\@makespecialcolbox{...} の部分．ただし，「...」は開き括弧「{」と閉じ括弧「}」の対応がとれた記述）を，作成中の文書のプリアンブル（の \usepackage{ftnright} の後の部分）にコピーします．

- \@makecol の定義の「\setbox\@outputbox\box\@cclv%」という行の直後に次の記述を追加します．

```
\if@firstcolumn
  \if@twocolumn\else \ifvoid\footins\else
    \@latexerr{ftnright package used in one-column mode}%
      {The ftnright package was designed to work
       with LaTeX's standard^^Jtwocolumn option.
       It does *not* work with the multicol package.^^J%
       So please specify `twocolumn' in the
       \noexpand\documentclass command.}%
    \shipout\box\footins
  \fi\fi
\fi
```

- \@makecol, \@makespecialcolbox の定義の「\ifvoid\footins\else % changed (pLaTeX 2017/02/25)」という行の直前および \@makespecialcolbox の定義の「\ifvoid\footins\else % for pLaTeX」という行（2 箇所あります）の直前に「\if@firstcolumn\else」という記述を追加します．

- \@makecol, \@makespecialcolbox の定義の「\color@endgroup」という行の直後に「\fi」という記述を追加します．\@makespecialcolbox の定義には 2 箇所含まれているので，その両方に対して追加してください．

ftnright パッケージを縦組の文書で用いる場合には，さらに，ファイル ftnright.sty での \@startcolumn の定義（\def\@startcolumn{...} の部分）を作成中の文書のプリアンブル（の \usepackage{ftnright} の後の部分）にコピーして，その定義中の「\insert\footins{\unvbox\footins}」という記述の \unvbox の直前に「\iftbox\footins \tate \else \yoko \fi」という記述を追加してください．

8: 表の作成

8.1 表を作成したい 238

8.2 表の特定のセルの書式を変更したい 240

8.3 表での列間隔・行送りを変更したい 242

8.4 罫線の一部を消したい 244

8.5 太い罫線を用いたい 246

8.6 破線の罫線を用いたい 248

8.7 2 重罫線をきれいに出力したい 250

8.8 セルを結合したい (1) —— $\LaTeX$ 自身の機能を用いる方法 252

8.9 セルを結合したい (2) ——multirow パッケージ 254

8.10 セルに斜線を入れたい 256

8.11 縦書きのセルを作りたい・表全体の組方向を指定したい 258

8.12 各セルの要素を小数点などの位置を揃えて記述したい 260

8.13 表全体の幅を指定したい 262

8.14 表のセルに色を付けたい 264

8.15 表の罫線に色を付けたい 266

8.16 複数ページにわたる表を作成したい(1)—— longtable パッケージ 268

8.17 複数ページにわたる表を作成したい(2)—— supertabular パッケージ ... 270

8.18 幅が広い表を回転させて配置したい 272

8 表の作成

8.1 表を作成したい

表を作成するには，基本的には tabular 環境が利用できます．また，array パッケージを利用すると tabular 環境の機能が拡張されます．

■表を作成する環境

表を作成する基本的な環境の tabular 環境は次の形式で用います．

```
\begin{tabular}[⟨表全体の位置の指定⟩]{⟨書式指定⟩}
⟨表の中身の記述（各項目を & で区切って列挙，行の終端は \\）⟩
\end{tabular}
```

- 「⟨表全体の位置の指定⟩」には表 8.1 に示す指定が利用できます．「[⟨表全体の位置の指定⟩]」は省略可能で，省略した場合は「[c]」が用いられます．
- 「⟨書式指定⟩」は表の個々の列の揃え方や縦罫線に対応する文字などを並べたものです．LaTeX のデフォルトで利用できる指定を表 8.2 に，array パッケージ使用時に利用できるようになる指定を表 8.3 に挙げます（array パッケージは，単に「\usepackage{array}」のように読み込みます）．なお，「p」，「m」，「b」の各指定に対応する列の個々のセルの中で強制改行を行うには \newline というコマンドを用います．
- 行の終端の \\ には「\\[⟨寸法⟩]」(8.3 節参照)，「*」のようにオプション引数あるいは「*」を付けることができます．\\ 直後の項目が文字「[」，「*」で始まる場合，\\ の後に適宜「{}」，「\relax」などを入れて \\ とセルの中身とを区切ってください．
- 横罫線（縦組時には縦罫線）を入れるには，\\ の後（あるいは表の先頭）で \hline というコマンドを用います（罫線の一部を消すには \cline (8.4 節参照) を用います）．

▶ 注意　表を作成する環境の名称が「table」ではないことに注意してください．「table 環境」というものもありますが，これは表扱いにするものを配置する環境です（第 10 章参照）．また，array パッケージ使用時と不使用時とでは表の体裁が多少異なる点にも注意が必要です．　□

■例 1：基本的な書式指定の例

```
\begin{tabular}{|l|c|r|} \hline
  left & center & right \\ \hline   L & C & R \\ \hline
\end{tabular}\quad
\begin{tabular}{|r@{.}l|} \hline %%% 1列目と2列目の区切りをピリオドに変更
  3 & 14 \\ \hline   27 & 2 \\ \hline
\end{tabular}
```

left	center	right	3.14
L	C	R	27.2

▶ 注意　array パッケージ不使用時には，「@」指定で追加する項目に含まれるコマンドの直前に \protect を付ける必要がある場合もあります．　　　　　　　　　　　　　　　□

■例2：幅を指定した列の例（array パッケージを使用）

```
\begin{tabular}{|>{\bfseries}l|p{4zw}|} \hline
  例 & 複数行\newline の項目 \\ \hline %%% セル内の強制改行は \newline
\end{tabular}\quad
\begin{tabular}{|>{\bfseries}l|m{4zw}|} \hline
  例 & 複数行の項目 \\ \hline
\end{tabular}\quad
\begin{tabular}{|>{\bfseries}l|b{4zw}|} \hline
  例 & 複数行の項目 \\ \hline
\end{tabular}
```

| 例 | 複数行
の項目 | | 例 | 複数行の
項目 | | 例 | 複数行の
項目 |

表 8.1 ● tabular 環境の位置指定

指定	意味
t	表の先頭行あるいは表の先頭の罫線を表の周囲のテキストのベースラインに揃える
c	表とその周囲のテキストのそれぞれの天地中央（縦組時は左右方向の中央）を概ね揃える（デフォルト）
b	表の最終行あるいは表の末尾の罫線を表の周囲のテキストのベースラインに揃える

表 8.2 ● 表の書式指定 (1)（LaTeX 自身が用意しているもの）

指定	意味	指定	意味
r	右（行末側）寄せの列	p{〈幅〉}	セル内の行長を〈幅〉にした列（位置の基準はセルの中身の先頭行のベースライン）
c	中央寄せの列		
l	左（行頭側）寄せの列	@{〈追加項目〉}	2 個の列の間（あるいは表の両端）に〈追加項目〉を挿入（「列間に補われる空白」を削除したうえで挿入）
|	縦（縦組時は横）罫線	*{〈回数〉}{〈指定〉}	〈指定〉の〈回数〉回の繰り返し（〈回数〉は正整数）

表 8.3 ● 表の書式指定 (2)（array パッケージが提供するもの）

指定	意味	指定	意味
>{〈追加項目〉}	直後の列のセルの先頭に〈追加項目〉を追加	m{〈幅〉}	セル内の行長を〈幅〉にした列（位置の基準はセルの中身の概ね天地（縦組時は左右）中央）
<{〈追加項目〉}	直前の列のセルの末尾に〈追加項目〉を追加		
!{〈追加項目〉}	列の間（または表の両端）に〈追加項目〉を（「列間に補われる空白」を維持して）挿入	b{〈幅〉}	セル内の行長を〈幅〉にした列（位置の基準はセルの中身の最終行のベースライン）

8　表の作成

8.2　表の特定のセルの書式を変更したい

> 基本的には，`\multicolumn`コマンドを`\multicolumn{1}{〈書式指定〉}{〈セルの中身〉}`という形で用います．

■ `\multicolumn` を用いた，一時的な書式の変更

`\multicolumn` コマンドは行方向の複数のセルの結合（8.8節参照）に用いるコマンドですが，結合する列数を形式的に「1」にして次のように用いると個々のセルの書式変更に使えます．「〈書式指定〉」では表の書式指定（`\begin{tabular}` の後の引数）と同様に「l」などの書式指定文字（前節参照）を用いて「1列分」の書式指定を行います．

```
\multicolumn{1}{〈書式指定〉}{〈セルの中身〉}
```

■ セルの書式変更の例

```
\begin{tabular}{|l|l|} \hline %%% 個々の列は基本的には左寄せ
    \multicolumn{1}{|c|}{\textgt{指定}}%%% 中央寄せに変更
  & \multicolumn{1}{c|}{\textgt{意味}}%%%  中央寄せに変更
  \\ \hline
    \texttt{l}
  & 左寄せの列
  \\ \hline
    \verb/p{/\textit{width}\verb/}/
  & 幅が\textit{width}の段落型の列
  \\ \hline
\end{tabular}
```

指定	意味
l	左寄せの列
p{*width*}	幅が *width* の段落型の列

　セルの書式変更の際には，「|」に対応する罫線の取り扱いに注意してください．一般に，`\multicolumn`を用いる場合，2列目以降のセルの左側の罫線は`\multicolumn`の第2引数では**指定しません**．今の例でも，「意味」のところの指定は「`\multicolumn{1}{c|}{\textgt{意味}}`」で，「`{c|}`」の「c」の左側には「|」を入れていません．もし，今の例の「意味」

のところについても「\multicolumn{1}{|c|}{意味}}」のように「c」の両側に縦罫線の指定を入れると，array パッケージ使用時に「指定」と「意味」の間の罫線が太くなります．この例に限らず，1 列目と 2 列目の間の縦罫線は「1 列目の右端」の罫線として処理します．ほかの位置の縦罫線についても同様です（ただし，表の左端の罫線のみ，やむを得ず 1 列目に含めて扱います）．なお，「縦罫線」というのは縦組時には「横罫線」になり，表あるいはセルの「左側」というのは縦組時には「上側」になります．

●コラム● ［書式指定で指定した列数と表の中身の列数が異なる場合］

tabular 環境での表の列数は，表の書式指定に含まれる「個々の列に対応する指定」（基本的には，l, c, r, p{〈幅〉}, m{〈幅〉}, b{〈幅〉} の各指定）の個数になります（例えば，「|l|c|r|」では 3 列になります）．表の中身の記述において列数が多すぎると，「! Extra alignment tab has been changed to \cr.」というエラーが生じます（行の終端の \\ を忘れた場合にもこのエラーが生じることがあります）．一方，列数が少なすぎる場合には単に欠けている列が無視されるだけです．ただし，欠けている列はその後の罫線も含めて無視されるため，空欄の後の罫線が欠けることがあります．そのため，原則として「空欄の前の &」も省略せずに記述してください．

●コラム● ［array パッケージ使用時と不使用時の相違］

array パッケージを用いると，表の体裁が array パッケージを用いない場合とは変わります．例えば，太い罫線（8.5 節参照）を用いたときに縦罫線・横罫線の一方の端点が他方の上にある箇所の形状が変わることはよく知られています．また，表全体の幅（縦組時には高さ）も変わるという点にも注意が必要です．例えば，次の文書を array パッケージを用いた場合と用いない場合のそれぞれについてタイプセットした結果を比較すると，表の幅が約 1.4 mm 異なることがわかります．array パッケージは文書の体裁にこのような影響を与えるので，「array パッケージを用いるか否か」は文書作成の早い段階で確定させるとよいでしょう．

```
\documentclass{article}
\usepackage{array}%%% これをコメントにすると表の幅が縮みます
\begin{document}
\begin{tabular}{|*{10}{c|}} \hline
  1 &  2 &  3  &  4 & 5 &  6 &  7  &  8   &  9 & 10 \\ \hline
  I & II & III & IV & V & VI & VII & VIII & IX & X  \\ \hline
\end{tabular}
\end{document}
```

241

8 表の作成

8.3 表での列間隔・行送りを変更したい

表での列間隔は \tabcolsep という寸法や「@{\hskip⟨適当な寸法⟩}」のような指定を用いて調整できます．表での行送りは \arraystretch（行送りの拡大率）や \\ のオプション引数，\rule による支柱などを用いて調整できます．

■表での行送りに関わるパラメータ

表での行送りには基本的には表の周囲のテキストでの行送りが用いられます．そのため，表の周囲で \linespread（1.4 節参照）などを用いて行送りを変更すると表での行送りもそれに連動します．さらに，表での行送りは表の周囲のテキストでの行送りの \arraystretch 倍になります（\arraystretch のデフォルト値は 1 です）．

```
\begin{tabular}{|l|p{5zw}|} \hline
  猫 & 肉食獣 \\ \hline    人間 & 無節操な雑食生物\\ \hline
\end{tabular}\quad%% ↓ \arrraystretch は \renewcommand で変更します
{\renewcommand{\arraystretch}{1.5}%% 「p」指定の列の内部には影響しません
\begin{tabular}{|l|p{5zw}|} \hline
  猫 & 肉食獣 \\ \hline    人間 & 無節操な雑食生物\\ \hline
\end{tabular}}\quad
{\linespread{1.5}\selectfont%% 「p」指定の列の内部にも影響します
\begin{tabular}{|l|p{5zw}|} \hline
  猫 & 肉食獣 \\ \hline    人間 & 無節操な雑食生物\\ \hline
\end{tabular}}
```

猫	肉食獣
人間	無節操な雑食生物

猫	肉食獣
人間	無節操な雑食生物

猫	肉食獣
人間	無節操な雑食生物

■ \\ のオプション引数・\rule を用いた支柱

表の個々の行の終端の \\ でも「\\[⟨寸法⟩]」という形式でオプション引数を用いて行間隔を調整できます．また，\rule（4.14 節参照）で作成する罫線の幅をゼロにした「見えない支柱」も表での行送りの調整に利用できます．なお，\rule による支柱の高さなどの指定で「地の文での行送り」を用いるには，\baselineskip の代わりに \normalbaselineskip を用いてください．

```
\begin{tabular}{|l|l|}\hline% ↓1行目の中身と罫線の間に1/2行分の空白を追加
  猫 & 生きた装飾品 \\[.5\normalbaselineskip] \hline
  犬 & 実用性第一   \\ \hline
\end{tabular}\quad
\begin{tabular}{|l|l|%
  @{\protect\rule[-.55\normalbaselineskip]{0pt}{1.5\normalbaselineskip}}}
  \hline%%% ↑各行に1.5行分の高さの支柱を追加
  猫 & 生きた装飾品 \\ \hline   犬 & 実用性第一 \\ \hline
\end{tabular}
```

猫	生きた装飾品
犬	実用性第一

猫	生きた装飾品
犬	実用性第一

■列間隔に関わるパラメータ

表での列間隔の1/2（「|」による罫線を用いている場合は，「||」による罫線とセルの中身との間隔）は \tabcolsep という寸法で与えられます（\tabcolsep のデフォルト値は個々のクラスファイルで設定されます）．また，「@」指定（または「!」指定）を用いて列間に「@{\hskip⟨空白量⟩}」（3.4 節参照）のように空白を追加しても列間隔を変更できます．

```
\begin{tabular}{|l|l||c|c|c|} \hline
  指定 & \texttt{l} & \texttt{c} & \texttt{r} \\ \hline
  位置 & 左        & 中央        & 右          \\ \hline
\end{tabular}\quad
{\setlength{\tabcolsep}{.25zw}%
\begin{tabular}{|l|l||c|c|c|} \hline
  指定 & \texttt{l} & \texttt{c} & \texttt{r} \\ \hline
  位置 & 左        & 中央        & 右          \\ \hline
\end{tabular}}\quad%%% ↓第1列の各セルの左右の余白を変更
\begin{tabular}{|@{\hskip.25zw}l@{\hskip1zw}||c|c|c|} \hline
  指定 & \texttt{l} & \texttt{c} & \texttt{r} \\ \hline
  位置 & 左        & 中央        & 右          \\ \hline
\end{tabular}
```

指定	l	c	r
位置	左	中央	右

指定	l	c	r
位置	左	中央	右

指定	l	c	r
位置	左	中央	右

8　表の作成

8.4　罫線の一部を消したい

横罫線（縦組時には縦罫線）の一部を消すには \cline を用います．縦罫線（縦組時には横罫線）の一部を消すには \multicolumn を用いてセルの書式を変更します．

■ \cline コマンド

LaTeX には，表に部分的な横罫線（縦組時には縦罫線）を入れるコマンドの \cline が用意されています．表の〈start〉列目から〈end〉列目（ただし，〈start〉 ≤ 〈end〉）までの部分に罫線を入れるには，\cline を次の形式で用います．また，「1 列目から 2 列目までの部分と 4 列目から 5 列目までの部分」のように罫線に切れ目があるときには，「\cline{1-2}\cline{4-5}」という具合にひとつながりになっている部分ごとに \cline を用います．

```
\cline{⟨start⟩-⟨end⟩}
```

\cline で部分的に罫線を消すと，セルを列方向に結合したかのような出力が得られる場合もあります．ただし，列方向に結合したセルの中身の位置を調整する場合については 8.8, 8.9 節を参照してください．

▶ 注意　\cline には「\cline{1-2}\cline{4-5}」のような用法があるので，「\cline{1-2}\cline{1-2}」のように \cline による罫線を単に繰り返しても（\hline の場合とは異なり）罫線は 2 重にはなりません．\cline による罫線を 2 重にするには，次の例のように罫線の間の空白をユーザー自身で \noalign（表の行間に任意の項目を追加するコマンド）を用いて追加してください．

```
\begin{tabular}{lll} \hline
  A & B & C \\
  \cline{1-2} \noalign{\vspace{\doublerulesep}} \cline{1-2}
  X & Y & Z \\ \hline
\end{tabular}
```

なお，\doublerulesep は表での 2 重以上の罫線での罫線の間隔を表す寸法です（8.7 節参照）．　　　　　　　　　　　　　　　　　　　　　　　　　　　　　　　　　　　　□

■縦罫線（縦組時は横罫線）の一部を消す方法

LaTeX では表に部分的な縦罫線（縦組時は横罫線）を入れるコマンドは用意されていませんが，セルの書式を変更するとセルの前後の罫線を省略できます（8.2 節参照）．ただし，単に

罫線を省略するだけでなく「行方向に並ぶ複数のセルを結合」するという処理を行う場合については 8.8, 8.9 節を参照してください.

■罫線の一部を省略した例

```
\begin{tabular}{|c|c|c|c|}
 \cline{2-4}%%%            1列目の上部の罫線を消去
 \multicolumn{1}{c|}{}%% 1列目の左側の罫線を消去
   & A  & B  & C  \\ \hline
 A & --- & ○  & ×  \\ \hline
 B & ×  & --- & ○  \\ \hline
 C & ○  & ×  & --- \\ \hline
\end{tabular}%
\quad
\begin{tabular}{|l|l|l|l|} \hline
 属性      & 変更対象 & タイプ & コマンド例          \\ \hline
 ファミリー  & 書体    & 引数型 & \verb/\textsf/    \\ \cline{3-4}
          &        & 宣言型 & \verb/\sffamily/   \\ \cline{2-4}
          & 属性値  & 宣言型 & \verb/\fontfamily/ \\ \hline
 シリーズ   & 書体    & 引数型 & \verb/\textbf/    \\ \cline{3-4}
          &        & 宣言型 & \verb/\bfseries/   \\ \cline{2-4}
          & 属性値  & 宣言型 & \verb/\fontseries/ \\ \hline
 シェイプ   & 書体    & 引数型 & \verb/\textit/    \\ \cline{3-4}
          &        & 宣言型 & \verb/\itshape/    \\ \cline{2-4}
          & 属性値  & 宣言型 & \verb/\fontshape/  \\ \hline
\end{tabular}
```

	A	B	C
A	—	○	×
B	×	—	○
C	○	×	—

属性	変更対象	タイプ	コマンド例
ファミリー	書体	引数型	\textsf
		宣言型	\sffamily
	属性値	宣言型	\fontfamily
シリーズ	書体	引数型	\textbf
		宣言型	\bfseries
	属性値	宣言型	\fontseries
シェイプ	書体	引数型	\textit
		宣言型	\itshape
	属性値	宣言型	\fontshape

8　表の作成

8.5　太い罫線を用いたい

表の罫線の太さは \arrayrulewidth で与えられます.

■表の罫線の太さに関わるパラメータ

一般に，表での罫線の太さは \arrayrulewidth になっています. そこで，この寸法を表の外部で変更すれば，表での罫線の太さを一律に変更できます. なお，\arrayrulewidth のデフォルト値（多くの場合 0.4 pt）はクラスファイルなどの中で設定されています.

```
\begin{tabular}{|l|l|} \hline
  寸法 & 意味 \\ \hline
  \verb/\arrayrulewidth/ & 罫線の太さ \\ \hline
  \verb/\doublerulesep/  & 罫線の間隔 \\ \hline
\end{tabular}\quad
{\setlength{\arrayrulewidth}{1pt}%
\begin{tabular}{|l|l|} \hline
  寸法 & 意味 \\ \hline
  \verb/\arrayrulewidth/ & 罫線の太さ \\ \hline
  \verb/\doublerulesep/  & 罫線の間隔 \\ \hline
\end{tabular}}
```

寸法	意味
\arrayrulewidth	罫線の太さ
\doublerulesep	罫線の間隔

寸法	意味
\arrayrulewidth	罫線の太さ
\doublerulesep	罫線の間隔

■表の一部の罫線の太さの変更

表の一部の罫線のみについて太さを変更するには，次のような方法が使えます.

- 列間の罫線の太さの一時的な変更：太さを変更する罫線に対して，文字「|」の代わりに「!{\vrule width⟨罫線の太さ⟩}」という記述を用います. ただし，「!{...}」という指定を行うには array パッケージが必要です. array パッケージを用いない場合，「@{\hskip\tabcolsep\vrule width⟨罫線の太さ⟩\hskip\tabcolsep}」のように罫線の前後の空白もユーザー自身で入れます（「\hskip\tabcolsep」は「\vrule width⟨罫線の太さ⟩」の前後の一方のみに入れれば充分であることもあります）.
- \hline, \cline による罫線の太さの一時的な変更：太さを変更する \hline, \cline の直前に「\noalign{\global\arrayrulewidth=⟨罫線の太さ⟩}」という記述を入

れて罫線の太さを変更し，太さを変更する \hline, \cline の直後に「\noalign
{\global\arrayrulewidth=〈罫線の太さのデフォルト値〉}」という記述を入れて罫
線の太さを復元します．

```
\begin{tabular}{|c!{\vrule width 1pt}c!{\vrule width 1pt}c|}
  \hline
  8 & 3 & 4 \\
  \noalign{\global\arrayrulewidth=1pt} \hline
  \noalign{\global\arrayrulewidth=0.4pt}
  1 & 5 & 9 \\
  \noalign{\global\arrayrulewidth=1pt} \hline
  \noalign{\global\arrayrulewidth=0.4pt}
  6 & 7 & 2 \\ \hline
\end{tabular}%
\quad
\begin{tabular}{|c|c|c|} \hline
  8 & 3 & 4 \\
  \clino{1-1}
  \noalign{\global\arrayrulewidth=1pt}    \cline{2-2}
  \noalign{\global\arrayrulewidth=0.4pt} \cline{3-3}
    \multicolumn{1}{|c!{\vrule width 1pt}}{1}
  & \multicolumn{1}{c!{\vrule width 1pt}}{5}
  & 9
  \\
  \cline{1-1}
  \noalign{\global\arrayrulewidth=1pt}    \cline{2-2}
  \noalign{\global\arrayrulewidth=0.4pt} \cline{3-3}
  6 & 7 & 2 \\ \hline
\end{tabular}
```

▶ **注意**　太い罫線の太さも特定の太さに固定されているような場合，array パッケージが提供す
る \newcolumntype コマンドを用いて「\newcolumntype{V}{!{\vrule width 1pt}}」
（これは，「!{\vrule width 1pt}」の代わりに「V」と記述できるようにする設定）という
具合に太い罫線の簡易表記を用意するのもよいでしょう．　　　　　　　　　　　　　□

8 表の作成

8.6 破線の罫線を用いたい

arydshln パッケージを用いると，破線の罫線を使えるようになります．

■ arydshln パッケージ

arydshln パッケージを用いた場合（単に「\usepackage{arydshln}」のように読み込みます），次の指定・コマンドで表での罫線を利用できます．

- 列間の破線の罫線：「:」または「;{⟨実線部分の長さ⟩/⟨間隙部分の長さ⟩}」
- 行間の破線の罫線：\hdashline[⟨実線部分の長さ⟩/⟨間隙部分の長さ⟩]
  \cdashline{⟨start⟩-⟨end⟩}[⟨実線部分の長さ⟩/⟨間隙部分の長さ⟩]

\hdashline, \cdashline は \hline, \cline と同様に用います．\cdashline の引数中の ⟨start⟩，⟨end⟩ は，\cline の場合と同様に罫線を入れる範囲（⟨start⟩ 列目から ⟨end⟩ 列目）を指定します．また，「[⟨実線部分の長さ⟩/⟨間隙部分の長さ⟩]」は省略可能で，省略した場合 ⟨実線部分の長さ⟩ には寸法 \dashlinedash（デフォルト値は 4 pt）が用いられ，⟨間隙部分の長さ⟩ には寸法 \dashlinegap（デフォルト値は 4 pt）が用いられます．文字「:」に対応する罫線での実線部分・間隙部分の長さもそれぞれ \dashlinedash, \dashlinegap です．なお，破線の罫線の太さは寸法 \arrayrulewidth で与えられます．arydshln パッケージの機能の詳細についてはマニュアル（arydshln-man.pdf）を参照してください．

■破線の罫線を用いた例

```
\begin{tabular}{|l|l|c:c:c|} \hline
   セル      & 標準    & l & c & r \\ \cdashline{3-5}
           &        & p &   &   \\ \hdashline
           & array & m & b &   \\ \hline
   任意項目 & 標準    & @ &   &   \\ \hdashline
           & array & ! &   &   \\ \hline
\end{tabular}\quad
{\setlength{\dashlinedash}{3pt}%%  \dashlinedash, \dashlinedgap の
\setlength{\dashlinegap}{1pt}%%    値は \setlength を用いて設定
\begin{tabular}{|l|l|c:c:c|} \hline
   セル      & 標準    & l & c & r \\ \cdashline{3-5}
           &        & p &   &   \\ \hdashline
           & array & m & b &   \\ \hline
   任意項目 & 標準    & @ &   &   \\ \hdashline
           & array & ! &   &   \\ \hline
\end{tabular}}
```

248

セル	標準	l ¦ c ¦ r		セル	標準	l ¦ c ¦ r
		p				p
	array	m ¦ b			array	m ¦ b
任意項目	標準	@		任意項目	標準	@
	array	! ¦			array	! ¦

■異なるパラメータを持った複数種類の破線を用いた例

```
\begin{tabular}{|l;{1pt/1pt}l;{1pt/1pt}l:l|} \hline
  列間 & 実線 & \textttt{|}    &              \\ \cdashline{2-4}
       & 破線 & \textttt{:}    & \textttt{;}  \\ \hdashline[1pt/1pt]
  行間 & 実線 & \verb/\hline/   & \verb/\cline/  \\ \cdashline{2-4}
       & 破線 & \verb/\hdashline/ & \verb/\cdashline/ \\ \hline
\end{tabular}
```

列間	実線	|	
	破線	:	;
行間	実線	\hline	\cline
	破線	\hdashline	\cdashline

■ LATEX の機能のみを用いる場合

破線の罫線を作成するには，次の例のように \cleaders コマンド（4.14 節参照）などが利用できます（\multicolumn については 8.8 節で説明します）．さらに詳しい応用例は，『LATEX2ε 標準コマンド ポケットリファレンス』[11] の「表の作成」の部分などに見られます．

```
\begin{tabular}{|cc|} \hline
A & B \\[-.7\normalbaselineskip]%%% オプション引数は罫線専用の行の位置の調整
\multispan{2}\rule{2pt}{.4pt}\strut
\cleaders\hbox{\hskip2pt\rule{4pt}{.4pt}\hskip2pt}\hfill \rule{2pt}{.4pt}
\\[-.3\normalbaselineskip]
X & Y \\ \hline \noalign{\vskip-.7\normalbaselineskip}
  \multicolumn{1}{@{}r@{}}{\smash{%
    \vbox to2\normalbaselineskip{\hbox{\rule{.4pt}{2pt}}%
      \cleaders\vbox{\vskip2pt\hbox{\rule{.4pt}{4pt}}\vskip2pt}\vfill
      \hbox{\rule{.4pt}{2pt}}}}}
& \multicolumn{1}{c}{} \\[-.3\normalbaselineskip]
\end{tabular}
```

8 表の作成

8.7 2重罫線をきれいに出力したい

hhline パッケージを用いると，2重罫線と他の罫線との交差の仕方が改善されます．

■ hhline パッケージ

tabular 環境では罫線の指定「|」あるいは「\hline」を繰り返して用いると2重以上の罫線を作成できますが，LaTeX のデフォルトの状態では2重罫線とほかの罫線とが交差する部分は本節の例1の左側の表の罫線のようになります．一方，hhline パッケージが提供する「行間の2重罫線」を出力するコマンドの \hhline を用いると，例1の中央あるいは右側の表のような罫線の入れ方ができるようになります．\hhline コマンドは「\hhline{〈2重罫線の書式指定〉}」という形式で用います．ただし，「〈2重罫線の書式指定〉」には「=」(2重罫線)，「#」(2重罫線どうしが互いに貫く形で交差する箇所，「|tb|」という指定と同じ）などの指定を列挙します（利用可能な指定を表8.4に挙げます）．また，tabular 環境の書式指定（\begin{tabular} の後の引数）と同様に「〈item〉の〈number〉回の繰り返し」を「*{〈number〉}{〈item〉}」と記述できます．なお，2重罫線の間隔は \doublerulesep という寸法で与えられます．

■例1：\hhline コマンドの使用例，罫線の間隔の変更例

```
\begin{tabular}{||c||c||} \hline \hline
  A & B \\ \hline \hline
  X & Y \\ \hline \hline
\end{tabular}\quad
\begin{tabular}{||c||c||} \hhline{|t:=:t:=:t|}
  A & B \\ \hhline{|:=::=:|}
  X & Y \\ \hhline{|b:=:b:=:b|}
\end{tabular}\quad
{\setlength{\doublerulesep}{1pt}%
\begin{tabular}{||c||c||} \hhline{#=#=#}
  A & B \\ \hhline{#=#=#}
  X & Y \\ \hhline{#=#=#}
\end{tabular}}
```

\hhline コマンドの引数の記述はいくぶん複雑ですが，引数の個々の文字を「\begin{tabular}」の後の書式指定と対応付けると考えやすいでしょう（図8.1参照）．

表 8.4 ● \hhline コマンドの引数で利用可能な書式指定文字

指定	意味
|	2重罫線を貫く縦罫線
:	2重罫線を貫かない縦罫線と2重罫線の交差箇所
#	縦横の2重罫線が「井」型に交差する箇所
~	各セルの上下にかかる罫線を省略する箇所

指定	意味
=	2重罫線（各セルの上下にかかる罫線）
-	2重罫線の下側の罫線（各セルの上下にかかる罫線）
t	2重罫線の上側の罫線（縦の2重罫線の間の部分）
b	2重罫線の下側の罫線（縦の2重罫線の間の部分）

注：縦組の場合「縦」と「横」が逆になり，また，「上側」，「下側」はそれぞれ「右側」，「左側」となります．

```
表の書式指定    |  〈罫線間〉  |    c    |  〈罫線間〉  |    c    |  〈罫線間〉  |
\hhline の引数  |     t      :     =    :     t      :     =    :     t      |
対応する罫線    ▌     ▬      :    ══    :     ▬      :    ══    :     ▬      ▌
                └──────── 実際に出力される罫線は，これらをつなげた ════ ────┘
```

図 8.1 ● \hhline コマンドの引数と表の書式指定の対応（例1の中央の表の最初の \hhline の場合）

■例2：イレギュラーな交わり方をした罫線を用いた例

```
\begin{tabular}{||c||c||}        \hhline{|t:=:t:=:t|}
  A                        & B \\ \hhline{|:=:b|-||}
  \multicolumn{1}{||c|}{X} & Y \\ \hhline{|b:=:tb:=:b|}
\end{tabular}\quad
\begin{tabular}{||c|||c||} \hhline{|t:=:t|t:=:t|}
  A & B \\ \hhline{|b:=:b|b:=:b|}
  \noalign{\vskip-\arrayrulewidth} \hhline{|:-:|:-:|}
  X & Y \\ \hhline{|b:=:b|b:=:b|}
\end{tabular}
```

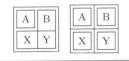

さらに複雑な罫線を用いる場合には，「表を画像化」，「TeX 自身の作表機能（\halign）を直接使用」といった手段を検討してください．

▶ 注意　hhline パッケージは arydshln パッケージ（前節参照）とは併用できません．また，hhline パッケージを colortbl パッケージ（8.14 節参照）と併用する場合，\doublerulesepcolor（罫線間の色）を適宜設定してください．　　　　　　　　　　　　　　　　　　　　　□

8 表の作成

8.8 セルを結合したい (1) ── LaTeX 自身の機能を用いる方法

> セルを行方向に結合するには \multicolumn コマンドを用います．また，\cline コマンドを用いて罫線の一部を消すと「セルを列方向に結合したかのように」記述できます．

■セルの行方向の結合

　行方向（横組時は横）に並ぶセルの結合を行うには，\multicolumn コマンドを次の形式で用います．「〈書式指定〉」の部分は tabular 環境の書式指定（\begin{tabular} の後の引数，8.1 節参照）と同様に「l」などの指定を並べます．また，\multicolumn コマンドは結合範囲の先頭で用います．例えば，ある行の 2 列目で「\multicolumn{3}...」という記述を用いると，2 列目からの 3 列分（2 列目から 4 列目まで）を結合します．

```
\multicolumn{〈結合する列数〉}{〈書式指定〉}{〈セルの中身〉}
```

　なお，「〈書式指定〉」では「1 列分」の指定を行います．つまり，〈書式指定〉のところでは「p{〈幅〉}」などの個々の列に対応する指定は 1 個だけ用います（「|」などの「列には対応しない指定」は複数用いても構いません）．また，結合後のセルが 2 列目以降にある場合，そのセルの左側（縦組時には上側）の罫線は \multicolumn の第 2 引数では**指定しません**（2 列目以降の各セルの左側の罫線は，直前の列のセルの右側の罫線として扱います）．

■セルを行方向に結合した例

```
\begin{tabular}{|c|c|c|c|c|c|} \hline
  \multicolumn{3}{|c|}{セル内では改行不可}
 & \multicolumn{3}{c|}{セル内で改行可能}
 \\ \hline
  \makebox[3zw][c]{\textttt{l}} & \makebox[3zw][c]{\textttt{c}}
 & \makebox[3zw][c]{\textttt{r}} & \makebox[3zw][c]{\textttt{p}}
 & \makebox[3zw][c]{\textttt{m}} & \makebox[3zw][c]{\textttt{b}}
 \\ \hline
  \multicolumn{4}{|c|}{標準} & \multicolumn{2}{c|}{array} \\ \hline
\end{tabular}
```

セル内では改行不可			セル内で改行可能		
l	c	r	p	m	b
標準				array	

252

この例では個々の列の幅を揃えるために 2 行目の各項目を「\makebox[3zw][c]{...}」という形にしています．この例の \makebox コマンドを用いるのを取り止めたうえでタイプセットしてみると，「個々の列の幅は \multicolumn での結合範囲などに関する『つじつま』が合うように設定されるだけ」ということがわかります．なお，列の幅を揃えるには tabularx パッケージの機能（tabularx 環境での「X」指定，8.13 節参照）も利用できます．

■セルの列方向の結合

　実は，tabular 環境には「セルを列方向に結合する」という機能は用意されていません．「セルを列方向に結合したかのような」出力を得るには，次の例のように \cline コマンド（8.4 節参照）を用いて罫線を部分的に消します（この例の中の数式（\$ で囲んだ部分）については第 15 章を参照してください）．また，列方向に結合したセル内の項目の上下方向（縦組時は横方向）の位置を調整するには \raisebox コマンド（4.5 節参照）を利用するのが基本的です．また，列方向に結合したセルの中などに縦書きのテキストを入れる方法については「8.11 縦書きのセルを作りたい・表全体の組方向を指定したい」を参照してください．

```
\begin{tabular}{|c|c|c|c|} \hline
  \multicolumn{2}{|c|}{} & \multicolumn{2}{c|}{$P$} \\ \cline{3-4}
    \multicolumn{2}{|c|}{%
        \raisebox{.5\normalbaselineskip}[0pt][0pt]{$P \land Q$}}
  & 真 & 偽 \\ \hline
  & 真 & 真 & 偽 \\ \cline{2-4}
    \raisebox{.5\normalbaselineskip}[0pt][0pt]{$Q$}
  & 偽 & 偽 & 偽 \\ \hline
\end{tabular}
```

$P \land Q$		P	
		真	偽
Q	真	真	偽
	偽	偽	偽

　セルの列方向の結合については multirow パッケージが提供する \multirow コマンドも知られています．それについては次節を参照してください．

253

8　表の作成

8.9　セルを結合したい (2) —— multirow パッケージ

multirow パッケージが提供する \multirow コマンドが利用できます.

■ multirow パッケージ

multirow パッケージは表における「セルを列方向に結合したかのような記述」を簡略化する \multirow コマンドを提供します.　このパッケージは, プリアンブルで次のように読み込めば充分です.

```
\usepackage{multirow}
```

ただし, longtable パッケージ (8.16 節参照) あるいは supertabular パッケージ (8.17 節参照) と併用する場合には, multirow パッケージを読み込む際に longtable オプションあるいは supertabular オプションを適用してください.

■ \multirow コマンドの用法

\multirow コマンドは, tabular 環境などによる表の中で次の形式で用います.

```
\multirow[〈位置〉]{〈行数の目安〉}{〈幅〉}[〈移動量〉]{〈テキスト〉}
```

- 〈テキスト〉はセルを結合した範囲に書き込む項目です.
- 〈幅〉は,「〈テキスト〉を書き込むセルの幅」または文字「*」, 文字「=」です.　文字「*」を指定した場合, 〈text〉は改行されることなく 1 行に配置されます.　文字「=」を指定した場合, \multirow コマンドが書き込まれている列に (tabular 環境の冒頭で「p」指定などによって) 指定されている幅と同じ幅を用います (「c」指定などの幅が具体的に指定されていない列で用いてもエラーにはなりませんが, 出力がおかしくなります).
- 整数 〈行数の目安〉はセルを結合する行数の「目安」です.　〈行数の目安〉が正のときは, \multirow コマンドを書き込んだセルから下方向に「〈行数の目安〉行分」の範囲に 〈テキスト〉を配置します.　〈行数の目安〉が負のときは, \multirow コマンドを書き込んだセルから上方向に「−〈行数の目安〉行分」の範囲に 〈テキスト〉を配置します.
- 〈位置〉は,「〈テキスト〉を上寄せ, 下寄せ, 天地中央のどの配置にするか」の指定で,「c」なら天地中央,「t」なら上寄せ,「b」なら下寄せになります.　なお,「〈位置〉」を指定しないときには天地中央になります.
- 〈移動量〉は 〈テキスト〉の位置の調整量で, 〈テキスト〉を 〈位置〉で指定された位置か

254

ら〈移動量〉だけ上に移動します.

なお,上記の説明中の「上」「下」というのは横組の場合の話で,縦組の場合には「上」を「右」に,「下」を「左」に読み換えてください.

▶ 注意　colortbl パッケージ(8.14 節参照)を用いて表の各セルに背景色を付けた場合,\multirow を用いる際に上記の書式における「〈行数の目安〉」を負にして「結合範囲の終わりから持ち上げる」ように配置しないと,\multirow コマンドで配置する項目が背景色に埋もれてしまうことがあります.　　　　　　　　　　　　　　　　　　　　　　　　　　　　　□

■ \multirow の使用例

```
\begin{tabular}{|l|p{3zw}|c|p{10zw}|} \hline
    \multirow{5}{*}{指定}
    & \multirow{3}{=}{段落タイプ}%%% \multirow{3}{3zw}{段落タイプ} でも OK
    & \textttt{p}
    & \LaTeX 標準
    \\ \cline{3-4}%%% \cline を用いて手動で横罫線を切る必要があります
    &
    & \multirow{2}{*}{\textttt{m}, \textttt{b}}
    & array パッケージ使用時のみ利用可能
    \\ \cline{2-4}
    & 通常タイプ
    & \multirow{2}{*}{\textttt{l}, \textttt{c}, \textttt{r}}
    & \multirow{2}{=}{\LaTeX 標準}
    \\ \hline
\end{tabular}
```

		p	LᴬTᴇX 標準
指定	段落タイプ	m, b	array パッケージ使用時のみ利用可能
	通常タイプ	l, c, r	LᴬTᴇX 標準

　この例の最初の \multirow では表の 3 行分を結合したセルに「指定」という文字列を書き込んでいますが,表の 2 行目と 3 行目がそれぞれ 2 行分の高さを持つため結合範囲全体では「5 行分」として配置することになります.他の \multirow に関しても同様,

255

8 表の作成

8.10 セルに斜線を入れたい

基本的には，picture 環境などを用いて斜線を書き込みます．PSTricks パッケージを利用すると比較的容易に斜線を書き込めます．

■標準的に利用できる機能のみを用いる場合

LATEX の標準的な機能を用いて表のセルに斜線（対角線）を入れるには，picture 環境（付録 C 参照）が利用できます．例えば，斜線を入れたいセルの幅が 15.10 mm で高さが 5.57 mm である場合，そのセルの右下がりの対角線は，pict2e パッケージを併用し \unitlength を 1 mm にしたうえで「\put(⟨端点の x 座標⟩,⟨端点の y 座標⟩){\line(347,-128){15.1}}」のように記述できます（ここでは，\line の仕様に合わせて「(15.10,-5.57)」ではなく「(347,-128)」と近似しています）．なお，セルの各頂点の座標などを容易に取得できるソフトウェア（例えば，GSview）を用いてプレビューすれば，印刷しなくてもセルの寸法がわかります．

■例 1：picture 環境を用いた例（ただし，セルの寸法は本書での設定における寸法）

```
\begin{tabular}{|l|l|l|} \hline
  \raisebox{-.15zw}{位置}\hspace{1zw}%
  \raisebox{.55zw}{線種}\rule{0pt}{1.65zw}
 & \multicolumn{1}{c|}{\raisebox{.2zw}{実線}}
 & \multicolumn{1}{c|}{\raisebox{.2zw}{破線}} \\
\noalign{\vskip-\normalbaselineskip}%%% 1 行分戻す
\multicolumn{1}{|@{}l@{}|}{%%% 「@{}」でセルの中身と罫線との間の空白を除去
  \setlength{\unitlength}{1mm}%
  \begin{picture}(0,0)
    \linethickness{\arrayrulewidth}%%% 線の太さを表での罫線の太さに揃える
    \put(0,4.14){\line(347,-128){15.1}}
  \end{picture}}%%% ↑「4.14」のところは出力結果に応じて調整
 & & \\ \hline
列間 & \verb/|/ & \verb/:/, \verb/;/ \\ \hline
行間 & \verb/\hline/, \verb/\cline/
   & \verb/\hdashline/, \verb/\cdashline/ \\ \hline
\end{tabular}
```

位置 ＼ 線種	実線	破線
列間	|	:, ;
行間	\hline, \cline	\hdashline, \cdashline

なお，pict2e パッケージを用いない場合，graphicx パッケージを用いても構わないなら「\rotatebox コマンド（4.9 節参照）を用いて罫線を回転させる」という方法が使えます．例えば，今の例の斜線は長さが $\sqrt{15.10^2 + 5.57^2} \fallingdotseq 16.09\,\mathrm{mm}$ の罫線を $\tan\varphi = 5.57/15.10$ となる鋭角 $\varphi \fallingdotseq 20.25°$ だけ右回りに回転させたものなので，「\rotatebox{-20.25}{\rule{16.09mm}{\arrayrulewidth}}」のように記述できます．あとは，この罫線の位置を \raisebox コマンドなどを用いて調節すればよいわけです（必要に応じ，\raisebox のオプション引数を用いるなどの方法で罫線自身の大きさを無視させるとよいでしょう）．

■ PSTricks パッケージを用いる場合

作成している文書を dvips（あるいはそれから派生したソフトウェア）を経由して扱う場合には，PSTricks パッケージの機能を用いると「セルの寸法を測定せずにセルの斜線を作成」できます．例えば，セルの対角線の両端に「ノード」を設定して，それらのノードを線分で結ぶとよいでしょう．PSTricks パッケージの機能の詳細については，『The LaTeX Graphics Companion』[6] の第 4 章などを参照してください．

■例 2：PSTricks パッケージを用いた例

```
\documentclass{jarticle}
\usepackage{pst-node}%%% pst-node は PSTricks を構成するパッケージ群のひとつ
\begin{document}
\begin{tabular}{|l|l|l|} \hline
  \omit %%% \omit は「l」などの書式指定を無視した「無指定のセル」を作るコマンド
  \begin{pspicture}(0,0)\pnode(0,0){A}\end{pspicture}%%% ノード A を設定
  \hfill & \omit & \omit \cr%%% \cr は「表での各行の終端」を表す単純なコマンド
    \raisebox{-.15zw}{位置}\hspace{1zw}%
    \raisebox{.55zw}{線種}\rule{0pt}{1.65zw}
  & \multicolumn{1}{c|}{\raisebox{.2zw}{実線}}
  & \multicolumn{1}{c|}{\raisebox{.2zw}{破線}} \\
  \omit \hfill
  \begin{pspicture}(0,0)\pnode(0,0){B}%%%            ノード B を設定
    \ncline[linewidth=\arrayrulewidth]{A}{B}%%% 2 ノード A, B を線分で結ぶ
  \end{pspicture}%
  & \omit & \omit \cr \hline
%%% （後略，例 1 のサンプルコードの下から 4 行目以降と同様）
```

注意　本節の例 1，例 2 はともに「セルの寸法に合わせて斜線を引く」ことができる方法です．一方，「セルの寸法のほうを斜線に合わせて変更しても構わない」場合には，slashbox パッケージが提供する \slashbox コマンド，\backslashbox コマンドも利用できます．例えば，例 1 の左上のセルは単に「\backslashbox{位置}{線種}」のように記述できます（同様に \slashbox を用いると右上がりの斜線とその上下の文字列を記述できます）．　　　□

8 表の作成

8.11 縦書きのセルを作りたい・表全体の組方向を指定したい

plext パッケージ使用時には，tabular 環境でも「組方向指定」オプションが利用できます．個々のセルに縦組の項目を入れるには \parbox コマンドの「組方向指定」オプションなどが利用できます．

■ plext パッケージ使用時の tabular 環境の拡張機能

plext パッケージ使用時には，「\begin{tabular}」の直後に「組方向」を指定するオプションを次の形式で付けることができます（「〈書式指定〉」などの意味は plext パッケージ不使用時と変わりません）．

```
\begin{tabular}<〈組方向〉>[〈表全体の位置の指定〉]{〈書式指定〉}
```

「〈組方向〉」としては，\parbox コマンドあるいは minipage 環境の場合（5.6 節参照）と同様に，「t」（縦組），「y」（横組），「z」（数式組，横組にしたものを 90° 回転させたもの，縦組時にのみ有効）が利用できます．なお，「<〈組方向〉>」の部分を省略した場合には単に表の周囲での組版方向と同じ向きになります．

▶ 注意　array パッケージを用いる場合，plext パッケージによる「tabular 環境の組方向指定オプション」は利用できません．また，array パッケージを用いると「縦組にした表」での行送りがおかしくなります．そのため，縦組が主体の文書では array パッケージを用いないようにするのが無難です（array パッケージは表に関係するパッケージの中で自動的に読み込まれることもあるので，注意が必要です）．なお tarticle.cls などの「縦組がデフォルト」の標準配布のクラスファイルは plext パッケージを読み込むことにも注意してください．　　　　□

■ tabular 環境の組方向指定オプションを用いた例

```
\documentclass{jarticle}
\usepackage{plext}
\begin{document}
\begin{tabular}<t>{|l|l|} \hline
   指定         & 意味 \\ \hline   \rensuji{t} & 縦組    \\ \hline
   \rensuji{y} & 横組 \\ \hline   \rensuji{z} & 数式組 \\ \hline
\end{tabular}\quad
\parbox<t>{9zw}{%%% 「z」指定は縦組時にのみ有効なので，縦組の段落を作成
\begin{tabular}<z>{|l|l|} \hline
   指定         & 意味 \\ \hline   \rensuji{t} & 縦組    \\ \hline
```

```
   \rensuji{y} & 横組 \\ \hline    \rensuji{z} & 数式組 \\ \hline
\end{tabular}}
\end{document}
```

■セル内での縦書き

　表の中の特定のセルの中身を縦書きにするには，セルの中で「組方向を指定した \parbox
コマンド」，「\tate，\yoko による組方向の直接指定」（5.6 節参照）あるいは「\shortstack
コマンドを用いた疑似的な縦書き」（4.6 節参照）を用います．なお，横組の表の個々のセル
の中身をすべて縦書きにすると，手間はかかりますが「表全体を縦組にした表であるかのよ
うな記述」を plext パッケージを用いずに実現できます．

```
\begin{tabular}{|c|c|l|} \hline
   & \texttt{t} & 縦組   \\ \cline{2-3}
   & \texttt{y} & 横組   \\ \cline{2-3}
     \raisebox{.25\normalbaselineskip}[0pt][0pt]{\hbox{\tate 組方向}}
   & \texttt{z} & 数式組 \\ \hline
\end{tabular}\quad
\begin{tabular}{|c|c|l|} \hline
   & \texttt{t} & 縦組    \\ \cline{2-3}
   & \texttt{y} & 横組    \\ \cline{2-3}
     \raisebox{.15\normalbaselineskip}[0pt][0pt]{%
        \shortstack{組\\ 方\\ 向}}
   & \texttt{z} & 数式組 \\ \hline
\end{tabular}
```

259

8　表の作成

8.12　各セルの要素を小数点などの位置を揃えて記述したい

基本的には，\hphantom などを用いて位置合わせを行います．また，dcolumn パッケージが利用できます．

■ LaTeX 自身の機能のみを用いる場合

LaTeX 自身の機能のみを用いて表での小数点などの位置を揃えるには，揃える位置の左右にあるものの幅を \hphantom などを用いて調整します．例えば，「3.141」と「27.18」の小数点の位置を揃える場合，「\hphantom{0}3.141」あるいは「27.18\hphantom{0}」のように小数点の左側，右側がそれぞれ数字 2 桁分の幅，数字 3 桁分の幅になるように適当なダミーを \hphantom を用いて追加します．各セルの中身にマイナス記号などが付いている場合には多少複雑になりますが，「幅を揃えるためのダミーを入れる」という考え方は変わりません．

■ \hphantom を用いて小数点の位置を揃えた例

```
\begin{tabular}{|c|c|c|} \hline
  $n$ & 真値 & 実験値 \\ \hline%% 「$」で挟まれた部分は数式 (第 15 章参照)
    3 & 16\hphantom{.000000}
      & \hphantom{$-0$}\llap{16}.0\hphantom{00000} \\ \hline
    6 & \hphantom{0}1.024\hphantom{000}
      & \hphantom{$-0$}\llap{1}.024001         \\ \hline
   10 & \hphantom{0}0.026214
      & \hphantom{$-0$}\llap{0}.026244          \\ \hline
   15 & \hphantom{0}0.000268
      & $-0.002620$                            \\ \hline
\end{tabular}
```

n	真値	実験値
3	16	16.0
6	1.024	1.024001
10	0.026214	0.026244
15	0.000268	-0.002620

　この表の第 3 列（の第 2 行目以降）では，小数点の左側にあるもののうち最も幅が広いものは「−0」で，そのほかの項目の小数点の左側の部分（特に「16」）とこの「−0」の幅の差は単純には調整できません．そこで，各項目の小数点の左側に「\hphantom{-0}」を置いて「最も幅が広いもの」と同じ大きさの空白を置きつつ，その空白に \llap で重ね書きする

260

形で実際の項目を記述しています. なお, \hphantom を補う作業を簡略化する工夫としては

```
\catcode`\?=\active%%% \active の代わりに「13」としても構いません
\def?{\hphantom{0}}
```

という設定を行って「\hphantom{0}」の代わりに「?」と書けるようにするといった方法が知られています (\catcode については『独習 LaTeX 2ε』[4] の第 10 章などで触れられています).

■ dcolumn パッケージを用いる場合

dcolumn パッケージを用いると (単に「\usepackage{dcolumn}」のように読み込みます), 表の書式指定 (\begin{tabular} の後の引数) において「小数点などの位置を揃える列」を「D」で表せます. この「D」指定は次の形式で用います.

D{〈小数点を表す文字〉}{〈小数点を出力するための記述〉}{〈桁数の指定〉}

- 「〈桁数の指定〉」は小数点の右側の桁数あるいは「〈小数点の左側の桁数〉.〈小数点の右側の桁数〉」(例えば,「3.2」) という形式です (小数点の左右の桁数の区切りにはピリオド以外の文字も使えます). ただし, 〈桁数の指定〉として「-1」のような負の整数を指定すると, 小数点の位置をセルの左右中央にします.
- 「〈小数点を表す文字〉」は各セルの中身の記述において小数点として用いる文字です (ただ 1 文字でなければなりません).
- 通常は〈小数点を表す文字〉, 〈小数点を出力するための記述〉をともにピリオドにすれば充分ですが,「小数点を持ち上げて記述する慣例のある言語の文書を扱うときには〈小数点を出力するための記述〉を『\cdot』(『·』を数式中で出力するコマンド) にする」といった具合に出力形式を変更できます.

例えば, dcolumn パッケージ使用時には, 先の例の表は次のように記述できます.

```
\begin{tabular}{|c|D{.}{.}{6}|D{.}{.}{6}|} \hline
$n$ & \multicolumn{1}{c|}{真値} & \multicolumn{1}{c|}{実験値} \\ \hline
 3 & 16      & 16.0       \\ \hline
 6 & 1.024   & 1.024001  \\ \hline
10 & 0.026214 & 0.026244 \\ \hline
15 & 0.000268 & -0.002620 \\ \hline %%%「D」指定のセルの中身は数式扱い
\end{tabular}
```

▶ 注意 dcolumn パッケージは array パッケージを読み込みます. □

8 表の作成

8.13 表全体の幅を指定したい

> tabularx パッケージが提供する tabularx 環境が利用できます.

■ tabularx パッケージ

tabularx パッケージが提供する tabularx 環境を用いると，次の形式で「幅を指定した表」
が作成できます（tabularx パッケージは，「\usepackage{tabularx}」のように読み込めば
充分です）.「〈表全体の位置の指定〉」と「〈書式指定〉」に使える記述は tabular 環境の場合と
同様です（8.1 節参照）. なお，tabularx パッケージは array パッケージも読み込みます.

```
\begin{tabularx}{〈表の幅〉}[〈表全体の位置の指定〉]{〈書式指定〉}
〈表の中身の記述（8.1 節参照）〉
\end{tabularx}
```

tabularx 環境独自の特徴としては，「〈書式指定〉のところで『X』という指定が使える」と
いう点があります. tabularx 環境については次の 4 点に注意してください.

- 表の幅の調整は X 指定を適用した列で行われます. 特に，少なくとも 1 個の列に X 指
  定を用いる必要があります. また，ひとつの tabularx 環境で複数の X 指定の列を用い
  た場合，X 指定の列は基本的にはすべて同じ幅になります.
- X 指定の列は，内部的には「p{〈幅〉}」（〈幅〉は表全体の幅と「X」以外の指定を持っ
  た列の幅などを用いて割り出された値）として扱われます. なお，X 指定の列の取り
  扱われ方は，\tabularxcolumn というコマンドを再定義すると変更できます.
- ほかのコマンドの引数の中では意図どおりに処理されないことがあるコマンド（例え
  ば，\verb）は，tabularx 環境の内部でも意図どおりに処理されないことがあります.
- tabularx 環境の中に別の tabularx 環境を入れる場合，内側の tabularx 環境の全体を括
  弧「{」,「}」で囲む必要があります.

■ tabularx 環境の使用例

```
\setlength{\tabcolsep}{.5zw}
\begin{tabularx}{20zw}{|c|X|X|} \hline
  例 & 幅を指定した表 & 幅を自動調整する表 \\ \hline
\end{tabularx}\par\medskip
\begin{tabularx}{14zw}{|c|X|X|} \hline
  例 & 表の幅指定 & 幅を自動調整する表 \\ \hline
\end{tabularx}\quad
```

262

```
{\renewcommand{\tabularxcolumn}[1]{m{#1}}%%% X 指定の列に対する処理を変更
\begin{tabularx}{14zw}{|c|X|X|} \hline         引数 #1 は X 指定の列の中身の幅
  例 & 表の幅指定 & 幅を自動調整する表 \\ \hline
\end{tabularx}}
```

例	幅を指定した表	幅を自動調整する表

例	表の幅指定	幅を自動調整する表

例	表の幅指定	幅を自動調整する表

この例の最後の 2 個の幅が 14 zw の表では,「第 1 列の中身の幅」,「4 本の縦罫線の太さ」,「セルの中身と縦罫線との間隔（計 6 箇所）」,「2 箇所の X 指定の列の中身の幅」の合計が 14 zw なので, 1 zw ＋ 4\arrayrulewidth ＋ 6\tabcolsep ＋ 2(X 指定の列の中身の幅) ＝ 14 zw です（array パッケージ使用時には罫線の太さも考慮されます）. これから,（X 指定の列の中身の幅）＝ 5 zw － 2\arrayrulewidth となります（出力例でも X 指定の列の中身はほぼ 5 文字分の幅です）. 表全体の幅が 20 zw のときの X 指定の列の中身の幅も同様の計算で割り出されます.

■ tabularx パッケージを用いない場合

tabularx パッケージを用いない場合は, 可変幅の列の幅の計算をユーザー自身で行うとよいでしょう（なお, array パッケージ不使用時には罫線の太さが無視されます）. その際, 固定幅の列では, \makebox コマンド（4.10 節参照）などを用いて中身の幅を「計算しやすい値」にするのもよいでしょう. 例えば, 先の例の最後の表は次のようにも記述できます.

```
\documentclass{jarticle}
\usepackage{array,calc}%%% calc パッケージ使用時には,「p」,「m」,「b」を
\begin{document}%%%         指定した列の幅の設定に計算式を使用可能
\setlength{\tabcolsep}{.5zw}
\begin{tabular}{|c|*{2}{m{5zw - 2\arrayrulewidth}|}} \hline
  例 & 表の幅指定 & 幅を自動調整する表 \\ \hline
\end{tabular}
\end{document}
```

▶ 注意 LaTeX 自身が提供する tabular* 環境を用いても「幅を指定した表」を作成できます. ただ, tabular* 環境は \cline の取り扱いなどに難があるので, 本書では扱いません. tabular* 環境に興味がある読者は LaTeX の入門書（例えば,『独習 LaTeX 2ε』[4] の 5.2.1 項）を参照してください.   □

8　表の作成

8.14　表のセルに色を付けたい

colortbl パッケージが提供するコマンドの \columncolor, \rowcolor が使えます.

■ colortbl パッケージ

　表の個々のセルあるいは罫線への色付けを実現するパッケージとして有名なものに colortbl パッケージがあります. このパッケージは, 基本的には単に「\usepackage{colortbl}」のように読み込みます. ただし, colortbl パッケージの読み込みの時点で color パッケージが読み込まれていなければ, colortbl パッケージの読み込み時に color パッケージも読み込まれます. なお, colortbl パッケージは array パッケージも読み込みます.

▶ 注意　colortbl パッケージの読み込み時に「\usepackage[dvips]{colortbl}」のように「**color パッケージへのドライバ指定**」(3.13 節参照) をオプションとして与えることもできます. ただし, colortbl パッケージを読み込む前に別途 color パッケージを読み込んでいた場合には, color パッケージ自身の読み込み時のドライバ指定が優先されます.　　　　　　□

　本節での各コマンドの書式の説明における「⟨色名⟩」,「⟨カラーモデル⟩」,「⟨パラメータ⟩」は \color あるいは \textcolor での色付けの場合 (3.13 節参照) と同様に指定します.

■個々の列への背景色の設定

　表の特定の列に背景色を設定するには, 表の書式指定 (\begin{tabular} の後の引数) の中の背景色を設定したい列に対応する「l」などの書式指定文字の直前で, \columncolor というコマンドを次の形式で用います.

- 色名を指定する場合：>{\columncolor{⟨色名⟩}}
- カラーモデルとパラメータを指定する場合：
  >{\columncolor[⟨カラーモデル⟩]{⟨パラメータ⟩}}

■個々の行への背景色の設定

　表の特定の行に背景色を設定するには, その行の先頭で \rowcolor というコマンドを次の形式で用います.

- 色名を指定する場合：\rowcolor{⟨色名⟩}
- カラーモデルとパラメータを指定する場合：
  \rowcolor[⟨カラーモデル⟩]{⟨パラメータ⟩}

■個々のセルへの背景色の設定

特定のセルの背景色を設定するには，背景色を設定するセルの中で \cellcolor というコマンドを次の形式で用います．

- 色名を指定する場合：\cellcolor{〈色名〉}
- カラーモデルとパラメータを指定する場合：
  \cellcolor[〈カラーモデル〉]{〈パラメータ〉}

なお，特定のセルの書式を変更する方法（8.2 節参照）と \columncolor コマンドを組み合わせた「\multicolumn{1}{>{\columncolor{〈色名〉}}l}{〈セルの中身〉}」のような記述も用いられます．

■セルの背景色の指定の優先順位

「\columncolor を適用した列と \rowcolor を適用した行とが交差する箇所にあるセル」のように複数の背景色の指定が適用されたセルでは，「\cellcolor などによるセル単位での背景色の指定」が最優先で，「\rowcolor による行単位での背景色の指定」がその次に優先されます．「表全体の書式指定（\begin{tabular} の後の引数）での \columncolor による列単位の指定」の優先順位は最下位です．

■表のいくつかのセルに背景色を設定した例

```
%%% 1 列目の背景色は基本的には 15% のグレー
\begin{tabular}{|>{\columncolor[gray]{.85}}l|l|l|} \hline
  \rowcolor[gray]{.6}%%% 1 行目の背景色は基本的には 40% のグレー
     コマンド & 機能
  & \cellcolor[gray]{.3}\textcolor{white}{\textgt{備考}} \\ \hline
  \verb/\rowcolor/    & 行への色付け &              \\ \hline
  \verb/\columncolor/ & 列への色付け & 優先度低 \\ \hline
\end{tabular}
```

コマンド	機能	備考
\rowcolor	行への色付け	
\columncolor	列への色付け	優先度低

colortbl パッケージの機能の詳細についてはマニュアル（colortbl.pdf）を参照してください．なお，colortbl パッケージ使用時の表での罫線の取り扱いについては次節で説明します．

8 表の作成

8.15 表の罫線に色を付けたい

> colortbl パッケージ使用時には，\arrayrulecolor コマンド（罫線の色を指定），
> \doublerulesepcolor コマンド（2 重罫線間の色を指定）が利用できます．

■表の罫線の色を設定するコマンド

colortbl パッケージ（前節参照）は，\arrayrulecolor コマンド（罫線の色を指定）と \doublerulesepcolor コマンド（2 重罫線の間の色を指定）も用意しています．これらのコマンドは次の形式で用います．なお，「〈色名〉」，「〈カラーモデル〉」，「〈パラメータ〉」は \color あるいは \textcolor での色付けの場合（3.13 節参照）と同様に指定します．

- 色名を指定する場合：\arrayrulecolor{〈色名〉}, \doublerulesepcolor{〈色名〉}
- カラーモデルとパラメータを指定する場合：
  \arrayrulecolor[〈カラーモデル〉]{〈パラメータ〉}
  \doublerulesepcolor[〈カラーモデル〉]{〈パラメータ〉}

▶ 注意 \arrayrulecolor, \doublerulesepcolor で罫線などの色を変更した場合，必要に応じて罫線の色などをユーザー自身で明示的に復元してください．特に，\arrayrulecolor, \doublerulesepcolor の適用範囲は括弧「{」，「}」では**制限されません**． □

■罫線の色および 2 重罫線の間の色を設定した例

```
\setlength{\arrayrulewidth}{1pt}
\arrayrulecolor[gray]{.3}\doublerulesepcolor[gray]{.7}
\begin{tabular}{|c||c|c|} \hline
  A & B & C \\ \hline   X & Y & Z \\ \hline
\end{tabular}
```

■一部の罫線の色を変更する場合

行間の罫線の色を一時的に変更するには，当該の罫線（\hline, \cline など）に対応するコマンドの前後で \arrayrulecolor を用いて色を変更できます．一方，列間の罫線の色を一時的に変更するには，「!」指定などを用いて色付きの罫線を直接書き込むのが無難です．

```
\setlength{\arrayrulewidth}{1pt}
\begin{tabular}{|l!{{\color[gray]{.5}\vrule width\arrayrulewidth}}l|}
  \hline
  コマンド & 機能 \\ \hline
  \verb/\arrayrulecolor/     & 罫線の色を設定        \\
  \arrayrulecolor[gray]{.5}%%% 罫線の色の変更
  \hline
  \arrayrulecolor{black}%%%     罫線の色の復元
  \verb/\doublerulesepcolor/ & 2重罫線の間の色を設定 \\ \hline
\end{tabular}
```

コマンド	機能
\arrayrulecolor	罫線の色を設定
\doublerulesepcolor	2重罫線の間の色を設定

■ colortbl パッケージ使用時の \cline

表の個々のセルに背景色を付けた場合(前節参照), \cline による罫線が消えることがあります. この問題を回避するには, 次の例のように \cline による罫線の位置を変更するか, hhline パッケージ(8.7節参照)が提供する \hhline コマンドを用いて罫線を作成します. 現実問題としては, 表を画像化するのが無難であることもあります.

```
\begin{tabular}{|c|>{\columncolor[gray]{.8}}c|} \hline
  A & B \\
  \noalign{\vskip-\arrayrulewidth} \cline{2-2}
  \noalign{\vskip\arrayrulewidth}
  C & D \\ \hline
\end{tabular}\quad
\begin{tabular}{|c|>{\columncolor[gray]{.8}}c|} \hline
  A & B \\ \hhline{|~|-|}
  C & D \\ \hline
\end{tabular}
```

▶ 注意 colortbl パッケージと hhline パッケージを併用して \hhline コマンドで2重罫線を作成する場合, \doublerulesepcolor を適宜設定してください. また, colortbl パッケージと arydshln パッケージを併用する場合, \dashgapcolor コマンドで「破線の間隙部分の色」を指定できます(\dashgapcolor は \arrayrulecolor と同じ形式で用います). □

8 表の作成

8.16 複数ページにわたる表を作成したい (1) —— longtable パッケージ

複数ページにわたる表を作成するには，longtable パッケージが提供する longtable 環境を用いるのが基本的です．

■ longtable パッケージ

複数ページにわたる表を作成する機能を提供するパッケージとしては longtable パッケージや supertabular パッケージ（次節参照）などが知られています．本節で説明する longtable パッケージ（単に「\usepackage{longtable}」のように読み込みます）は，複数ページにわたる表を作成する longtable 環境を提供します．この環境は次の形式で用います．

```
\begin{longtable}[〈横方向の位置〉]{〈書式指定〉}
〈最初のページのヘッダ部〉  \endfirsthead
〈ヘッダ部〉              \endhead
〈フッタ部〉              \endfoot
〈最後のページのフッタ部〉   \endlastfoot
〈表の本体部分の記述〉
\end{longtable}
```

● 「〈書式指定〉」と「〈表の本体部分の記述〉」の部分は tabular 環境の場合（8.1 節参照）と同様に記述します．

● 「〈横方向の位置指定〉」には「l」（表全体を左寄せ），「c」（表全体を中央寄せ），「r」（表全体を右寄せ）が利用できます．また，「[〈横方向の位置指定〉]」の部分は省略可能で，省略した場合，longtable パッケージのデフォルト設定では表全体が中央寄せになります．なお，「[〈横方向の位置指定〉]」の省略時の表全体の位置は，\LTleft（表全体の左側の空白量），\LTright（表全体の右側の空白量）というグルーによって決まります．例えば，「\setlength{\LTleft}{0pt}」かつ「\setlength{\LTright}{0pt plus 1fill}」という設定にすると「左寄せがデフォルト」になります．

● 「〈最初のページのヘッダ部〉」（表の 1 ページ目の先頭に置かれる記述），「〈ヘッダ部〉」（表の各ページの先頭に置かれる記述），「〈フッタ部〉」（表の各ページの末尾に置かれる記述），「〈最後のページのフッタ部〉」（表の最終ページの末尾に置かれる記述）は

```
\begin{tabular}{〈書式指定〉} 〈ヘッダ部〉 \end{tabular}
```

などが表として成り立つ記述でなければなりません．また，「〈最初のページのヘッダ部〉

「\endfirsthead」などは省略可能です．「〈最初のページのヘッダ部〉\endfirsthead」を省略すると〈最初のページのヘッダ部〉＝〈ヘッダ部〉として扱われ，「〈最後のページのフッタ部〉\endlastfoot」を省略すると〈最後のページのフッタ部〉＝〈フッタ部〉として扱われます．一方，「〈ヘッダ部〉\endhead」または「〈フッタ部〉\endfoot」を省略すると，単に〈ヘッダ部〉または〈フッタ部〉が空であるものとして扱われます．

- longtable 環境による表とその前後のテキストとの間には，\LTpre（表の前に追加される空白量），\LTpost（表の後に追加される空白量）の大きさの空白が入ります（これらの値は，\setlength を用いて変更できます）．
- longtable 環境による表にキャプション（10.1 節参照）を付けるには，longtable 環境の中（例えば，〈最初のページのヘッダ部〉）で \caption コマンドを用います．

■ longtable 環境の使用例

```
\documentclass{jarticle}
\setlength{\textheight}{4\baselineskip}%%% この2行は版面（テキスト領域）の
\addtolength{\textheight}{\topskip}%%%   高さを5行分にする設定（1.5節参照）
\pagestyle{empty}
\usepackage{longtable}
\begin{document}
\begin{longtable}{|l|l|}
 \hline 名称 & 機能 \\ \hline \endfirsthead
 \multicolumn{2}{r@{}}{\footnotesize （前ページから続く）} \\ \hline
 名称 & 機能 \\ \hline \endhead
 \multicolumn{2}{r@{}}{\footnotesize （次ページに続く）} \endfoot
 \endlastfoot %%% 表の最終ページの末尾には何も追加しない
 array    & 書式指定の拡張など \\ \hline hhline    & 2重罫線の改良 \\ \hline
 arydshln & 破線の罫線を導入   \\ \hline longtable & 複数ページの表 \\ \hline
\end{longtable}
\end{document}
```

1 ページ目

名称	機能
array	書式指定の拡張など
hhline	2重罫線の改良

（次ページに続く）

2 ページ目

（前ページから続く）

名称	機能
arydshln	破線の罫線を導入

（次ページに続く）

3 ページ目

（前ページから続く）

名称	機能
longtable	複数ページの表

▶ 注意 longtable 環境は2段組（多段組）の文書では使えません．また，タイプセット時に「Package longtable Warning: Table widths have changed. Rerun LaTeX.」という警告が生じる場合，この警告が生じなくなるまでタイプセットを繰り返してください． □

8 表の作成

8.17 複数ページにわたる表を作成したい (2) ── supertabular パッケージ

supertabular パッケージによる supertabular 環境を用いても, 複数ページにわたる表を作成できます.

■ supertabular パッケージ

複数ページにわたる表を作成する環境としては, supertabular パッケージによる supertabular 環境もよく知られています（supertabular パッケージは単に「\usepackage{supertabular}」のように読み込みます）. この環境は次の形式で用います.

```
\tablefirsthead{〈最初のページのヘッダ部〉}
\tablehead{〈ヘッダ部〉}
\tabletail{〈フッタ部〉}
\tablelasttail{〈最後のページのフッタ部〉}
\begin{supertabular}{〈書式指定〉}
  〈表の本体部分の記述〉
\end{supertabular}
```

- 「〈書式指定〉」と「〈表の本体部分の記述〉」の部分は tabular 環境の場合（8.1 節参照）と同様に記述します.
- 「〈最初のページのヘッダ部〉」（表の 1 ページ目の先頭に置かれる記述）,「〈ヘッダ部〉」（表の各ページの先頭に置かれる記述）,「〈フッタ部〉」（表の各ページの末尾に置かれる記述）,「〈最後のページのフッタ部〉」（表の最終ページの末尾に置かれる記述）は

  ```
  \begin{tabular}{〈書式指定〉} 〈ヘッダ部〉 \end{tabular}
  ```

  などが表として成り立つ記述でなければなりません. また, 〈ヘッダ部〉などが空でないときには, 〈ヘッダ部〉などの個々の行の終端に必ず「\\」を置いてください. さらに, 「\tablefirsthead{〈最初のページのヘッダ部〉}」などは省略可能です.「\tablefirsthead{〈最初のページのヘッダ部〉}」を省略すると〈最初のページのヘッダ部〉 = 〈ヘッダ部〉として扱われ,「\tablelasttail{〈最後のページのフッタ部〉}」を省略すると〈最後のページのフッタ部〉 = 〈フッタ部〉として扱われます. 一方,「\tablehead{〈ヘッダ部〉}」または「\tabletail{〈フッタ部〉}」を省略すると, 単に〈ヘッダ部〉または〈フッタ部〉が空であるものとして扱われます.
- supertabular 環境による表にキャプション（10.1 節参照）を付けるには, supertabular 環

270

境の直前で \topcaption コマンド（表の前のキャプション）または \bottomcaption
コマンド（表の後のキャプション）を \caption コマンドと同様の形式で用います.

- supertabular 環境による表全体の左右方向の位置を調整するには，supertabular 環境
の全体を center 環境などの中に入れてください.

■ superatbular 環境の使用例

```
\documentclass{jarticle}
\setlength{\textheight}{4\baselineskip}%%% この2行は版面（テキスト領域）の
\addtolength{\textheight}{\topskip}%%%   高さを5行分にする設定（1.5節参照）
\pagestyle{empty}
\usepackage{supertabular}
\begin{document}
\begin{center}
\tablefirsthead{\hline 名称 & 機能 \\ \hline}
\tablehead{%
  \multicolumn{2}{r@{}}{\footnotesize （前ページから続く）} \\ \hline
  名称 & 機能 \\}
\tabletail{\hline\multicolumn{2}{r@{}}[\footnotesize （次ページに続く）}\\}
\tablelasttail{}
\begin{supertabular}{|l|l|}
 array    & 書式指定の拡張など \\ \hline  hhline    & 2重罫線の改良 \\ \hline
 arydshln & 破線の罫線を導入   \\ \hline  longtable & 複数ページの表 \\ \hline
\end{supertabular}
\end{center}
\end{document}
```

1ページ目

名称	機能
array	書式指定の拡張など

（次ページに続く）

2ページ目

	（前ページから続く）
名称	機能
hhline	2重罫線の改良
arydshln	破線の罫線を導入

（次ページに続く）

3ページ目

	（前ページから続く）
名称	機能
longtable	複数ページの表

前節の longtable 環境の場合と比較すると，supertabular 環境では個々の列の幅がページ
ごとに異なっています. これは supertabular 環境の仕様なので，ヘッダ部の各項目の幅を
\makebox コマンドを用いて調整するといった方法で個々の列の幅を固定するとよいでしょう.

注意　supertabular 環境は LaTeX 自身の機能で2段組にしている箇所（\twocolumn コマンド
を適用した箇所, 1.7節参照）でも使用できます. ただし, multicol パッケージによる multicols
環境の中では使えません.　　　　　　　　　　　　　　　　　　　　　　　　　　　□

8.17 複数ページにわたる表を作成したい(2)——supertabular パッケージ

271

8 表の作成

8.18 幅が広い表を回転させて配置したい

基本的には，graphicx パッケージが提供する \rotatebox コマンドを利用します．また，
rotating パッケージが提供する sidewaystable 環境なども利用できます．

■ graphicx パッケージのみを用いる場合

まず，充分に幅の広い \parbox あるいは minipage 環境（5.5 節参照）の中で表を作成し
ます．そののち，表を含む \parbox あるいは minipage 環境の全体を \rotatebox コマンド
（4.9 節参照）を用いて回転させます．表にキャプション（10.1 節参照）も付ける場合には，
\caption コマンドも表自体とともに \parbox あるいは minipage 環境の中に入れます．例
えば，次の例のように記述できます（この例に対応する出力例（60% に縮小）は図 8.2 です）.

```
\documentclass{jarticle}
\usepackage[dvips]{graphicx}%%% オプションは 3.13 節参照
\begin{document}
\begin{table}%%% table 環境は「表扱いにするもの」の配置に用いる環境（10.1 節参照）
\centering%%% これは，minipage 環境を回転させたものの全体を中央寄せにする設定
\rotatebox{90}{%%% 左回りに 90° の回転
\begin{minipage}{.99\textheight}
  \caption{表作成機能を拡張するパッケージ}
  \centering
  \begin{tabular}{|l|l|l|} \hline
    パッケージ    & 実現される機能 & 備考 \\ \hline
    array       & 書式指定の拡張など
                & 罫線の太さの取り扱いが \LaTeX のデフォルトと異なる \\ \hline
    arydshln    & 破線の罫線   & hhline パッケージとは併用不可        \\ \hline
    colortbl    & セルや罫線への色付け処理
                & \textttt{\symbol{92}cline} の扱いに注意が必要   \\ \hline
    dcolumn     & 小数点などの位置揃え &                        \\ \hline
    hhline      & 2重罫線の改良
                & colortbl パッケージ併用時には罫線間の色の設定が必要 \\ \hline
    longtable   & 複数ページにわたる表 & 多段組文書では使用不可        \\ \hline
    supertabular & 複数ページにわたる表 & 一部の 2 段組文書でも使用可 \\ \hline
    tabularx    & 幅を指定した表
                & tabularx 環境内の tabularx 環境の取り扱いに注意 \\ \hline
  \end{tabular}
\end{minipage}}
\end{table}
\end{document}
```

■ rotating パッケージ

rotating パッケージは，先の例のような記述を支援する sidewaystable 環境を提供しています．また，表ではなく図を回転させて配置するための sidewaysfigure 環境も提供されます．なお，rotating パッケージは単に「\usepackage{rotating}」のように読み込むか，「\usepackage[figuresright]{rotating}」のように figuresright オプションを指定して読み込めば充分です．例えば，先の例は次のようにも記述できます．

```
\documentclass{jarticle}
%%% ↓オプションは3.13節参照
\usepackage[dvips]{graphicx}
\usepackage{rotating}
\begin{document}
\begin{sidewaystable}
  \centering
  \caption{表作成機能を拡張するパッケージ}
  \begin{tabular}{|l|l|l|} \hline
    %%% （中略，先の例の表の中身と同じ）
  \end{tabular}
\end{sidewaystable}
\end{document}
```

表 1: 表作成機能を拡張するパッケージ

パッケージ	実現される機能	備考
array	書式指定の拡張など	罫線の太さの取り扱いが LaTeX のデフォルトと異なる
arydshln	破線の罫線	hhline パッケージとは併用不可
colortbl	セルや罫線への色付け処理	\cline の扱いに注意が必要
dcolumn	小数点などの位置揃え	
hhline	2重罫線の改良	colortbl パッケージ併用時には罫線間の色の設定が必要
longtable	複数ページにわたる表	多段組文書では使用不可
supertabular	複数ページにわたる表	一部の2段組文書でも使用可
tabularx	幅を指定した表	tabularx 環境内の tabularx 環境の取り扱いに注意

図 8.2 ● 表を回転させて配置した例

なお，奇数ページと偶数ページのページレイアウトが異なる場合（twoside クラスオプション適用時）には，rotating パッケージのデフォルト設定では sidewaystable 環境または sidewaysfigure 環境での図・表の回転の向きが奇数ページと偶数ページとで異なります．一方，rotating パッケージに figuresright オプションを適用すると「左 90° 回転」に固定されます（同様に「右 90° 回転」に固定するオプション figuresleft もあります）．

注意 rotating パッケージの読み込みの時点で graphicx パッケージが読み込まれていなければ，rotating パッケージの読み込み時に graphicx パッケージも読み込まれます．その際，**graphicx パッケージに対する**ドライバ指定（3.13 節参照）を「\usepackage[dvips]{rotating}」のように rotating パッケージの読み込み時に指定することもできます． □

273

8 表の作成

●コラム● ［ユーザー独自の書式指定文字の定義］

表を作成する tabular 環境などでは「l」などの書式指定文字を用いて個々の列の書式を指定します．ここで，array パッケージ使用時には，\newcolumntype というコマンドを次の形式で用いてユーザー独自の書式指定文字を定義できます（「[〈引数の個数〉]」の部分は省略可能で，省略した場合〈引数の個数〉= 0 として扱われます）．

> \newcolumntype{〈新しい書式指定文字〉}[〈引数の個数〉]{〈指定内容〉}

例えば，colortbl パッケージ（8.14 節参照，このパッケージは array パッケージを読み込みます）使用時に「\newcolumntype{L}{>{\columncolor[gray]{.8}}l}」のように「L」という書式指定文字を定義すると，「>{\columncolor[gray]{.8}}l」（20% のグレーの網掛けを行った左寄せの列の指定）の代わりに「L」と指定できるようになります．また，「P」という書式指定文字を「\newcolumntype{P}[1]{>{\setlength{\parindent}{1zw}}p{#1}}」のように定義すると，「P{10zw}」という指定は「>{\setlength{\parindent}{1zw}}p{10zw}」（段落の先頭での字下げ量を 1 zw に変更した，幅 10 zw の段落型の列の指定）として扱われます．

●コラム● ［表の個々の行に自動的に追加される支柱の寸法］

tabular 環境などによる表の個々の行には，通常，height（ベースラインより上にある部分の高さ）が地の文での行送りの 0.7 × \arraystretch 倍で，depth（ベースラインより下にある部分の高さ）が地の文での行送りの 0.3 × \arraystretch 倍の支柱が追加されます．例えば，表での行送りを 2 倍にしようとして「\renewcommand{\arraystretch}{2}」のように設定すると，個々の行に追加される支柱の height は地の文での行送りの 1.4 倍，depth は地の文での行送りの 0.6 倍となります．このような寸法の支柱が追加されるため，表における行送りを大きくした場合，ときとして個々の行の上側に大きな空白が生じます．

一方，「デフォルトの支柱」の寸法をふまえると，「個々の行の上下を均等に広げる」ための支柱の寸法が計算できます．例えば，支柱の height, depth をデフォルトの支柱の height, depth より 0.5 行分大きな値にすれば（つまり，height を地の文での行送りの 0.7 + 0.5 = 1.2 倍にし，depth を地の文での行送りの 0.3 + 0.5 = 0.8 倍にすれば），上下を均等に広げつつ行送りを 2 倍にできます．そのような支柱は「\rule[-.8\normalbaselineskip]{0pt}{2\normalbaselineskip}」のように記述できます．8.3 節での表の中に \rule による支柱を書き込んだ例でも，ここで行った計算と同様の計算で支柱の寸法を決定しています．

9: 画像の取り扱い

9.1	LaTeX 文書で利用できる画像を用意したい............................... 276
9.2	画像を貼り付けたい.. 278
9.3	画像の大きさを指定したい.. 280
9.4	画像を回転させて貼り付けたい.................................... 282
9.5	画像の一部のみを表示させたい.................................... 284
9.6	画像に文字を書き込みたい (1)——TeX 自身の機能を用いる方法...... 286
9.7	画像に文字を書き込みたい (2)——PSfrag パッケージ 288

9 画像の取り扱い

9.1 LaTeX 文書で利用できる画像を用意したい

- LaTeX 文書で用いる画像は EPS 形式で用意するのが基本です.
- 利用する dviware によっては，JPEG 形式などの画像のほうが都合がよい場合もあります.
- 単純な線画の類は LaTeX 自身の機能や適当なパッケージを用いて描画できます.

■ LaTeX 文書と画像

実は，文書中の画像を表示・印刷するという操作は LaTeX 自身が行うのではなく，LaTeX 側では単に表示すべき画像のファイル名や取り込み方（拡大率など）の情報を dvi ファイルに埋め込むだけです．そして，各種 dviware が「dvi ファイル中の画像のファイル名などの情報」を解釈し，画像の表示などの処理を実行します．そのため，LaTeX 文書で画像を用いる場合，画像形式と dviware の選択にあたっては次のような方針をとることになります.

- ユーザー自身が利用したい dviware がサポートする形式の画像のみを使用
- ユーザー自身が利用したい画像形式をサポートするような dviware を選択

表 9.1 に，典型的な dviware あるいは pdfTeX がサポートする主な画像形式を挙げます．LaTeX 文書では，従来，EPS 形式の画像がよく用いられてきました．なお，EPS 形式の画像を用意するには，EPS 形式に対応した画像作成ソフトウェアを利用する方法のほかに，EPS-conv，WMF2EPS などのソフトウェアで変換するという方法もあります．一方，JPEG 画像などを用いる場合は，写真データなどがそのまま使えます．特に，dvipdfmx などを用いて最終的に PDF 出力を得る場合には，写真の類は JPEG 形式で用意し線画の類は PDF 形式で用意しておくことが（少なくともパーソナル・ユースでは）主流と化しているようです.

■バウンディングボックス情報と xbb ファイル

LaTeX 側で画像を文書中に配置する場合，画像の拡大・縮小などの処理に伴い取り込む画像の寸法（少なくとも縦横比）が必要となります．EPS ファイルには，次の形式で画像を囲む矩形（バウンディングボックス）の左下隅と右上隅の座標が記述されています.

> %%BoundingBox: 〈左下隅の x 座標〉 〈左下隅の y 座標〉 〈右上隅の x 座標〉 〈右上隅の y 座標〉

▶ 注意　実在する EPS ファイルでは，%%BoundingBox: 行で指定される矩形が「紙面全体」を表すような「不適切な」バウンディングボックス情報が指定されていることもあります．□

一方，EPS 形式以外の画像形式の大半では画像の縦横比などに関する情報が記録してあっ

表 9.1 ● 各種 dviware および pdfTeX がサポートする画像形式（○：対応，×：非対応）

ソフトウェア	EPS	MPS注1	PDF	BMP	PNG	JPEG
dvips	○	○	×	×	×	×
dvipdfm	○注2	○	○	×	○	○
dvipdfmx	○注2	○	○	○注3	○	○
dviout	○注2	×	×	○	○注4	○注4
pdfTeX注5	×	○	○	×	○	○

注1：METAPOST EPS（付録 D 参照）．なお，図の内容によっては通常の EPS データであることもあり，その場合は画像ファイル名の拡張子を「.eps」に変更すれば一般の EPS ファイルと同様に扱われます．
注2：通常，ghostscript 経由で処理　　注3：古い版では非対応
注4：各画像形式に対応する「Susie プラグイン」が必要　　注5：PDF 出力モード時

たとしても LaTeX が読み取れる形ではないため，EPS 形式以外の画像を利用する場合には，画像の寸法（あるいは縦横比）を通常は xbb ファイル（画像のバウンディングボックス情報を記録したファイル）を経由して与えることになります．

充分に新しい LaTeX システムでは xbb ファイルは必要に応じて自動的に生成されるように設定されていることが多いのですが，手動で作成する場合には extractbb（xbb という名称であることもあります）というソフトウェアを次の形式で用います．例えば，画像ファイル filename.jpg に対して「extractbb filename.jpg」という処理を行うとファイル filename.xbb が作成されます．なお，xbb ファイルは，適切なディレクトリ（例えば，xbb ファイルに対応する画像ファイルと同じディレクトリ）に置いてあれば必要に応じて自動的に利用されます．

> extractbb 〈xbb ファイルの作成対象の画像ファイル名〉

▶ 注意 古い LaTeX システムでは extractbb（あるいは xbb）がない場合があります．そのような場合，ebb というソフトウェアが利用可能なら，これを extractbb の代わりに用いて bb ファイル（xbb ファイルと同様に画像のバウンディングボックス情報を与えるファイルです）を生成させると画像が取り込めるようになることがあります．　　　　　　　　　　□

■ LaTeX 文書中での描画

簡単な画像は LaTeX 文書中に描画コマンドを直接記述することでも作成できます．最も基本的な手段としては picture 環境（付録 C 参照）があります．さらに高度な機能を備えた描画パッケージとしては TikZ などがあります．また，WinTpic のようなソフトウェアでは「図を picture 環境（＋ そのほかの機能）で記述したもの」を出力できます．

9　画像の取り扱い

9.2　画像を貼り付けたい

> 画像の貼り付けには，基本的には graphicx パッケージが提供する \includegraphics
> コマンドを用います．

■ graphicx **パッケージ**

LaTeX 文書への画像の取り込みには，graphicx パッケージが提供する \includegraphics
コマンドを用いるのが基本的です．画像の取り込みは各 dviware に依存する処理なので，
graphicx パッケージを読み込む際には，原則として「\usepackage[dvips]{graphicx}」
の「dvips」オプションのような「ドライバ指定（dviware 指定）」が必要です．また，ドラ
イバ指定が dvi ファイル内での「各 dviware への画像ファイル名などの指示の形式」に直結
するので，graphicx パッケージに適用できるドライバ指定は**一度にはただひとつのみ**です．
また，graphicx パッケージ使用時に紙面がおかしくなった場合には，1.14 節で説明するよう
な対処法を試みてください．

■ \includegraphics **コマンド**

画像を取り込むには，\includegraphics コマンドを次の形式で用います．

```
\includegraphics[⟨オプション指定⟩]{⟨画像ファイル名⟩}
```

⟨オプション指定⟩ では画像の拡大率や回転角などを指定できます（9.3，9.4 節参照）．無
指定の場合，EPS 形式の画像は原寸大で取り込まれます．次の例では本章で用いるサンプル
画像（sample.eps）を原寸大で取り込んでいます（対応する出力は図 9.1 (a) です）．

```
\documentclass{jarticle}
\usepackage[dvips]{graphicx}%%% オプションは適宜変更してください
\begin{document}
\begin{center}%%% center 環境を用いて画像を中央寄せにします（5.1 節参照）
  \includegraphics{sample.eps}%%% 画像の取り込みのみを行います
\end{center}
\end{document}
```

■**画像の寸法の指定**

\includegraphics コマンドに bb オプションを次の形式で与えると，EPS 形式あるいは
PDF 形式の画像に対してはバウンディングボックスが「$ll_x \leq x \leq ur_x,\ ll_y \leq y \leq ur_y$」
の範囲の矩形」であるものとして扱います（9.5 節参照）．

278

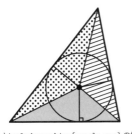 

(a) \includegraphics{sample.eps} の場合　　(b) draft オプション指定時の出力

図 9.1 ● \includegraphics コマンドの基本的な用例

bb=ll_x ll_y ur_x ur_y

■**画像を一時的に非表示にする方法**

\includegraphics コマンドのオプション指定に draft を追加すると画像の代わりに「画像が占める領域と同じサイズの枠と画像ファイルの名称」が出力されます（図 9.1 (b)参照）. なお, \includegraphics コマンドに複数のオプションを与えるには，個々のオプションをコンマ区切りで列挙します. また, graphicx パッケージの読み込み時に \usepackage のオプションに draft を追加すると, \includegraphics コマンドでの画像の取り込み箇所のすべてが「画像の大きさの枠とファイル名」になります.

■**画像の所在の指定**

LaTeX 文書とその文書で用いる画像ファイルは同じディレクトリに置くのが無難ですが, graphicx パッケージが提供する \graphicspath コマンドを次の形式で用いると画像ファイルを置くディレクトリを指定できます. ただし,〈パス 1〉などは「画像ファイルを置いたディレクトリの, その画像を用いる LaTeX 文書が存在するディレクトリからの相対パス（＋ディレクトリの区切り）」です. 例えば, ある LaTeX 文書のプリアンブルで「\graphicspath{{./ch1fig/}{./ch2fig/}}」と指定すると, その LaTeX 文書があるディレクトリの直下の「ch1fig」, 「ch2fig」というサブディレクトリにある画像も読み込み対象になります.

\graphicspath{{〈パス 1〉}{〈パス 2〉}...{〈パス n〉}}

9 画像の取り扱い

9.3 画像の大きさを指定したい

- \includegraphics コマンドに「scale=〈拡大率〉」,「width=〈幅〉」などのオプションを指定します.
- \includegraphics コマンドと \scalebox, \resizebox コマンドを併用します.

■画像の実寸の指定

\includegraphcs コマンドでは,画像の大きさ(文書中での実寸)を次のオプションで指定できます.

- 幅を指定:width=〈幅〉
- 高さを指定:height=〈高さ〉
- 幅と高さを同時に指定:width=〈幅〉,height=〈高さ〉
- 画像の縦横比を変えずに幅の上限と高さの上限を同時に指定:
  width=〈幅の上限〉,height=〈高さの上限〉,keepaspectratio

例えば,「\includegraphics[width=50mm]{sample.eps}」では画像 sample.eps を縦横比を変えずに幅を 50 mm にして取り込みます.同様に,height オプションのみを指定すると,縦横比を変えずに高さを指定した寸法にします.また,keepaspectratio オプションを併用せずに単に幅と高さを指定すると,縦横比を必ずしも保たずに幅と高さの両方を指定した寸法にします(図 9.2 (a)参照).一方,keepaspectratio オプションを併用すると,「画像の縦横比を変えずに幅を〈幅の上限〉にした場合」と「画像の縦横比を変えずに高さを〈高さの上限〉にした場合」のうちの小さいほうが実際の出力になります(図 9.2 (b)参照).

▶ 注意　今の説明での「幅」,「高さ」というのは横組の場合の向きです.縦組の場合は縦横が逆になりますが,縦組文書では,\parbox コマンドなどの組方向指定オプション(5.6 節参照)などを用いて画像の部分を局所的に横組にするほうが扱いやすいでしょう.　　　□

■画像の拡大率・縮小率の指定

\includegraphcs コマンドでは,画像の拡大率(あるいは縮小率)を次のオプションで指定できます.図 9.2 (c)に「\includegraphics[scale=0.5]{sample.eps}」のようにサンプル画像 sample.eps を 0.5 倍にスケーリングして取り込んだ例を挙げます.

- 画像の拡大率・縮小率の指定:scale=〈拡大率(縮小率)〉

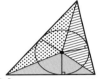

(a)「width=25mm,height=20mm」の場合　(b)「width=25mm,height=20mm, keepaspectratio」の場合　(c)「scale=0.5」の場合

図 9.2 ● 画像のサイズ変更の例（画像の原寸（バウンディングボックスの寸法）は縦横ともに 30.7 mm（図 9.1 参照））

■ \scalebox コマンド，\resizebox コマンドを併用する場合

graphicx パッケージは文字列などの拡大・縮小を行う \scalebox コマンド，\resizebox コマンドなどを提供しますが（4.9 節参照），次の例のようにこれらのコマンドでの変形対象に \includegraphics で読み込んだ画像を指定することもできます．

```
%%% ↓幅 25 mm，高さ 20 mm に変形（図 9.2 (a)と同じ）
\resizebox{25mm}{20mm}{\includegraphics{sample.eps}}
%%% ↓横方向には 1.25 倍，縦方向には 0.8 倍にスケーリング
\scalebox{1.25}[0.8]{\includegraphics{sample.eps}}
```

●コラム● ［LaTeX2.09 文書での画像の取り込み］

画像を用いる場合に限らず，新規作成する LaTeX 文書では LaTeX 2_ε（本書が対象とする，LaTeX の現在の版）での記述法に沿うのが基本です．しかし，やむを得ない事情で LaTeX 2.09（LaTeX の旧版）の形式の文書で画像を用いる必要がある場合には，例えば「画像を EPS 形式で用意したうえで（Tomas Rokicki 氏による）epsf.tex が提供する \epsfbox コマンドを利用する」という方法が使えます．基本的な利用法については，次の例を参照してください（詳しい用法は，ファイル epsf.tex に書いてあります）．

```
\documentstyle[epsf]{article}%%% epsf.sty から epsf.tex が読み込まれます
\begin{document}
\setlength{\epsfxsize}{50mm}%%% 画像の幅を 50 mm にする場合
%%% 同様に，\epsfysize を設定すると画像の高さを指定できます
\epsfbox{filename.eps}%%% 画像ファイル filename.eps を読み込む場合
\end{document}
```

なお，このように \epsfbox を用いた場合には，タイプセットして得られた dvi ファイルを dvips で POSTSCRIPT 化してください（必要に応じて POSTSCRIPT 化した結果をさらに加工してください）．

9　画像の取り扱い

9.4　画像を回転させて貼り付けたい

- \includegrahics コマンドに「angle=〈回転角〉」,「origin=〈回転の中心〉」などのオプションを指定します.
- \includegrahics コマンドと \rotatebox コマンドを併用します.

■画像の回転角・回転の中心の指定

\includegraphcs コマンドでは, 画像の回転の角度や中心を次のオプションで指定できます.

- 回転角を指定：angle=〈回転角〉
- 回転の中心を指定：origin=〈回転の中心を表す文字列〉

「〈回転角〉」は回転角を「度」を単位として表した数値（左回りが正）です. また, origin オプションを用いる場合,「origin=c」という指定では回転対象の中心を回転の中心にします. さらに,「origin=bl」（回転対象の左下隅を中心にして回転）のように,「t」（上端),「b」（下端),「l」（左端),「r」（右端),「B」（ベースラインの高さ）を組み合わせた文字列でも指定できます. ただし, 回転の中心の左右方向の位置のみを指定した場合には上下方向の位置は回転対象の天地中央になります. 同様に, 回転の中心の上下方向の位置のみを指定した場合には, 左右方向の位置には回転対象の左右中央が用いられます（origin オプションを用いない場合は,「origin=Bl」であるものとして扱われます). また, 前節で説明した scale オプションなどを用いた拡大・縮小と組み合わせても構いません. 例えば, 次のように記述できます（\fbox は回転後の画像の寸法の目安となる枠の出力のために加えています).

```
%%% ↓図の中心を回転の中心として左回りに 30° の回転（図 9.3 (a)参照）
\fbox{\includegraphics[angle=30,origin=c]{sample.eps}}
%%% ↓直前の例をさらに 0.5 倍にスケーリング（図 9.3 (b)参照）
\fbox{\includegraphics[scale=0.5,angle=30,origin=c]{sample.eps}}
```

今の例のように \includegraphics コマンドのオプション指定では回転と拡大・縮小を併用できます. ただし, width や height の指定と回転の指定を同時に行った場合,（各オプションは概ね指定順に適用されますが）処理結果は直感的にはわかりにくいところがあり, しかも, オプションの指定順によって結果が異なることもあります. そのため, 複雑な変形を施す場合には \scalebox コマンドや \rotatebox コマンドを併用する方法のほうが扱いやすいでしょう. 一方, scale オプションによる拡大・縮小と angle オプションによる回転については,「オプションの指定順」に関する問題はありません.

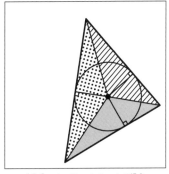

(a)「angle=30,origin=c」の場合　　(b)「scale=0.5,angle=30,origin=c」の場合　　(c) (b) に「draft」オプションを追加した場合

図 9.3 ● 画像の回転の例（回転させない状態では，グレーの小三角形と外周の三角形に共通の辺が水平（図 9.1 参照））

■ \rotatebox コマンドを併用する場合

graphicx パッケージは文字列などの回転を行う \rotatebox コマンドも提供します（4.9 節参照）．このコマンドでの回転対象に \includegraphics で取り込んだ画像を指定することもできます．また，回転角の単位の設定（units オプション）といった \rotatebox コマンドではサポートされる一方で \includegraphics コマンドでは利用できないオプションもあるので，状況によって \includegraphics コマンドのオプション指定と \rotatebox コマンドを使い分けるとよいでしょう．

```
%%% ↓図の中心を回転の中心として左回りに 30°回転（図 9.3 (a) の枠内の画像と同じ）
\rotatebox[origin=c]{30}{\includegraphics{sample.eps}}
%%% ↓図の中心を回転の中心として右回りに 1/10 回転させる場合
\rotatebox[units=-10,origin=c]{1}{\includegraphics{sample.eps}}
```

■ 回転後の画像が占める領域の寸法について

図 9.3 (a), (b) では画像の「目に見える」部分（三角形の部分）と枠の間（特に，枠の左半分）に大きな空白が入っているように見えますが，これは「バウンディングボックスの四隅まで描き込まれているわけではない画像」を 90°の倍数ではない角度だけ回転させたことによって生じた形式上の空白です．実際，図 9.3 (c) のように画像が占める領域を表示させると，枠との間に余分な空白をことさらに入れているわけではないことがわかります．図 9.3 (a) に見られるような形式的な空白が問題になる場合には，「回転させた状態の画像」をあらかじめ用意するのが無難です．

9 画像の取り扱い

9.5 画像の一部のみを表示させたい

EPS 形式あるいは PDF 形式の画像の場合には，`bb`，`viewport`，`trim` などのオプションを用いて表示範囲を指定できます．

■ EPS 形式あるいは PDF 形式の画像の表示範囲の指定

EPS 形式あるいは PDF 形式の画像の一部分（形状は矩形領域のみ）を表示させるには，`\includegraphics` コマンドのオプション引数で次の形式の指定を行い，**`clip` オプション**を併用します．なお，「ll_x」などはすべて寸法または単位なしの数値で，単位なしの数値には単位として bp が補われます．また，x 軸は水平方向右向きで，y 軸は鉛直方向上向きです．

- バウンディングボックスの指定：`bb=`$ll_x\ ll_y\ ur_x\ ur_y$
  紙面の左下隅を原点として考えたときに，画像が占める領域が $ll_x \leq x \leq ur_x$，$ll_y \leq y \leq ur_y$ の範囲であるものとして扱います．
- ビューポート（のぞき窓）の指定：`viewport=`$rll_x\ rll_y\ rur_x\ rur_y$
  バウンディングボックスの左下隅を原点とする相対座標で考えたときの $rll_x \leq x \leq rur_x$，$rll_y \leq y \leq rur_y$ の範囲を表示範囲として扱います．
- トリミングの際の裁ち落とし量の指定：`trim=`$m_L\ m_B\ m_R\ m_T$
  画像の左側 m_L の部分，下側 m_B の部分，右側 m_R の部分，上側 m_T の部分を裁ち落とします．

例えば，次の例のような記述が可能です．なお，本章のサンプル画像 sample.eps の本来のバウンディングボックス情報は「%%BoundingBox: 16 16 103 103」のようになっているので，「bb=41 41 78 78」という指定は画像の上下左右を 25 bp ずつ裁ち落とす設定です．また，`\includegraphics` コマンドに clip オプションを付ける代わりに，「`\includegraphics*`[〈オプション指定〉]{〈画像ファイル名〉}」のようにも記述できます．

```
%%% ↓2点 (41,41)，(78,78) で定められる矩形領域を表示（図 9.4 参照）
\includegraphics[bb=41 41 78 78,clip]{sample.eps}
%%% ↓画像の左下隅から横方向に 25～70 bp，縦方向に 20～50 bp の範囲を表示（図 9.5 参照）
\includegraphics[viewport=25 20 70 50,clip]{sample.eps}
%%% ↓画像の左側 40 bp，下側 30 bp，右側 10 bp，上側 20 bp を削除して表示（図 9.6 参照）
\includegraphics[trim=40 30 10 20,clip]{sample.eps}
```

▶注意　clip オプションを忘れると，viewport オプションなどを設定していても画像の全体が表示されます．□

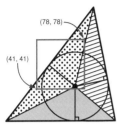
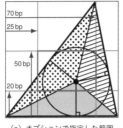
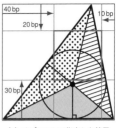

(a) オプションで指定した範囲　　(a) オプションで指定した範囲　　(a) オプションで指定した範囲

(b) clipオプション併用時の表示　(b) clipオプション併用時の表示　(b) clipオプション併用時の表示

図 9.4 ● bb オプションの効果　　図 9.5 ● viewport オプションの効果　図 9.6 ● trim オプションの効果

■ EPS 形式・PDF 形式以外の画像を用いる場合，矩形以外の形状の領域を表示する場合

EPS 形式・PDF 形式以外の画像を用いたり矩形以外の形状の領域を表示したりする場合には，画像自体を編集するのが無難です．なお，PSTricks パッケージを用いると，任意の閉曲線でクリッピングできます．PSTricks パッケージの機能の詳細については，『The LaTeX Graphics Companion』[6] の第 4 章などを参照してください．

```
\documentclass{article} \usepackage{pstricks}
\usepackage[dvips]{graphicx}%%% オプションは 3.13 節参照
\begin{document}
\begin{pspicture}(2,2)%%% 座標系の単位長はデフォルトでは 1 cm
%%% ↓クリッピングパスの設定（「linestyle=none」は「円自身は描かない」指定）
\begin{psclip}{\pscircle[linestyle=none](1,1){1}}
\rput(1,1){\includegraphics[width=3cm]{cat-bg.eps}}%%% クリッピング対象
\end{psclip}%%% クリッピング範囲の終端    ↑cat-bg.eps は 2.12 節のサンプル画像
\end{pspicture}
\end{document}
```

9 画像の取り扱い

9.6 画像に文字を書き込みたい (1) ── TeX 自身の機能を用いる方法

基本的には，画像とその中に書き込む文字を picture 環境を用いて配置します．そのような作業を支援するパッケージとしては overpic パッケージなどが知られています．

■ picture 環境を用いて画像に文字列などを書き込む方法

画像に文字列などを書き込むには，picture 環境（付録 C 参照）が利用できます．文字列などの座標は，プレビュー画面上で測定するなどの方法でユーザー自身で割り出してください．

```
\documentclass{jarticle}
\usepackage[dvips]{graphicx,color}%%% オプションは 3.13, 9.2 節参照
\begin{document}
\setlength{\unitlength}{1mm}
\begin{picture}(15,15)%%% 画像の実寸に応じて描画領域の寸法を指定
  \put(0,0){\includegraphics[width=15mm]{sample.eps}}%%% 図 9.1 の画像
  \put(9.5,5.5){\makebox(0,0)[b]{\setlength{\fboxsep}{0.25mm}%
    \colorbox{white}{\scriptsize \textgt{内心}}}}
\end{picture}
\end{document}
```

■ overpic パッケージ

「画像と文字列を picture 環境で組み合わせる」という作業を支援するためのパッケージのひとつに overpic パッケージがあります．このパッケージが提供する overpic 環境は次の形式で用いて，画像と文字列などの重ね書きを行います．「〈オプション〉」は \includegraphics コマンドへのオプション指定と表 9.3 に挙げる overpic 環境へのオプション指定です（画像「〈画像ファイル名〉」は「\includegraphics[〈オプション〉]{〈画像ファイル名〉}」のように読み込まれます）．また，「〈重ね書き項目〉」には picture 環境内で使える任意のコマンドが使えます．画像に重ね書きする項目の座標はユーザー自身で指定しますが，〈オプション〉に「grid」を追加すると座標を読み取りやすくするための格子が表示されます．

```
\begin{overpic}[〈オプション〉]{〈画像ファイル名〉} 〈重ね書き項目〉 \end{overpic}
```

■ overpic パッケージの使用例

```
\documentclass{jarticle}
\usepackage[dvips]{graphicx}
\usepackage{overpic}
\begin{document}%%% ↓ grid オプションで格子を表示
\begin{overpic}[grid,tics=20,width=25mm]{sample.eps}
\end{overpic}
\qquad%%% ↓ 文字列などの位置を決めたのち，grid オプションなどを削除
\begin{overpic}[width=25mm]{sample.eps}
  \thicklines \put(40,76){\vector(1,-2){20}}
  \put(39,77){\makebox(0,0)[br]{\footnotesize \textgt{内心}}}
\end{overpic}
\end{document}
```

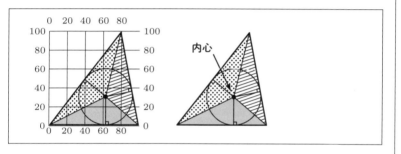

▶ 注意 overpic パッケージは epic パッケージを必要とします．また，overpic パッケージを読み込む前に graphicx パッケージが読み込まれていなければ，overpic パッケージの読み込み時に graphicx パッケージも読み込まれます． □

表 9.2 ● overpic パッケージのパッケージオプション

オプション	意味
percent	overpic 環境内の \unitlength を画像の縦横の長いほうの 1/100 に設定（overpic パッケージのデフォルト）
permil	overpic 環境内の \unitlength を画像の縦横の長いほうの 1/1000 に設定
abs	overpic 環境内での \unitlength として，文書全体での \unitlength あるいは overpic 環境の unit オプションで指定した寸法を使用

表 9.3 ● overpic 環境自身へのオプション指定

オプション	意味
grid	座標の目安となる格子を表示
tics=⟨num⟩	grid オプションでの格子の間隔を ⟨num⟩ × \unitlength に設定（⟨num⟩ は整数）
unit=⟨dim⟩	overpic 環境内での \unitlength を寸法 ⟨dim⟩ に設定 (overpic パッケージの abs オプション指定時のみ有効)

9　画像の取り扱い

9.7　画像に文字を書き込みたい (2) —— PSfrag パッケージ

PSfrag パッケージを用いると，\psfrag{〈ダミー文字列〉}{〈置き換える対象〉} という
記述で EPS 画像中のダミー文字列を LaTeX 文書側の任意の記述で置換できます．

■ PSfrag パッケージでの文字列の置換に用いる画像の準備

　PSfrag パッケージを利用して EPS 画像中に文字列を入れるには，その文字列に対応する
位置に適当なダミー文字列を置きます．例えば，図の中で「a」（= a）などの数式（第 15
章参照）を用いた図 9.7 (c) のような図を得たい場合，まず，LaTeX 側で用意する文字列（「a」
など）に対応する位置にダミーの文字列を入れた図 9.7 (a) のような画像を用意します．本節
の図 9.7 (a) には，次の METAPOST ソース（付録 D 参照）から得られた EPS 画像（ファイ
ル名を psfsample.eps とします）を用いました．この例では，三角形の内部の文字列「ah」
は単一の文字列で，2 個の文字列「a」，「h」を並べたものではないことに注意してください．

```
prologues := 2;    defaultfont := "pcrr7t";
beginfig(1);
  u := 5mm;
  z1 = (u, u);    z2 = (5u, u);    z3 = (4u, 5u);
  z4 = (4u, u);   z5 = .5[z1, z2] - (0, .5u);
  draw z3--z4;    draw z1..z5..z2;
  pickup pencircle scaled 1pt;
  draw z1--z2--z3--cycle;
  label("a", z5);    label.rt("h", .7[z3, z4]);
  label("ah", 1/3(z1 + z2 + z3));
endfig;
end.
```

▶注意　画像中のダミー文字列は「文字列データ」の形で書き込んでください．ダミー文字列を
「アウトライン化」すると「文字列の形状の図形」になり，PSfrag パッケージの機能での置換
には使えなくなります．また，ソフトウェアおよびダミー文字列によっては複数文字からな
る文字列が複数の文字列に分割されることがあるので，意図どおりに置換されないときには
ダミー文字列を変更する（例えば，ただ 1 文字からなる文字列にする）とよいでしょう．　□

■ダミー文字列に対する置換対象の記述

　画像中のダミー文字列に対する置換対象を指定する場合，\psfrag コマンドを基本的には
次の形式で用います．ここで，「〈ダミー文字列の位置指定〉」と「〈置換対象の位置指定〉」は
「t」（上端），「b」（下端），「l」（左端），「r」（右端），「B」（ベースラインの高さ）を組み合わ
せた文字列あるいは「c」（文字列の中心）を指定できます．例えば，「\psfrag{A}[tl][br]

(a) 置換前の画像

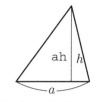
(b) 画像中の文字列「a」,「h」のみを置換した状態

(c) (b)に加え文字列「ah」も置換した状態

図 9.7 ● PSfrag パッケージの使用例

{X}」ではダミー文字列「A」の右下隅(br)と置換対象「X」の左上隅(tl)が一致するように置換対象を配置します．なお，「〈ダミー文字列の位置指定〉」と「〈置換対象の位置指定〉」は省略可能で，省略した場合には「Bl」であるものとして扱われます．

\psfrag{〈ダミー文字列〉}[〈置換対象の位置指定〉][〈ダミー文字列の位置指定〉]{〈置換対象〉}

■ \psfrag コマンドによる置換処理の例

\psfrag コマンドを用いた置換を行う場合，次の例（対応する出力例は図 9.7 (b)）のように置換の指示の後でダミー文字列を含む画像を読み込みます．この例では，ダミー文字列が別の文字列の一部であっても，ダミー文字列に一致しない文字列は置換されない（文字列「ah」のところは，文字列「a」,「h」のそれぞれの置換結果を並べた「ah」には**ならない**）という点も確認するとよいでしょう．この例に加えて，図 9.7 (c)のように文字列「ah」を「S」に置換するには，画像 psfsample.eps を読み込む前に「\psfrag{ah}[c][c]{\$S\$}」という指定を追加します．

```
\documentclass{jarticle}
\usepackage[dvips]{graphicx,color}%%% オプションは 3.13, 9.2 節参照
\usepackage{psfrag}
\begin{document}
\psfrag{a}[c][c]{\setlength{\fboxsep}{1pt}\colorbox{white}{$a$}}
\psfrag{h}[l][l]{$h$}
\includegraphics{psfsample.eps}
\end{document}
```

注意 PSfrag パッケージを用いた文書は，原則として dvips で POSTSCRIPT 化してください（必要があれば POSTSCRIPT 化したものをさらに加工します）．

9 画像の取り扱い

●コラム● ［POSTSCRIPT に強く依存するパッケージで加工した画像の取り扱い］

　本章では PSTricks パッケージまたは PSfrag パッケージを用いて画像を加工する例を 9.5 節，9.7 節で挙げました．PSTricks パッケージおよび PSfrag パッケージは POSTSCRIPT に強く依存するため，これらのパッケージを用いた文書は原則として dvips で POSTSCRIPT 化することになります．もっとも，次の例のように画像を加工した部分のみからなる LaTeX 文書を用意し，それをタイプセットした結果を「dvips -E ⟨そのほかのオプション⟩ -o ⟨出力先 EPS ファイル名⟩ ⟨dvi ファイル名⟩」のように「-E」オプション付きの dvips で処理すると，画像を加工した部分を EPS 化して保存できます．このようにして作成した EPS 画像（あるいはそれをさらに別の形式に変換したもの）は，必ずしも dvips の使用を念頭に置いているとは限らない一般の LaTeX 文書でも利用できます．

```
\documentclass{article}
\usepackage{pstricks}
\usepackage[dvips]{graphicx}
\pagestyle{empty}%%% ヘッダ・フッタを消去（これを忘れないように注意）
\begin{document}
\begin{pspicture}(2,2)%%% この例は 9.5 節の最後のサンプルと同じ
\begin{psclip}{\pscircle[linestyle=none](1,1){1}}
\rput(1,1){\includegraphics[width=3cm]{cat-bg.eps}}
\end{psclip}
\end{pspicture}
\end{document}
```

●コラム● ［ビットマップ画像の取り扱いの改善］

　9.1 節では，EPS 形式あるいは PDF 形式の画像以外を用いる場合，基本的には bb ファイル（あるいは xbb ファイル）や \includegraphics コマンドの bb オプションを用いて画像の寸法（縦横比）を指定するという話をしました．もっとも，pdfLaTeX を用いる場合には，bmpsize パッケージを利用すると，JPEG などの形式の画像ファイルに対しても「bb ファイルなどを用いなくても画像ファイルからサイズ情報を直接取得できる」，「\includegraphics コマンドの viewport, trim オプションが利用できる」といった機能拡張がなされます．ただし，bmpsize パッケージは pdfTeX の拡張機能を用いているため，このパッケージは（本書の執筆の時点では）pLaTeX では利用できません．

10: 図表の配置と キャプション

10.1	図表にキャプションを付けたものを配置したい...................	292
10.2	図表を「その場」に配置したい............................	294
10.3	2段組（多段組）文書においてページ幅の図表を配置したい........	296
10.4	2段組の文書においてページ幅の図表をページの下部に配置したい....	298
10.5	現在のページの上部に図表が入らないようにしたい...............	300
10.6	図表を文書末にまとめて配置したい..........................	302
10.7	複数の小さな図表を並べて配置したい........................	304
10.8	図と表を並べて配置したい................................	306
10.9	複数のページにわたる図表に同じ番号のキャプションを付けたい....	308
10.10	図表の周囲にテキストを回り込ませたい (1) ── LaTeX 自身の機能を 用いる場合..	310
10.11	図表の周囲にテキストを回り込ませたい (2)── wrapfig パッケージ を用いる場合..	312
10.12	図表の周囲にテキストを回り込ませたい (3)── picins パッケージを 用いる場合..	314
10.13	図表の番号を変更したい..................................	316
10.14	図表の本体で用いる書体・文字サイズを一括変更したい...........	318
10.15	図表の本体とキャプションとの間隔を変更したい.................	320
10.16	キャプションの体裁を変更したい (1)──ユーザー自身でカスタマイ ズする場合..	322
10.17	キャプションの体裁を変更したい (2)── caption パッケージを用い る場合..	324
10.18	キャプションの体裁を変更したい (3)── plext パッケージを用いる 場合..	326
10.19	フロートを新設したい (1)──ユーザー自身でカスタマイズする場合....	328
10.20	フロートを新設したい (2)── float パッケージを用いる場合........	330
10.21	ひとつのページに多数の図表が入るようにしたい.................	332
10.22	図表どうしの間隔・図表と本文との間隔を変更したい.............	334
10.23	図表のみのページでの図表の配置を変更したい..................	336

10 図表の配置とキャプション

10.1 図表にキャプションを付けたものを配置したい

図表の配置には，基本的には figure 環境，table 環境を用います．また，キャプションには \caption コマンドを用います．

■図表を「配置」する環境

一方，図や表にキャプション（短い説明）を付けて配置する場合，図の配置には figure 環境を用い，表の配置には table 環境を用います．なお，table 環境や figure 環境で配置されるものをフロート（浮動体）と総称します．

table 環境，figure 環境は次の形式で用います．「〈位置指定〉」は図表が配置されてもよい箇所などを表す文字列で，基本的には「t」（ページの上部（縦組時は右端）），「b」（ページの下部（縦組時は左端）），「p」（フロートのみからなるページ），「h」（現在の位置）を組み合わせます．また，〈位置指定〉に「!」を加えるとフロートの配置を制御するパラメータ（10.21 節参照）を無視します．なお，「[〈位置指定〉]」は省略可能で，省略すると各文書クラスでのデフォルト設定が用いられます．

```
\begin{table}[〈位置指定〉]  〈表扱いの配置対象〉  \end{table}
\begin{figure}[〈位置指定〉]  〈図扱いの配置対象〉  \end{figure}
```

▶ 注意　図表にキャプションを付けない（後述する \caption コマンドを用いない）場合，figure 環境や table 環境を用いる必要はありません．また，figure 環境の中身は画像でなくてもよく，「LaTeX 文書の記述例を verbatim 環境で記述したもの」などでも構いません．同様に，table 環境の中身は「表計算ソフトウェアで作成した表を画像化したもの」などでも構いません．　□

▶ 注意　フロートは原則として「ページ分割が可能な箇所」で用いてください．一般に，minipage 環境（5.5 節参照）や脚注（7.1 節参照）の中ではフロートは使えません．　□

■キャプションを作成するコマンド

キャプションを記述するには，基本的には figure 環境や table 環境などの内部で，\caption コマンドを次の形式で用います．「〈目次用キャプション〉」（省略可能）は，本文用のキャプションに強制改行が含まれるといった理由で図目次や表目次（12.1 節参照）に載せるキャプションを本文用のキャプションとは異なるものにする場合に与えます．なお，「[〈目次用キャプション〉]」を省略すると〈キャプション〉が〈目次用キャプション〉としても用いられます．

```
\caption[〈目次用キャプション〉]{〈キャプション〉}
```

292

▶ 注意 \caption コマンドが使えない箇所で \caption を用いると，「! LaTeX Error: \caption outside float.」というエラーが生じます． □

■ figure 環境・table 環境の使用例

```
\documentclass{jarticle}
\begin{document}
これは，フロートを用いたサンプルです．

\begin{table}[b]%%% この「表」をページ下部に配置
\caption{単純な表}
\centering%%% 表を中央に寄せる
\begin{tabular}{|c|} \hline  これでも一応表です \\ \hline \end{tabular}
\end{table}
\begin{figure}[t]%%% この「図」をページ上部に配置
\centering%%% 図を中央に寄せる
\fbox{これでも一応図です}
\caption{単純な図}
\end{figure}
\end{document}
```

●ページ上部に出力されるもの

> これでも一応図です
>
> 図 1: 単純な図

これは，フロートを用いたサンプルです．

●ページ下部に出力されるもの（ページ番号は省略）

> 表 1: 単純な表
>
> これでも一応表です

▶ 注意 フロートを含む文書で「! LaTeX Error: Too many unprocessed floats.」のエラーが生じた場合，「フロートの配置制御パラメータ（10.21 節参照）の変更」，「適宜 \clearpage（フロートの書き出しを伴う改ページ，3.2 節参照）を使用」といった方法で，フロートの位置を調整してください． □

▶ 注意 2 段組の文書（1.7 節参照）では，figure 環境・table 環境は 1 段の幅の図表を配置します．ページ幅の図表の配置には，figure* 環境・table* 環境（10.3 節参照）を用います． □

10 図表の配置とキャプション

10.2 図表を「その場」に配置したい

- 基本的には，figure 環境・table 環境の位置指定に「h」を用います．
- float パッケージ使用時には「H」オプションでその場配置を強制できます．
- キャプションを付けない場合にはフロートを用いないで済ませても構いません．

■ figure 環境・table 環境の「h」指定

　キャプション付きの図表をその場に配置するには，figure 環境などの位置指定に「h」を用いるのが基本的です．位置指定に「!」を追加すると，なるべく現在の位置に配置しようとします．ただし，現在のページに収まらない図表や，次ページ以降に送られる figure 環境がすでに存在するときの figure 環境（table 環境についても同様）は次ページ以降に送られます．

```
\documentclass{jarticle}
\begin{document}
フロートをその場に置く例です．

\begin{figure}[h]%%% この図を「可能ならば」現在の位置に配置
\centering  \fbox{\fbox{一応，図です}}
\caption{簡単な図}
\end{figure}

図の後の段落です．
\end{document}
```

　フロートをその場に置く例です．

一応，図です

図 1: 単純な図

　図の後の段落です．

■ float パッケージを用いる場合

　float パッケージはフロートの機能拡張を行うパッケージで，このパッケージを用いると（単に「\usepackage{float}」のように読み込みます），フロートの位置指定に「強制的に」その場に配置する指定の「H」が利用できます．例えば，先の例は次のようにも記述できます．

```
\documentclass{jarticle}
\usepackage{float}
```

```
\begin{document}
フロートをその場に置く例です.

\begin{figure}[H]%%% この図を「強制的に」現在の位置に配置
\centering  \fbox{\fbox{一応，図です}}
\caption{簡単な図}
\end{figure}

図の後の段落です.
\end{document}
```

注意 「H」指定は「t」などのほかの位置指定とは併用できません．また，「H」指定のフロートを用いた場合，そのフロートを記述した位置に充分な余地がなければ，現在のページの下部を空白にしたまま改ページして次のページの先頭に当該フロートを置きます． □

■フロートを用いない場合

キャプションを付けない図表をその場に置くには，単に center 環境などで配置するとよいでしょう（9.2 節の記述例などを参照してください）．一方，フロートが使えない箇所にキャプション付きの図表を配置する場合（例えば，図表を傍注領域に \marginpar コマンドを用いて配置する場合）には，「\@captype を再定義したうえで \caption コマンドを用いる」という方法が使えます．この \@captype は「フロートの型」を表す文字列で，figure 環境（figure* 環境）では「figure」，table 環境（table* 環境）では「table」になります．そこで，次の例のように \@captype が「figure」になるように再定義すると，その再定義が有効である範囲で用いた \caption は「図のキャプション」として扱われます．同様に，\caption を「表のキャプション」扱いにするには，\@captype が「table」になるように再定義します．

```
\documentclass{jarticle}
%%% ↓\setcaptype は「\setcaptype{〈フロートの型〉}」のように用いて，
%%%  \@captype が〈フロートの型〉となるように（再）定義します.
\makeatletter
\newcommand{\setcaptype}[1]{\def\@captype{#1}}
\makeatother
\begin{document}
傍注領域の図の例
\marginpar{\centering
  \fbox{図です}
  \setcaptype{figure}%%% 次の \caption を「図のキャプション」にします.
  \caption{図の例}}%%%  「\setcaptype{table}」なら「表のキャプション」
\end{document}%%%          になります.
```

10 図表の配置とキャプション

10.3 2段組（多段組）文書においてページ幅の図表を配置したい

2段組（多段組）の文書にページ幅の図表を入れるには，figure 環境・table 環境の代わりに figure* 環境・table* 環境を用います．

■2段組の文書でのフロート

LaTeX 自身の機能による 2 段組（twocolumn クラスオプションあるいは \twocolumn コマンドによる 2 段組，1.7 節参照）を行った文書では，1 段に収まるフロートとページ幅のフロートを次のように使い分けることができます．

- figure 環境・table 環境：1 段に収まる幅のフロートを配置
  （figure 環境の中身は図扱いで，table 環境の中身は表扱い）
- figure* 環境・table* 環境：ページ幅のフロートを配置
  （figure* 環境の中身は図扱いで，table* 環境の中身は表扱い）

figure* 環境，table* 環境の用法は figure 環境，table 環境の用法（10.1 節参照）とほぼ同じです．ただし，LaTeX のデフォルトでは，figure* 環境，table* 環境の位置指定には「t」（ページ上部に配置），「p」（フロートのみのページに配置），「!」（フロートの配置制御パラメータ（10.21 節参照）を無視させる）のみが利用できて，「b」，「h」は無視されます．ページ幅の図表をページ下部に置く方法については次節を参照してください．

▶ 注意 1 段組の文書で用いた figure* 環境は figure 環境と同じものとして取り扱われ，1 段の幅（＝ ページ幅）の図扱いの対象を配置します．同様に，1 段組の文書で用いた table* 環境は table 環境と同じものとして取り扱われます． □

■multicol パッケージ使用時のフロート

multicol パッケージ（1.8 節参照）を用いた文書でのフロートについては，次の 2 点に注意してください．特に，1 段に収まる図表を必要とする場合には，「前節の例で用いた \setcaptype のようなコマンドを利用してフロートを用いずに済ませる」，「multicol パッケージを用いずに LaTeX 自身の機能で 2 段組にする」といった方法を用いてください．

- multicols 環境（多段組にする環境）の内部では，figure* 環境，table* 環境は使えますが，「*」なしの figure 環境，table 環境は使えません．
- multicols 環境の外部では figure 環境，table 環境も使えますが，multicol パッケージ自体が「1 段組の」（twocolumn クラスオプションを適用していない）LaTeX 文書でのみ用いられるので，multicols 環境の外部での figure 環境，table 環境は結局ページ幅の図表を配置します．

296

■ figure* 環境の使用例

```
\documentclass[twocolumn]{jarticle}
\usepackage[dvips]{graphicx}%%% オプションは適宜変更してください (9.2節参照)
\begin{document}
\begin{figure*}\centering%%% ↓9.2節のサンプル画像を変形して貼り付け
  \includegraphics[width=120mm,height=20mm]{sample.eps}
  \caption{大きな図}
\end{figure*}
\begin{figure}\centering%%% ↓9.2節のサンプル画像を変形して貼り付け
  \includegraphics[width=60mm,height=20mm]{sample.eps}
  \caption{小さな図}
\end{figure}
―これは，2段組の文書でページ幅の図を用いるサンプルです．
これは，2段組の文書でページ幅の図を用いるサンプルです．
これは，2段組の文書でページ幅の図を用いるサンプルです．\par
%%% 以下，直前の3行と同様の記述の繰り返し
\end{document}
```

● 2ページ目の上部（1ページ目には図は現れません）

図1: 大きな図

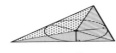

図2: 小さな図

この例に見られるように，LaTeX のデフォルトでは figure* 環境，table* 環境で配置されるページ幅のフロートは，原則として，それらを記述した箇所の次のページ以降に出力されます．したがって，ソースファイル中で figure* 環境などを記述する箇所は，しばしば，それらが実際に出力される箇所に対応する箇所よりかなり手前になります．

▶ 注意 古い版の LaTeX では，今の例に対してページ幅の「図1」が2ページ目に送られる一方で1段幅の「図2」が1ページ目に出力されるという具合に図の出力順が前後することがあります．そのようなときには1段幅の図・表を記述する位置を適宜変更してください． □

10 図表の配置とキャプション

10.4 2段組の文書においてページ幅の図表をページの下部に配置したい

nidanfloat パッケージを用いるとページ幅の図表をページの下部にも配置できます.

■ nidanfloat パッケージ使用時のページ幅のフロート

nidanfloat パッケージ (pLaTeX に付随) を用いると, 次の例のように figure* 環境, table* 環境によるページ幅のフロートの配置指定に「b」(ページ下部に配置) も使えるようになります. また, 現在のページにページ幅のフロートを入れる余地があるときには, ページ幅のフロートも現在のページに追加されるようになります.

```
\documentclass[twocolumn]{jarticle}
\usepackage{nidanfloat}
\begin{document}
\begin{figure*}[t] \centering
  \begin{picture}(300,28) \thicklines
    \put(150,14){\oval(300,28)}
    \put(150,14){\makebox(0,0){\LARGE SAMPLE 1}}
  \end{picture}
  \caption{大きな図 (その1) }
\end{figure*}
\begin{figure*}[b] \centering
  \begin{picture}(300,28) \thicklines
    \put(150,14){\oval(300,28)}
    \put(150,14){\makebox(0,0){\LARGE SAMPLE 2}}
  \end{picture}
  \caption{大きな図 (その2) }
\end{figure*}
―これは，2段組の文書でページ幅の図を用いるサンプルです．
これは，2段組の文書でページ幅の図を用いるサンプルです．
これは，2段組の文書でページ幅の図を用いるサンプルです． \par
%%% 以下，直前の3行と同様の記述の繰り返し
\end{document}
```

● 1ページ目の上部

SAMPLE 1

図1: 大きな図 (その1)

　　　―これは，2段組の文書でページ幅の図を用いる　図を用いるサンプルです．これは，2段組の文書で
サンプルです．これは，2段組の文書でページ幅の　ページ幅の図を用いるサンプルです．
図を用いるサンプルです．これは，2段組の文書で　　　九これは，2段組の文書でページ幅の図を用いる

● 1ページ目の下部

ページ幅の図を用いるサンプルです．

　ハこれは，2段組の文書でページ幅の図を用いる
サンプルです．これは，2段組の文書でページ幅の

るサンプルです．これは，2段組の文書でページ幅
の図を用いるサンプルです．これは，2段組の文書
でページ幅の図を用いるサンプルです．

$$\text{SAMPLE 2}$$

図2: 大きな図（その2）

■ nidanfloat パッケージを用いない場合

　nidanfloat パッケージを用いずにページ幅の図表をページ下部に配置するには，「左段の下部に配置した1段の幅のフロートの中に配置したい図表を右段にはみ出す形で入れる」一方で，「そのページの右段にダミーのフロートを入れて，左段からはみ出してきた図表のためのスペースを作る」という方法が使えます．例えば，先の例の「図2」に対しては，図2の部分の記述を次のように変更します．

```
\begin{figure}[b]%%% figure 環境を用いると「b」配置が可能
\hbox to\hsize{%%% 図を右段にはみ出させるための細工
\begin{minipage}{\textwidth}%%% テキスト領域の幅の minipage 環境を作成
  \centering
  \begin{picture}(300,28) \thicklines
    \put(150,14){\oval(300,28)}
    \put(150,14){\makebox(0,0){\LARGE SAMPLE 2}}
  \end{picture}
  \caption{大きな図（その2）}
\end{minipage}%
\hss}%%% 図を右段にはみ出させるための細工
\end{figure}
```

　そのうえで，1ページ目の右段の途中に次のような記述を入れて右段の下部に空白を作ります．

```
\begin{figure}[b]%%% ダミーのフロート
  \vspace{20mm}%%% 空白量は左段からはみ出してきた図の大きさに応じて設定
\end{figure}
```

　なお，この方法は，nidanfloat パッケージを用いずに「現在のページの上部」にページ幅のフロートを置く場合にも利用できます．

10 図表の配置とキャプション

10.5 現在のページの上部に図表が入らないようにしたい

ページの上部に図版を入れたくないページの途中で「\suppressfloats[t]」という記述を用います.

■ \suppressfloats コマンド

文書中に「節」などの見出しを置く場合,その見出しで始まる区分(節・項など)に属する図表が見出しの前に現れないようにすることもあります.そのような場合には,\suppressfloats というコマンドを次の形式で用いて,「\suppressfloats コマンド以降に記述したフロートの,\suppressfloats コマンドを用いたページへの配置」を制御できます.「〈抑制指示〉」(省略可能)はフロートの配置を抑制する箇所を表す文字で,「t」(ページ上部(縦組時は右端))または「b」(ページ下部(縦組時は左端))を用います.なお,「[〈抑制指示〉]」を省略すると \suppressfloats コマンド以降に記述したフロートは次ページ以降に送られます(「h」指定も無視されます).

```
\suppressfloats[〈抑制指示〉]
```

■ \suppressfloats コマンドの使用例

```
\documentclass{jarticle}
\begin{document}
これは,フロートの配置を制御するサンプルです.

\begin{figure}[tb]%%% LaTeX の内部処理では「t」配置が優先されるので,
  \centering%%%          この図はページ上部に配置されます.
  \fbox{これは図です}
  \caption{単純な図(1)}
\end{figure}

\suppressfloats[t]%%% これ以降,現在のページの上部へのフロートの配置を抑制
\section{サンプル}
これは,フロートの配置を制御するサンプルです.

\begin{figure}[tb]%%% \suppressfloats[t] により「t」配置は抑制されて
  \centering%%%        いるので,この図はページ下部に配置されます.
  \fbox{これも図です}
  \caption{単純な図(2)}
\end{figure}
\end{document}
```

これは図です

図 1: 単純な図 (1)

これは，フロートの配置を制御するサンプルです．

1 サンプル

これは，フロートの配置を制御するサンプルです．

これも図です

図 2: 単純な図 (2)

1

　この例では，「\suppressfloats[t]」という記述を削除すると 2 個の図がともにページの上部に出力されることも確認するとよいでしょう．

●コラム● ［フロートの位置指定の「優先順位」］

　figure 環境などのオプション引数（位置指定）では，「t」などを**並べる順番には意味はありません**．実際，「\begin{figure}[tbp]」と「\begin{figure}[bpt]」は同じで，どちらもページの上下および独立ページへの配置を許可します．一方，LaTeX の内部処理では，「h」指定が最優先で，それ以降「t」，「b」，「p」の順に配置を試みます（figure 環境などのオプションで与えていない箇所は基本的にはスキップします）．

●コラム● ［「! LaTeX Error: Too many unprocessed floats.」の回避法］

　「! LaTeX Error: Too many unprocessed floats.」のエラーを回避する方法のひとつに「\clearpage を用いたフロートの書き出し」がありますが，\clearpage は「フロートの書き出しを伴う**改ページ**」のコマンドなので，フロートを書き出させるタイミングによっては「改ページ箇所を探してそこに \clearpage を書き込む」という手間がかかることもあります．一方，afterpage パッケージを用いると（単に「\usepackage{afterpage}」のように読み込みます），「\afterpage{\clearpage}」という記述の後の最初の改ページの際に \clearpage によるフロートの書き出しも行われます．

　ただし，ひとつの段落の中で多数のフロートを用いると，\clearpage を用いるだけでは（\afterpage コマンドを併用したとしても）「! LaTeX Error: Too many unprocessed floats.」のエラーを回避できなくなります．そのような場合には，多数のフロートを含む段落を「{\parfillskip=0pt \par}\noindent」という記述を用いて複数段落に分割するとよいでしょう（7.11 節のコラムを参照してください）．

301

10 図表の配置とキャプション

10.6 図表を文書末にまとめて配置したい

endfloat パッケージを用いると，図表を文書末にまとめて出力できます．

■ endfloat パッケージ

論文原稿などで図表を文書末にまとめて出力するように求められた場合，最も単純には figure 環境や table 環境自体を文書末にまとめて記述すれば済みます．一方，endfloat パッケージを用いると，「figure 環境などを文書中で用いつつ，図表を文書末にまとめて出力」できるようになります．なお，endfloat パッケージに対するオプションを表 10.1 に挙げます．

▶ **注意** endfloat パッケージ使用時には，拡張子が「.fff」，「.ttt」のファイルに figure 環境，table 環境の中身が書き出され，それが文書の終端で読み込まれます． □

■ endfloat パッケージの使用例

```
\documentclass{jarticle}
\usepackage{endfloat}
\begin{document}
これは，フロートを文書末に出力するサンプルです．

\begin{figure}\centering
  \fbox{これは図です}
  \caption{単純な図}
\end{figure}

これは，フロートを文書末に出力するサンプルです．

\begin{table}\centering
  \caption{単純な表}
  \begin{tabular}{|c|} \hline これは表です \\ \hline \end{tabular}
\end{table}
\end{document}
```

● 1 ページ目の上部

これは，フロートを文書末に出力するサンプルです．

[図 1 about here.]

これは，フロートを文書末に出力するサンプルです．

[表 1 about here.]

302

● 2 ページ目の上部

図 目 次

1　　単純な図 . . . .　3

● 3 ページ目の中央部分

これは図です

図 1: 単純な図

　この例での 4 ページ目と 5 ページ目は省略しますが，それらのページには 2 ページ目および 3 ページ目と同様に表目次および表 1 が出力されます．また，endfloat パッケージのデフォルトでは個々のフロートを「1 ページにつき 1 個ずつ」出力しますが，\efloatseparator というコマンドを「\renewcommand{\efloatseparator}{\par}」くらいに再定義すると，1 ページに複数のフロートが配置されます（その場合，個々のフロートの位置指定には「p」を含めないようにします）．そのほかの詳しいカスタマイズ（例えば，今の例の「[図 1 about here.]」などの目印の形式の変更）についてはマニュアル（endfloat.pdf）を参照してください．

▶ 注意　個々のフロートを用いた箇所に置かれる「目印」（今の例の「[図 1 about here.]」など）は，図表の番号が文書全体にわたる通番になっている場合を念頭に置いているようです．そうでない場合には「nomarkers」オプションを用いて「目印」を消すのが無難です．　　□

▶ 注意　文書の本文部分と付録部分とで図表の番号の形式が異なる場合，endfloat パッケージ使用時の文書末の図表の番号には「文書の末尾での形式」が用いられます．　　□

表 10.1 ● endfloat パッケージに対するオプション（「*」が付いているものはデフォルト）

オプション	意味	オプション	意味
markers *	図表を記述した箇所に「[Figure 1 about here.]」などの目印を表示	notablist	表目次を作成しない
		lists	図目次・表目次をともに作成
nomarkers	markers オプション使用時に表示される目印を消去	nolists	図目次・表目次のどちらも作成しない
		fighead	最初の図の前に見出しを出力
figuresfirst *	図（および図目次）を表（および表目次）より先に出力	nofighead *	最初の図の前に見出しを置かない
		tabhead	最初の表の前に見出しを出力
tablesfirst	表（および表目次）を図（および図目次）より先に出力	notabhead *	最初の表の前に見出しを置かない
		heads	最初の図・最初の表の前に見出しを出力
figlist *	図目次を作成	noheads	最初の図・最初の表の前の見出しを消去
nofiglist	図目次を作成しない	figuresonly	図（figure(*) 環境）のみを文書末に出力
tablist *	表目次を作成	tablesonly	表（table(*) 環境）のみを文書末に出力

10 図表の配置とキャプション

10.7 複数の小さな図表を並べて配置したい

- 基本的には，個々の小さな図表を \parbox コマンドなどを用いて配置します．
- subfig パッケージが提供する \subfloat コマンドなども利用できます．

■ LaTeX 自身の機能のみを用いる場合

複数の図表を並べて配置する場合，基本的には，個々の図表を \parbox コマンドまたは minipage 環境（5.5 節参照）に入れたものを並べます．また，表（8.1 節参照）として扱える場合もあります．次の例は，文書クラスが jarticle などの場合を念頭に置いています．

```
\begin{figure}\centering%%%「2個の \parbox を並べたもの」を中央寄せ
\parbox[b]{.45\linewidth}{\centering%%% \linewidth は行長
  \begin{picture}(50,10) \put(0,0){\framebox(50,10){図}} \end{picture}
  \caption{小さな図(1)}}\qquad
\parbox[b]{.45\linewidth}{\centering
  \begin{picture}(50,20) \put(0,0){\framebox(50,20){図}} \end{picture}
  \caption{小さな図(2)}}
\end{figure}
\begin{figure}\centering
  \begin{tabular}{@{}c@{\qquad}c@{}}
    \fbox{部分図A}                    & \fbox{\fbox{部分図B}}              \\
    \footnotesize (a)部分図Aの説明 & \footnotesize (b)部分図Bの説明
  \end{tabular}
  \caption{部分図に分かれた図}
\end{figure}
```

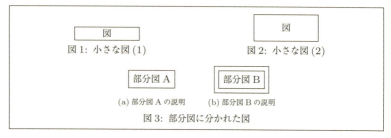

■ subfig パッケージ

subfig パッケージは，「部分図」または「部分表」を記述するコマンドの \subfloat を提供します．\subfloat コマンドは次の形式で用います．「[⟨目次用サブキャプション⟩]」は省略可能で，省略すると「⟨目次用サブキャプション⟩ = ⟨サブキャプション⟩」になります．「[⟨サブキャプション⟩]」も省略可能で，省略すると部分図・部分表に番号もサブキャプショ

ンも付きません．部分図・部分表に番号のみを付けるには，「\subfloat[]{...}」のように
空のオプション引数を与えます．

```
\subfloat[⟨目次用サブキャプション⟩][⟨サブキャプション⟩]{⟨部分図・部分表⟩}
```

例えば，先の例の図 3 は次のような記述で出力できます．

```
\begin{figure}\centering
\subfloat[部分図Aの説明]{\makebox[.3\linewidth][c]{\fbox{部分図A}}}
\subfloat[部分図Bの説明]{\makebox[.3\linewidth][c]{\fbox{\fbox{部分図B}}}}
\caption{部分図に分かれた図}
\end{figure}
```

■サブキャプションの体裁のカスタマイズ

\subfloat でのサブキャプションの体裁を変更するには，\captionsetup コマンドを次の
形式で用います．なお，これは 10.17 節で説明している caption パッケージ（subfig パッケー
ジはこのパッケージを読み込みます）が提供するもので，subfig パッケージ使用時にはキャプ
ションの体裁のカスタマイズがサブキャプションにも適用されます．そこで，\caption に
よる通常のキャプションとサブキャプションに共通のカスタマイズ項目については 10.17 節
を参照してください．

```
\captionsetup[⟨フロートの型⟩]{⟨書式指定⟩}
```

また，サブキャプションに対する ⟨書式指定⟩ としては次のものもあります．

- position=top：サブキャプションを部分図の上に置きます．
- position=bottom：サブキャプションを部分図の下に置きます．

▶ 注意　subfig パッケージが利用できないときには，subfigure パッケージの利用を検討してく
ださい．subfigure パッケージを用いた場合，「部分図」には \subfigure コマンドを用いて
「部分表」には \subtable コマンドを用います．\subfigure，\subtable の用法は，subfig
パッケージの場合の \subfloat とまったく同じです．　　　　　　　　　　　　　　　　　□

10　図表の配置とキャプション

10.8　図と表を並べて配置したい

\@captype をユーザー自身で再定義すると，ひとつのフロートの中に図のキャプション
と表のキャプションを混在させることができます．

■キャプションの「型」の切り換え

10.1 節の例のように figure 環境（figure* 環境）内の \caption コマンドは図のキャプショ
ンを作成し，table 環境（table* 環境）内の \caption コマンドは表のキャプションを作成し
ますが，それはフロートの型を表すコマンドの \@captype が figure 環境（figure* 環境）の
開始時には「figure」に設定され，table 環境（table* 環境）開始時には「table」に設定され
ていることによります．そこで，このコマンドをフロートの途中で再定義すると，次の例の
ようにひとつのフロートの中に図と表を混在させることができます．

```
\documentclass{jarticle}
%%% ↓\setcaptype は「\setcaptype{〈フロートの型〉}」のように用いて，
%%%   \@captype が〈フロートの型〉となるように（再）定義します．
\makeatletter
\newcommand{\setcaptype}[1]{\def\@captype{#1}}
\makeatother
\begin{document}
図と表を混在させる例です．\par
\begin{figure}\centering
\parbox{.45\linewidth}{%%% \linewidth は行長
   \centering
   \fbox{一応，図です}
   \caption{図の例}}%
\qquad
\setcaptype{table}%%%   ←これ以降，この figure 環境の残りの部分で用いた
\parbox{.45\linewidth}{%%% \caption は表のキャプションになります．
   \centering
   \caption{表の例}
   \begin{tabular}{|c|} \hline 一応，表です\\ \hline \end{tabular}}
\end{figure}
\end{document}
```

```
┌──────────────┐                    表 1: 表の例
│ 一応，図です │                  ┌──────────────┐
└──────────────┘                  │ 一応，表です │
      図 1: 図の例                └──────────────┘

図と表を混在させる例です．
```

■ float パッケージを用いる場合

float パッケージ使用時には，フロートを強制的に「その場」に配置する「H」指定が利用できます（10.2 節参照）．このことを用いると，多少の細工は必要ですが，ひとつのフロートの中に図と表を混在させることができます．例えば，先の例は次のようにも記述できます．

```
\documentclass{jarticle}
\usepackage{float}
\begin{document}
図と表を混在させる例です．\par
\begin{figure}\centering
\parbox{.45\linewidth}{\centering
    \fbox{一応，図です}
    \caption{図の例}}\qquad
\parbox{.45\linewidth}{%
    %%% ↓一時的に「1 段の幅」が「\parbox での行長」に等しいかのように扱います．
    \setlength{\columnwidth}{\linewidth}%
    %%% ↓「その場」配置のフロートの前後の空白量を一時的にゼロにします．
    \setlength{\intextsep}{0pt}%
    \begin{table}[H] \centering
    \caption{表の例}
    \begin{tabular}{|c|} \hline 一応，表です\\ \hline \end{tabular}
    \end{table}}
\end{figure}
\end{document}
```

●コラム● ［subfig パッケージ使用時の注意点］

subfig パッケージは caption パッケージを読み込みますが，この caption パッケージのバージョンによっては，caption パッケージを読み込んだのち「ragged2e パッケージが利用可能なら，このパッケージも無条件に使用」しようとします．そのようなバージョンの caption パッケージが用いられているときには，ragged2e パッケージと pLaTeX の相性が悪いことに注意が必要です．ユーザー自身が使用するパッケージを更新すれば済む場合には，最新の caption パッケージを CTAN から入手するとよいでしょう．また，subfig パッケージの代わりに subfigure パッケージ（古いパッケージですが，ほかのパッケージを読み込まないので ragged2e パッケージ関係のトラブルを招きません）を用いるという対処法もあります．

10 図表の配置とキャプション

10.9 複数のページにわたる図表に同じ番号のキャプションを付けたい

同じ番号の図表の2個目以降には，caption パッケージが提供する \ContinuedFloat コマンドが利用できます．

■ \ContinuedFloat コマンド（caption パッケージ）

ひとつのフロートは，原則として1ページに収まる必要があります．そのため，単一の巨大な画像は適宜縮小することになりますし，多数の部分図からなる図については「1ページに収まる個数ずつまとめたもの」のそれぞれを個別にフロートにします．ここで，「多数の部分図からなる図」のようなものを複数のフロートに分割したとき，分割後の個々のフロートに同じ番号のキャプションを付ける場合もよく見られます．そのような場合には，caption パッケージが提供する \ContinuedFloat というコマンドを次のように用います．

```
\documentclass{jarticle}
\usepackage{subfig}%%%「部分図」のために使用（前節参照）
\begin{document}%%%      caption パッケージも読み込まれます
多数の部分図を複数のフロートに分けて記述する例．\par
\begin{figure}\centering
  \subfloat[]{\fbox{部分図a}}\qquad \subfloat[]{\fbox{部分図b}}
  \caption{多数の部分図：最初の2個}
\end{figure}
\begin{figure}
  \ContinuedFloat%%% 単に「続きのフロート」の先頭に置きます
  \centering
  \subfloat[]{\fbox{部分図c}}\qquad \subfloat[]{\fbox{部分図d}}
  \caption{多数の部分図：残りの2個}%%% 直前の図（表）と同じ番号のキャプション
\end{figure}
\end{document}
```

部分図 a　　部分図 b

(a)　　　　　(b)

図 1: 多数の部分図：最初の 2 個

部分図 c　　部分図 d

(c)　　　　　(d)

図 1: 多数の部分図：残りの 2 個

多数の部分図を複数のフロートに分けて記述する例．

なお，caption パッケージが利用できないときには，ccaption パッケージが提供する
\contcaption が利用できます．例えば，先の例に対応する記述は次のようになります．

```
\documentclass{jarticle}
\usepackage[tight]{subfigure}%%% 「部分図」のために使用
\usepackage[subfigure]{ccaption}
\begin{document}
多数の部分図を複数のフロートに分けて記述する例. \par
\begin{figure}\centering
  \subfigure[]{\fbox{部分図a}}\qquad \subfigure[]{\fbox{部分図b}}
  \caption{多数の部分図：最初の2個}
\end{figure}
\begin{figure}\centering
  \contsubfigure[]{\fbox{部分図c}}\qquad \contsubfigure[]{\fbox{部分図d}}
  \contcaption{多数の部分図：残りの2個}%%% 直前の図（表）と同じ番号のキャプション
\end{figure}
\end{document}
```

この例のように, ccaption パッケージ（＋ subfigure パッケージ）の場合には，「続きのフロート」の
中では \contcaption, \contsubfigure（表のサブキャプションの場合は \contsubtable）
という「cont」付きの名称のコマンドを用います．

■ LaTeX 自身の機能のみを用いる場合

LaTeX 自身の機能のみを用いる場合，**図目次や表目次を作成しないとき**には，次の例のよう
に図表の番号を数えるカウンタ（10.13 節参照）の値を変更するという方法が使えます．

```
\begin{figure}\centering
  \begin{tabular}{@{}c@{\qquad}c@{}}
    \fbox{部分図a} & \fbox{部分図b} \\ (a) & (b)
  \end{tabular}
  \caption{多数の部分図：最初の2個}
\end{figure}
\addtocounter{figure}{-1}%%% 図番号を 1 だけ減らす
\begin{figure}\centering
  \begin{tabular}{@{}c@{\qquad}c@{}}
    \fbox{部分図c} & \fbox{部分図d} \\ (c) & (d)
  \end{tabular}
  \caption{多数の部分図：残りの2個}
\end{figure}
```

10 図表の配置とキャプション

10.10 図表の周囲にテキストを回り込ませたい (1) —— LaTeX 自身の機能を用いる場合

- \hangindent, \hangafter などを用いて段落の形状を指定します.
- 箇条書きの中では, \rightskip などを用いて図表の領域を確保します.

■ LaTeX 自身の機能を用いたテキストの回り込み

図表の周囲へのテキストの回り込みを LaTeX 自身の機能のみを用いて行う場合, 基本的には \hangindent, \hangafter (5.3 節参照) などのパラメータを設定して段落の形状を変更します. この場合, テキストを回り込ませる図表にキャプションを付けるには, \@captype を適宜再定義するか, float パッケージを併用して「H 指定によるその場配置」を利用します. 図表自身は次の例のように \raisebox などのコマンドを利用して配置します. その際, \raisebox のオプション引数などを用いて図表の高さを無視させてください.

```
\documentclass{jarticle}
\makeatletter%%% フロートの型を設定するコマンドを導入 (10.2 節参照)
\newcommand{\setcaptype}[1]{\def\@captype{#1}}
\makeatother
\begin{document}
\setlength{\hangindent}{-9zw}%%% 行末側に 9 文字分の空白を作成
\hangafter=-5 %%% 回り込み範囲を 5 行分確保
これは, 図のまわりにテキストを回り込ませるサンプルです.
%%% (中略, 直前の行をさらに 5 回繰り返します)
\unskip\nobreak\hfill%%% 図を行末側に寄せる
\llap{\raisebox{23mm}[0pt][0pt]{\parbox{8zw}{\centering
  \fbox{\makebox[6zw][c]{図の例}}
  \setcaptype{figure}
  \caption{テキストを回り込ませた図}}}}
\end{document}
```

これは, 図のまわりにテキストを回り込ませるサンプルです. これは, 図のまわりにテキストを回り込ませるサンプルです. これは, 図のまわりにテキストを回り込ませるサンプルです. これは, 図のまわりにテキストを回り込ませるサンプルです. これは, 図のまわりにテキストを回り込ませるサンプルです. これは, 図のまわりにテキストを回り込ませるサンプルです.

図の例

図 1: テキストを回り込ませた図

310

■箇条書きの環境の中でのテキストの回り込み

実は，itemize 環境や enumerate 環境のような箇条書きの環境（第 6 章参照）の中では，\hangindent，\hangafter は無視されます（第 5 章の末尾のコラムを参照してください）．箇条書きの環境の中でテキストの回り込みを行うには，\rightskip（5.3 節参照）などのパラメータを変更して段落の左右の余白を変更する方法を用います．その際，図表に回り込ませるテキストは，次の例のように手動で複数段落に分割します．

```
\documentclass{jarticle}
\usepackage[dvips]{graphicx}%%% オプションは9.2節参照
\begin{document}
\begin{itemize}
\setlength{\rightskip}{9zw}%%% 右余白を9文字分確保
\item \textgt{内心}：
三角形の内接円の中心，各内角の2等分線の交点でもある．
内心は各辺から等距離にあるので，三角形の各頂点と内心とを結んで
右図のように3個の三角形に分割すると，
それらの小三角形の面積比は元の三角形の各辺の長さの比になる．
また，右図の3個の小三角形の面積の和が元の三角形の面積になる
\nobreak\rlap{\raisebox{16mm}[0pt][0pt]{\hspace{1zw}%
\parbox{8zw}{\centering
   \includegraphics[width=7zw]{sample.eps}}}}%%% 9.2節のサンプル画像
{\parfillskip=0pt \par}

\setlength{\rightskip}{0pt}%%% 右余白のリセット
\vspace{-\parskip}\noindent
ことから，元の三角形の面積をヘロンの公式で求めておけば，
内接円の半径を3辺の長さのみで表すことができる．
\end{itemize}
\end{document}
```

- **内心**：三角形の内接円の中心，各内角の 2 等分線の交点でもある．内心は各辺から等距離にあるので，三角形の各頂点と内心とを結んで右図のように 3 個の三角形に分割すると，それらの小三角形の面積比は元の三角形の各辺の長さの比になる．また，右図の 3 個の小三角形の面積の和が元の三角形の面積になる ことから，元の三角形の面積をヘロンの公式で求めておけば，内接円の半径を 3 辺の長さのみで表すことができる．

10 図表の配置とキャプション

10.11 図表の周囲にテキストを回り込ませたい (2) —— wrapfig パッケージを用いる場合

wrapfig パッケージは,図表の周囲へのテキストの回り込みを実現する wrapfigure, wraptable 環境を提供します.

■ wrapfig パッケージ

wrapfig パッケージは図扱いのもののまわりにテキストを回り込ませる wrapfigure 環境と表扱いのもののまわりにテキストを回り込ませる wraptable 環境を提供します.これらの環境は,図表に回り込むテキストの直前で次の形式で用います.

```
\begin{wrapfigure}[〈行数〉]{〈位置指定〉}[〈はみ出し量〉]{〈幅〉}
  〈図の記述〉
\end{wrapfigure}
\begin{wraptable}[〈行数〉]{〈位置指定〉}[〈はみ出し量〉]{〈幅〉}
  〈表の記述〉
\end{wraptable}
```

- 「〈位置指定〉」は図表の位置の指定で,「r」または「R」(行末側),「l」または「L」(行頭側),「i」または「I」(「twoside」クラスオプション適用時の偶数ページでは行末側,それ以外では行頭側),「o」または「O」(「twoside」クラスオプション適用時の偶数ページでは行頭側,それ以外では行末側)の**いずれか** 1 **文字**を用います.大文字で指定した場合,現在のページに配置対象の図表を置くだけの余地がないときに(可能ならば)図表を次のページに送って次のページの最初の段落以降のテキストを回り込ませます.一方,小文字で指定した場合,強制的に wrapfigue 環境などの直後の段落以降のテキストを回り込ませます.

- 「〈幅〉」は図表部分の幅(縦組時には高さ)です.ただし,〈幅〉をゼロ (0 pt) にすると,図表部分の幅は「wrapfigre 環境などの中身の図表(キャプションを除く)の自然な幅」に設定されます.また,図表部分とその周囲のテキストとの間には寸法 \columnsep (1.6 節参照) の大きさの空白が入ります.

- 「〈行数〉」(省略可能) は図表の横(縦組時には上下)に並ぶ部分の行数です(省略した場合,図表の高さ(縦組時には幅)から自動的に割り出されます).「大きな分数 (15.3 節参照)」のようなものを含む変則的な高さの行があるときには,回り込み範囲の行数を「[〈行数〉]」で指定するとよいでしょう.

- 「〈はみ出し量〉」(省略可能) は図表を余白側にはみ出させるときのはみ出し量です.省略した場合,〈はみ出し量〉としては寸法 \wrapoverhang (wrapfig パッケージが用意

している寸法で，デフォルト値は 0 pt）が用いられます．なお，\wrapoverhang の値は \setlength コマンドを用いて設定できます．

なお，段落間で回り込みの処理を解除するには，\WFclear というコマンドを用います（wrapfig パッケージ使用時には，\clearpage の際にも自動的に \WFclear が実行されます）．

■ wrapfigure 環境の使用例

```
\documentclass{jarticle}
\usepackage{wrapfig}%%% 通常，オプションなしで読み込めば充分です．
\begin{document}
\begin{wrapfigure}{r}{6zw}\centering
  \fbox{図です}
  \caption{図の例}%%% \caption も利用可能です
\end{wrapfigure}
図のまわりにテキストを回り込ませるサンプルです．
図のまわりにテキストを回り込ませるサンプルです．
\par%%% 回り込むテキストが複数段落にわたっても構いません．
図のまわりにテキストを回り込ませるサンプルです．
図のまわりにテキストを回り込ませるサンプルです．
図のまわりにテキストを回り込ませるサンプルです．
図のまわりにテキストを回り込ませるサンプルです．
\end{document}
```

　　図のまわりにテキストを回り込ませるサンプルです．図の
まわりにテキストを回り込ませるサンプルです．

　　図のまわりにテキストを回り込ませるサンプルです．図の
まわりにテキストを回り込ませるサンプルです．図のまわり
にテキストを回り込ませるサンプルです．図のまわりにテキストを回り込ま
せるサンプルです．

▶ 注意　wrapfigure 環境，wraptable 環境は箇条書きの環境（itemize 環境など，第 6 章参照）の中では使えません．また，箇条書きの環境の直後などで wrapfigure 環境などを用いる場合，箇条書きの環境と wrapfigure 環境などとの間に空白行（あるいは \par コマンド）を入れてください．箇条書きの環境の中で wrapfigure 環境などを用いた場合などには「Package wrapfig Warning: wrapfigure used inside a conflicting environment on input line ⟨lineno⟩.」（⟨lineno⟩ はこの警告に対応する wrapfigure 環境などを用いた箇所の行番号）という警告が生じます．なお，箇条書きの環境の中で図表のまわりへのテキストの回り込みを行うときには，picins パッケージ（次節参照）などの利用を検討してください．　　　□

10 図表の配置とキャプション

10.12 図表の周囲にテキストを回り込ませたい (3) —— picins パッケージを用いる場合

picins パッケージが提供する \parpic コマンドを利用しても，図表の周囲にテキストを回り込ませることができます．

■ picins パッケージ

図表のまわりにテキストを回り込ませるには，picins パッケージ（単に「\usepackage{picins}」のように読み込みます）が提供する \parpic コマンドが利用できます．このコマンドは，図表に回り込むテキストの直前で次の形式で用います（箇条書きの環境の内部でも利用できます）．

```
\parpic(〈幅〉,〈高さ〉)(〈右移動量〉,〈下移動量〉)[〈出力設定〉][〈配置指定〉]{〈図〉}
```

- 「(〈幅〉,〈高さ〉)」（省略可能）は 〈図〉 のために確保する領域の寸法です．〈幅〉 をゼロ（0 pt）にした場合または「(〈幅〉,〈高さ〉)」を省略した場合には，〈幅〉 として 〈図〉 の幅が用いられます．同様に，〈高さ〉 をゼロ（0 pt）にした場合または「(〈幅〉,〈高さ〉)」を省略した場合には，〈高さ〉 として 〈図〉 の高さが用いられます．なお，図のために確保した領域と図の周囲に回り込むテキストとの間には，デフォルトでは 1 em の大きさの空白が入ります．その空白の大きさを変更するには，\pichskip コマンドを「\pichskip{〈図とテキストとの間の空白量〉}」という形式で用います．
- 「(〈右移動量〉,〈下移動量〉)」（省略可能，〈右移動量〉 と 〈下移動量〉 はともに寸法）と「〈配置指定〉」は 〈図〉 のために確保した領域の中での 〈図〉 の位置の指定です．
  - 「(〈右移動量〉,〈下移動量〉)」を指定した場合，〈図〉 の基準点（\includegraphics で取り込んだ画像の場合には左下隅）が 〈図〉 のために確保した領域の左上隅から右に 〈右移動量〉，下に 〈下移動量〉 だけ移動した点に置かれます．
  - 「〈配置指定〉」は picture 環境内での \makebox コマンド（付録 C 参照）での枠の中身の位置指定（「c」など）と同様に指定します．〈配置指定〉 は (〈右移動量〉,〈下移動量〉) を省略したときのみ有効で，〈配置指定〉 も省略したときには「〈配置指定〉 = c」として扱われます．
- 「〈出力設定〉」（省略可能）は 〈図〉 の位置あるいは 〈図〉 を囲む枠の形状の指定で，図の位置の指定としては「l」（行頭側に配置），「r」（行末側に配置）が利用できます．また，枠の形状の指定（省略可能，図 10.1 参照）としては
  - f：四角の実線の枠（枠の太さは「\linethickness{〈太さ〉}」のように指定）
  - d：四角の破線の枠（枠の太さは「\linethickness{〈太さ〉}」のように指定，破

314

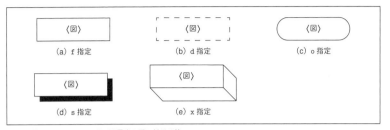

図 10.1 ● \parpic コマンドで配置する図に付ける枠

　　　線の実線部分および間隙部分の長さは「\dashlength{〈長さ〉}」のように指定）
- o：\oval コマンドによる枠（付録 C 参照）
- s：影付きの枠（影の大きさは「\shadowthickness{〈寸法〉}」のように指定）
- x：〈図〉を直方体の上面に置いたかのように表示（図 10.1 (e) の枠の斜めの線の両端の水平距離は「\boxlength{〈寸法〉}」のように指定，LaTeX 自身の picture 環境をそのまま用いているときには 10 pt 以上の値を指定します）

が利用できます．「fr」（四角の実線の枠で囲んで行末側に配置）のように組み合わせても構いません．なお，「[〈出力設定〉]」を省略した場合，「l」が用いられます．

\parpic コマンドで配置する図にキャプションを付けるには，\parpic コマンドの直前で \piccaption コマンドを次の形式で用います．

```
\piccaption{〈キャプション〉}
```

ただし，\piccaption コマンドは「図のキャプション」を作成します．表のキャプションを作成させるには，10.2 節の最後のサンプルコードで用いた \setcaptype のようなコマンドを利用して，ユーザー自身で \@captype を \piccaption コマンドの直前で再定義します（さらに，必要があれば \piccaption の後で \@captype を復元してください）．また，\parpic コマンドのオプション指定で図に枠を付ける場合，picins パッケージのデフォルトでは枠は図の部分のみを囲みます（キャプションは枠の外に出ます）．キャプションも枠の中に入れるには，\parpic コマンドを用いる前に \piccaptioninside というコマンドを用います（なお，デフォルト設定に戻すには \piccaptionoutside というコマンドを用います）．

例えば，前節の例の wrapfigure 環境の部分は次のように記述できます．

```
\piccaption{図の例}
\parpic(6zw,3zw)[r]{\fbox{図です}}
```

10 図表の配置とキャプション

10.13 図表の番号を変更したい

図表の番号を数えているカウンタの数値・出力形式を変更します.

● figure 環境・figure∗ 環境：カウンタは figure，番号の形式は \thefigure
● table 環境・table∗ 環境：カウンタは table，番号の形式は \thetable

■図表の番号を数えているカウンタ

figure 環境（figure∗ 環境）での図番号（キャプションに付く番号）は figure というカウンタで数えられているので，このカウンタの値を \setcounter コマンドなどを用いて変更すると図の番号（の数値）を変更できます. また，図の番号の形式を変更するには \thefigure というコマンドを再定義します（カウンタの出力形式については，第 1 章の末尾のコラムなどを参照してください）. 同様に，table 環境（table∗ 環境）での表番号は table というカウンタで数えられ，表番号の形式は \thetable というコマンドで与えられます.

■例 1：図の番号の変更と，番号の形式の簡単な変更の例

```
\documentclass{jarticle}
\begin{document}
図の番号の変更例です. \par
\setcounter{figure}{2}%%% カウンタ figure の値を 2 に設定
\begin{figure}\centering
\fbox{図です}
\caption{簡単な図(1)}%%% カウンタ figure の値が更新されるので,「図3」になります.
\end{figure}
\renewcommand{\thefigure}{\Roman{figure}}%%% 大文字のローマ数字で出力
\begin{figure}\centering
\fbox{図です}
\caption{簡単な図(2)}
\end{figure}
\end{document}
```

図です

図 3: 簡単な図 (1)

図です

図 IV: 簡単な図 (2)

図の番号の変更例です.

316

この例では，「\caption コマンドは図表の番号を更新してからキャプションを作成する」という点にも注意してください（figure 環境などのフロートを作成する環境自身は図表の番号を更新しません）．なお，\caption コマンドは相互参照（第 11 章参照）に関係する情報も更新します．

　また，この例の「図 3:」あるいは「図 IV:」のコロンは図番号（\thefigure コマンド）に由来するものではなく，\caption コマンドの側で追加しているものです．そのコロンを変更あるいは削除するにはキャプション全体の体裁を変更します（10.16, 10.17 節参照）．

■例 2：図番号に \section の番号を添える例

```
\documentclass{jarticle}
\renewcommand{\thefigure}{\thesection.\arabic{figure}}
\makeatletter%%% ↑図番号は「\sectionの番号＋ピリオド＋\section内での図の通番」
\@addtoreset{figure}{section}%%% 図番号を \section ごとにリセット
\makeatother
\begin{document}
\section{サンプル}
図の番号の変更例です．\par
\begin{figure}[h]\centering
\parbox{.4\textwidth}{\centering \fbox{図A}\caption{簡単な図(1)}}\quad
\parbox{.4\textwidth}{\centering \fbox{図B}\caption{簡単な図(2)}}%
\end{figure}

\section{サンプル2}
図の番号の変更例です．\par
\begin{figure}[h]\centering \fbox{図C} \caption{簡単な図(3)} \end{figure}
\end{document}
```

1　サンプル

　図の番号の変更例です.

図 A

図 B

図 1.1: 簡単な図 (1)　　　　　図 1.2: 簡単な図 (2)

2　サンプル 2

　図の番号の変更例です.

図 C

図 2.1: 簡単な図 (3)

10 図表の配置とキャプション

10.14 図表の本体で用いる書体・文字サイズを一括変更したい

基本的には，\@floatboxreset に文字サイズ変更コマンドなどを導入します．また，
float パッケージが提供する \floatevery コマンドも利用できます．

■フロートの中身に対する共通設定用のコマンド

figure 環境などのフロートの中身には，\@floatboxreset というコマンドが適用されて
います．そこで，このコマンドに文字サイズ変更コマンドなどを追加すると，フロートの中
身で用いられる書体・文字サイズを一括変更できます．なお，\@floatboxreset はファイ
ル latex.ltx において次のように定義されています（コメントは筆者によります）．

```
\def\@floatboxreset{%%% \def はコマンドを定義するコマンドのひとつ
    \reset@font    %%% フロートの外部での書体変更の影響を防ぐための書体の初期化
    \normalsize    %%% 文字サイズの初期化
    \@setminipage}%%% 箇条書きに関係する設定
```

\@floatboxreset の再定義時には，\normalsize の部分のみを適宜変更し，\reset@font
と \@setminipage は変更しません．ただし，キャプションについては \caption 自身が文
字サイズを設定するので，キャプションの文字サイズを変更するには \@floatboxreset を
経由するのではなく，キャプションの体裁をカスタマイズします（10.16, 10.17 節参照）．

■ \@floatboxreset の再定義例

```
\documentclass{jarticle}
\makeatletter
\renewcommand{\@floatboxreset}{\reset@font
    \footnotesize \bfseries %%% 書体・文字サイズを変更
    \@setminipage}          %%% 書体変更のほうは \caption にも影響
\makeatother
\begin{document}
図表での書体・文字サイズの変更例です．\par
\begin{figure}\centering
  \fbox{始点}→\fbox{終点}  \caption{単純な図}
\end{figure}
\begin{table}\centering
  \caption{単純な表}
  \begin{tabular}{|c|c|} \hline  図 & 表 \\ \hline  \end{tabular}
\end{table}
\end{document}
```

```
┌──────┐   ┌──────┐
│ 始点 │ → │ 終点 │
└──────┘   └──────┘
```

図 1: 単純な図

表 1: 単純な表

図	表

図表での書体・文字サイズの変更例です.

\@floatboxreset では, キャプションの前後の空白量 (次節参照) なども設定できます.
なお, figure 環境 (figure* 環境) の場合と table 環境 (table* 環境) の場合とで異なる設定
にするには, \@floatboxreset を次のような形に再定義するとよいでしょう.

```
\renewcommand{\@floatboxreset}{%
   \reset@font
   \def\@tempa{table}%
   \ifx\@captype\@tempa ⟨table(*) 環境の場合⟩
   \else%%% この \else と 3 行下の \fi の間は「table(*) 環境の場合以外」
      \def\@tempa{figure}%
      \ifx\@captype\@tempa ⟨figure(*) 環境の場合⟩\else ⟨どちらでもない場合⟩\fi
   \fi
   \@setminipage}
```

■ float パッケージを用いる場合

float パッケージを用いると, \floatevery コマンドを用いてフロートの型 (10.2 節参照)
ごとに書体などを次の形式で設定できます. ただし, 個々の文書クラスがあらかじめ用意し
ている「figure」などの型に対しては, \floatevery を用いる前に \restylefloat コマン
ドを用いて, その型のフロートを float パッケージの枠組みに組み入れる必要があります.

```
\floatevery{⟨フロートの型⟩}{⟨設定内容⟩}
```

例えば, 先の例で \@floatboxreset を用いて行った設定は, float パッケージ使用時には
次のように記述できます (\floatstyle コマンドについては 10.20 節を参照してください).

```
\restylefloat{figure}%%% 「\restylefloat{⟨フロートの型⟩}」の形式で用います.
\floatevery{figure}{\footnotesize \bfseries}
\floatstyle{plaintop} \restylefloat{table}
\floatevery{table}{\footnotesize \bfseries}
```

10.14 図表の本体で用いる書体・文字サイズを一括変更したい

10 図表の配置とキャプション

10.15 図表の本体とキャプションとの間隔を変更したい

多くの場合，キャプションの前後の空白量は \abovecaptionskip, \belowcaptionskip
で与えられます．

■キャプションの前後の空白量の変更

一般的なクラスファイルを用いた場合，キャプションの前後の空白量は，\abovecaptionskip
（キャプションの前の空白量），\belowcaptionskip （キャプションの後の空白量）というグルー（伸縮度付きの寸法，2.6 節参照）で与えられます（これらのグルーのデフォルト値も，各クラスファイルで設定されています）．また，\abovecaptionskip と \belowcaptionskip
は，次のように \setlength コマンドを用いて変更できます．

```
\setlength{\abovecaptionskip}{2mm}%%% キャプションの前の空白量を 2 mm に設定
\setlength{\belowcaptionskip}{0mm}%%% キャプションの後の空白量をゼロに設定
```

ただ，「図のキャプションは図の下に置く一方，表のキャプションは表の上に置く」といった理由により「フロートの型ごとに \abovecaptionskip, \belowcaptionskip の値を変える」場合には，本節の例 1，例 2 のように \@floatboxreset（前節参照）などの中に
\abovecaptionskip などの設定処理を追加するといった方法を用いるとよいでしょう．

■例 1：\@floatboxreset に \abovecaptionskip などの再設定処理を追加した例

```
\renewcommand{\@floatboxreset}{%
  \reset@font \normalsize
  \def\@tempa{table}%
  \ifx\@captype\@tempa%%% table(*) 環境の場合
    \setlength{\abovecaptionskip}{0mm}%
    \setlength{\belowcaptionskip}{2mm}%
  \else%%%                     table(*) 環境以外（例えば，figure 環境）の場合
    \setlength{\abovecaptionskip}{2mm}%
    \setlength{\belowcaptionskip}{0mm}%
  \fi
  \@setminipage}
```

この例では，figure 環境（figure* 環境）でのキャプションは図の後に置き，table 環境（table* 環境）でのキャプションは表の前に置くことを前提として，図表とキャプションの間（図のキャプションの前あるいは表のキャプションの後）に追加する空白量を 2 mm にしています．こ

320

のような場合，「\abovecaptionskip と \belowcaptionskip の両方を 2 mm に設定する」
という方法はうまくいきません（図のキャプションの後あるいは表のキャプションの前に余
分な空白が入ります）．

■例 2：\caption に \abovecaptionskip などの再設定処理を追加した例

10.8 節で取り上げたような「ひとつのフロートの中での図と表の混在」を行いつつ，さら
に「図のキャプションの場合と表のキャプションの場合とでキャプションの前後の空白量を変
える」ような場合には \abovecaptionskip などをフロートごとに設定するのではなくキャプ
ションごとに設定することになります．そのような処理は，次のように \caption 自体を
再定義すると実現できます（ファイル latex.ltx における \caption の定義に (∗) と (∗∗) の
部分を追加したのみです）．

```
\renewcommand\caption{%
  \ifx\@captype\@undefined
    \@latex@error{\noexpand\caption outside float}\@ehd
    \expandafter\@gobble
  \else
    \def\@tempa{table}%                                              (*)
    %%%（中略，例 1 のサンプルコードの \ifx から \fi までの部分と同じ）(**)
    \refstepcounter\@captype
    \expandafter\@firstofone
  \fi
  {\@dblarg{\@caption\@captype}}}%% \@caption を呼び出します
```

■キャプションの体裁のカスタマイズ用のパッケージを用いる場合

キャプションの体裁のカスタマイズ用のパッケージには，キャプションと図表との間隔も設定
できるものがあります．例えば，caption パッケージ（10.17 節参照）では，「skip=⟨空白量⟩」
という形式のオプションが利用できます．具体的には，caption パッケージを「\usepackage
[skip=2mm]{caption}」のように読み込むと先の例 1，例 2 のような設定ができます．

注意　caption パッケージに限らず，キャプションの体裁をカスタマイズするパッケージを用
いてキャプションの前後の空白量を変更する場合は，必ずそのパッケージの枠組みに従って
ください．特に，\abovecaptionskip，\belowcaptionskip の意味を変更しているパッ
ケージもあり，そのようなパッケージを用いつつユーザー自身で \abovecaptionskip など
の値を設定するとユーザーの意図とは異なる結果になることがあります．また，パッケージ
側では一般に「ユーザーがキャプションを図表の前後のどちらに置いたか」を知ることはで
きないので，「ユーザー自身では図表のどちら側にキャプションを置くことにしているか」に
関するオプション指定も必要となることがあります．　　　　　　　　　　　　　　　　□

10 図表の配置とキャプション

10.16 キャプションの体裁を変更したい (1) —— ユーザー自身でカスタマイズする場合

基本的には，\@makecaption を再定義します．

■ \caption コマンドの仕組み

LaTeX 自身が定義している（各種のパッケージで再定義されない状態の）\caption コマンドは，\@caption というコマンドを呼び出し，このコマンドがキャプションの作成作業などを行います．\@caption は，ファイル latex.ltx で次のように定義されています（コメントは筆者によります）．この定義に含まれている \normalsize のところがキャプションでの文字サイズの設定なので，この部分を変更するとキャプションでの文字サイズを変更できます．

```
%%% 引数 #1 はフロートの型（10.2 節参照）
%%% 引数 #2 は図目次・表目次用キャプション，引数 #3 は本文用キャプション
\long\def\@caption#1[#2]#3{%%% \def はコマンドを定義するコマンドのひとつ
   \par%%%↓\addcontentsline は目次に載せる項目を登録するコマンド
   \addcontentsline{\csname ext@#1\endcsname}{#1}%
      {\protect\numberline{\csname the#1\endcsname}{\ignorespaces #2}}%
   \begingroup
   \@parboxrestore%%% \parindent（段落の先頭での字下げ量）をゼロにするなどの初期化
   \if@minipage \@setminipage \fi
   \normalsize%%% キャプション部分の文字サイズを初期化
   \@makecaption{\csname fnum@#1\endcsname}{\ignorespaces #3}\par
   \endgroup}%%% ↑キャプションそのものは \@makecaption コマンドが作成
```

\@caption コマンドが呼び出している \@makecaption というコマンドがキャプション部分を作成します．\@makecaption の第 1 引数になっている「\csname fnum@#1\endcsname」というのは最終的には「\fnum@figure」あるいは「\fnum@table」といった「キャプションの番号部分の形式」を表すコマンド（10.19 節参照）になります．

■ \@makecaption コマンド

キャプションそのものを作成するコマンドの \@makecaption は，一般に個々のクラスファイルの中で定義されています．例えば，ファイル article.cls での \@makecaption の定義は次のようになっています（コメントは筆者によります）．

```
\long\def\@makecaption#1#2{%%% #1 は番号部分，#2 はキャプション
   \vskip\abovecaptionskip%%% キャプションの前の空白の追加
   %%% ↓番号とキャプションを改行せずに 1 行に並べたものを保存
   \sbox\@tempboxa{#1: #2}%                                          (*)
```

```
    \ifdim \wd\@tempboxa>\hsize%%% キャプション部分が複数行になる場合
        #1: #2\par
    \else%%%                          キャプションが 1 行に収まる場合
        \global\@minipagefalse%%%    箇条書きなどに関係する設定
        \hb@xt@\hsize{\hfil\box\@tempboxa\hfil}%%% キャプションを中央寄せ
    \fi%%% ↑「\box\@tempboxa」は (*) で保存した番号とキャプション
    \vskip\belowcaptionskip}%%% キャプションの後の空白の追加
```

そこで，この定義中の「#1」（番号部分）などに書体変更コマンドを適用したり，コロンの部分を変更したりすると，キャプションの体裁が変わります．

■カスタマイズ例

```
\documentclass{jarticle}%%% 次の行は計算用の寸法の用意
\newlength\captempA \newlength\captempB%%% これは，プリアンブルで 1 回行えば充分
\usepackage{calc}%%% \parbox の幅の指定で計算式を使うために利用
\makeatletter
\long\def\@makecaption#1#2{%%% #1：番号部分, #2：キャプション
    \vskip\abovecaptionskip%%% ↓ \captempA ←「\textbf{#1.}\quad」の幅
    \settowidth{\captempA}{\textbf{#1.}\quad}%
    \settowidth{\captempB}{#2}%%%          \captempB ←「#2」の幅
    \addtolength{\captempB}{\captempA}%%% \captempB ← \captempB + \captempA
    \ifdim \captempB>\hsize%%% キャプション部分が複数行になる場合
        %%% キャプション部分の幅を「行長 − 番号部分の幅」に設定↓
        \textbf{#1.}\quad \parbox[t]{\hsize - \captempA}{#2}\par
    \else%%%                          キャプションが 1 行に収まる場合
        \global\@minipagefalse
        \hb@xt@\hsize{\hfil \textbf{#1.}\quad #2\hfil}%
    \fi
    \vskip\belowcaptionskip}
\makeatother
\begin{document}
\begin{figure}\centering
\parbox{12zw}{\centering \fbox{図です} \caption{図の例}}\quad
\parbox{12zw}{\centering \fbox{図です} \caption{複数行にわたるキャプション}}
\end{figure}
\end{document}
```

図です

図です

図 1. 図の例

図 2. 複数行にわたるキャプション

323

10 図表の配置とキャプション

10.17 キャプションの体裁を変更したい (2) —— caption パッケージを用いる場合

caption パッケージを用いると，このパッケージへのオプション指定や \captionsetup コマンドを用いてキャプション部分の書体・文字サイズなどをカスタマイズできます．

■ caption パッケージ

caption パッケージを次の形式で読み込むことでもキャプションの体裁を変更できます．「〈書式指定〉」には，「format=hang」といった「〈オプション〉=〈値〉」の形式の指定を列挙します．〈書式指定〉で利用できる主なオプションを表 10.2〜表 10.5 に挙げます．caption パッケージの機能の詳細については，マニュアル（caption-eng.pdf）を参照してください．

```
\usepackage[〈書式指定〉]{caption}
```

例えば，前節のカスタマイズ例とほぼ同様の設定は次のような記述で実現できます．

```
\usepackage[format=hang,labelfont=bf,labelsep=period]{caption}
```

caption パッケージの読み込み時の指定は，一部のオプションを除き，基本的にはすべての型のフロートに適用されます．一方，\captionsetup コマンドを次の形式で用いると，フロートの型（10.2 節参照）ごとにキャプションの体裁を指定できます．ここで，「〈書式指定〉」は caption パッケージの読み込み時の書式指定と同様に記述します．また，「[〈フロートの型〉]」は省略可能で，省略した場合はすべての型のフロートに対して〈書式指定〉を適用します．

```
\captionsetup[〈フロートの型〉]{〈書式指定〉}
```

なお，\captionsetup コマンドをフロート（figure 環境など）の内部で用いた場合，その \captionsetup コマンドの効果はそのフロートの中だけで有効になります．このことを用いると，特定のキャプションの体裁の一時的な変更もできます．ただし，\captionsetup コマンドをフロートの内部で用いるときには，フロートの型を指定せずに用いてください．

▶ 注意　pLaTeX の文書クラスと充分に新しい caption パッケージを併用した場合，「サポートしていない文書クラスが検出されたので，caption パッケージの使用は勧められない」意の警告が生じますが，横組の文書を作成する限りにおいては特に問題はないようです．なお，caption パッケージについては 10.8 節のコラムも参照してください． □

324

表 10.2 ● キャプション全体の形式に関する caption パッケージのオプション

オプション	値	意味
format	plain	キャプションを通常の段落として作成[注]
	hang	キャプションの 2 行目以降を番号部分の幅だけ字下げして出力[注]
singlelinecheck	true	キャプションがただ 1 行の場合，特別な形式（中央寄せなど）で出力（デフォルト）
	false	1 行からなるキャプションも複数行のキャプションと同じ扱いで出力

注：どちらの場合も，indention オプションなどの影響も受けます．

表 10.3 ● 番号部分の形式に関する caption パッケージのオプション

オプション	値	意味
labelformat	empty	番号部分を消去
	simple	番号をそのまま出力
	parens	番号の両側に丸括弧を追加
	brace	番号の後に丸括弧を追加
labelsep	colon	番号部分の後にコロンを追加
	period	番号部分の後にピリオドを追加

オプション	値	意味
labelsep	endash	番号部分の後に en-dash (–) と空白を追加
	space	番号部分の後に空白文字を追加
	quad	番号部分の後に 1 em の空白を追加
	newline	番号部分の直後で改行

表 10.4 ● キャプションの書体・文字サイズ・色に関する caption パッケージのオプション

(a) 書体に関する主なオプション

オプション	意味
font	書体・文字サイズなどの基本設定
labelfont	番号部分の書体・文字サイズなどの設定[注]
textfont	キャプション本体の部分の書体・文字サイズなどの設定[注]

注：まず font による設定がキャプション全体に適用され，それに labelfont あるいは textfont による設定が追加適用されます．

(b) (a) の各オプションに適用できる主な値

値	意味
rm	ローマン体（\rmfamily）に設定
sf	サンセリフ体（\sffamily）に設定
tt	タイプライタ体（\ttfamily）に設定
md	通常の太さ（\mdseries）に設定
bf	太字（\bfseries）に設定
up	直立体（\upshape）に設定
it	イタリック体（\itshape）に設定
sl	スラント体（\slshape）に設定
sc	スモール・キャプス（\scshape）に設定

値	意味
normalfont	標準の書体（\normalfont）に設定
scriptsize	文字サイズを \scriptsize に設定
footnotesize	文字サイズを \footnotesize に設定
small	文字サイズを \small に設定
normalsize	文字サイズを \normalsize に設定
large	文字サイズを \large に設定
Large	文字サイズを \Large に設定
normalcolor	標準の色（\normalcolor）に設定
{color=⟨color⟩}	色を ⟨color⟩（色名）に設定

「font={small,it}」や「labelfont={sf,bf}」のように複数の値を併用できます．

表 10.5 ● キャプションからなる段落の体裁に関する caption パッケージの主なオプション

オプションと値	意味
margin=⟨margin⟩	左右の余白を ⟨margin⟩ に設定
width=⟨width⟩	キャプションの行長を ⟨width⟩ に設定
indention=⟨indent⟩	2 行目以降の字下げ量を ⟨indent⟩ だけ増大
skip=⟨skip⟩	図表本体とキャプションとの間に追加する空白量を ⟨skip⟩ に設定
justification=centering	各行を中央寄せで出力
justification=raggedright	行末が不揃いになることを許可（各行を間延びさせない）

10　図表の配置とキャプション

10.18　キャプションの体裁を変更したい (3) —— plext パッケージを用いる場合

plext パッケージが提供する \layoutfloat, \layoutcaption, \pcaption の各コマンドを用いると，図表本体とキャプションの位置関係を調整できます．

■図表とキャプションの位置関係の設定

　plext パッケージ使用時には，\layoutfloat, \layoutcaption, \pcaption を用いて図表とキャプションの位置関係を設定できます．これらのコマンドは，figure 環境などの内部で次の形式で用います（\layoutfloat などを minipage 環境に入れても構いません）．ただし，\pcaption コマンドは，**必ず** \layoutfloat コマンドの**後**に記述してください．

```
\layoutfloat(〈幅〉,〈高さ〉)[〈図表の位置〉]{〈図表の記述〉}
\layoutcaption<〈組方向〉>(〈行長〉)[〈キャプションの位置〉]
\pcaption[〈目次用キャプション〉]{〈本文用キャプション〉}
```

- 「(〈幅〉,〈高さ〉)」（省略可能）は，〈図表の記述〉に枠を付けるときの枠の幅と高さです．「(〈幅〉,〈高さ〉)」を省略すると枠は作成されません．なお，枠の太さは，寸法 \floatruletick（デフォルト値は 0.4 pt，\setlength コマンドで設定可能）で与えられます．また，枠を付ける場合，図表は枠の中で天地中央・左寄せ（縦組時は左右中央・上寄せ）に置かれます．枠の中での左右方向（縦組時は上下方向）の位置を変更するには，〈図表の記述〉に \centering コマンドなどを追加してください．
- 「〈図表の位置〉」（省略可能）はフロートの中（あるいは \layoutfloat などを収めた minipage 環境などの中）での図表とキャプションの全体の左右方向（縦組時は上下方向）の位置の指定です．「1」（行頭側に寄せる），「c」（中央寄せ），「r」（行末側に寄せる）が指定可能です（「[〈図表の位置〉]」を省略した場合，「c」が用いられます）．
- 「〈組方向〉」（省略可能）はキャプションの組方向の指定です．「t」（縦組），「y」（横組），「z」（数式組，横組にしたものを 90° 回転させたもの）が利用できます．ただし，「z」指定は縦組時にのみ有効です（横組時には無視されます）．「<〈組方向〉>」を省略した場合，plext パッケージのデフォルト設定では横組になります．
- 「〈行長〉」（省略可能）はキャプション部分の行長です．省略した場合には，plext パッケージのデフォルト設定では \pcaption コマンドの周囲の行長の 0.8 倍になります．
- 「〈キャプションの位置〉」（省略可能）はキャプションと図表の位置関係の指定で，1 文字目は図表とキャプションの揃え方を表し，2 文字目はキャプションを図表のどちら側に出力するかを表します（表 10.6 参照）．「[〈キャプションの位置〉]」を省略すると，

326

表 10.6 ● \layoutcaption コマンドでのキャプションの位置の指定

(a) 2 文字目に用いる文字

文書全体の組方向	図表の上	図表の下	図表の左	図表の右
横組	u	d	l	r
縦組	l	r	d	u

(b) 1 文字目に用いる文字(「—」は設定できない組み合わせ)

文書全体の組方向	2文字目の指定	天地中央揃え	上端揃え	下端揃え	左右中央揃え	左揃え	右揃え
横組	u, d	—	—	—	c	t	b
	l, r	c	t	b	—	—	—
縦組	u, d	c	t	b	—	—	—
	l, r	—	—	—	c	b	t

plext パッケージのデフォルト設定では,figure 環境(figure* 環境)内では「cd」が用いられ,table 環境(table* 環境)内では「cu」が用いられます.

- 「〈目次用キャプション〉」(省略可能)と「〈本文用キャプション〉」の意味は \caption コマンド(10.1 節参照)の場合と同じです.

\pcaption によるキャプションと図表との間には,寸法 \captionfloatsep(デフォルト値は 10 pt,\setlength コマンドで設定可能)の大きさの空白が入ります.また,キャプション部分の書体,文字サイズは \captionfontsetup というコマンドで与えられます.例えば,「\renewcommand{\captionfontsetup}{\small\normalfont}」のように再定義すると,キャプション部分の文字サイズを \small にできます.

\layoutcaption コマンド自身も省略可能です.\layoutcaption コマンドの各引数あるいは \layoutcaption コマンド自身を省略した場合に用いられる設定は,〈フロートの型〉(10.2 節参照)ごとに \DeclareLayoutCaption コマンドをプリアンブルで次の形式で用いると設定できます.残りの〈組方向〉などの意味は \layoutcaption コマンドの場合と同じですが,\DeclareLayoutCaption コマンドの場合にはいずれも省略できません.

```
\DeclareLayoutCaption{〈フロートの型〉}<〈組方向〉>(〈行長〉)[〈キャプションの位置〉]
```

■使用例(出力例では,文書クラスには jarticle を使用)

```
\begin{figure}
\layoutfloat(6zw,4zw){\centering\fbox{図です}}
\layoutcaption<y>(6zw)[br]
\pcaption{単純な図のサンプル}
\end{figure}
```

図です　　図 1　単純な
　　　　　図のサンプル

327

10 図表の配置とキャプション

10.19 フロートを新設したい (1) ── ユーザー自身でカスタマイズする場合

> フロートとして扱われる環境は \@float, \@endfloat, \@dblfloat, \@enddblfloat を用いて定義されます．また，フロートには \fps@⟨type⟩, \ftype@⟨type⟩, \fnum@⟨type⟩, \ext@⟨type⟩（⟨type⟩ はフロートの型）が付随するのでそれらも定義します．

■ フロートの構成要素

フロートの新設の際には次のような環境，コマンドおよびカウンタを定義します．なお，本節の説明では「⟨type⟩」は新設するフロートの型です．⟨type⟩ は「figure」などの既存の型や既存の環境名と異なる文字列であれば，概ねユーザーの任意に決めて構いません．

- フロートとして扱われる環境：型が ⟨type⟩ のフロートを作成する環境の名称は，「⟨type⟩」（1 段幅のもの）あるいは「⟨type⟩*」（2 段組時のページ幅のもの）にするのが通例なので，これらの環境を \newenvironment を用いて定義します．その際，次の例のように \@float, \end@float（1 段幅のフロートの開始処理，終了処理を行うコマンド）あるいは \@dblfloat, \end@dblfloat（2 段組時のページ幅のフロートの開始処理，終了処理を行うコマンド）を利用します．

  ```
  \newenvironment{⟨type⟩}{\@float{⟨type⟩}}{\end@float}
  \newenvironment{⟨type⟩*}{\@dblfloat{⟨type⟩}}{\end@dblfloat}
  ```

- \fps@⟨type⟩：型が ⟨type⟩ のフロートのデフォルトの位置指定（10.1 節参照）です．次のように \newcommand で定義できます（再定義には \renewcommand を用います）．

  ```
  \newcommand{\fps@⟨type⟩}{tbp}%% 「p」を含めるのが無難です
  ```

- \ftype@⟨type⟩：フロートの型の識別番号です．LaTeX はフロートの配置の際に「同じ型のフロートのうち，すでに次ページ以降に送られているものがあるか否か」といった点を調べますが，その際に用いられます．識別番号は 2 の累乗でなければなりません（1 でも構いませんが，一般に 1 や 2 は各クラスファイルですでに用いられています）．例えば，あるクラスファイルでは型が「figure」，「table」のフロートのみが用意されていて，\ftype@figure は 1 で \ftype@table は 2 である場合，そのクラスファイルを用いつつ新しい型 ⟨type⟩ のフロートを導入するには \ftype@⟨type⟩ に「4」を指定して次のように定義できます（また，再定義の場合には \renewcommand を用いま

す）．さらに別のフロートを導入するときには，「8」，「16」と値を順次2倍にします．

```
\newcommand{\ftype@⟨type⟩}{4}
```

● 「⟨type⟩」という名称の LaTeX のカウンタ：型が ⟨type⟩ のフロートのキャプションの番号は，フロートの型と同じ名称のカウンタで数えられます．そこで，型が ⟨type⟩ のフロートを新設するときには，次のようにそのカウンタも定義します．さらに，必要に応じて \the⟨type⟩（カウンタ ⟨type⟩ の出力形式を定めるコマンド）も再定義します．

```
\newcounter{⟨type⟩}
```

● \fnum@⟨type⟩：型が ⟨type⟩ のフロートのキャプションの番号部分の形式です．次のように \newcommand を用いて定義できます（再定義には \renewcommand を用います）．なお，「⟨番号の形式⟩」には \the⟨type⟩ を含めるのが一般的です．

```
\newcommand{\fnum@⟨type⟩}{⟨番号の形式⟩}
```

● \ext@⟨type⟩：「図目次」（12.1 節参照）などと同様の「型が ⟨type⟩ のフロートのキャプションからなる目次」に載せる項目を書き出すファイルの拡張子に用いる文字列です．次のように \newcommand で定義できます（再定義には \renewcommand を用います）．ただし，既存の \ext@figure などで用いられているもの（「lof」，「lot」など）とは異なる文字列を用いてください．

```
\newcommand{\ext@⟨type⟩}{⟨拡張子（ピリオドは付けません）⟩}
```

■定義例：「写真」用の環境（photo 環境，photo* 環境）の導入

```
\newcounter{photo}%%% カウンタ photo を定義
\newcommand{\fps@photo}{tbp}
\newcommand{\ftype@photo}{4}%%% 4 もすでに用いられているときには 8, 16 などにします
\newcommand{\photoname}{写真}%%% 「写真」のところを「カスタマイズ可能」にしています
\newcommand{\fnum@photo}{\photoname\thephoto}
\newcommand{\ext@photo}{lop}%%% ↑キャプションの番号は「写真 1」の形式
\newenvironment{photo}{\@float{photo}}{\end@float}
\newenvironment{photo*}{\@dblfloat{photo}}{\end@dblfloat}
```

329

10 図表の配置とキャプション

10.20 フロートを新設したい (2) —— float パッケージを用いる場合

float パッケージが提供する \newfloat コマンドを用いて新しいフロートを導入できます.

■ float パッケージが提供する \newfloat コマンドを用いたフロートの新設

フロートの新設用のコマンド \newfloat は,次の形式で用います.

```
\newfloat{〈フロートの型〉}{〈デフォルトの位置指定〉}{〈拡張子〉}[〈親カウンタ〉]
```

● 「〈フロートの型〉」は新設するフロートの型で,「〈フロートの型〉環境」(1段幅のもの)「〈フロートの型〉* 環境」(2段組時のページ幅のもの)が定義されます.

● 「〈デフォルトの位置指定〉」は〈フロートの型〉(*) 環境の位置指定オプション (10.1 節参照) を省略したときに用いられるデフォルトの位置指定です.

● 「〈拡張子〉」は「図目次」(12.1 節参照) などと同様の「〈フロートの型〉(*) 環境のキャプションからなる目次」に載せる項目を書き出すファイルの拡張子からピリオドを除いたものです. 既存の図目次などに対して用いられるもの (「lof」,「lot」など) とは異なるものにしてください. なお,〈フロートの型〉(*) 環境のキャプションからなる目次は \listof コマンドを「\listof{〈フロートの型〉}{〈見出し〉}」(「〈見出し〉」は \listof で作成する目次の見出し) という形式で用いて作成できます.

● 「〈親カウンタ〉」は既存のカウンタの名称 (例えば section) で,〈親カウンタ〉を指定すると,〈フロートの型〉(*) 環境でのキャプションの番号はカウンタ〈親カウンタ〉が増えるごとにリセットされます. また,〈フロートの型〉(*) 環境でのキャプションの番号に〈親カウンタ〉の番号が添えられます. 例えば,「〈親カウンタ〉= section」の場合,番号の形式は「\section の番号 + ピリオド + \section 内での〈フロートの型〉(*)環境のキャプションの通番」になります. なお,「[〈親カウンタ〉]」を省略すると,〈フロートの型〉(*) 環境のキャプションの番号は文書内での通番になります.

また,float パッケージは次の 2 個のコマンドも提供します.

● \floatname:\newfloat で定義した環境でのキャプションの番号のラベル部分 (例えば,figure 環境の図番号部分の「図 1」などの「図」の部分) にはフロートの型がそのまま用いられますが,\floatname を次の形式で用いるとラベル部分を変更できます.

```
\floatname{〈フロートの型〉}{〈ラベル部分〉}
```

- \floatplacement：デフォルトの位置指定を変更するコマンドで，次の形式で用います.

> \floatplacement{⟨フロートの型⟩}{⟨デフォルトの位置指定⟩}

▶ 注意　\newfloat で定義した環境（あるいは後述する \restylefloat コマンドで再設定した環境）は，「環境内では \caption を多くとも 1 回しか用いない」ことを前提とします. ひとつのフロートの中で複数の \caption を用いる場合には，10.8 節の最後の例のように「H」指定のフロートを利用するとよいでしょう.　　　　　　　　　　　　　　　　　　　　□

■フロートのスタイル

　float パッケージ使用時には，\floatstyle コマンドを「\floatstyle{⟨スタイル名⟩}」のように用いると，それ以降に \newfloat で定義したフロートのスタイルを「⟨スタイル名⟩」にします. フロートのスタイルとしては，図 10.2 に示す 4 種が用意されています. なお，\restylefloat コマンドを「\restylefloat{⟨フロートの型⟩}」という形式で用いると，型が ⟨フロートの型⟩ のフロートのスタイルを，直前の \floatstyle で指定されたスタイル（\floatstyle を用いていなければ，plain スタイル）に変更します. なお，どのスタイルにおいても，「\caption を実際に記述した位置を無視して」スタイルによって定まった位置（例えば，plaintop スタイルでは図表の前）にキャプションを置くので注意が必要です.

■ \newfloat の使用例

　次の記述の ⟨style⟩ のところを変化させたときの出力を図 10.2 に示します.

```
\documentclass{jarticle}
\setlength{\textwidth}{12zw}%%% 実験用の設定
\usepackage{float}
\floatstyle{⟨style⟩}%%% フロートのスタイルの指定
\newfloat{photo}{tbp}{lop}%%% 「写真」用の photo(*) 環境を導入
\floatname{photo}{写真}%%% ラベル部分を「photo」から「写真」に変更
\begin{document}
\begin{photo}\centering \fbox{ダミー} \caption{サンプル} \end{photo}
\end{document}
```

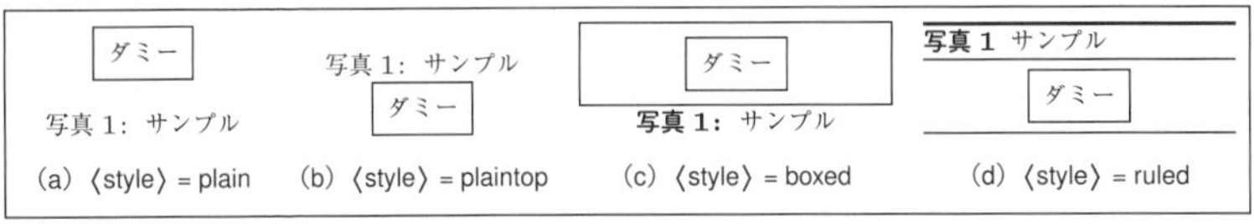

図 10.2 ● フロートのスタイル

10　図表の配置とキャプション

10.21　ひとつのページに多数の図表が入るようにしたい

フロートの配置制御パラメータのうち，次の3種類のものを変更します．

- **ページ内のフロートの個数に関するもの：**
  topnumber, bottomnumber, totalnumber, dbltopnumber
- **ページ内でフロートが占める割合に関するもの：**
  \topfraction, \bottomfraction など
- **ページ内のテキスト部分の割合に関するもの：**\textfraction

■ページ内のフロートの個数に関するパラメータ

ページ内に配置できるフロートの個数は，次の4個のカウンタで制御されています．また，それらのデフォルト値はクラスファイルの中などで設定されています．

- topnumber：フロート以外のテキストを含むページ（2段組時には個々の段）の上部に配置できる1段幅のフロートの個数の上限
- bottomnumber：フロート以外のテキストを含むページ（2段組時には個々の段）の下部に配置できる1段幅のフロートの個数の上限
- totalnumber：フロート以外のテキストを含むページ（2段組時には個々の段）に配置できる1段幅のフロートの個数の上限
- dbltopnumber：1段幅の部分を含むページの上部に配置されるページ幅のフロートの個数の上限（2段組時にのみ有効）

例えば，プリアンブルで次のような記述を行うと，フロートをページ（あるいは個々の段）の上部，下部のそれぞれに5個まで，ページ（あるいは個々の段）の全体には10個まで配置できるようになります．

```
\setcounter{topnumber}{5}     \setcounter{bottomnumber}{5}
\setcounter{totalnumber}{10} \setcounter{dbltopnumber}{5}
```

なお，nidanfloat パッケージは，カウンタ dblbotnumber（1段幅の部分を含むページの下部に配置されるページ幅のフロートの個数の上限，2段組時にのみ有効）も導入します．

■ページ内でフロートが占める割合に関するパラメータ

フロートが占める領域の割合については，次の5個のパラメータが用意されています．それらのデフォルト値はクラスファイルの中などで設定されています．また，これらのパラメータは「割合」を表すので0以上1以下の値をとります．

- \topfraction：フロート以外のテキストを含むページ（2段組時には個々の段）の上部に配置された1段幅のフロートがそのページ（または段）の中で占める割合の上限
- \bottomfraction：フロート以外のテキストを含むページ（2段組時には個々の段）の下部に配置された1段幅のフロートがそのページ（または段）の中で占める割合の上限
- \floatpagefraction：通常の改ページの際に作成される1段幅のフロートのみのページ（2段組時には「フロートのみの段」）の中でフロートが占める割合の下限
- \dbltopfraction：1段幅の部分を含むページの上部に配置されたページ幅のフロートがそのページの中で占める割合の上限（2段組時にのみ有効）
- \dblfloatpagefraction：通常の改ページの際に作成されるページ幅のフロートのみのページの中でフロートが占める割合の下限（2段組時にのみ有効）

ただし，\floatpagefraction, \dblfloatpagefraction は \clearpage による強制改ページ時または文書の終端で作成されるフロートのみのページには適用されません．

これらのパラメータの値を設定するには，プリアンブルで \renewcommand を用いて次のように再定義します（\dbltopfraction などについても同様です）．

```
\renewcommand{\topfraction}{.9} \renewcommand{\bottomfraction}{.9}
```

なお，nidanfloat パッケージは，\dblbotfraction（1段幅の部分を含むページの下部に配置されたページ幅のフロートがそのページの中で占める割合の上限，2段組時にのみ有効）も導入します．

▶ 注意　\floatpagefraction, \dblfloatpagefraction の値を小さくしすぎると，フロートのみからなるページが頻繁にできる一方，\floatpagefraction, \dblfloatpagefraction の値を大きくしすぎると，未出力のフロートが溜まりやすくなります．　□

■ページ内のテキスト部分の割合に関するパラメータ

ページ内のテキスト部分の割合に関しては，次のパラメータが用意されています．

- \textfraction：フロートが配置されているページ（2段組時には個々の段）の中でテキスト部分が占める割合の下限

このパラメータも，プリアンブルで次のように \renewcommand を用いて再定義します．

```
\renewcommand{\textfraction}{.1}
```

333

10 図表の配置とキャプション

10.22 図表どうしの間隔・図表と本文との間隔を変更したい

フロートの配置制御パラメータのうち，次の2種類のものを変更します．

- フロートどうしの間隔に関するもの：\floatsep, \dblfloatsep
- テキスト部分とフロートの間隔に関するもの：
  \textfloatsep, \dbltextfloatsep, \intextsep

■ **フロートどうしの間隔またはテキスト部分とフロートとの間隔に関するパラメータ**

テキストを含むページでのフロートどうしの間隔またはテキスト部分とフロートとの間隔は次のグルーで与えられます（図10.3参照）．それらのデフォルト値はクラスオプションファイルの中などで設定されています．なお，フロートのみのページ（および2段組時のフロートのみの段）でのフロートどうしの間隔については次節を参照してください．

- \floatsep：テキスト部分を含むページ（2段組時には個々の段）の上部または下部に配置された1段幅のフロートどうしの間の空白量
- \textfloatsep：個々のページ（2段組時には個々の段）の上部または下部に配置された1段幅のフロートとテキスト部分との間に追加される空白量
- \intextsep：フロートの位置指定の「h」指定に従って「その場」に配置されたフロートの前後に追加される空白量
- \dblfloatsep：1段幅の部分を含むページに配置されたページ幅のフロートどうしの間の空白量（2段組時にのみ有効）
- \dbltextfloatsep：1段幅の部分を含むページに配置されたページ幅のフロートと1段幅の部分との間に追加される空白量（2段組時にのみ有効）

これらのパラメータの値を設定するには，プリアンブルで \setlength コマンドを用います．例えば，次のような設定ではフロートどうしの間隔およびページの上下のフロートとテキスト部分との間隔を概ね1行分にし，「その場」配置のフロートとテキストの間に概ね1/2行分の空白を追加します（この例では \normalbaselineskip の係数の「1.0」は省略できません）．

```
\setlength{\floatsep}{1.0\normalbaselineskip plus 3pt minus 1pt}
\setlength{\textfloatsep}{1.0\normalbaselineskip plus 3pt minus 1pt}
\setlength{\intextsep}{0.5\normalbaselineskip plus 3pt minus 1pt}
\setlength{\dblfloatsep}{1.0\normalbaselineskip plus 3pt minus 1pt}
\setlength{\dbltextfloatsep}{1.0\normalbaselineskip plus 3pt minus 1pt}
```

 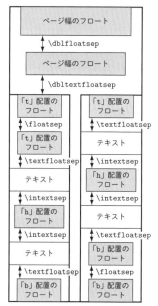

(a) 1段組の文書の場合　　　　　　　　　　(b) 2段組の文書の場合

図 10.3 ● テキストを含むページでのフロートの前後の空白

▶ 注意　位置指定の「h」に従ってその場に配置された 2 個のフロートが間に何も挟まずに連続して並んだ場合，その 2 個のフロートの間隔は \floatsep ではなく「\intextsep の 2 倍」になります（ちょうど，図 10.3 (a) の網掛けを行った「テキスト」の部分がなくなった状態になります）．その場合，2 個のフロートの間隔を \floatsep にしたかのような出力を得るには，

```
\begin{figure}[h]%%% table 環境の場合も同様
〈1 個目のフロートの中身〉
\par\vspace{\floatsep}%%% 明示的に \floatsep の大きさの空白を追加
〈2 個目のフロートの中身〉
\end{figure}
```

のように 1 個のフロートにまとめるとよいでしょう．異なる型のフロートをまとめる場合には，必要に応じて \@captype をユーザー自身で再定義してください（10.8 節参照）．　　□

10　図表の配置とキャプション

10.23　図表のみのページでの図表の配置を変更したい

フロートの配置制御パラメータのうち，次のものを変更します．

● フロートどうしなどの間隔に関するもの：\@fptop, \@fpsep, \@fpbot など

■フロートのみからなるページでのフロートの間隔に関するパラメータ

フロートのみからなるページでのフロートどうしの間隔などは次のグルーで与えられます（図 10.4 参照）．ただし，2 段組の場合，「1 段幅のフロートが存在するページでのページ幅のフロート」はテキスト部分が存在するページと同様に扱われます．また，\@fptop などのデフォルト値はクラスオプションファイルの中などで設定されています．

● \@fptop：1 段幅のフロートからなるページ（2 段組時には段）に配置されたフロートのうちの最初のものの前の空白量

● \@fpsep：1 段幅のフロートからなるページ（2 段組時には段）に配置されたフロートどうしの間に置かれる空白の大きさ

● \@fpbot：1 段幅のフロートからなるページ（2 段組時には段）に配置されたフロートのうちの最後のものの後の空白量

● \@dblfptop：ページ幅のフロートからなるページに配置されたフロートのうちの最初のものの前の空白量（2 段組時にのみ有効）

● \@dblfpsep：ページ幅のフロートからなるページに配置されたフロートどうしの間の空白量（2 段組時にのみ有効）

● \@dblfpbot：ページ幅のフロートからなるページに配置されたフロートのうちの最後のものの後の空白量（2 段組時にのみ有効）

これらのパラメータの値を設定するには，プリアンブルで \setlength コマンドを用います．例えば，次の設定ではフロートのみからなるページ（あるいは段）の個々のフロートを上寄せ（縦組時には右寄せ）にして配置します．

```
\setlength{\@fpsep}{\floatsep}
%%% ↑あらかじめ \floatsep（前節参照）を設定してください．
\setlength{\@fptop}{0pt}
\setlength{\@fpbot}{0pt plus 1fill}
\setlength{\@dblfpsep}{\dblfloatsep}
%%% ↑あらかじめ \dblfloatsep（前節参照）を設定してください．
\setlength{\@dblfptop}{0pt}
\setlength{\@dblfpbot}{0pt plus 1fill}
```

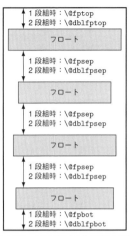
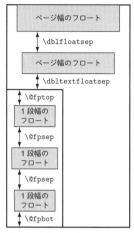

(a) 1段組の文書の場合または2段組の文書でのページ幅のフロートのみからなるページ

(b) 2段組の文書での1段幅のフロートが存在するページ

図 10.4 ● フロートのみのページでのフロートの前後の空白

▶ 注意 フロートのみのページ（あるいは段）では，そのページ（あるいは段）に配置されたフロートの高さの合計がページ（あるいは段）の高さに比べてかなり小さくなることもあるので，「\@fptop, \@fpbot の少なくとも一方」および「\@dblfptop, \@dblfpbot の少なくとも一方」には充分に大きな伸張度を与えてください． □

──●コラム●─ ［複数言語でのキャプション］───────────────

ひとつの図表に同じ番号の複数のキャプションを付けるという処理は，例えば，ccaption パッケージが提供する \bicaption コマンドを

\bicaption[⟨相互参照用ラベル⟩]{⟨目次用キャプション⟩}{⟨本文用キャプション1⟩}
{⟨2個目のキャプションのラベル部分⟩}{⟨本文用キャプション2⟩}

のように用いると実現できます．例えば，文書クラスとして jarticle を用いているときに，ひとつの図に「図 1: 画像のサンプル」と「Figure 1: Sample image.」というキャプションを付けるには

\bicaption{画像のサンプル}{画像のサンプル}{Figure}{Sample image.}

のように記述できます（詳しくはファイル ccaption.pdf を参照してください）．

10 　図表の配置とキャプション

―●コラム● ［ページ幅の図表の「その場」配置］――――――――――――――

　nidanfloat パッケージを用いた場合でも，figure* 環境や table* 環境の位置指定に「h」（可能ならその場に配置）は利用できません．例えば，

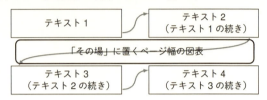

のような配置にするには，multicol パッケージを用いたうえで

```
\begin{multicols}{2}
  〈「テキスト 1」と「テキスト 2」〉
\end{multicols}
\begin{figure}[h]
  〈「その場」に置くページ幅の図表〉
\end{figure}
\begin{multicols}{2}
  〈「テキスト 3」と「テキスト 4」〉
\end{multicols}
```

のような記述を行うという方法があります．

―●コラム● ［強制改行を含むキャプション］――――――――――――――

　例えば「\caption[単純な図の例]{単純な \\ 図の例}」のように極端に短いキャプションに強制改行が含まれる場合，LaTeX のデフォルトでは強制改行が無視されます（「強制改行を無視しても複数行にわたるような長いキャプション」の中の強制改行は有効です）．このようなときは，本文用キャプションの中で \parbox コマンドを用いて

```
\caption[単純な図の例]{\parbox[t]{3zw}{単純な\\ 図の例}}
```

のような記述を行うと強制改行できます．また，caption パッケージを用いた場合は，単に「\caption[単純な図の例]{単純な \\ 図の例}」のように記述しても強制改行が有効になります（ただし，「singlelinecheck=true」の設定のもとではキャプションの各行が中央寄せになります）．

11: 相互参照

11.1	相互参照をしたい	340
11.2	相互参照用のラベルを表示したい	342
11.3	別の LaTeX 文書中のラベルを参照したい	344
11.4	ページ番号の参照時に適宜「前ページ」のような形で参照したい	346
11.5	「図 1」や「第 1 章」などの形式での参照を自動的に行いたい	348
11.6	最終ページのページ番号を取得したい	350

11 相互参照

11.1 相互参照をしたい

- ラベルを設定：\label{⟨ラベル文字列⟩}
- ラベルに対応する番号を参照：\ref{⟨ラベル文字列⟩}
- ラベルに対応するページ番号を参照：\pageref{⟨ラベル文字列⟩}

■相互参照に用いるコマンド

LaTeX では，\section や \caption などの「番号が付くもの」に「ラベル」を付けておくと，そのラベルを用いて「ラベルを付けた対象の番号」を取得できるような仕組みが用意されています．そのような LaTeX での「相互参照」を行うには，次のコマンドを用います．

- \label：「\label{⟨ラベル文字列⟩}」という形式で用いてラベルを設定するコマンドです．\section や \caption の後でラベルを設定すると，その見出しやキャプションの番号を参照できます．また，定理型の環境（6.10 節参照）やディスプレイ数式（15.18 節参照）の中でラベルを設定すると，その環境や数式の番号を参照できます．
- \ref：「\ref{⟨ラベル文字列⟩}」という形式で用いて，「\label{⟨ラベル文字列⟩}」を用いた箇所に対応する番号を取得します．
- \pageref：「\pageref{⟨ラベル文字列⟩}」という形式で用いて，「\label{⟨ラベル文字列⟩}」を用いた箇所のページ番号を取得します．

■相互参照の例

```
\documentclass{jarticle}
\begin{document}
\section{サンプル}\label{sec:sample}%%% 「sec:sample」というラベルを設定
相互参照の例（第\ref{sec:sample2}節参照）
\section{サンプル2}\label{sec:sample2}%%% 「sec:sample2」というラベルを設定
相互参照の例（\pageref{sec:sample}ページ参照）
\end{document}
```

●1回目のタイプセット時の出力

1 サンプル

相互参照の例（第??節参照）

2 サンプル2

相互参照の例（??ページ参照）

● 2回目のタイプセット時の出力

1 サンプル

相互参照の例（第2節参照）

2 サンプル2

相互参照の例（1ページ参照）

■相互参照の仕組み

先の例では1回目のタイプセット時には \ref, \pageref を用いた箇所は「??」になり，しかも次のような警告が生じます．

```
LaTeX Warning: Reference 'sec:sample2' on page 1 undefined on input line 4.
LaTeX Warning: Reference 'sec:sample' on page 1 undefined on input line 6.
LaTeX Warning: Label(s) may have changed. Rerun to get cross-references right.
```

一方，2回目のタイプセット時にはこの警告は消えて，\ref, \pageref を用いた箇所は正しい参照結果になります．これは，LaTeX の正しい挙動です．実際，\label コマンドは \ref, \pageref で取得するための情報を aux ファイルに書き出します．その aux ファイルに書き出された情報を**次回以降のタイプセット時**に読み込み，\ref, \pageref で利用します．そのような仕組みになっているため，\label を設定した直後には相互参照箇所は正しく出力されません．そこで，原則として「LaTeX Warning: Label(s) may have changed. ...」の警告が生じなくなるまでタイプセットを繰り返してください．

なお，「LaTeX Warning: Reference '⟨label⟩' on page ⟨page⟩ undefined ...」の警告は，文字どおり「⟨label⟩ というラベルは未定義」ということで，タイプセットを繰り返してもこの警告が消えないときには「『\label{⟨label⟩}』の記述漏れ」あるいは「\ref, \pageref の引数の記述ミス」がないかどうかをチェックしてください．また，同一のラベルを複数回設定したときには「LaTeX Warning: Label '⟨label⟩' multiply defined.」（⟨label⟩ は複数回用いられたラベル文字列）という警告が生じます．この警告が生じたときには文書中の「\label{⟨label⟩}」あるいは「\bibitem{⟨label⟩}」（13.1節参照）のところを適宜変更してください．

▶ 注意　相互参照に用いるラベル文字列には，LaTeX の特殊文字（「\」，「~」，「#」など）を含まない文字列ならほぼ任意の文字列が使えますが，空白文字，タブ文字を含まない文字列にするのが無難です．実際，空白文字の個数だけが異なったラベルの設定（例えば，「\label{a␣b}」と「\label{a␣␣b}」）を行うとそれらは区別されずに同一のラベルとして扱われます．　□

11 相互参照

11.2 相互参照用のラベルを表示したい

showkeysパッケージを用いると，\label，\ref で用いたラベル文字列が表示されます．

■ showkeys パッケージ

文書中の \label，\ref，\pageref の引数で用いたラベル文字列をタイプセット結果の中に表示するには，次の例のように showkeys パッケージを読み込みます．なお，この例では相互参照に関して用いたラベル文字列を表示させていますが，showkeys パッケージのデフォルト設定では参考文献の引用（\cite コマンドなど，第 13 章参照）に関して用いた，文献の「参照キー」も表示します．また，showkeys パッケージの読み込み時に指定できるオプションの主なものを表 11.1 に挙げます．

```
\documentclass{jarticle}
\usepackage{showkeys}
\begin{document}
\section{サンプル}
サンプル文書 (\pageref{sec:sample2}ページ参照)
\begin{equation}%%% 番号付きの 1 行の数式 (15.18 節参照)
  PV = nRT
  \label{eq:sample}
\end{equation}

\section{サンプル2}\label{sec:sample2}
式\nobreak (\ref{eq:sample})参照
\end{document}
```

---

1 サンプル

サンプル文書 (1 ページ参照) ^sec:sample2

$$PV = nRT \qquad (1) \quad \boxed{\text{eq:sample}}$$

$\boxed{\text{sec:sample2}}$ **2 サンプル2**

式 (1) 参照 ^eq:sample

▶ 注意 showkeys パッケージを用いた文書において，\documentclass のオプションに「final」を用いた場合，このオプションが showkeys パッケージに波及するためラベル文字列が表示されなくなります． □

342

表 11.1 ● showkeys パッケージに対する主なオプション

オプション	意味
notref	\ref, \pageref の引数を表示しない注1
notcite	\cite (13.1 節参照) の引数を表示しない注2
color	ラベル文字列を色付きで表示
final	showkeys パッケージの機能を無効化 (ラベル文字列を表示しない)

注1：notref オプションを適用しても，\label の引数は表示されます．

注2：notcite オプションを適用しても，\bibitem (13.1 節参照) の引数は表示されます．

■ラベル文字列への色付け

showkeys パッケージの読み込み時に「color」オプションを指定すると，ラベル文字列を色付きで表示します．ただし，color オプションを指定した場合，showkeys パッケージを読み込むまでに color パッケージが読み込まれていなければ，showkeys パッケージの読み込み時に color パッケージも読み込まれます．

ラベル文字列の色にはデフォルトでは 25% のグレー（明るい灰色）を用います．ラベル文字列の色を変更するには，showkeys パッケージを読み込んだのちに「labelkey」(\label，\bibitem (13.1 節参照) のラベル文字列の色)，「refkey」(\ref, \pageref, \cite (13.1 節参照) のラベル文字列の色) という色を \definecolor コマンド (3.13 節参照) で再定義します．例えば，「\definecolor{refkey}{cmyk}{.7,.5,0,0}」のように設定できます．

■ラベル文字列の書式の設定

\label（および \bibitem）の引数のラベル文字列の形式を変更するには，showkeys パッケージを読み込んだのちに \showkeyslabelformat というコマンドを再定義します．例えば，次のような記述を用いると文字サイズが \footnotesize になります．

```
\renewcommand\showkeyslabelformat[1]{%
  \fbox{\normalfont\footnotesize\ttfamily #1}}%%% オリジナルでは \small
```

また，\ref, \pageref（および \cite）の引数のラベル文字列の形式を変更するには，showkeys パッケージを読み込んだのちに \SK@@ref というコマンドの定義を変更します．例えば，次のような記述を用いると文字サイズを \scriptsize にしたうえで，ラベル文字列を和文文字にかからない位置に持ち上げます．

```
\def\SK@@ref#1>#2\SK@{%%% ↓\SK@refcolor は色の設定（変更不可）
  \leavevmode\vbox to\z@{\vss \SK@refcolor
    \rlap{\vrule \raise 1zw%%% オリジナルでは 0.75 em
      \hbox{\underbar{\normalfont
        \scriptsize\ttfamily #2}}}}}%%% オリジナルでは \footnotesize
```

343

11 相互参照

11.3 別の LaTeX 文書中のラベルを参照したい

xr パッケージを用いると，ほかの LaTeX 文書で用いたラベルを参照できます．

■ xr パッケージ

「文書間の相互参照」を行う場合，すなわち，ある LaTeX 文書の中から別の LaTeX 文書中の
ラベルを参照する場合には，xr パッケージが提供する \externaldocument コマンドをプリ
アンブルで次の形式で用います．

```
\externaldocument[〈識別文字列〉]{〈外部文書ファイル〉}
```

- 「〈外部文書ファイル〉」は，ラベルを参照したい LaTeX 文書のソースファイルのファイ
  ル名から拡張子「.tex」を除いたものです．なお，\externaldocument コマンドは
  ファイル 〈外部文書ファイル〉.aux を読み込むので，あらかじめ LaTeX 文書 〈外部文書
  ファイル〉.tex を（繰り返し）タイプセットしてファイル 〈外部文書ファイル〉.aux を
  用意してください．
- 「〈識別文字列〉」を与えると，ファイル 〈外部文書ファイル〉.tex で用いられた「\label
  {〈ラベル文字列〉}」を参照するときに「\ref{〈識別文字列〉〈ラベル文字列〉}」のよう
  に 〈識別文字列〉 を加える必要が生じます（\pageref の場合も同様です）．これは，
  作成中の LaTeX 文書とファイル 〈外部文書ファイル〉.tex の両方で同じラベル文字列が用
  いられているような場合に，ファイル 〈外部文書ファイル〉.tex の中のラベルをそれ以外
  の文書の中のラベルと区別できるようにするための機能です．なお，「[〈識別文字列〉]」
  は省略可能で，省略した場合 〈識別文字列〉 は空文字列であるものとして扱われます．

▶ 注意　ひとつの LaTeX 文書のソースファイルを分割して，文書の一部を記述したファイルを
\input, \include（1.13 節参照）で読み込んでいる場合，\input, \include で読み込ま
れたファイルの中で用いたラベルは何もパッケージを使わなくても参照できます．　　　　□

■ xr パッケージの使用例

●外部文書（ファイル名は manual.tex とします）

```
\documentclass{jarticle}%%% 外部文書の側では特別なことをする必要はありません
\renewcommand{\thesection}{\Roman{section}}%%% \section の番号の形式を変更
\begin{document}
%%% ↓見出しは「I　xr パッケージの用法」
\section{\textsf{xr}パッケージの用法}\label{sec:xr-usage}
```

```
\textsf{xr}パッケージは……%%%（中略）
\end{document}
```

● xr パッケージを使用する文書（ファイル名は main.tex とします）

```
\documentclass{jarticle}
\usepackage{xr}%%% xr パッケージはオプションをとりません
%%% ↓ファイル manual.aux の相互参照情報も読み込みます
\externaldocument[manual:]{manual}%%%                              (*)
\begin{document}
\section{\textsf{xr}パッケージの使用法}\label{sec:xr-usage}
本節では, \textsf{xr}パッケージの使用法の概略を説明します.
使用法の詳細についてはマニュアルの
第\ref{manual:sec:xr-usage}節を参照してください.
\end{document}
```

● ファイル main.tex のタイプセット結果

1　xr パッケージの使用法

　　本節では，xr パッケージの使用法の概略を説明します．使用法の詳細につ
いてはマニュアルの第 I 節を参照してください．

　この例では，2 個のファイル manual.tex, main.tex の両方で「\label{sec:xr-usage}」
のように同じラベル文字列「sec:xr-usage」を用いています．しかし，ファイル main.tex の
側では (*) で与えた識別文字列「manual:」を用いて「\ref{manual:sec:xr-usage}」の
ように記述することで外部文書で用いたラベルを参照できています．なお，この例のファイ
ル main.tex の中で単に「\ref{sec:xr-usage}」のように記述すると，ファイル main.tex
の中の「\label{sec:xr-usage}」を参照します．

　なお，ラベルを参照する外部文書が複数あるときには，\externaldocument コマンドを
複数回用いても構いません.

▶ 注意　lineno パッケージが提供する \linelabel コマンド（5.16 節参照）などの \label 以
外のコマンドが設定する「ラベル」は，xr パッケージの機能では正しく参照できないことが
あります．　　　　　　　　　　　　　　　　　　　　　　　　　　　　　　　　　　　□

11 相互参照

11.4 ページ番号の参照時に適宜「前ページ」のような形で参照したい

varioref パッケージが提供する \vpageref などのコマンドが利用できます．ただし，和文主体の文書で用いる際には多少カスタマイズが必要です．

■ varioref パッケージ

varioref パッケージが提供する \vpageref，\vref などのコマンドを用いると，これらのコマンドを用いた箇所と参照対象が存在するページとの位置関係に応じて「on the next page」のような文字列を適宜用いて参照できます．\vpageref は次の形式で用います．

\vpageref[〈現在ページ用〉][〈別ページ用〉]{〈ラベル〉}

- 「〈ラベル〉」は相互参照用のラベル文字列（\label コマンドで設定したもの）です．
- 「〈現在ページ用〉」（省略可能）は参照対象が \vpageref コマンドを用いた箇所と同じページにあるときに用いる文字列です．「[〈現在ページ用〉]」を省略した場合，\reftextcurrent コマンド（表 11.2 参照）で与えられる文字列が用いられます．
- 「〈別ページ用〉」（省略可能）は参照対象が \vpageref コマンドを用いた箇所とは別のページにあるときに，\vpageref コマンドの直前に追加される文字列です（「on the next page」や「on page 〈ページ番号〉」といった別ページ用の出力文字列の前に追加されます）．「[〈別ページ用〉]」を省略した場合は，特に何も追加されません．

また，\vref は「\vref{〈ラベル〉}」（「〈ラベル〉」は相互参照用のラベル文字列）という形式で用いて，次のように扱われます．

- 参照対象が \vref を用いた箇所と同じページにある場合：「\ref{〈ラベル〉}」と同じ
- 参照対象が \vref を用いた箇所とは別のページにある場合：
「\ref{〈ラベル〉} \vpageref{〈ラベル〉}」と同じ

なお，\vpageref，\vref に「*」を付けて「\vpageref*{〈ラベル〉}」または「\vref*{〈ラベル〉}」のように用いると，それらのコマンドの直前に空白を入れません．varioref パッケージの機能の詳細については，マニュアル（varioref.pdf）を参照してください．

▶ 注意　\vpageref コマンドなどを用いた際に「! Package varioref Error: \vref or \vpageref 〈pages〉 at page boundary (may loop).」（〈pages〉は「2-3」のような連続した 2 ページ）というエラーが生じる場合，当該 \vpageref コマンドなどの前で強制改ページ（あるいは強制改行）してください．　　　　　□

表 11.2 ● \vpageref コマンドなどでの出力文字列のカスタマイズに用いるコマンド

コマンド	意味
\reftextfaceafter	次ページにある参照対象が奇数ページにある場合に用いる文字列 注1
\reftextfacebefore	前ページにある参照対象が偶数ページにある場合に用いる文字列 注1
\reftextafter	参照対象が次ページにある場合に一般に用いる文字列 注2
\reftextbefore	参照対象が前ページにある場合に一般に用いる文字列 注2
\reftextcurrent	参照対象が現在のページにあるときに用いる文字列
\reftextfaraway	参照対象が 2 ページ以上離れたページにあるときの書式指定（「\reftextfaraway{〈ラベル〉}」という形式で使用）
\reftextpagerange	「\reftextpagerange{〈ラベル 1〉}{〈ラベル 2〉}」という形式で用いて、「\pageref{〈ラベル 1〉} ページから \pageref{〈ラベル 2〉} ページまで」を表す文字列を出力
\reftextlabelrange	「\reftextlabelrange{〈ラベル 1〉}{〈ラベル 2〉}」という形式で用いて、「\ref{〈ラベル 1〉} から \ref{〈ラベル 2〉} まで」を表す文字列を出力

注 1：twoside クラスオプション適用時のみ有効（「前後のページの参照対象が同じ見開きにある場合」の文字列）
注 2：\reftextfaceafter あるいは \reftextfacebefore が用いられない場合に有効

■ \vref, \vpageref の使用例（出力例では「図」の部分は省略）

```
\documentclass{article}
\usepackage{varioref}
\begin{document}
In Fig.~\ref{figA} (\vpageref*{figA}), \dots\ see Fig.~\vref{figB}.\par
\begin{figure} \caption{Sample}\label{figA} \end{figure}\newpage
\begin{figure} \caption{Sample 2}\label{figB} \end{figure}
\end{document}
```

In Fig. 1 (on this page), ... see Fig. 2 on the next page.

■ \vpageref などのコマンドの出力文字列のカスタマイズ

\vpageref コマンドなどでの出力文字列を変更する場合，原理的には，varioref パッケージを読み込んだ後で表 11.2 に挙げるコマンドなどを再定義します．例えば，次の記述は和文主体の文書用の設定の一例です．

```
\def\reftextafter{\unskip 次ページ}\let\reftextfaceafter\reftextafter
\def\reftextbefore{\unskip 前ページ}\let\reftextfacebefore\reftextbefore
\def\reftextcurrent{\unskip このページ}
\def\reftextfaraway#1{\pageref{#1}ページ}
\def\reftextpagerange#1#2{\pageref{#1}〜\pageref{#2}ページ}
\def\reftextlabelrange#1#2{\ref{#1}〜\ref{#2}}%
\def\vr@f#1{\leavevmode \ref{#1} (\vpageref*{#1}) }
\renewcommand\vrefrange[3][\reftextcurrent]{%
   \reftextlabelrange{#2}{#3} (\vpagerefrange[#1]{#2}{#3}) }
\def\fullref#1{\ref{#1} (\reftextfaraway{#1}) }
```

347

11 相互参照

11.5 「図1」や「第1章」などの形式での参照を自動的に行いたい

- 基本的には，\ref と「図」などの文字列を組み合わせたコマンドを定義します．
- \prettyref パッケージが提供する \prettyref コマンドも利用できます．

■ユーザー自身でカスタマイズする場合

\ref コマンドが出力する文字列は原則として番号部分のみです．そこで，相互参照時に「図1」の「図」といった文字列を自動的に補うには，次の例のように \ref コマンドと追加する文字列を組み合わせたコマンドを用意します．

```
\documentclass{jarticle}
\newcommand{\figref}[1]{図\nobreak \ref{#1}}
\newcommand{\tabref}[1]{表\nobreak \ref{#1}}
\begin{document}
\begin{figure}\centering
  \fbox{図です}
  \caption{図の例}\label{fig:sample}
\end{figure}
\begin{table}
  \caption{表の例}\label{tbl:sample}
  \centering \fbox{表です}
\end{table}

\figref{fig:sample}と\tabref{tbl:sample}を参照してください．
\end{document}
```

図です

図 1: 図の例

表 1: 表の例

表です

図 1 と表 1 を参照してください．

▶ **注意** \ref コマンドが（原則として）番号部分のみを取得するというのは LaTeX の仕様です．実際，\ref は汎用的なコマンドである以上「図 \nobreak\ref{fig:A}〜\ref{fig:B}」のような記述も行える必要があります． □

▶注意　数式番号を参照する場合，amsmath パッケージが提供する \eqref コマンドを用いると，「(1)」のように数式番号を囲む括弧などが付いた形で参照できます．なお，\eqref は「\eqref{〈ラベル文字列〉}」の形式で用います．　　　　　　　　　　　　　　□

■ prettyref パッケージ

　prettyref パッケージが提供する \prettyref コマンドを \ref コマンドの代わりに用いると，「識別文字列 ＋ コロン ＋ 何らかの文字列」の形のラベル（例えば「fig:sample」）に対してその識別文字列に応じた書式（例えば「図 1」）で参照できます．

　ラベル用の識別文字列とそれに対応する書式の設定には \newrefformat コマンドを次の形式で用います．ただし，〈書式〉のところでは，ラベル文字列があてはまるところを「#1」にします．例えば，「\newrefformat{fig}{図 \nobreak\ref{#1}}」という設定を行うと，「\prettyref{fig:sample}」は「図 \nobreak\ref{fig:sample}」として扱われます．

```
\newrefformat{〈識別文字列〉}{〈書式〉}
```

　なお，prettyref パッケージの側でもあらかじめ「tab」（表番号用）などの識別文字列を用意していますが，英語の文書用の設定になっているので必要に応じてユーザー自身で識別文字列を導入または再設定してください（\newrefformat コマンドは識別文字列の再設定に用いても構いません）．

■ prettyref パッケージの使用例

　先の \figref などを用いた例は，prettyref パッケージを用いると次のように記述できます．

```
\documentclass{jarticle}
\usepackage{prettyref}%%% prettyref パッケージはオプションをとりません
\newrefformat{fig}{図\nobreak \ref{#1}}
\newrefformat{tbl}{表\nobreak \ref{#1}}
\begin{document}
%%%（中略，先の例の figure 環境，table 環境の部分と同じ）

\prettyref{fig:sample}と\prettyref{tbl:sample}を参照してください.
\end{document}
```

▶注意　\prettyref の引数として与えるラベル文字列は，「\newrefformat で設定した識別文字列 ＋ コロン ＋ 何らかの文字列」の形にしてください．特に，\prettyref の引数にコロンが含まれない場合にはエラーが生じます．　　　　　　　　　　　　　　□

349

11 相互参照

11.6 最終ページのページ番号を取得したい

lastpage パッケージ使用時には,「\pageref{LastPage}」という記述で最終ページの
ページ番号を取得できます.

■ lastpage パッケージの使用例（出力例は 1 ページ目のみ）

```
\documentclass{jarticle}
\usepackage{lastpage}%%% lastpage パッケージはオプションをとりません
\usepackage{fancyhdr}%%% ヘッダのカスタマイズのために使用（2.9 節参照）
\pagestyle{fancy}
\lhead{} \chead{} \rhead{page \thepage/\pageref{LastPage}}
\lfoot{} \cfoot{} \rfoot{}
\setlength{\headheight}{15pt}
\renewcommand{\headrulewidth}{0pt}
\begin{document}
この文書は全\pageref{LastPage}ページです. \newpage
ダミーです. \newpage
ダミーです. %%% 最終ページのページ番号は「3」
\end{document}
```

page 1/3

この文書は全 3 ページです.

▶ 注意 lastpage パッケージ使用時には,ユーザー自身では「\label{LastPage}」というラベ
ルは設定しないでください（このラベルは lastpage パッケージが用います）.また,「\pageref
{LastPage}」という記述で取得できるのは,あくまで「最終ページのページ番号」です.
「目次部分ではページ番号をローマ数字にする一方,本文部分ではページ番号を算用数字にす
る」といった理由でページ番号が文書の途中でリセットされるような文書では,「\pageref
{LastPage}」という記述で取得できる「最終ページ（のページ番号）」は「総ページ数」と
は異なります.「総ページ数」が必要なときには,プリアンブルに

```
\def\TotalPage{0}\newcount\c@totalpage \global\c@totalpage\z@
\expandafter\def\expandafter\@outputpage\expandafter{%
  \@outputpage \global\advance\c@totalpage\@ne}
\AtEndDocument{\clearpage
  \if@filesw
    \immediate\write\@mainaux{\gdef\string\TotalPage{\the\c@totalpage}}%
  \fi}
```

350

という記述を入れると，総ページ数を与えるコマンド「\TotalPage」を本文中で利用できます（\TotalPage にも相互参照と同様の処理を用いているので，\TotalPage を用いるときにはタイプセットを繰り返してください）. □

■「各章の最終ページ」などを取得する場合

「章」などの区切りが強制改ページを伴わない場合には，「個々の区切りの直前で \label を用いてそのラベルを \pageref で参照する」という方法で個々の区切りの最後のページを取得できます（最後の章などの最終ページについては lastpage パッケージの機能で取得します）.

一方，「章」などの区切りが強制改ページを伴う場合には，「強制改ページしたのち，改ページ箇所の直前のページ番号を取得できるようなラベルを設定する」コマンドを利用します. 例えば，プリアンブルでコマンド \clearpagewithlabel を次のように定義して，「章」などの区切りの直前で「\clearpagewithlabel{〈ラベル文字列〉}」のように用いるとよいでしょう. この場合，\clearpagewithlabel での改ページ箇所の直前のページ番号を「\pageref{〈ラベル文字列〉}」という記述で取得できます（文書の最終ページについても，文書の末尾で \clearpagewithlabel を用いれば取得できます）.

```
\newcommand\clearpagewithlabel[1]{%
    \clearpage
    \if@filesw
        \begingroup \advance\c@page\m@ne
        \let\protect\@unexpandable@protect
        \immediate\write\@mainaux{\string\newlabel{#1}{{}{\thepage}}}%
        \endgroup
    \fi}
```

▶ 注意 コマンド \thepage（ページ番号の形式）の定義によっては，lastpage パッケージ使用時の文書の末尾でエラーが生じることがあります. そのようなときには，今の定義例の \clearpagewithlabel を文書末で用いるとよいでしょう. □

――●コラム● ［aux ファイルの更新の抑制］――

11.1 節で説明したように，相互参照に関する情報はいったん aux ファイルに書き出されます. そのため，LaTeX のデフォルトの設定では，タイプセットのたびに aux ファイルを更新します. 一方，文書の中身が確定したのちに文書の一部のみを処理するような場合（特に，文書の個々の断片を \input コマンド（1.13 節参照）で読み込んでいる場合）には，プリアンブルに「\nofiles」を追加して aux ファイルの更新を取り止めるとよいでしょう. なお，\nofiles コマンドを用いると，aux ファイルだけでなく目次関係の各種のファイル（第 12 章参照）の更新も取り止めます.

11 相互参照

●コラム● ［varioref パッケージと Babel パッケージ］

　varioref パッケージ（11.4 節参照）が提供する \vpageref コマンドなどでの出力文字列は，原理的には \reftextcurrent などの表 11.2 に挙げるコマンドなどで定められます．もっとも，Babel パッケージに対して指定できる言語オプションを varioref パッケージに対しても指定すると，「その言語用」の設定がなされます（言語の切り換えにも対応しています）．例えば，varioref パッケージを「\usepackage[german]{varioref}」のように読み込むと，（「on this page」が「auf dieser Seite」に変わるという具合に）ドイツ語用の設定が用いられます．なお，varioref パッケージと Babel パッケージを併用するときには Babel パッケージを先に読み込んでください．

　ただし，varioref パッケージは，稲垣徹氏による japanese パッケージ（Babel パッケージの日本語オプションファイル）には対応していないので，varioref パッケージの読み込み時に「japanese」オプションは指定しないでください．japanese パッケージ使用時に，11.4 節の最後の例で扱ったような和文主体の文書用の設定を導入するには，varioref パッケージを読み込んだのちに

```
\@ifundefined{extrasjapanese}{\let\extrasjapanese\empty}{}
\g@addto@macro\extrasjapanese{%
  〈和文文書用の \reftextcurrent などの再定義の記述（11.4 節参照）〉}
```

という形の記述を追加するとよいでしょう．

●コラム● ［相互参照情報の変化に伴い，ラベルの位置に変化が生じる場合］

　まれに，何度タイプセットを繰り返しても「LaTeX Warning: Label(s) may have changed. ...」の警告が生じ続ける場合があります．典型的な場合としては，「ページ番号の文字列としての幅が異なるような 2 ページ（例えば，99 ページと 100 ページ）の境目付近で用いた \label を \pageref で参照している場合」があります．例えば，「\pageref{foo}」が「99」であるときには「\label{foo}」は「100 ページ」に現れる一方，「\pageref{foo}」が「100」であるときには「\label{foo}」は「99 ページ」に現れるという状況では，タイプセットを繰り返しても「\label{foo}」に関する相互参照情報が一定しません．そういう場合には，問題となっている \label の直前（あるいは直後）で強制改行あるいは強制改ページして，\label が現れるページが変動しないようにするとよいでしょう．

352

12: 目次

12.1	目次（図目次・表目次）を作成したい	354
12.2	目次に載せる項目の水準を変更したい	356
12.3	目次項目を追加・削除したい	358
12.4	目次の見出し部の体裁を変更したい	360
12.5	目次項目の体裁を変更したい (1) —— \chapter などに対応する項目の場合	362
12.6	目次項目の体裁を変更したい (2) —— \@dottedtocline のパラメータ調整	364
12.7	目次項目の体裁を変更したい (3) —— \@dottedtocline の再定義	366
12.8	「図目次」の類を新設したい	368
12.9	複数箇所に目次を作成したい	370

12　目次

12.1　目次（図目次・表目次）を作成したい

目次は \tableofcontents コマンドで作成できます．図目次・表目次はそれぞれ
\listoffigures, \listoftables コマンドで作成できます．

■目次を作成するコマンド

次の例のように文書中に単に「\tableofcontents」と書き込むと，その位置に目次が作
成されます．

```
\documentclass{jarticle}
\begin{document}
\tableofcontents%%% ここに目次を出力

\section{目次の作成}
\subsection{目次用のコマンド}
目次は，\verb/\tableofcontents/コマンドで作成できます．
\end{document}
```

● 1 回目のタイプセット時の出力

> **目 次**
>
> ## 1　目次の作成
>
> ### 1.1　目次用のコマンド
>
> 目次は，\tableofcontents コマンドで作成できます．

● 2 回目のタイプセット時の出力

> **目 次**
>
> **1 目次の作成** 1
>   1.1 目次用のコマンド 1
>
> ## 1　目次の作成
>
> ### 1.1　目次用のコマンド
>
> 目次は，\tableofcontents コマンドで作成できます．

354

■目次を作成する仕組み

先の例では 1 回目のタイプセット時には \tableofcontents コマンドのところには単に「**目 次**」という見出しが出力されるだけで，2 回目のタイプセット時に目次の中身が出力されています．これは LATEX の正しい挙動で，実際，目次は次の仕組みで作成されます．

- \section などの目次に載る項目は「目次項目」を aux ファイルに書き出します．
- 目次を作成している場合（文書中で \tableofcontents コマンドを用いた場合），基本的には \end{document} の処理の際に aux ファイルを読み込み，aux ファイル中の目次項目を用いて「目次ファイル」（toc ファイル）を作成（あるいは更新）します．
- \tableofcontents コマンドは，前回のタイプセット時に作成された toc ファイルを読み込んで目次を出力します．toc ファイルが作成されていないときには，一般に，目次部分の見出しのみが出力されます．

このように目次は aux ファイル経由で作成されます．したがって，目次に載る項目（\section など）を追加したり，それらの見出しや出現ページに変化があったりするなどして目次項目に変化が生じるときには，少なくとも 1 回余分にタイプセットして aux ファイルと toc ファイルを更新してください．なお，目次ファイルの名称には，通常，タイプセットしたソースファイルの名称の拡張子を「.toc」に変更したものが用いられます（例えば，ファイル「filename.tex」をタイプセットしたときには，目次ファイルの名称は「filename.toc」になります）．

注意 相互参照の場合とは異なり，目次に関する情報に変化があったとしても**警告やエラーは生じない**ので注意が必要です． □

■図目次・表目次の作成

図目次（図のキャプション（10.1 節参照）からなる索引），表目次（表のキャプションからなる索引）を作成するには，\listoffigures（図目次を作成するコマンド）または \listoftables（表目次を作成するコマンド）を用います（\tableofcontents コマンドの場合と同様に，図目次などを出力する位置に \listoffigures などを書き込みます）．ただし，図目次，表目次に用いられる「図目次ファイル」や「表目次ファイル」も aux ファイルを経由して作成されるので，それらのファイルの更新作業（単にタイプセットを繰り返すだけです）が必要です．なお，通常，図目次ファイルの拡張子には「.lof」が用いられ，表目次ファイルの拡張子には「.lot」が用いられます．

注意 \tableofcontents, \listoffigures, \listoftables コマンドは，通常，個々のクラスファイルで定義されています．ただし，これらのコマンドを定義しないクラスファイルもあります（目次用のコマンドをユーザー自身で追加する方法については 12.8 節を参照してください）． □

12　目次

12.2　目次に載せる項目の水準を変更したい

\chapter，\section などによる見出しのうちどの水準の見出しまで目次に載るかは，
通常，カウンタ tocdepth の値に応じて決まります．

■目次項目のレベルと tocdepth カウンタ

　個々の目次項目には，その項目が実際に目次に載るかどうかに関係する「目次項目のレベル」が与えられています．\section などの見出しに対応する目次項目のレベルについては，表 12.1 を参照してください．その目次項目のレベルの値がカウンタ tocdepth の値を超えないときに，その項目が目次に出力されます．したがって，カウンタ tocdepth の値を変更すれば「どのレベルの見出しまで目次に載せるか」を変更できます．なお，\section などが作成する見出しに関しては，見出し自身のレベル（2.3 節参照）と見出しに対応する目次項目のレベルには同じ値が用いられることが一般的です．

■目次に載る項目のレベルの変更例

```
\documentclass{jarticle}
\setcounter{tocdepth}{1}%%% \section のレベルの見出しまで目次に掲載
\begin{document}
\tableofcontents

\section{目次の作成}
\subsection{目次用のコマンド}
目次は，\verb/\tableofcontents/コマンドで作成できます．
\end{document}
```

> # 目　次
>
> **1　目次の作成**　　　　　　　　　　　　　　　　　　　　　　　　　　1
>
> # 1　　目次の作成
> ## 1.1　　目次用のコマンド
> 　目次は，\tableofcontents コマンドで作成できます．

　この例と前節の例の相違は，この例には「\setcounter{tocdepth}{1}」という記述が
追加されているという点のみなので，前節の出力例と比較するとよいでしょう．

表 12.1 ● 見出しに対応する目次項目のレベルの一般的な値

見出し用のコマンド	対応する目次項目のレベル	見出し用のコマンド	対応する目次項目のレベル
\part	−1	\subsubsection	3
\chapter	0	\paragraph	4
\section	1	\subparagraph	5
\subsection	2		

▶ **注意** 実は，目次ファイル（toc ファイル）には，実際に目次に載るか否かとは無関係にすべての目次項目が書き出されています．実際，先の例に伴って生成される toc ファイルの中身は次のようになっていて，\subsection の見出しも書き出されています（\contentsline コマンドは「目次項目の作成処理」を行うコマンドです）．

```
\contentsline {section}{\numberline {1}目次の作成}{1}
\contentsline {subsection}{\numberline {1.1}目次用のコマンド}{1}
```

カウンタ tocdepth の値が 1 のときには，「\contentsline {subsection}{...}」の処理の際にこの項目をスキップするわけです．このように，カウンタ tocdepth の値は「目次ファイル内のどのレベルの項目を出力するかの切り換え」に影響しますが，「目次ファイルの作成処理」自体には影響しません．　　　　　　　　　　　　　　　　　　　　　□

■**図目次，表目次の場合**

多くのクラスファイルでは，\listoffigures で作成される図目次または \listoftables で作成される表目次の個々の目次項目（図表のキャプション）は \section（または \chapter）と同じレベルの項目として扱われます．

また，subfig パッケージ（あるいは subfigure パッケージ）の機能を用いて「部分図」や「部分表」（10.7 節参照）を記述した場合，その部分図などのキャプション（サブキャプション）も目次項目になります．ただし，subfigure パッケージなどのデフォルトの設定ではサブキャプションは図目次などに載りません．サブキャプションなどが図目次あるいは表目次に載るかどうかは，次のカウンタの値によって制御されます（それらは subfigure パッケージなどが定義するカウンタで，カウンタ tocdepth と同様の役割を果たします）．

- カウンタ lofdepth：図目次に載る項目のレベルを制御
- カウンタ lotdepth：表目次に載る項目のレベルを制御

なお，subfigure パッケージあるいは subfig パッケージのデフォルトの設定では，lofdepth, lotdepth の値を 2 にすればサブキャプションも図目次あるいは表目次に載ります．

357

12　目次

12.3　目次項目を追加・削除したい

臨時の目次項目を追加するには，\addcontentsline や \addtocontents コマンドを用います．特定の目次項目を削除するには，toc ファイル自身を編集するのが簡単です．

■目次項目の追加

\addcontentsline コマンドあるいは \addtocontents コマンドを次の形式で用いると，目次項目の追加ができます．

```
\addcontentsline{〈拡張子〉}{〈区分〉}{〈目次項目〉}
\addtocontents{〈拡張子〉}{〈目次ファイルに追加する記述〉}
```

- 「〈拡張子〉」は目次項目の書き出し先のファイル名の拡張子（からピリオドを除いたもの）です．例えば，\tableofcontets で作成する通常の目次に載せる場合には，〈拡張子〉を「toc」にします．
- 「〈区分〉」は〈目次項目〉の種類を表します．例えば，〈目次項目〉を \section の見出しと同様に扱うときには，〈区分〉を「section」にします．同様に，\subsection などの見出しと同様に扱うときには，〈区分〉を「見出し用のコマンドから \ を除いた文字列」にします．
- 「〈目次項目〉」は目次に載せる項目（見出し文字列など）です．ただし，「節番号」の類を〈目次項目〉に含めるときには，次の例のように節番号の類を \numberline の引数にします．なお，〈目次項目〉に含まれる fragile なコマンド（2.1 節参照）には \protect を前置してください．

```
\addcontentsline{toc}{section}{%
    \protect\numberline{〈節番号〉}〈節見出し〉}
```

- 「〈目次ファイルに追加する記述〉」は，一般の文字，コマンドの列です．例えば，目次の中の \part に対応する項目の直前で改ページしたいときには，2 番目以降の \part の直前に次のような記述を追加します（あるいは，\part を再定義して \part 自身がこの処理も実行するようにします）．〈目次ファイルに追加する記述〉に含まれる fragile なコマンドにも，\protect を前置してください．

```
\addtocontents{toc}{\protect\newpage}
```

■目次項目の追加の例（出力例では目次の部分以外は省略）

```
\documentclass{jarticle}
\begin{document}
\tableofcontents

\section*{まえがき}\addcontentsline{toc}{section}{まえがき}
序文です．\par
\section{基礎知識}
ここでは，基本的な事実を確認します．
\end{document}
```

目 次

まえがき   1

1　基礎知識   1

　文書クラスが jarticle などの場合，\section に「*」を付けて用いるとその見出しは目次に載りません（toc ファイルに書き出されません）．そこで，この例では \addcontentsline を用いて，「*」付きの \section の見出しを目次に追加しました．

■目次項目の削除

　目次項目の削除を行うには，toc ファイルを編集して不要な項目を削除するのが簡単です（見出しを作成するコマンドなどを再定義して不要な \addcontentsline の類を削除しても構いません）．ただし，toc ファイルなどの目次ファイルを直接編集した場合，\nofiles コマンドを用いて目次ファイルの更新を取り止めてください．また，特定の目次項目を削除するには，次の例のように一時的に \addtocontents を再定義するという方法も使えます．

```
\documentclass{amsart}%%% この文書クラスのデフォルト設定では，
\begin{document}        %%% 「*」付きの見出しも目次に載ります．
\tableofcontents

\makeatletter
\let\savedaddtocontents\addtocontents%%% \addtocontents の定義を退避
\renewcommand{\addtocontents}[2]{%
   \write-1{}\if@nobreak\ifvmode\nobreak\fi\fi}
\makeatother
\section*{Introduction}
\let\addtocontents\savedaddtocontents%%% \addtocontents の定義を復元
%%%（後略）
```

12 目次

12.4 目次の見出し部の体裁を変更したい

目次における「目次」という見出しの部分の体裁などを変更するには，\tableofcontents
を再定義します．

■ \tableofcontents コマンドのカスタマイズ

\tableofcontents コマンドは個々のクラスファイルで定義されています．例えば，ファ
イル jbook.cls での定義は次のようになっています（コメントは筆者によります）．

```
\newcommand{\tableofcontents}{%
    \if@twocolumn%%%        目次に入る前に 2 段組であった場合，
        \@restonecoltrue%%%  「段数の変更を行った」ことを表すフラグを立てて
        \onecolumn%%%        1 段組に変更します．
    \else%%%                目次に入る前に 1 段組であったなら，
        \@restonecolfalse%%%  フラグは立てません．
    \fi
    \chapter*{\contentsname%%%  見出しは「番号なしの \chapter」と同形式
        \@mkboth{\contentsname}{\contentsname}}%
    \@starttoc{toc}%%%       toc ファイルの読み込み
    \if@restonecol \twocolumn \fi}%%%  段数を変更していたら，段数を復元
```

また，ファイル jarticle.cls では次のように定義されています（コメントは筆者によります）．

```
\newcommand{\tableofcontents}{%
    \section*{\contentsname%%%  見出しは「番号なしの \section」と同形式
        \@mkboth{\contentsname}{\contentsname}}%
    \@starttoc{toc}}%%%      toc ファイルの読み込み
```

これらの定義では，「\chapter や \section などのコマンドで見出しを作成」という処理
と，「\@starttoc{toc}」（toc ファイルの読み込み処理，12.8 節参照）が共通していることに
注意してください．なお，\chapter などの見出し文字列に用いられている \contentsname
はやはり個々のクラスファイルなどで定義されていて，jbook.cls および jarticle.cls の場合
には次のように定義されています．そこで，単に「目 次」という見出し文字列を変更するだ
けなら，\contentsname を再定義すれば済みます．

```
\newcommand{\contentsname}{目 次}
```

360

■カスタマイズ例

```
\renewcommand{\tableofcontents}{%%% ↓jbook.cls での定義と同様に段数を管理
  \if@twocolumn \@restonecoltrue  \onecolumn
  \else           \@restonecolfalse \clearpage%%% 明示的に改ページ
  \fi
  \vspace*{10mm}%%% ↓見出しを中央寄せで出力
  \begingroup \Huge\gtfamily \centering \contentsname
    \@mkboth{\contentsname}{\contentsname}%%% 柱の管理（2.10 節参照）
  \par \endgroup \vspace{10mm}%
  \thispagestyle{jpl@in}%%% \chapter と同様にページスタイルを管理
  \@starttoc{toc}%%% toc ファイルの読み込み
  \if@restonecol \twocolumn \else \newpage \fi}%%% 目次の終端では改ページ
```

\tableofcontents コマンドの定義には「toc ファイルの読み込み」（\@starttoc{toc}）と「目 次」のような見出しが必要ですが，それ以外はユーザーの好みに応じて設定できます．picture 環境（付録 C 参照）などと組み合わせて見出しを装飾するのもよいでしょう．

■目次部分の見出しが柱に反映されない場合

クラスファイル jbook.cls 使用時には，\tableofcontents の定義中で \@mkboth で柱が設定されているだけでなく，デフォルトのページスタイルは headings スタイルで \@mkboth の設定が反映されるはずであるにもかかわらず，見出し「目 次」が目次部分の 2 ページ目以降のヘッダに表示されません（目次部分の 1 ページ目は \chapter が実行する \thispagestyle の影響を受けています）．この問題に対処するには，\tableofcontents の定義中の

```
\chapter*{\contentsname
         \@mkboth{\contentsname}{\contentsname}}%
```

の部分を

```
\chapter*{\contentsname}%
         \@mkboth{\contentsname}{\contentsname}%
```

のように変更して \@mkboth を \chapter の引数の外に出すとよいでしょう．

なお，「見出しが柱に反映されるはずであるのに反映されない」という問題は，目次の場合に限らず thebibliography 環境（13.1 節参照）などでも見られますし，jbook.cls 以外のクラスファイルの場合（例えば，jreport.cls を用いたうえで headings ページスタイルを適用した場合）にも見られます．いずれにせよ，この問題を修正するときには，まず「\@mkboth コマンドの記述位置の変更」を試してください．

12　目次

12.5　目次項目の体裁を変更したい (1) ── \chapter などに対応する項目の場合

> \l@chapter などの, 各見出し項目を実際に整形する内部コマンドを再定義します.

■目次ファイル内に現れるコマンドとその内部処理

12.1 節のサンプルをタイプセットすると, 次の内容を持った toc ファイルが生成されます.

```
\contentsline {section}{\numberline {1}目次の作成}{1}
\contentsline {subsection}{\numberline {1.1}目次用のコマンド}{1}
```

ここに現れた \contentsline コマンドが目次項目を実際に作成する作業を行うコマンドです. このコマンドは, 次の形式で用いられます.

```
\contentsline{〈区分〉}{〈目次項目〉}{〈ページ番号〉}
```

- 「〈区分〉」は〈目次項目〉の種類を表します. 例えば, 〈目次項目〉が \section の見出しに対応する項目であるときには〈区分〉は「section」となります.
- 「〈目次項目〉」は目次に載せる項目（見出し文字列など）です. ただし,「節番号」の類は「\numberline{番号}」の形で記述することが一般的です.
- 「〈ページ番号〉」は〈目次項目〉が文書中に出現した箇所のページ番号です.

▶ 注意　toc ファイルなどの中の \contentsline コマンドが \addcontentsline コマンド（12.3 節参照）に由来するものである場合, \contentsline コマンドの第 1 引数, 第 2 引数にはそれぞれ \addcontentsline コマンドの第 2 引数, 第 3 引数が用いられます.　　□

さらに,「\contentsline{〈区分〉}{〈目次項目〉}{〈ページ番号〉}」は

```
\l@〈区分〉{〈目次項目〉}{〈ページ番号〉}
```

になり, ここに現れた \l@〈区分〉が目次項目を実際に作成します. なお, カウンタ tocdepth の値によっては目次項目がスキップされることもありますが, スキップするかどうかの判定も \l@〈区分〉が行います. そこで, 目次項目の個々の区分について \l@〈区分〉を適宜再定義すれば, 目次の各項目の体裁を変更できます. 典型的な目次項目とその項目の整形を担当するコマンド（\l@〈区分〉）を表 12.2 に挙げます（なお, この表に挙げるコマンドの「\l@」に続く文字列が目次項目の区分になっています）.

362

表 12.2 ● 典型的な目次項目とそれを整形するコマンド

目次項目	整形するコマンド^注	目次項目	整形するコマンド^注
\part の見出し	\l@part	\paragraph の見出し	\l@paragraph
\chapter の見出し	\l@chapter	\subparagraph の見出し	\l@subparagraph
\section の見出し	\l@section	figure(*) 環境でのキャプション	\l@figure
\subsection の見出し	\l@subsection	table(*) 環境でのキャプション	\l@table
\subsubsection の見出し	\l@subsubsection		

注：\l@〈目次項目の区分〉という形をしています.

■目次項目の体裁に関わるパラメータ

一般的なクラスファイルでは，次の 2 個のパラメータが用意されています.

- \@pnumwidth：ページ番号部分の幅
- \@tocrmarg：目次項目の最終行以外の行末側の余白（\rightskip（5.3 節参照）の値として用いられます）

これらの値は，\renewcommand を用いて「\renewcommand{\@pnumwidth}{3zw}」のようにして変更できます. なお，目次項目の最終行については，「\setlength{\parfillskip}{-\rightskip}」という設定（最終行のみ \rightskip を打ち消す設定）がよく見られます（\parfillskip は段落の最終行の末尾に追加されるグルーの大きさです）.

また，\numberline コマンドは，その引数（章番号など）を幅が \@lnumwidth の領域に左寄せで入れます. そのため，\l@chapter などの定義では，\setlength などを用いて \@lnumwidth の値を適宜設定する必要があります（ただし，オリジナルの LaTeX 用のクラスファイルでは \@lnumwidth の代わりに \@tempdima が用いられています）.

■ \chapter に対応する目次項目のカスタマイズ例（文書クラスは jbook を想定）

「\chapter に対応する目次項目が常に 1 行に収まる」場合を念頭に置いて，\chapter の見出しに対応する項目に下線を付けた例を挙げます. この例では，目次項目が 1 行に収まる場合のみを考えているため段落の形状に関する設定が不要となっています. 興味がある読者は，ファイル jbook.cls などでの \l@chapter の定義では \rightskip などのパラメータがどのように設定されているかを調べてみるとよいでしょう.

```
\renewcommand*{\l@chapter}[2]{%%% #1 は見出し文字列，#2 はページ番号
  %%% ↓カウンタ tocdepth の値が −1 を超える（ゼロ以上の）場合のみ，全体を処理
  \ifnum \value{tocdepth}>-1\relax
    \addvspace{0.5\normalbaselineskip}%%% 空白の追加
    \begingroup \large\bfseries%%% 文字サイズ，書体の設定
    \setlength{\@lnumwidth}{4zw}%%% 「第 1 章」などの部分の幅を設定
    \noindent \underline{\makebox[\columnwidth][s]{#1\hfill #2}}%
    \par \endgroup
  \fi}
```

12 目次

12.6 目次項目の体裁を変更したい (2) —— `\@dottedtocline` のパラメータ調整

> 下位の目次項目の体裁を変更するには，基本的には `\@dottedtocline` コマンドの引数を変更します．

■ `\@dottedtocline` コマンド

標準配布のクラスファイルなどでは，`\subsubsection` といった下位の見出しに対応する目次項目や「`\chapter` を持つ文書クラス（例えば，jbook）での `\section` の見出しに対応する目次項目」は，ページ番号の前にリーダーを伴います（12.1 節の例を参照してください）．そのようなリーダーを伴う目次項目の定義には `\@dottedtocline` コマンドが用いられます．例えば，ファイル jarticle.cls での `\l@subsection`, `\l@subsubsection`（`\subsection`, `\subsubsection` の見出しに対応する目次項目を整形するコマンド）の定義は次のようになっています（`\newcommand` に「`*`」が付いていますが，`\newcommand` のオプション引数を用いないときには「`*`」の有無には特に深い意味はありません）．

```
\newcommand*{\l@subsection}    {\@dottedtocline{2}{1.5em}{2.3em}}
\newcommand*{\l@subsubsection}{\@dottedtocline{3}{3.8em}{3.2em}}
```

一般に `\l@section` などの定義では `\@dottedtocline` を次の形式で用います．なお，`\l@⟨区分⟩` の再定義の際には，`\newcommand` を `\renewcommand` に変更してください．

```
\newcommand{\l@⟨区分⟩}{\@dottedtocline{⟨レベル⟩}{⟨字下げ量⟩}{⟨ラベル幅⟩}}
```

- 「⟨レベル⟩」は目次項目のレベル（12.2 節参照）です．
- 「⟨字下げ量⟩」は目次項目の先頭位置の字下げ量です（図 12.1 参照）．
- 「⟨ラベル幅⟩」は目次項目の番号部分を収める領域の幅です（図 12.1 参照）．ただし，「`\numberline{⟨番号⟩}`」の形で記述された番号に対してのみ有効です．

また，次の 4 個のパラメータも `\@dottedtocline` による目次項目の体裁に関係します（図 12.1 参照）．それらのデフォルト値は，一般に個々のクラスファイルで設定されます．

- `\@tocrmarg`：最終行以外の行末側の余白
- `\@pnumwidth`：ページ番号部分の幅
- `\@dotsep`：リーダーの点の間隔に対応する数値（実際の点の間隔は $(2 \times$ `\@dotsep`$)$ mu で，概ね 18 mu $=$ 1 em です）

364

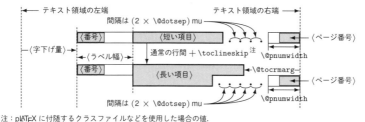

注：pLaTeX に付随するクラスファイルなどを使用した場合の値.
LaTeX のデフォルトでは単に通常の行間（にごくわずかの伸張度を追加した値）．

図 12.1 ● \@dottedtocline で作成される目次項目の体裁に関するパラメータ

- \toclineskip：目次項目の直前に加えられる空白量（pLaTeX に付随する文書クラスなどでのみ有効）

\subsection の見出しなどに対応する目次項目の体裁を調整する場合，基本的には，これらのパラメータや \l@subsection などの定義中の \@dottedtocline の引数を変更します．

■カスタマイズ例（出力例は目次部分のみ）

```
\documentclass{jarticle}
\makeatletter%%% \@dottedtoclineの引数などを1zwの整数倍に設定
\renewcommand{\l@subsection}{\@dottedtocline{2}{2zw}{3zw}}
\renewcommand{\l@subsubsection}{\@dottedtocline{3}{5zw}{3zw}}
\renewcommand{\@dotsep}{1.5}%%% \@dotsepの変更には\renewcommandを用います.
%%% ↓ \@pnumwidth の変更には \renewcommand を用います.
\renewcommand{\@pnumwidth}{2zw}
\makeatother
\begin{document}
\tableofcontents
\section{目次の作成}
\subsection{目次用のコマンド}
\subsubsection{目次の作成例}
%%%（後略）
```

目 次

1 目次の作成 1
　　1.1 目次用のコマンド 1
　　　　1.1.1 目次の作成例 1

この出力と，カスタマイズを行わない状態の目次とを比較すると，\@dotsep などの変更の効果がわかります．なお，\l@section の定義も適宜調整するとよいでしょう．

12 目次

12.7 目次項目の体裁を変更したい (3) —— \@dottedtocline の再定義

> 下位の目次項目の体裁を大きく変更するには，\@dottedtocline コマンドを再定義するか，\l@subsection などを上位の目次項目に準じて定義します．

■ \@dottedtocline の再定義例

\@dottedtocline コマンドによって作成される目次項目の体裁を大きく変更するには，\@dottedtocline 自身を再定義します．例えば，リーダーとして「三点リーダー」を用い，さらに，リーダーの終端をページ番号の直前まで伸ばすには次のように再定義できます．

```
%%% #1: ⟨レベル⟩, #2: ⟨字下げ量⟩, #3: ⟨ラベル幅⟩, #4: ⟨目次項目⟩, #5: ⟨ページ番号⟩
\renewcommand{\@dottedtocline}[5]{%
    %%% 目次項目のレベルがカウンタ tocdepth の値を超えないときのみ全体を処理
    \ifnum #1>\value{tocdepth}\else
        \vskip\toclineskip plus.2\p@%%%                                    (*)
        \begingroup%% ↓行頭側余白 = ⟨字下げ量⟩ + ⟨ラベル幅⟩ に設定
        \setlength{\leftskip}{#2}\addtolength{\leftskip}{#3}%
        \setlength{\rightskip}{\@tocrmarg}%%%      行末側余白は \@tocrmarg
        \setlength{\parfillskip}{-\rightskip}%%% 最終行のみ \rightskip を無視
        \setlength{\@lnumwidth}{#3}%%%                   番号部分の幅の設定  (**)
        \interlinepenalty\@M%%%                                           (***)
        \noindent
        \hspace{-#3}%%% ⟨ラベル幅⟩ だけ戻る（図 12.1 参照）
        {#4}\nobreak%%% 目次項目の出力
        %%% ↓オリジナルでは \leaders\hbox{$\m@th \mkern\@dotsep mu.%
        %%%                   \mkern\@dotsep mu$}\hfill
        \leaders\hbox to.3333zw{\hss\raisebox{.3zw}{.}\hss}\hfill
        \nobreak
        %%% ↓オリジナルでは \hb@xt@\@pnumwidth{\hss\normalfont\normalcolor#5}%
        \hbox{\normalfont \normalcolor \,#5}%%% ページ番号の出力
        \par\endgroup
    \fi}
```

なお，\toclineskip あるいは \@lnumwidth を定義しないクラスファイル（article.cls など）を用いるときには，(*) の行の \toclineskip を「0pt」に変更し，(**) の行の \@lnumwidth を \@tempdima に変更してください．

▶ 注意　前節の \l@subsection などの定義では \@dottedtocline の後には 3 個しか引数がありませんが，実際には，toc ファイルの中の「\contentsline{subsection}」などに続く「目次項目」と「ページ番号」も \@dottedtocline の引数になるため，\@dottedtocline

は合計で 5 個の引数をとります．なお，(∗∗∗) の行は，「目次項目が複数行にわたるときに目次項目の途中では改ページしないようにする」ための設定です．□

■本節の \@dottedtocline の再定義例の使用例（出力例は目次部分のみ）

```
\documentclass{jarticle}
\makeatletter
〈先の再定義例をここに書き込みます〉
\renewcommand{\l@subsection}{\@dottedtocline{2}{2zw}{3zw}}
\renewcommand{\l@subsubsection}{\@dottedtocline{3}{5zw}{3zw}}
\makeatother
\begin{document}
\tableofcontents

\section{目次の作成}
\subsection{目次用のコマンド}
\subsubsection{目次の作成例}
目次は，\verb/\tableofcontents/コマンドで作成できます．
\end{document}
```

目 次

1 目次の作成   1

   1.1   目次用のコマンド ………………………………………… 1

      1.1.1   目次の作成例 …………………………………… 1

■ \numberline の再定義を行う場合

\numberline コマンドの引数となっている「節番号」などの部分の幅は，通常は \@lnumwidth（あるいは \@tempdima）に固定されています．そのため，番号の文字列としての幅が広くなると（例えば，節番号などをローマ数字で表記した場合），番号部分が見出し文字列に重なることがあります．その問題を修正するには，\@dottedtocline の第 3 引数など（〈ラベル幅〉）を充分に大きくするか，\numberline を次のように再定義するとよいでしょう．なお，\@lnumwidthが定義されていない場合（例えば，欧文用の文書クラスを用いた場合）には，定義中の 2 箇所の \@lnumwidth を \@tempdima に変えてください．

```
\renewcommand{\numberline}[1]{%
  \setbox0\hbox{#1\quad}%
  \ifdim\wd0>\@lnumwidth \box0
  \else                  \hbox to\@lnumwidth{#1\hfil}%
  \fi}
```

12　目次

12.8　「図目次」の類を新設したい

- 新しい目次は \@starttoc コマンドを用いて定義します.
- 新しい目次に載せる項目は, \addcontentsline, \addtocontents を用いて指定します.

■目次の新設

既存の目次以外の目次の新設は, 基本的には次の手順で行います.

- 新設する目次に載せる項目を書き出すファイルの名称の拡張子 (\tableofcontents で作成する目次の場合の「.toc」に相当するもの) の決定:既存の目次で用いられているもの (「.toc」,「.lof」,「.lot」など) とは異なるものにしてください. なお, ここで決めた拡張子からピリオドを除いた文字列を「⟨ext⟩」とします.
- 新しい目次を作成するコマンドの定義:新しい目次に載せる項目が書き出された外部ファイル (\tableofcontents で作成する目次の場合の「toc ファイル」に相当するもの) の読み込みを行う「\@starttoc{⟨ext⟩}」という記述と, 新しい目次の見出しを持つようなコマンドを定義します. 例えば, \listofsomething というコマンドで新しい目次を出力できるようにする場合, 次の記述が必要最小限の設定です.

```
\newcommand{\listofsomething}{%
    \section*{⟨見出し文字列⟩}%%% \chapter などを用いても構いません
    \@starttoc{⟨ext⟩}}
```

　もちろん, \markboth (または \@mkboth, 2.10 節参照) を用いた柱の制御や, 見出し文字列以外の装飾などを加えても構いません.

　また, 新しい目次に載せる項目を登録するには, 既存の目次への項目の追加 (12.3 節参照) と同様に, \addcontentsline または \addtocontents を次のように用います.

```
\addcontentsline{⟨ext⟩}{⟨区分⟩}{⟨目次項目⟩}
\addtocontents{⟨ext⟩}{⟨目次ファイルに追加する記述⟩}
```

ここでは, \addcontentsline または \addtocontents の第 1 引数が先の手順で決めた「⟨ext⟩」になることに注意してください. なお, ⟨区分⟩ として「section」などの既存のもの (表 12.2 参照) 以外のものを用いた場合, \l@⟨区分⟩ も定義してください. \l@⟨区分⟩ は, 12.5, 12.6 節での再定義例と同様に定義できます.

368

■目次の新設例：新しい型のフロートのキャプションからなる目次（出力例は目次部分のみ）

10.19 節のサンプルコードのように photo 環境を導入すると，photo 環境のキャプションからなる目次用の目次ファイルの名称の拡張子には「.lop」（「.\ext@photo」）が用いられます．そこで，「写真目次」を \listofphotos というコマンドで作成できるようにするには，次の定義のように「\@starttoc{lop}」を用います．なお，フロートのキャプションに対応する目次項目は \caption コマンドの処理の中で実行される \addcontentsline によって設定され，その際の目次項目の区分としては「フロートの型」が用いられます．この例の場合，photo 環境のキャプションは区分「photo」の目次項目になるので，\l@photo も定義します．

```
\documentclass{jarticle}
\usepackage[dvips]{graphicx}%%% オプションは 9.2 節参照
\makeatletter
〈ここに 10.19 節の最後のサンプルコードを書き込みます〉
\newcommand{\listofphotos}{\section*{写真目次}\@mkboth{写真目次}{写真目次}%
    \@starttoc{lop}}%%% \@starttoc の引数に \ext@photo を用います
%%%\newcommand{\l@photo}{\@dottedtocline{1}{0pt}{2zw}}%%% 単純な定義
\newcommand{\l@photo}[2]{\begingroup
    \renewcommand\numberline[1]{%%% 目次での写真番号に文字列「写真」を追加
        \makebox[\@lnumwidth][l]{写真##1}}%
    \@dottedtocline{1}{0pt}{4zw}{#1}{#2}\endgroup}
\makeatother
\begin{document}
\listofphotos
\bigskip
写真目次の例です．
\begin{photo}[b]\centering
    \includegraphics[width=50mm]{cat-bg.eps}%%% 2.12 節のサンプル画像
    \caption{近所の猫さん}
\end{photo}
\end{document}
```

写真目次

写真 1　近所の猫さん　. 1

▶ 注意　float パッケージ（10.20 節参照）使用時には，フロートのキャプションからなる目次を「\listof{〈フロートの型〉}{〈見出し〉}」という記述で作成できます．ただし，\listof コマンドはこのコマンドの処理の際に \l@〈フロートの型〉を再定義します．先の例のように \l@〈フロートの型〉にユーザー独自の形式を用いたい場合には，目次を作成するコマンドと \l@〈フロートの型〉をユーザー自身で定義してください（\newfloat コマンドで作成した新規フロートに対しても，\@starttoc を直接用いて目次を作成できます）．　　□

12　目次

12.9　複数箇所に目次を作成したい

複数箇所に目次を作成するには，minitoc パッケージなどが利用できます．

■「章目次」などを作成する方針

　同じ種類の目次を複数箇所に作成する例として，本節では「章目次」を作成する場合を考えます．このような目次についても，基本的には「ひとつの目次につき 1 個の外部ファイルを用意し，その外部ファイルに目次項目を書き出す」という方針で実現できます．例えば，第 n 章の個々の節などの目次項目を拡張子が「.ctn」であるような外部ファイルに書き出すことにすると，文書全体の章の総数がさほど多くないときには次のような記述が使えます．

```
\documentclass{jbook}
\makeatletter%%% ↓引数 #1 は〈章番号〉
\newcommand{\chaptoc}[1]{\section*{本章の内容}\@starttoc{ct#1}}
\makeatother
\begin{document}
\chapter{章目次の用例}
\chaptoc{1}%%% 第 1 章の章目次（第 2 章以降では「\chaptoc{2}」などと記述）
\section{章目次を作成するコマンド}
%%% ↓章目次項目の追加（「ct1」のところを第 2 章以降では「ct2」などと変更）
\addcontentsline{ct1}{section}{\protect\numberline{\thesection}%
    章目次を作成するコマンド}
%%%（後略）
```

▶ 注意　この方法では，章目次の個数（外部ファイルの個数）が増えると「! No room for a new \write .」というエラーが生じるようになります．　　　　　　　　　　　　□

■ minitoc パッケージ

　minitoc パッケージを用いると，表 12.3 のコマンドを用いて章単位の目次などの小目次を作成できます．基本的には，\tableofcontents コマンドの前で「目次の作成準備」用のコマンド（例えば，\dominitoc）を用い，それに対応する「出力」用のコマンド（例えば，\minitoc）を個々の小目次の出力箇所に記述します．図目次または表目次についても同様に，\listoffigures または \listoftables の前で小目次の「作成準備」用のコマンドを用い，それに対応する「出力」用のコマンドを小目次を出力する位置に記述します．なお，文書全体の目次が不要なら \tableofcontents コマンドの代わりに \faketableofcontents を用います．同様に文書全体の図目次または表目次が不要なら，\fakelistoffigures または \fakelistoftables を \listoffigures または \listoftables の代わりに用います．

　また，表 12.3 の \dominitoc などでは，「\dominitoc[c]」のようにオプション引数で

370

表 12.3 ● minitoc パッケージが提供する各種の小目次を作成するコマンド

目次の作成単位	目次を出力	図目次を出力	表目次を出力	目次の作成準備	図目次の作成準備	表目次の作成準備
\part	\parttoc[注1]	\partlof[注1]	\partlot[注1]	\doparttoc[注1]	\dopartlof[注1]	\dopartlot[注1]
\chapter	\minitoc[注2]	\minilof[注2]	\minilot[注2]	\dominitoc[注2]	\dominilof[注2]	\dominilot[注2]
\section	\secttoc[注3]	\sectlof[注3]	\sectlot[注3]	\dosecttoc[注3]	\dosectlof[注3]	\dosectlot[注3]

注 1：\part が定義されているときのみ利用可　　注 2：\chapter が定義されているときのみ利用可
注 3：\chapter が定義されておらず、かつ、\section が定義されているときのみ利用可

表 12.4 ● minitoc パッケージでの小目次の体裁の主なカスタマイズ指定

指定	意味
\mtcsettitle{⟨toc⟩}{⟨title⟩}	\⟨toc⟩ が作成する小目次の見出しを ⟨title⟩ に設定
\mtcsetdepth{⟨toc⟩}{⟨Lmax⟩}	レベルが ⟨Lmax⟩ 以下の目次項目（表 12.1 参照）のみを\⟨toc⟩ が作成する小目次に載せるように設定
\mtcsetrules{⟨toc⟩}{⟨flag⟩}	\⟨toc⟩ が作成する小目次の目次本体の部分の前後の罫線の有無を設定（⟨flag⟩ が「on」なら罫線を出力、「off」なら罫線を消去）[注1]
\mtcsetpagenumbers{⟨toc⟩}{⟨flag⟩}	\⟨toc⟩ が作成する小目次の各項目でのページ番号の有無を設定（⟨flag⟩ が「on」なら番号を出力、「off」なら番号を消去）[注1]
\mtcsettitlefont{⟨toc⟩}{⟨fonts⟩}	\⟨toc⟩ が作成する小目次の見出しの書体と文字サイズを ⟨fonts⟩ で指定されるものに設定[注2, 注3]
\mtcsetfont{⟨toc⟩}{⟨type⟩}{⟨fonts⟩}	\⟨toc⟩ が作成する小目次の中の、区分が ⟨type⟩ である目次項目（表 12.2 参照）の書体と文字サイズを ⟨fonts⟩ で指定されるものに設定[注2]

注：⟨toc⟩ は「minitoc」などの、表 12.3 に挙げる小目次の「出力」用のコマンド名から \ を除いた文字列
注 1：⟨toc⟩ が「*」なら、すべての種類の小目次について適用
注 2：⟨fonts⟩ は宣言型の書体変更コマンド、文字サイズ変更コマンドの組み合わせ
注 3：表 12.3 において横に並んだコマンドが作成する小目次の見出しの書体は共通

「小目次の見出しの位置」を指定できます（「作成準備」用のコマンドのオプションは文書全体に適用され、「出力」用のコマンドのオプションはそのコマンドが作成する小目次のみに適用されます）．見出しの位置には「l」（左寄せ、デフォルト），「c」（中央寄せ），「r」（右寄せ），「e」または「n」（見出しを省略）を指定できます．minitoc パッケージの機能の詳細についてはマニュアル（minitoc.pdf）を参照してください．

■ minitoc パッケージの使用例

```
\documentclass{jbook}
\usepackage{minitoc}
\mtcsettitle{minitoc}{本章の内容}%%% 章目次の見出しを変更
\begin{document}
\dominitoc \tableofcontents%%% \dominitoc は章目次の作成準備
\chapter{複数箇所に作成する目次}
\minitoc%%% 第 1 章の章目次
\section{minitocパッケージ}%%% 個々の見出しでは章目次のための特別な処理は不要
%%% （後略）
```

12 目次

━●コラム● [目次項目を改段落せずに並べる場合] ━━━━━━━━━━━━

文書によっては，目次の最下位の項目を改段落せずに並べた

目 次

1 目次の作成   **1**

    1.1 目次を作成するコマンド……1 / 1.2 目次の例……2 / 1.3 目次項目
の追加……3

2 目次のカスタマイズ   **4**

    2.1 目次部分の見出しの変更……4 / 2.2 各目次項目の体裁の変更……5 /
2.3 目次の追加・分割……6

のような目次が用いられることもあります．このような目次は，(toc ファイルの中で
変わったことをしない限り) \l@subsection などの定義を次のように再定義すると実
現できます（この例では，文書クラスとして jarticle などを想定しています）．

```
%%% 改段落せずに並べる項目より上位の目次項目の定義に \par を追加
\def\@tempa{\renewcommand{\l@part}[2]}
\expandafter\@tempa\expandafter{\expandafter\par\l@part{#1}{#2}}
%%% \chapter を持つ文書クラスの場合，次の 2 行も追加
%\def\@tempa{\renewcommand{\l@chapter}[2]}
%\expandafter\@tempa\expandafter{\expandafter\par\l@chapter{#1}{#2}}
\def\@tempa{\renewcommand{\l@section}[2]}
\expandafter\@tempa\expandafter{\expandafter\par\l@section{#1}{#2}}
\renewcommand{\l@subsection}[2]{\@lnumwidth=2zw\relax
    \ifhmode
        \unskip~/\hskip\z@ \@plus \@lnumwidth
        \penalty\@lowpenalty \hskip\z@ \@plus -\@lnumwidth\relax\ %
    \else
        \@tempdima\linewidth \advance\@tempdima-2zw
        \parshape 1 2zw \@tempdima \noindent
    \fi
    {#1}\nobreak ……\nobreak \mbox{#2}}
\setcounter{tocdepth}{2}%%% \subsection に対応する項目を最下位に設定
\renewcommand\tableofcontents{%
    \section*{\contentsname}\@mkboth{\contentsname}{\contentsname}%
    %%% 次の 5 行は「\@starttoc{toc}」の処理に \par と \sloppy を追加したもの
    \begingroup \sloppy \makeatletter \@input{\jobname.toc}\par
    \if@filesw
        \newwrite\tf@toc \immediate\openout\tf@toc\jobname.toc\relax
    \fi
    \@nobreakfalse \endgroup}
```

372

13: 参考文献リスト

13.1	参考文献リストを作りたい	374
13.2	参考文献リストの文献番号を参照したい	376
13.3	文献の参照箇所の体裁を変更したい (1)――ユーザー自身でカスタマイズする場合	378
13.4	文献の参照箇所の体裁を変更したい (2)―― cite パッケージを用いる場合	380
13.5	参考文献リストの体裁を変更したい	382
13.6	参考文献リストの途中に小見出しを入れたい	384
13.7	参考文献リストを複数箇所に作成したい	386

13　参考文献リスト

13.1　参考文献リストを作りたい

参考文献リストそのものは thebibliography 環境で記述できます.

■ thebibliography **環境**

LaTeX 文書内で参考文献リストを記述するには, thebibliography 環境を次の形式で用います.

```
\begin{thebibliography}{〈番号部分の幅の目安〉}
\bibitem[〈番号〉]{〈参照キー〉} 〈文献の記述〉
〈「\bibitem[〈番号〉]{〈参照キー〉} 〈文献の記述〉」の形式の記述の繰り返し〉
\end{thebibliography}
```

- 「〈番号部分の幅の目安〉」は, 〈文献の記述〉の部分での 2 行目以降の字下げ量の決定に用いられます. 個々の文献の番号を収める領域の幅を「〈番号部分の幅の目安〉の文字列としての幅」(例えば, 〈番号部分の幅の目安〉が文字列「■■」なら 2 zw)に設定します. なお, 〈番号部分の幅の目安〉は寸法ではないので注意してください.
- 「〈番号〉」(省略可能)は「文献番号」として用いる文字列です. 「[〈番号〉]」を省略した場合, 一般に「1」,「2」のような連番が付きます.
- 「〈参照キー〉」はその直後に記述した文献に \cite コマンド(次節参照)を用いて言及する際に \cite の引数に用いる文字列(文献の参照キー)です.

なお, 参考文献リストの作成を支援するソフトウェアには BIBTeX(付録 E 参照)などがあります.

▶ **注意**　参照キーには, LaTeX の特殊文字(「\」,「~」,「#」など)を含まない文字列ならほぼ任意の文字列が使えますが, 空白文字, タブ文字, コンマを含まない文字列にするのが無難です. また,「大文字と小文字の違い」しか差のない複数の参照キー(例えば,「Foo:A」と「foo:a」)を使い分けるのは避けるのが無難です.　　　　　　　　　　□

■**例 1:** thebibliography **環境の基本的な使用例**(出力例では文書クラス jarticle を使用)

```
\begin{thebibliography}{9}
\bibitem{Foo2008}
  A. Foo: Some Article: Basic Properties,
  \textit{Some Journal}, Vol.~12, No.~3, pp.~237--243 (2008).
\bibitem{Bar2008}
  C. Bar: Other Article,
  \textit{Other Journal}, Vol.~6, No.~4, pp.~45--56 (2008).
\end{thebibliography}
```

参考文献

[1] A. Foo: Some Article: Basic Properties, *Some Journal*, Vol. 12, No. 3, pp. 237–243 (2008).

[2] C. Bar: Other Article, *Other Journal*, Vol. 6, No. 4, pp. 45–56 (2008).

この例では文献番号には 1 桁の整数しか現れないので，「幅の目安」として文字列「9」を用いています．幅の目安を変更して，thebibliography 環境を例えば「`\begin{thebibliography}`{999}」のように開始すると，字下げ量が変わって次のような出力になります．

参考文献

[1] A. Foo: Some Article: Basic Properties, *Some Journal*, Vol. 12, No. 3, pp. 237–243 (2008).

[2] C. Bar: Other Article, *Other Journal*, Vol. 6, No. 4, pp. 45–56 (2008).

■例 2：「文献番号」をユーザー自身で指定した場合（出力例では文書クラス jarticle を使用）

```
\begin{thebibliography}{Someone}
\bibitem[Foo]{Foo2007}
  W. Foo, \textit{Some Report}, Some Journal, \textbf{4}(1):1--8, 2007.
\bibitem[Someone]{Som08}
  A. Someone, \textit{Some Article: Paradigm and Examples},
  Other Journal, \textbf{12}(3):45--56, 2008.
\end{thebibliography}
```

参考文献

[Foo]　　　W. Foo, *Some Report*, Some Journal, **4**(1):1–8, 2007.

[Someone] A. Someone, *Some Article: Paradigm and Examples*, Other Journal, **12**(3):45–56, 2008.

この例では，幅の目安を最長の「文献番号」の「Someone」に設定しています．もっとも，「幅の目安」は単に字下げ量の設定に用いられるだけなので，無条件に「最長の番号」にしなければならないわけではありません．なお，「文献番号」（`\bibitem` のオプション引数）の中に fragile なコマンド（2.1 節参照）が現れる場合，そのコマンドの前に `\protect` を付けてください．

13 参考文献リスト

13.2 参考文献リストの文献番号を参照したい

文献番号の参照には, 基本的には \cite を「\cite{⟨参照キーのコンマ区切りリスト⟩}」
あるいは「\cite[⟨コメント⟩]{⟨参照キー⟩}」という形式で用います.

■文献の引用

thebibliography 環境（前節参照）に記述した参考文献の文献番号に言及するには, \cite
というコマンドを次の形式で用います.

```
\cite{⟨文献の参照キーのコンマ区切りリスト⟩}
\cite[⟨コメント⟩]{⟨参照キー⟩}
```

例えば,「\cite{refA, refB}」では参照キー「refA」,「refB」に対応する「文献番号」を
列挙します（出力形式は文書クラスなどに依存しますが,「[2, 5]」や「2,5)」のような形式が
よく見られます）. また, ⟨コメント⟩（省略可能）というのは文献内のページ番号や章番号と
いった補足情報です（省略した場合, 単に「文献番号」のみを出力します）. ⟨コメント⟩部分
の形式も文書クラスなどに依存しますが, 例えば「\ref[p.~123]{refA}」という記述に対
して「[2, p. 123]」という出力が得られるというのが典型的です.

▶ 注意　\cite の引数に複数の参照キーをコンマ区切りで列挙できるので, コンマを含むよう
な参照キーは複数のキーに分割されます（例えば,「A,B」という参照キーを用いようとして
「\cite{A,B}」と記述しても, 2個のキー「A」,「B」を用いているものとして扱われます）.
また, 複数の参照キーを列挙する場合,「\cite{Foo,␣Bar}」のようにコンマの後に空白文
字を入れても構いません（コンマの後の空白文字は無視されます）.　　　　　　　　　　□

■ \cite コマンドの使用例

```
\documentclass{jarticle}
\begin{document}
%%%（中略）
この問題については文献\cite{Bar08, Foo07}などが詳しい.
Fooの結果\cite[Theorem~3]{Foo07}によれば……

\begin{thebibliography}{9}
\bibitem{Foo07}
W. Foo, \textit{Some Report}, Some Journal \textbf{4} (2007), 1--8.
\bibitem{Bar08}
A. Bar, \textit{Some Article}, Other Journal \textbf{12} (2008), 45--56.
```

```
\end{thebibliography}
\end{document}
```

● 1回目のタイプセット時の出力

> この問題については文献 [?, ?] などが詳しい．Foo の結果 [?, Theorem 3]
> によれば……

参考文献

[1] W. Foo, *Some Report*, Some Journal **4** (2007), 1–8.

[2] A. Bar, *Some Article*, Other Journal **12** (2008), 45–56.

● 2回目のタイプセット時の出力（参考文献部分は省略）

> この問題については文献 [2, 1] などが詳しい．Foo の結果 [1, Theorem 3]
> によれば……

　この例に見られるように，\cite の引数に複数の参照キーを列挙した場合，LaTeX のデフォルトでは文献番号を「記述順」に出力します．今の例で「[2, 1]」と出力されているところを番号の昇順に整列して「[1, 2]」と出力させるには cite パッケージ（13.4 節参照）などの \cite コマンドの出力をカスタマイズするパッケージを用いるとよいでしょう．同様に「[3, 4, 5]」のような 3 個以上の連続した番号を「[3–5]」のようにまとめる処理も LaTeX のデフォルトでは行われないので，その類の処理が必要なときは cite パッケージなどを利用してください．

■文献参照の仕組み

　先の例では 1 回目のタイプセット時には文献番号の部分が「?」となる一方で，「LaTeX Warning: Citation 'Bar08' on page 1 undefined ...」などの警告が生じます．また，2 回目のタイプセット時にはそれらの警告が生じなくなるとともに文献番号が正しく表示されます．これは LaTeX の正しい挙動で，LaTeX は文献の参照に関しても相互参照の場合（11.1 節参照）と同様に文献番号に関する情報を aux ファイル経由で取得します．したがって，文献番号を正しく出力するには複数回のタイプセットが必要です．文献の参照に関する警告メッセージの多くは相互参照に関する警告メッセージと共通なので，警告への対処法については 11.1 節を参照してください．なお，「LaTeX Warning: Citation '⟨key⟩' on page ⟨page⟩ undefined ...」の警告は参照キーが ⟨key⟩ の文献が存在しないということを表すので，文書中の \cite の引数あるいは \bibitem（前節参照）の引数を調べて正しい参照キーが用いられているかどうかをチェックしてください．

13 参考文献リスト

13.3 文献の参照箇所の体裁を変更したい (1) —— ユーザー自身でカスタマイズする場合

文献の参照箇所の体裁を変更するには，基本的には \@cite などを再定義します．

■参照した文献番号の体裁を定めるコマンド

LaTeX 自身が提供する \cite コマンドは \@cite というコマンドを次の形式で呼び出し，この \@cite が文献番号などを実際に出力します．ただし，「〈文献番号のリスト〉」は \cite の引数で与えた参照キーのリストに対応する「文献番号」を列挙したもの（未定義の参照キーに対する「文献番号」は「?」になります）で，「〈コメント〉」は \cite のオプション引数で与えたコメントです（前節参照）．

```
\@cite{〈文献番号のリスト〉}{〈コメント〉}
```

ただし，\cite にオプション引数を与えたかどうかは，\if@tempswa というコマンドに次のように反映します．これは，後述する \@cite の定義での「\if@tempswa ...\fi」の用法のように，コメント部分を出力するか否かの切り換えに利用できます．

- \cite にオプション引数を与えた場合：「\if@tempswa ...\fi」の「...」の部分が出力されます．
- \cite にオプション引数を与えていない場合：「\if@tempswa ...\fi」部分全体が無視されます．

また，LaTeX のデフォルトでは，\@cite はファイル latex.ltx において次のように定義されています（コメントは筆者によります）．

```
%%% 引数 #1 は文献番号，#2 はコメント
\def\@cite#1#2{%%% \def はコマンドを定義するコマンド
  [{#1%
    \if@tempswa , #2\fi%%% コメントが与えられたときのみコメントを出力
  }]}
```

前節での出力例では，文献番号は角括弧「[」，「]」で囲まれていましたが，その角括弧は \@cite の定義に含まれている角括弧に由来します．そこで，その括弧を変更すると，文献番号部分全体を囲む括弧を変更できます．また，文献番号部分全体を \textsuperscript コマンド（4.5 節参照）の引数にすると文献番号を上付きにできます．

■ **\@cite の再定義例（出力例では参考文献部分は省略）**

```
\documentclass{jarticle}
\makeatletter
\renewcommand{\@cite}[2]{%%% #1: 文献番号, #2: コメント
  \leavevmode%%%    必要があれば段落を開始
  \if@tempswa%%%    コメントが与えられている場合
    {#1}) {#2}%%% 文献番号とコメントを出力
  \else%%%          コメントなしの場合
    \textsuperscript{{#1})}%%% 文献番号を上付きで出力
  \fi}
\makeatother
\begin{document}
%%%（中略）
この問題についてはFooの結果\cite{Foo07},
Barの結果\cite{Bar08}などが知られている.
Fooの結果（文献\cite[Theorem~3]{Foo07}）によれば……
〈前節の例と同じ参考文献リストを使用します〉
\end{document}
```

> この問題についてはFooの結果 [1], Barの結果 [2] などが知られている. Foo
> の結果（文献 1) Theorem 3）によれば……

▶ 注意　\@cite を再定義した場合，\cite での引用箇所の出力形式は変わりますが，参考文献
リスト本体（thebibliography 環境）での文献番号の形式は変わりません．参考文献リストで
の文献番号を変更するには，thebibliography 環境をカスタマイズします（13.5 節参照）．　□

●コラム●［見出し類やキャプションに \cite コマンドが含まれる場合］

　\section の見出しの類に \cite コマンドが含まれる場合，目次や柱にも文献番号
が出力されます．目次や柱には文献番号を出力する必要がない場合，\section など
のオプション引数を用いて「目次用の見出し」を指定するとよいでしょう（2.1 節参
照）．図表のキャプションに関しても同様に，適宜「目次用キャプション」を指定して
ください（10.1 節参照）．

　一方，目次などでも文献番号が必要な場合には目次用の見出しあるいは目次用のキャ
プションを指定する必要はありませんが，その場合，目次などで用いられた \cite コ
マンドが「文献への言及順」に影響します（これは，BibTeX（付録 E 参照）を用いつ
つ，文献スタイルを「unsrt」などにしたときに問題になります）．目次に現れた \cite
コマンドを「文献の出現順」の判定の際には無視させるには，notoccite パッケージを
用いるとよいでしょう（単に「\usepackage{notoccite}」のように読み込みます）．

13 参考文献リスト

13.4 文献の参照箇所の体裁を変更したい (2) —— cite パッケージを用いる場合

cite パッケージを用いると, \cite での出力に関する各種のカスタマイズ用コマンドが提供されるほか,「文献番号を昇順に整列する」といった処理も導入できます.

■ cite パッケージ

cite パッケージは, 文献番号の上付き出力や昇順での文献番号の整列といった機能を提供します. \cite パッケージの読み込み時に利用できる主なオプションを表 13.1 に挙げます. cite パッケージのデフォルト設定では, 文献番号を整数値としての昇順に整列したうえで, 3 個以上連続した番号をまとめます (例えば,「2, 1, 3」ではなく「1–3」にします). ただし, 「superscript」オプション (「super」オプション) を適用した場合であっても, \cite のオプション引数 (コメント) を与えたときには文献番号は上付き出力にはなりません.

また, cite パッケージは「文献番号のリスト」のみを出力する \citen コマンドも提供します. 例えば,「\cite{keyA,keyB}」に対する出力が「[6, 8]」なら,「\citen{keyA,keyB}」に対する出力は単に「6, 8」になります (\citen では, 表 13.2 の \citeleft, \citeright に対応する部分が省略されます).

▶ 注意　整数でない「文献番号」(例えば,「Foo07」) は並べ替え対象になりません.　　□

■ cite パッケージが提供する, \cite コマンドの出力に関わるパラメータ

cite パッケージ使用時には, 表 13.2 に挙げるパラメータを変更すると, 文献番号全体を囲む括弧などを変更できます. また, 文献番号が上付きで出力されるときの形式は \@citess というコマンドを再定義すると変更できます. 例えば,「[1]」のように角括弧付きで上付きにするには, cite パッケージを読み込んだのちに次のような記述を用います (これは, オリジナルの定義での「#1」の前後に角括弧を追加しただけです).

```
\renewcommand{\@citess}[1]{\mbox{$\m@th^{\hbox{\OverciteFont{[#1]}}}$}}
```

■ cite パッケージの使用例

出力例は, 参照キー「ref1」,「ref2」,「ref3」に対応する文献番号がそれぞれ「1」,「2」,「3」であるときの, 次の記述に対する出力です.

```
Fooの結果\cite{ref1,ref2,ref3}, 特に\cite[p.~12]{ref1,ref2}によれば……
```

表 13.1 ● cite パッケージに対する主なオプション

オプション	意味
noadjust	文献番号の前の空白の調整処理を抑制 注1
superscript super	コメントを伴わない文献番号を上付きで出力
nomove	上付き出力の文献番号と句読点との位置の交換処理を抑制 注2

オプション	意味
nosort	文献番号の並べ替えを抑制
nocompress	連番の文献番号をまとめる処理を抑制
verbose	「未定義の参照キー」に関する警告を毎回出すように設定 注3
biblabel	参考文献リストでの文献番号を上付きで出力 注4

注1：デフォルト設定では，\cite コマンドの前に空白がなく，かつ，文献番号が上付き出力にならない場合，文献番号の前に単語間スペースが入ります．
注2：デフォルト設定では，上付きで出力される文献番号の直後に（欧文文字の）「.」,「,」,「:」,「;」がある場合，それらの句読点と文献番号との順序を入れ換えます．
注3：デフォルト設定では，未定義の参照キーに関する警告はひとつのキーにつき 1 回のみ出力されます．
注4：biblabel オプション指定時には cite パッケージの側で \@biblabel を再定義します．また，文献番号の形式は「\cite で参照した文献番号を上付き出力にするときの形式」と同じ形式になります．

表 13.2 ● cite パッケージ使用時の，文献番号部分の体裁に関わるパラメータ

パラメータ	意味	例
\citeleft	文献番号全体の前に置く文字列 注1	「[1, 2]」の「[」
\citeright	文献番号全体の後に置く文字列 注1	「[1, 2]」の「]」
\citemid	文献番号とコメント部分を区切る文字列	「[1, p. 123]」の「, + 空白」
\citepunct	文献番号間の区切り 注2	「[1, 2]」の「, + 空白」
\citedash	連番の文献番号の開始番号と終了番号の間の文字列	「[1–3]」の「–」
\citeform	個々の文献番号の形式 注3	「1), 2)」での「1 → 1)」,「2 → 2)」の操作

注1：上付きで出力される文献番号には適用されません．
注2：\sitedash が用いられる箇所では \citedash のほうが優先されます．
注3：1 個の引数をとるコマンドとして再定義します（引数は文献番号です）．この表の例の場合，「\renewcommand {\citeform}[1]{(#1)}」のように再定義します．

● 例 1：上付き出力を用いた例

```
\usepackage[superscript]{cite}
\renewcommand{\citedash}{~}\renewcommand{\citemid}{; }
```

Foo の結果 [1~3]，特に [1, 2; p. 12] によれば……

● 例 2：\citeform を変更した例

```
\usepackage{cite}
\renewcommand{\citeleft}{}\renewcommand{\citeright}{}
\renewcommand{\citeform}[1]{[#1]}
```

Foo の結果 [1]–[3]，特に [1], [2], p. 12 によれば……

13 参考文献リスト

13.5 参考文献リストの体裁を変更したい

参考文献リスト自身の体裁を変更するには，基本的には thebibliography 環境，\@biblabel コマンドなどを再定義します．

■ thebibliography 環境のカスタマイズ

thebibliography 環境では，基本的には「参考文献」といった見出しの出力と，list 環境のパラメータ（6.7 節参照）の設定を行います（参考文献リストも箇条書きの一種です）．例えば，ファイル jarticle.cls での thebibliography 環境の定義は次のようになっています（コメントは筆者によります）．

```
\newenvironment{thebibliography}[1]%%% 引数 #1 はラベル部分の幅の目安
%%% thebibliography 環境の開始処理
{\section*{\refname}\@mkboth{\refname}{\refname}%%% 見出し部分
 \list{\@biblabel{\@arabic\c@enumiv}}%
    {\settowidth\labelwidth{\@biblabel{#1}}%%% ラベル部分の幅を設定
     \leftmargin\labelwidth \advance\leftmargin\labelsep%%% 行頭側余白の設定
     \@openbib@code%%% openbib クラスオプション指定時の体裁の変更処理
     \usecounter{enumiv}%%% 文献の番号付けに用いるカウンタの指定
     \let\p@enumiv\@empty
     \renewcommand\theenumiv{\@arabic\c@enumiv}}%
 \sloppy%%% 多少間延びした行ができることも許可
 \clubpenalty4000%%%  各項目の先頭行の直後でのページ分割をいくぶん抑制
 \@clubpenalty\clubpenalty
 \widowpenalty4000%%% 各項目の最終行の直前でのページ分割をいくぶん抑制
 \sfcode`\.\@m}%%% ピリオドの直後の空白も単語間スペースとして出力
%%% thebibliography 環境の終了処理
{\def\@noitemerr{\@latex@warning{Empty `thebibliography' environment}}%
 \endlist}%%% ↑ \bibitem あるいは \item を 1 個も用いなかったときのエラーメッセージ
```

一般に，thebibliography 環境の開始時には \section などを用いて見出しを作成するので，その部分を変更すると見出しの体裁を変更できます．なお，ここで引用した定義では見出し文字列（\section の引数）として \refname が用いられていますが，文書クラスによっては見出し文字列が \bibname になっていることがあります．単に見出し文字列を変更するだけなら \refname あるいは \bibname を再定義すれば済みますが，どちらを再定義すべきかは実際に用いるクラスファイルを調べて決めてください（基本的には，「クラスファイル内で定義されているほう」を再定義します）．一般に，小規模な文書を対象とした文書クラス（「jarticle」など）では \refname が用いられ，書籍の類を対象とした文書クラス（「jbook」など）では \bibname が用いられます．

▶ 注意 (p)LᴬTᴇX の版あるいは使用している文書クラスによっては，ページスタイルが heading などであっても参考文献の見出しが参考文献リスト部分の柱に現れないことがあります．そのようなときには，\@mkboth とその引数（例えば，「\@mkboth{\bibname}{\bibname}」）を \chapter などの引数の外に出してください． □

■文献番号の形式

　文献番号の形式は \@biblabel というコマンドで定められます．このコマンドは，LᴬTᴇX のデフォルトでは次のように定義されているため，13.1 節の例のように文献番号は「[1]」のように角括弧で囲まれます．参考文献リストでの文献番号の形式を変更するには，基本的には \@biblabel を再定義します．

```
\def\@biblabel#1{[#1]}%%% 引数 #1 は文献番号（\def はコマンドを定義するコマンド）
```

■カスタマイズ例（出力例は 13.1 節の例 1 の thebibliography 環境に対する出力）

　この例では，各文献項目の 2 行目以降の字下げ量を 2 em に固定し，各項目をテキスト領域の左端から書き始める（\labelwidth + \labelsep − \itemindent = \leftmargin となる）ように設定しています（図 6.1 参照）．

```
\renewcommand{\@biblabel}[1]{(#1)}%%% 文献番号には丸括弧を添える
\renewenvironment{thebibliography}[1]
 {\section*{\refname\@mkboth{\refname}{\refname}}%
  \list{\@biblabel{\@arabic\c@enumiv}}%
    {\setlength{\leftmargin}{2em}%%% 行頭側余白を 2 em に設定
     \setlength{\labelwidth}{0pt}%
     \setlength{\itemindent}{\labelsep}%
     \addtolength{\itemindent}{-\leftmargin}%
%%%（後略，先に引用した定義での \@openbib@code 以降の部分と同じ）
```

参考文献

1) A. Foo: Some Article: Basic Properties, *Some Journal*, Vol. 12, No. 3, pp. 237–243 (2008).

2) C. Bar: Other Article, *Other Journal*, Vol. 6, No. 4, pp. 45–56 (2008).

　なお，参考文献リストでの文献番号の形式を算用数字以外の形式（例えばローマ数字）にする場合については，次節のコラムを参照してください．

13 参考文献リスト

13.6 参考文献リストの途中に小見出しを入れたい

参考文献リストに小見出しを入れるには splitbib パッケージなどが利用できます.

■「参考文献リスト中の小見出し」を作成するコマンドをユーザー自身で定義する場合

参考文献リストに小見出しを入れるには，次の例の \bibsection のようなコマンドが利用できます.

```
\documentclass{jarticle}
\makeatletter
\newcommand{\bibsection}[1]{%%% 引数 #1 は小見出し
   \par  \if@newlist\else \medskip \fi
   \item[]\noindent\hskip-\@totalleftmargin {\large\bfseries ●#1}\par}
\makeatother
\begin{document}
\begin{thebibliography}{9}
\bibsection{一般論}
\bibitem{Foo07} W. Foo, \textit{Some Book}, Some Publisher (2007).
\bibsection{応用例}
\bibitem{Bar08} A. Bar, \textit{Other Book}, Other Publisher (2008).
\end{thebibliography}
\end{document}
```

参考文献

●一般論

[1] W. Foo, *Some Book*, Some Publisher (2007).

●応用例

[2] A. Bar, *Other Book*, Other Publisher (2008).

■ splitbib パッケージ

splitbib パッケージを用いると，参考文献リストの個々の項目を複数のカテゴリーに分類して出力できます. なお，splitbib パッケージを用いたときに参考文献のところでエラーが生じるようになった場合，splitbib パッケージの読み込み時に「export」オプションを用いるとエラーを生じずに処理されるようになることがあります. また，thebibliography 環境を再定義するパッケージ（natbib パッケージなど）を併用する場合，それらのパッケージを読み込んだ後で splitbib パッケージを読み込んでください. 次に，splitbib パッケージの簡単な使用例を挙げます（機能の詳細についてはマニュアル（splitbib.pdf）を参照してください）.

```
\documentclass{jarticle}
\usepackage{splitbib}
%%% 個々のカテゴリーを出力順に記述
\begin{category}{一般論}%%% category 環境の引数は見出し文字列
  \SBentries{Foo07}%%% このカテゴリーに属する文献の参照キーをコンマ区切りで列挙
\end{category}
\begin{category}{応用例}  \SBentries{Bar08}  \end{category}
%%% ↓見出しの形式の指定. このほかに bar（上下に罫線を付加）, box（枠囲み）,
%%%   none（見出しを省略）が用意されています.
\SBtitlestyle{dash}%%% 見出し文字列の両側に em-dash を付加
\begin{document}
\begin{thebibliography}{9}%%% 個々の文献項目の終端には \par または空白行が必要
\bibitem{Bar08} A. Bar, \textit{Other Book}, Other Publisher (2008).\par
\bibitem{Foo07} W. Foo, \textit{Some Book}, Some Publisher (2007).\par
\end{thebibliography}
\end{document}
```

参考文献

—— 一般論 ——

[1] W. Foo, *Some Book*, Some Publisher (2007).

—— 応用例 ——

[2] A. Bar, *Other Book*, Other Publisher (2008).

●コラム● ［参考文献の番号を算用数字以外にする場合］

　参考文献の番号を算用数字以外の形式にするには, \bibitem のオプション引数で
文献番号を直接記述するのが最も簡単です. thebibliography 環境をカスタマイズする
場合, \list の第1引数（各項目のデフォルトのラベル）になっている「\@biblabel
{\@arabic\c@enumiv}」などの「\@arabic」の部分を「\@roman」などに変更する
だけでは充分ではなく, cite パッケージなどを使用しないときには \@bibitem の定義

```
\def\@bibitem#1{\item\if@filesw \immediate\write\@auxout
    {\string\bibcite{#1}{\the\value{\@listctr}}}\fi\ignorespaces}
```

の中の「\the\value」も「\roman」などに変更します. 一方, cite パッケージ使用時に
は, 文献番号の整列処理の都合で \@bibitem の「\the\value」の部分は変更できません.
この場合, \citeform を例えば「\renewcommand{\citeform}[1]{\romannumeral
0#1}」のように再定義して, \citeform の側で文献番号の形式を変更します.

13 参考文献リスト

13.7 参考文献リストを複数箇所に作成したい

- thebibliography 環境は複数箇所で用いても構いません.
- chapterbib パッケージなども利用できます.

■ LaTeX 自身の機能のみを用いる場合

複数箇所に参考文献リストを作成する場合,「thebibliography 環境ごとに文献番号をリセットしても構わない」状況で,「同じ参照キーを 2 回以上使わない(同一の文献が複数の thebibliography 環境に現れる場合であっても, 異なる \bibitem には異なる参照キーを指定する)」ようにするならば, thebibliography 環境を複数箇所で用いても構いません. その際, 参考文献リストの見出しの形式を適宜変更してください(13.5 節参照). 実際, \chapter ごとに参考文献リストを作成する場合には, 参考文献リストの見出しに対しては \section くらいを用いるのが妥当でしょう.

■ chapterbib パッケージ

BibTeX(付録 E 参照)を併用する場合, chapterbib パッケージを利用すると,「章(\chapter)ごとの参考文献リスト」を比較的容易に作成できます. 基本的な手順は次のとおりです. また, chapterbib パッケージの読み込み時に指定できる主なオプションを表 13.3 に挙げます.

1. ソースファイルを章ごとに 1 ファイルになるように分割し, 分割した個々のファイルを \include で読み込みます(1.13 節参照). 分割した個々のファイルの中で, \bibliographystyle と \bibliography を用いて, その章の参考文献リストで用いるスタイルと文献データベースを指定します(付録 E 参照).

2. 文書全体をタイプセットし, aux ファイルを作成します. このとき, \include で読み込んだファイルに対しても aux ファイルが作成されます(例えば,「\include{chap1}」のようにファイル chap1.tex を読み込むと, ファイル chap1.aux も作成されます).

3. 手順 2 で作成した個々の aux ファイルを BibTeX で処理します.

4. 「LaTeX Warning: Label(s) may have changed. ...」の警告が生じなくなるまでタイプセットを繰り返します.

■ chapterbib パッケージの使用例(出力例とファイル sample.bib は省略します)

●個々の章を読み込むファイル(ファイル名は main.tex とします)

```
\documentclass{jbook}
\renewcommand\bibname{参考文献}%%% 参考文献の見出し文字列の変更
\usepackage[sectionbib]{chapterbib}
\begin{document}
```

表 13.3 ● chapterbib パッケージに対する主なオプション

オプション	意味
sectionbib	参考文献リストの見出しの出力に番号なしの \section を使用
gather	各章の参考文献を文書末にまとめて出力[注]
duplicate	各章ごとに参考文献リストを出力するほかに, 章ごとの文献リストを文書末に出力[注]
rootbib	各章ごとに参考文献リストを出力するほかに, 文書全体の文献リストを別途作成[注]

注：文書末の文献リストあるいは文書全体の文献リストを作成する箇所でも \bibliography コマンドを用います.

```
\include{chap1}
\include{chap2}
\end{document}
```

● ファイル chap1.tex の中身

```
\chapter{ある問題}
この問題については文献\cite{Foo07, Bar08}などが詳しい.
Fooの結果\cite[Theorem~3]{Foo07}によれば……\par
\bibliographystyle{jplain}%%% 「文献スタイル」の指定
\bibliography{sample}%%% 文献データベースファイル (この例では sample.bib) の指定
```

● ファイル chap2.tex の中身

```
\chapter{別の問題}
この問題については文献\cite{Foo07, Bar08}などが詳しい.
Barの結果\cite[Example~1]{Bar08}によれば……\par
\bibliographystyle{jplain}%%% 「文献スタイル」の指定
\bibliography{sample}%%% 文献データベースファイル (この例では sample.bib) の指定
```

● 作業手順

まず, ファイル main.tex を1回タイプセットします. 次に, ファイル chap1.aux と chap2.aux を (J)BIBTEX で処理します (コマンドライン上で行う場合は「pbibtex chap1」と「pbibtex chap2」を実行します). さらにファイル main.tex のタイプセットを2回以上繰り返します. なお, pbibtex のところは jbibtex となることもあります.

注意　pLATEX に付随する文書クラスなどを用いつつ, chapterbib パッケージの gather オプションあるいは duplicate オプションを適用するときには, 例えば

```
\renewcommand{\StartFinalBibs}{%
  \renewcommand{\bibname}{第\thechapter 章の参考文献}}
```

という具合に \StartFinalBibs を再定義してください. □

13 参考文献リスト

●コラム● 〔author-year 形式の文献参照〕

　文献に言及する際の形式のひとつに「Foo (2007)」のような author-year 形式があります．この形式での参照は，基本的には当該文献の著者と発行年を直接書けば済むため特別なコマンドを必要としません（ただし，参考文献リストの体裁のカスタマイズが要る場合はあります）．もっとも，\cite の類のコマンドを用いつつ author-year 形式での参照を行う場合（引用した文献に関する情報を文献データベースから抽出する場合など）もあり，そのような処理は natbib パッケージを用いると実現できます．

　ただし，natbib パッケージは \bibitem のオプション引数の役割を変更するという点に注意が必要です．実際，natbib パッケージ使用時には，

```
\bibitem[Foo(2007)]{Foo} ...
\bibitem[Foo, et al.(2008)Foo, Bar and Baz]{FooBarBaz} ...
```

という具合に \bibitem のオプション引数に著者名と発行年についての情報を入れます．このように \bibitem の書式がいくぶん厳格に定められているので，natbib パッケージを利用する場合には，natbib パッケージがサポートする文献スタイルを指定したうえで BIBTEX（付録 E 参照）を併用するとよいでしょう．表 13.4 に natbib パッケージに対する主なオプションを挙げます．

　また，natbib パッケージは通常の \cite コマンドに加え，\citet，\Citet（文章中での引用形式，例えば「Foo (2007)」），\citep，\Citep（全体を括弧で囲んだ引用，例えば「(Foo, 2007)」），\citeauthor，\Citeauthor（著者名のみの参照），\citeyear（発行年のみの参照）といったコマンドも提供します．なお，コマンド名が「\Cite...」の形のものは，著者名の最初の文字を大文字化します（「von Neumann」のような人名が文頭に現れる場合に用います）．

表 13.4 ● natbib パッケージに対する主なオプション

オプション	意味
authoryear	\cite コマンドの出力に author-year 形式を使用（デフォルト）
numbers	\cite コマンドの出力に文献番号を使用するほか，一部のコマンド（\citet など）の出力の「発行年」の部分を文献番号に変更
super	文献番号を上付きで表記（super オプション適用時には \cite コマンドなどの出力に文献番号を利用します）
sort	\cite などの引数に複数の参照キーを与えたとき，参考文献リストでの出現順に並べ替えて出力
sort&compress	sort オプションの処理に加え，連番の文献番号を整理
sectionbib	参考文献リストの見出しを番号なしの \section で出力
nobibstyle	「文献の参照箇所などの書式を \bibliographystyle の引数に応じて設定」する処理を抑制

14: 索引

14.1	索引語を指定したい... 390
14.2	索引そのものを作成したい....................................... 392
14.3	索引項目を階層化したい... 394
14.4	索引でのページ番号の表記を変更したい........................... 396
14.5	索引の体裁を変更したい (1)——LATEX 側だけでできる処理 398
14.6	索引の体裁を変更したい (2)——索引スタイルファイルの利用....... 400
14.7	複数種類の索引を作りたい....................................... 402

14 索引

14.1 索引語を指定したい

索引語の指定の際には，基本的には \index コマンドを「\index{⟨読み方⟩@⟨索引語⟩}」という形式で用います.

■ \index コマンド

索引項目の登録には，\index というコマンドを用います. \index コマンドの最も基本的な用法は次のようになります. なお，「⟨読み方⟩@」の部分を省略した場合，索引項目の並べ替え処理の際には「⟨読み方⟩ = ⟨索引語⟩」であるものとして扱われます.

- 索引に載せる語句に漢字が含まれない場合：\index{⟨索引語⟩}
- 索引に載せる語句に漢字が含まれる場合：\index{⟨読み方⟩@⟨索引語⟩}

例えば，次の例では「索引」と「LATEX」を索引項目として登録しています.

大規模な文書では\index{さくいん@索引}索引を作成することがよくあります.
\index{\LaTeX}\LaTeX 文書の場合, \textttt{\symbol{92}index}コマンドを
用いて索引語を登録します.

また，文書中で用いた \index コマンドは単に索引項目を登録するだけなので，文章の一部となる索引語は \index コマンドとは別に記述してください.

▶ 注意 同じ索引項目に対する索引語や読み方の記述は「文字列レベル」で一致させてください. 例えば，LATEX 文書の中では「M\"archen」，「M\"{a}rchen」，「M{\"a}rchen」はすべて「Märchen」を出力しますが，「\index{M\"archen}」，「\index{M\"{a}rchen}」，「\index{M{\"a}rchen}」は互いに異なる索引項目として扱われます. □

▶ 注意 \index コマンドは原則として，文書中の索引語のすぐ近くの**段落内**で用いてください. \index を段落間で用いると（その段落間で改ページが起きたときなどに）索引語が実際に現れるページと索引に載っているページ番号（\index が処理された箇所が存在するページのページ番号）が異なってしまうことがあります. □

■索引語の「読み方」について

索引語に漢字が含まれる場合，何らかの形で索引語の「読み方」を指定する必要があります. 実際，「人気」は「にんき」とも「ひとけ」とも読めるという具合に，漢字表記だけからでは索引語の読み方は決まりません. ただし，索引の作成に mendex（付録 F 参照）を用い

る場合，漢字を含む和文字列の読み方を「辞書ファイル」（付録 F 参照）に登録しておくと，登録した語句については読み方を \index の引数で指定する必要がなくなります．

また，索引語に漢字が含まれない場合でも，「索引語を文字どおりには読まない」場合には「読み方」を指定します．例えば，先の例の「\index{\LaTeX}」では，索引語「LATEX」を「\LaTeX」という「読み方」で登録しています（読み方の部分を指定していないので，索引語の部分がそのまま「読み方」としても用いられます）．この「\LaTeX」という「読み方」は「\」という記号で始まっているため，「LATEX」という項目は「頭文字が記号や数字であるような項目」として並べられてしまいます．索引語「LATEX」を索引の中では「LaTeX」という文字列と同じ位置に並べる場合，「\index{LaTeX@\LaTeX}」のように索引語「LATEX」の「読み方」を指定します．なお，このような用法があるので，文字「@」の前に記述する「読み方」というのは，一般には「索引項目の並べ替え用のキー」といえます．

▶ 注意　一般には，LATEX の特殊文字を含む索引項目も「\index{%@\%}」（文字列「%」を「%」という「読み方」で索引項目にする場合）のようにそのまま記述できます．ただし，そのような処理には \verb コマンド（4.1 節参照）と同様の仕組みが用いられているので，特殊文字を含む索引項目はほかのコマンドの引数の中などでは記述できないことがあります．　　□

■ mendex の特殊文字を含むような索引語を登録する場合

索引項目の記述では索引語と読み方の間に文字「@」を入れますが，この文字「@」は mendex あるいは makeindex（索引を作成するソフトウェア，付録 F 参照）が用いる特殊文字です．このほかにも，「!」（14.3 節参照），「|」（14.4 節参照），「"」といった特殊文字が用いられます．これらの特殊文字が索引項目に含まれる場合は次のように記述します．

- 「\@」，「\!」，「\|」の一部になっていない場合：文字「"」を前置して「"@」，「"!」，「"|」，「"""」のように記述します．
- 「\@」，「\!」，「\|」について：さらに「\」にも文字「"」を前置して「"\"@」，「"\"!」，「"\"|」のように記述します．

例えば，文字列「!」を索引項目にするには「\index{"!}」のように記述します．また，数式用記号の「‖」（＝「$\|$」）を「|」という「読み方」で索引に載せるには「\index{"|@$"\"|$}」のように記述します．コマンド「\"」についてはそのまま「\"」と記述しても「"\""」と記述しても構いません．また，「\\」については「\\」のままでも問題なく処理されることが多いのですが，「"\"\」としておくと安全です．

索引項目中の開き括弧「{」，閉じ括弧「}」については，コマンドの引数を囲む括弧などとして用いるときにはそのまま「{」，「}」と記述して構いません．ただし，索引項目にコマンド「\{」，「\}」の形で含まれるときには，「\{」の代わりに「\textbraceleft」を用い，「\}」の代わりに「\textbraceright」を用いるのが無難です．

14 索引

14.2 索引そのものを作成したい

索引項目に並べ替えなどの処理を施して索引データを作成するには，mendex というソフトウェアを用います．

■索引の作成手順

LaTeX 文書の索引は次の手順で作成します．

1. 索引語を \index コマンド（前節参照）で指定し，プリアンブルで \makeindex コマンドを用いた状態でタイプセットします．その際，ファイル ⟨filename⟩.tex をタイプセットした場合，索引項目はファイル ⟨filename⟩.idx（idx ファイル）に出力されます．
2. 手順 1 で生成されたファイル ⟨filename⟩.idx を mendex（あるいは makeindex）で処理して索引ファイル（ind ファイル）を作成します．その際，索引ファイルの名称を指定しなければ，索引ファイルの名称は ⟨filename⟩.ind となります．
3. 手順 2 で作成した索引ファイルを索引を出力する位置で読み込みます．一般には，\printindex コマンドが利用できます．

■索引の作成例

●手順 1：索引項目の登録と抽出（idx ファイルの作成）

ここでは，次の LaTeX 文書（ファイル名は idxtest.tex とします）を考えます．

```
\documentclass{jbook}
\usepackage{makeidx}%%% 手順 3 で利用
\makeindex%%% 索引項目の抽出を行うためのコマンド
\begin{document}
\chapter{索引の作成}
索引\index{さくいん@索引}を作成するには，……

\chapter{mendex}
索引\index{さくいん@索引}そのものを作成するには\index{mendex}mendexを用います．

\printindex%%% 手順 3 で利用
\end{document}
```

この文書では，\index コマンド（前節参照）を用いて，1 ページ目と 3 ページ目に「索引」という索引項目を設定し，3 ページ目に「mendex」という索引項目を設定しています．また，プリアンブルで \makeindex というコマンドを用いると，\index で指定した索引項目をタイプセット時に idx ファイルに抽出します．実際，この例のファイル idxtest.tex をタイプセットすると，次の内容のファイル idxtest.idx が作成されます．

392

```
\indexentry{さくいん@索引}{1}
\indexentry{さくいん@索引}{3}
\indexentry{mendex}{3}
```

この作業では \makeindex コマンドが必要であることに注意してください．\makeindex
コマンドを用いないときには，\index コマンドを用いていても索引項目は抽出されません．

●手順 2：索引ファイルの作成（ind ファイルの作成）

次に，手順 1 で作成した idx ファイルを mendex で処理します．この処理ではコマンドライ
ンオプションや索引スタイルファイルを用いて索引の体裁を変更できます（14.6 節，付録 F
参照）が，最も基本的には処理対象の idx ファイル名のみを mendex の引数にします（拡張
子の「.idx」は省略可能です）．今の例では次のコマンドを実行します．

```
mendex idxtest.idx
```

この処理の結果，次の内容を持ったファイル idxtest.ind が作成されます．なお，mendex
で処理するのは idx ファイルであることにも注意してください．

```
\begin{theindex}

  \item mendex, 3

  \indexspace

  \item 索引, 1, 3

\end{theindex}
```

●手順 3：索引の出力

ind ファイルを作成したのち，makeidx パッケージが提供する \printindex コマンドを索
引を出力する箇所で用いてタイプセットします．その際，\printindex コマンドのところで
ind ファイルが読み込まれ，次のような索引が出力されます．

索 引

mendex, 3

索引, 1, 3

14　索引

14.3　索引項目を階層化したい

下位の項目を伴う索引項目については，子項目・孫項目を文字「!」を用いて指定します．

■索引項目の階層化

索引項目を階層化する場合，次のように文字「!」を用いて各階層の索引語を区切ります．なお，mendex では第 3 階層（孫項目）まで階層化できます．

```
\index{⟨親項目⟩!⟨子項目⟩}
\index{⟨親項目⟩!⟨子項目⟩!⟨孫項目⟩}
```

各階層の項目（⟨親項目⟩ など）は，14.1 節で扱った階層化していない索引項目の場合と同様に「⟨読み方⟩@⟨索引語⟩」（「⟨読み方⟩@」の部分は省略可能）という形で記述します．例えば，「\index{フォント!ぞくせい@――の属性}」という記述では，索引項目「フォント」の下位の「――の属性」という項目を登録します．さらに「\index{フォント!ぞくせい@――の属性!サイズ}」という記述を用いると，索引項目「フォント」の下位の「――の属性」という項目のそのまた下位の「サイズ」という項目を登録します．

なお，階層化された索引項目を用いる場合，ある項目の上位の項目が索引項目として登録されている必要はありません．例えば，「\index{LaTeX@\LaTeX!pLaTeX@p\LaTeX}」のように項目「pLATEX」を項目「LATEX」の下位の項目として登録する一方，「\index{LaTeX@\LaTeX}」という記述は用いていない（「LATEX」自体は登録していない）場合，ページ番号なしの項目「LATEX」が自動的に補われます．

▶注意　索引語は同じでも読み方が異なっていると異なった索引項目として扱われます（例えば，「\index{LaTeX@\LaTeX}」と「\index{\LaTeX}」は区別されます）．特に，階層化された索引項目の記述の「!」の前で既存の索引項目を用いるときには，読み方の部分も含めて既存の項目と同じ記述を用いてください．不用意に「読み方」の部分を省略すると，ユーザーの意図とは異なる並べ方になったり，mendex での処理時にエラーが生じたりします．　　□

▶注意　倍角ダッシュに対しては単に全角ダッシュを 2 個並べるよりも「\makebox[2zw][s]{―\hss ―\hss ―}」のような記述を用いるとよいでしょう．　　□

■階層化された索引項目の使用例

```
\documentclass{jarticle}
\usepackage{makeidx}%%% \printindex コマンドのために使用（前節参照）
```

```
%%% 倍角ダッシュ用のコマンドを定義
\DeclareRobustCommand{\ddash}{\makebox[2zw][s]{―\hss ―\hss ―}}
\makeindex
\begin{document}
フォント\index{フォント}は文書の体裁の基本的な要素のひとつで,
フォントの属性\index{フォント!ぞくせい@\ddash の属性}には次の2種があります.
\begin{itemize}
\item 書体\index{フォント!ぞくせい@\ddash の属性!しょたい@書体}
\item サイズ\index{フォント!ぞくせい@\ddash の属性!サイズ}
\end{itemize}

フォントのサイズの変更
\index{フォント!へんこう@\ddash の変更!サイズのへんこう@サイズの変更}には
\,\verb"\small"などの書体変更コマンドを用います.

\printindex%%% 索引の出力（前節参照）
\end{document}
```

●この例の場合の ind ファイル（mendex は前節の手順 2 と同様にデフォルト設定で使用）

```
\begin{theindex}

  \item フォント, 1
    \subitem \ddash の属性, 1
      \subsubitem サイズ, 1
      \subsubitem 書体, 1
    \subitem \ddash の変更
      \subsubitem サイズの変更, 1

\end{theindex}
```

●出力例（索引部分のみ）

索 引

フォント, 1

――の属性, 1

サイズ, 1

書体, 1

――の変更

サイズの変更, 1

14 索引

14.4 索引でのページ番号の表記を変更したい

特定の索引項目のページ番号の表記は，\index の引数の末尾に「|〈ページ番号の書式指定〉」を追加すると変更できます．

■索引項目でのページ番号の形式の変更

特定の索引項目でのページ番号を太字表記にしたり下線を付けたりするには，\index での索引項目の登録の際に次の形式でページ番号部分に適用するコマンドを指定します．

```
\index{〈索引項目〉|〈コマンド〉}
```

ただし，「〈コマンド〉」はページ番号を引数とするようなコマンドから先頭の「\」を除いたものです．例えば，ある文書の 10 ページに「\index{\LaTeX|textbf}」という記述を入れると，この索引項目でのページ番号は「\textbf{10}」という形になります．また，「〈索引項目〉」は「〈読み方〉@〈索引語〉」（「〈読み方〉@」の部分は省略可能）という形式で記述します．

▶ 注意 hyperref パッケージ使用時に索引項目のページ番号の書式指定を用いると，索引での書式指定付きのページ番号から文書中の索引語へのリンクが設定されません．その場合，「\newcommand{\strong}[1]{\textbf{\hyperpage{#1}}}」のように「書式指定と \hyperpage を組み合わせたコマンド」をユーザー自身で用意し，それをページ番号の書式指定に用いると，書式指定と索引からのリンクを併用できます． □

■別の索引項目の参照

ある索引語の同義語や別表記も索引に載せる場合，同義語（別表記）のほうでは「元の索引語を参照させる指示」を示すことがあります．この場合，索引項目を次の形式で記述します．

```
\index{〈索引項目〉|see{〈参照先〉}}
\index{〈索引項目〉|seealso{〈参照先〉}}
```

例えば，「Fourier」という索引項目では単に「フーリエ」という項目を参照させるだけにするには，「Fourier」という項目の登録時に「\index{Fourier|see{フーリエ}}」のように記述します．その場合，項目「Fourier」のページ番号は「\see{フーリエ}{〈ページ番号〉}」という形式になり，ここに現れた \see というコマンドが処理されると *see* フーリエ のように出力されます（ページ番号は無視されます）．これと同様に，「seealso」を用いた場合はページ番号が「\seealso{〈参照先〉}{〈ページ番号〉}」という形式になり，ここに現れた \seealso というコマンドが処理されると「*see also* 〈参照先〉」のように出力されます．

396

また，\see, \seealso に伴って用いられる文字列「*see*」,「*see also*」を変更するには，\seename あるいは \alsoname というコマンドを再定義します．なお，\see, \seealso, \seename, \alsoname は makeidx パッケージなどで定義されます．

■索引項目のページ範囲の指定

ある索引項目に関する記述が広い範囲にわたる場合，その索引項目に対する「ページ番号」を範囲指定の形で（例えば「10 ページから 15 ページまで」のような具合に）指定するには，索引項目の記述の際に，次のように「|(」,「|)」を用います．なお，「\index{〈索引項目〉|(textbf}」のように「|(」に続けて書体変更などの指定を記述できます．

- 「ページ範囲の開始」の指定：\index{〈索引項目〉|(}
- 「ページ範囲の終了」の指定：\index{〈索引項目〉|)}

■ページ番号の書式指定を利用した例

```
\documentclass{jarticle}
\usepackage{makeidx}%%% \printindex コマンドなどのために使用（14.2 節参照）
\makeindex
\begin{document}
これは\index{さくいん@索引|textbf}索引を含む文書の例です．
\index{さくいん@索引|underline}索引の項目は\,\verb/\index/コマンドで指定します．

\printindex%%% 索引の出力（14.2 節参照）
\end{document}
```

●この例の場合の ind ファイル（mendex は 14.2 節の手順 2 と同様にデフォルト設定で使用）

```
\begin{theindex}

  \item 索引, \textbf{1}, \underline{1}

\end{theindex}
```

●出力例（索引部分のみ）

索 引

索引, **1**, <u>1</u>

14　索引

14.5　索引の体裁を変更したい (1) —— LATEX 側だけでできる処理

索引の体裁の変更の際に LATEX の側だけでできることには，theindex 環境や \@idxitem などの再定義があります．

■索引に関係する環境，コマンド

索引ファイル（ind ファイル）の中身には，（特別な索引スタイル（付録 F 参照）を用いない限り）theindex 環境が用いられます．また，個々の索引項目は \item（第 1 階層の項目），\subitem（第 2 階層の項目），\subsubitem（第 3 階層の項目）の後に現れます（14.3 節の例などを参照してください）．そこで，これらの環境，コマンドを再定義すると索引部分の体裁を変更できます．ただし，一般に theindex 環境の内部では「\item = \@idxitem」となっているので，実際には \item を再定義するのではなく \@idxitem を再定義します．なお，theindex 環境や \@idxitem などは，通常，個々のクラスファイルで定義されています．

■ theindex 環境などのカスタマイズ

ファイル jarticle.cls での theindex 環境の定義を引用します（コメントは筆者によります）．

```
\newenvironment{theindex}
%%% theindex 環境の開始処理
{%%% ↓索引に入る前の段数に応じて「段数を変更したか否か」を表すフラグを設定
  \if@twocolumn \@restonecolfalse \else \@restonecoltrue \fi
%%% ↓2段組に変更（ただし，見出し部分は 1 段組）
  \twocolumn[\section*{\indexname}]%%% 見出しは番号なしの \section
  \@mkboth{\indexname}{\indexname}%%% 柱の設定
  \thispagestyle{jpl@in}%%% 索引の先頭ページでのページスタイルの設定
  \parindent\z@ %%% 段落の先頭での字下げ量の変更
  \parskip\z@ \@plus .3\p@\relax %%% 段落間が多少伸びても構わないように設定
  \columnseprule\z@ %%% 段間の罫線の太さの変更
  \columnsep 35\p@ %%% 2個の段の間隔を変更
  \let\item\@idxitem}%%% \item = \@idxitem に設定
%%% theindex 環境の終了処理（改ページし，必要に応じ段数を復元）
{\if@restonecol \onecolumn \else \clearpage \fi}
```

theindex 環境の定義で必要な処理は「見出し部分の出力」と \item = \@idxitem の設定です．この定義では見出し部分に \section を用いていますが，クラスファイル jbook.cls などでは \@makeschapterhead（番号なしの \chapter の見出しを整形するコマンド，2.5 節参照）が用いられます．いずれにせよ，見出し文字列（\indexname）に適用するコマンドを変更すると，見出し部分の形式を変更できます．また，「**索引**」のような見出し文字列を変更するだけなら，\indexname を再定義すれば済みます．

398

なお，索引部分には \twocolumn が適用されているので，索引は 2 段組になります．この \twocolumn を用いるのをやめたり，あるいは multicol パッケージが提供する multicols 環境を用いて段数を 3 段以上にしたりすると，索引部分の段数を変更できます．そのほかのカスタマイズとしては，theindex 環境の開始処理に \small などを追加して索引部分の文字サイズを変更するといった変更が考えられます．

　次に，ファイル jarticle.cls での \@idxitem などの定義を引用します．なお，\indexspace は索引項目の頭文字の類が変わるごとに追加されるコマンドです（付録 F 参照）．

```
\newcommand{\@idxitem}{\par\hangindent 40\p@}
\newcommand{\subitem}{\@idxitem \hspace*{20\p@}}
\newcommand{\subsubitem}{\@idxitem \hspace*{30\p@}}
\newcommand{\indexspace}{\par \vskip 10\p@ \@plus5\p@ \@minus3\p@\relax}
```

　\@idxitem では \hangindent（5.3 節参照）を用いて索引項目の 2 行目以降の字下げ量を設定しています．また，\subitem と \subsubitem の定義では \@idxitem を用いたうえで単に \hspace を用いて索引項目の先頭での字下げを行っています（14.3 節の出力例を参照するとよいでしょう）．ただし，\@idxitem, \subitem, \subsubitem の定義では，それらのコマンドの処理の最初で改段落（\par）を行う必要があります（ファイル jarticle.cls での \subitem, \subsubitem でも，それらの定義の中の \@idxitem の処理の冒頭で \par が行われています）．

■カスタマイズ例

　この例では，ファイル jarticle.cls での theindex 環境などの定義に対して，索引部分の文字サイズ，各項目の字下げ量などを変更しています．また，\indexspace は項目間（の特定箇所）に追加される空白の大きさなので，これを行送りの整数倍にしておくと，索引（2 段組部分）の 1 段目と 2 段目の各行の位置を揃えやすくなります（さらに \raggedbottom を適用するとよいのですが，これは jarticle.cls の中ですでに用いられています）．

```
\renewenvironment{theindex}{%
%%% (中略，先に引用した定義の「\parskip\z@ \@plus .3\p@\relax」までの部分と同じ)
    \small%%% 文字サイズを変更
    \let\item\@idxitem}
{\if@restonecol\onecolumn\else\clearpage\fi}%%% ↓字下げ量を 1 zw の整数倍に変更
\renewcommand{\@idxitem}{\par \setlength{\hangindent}{4zw}}
\renewcommand{\subitem}{\@idxitem \hspace*{2zw}}
\renewcommand{\subsubitem}{\@idxitem \hspace*{3zw}}
\renewcommand{\indexspace}{\par \vspace{\normalbaselineskip}}
```

399

14 索引

14.6 索引の体裁を変更したい (2) ── 索引スタイルファイルの利用

索引の体裁の詳細なカスタマイズには索引スタイルファイルとユーザー定義コマンドを
併用します.

■索引スタイルファイル（ist ファイル）

索引ファイル（ind ファイル）での索引項目などの形式は，索引スタイルファイル（ist ファ
イル）を用いて変更できます．ist ファイルの書式と設定可能な項目については付録 F を参照
してください．ist ファイルの名称の拡張子は「.ist」とするのが通例です．また，ist ファイ
ルを用いるには，mendex に対して次のように -s オプションを指定します.

```
mendex -s ⟨ist ファイル名⟩ ⟨idx ファイル名⟩
```

■ ist ファイルの例

本節では，次の内容の ist ファイル（ファイル名は isttest.ist とします）を用います．こ
の例では各項目の意味をコメントとして記述しています（ist ファイルでも文字「%」から行
末まではコメントです）．なお，「heading_prefix」などの値に含まれる「\grouphead」，
「\indexleader」というコマンドは索引の整形のために導入したもので，別途定義します.

```
lethead_flag 1         %%% 索引語の頭文字を見出しとして出力
letter_head  2         %%% 和文項目の頭文字はひらがな表記
group_skip   "\n\n"    %%% 見出し（頭文字）の前には単に空白行を入れる
heading_prefix "\\grouphead{"  %%% 見出しの前の文字列（文字列「\grouphead{」）
heading_suffix "}"     %%% 見出しの後の文字列（文字列「}」）
%%% 索引項目とページ番号の間の区切り（文字列「\indexleader␣」）
delim_0      "\\indexleader "
delim_1      "\\indexleader "
delim_2      "\\indexleader "
```

■ ist ファイルの使用例

次の LaTeX 文書（ファイル名は isttest.tex とします）を考えます.

```
\documentclass{jarticle}
\usepackage{makeidx}%%% \printindex コマンドなどのために使用（14.2 節参照）
\makeindex%%% ↓ see の再定義，引数 #1 は ⟨参照先⟩，#2 は ⟨ページ番号⟩（不使用）
\renewcommand{\see}[2]{\unskip ~⇒\ #1}
%%% ist ファイルで導入したコマンドの定義
\newcommand{\grouphead}[1]{\par\vspace{\baselineskip}%
```

```
   \noindent ●\textbf{#1}\par\nobreak}
\newcommand{\indexleader}{%%% 三点リーダー風のリーダーを使用
  \hskip 0pt plus 1zw \penalty10 \null\nobreak\hskip 0pt plus -1zw
  \leaders\hbox to.333zw{\hss\raisebox{.3zw}{.}\hss}\hskip1zw plus 1fill}
\begin{document}
\section{索引の作成}\index{さくいん@索引}
索引スタイルファイル\index{さくいんスタイルファイル@索引スタイルファイル}%
 (\index{istファイル|see{索引スタイルファイル}}istファイル) を併用して
\index{さくいん@索引!ていさい@〜の体裁}索引の体裁を変更した例です. \par
\printindex%%% 索引の出力 (14.2 節参照)
\end{document}
```

　このファイルをタイプセットしてできる idx ファイルを mendex で処理する際には，次のように先の例の ist ファイル isttest.ist を適用します（拡張子の「.ist」，「.idx」は省略可能）.

```
mendex -s isttest.ist isttest.idx
```

●この例の場合の ind ファイル

```
\begin{theindex}
\grouphead{I}
  \item istファイル\indexleader \see{索引スタイルファイル}{1}

\grouphead{さ}
  \item 索引\indexleader 1
    \subitem 〜の体裁\indexleader 1
  \item 索引スタイルファイル\indexleader 1

\end{theindex}
```

●出力例（索引部分のみ）

索 引
●**I**
ist ファイル ⇒ 索引スタイルファ
　　　　イル

●**さ**
索引 ·····································1
　　　〜の体裁 ·························1
索引スタイルファイル ············1

401

14 索引

14.7 複数種類の索引を作りたい

複数の索引を作成するには，index パッケージが利用できます．

■ index パッケージ

index パッケージは「新しい索引」を定義するコマンドの \newindex を提供します．
\newindex は次の形式で用います．

```
\newindex{〈索引タイプ〉}{〈索引項目データファイル用拡張子〉}
        {〈索引ファイル用拡張子〉}{〈見出し文字列〉}
```

- 「〈索引タイプ〉」は複数の索引を区別するための識別文字列です．概ね任意の文字列が使えますが，「default」，「目次類に用いられるファイルの拡張子からピリオドを除いたもの（『toc』など）」（12.8 節参照）のどちらとも異なる文字列にしてください．
- 「〈索引項目データファイル用拡張子〉」はタイプが〈索引タイプ〉の索引項目を書き出すファイル（通常の索引作成の場合の idx ファイルに相当）のファイル名に用いる拡張子（からピリオドを取り除いた文字列）です．
- 「〈索引ファイル用拡張子〉」はタイプが〈索引タイプ〉の索引項目からなる索引ファイル（通常の索引作成の場合の ind ファイルに相当）のファイル名に用いる拡張子（からピリオドを取り除いた文字列）です．
- 「〈見出し文字列〉」はタイプが〈索引タイプ〉の索引の見出しです．

index パッケージ使用時には，\makeindex コマンドが「\newindex{default}{idx}{ind}{\indexname}」とほぼ同じ処理を行ってタイプ「default」の索引を用意します．また，\index,\printindex の両コマンドも次のように索引タイプをサポートします．「[〈索引タイプ〉]」は省略可能で，省略した場合「〈索引タイプ〉 = default」であるものとして扱われます．

```
\index[〈索引タイプ〉]{〈索引項目〉}
\printindex[〈索引タイプ〉]
```

■ index パッケージの使用例

次の内容のファイル（ファイル名は indtest.tex とします）を考えます．

```
\documentclass{jarticle}
%%% ↓\indexname の再定義は index パッケージの読み込みの前に行います
\renewcommand{\indexname}{用語索引}
```

```
\usepackage{index}
\makeindex%%% タイプ「default」の索引を用意
\newindex{cmd}{cdx}{cnd}{コマンド索引}%%% タイプ「cmd」の索引を用意
\begin{document}
索引\index{さくいん@索引}の作成には%%% タイプ「default」の索引項目
\index[cmd]{index@\texttt{\string\index}}%%% タイプ「cmd」の索引項目
「\texttt{\string\index}」などのコマンドを用います. \par
\printindex%%% タイプ「default」の索引を出力
\printindex[cmd]%%% タイプ「cmd」の索引を出力
\end{document}
```

●この例での索引作成処理

```
mendex indtest
mendex -o indtest.cnd indtest.cdx
```

　通常の索引作成に加え，タイプ「cmd」の索引の作成処理（ファイル indtest.cdx からファイル indtest.cnd を作成）も行うことに注意してください.

●索引部分の出力例（ただし，古い版の index パッケージを使用）

2 ページ目

用語索引

索引, 1

3 ページ目

コマンド索引

\index, 1

▶ 注意　「\chapter を提供せず, かつ, article ではない」文書クラス（例えば jarticle や amsart）と充分に新しい版の index パッケージを併用すると，\printindex のところでエラーが生じます. この問題を回避するには，例えば「\newcommand{\@makeschapterhead}{\section*}」のように \@makeschapterhead を導入するとよいでしょう. 　　　　　　　　　　　　□

■ index パッケージでの機能拡張，非互換性

　index パッケージ使用時には，\index の機能に次のような変更が加わります.

- \index コマンドを他のコマンドの引数の中で用いても構わない場合が増える一方，「\index{%@\%}」のような LaTeX の特殊文字をそのまま含む索引項目は意図どおりに処理されなくなる場合があります.

- \index コマンドに「*」を付けて「\index*{〈索引項目〉}」のように用いると，「〈索引項目〉」の部分も文書中に出力します. 例えば，「\index*{\LaTeX}」は「\index{\LaTeX}\LaTeX」と同じです. ただし，〈索引項目〉が「さくいん@索引」のように「読み方」を伴う場合などにも \index の引数をそのまま書き出すので注意が必要です.

403

14 索引

●コラム● ［索引項目の「読み方」の与え方の工夫］

索引項目を \index コマンドで指定するときの「読み方」（並べ替えのキー）の与え方を工夫すると，個々の索引項目の順序を細かく制御できます．例えば，2 個の索引項目「M31」と「M101」を単に「\index{M31}」，「\index{M101}」のように登録すると，（索引語の「読み方」は文字列として比較されるので）索引では「M101」のほうが先に並びます．これを番号順に並べて「M31」のほうを先にするには，例えば番号が 3 桁以内であることがわかっている場合，「\index{M031@M31}」，「\index{M101@M101}」のように，『『読み方』では番号にゼロを補って桁数を揃える」という方法が使えます．

また，このような問題が生じるのは「数値順」を考える場合以外にも「アクセント付き文字」が索引語に含まれるような場合があります．例えば，3 個の索引語「Mach」，「Märchen」，「Mazda」を単に「\index{Mach}」，「\index{M\"archen}」，「\index{Mazda}」のように登録すると，（mendex のデフォルトでは，記号である「\」が先に並べられるので）索引では「Märchen」，「Mach」，「Mazda」の順に並びます．これらの索引語を「Mach」，「Märchen」，「Mazda」の順に並べたい場合，あくまで「和文主体の文書の索引を mendex で作成する」という状況なら，

- \index{Mach␣AAAA@Mach}
- \index{Marchen␣AzAAAAAA@M\"archen}
- \index{Mazda␣AAAAA@Mazda}

のように個々の索引項目の「読み方」を「アクセント記号を取り除いた文字列 ＋ 空白文字 ＋ アルファベットを『A』に置き換える一方で，アクセント記号用のコマンドを記号の種類に応じた識別文字（ただし『A』以外のアルファベット）に置き換えた文字列」にするという方法が使えます．

●コラム● ［ページ番号以外のものを載せる索引］

充分に新しい index パッケージを用いた場合，\newindex のオプション引数を用いて「索引に載せる番号」を指定できます．例えば，

```
\newindex[thesection]{not}{idx2}{ind2}{Notation Index}
```

のようにタイプ「not」の索引を定義すると，その索引ではページ番号の代わりに節番号（\thesection）が用いられます．このように，\newindex のオプション引数には「索引に載せる番号を出力するコマンド」から「\」を取り除いたものを指定します．

15: 数式

15.1 数式を書きたい... 406

15.2 上添字・下添字を書きたい.. 408

15.3 分数を書きたい... 410

15.4 平方根・累乗根を書きたい.. 412

15.5 数式用アクセントを使いたい・記号を積み重ねたい.................... 414

15.6 関数名（sin など）を記述したい... 416

15.7 関数名への添字の付き方を変更したい................................... 418

15.8 大きな括弧を書きたい... 420

15.9 長い矢印・可変長の矢印を書きたい..................................... 422

15.10 数式中で書体を変更したい.. 424

15.11 太字版の数式を書きたい... 426

15.12 さまざまな数式用フォントを用いたい................................... 428

15.13 和の記号や積分記号などを大きなサイズで出力したい................ 430

15.14 行列を書きたい... 432

15.15 行列の中に特大の文字を割り込ませたい................................ 434

15.16 「場合わけ」を書きたい... 436

15.17 可換図式を描きたい.. 438

15.18 ディスプレイ数式を書きたい (1) —— LaTeX 自身が提供する環境.... 440

15.19 ディスプレイ数式を書きたい (2) —— amsmath パッケージが提供する環境.. 442

15.20 ディスプレイ数式を書きたい (3) —— ディスプレイ数式の部分構造を記述する環境... 444

15.21 数式番号の形式を変えたい.. 446

15.22 数式番号に副番号を付けたい... 448

15.23 ディスプレイ数式を中断してテキストを書き込みたい................ 450

15.24 数式本体と数式番号との間にリーダーを入れたい..................... 452

405

15 数式

15.1 数式を書きたい

- **インライン数式**：$\langle$数式$\rangle$$, \($\langle$数式$\rangle$\) など
- **ディスプレイ数式**：\[$\langle$数式$\rangle$\]，equation 環境など

■ **LaTeX 文書における数式**

LaTeX 文書で「数式」として扱われるのは，次のような記述です．

- インライン数式：改行を伴わない，段落中に埋め込まれた数式
  (1) 文字「$」で挟まれた部分，(2) コマンド「\(」，「\)」の間の部分，(3) math 環境の内部，(4) \ensuremath コマンドの引数
- ディスプレイ数式：数式の前後に改行を伴う，独立した行に記述される数式
  (1) コマンド「\[」，「\]」の間の部分，(2) displaymath 環境の内部，(3) equation 環境，eqnarray(*) 環境の内部（15.18 節参照），(4) amsmath パッケージ（数式関係の各種の拡張機能を提供するパッケージ）が提供する align 環境，gather 環境などの内部（15.19 節参照），(5) 文字列「$$」で挟まれた部分

例えば，「$a + 1 > a$」と記述すると「$a + 1 > a$」のように出力されます．このように，数式中の「アルファベット」，「数字」，「LaTeX の特殊文字以外の記号」はそのまま書けます．ただし，数式中で和文文字を用いる場合は和文用の文書クラス（jarticle など）を用いてください．一方，「$\otimes$」，「$\fallingdotseq$」のような数式用の各種の文字，記号はそれらに対応するコマンドを用いて記述します（付録 G 参照）．また，数式中での書体変更については「15.10　数式中で書体を変更したい」を参照してください．

▶ **注意**　「数式用」イタリックと「テキスト用」イタリックは異なるので，文書中の語句を単にイタリック体にするにはテキスト用の書体変更コマンド（3.9 節参照）を用いてください．例えば，「\textit{if}」は if となる一方，「if」は if となります．　　　　　　□

▶ **注意**　LaTeX 文書では，ディスプレイ数式を「$$$\langle$数式$\rangle$$$」の形で記述するのは避けるのが無難です．実際，「$$$\langle$数式$\rangle$$$」の形のディスプレイ数式には「fleqn クラスオプション（15.18 節参照）が効かない」といった不都合があります．　　　　　　□

■ **数式を含む記述の例**

```
\documentclass{jarticle}
\usepackage{amsmath}%%% \operatorname コマンド（15.6 節参照）のために使用
\begin{document}
Riemannのゼータ関数$\zeta(s)$ ($\operatorname{Re} s > 1$) は無限級数
```

```
\[ %%% 番号なしのディスプレイ数式
  \zeta(s) = \sum_{n = 1}^{\infty} \frac{1}{n^s}
           = \frac{1}{1^s} + \frac{1}{2^s} + \frac{1}{3^s} + \dotsb  \]
で定義される. %%%    ↓\! は文字間を少し狭めるコマンド
\(\zeta(2) = \pi^2\!/6\), \(\zeta(4) = \pi^4\!/90\)など,
\begin{math}s\end{math}が正の偶数のときの
\begin{math}\zeta(s)\end{math}の値は古くから知られている.
\end{document}%%% ↑\( と \) の間の部分や math 環境の内部も数式です
```

Riemann のゼータ関数 $\zeta(s)$（$\mathrm{Re}\,s > 1$）は無限級数

$$\zeta(s) = \sum_{n=1}^{\infty} \frac{1}{n^s} = \frac{1}{1^s} + \frac{1}{2^s} + \frac{1}{3^s} + \cdots$$

で定義される．$\zeta(2) = \pi^2/6$, $\zeta(4) = \pi^4/90$ など，s が正の偶数のときの $\zeta(s)$ の値は古くから知られている．

この例での累乗や和の範囲の表記については「15.2　上添字・下添字を書きたい」を，分数については「15.3　分数を書きたい」を参照してください．なお，「\ensuremath{〈数式〉}」と記述すると，周囲が数式であるか否かによらず〈数式〉の部分を常に数式扱いで出力します．

■数式中の文字，記号の役割

例えば「\$ax␣+␣b\$」，「\$ax+b\$」のどちらからも $ax + b$ という出力が得られるという具合に，**数式中の空白文字は無視され**，その一方で個々の文字，記号の間にはそれらの役割（この例では「a」，「x」，「b」は「通常の文字」，「$+$」は「2項演算子」）に応じた空白が入ります．特に，数式中のコロン「:」は「$a : b$」（＝「\$a : b\$」）のような「比」を表す記号になります（「比」の記号ではないコロン（ただし，「:=」などの記号の一部ではないもの）に対しては「\colon」というコマンドを用います）．

また，数式中の記号の意味を一時的に変更するには，表 15.1 に挙げるコマンドを利用できます．例えば，記号「%」（デフォルトでは「通常の文字」です）を2項演算子として扱った「$x = y \% 5$」という出力を得るには「\$x = y \mathbin{\%} 5\$」のように記述できます（単に「\$x = y \% 5\$」と記述したときの出力は「$x = y\%5$」となります）．

表 15.1 ● 数式の一部分の役割を変更するコマンド

記述	意味	記述	意味
\mathord{〈数式〉}	〈数式〉を通常の文字扱いに変更	\mathopen{〈数式〉}	〈数式〉を開き括弧類扱いに変更
\mathop{〈数式〉}	〈数式〉を大型演算子扱いに変更	\mathclose{〈数式〉}	〈数式〉を閉じ括弧類扱いに変更
\mathbin{〈数式〉}	〈数式〉を2項演算子扱いに変更	\mathpunct{〈数式〉}	〈数式〉を句読点扱いに変更
\mathrel{〈数式〉}	〈数式〉を関係演算子扱いに変更		

407

15 数式

15.2 上添字・下添字を書きたい

- **上添字**：〈添字を付ける対象〉^{〈上添字〉}
- **下添字**：〈添字を付ける対象〉_{〈下添字〉}

■数式中での上下の添字の記法

数式中で上付き文字，下付き文字を記述するには，文字「^」，「_」を用いて次の形式で記述します．なお，文字「^」の代わりに「\sp」と書いてもよく，文字「_」の代わりに「\sb」と書いても構いません．また，上下の添字がただ1文字であるときには，「\$x^2\$」（＝「x^2」），「\$a_1\$」（＝「a_1」）のように添字を囲む括弧を省略できます．上下の添字を両方付ける場合，上添字と下添字のどちらを先に書いても結果は同じです．例えば，「\$x_1^2\$」，「\$x^2_1\$」のどちらに対しても「x_1^2」と出力されます．

- 上付き文字（上添字）：〈添字を付ける対象〉^{〈上添字〉}
- 下付き文字（下添字）：〈添字を付ける対象〉_{〈下添字〉}
- 上下の添字を両方付ける場合：〈添字を付ける対象〉_{〈下添字〉}^{〈上添字〉}
  〈添字を付ける対象〉^{〈上添字〉}_{〈下添字〉}

上下の添字の中で添字を伴う式を用いても構いませんが，その場合は次の例の「a_{n_k}」などのように添字を囲む括弧を省略できません．

```
常に$a_n > 2^n$で，任意の$k$に対して$n_{k+1} > 2n_k$のとき，$n_0 = 1$ならば
\[ a_{n_k} > 2^{n_k} > 2^{2n_{k-1}} > \cdots > 2^{2^k n_0} = 2^{2^k}. \]
```

常に $a_n > 2^n$ で，任意の k に対して $n_{k+1} > 2n_k$ のとき，$n_0 = 1$ ならば
$$a_{n_k} > 2^{n_k} > 2^{2n_{k-1}} > \cdots > 2^{2^k n_0} = 2^{2^k}.$$

▶ **注意** 今の例の「a_{n_k}」を単に「a_n_k」と書くと，「! Double subscript.」というエラーが生じます．同様に，今の例の「2^{2^k}」を単に「2^2^k」と書くと，「! Double superscript.」というエラーが生じます． □

■プライム記号

プライム記号（ダッシュ，「$'$」）を出力するには，単に「'」と記述するか \prime コマンドを添字として用います．一般に，数式中の「'」は「''...' = ^{\prime\prime...\prime}」

（左辺での「'」の個数と右辺での「\prime」の個数は同じ）として扱われます．ただし，一連の「'」の間には空白などを入れないでください．

```
$y = \log x$のとき%%% \log は「log」に対応（付録 G 参照）
$y' = 1/x$, $y'' = -1/x^2$で$y'' = -y^{\prime2}$である.
```

$$y = \log x \text{ のとき } y' = 1/x, \; y'' = -1/x^2 \text{ で } y'' = -y'^2 \text{ である.}$$

■**左側に付ける添字**

　何らかの文字，記号の左側の添字を記述するには，次の例のように「形式的に『{}』に添字を付けたもの」を、添字を付ける対象の左側に置くのが基本です．この例では，「{}_n」などの「{}」を省略すると，「$_nC_r +_n C_{r-1} =_{n+1} C_r$」のように，「C」の左側というよりむしろ「+」や「=」の右下に添字が付くことにも注意が必要です．

```
二項係数に関する等式：%%% \mathrm は数式用書体変更コマンドのひとつ（15.10 節参照）
${}_n \mathrm{C}_r + {}_n \mathrm{C}_{r-1} = {}_{n+1} \mathrm{C}_r$
```

$$\text{二項係数に関する等式：} {}_n\mathrm{C}_r + {}_n\mathrm{C}_{r-1} = {}_{n+1}\mathrm{C}_r$$

　また，amsmath パッケージ使用時には，\sideset というコマンドを次の形式で用いると，大型演算子（和の記号など）の左側に添字を付けることができます（「_{〈左下添字〉}」などは、その位置に添字がないときには省略できます）．例えば，「\sideset{^{\circ}}{'}{\sum}」という記述に対しては，「$^{\circ}\sum'$」という出力が得られます（「' = ^{\prime}」にも注意してください）．

```
\sideset{_{〈左下添字〉}^{〈左上添字〉}}
        {_{〈右下添字〉}^{〈右上添字〉}}{〈添字を付ける対象〉}
```

■**添字の位置の調整**

　「『{}』に添字を付ける」または「『{}』を添字にする」という方法は，添字の位置の調整，変更に利用できます．例えば，「$x_1{}^2$」は「$x_1{}^2$」となります．また，「$\alpha_H{}^{}$」は「$\alpha_H{}$」となります（単に「α_H」と記述した場合の「α_H」と比較してください）．

▶ **注意**　添字の中で複数行の記述を用いる場合に対しては，amsmath パッケージが提供する subarray 環境などが利用できます（15.15 節のコラムを参照してください）．　　　　□

409

15 数式

15.3 分数を書きたい

分数は，基本的には「\frac{〈分子〉}{〈分母〉}」のように記述できます．

■ \frac コマンド

LaTeX 自身が用意している分数を出力するコマンドの \frac は「\frac{〈分子〉}{〈分母〉}」
という形式で用います．次の例のように分子，分母に別の分数を含めても構いません．なお，
分数の横線を伸ばすには「\,」（3.4 節参照）などを分子，分母に適宜追加してください．

```
正数$a_1$〜$a_n$の調和平均とは
$\frac{1}{a_1}$〜$\frac{1}{a_n}$の相加平均の逆数である.
\[   \mbox{$a_1$〜$a_n$の調和平均}
  = \frac{1}{\,\frac{\frac{1}{a_1} + \frac{1}{a_2}
                + \cdots + \frac{1}{a_n}}{n}\,}   \]
```

正数 a_1〜a_n の調和平均とは $\frac{1}{a_1}$〜$\frac{1}{a_n}$ の相加平均の逆数である.

$$a_1 \text{〜} a_n \text{ の調和平均} = \frac{1}{\dfrac{\frac{1}{a_1} + \frac{1}{a_2} + \cdots + \frac{1}{a_n}}{n}}$$

■数式のスタイル

分数の分子，分母などでの文字サイズなどは「数式のスタイル」（表 15.2 参照）に従って定
まります．なお，数式のスタイルをそれぞれのスタイルに変更するコマンドを表 15.2 の「コマ
ンド」の列に挙げます．例えば，インライン数式中でも「{\displaystyle\frac{1}{2}}」
と記述すると，ディスプレイ数式中の分数と同じスタイルの分数 $\frac{1}{2}$ が出力されます．な
お，基本的には \displaystyle などとその適用範囲を「{」,「}」で囲んでください（数式
全体に適用する場合は「{」,「}」で囲まなくても構いません）．

amsmath パッケージ使用時には，常にディスプレイスタイルの分数を出力するコマンド
\dfrac と常にテキストスタイルの分数を出力するコマンド \tfrac も利用できます（これ
らは \frac と同じ形式で使用します）．例えば，amsmath パッケージを用いたうえで，先の
例の中の \frac をすべて \dfrac に置き換えると，最後の式は次のように変わります．

$$a_1 \text{〜} a_n \text{ の調和平均} = \frac{1}{\dfrac{\dfrac{1}{a_1} + \dfrac{1}{a_2} + \cdots + \dfrac{1}{a_n}}{n}}$$

表 15.2 ● 数式のスタイル

名称	説明	コマンド
ディスプレイスタイル	ディスプレイ数式での基本スタイル[注]	\displaystyle
テキストスタイル	インライン数式や「ディスプレイスタイルの数式中の分数の分子，分母」での基本スタイル[注]	\textstyle
スクリプトスタイル	「添字の中」や「テキストスタイルの数式中の分数の分子，分母」での基本スタイル[注]	\scriptstyle
スクリプトスクリプトスタイル	「添字の中の添字」や「スクリプトスタイルまたはスクリプトスクリプトスタイルの数式中の分数の分子，分母」でのスタイル	\scriptscriptstyle

注：「基本スタイル」というのは，ここでは「添字の中などではない箇所でのスタイル」の意味です.

■一般の「分数」

amsmath パッケージが提供する \genfrac コマンドは分数を作成するための汎用的なコマンドで，次の形式で用います.

> \genfrac{⟨左括弧⟩}{⟨右括弧⟩}{⟨横線の太さ⟩}{⟨スタイル⟩}{⟨分子⟩}{⟨分母⟩}

- 「⟨左括弧⟩」などは空欄でも構いません. ただし，⟨左括弧⟩，⟨右括弧⟩ の一方のみを与えるときには，他方は「.」にします.
- 「⟨スタイル⟩」は分数全体のスタイルを表す整数または空欄で，0：ディスプレイスタイル，1：テキストスタイル，2：スクリプトスタイル，3：スクリプトスクリプトスタイル，空欄：「周囲のスタイルに追随」に対応します.

例えば，「\genfrac{}{}{}{1}{x}{y}」は「\tfrac{x}{y}」と同じで，「\genfrac(){0pt}{}{n}{m}」は「$\binom{n}{m}$」を出力します（これは「\binom{n}{m}」とも書けます）.

■連分数

amsmath パッケージ使用時には，連分数のためのコマンド \cfrac も利用できます. このコマンドは，「\cfrac[⟨位置⟩]{⟨分子⟩}{⟨分母⟩}」という形式で用います. ただし，「⟨位置⟩」は分子，分母の左右方向の位置の指定（省略可能）で，「c」（中央寄せ，デフォルト），「l」（左寄せ），「r」（右寄せ）を指定できます. 例えば，「\cfrac[l]{1}{1 + \cfrac[l]{1}{2 + \cfrac[l]{1}{3 + \dotsb}}}」という記述に対しては，次の出力が得られます.

$$\cfrac{1}{1 + \cfrac{1}{2 + \cfrac{1}{3 + \cdots}}}$$

15 数式

15.4 平方根・累乗根を書きたい

平方根などの根号を記述するには，基本的には「\sqrt[⟨左肩の添字⟩]{⟨根号の中身⟩}」
の形で \sqrt コマンドを用います．

■ \sqrt コマンド
根号を含む記述（平方根，累乗根）には \sqrt コマンドを次の形式で用います．

- 平方根：\sqrt{⟨根号の中身⟩}
- 累乗根：\sqrt[⟨左上の添字⟩]{⟨根号の中身⟩}

次の例のように，根号の中で根号を用いても構いません．

```
$\omega$を1の虚立方根（$\omega^2 + \omega + 1 = 0$）とし，$u$, $v$を
\[ u = -\sqrt[3]{q + \sqrt{p^3 + q^2}},\quad
   v = -\sqrt[3]{q - \sqrt{p^3 + q^2}}\qquad\mbox{（ただし$uv = -p$）} \]
とおくと，$x$に関する3次方程式$x^3 + 3px + 2q = 0$の解は次のとおり.
\[  x = u + v,\ u \omega + v \omega^2,\ u \omega^2 + v \omega   \]
```

> ω を 1 の虚立方根（$\omega^2 + \omega + 1 = 0$）とし，$u$, v を
> $$u = -\sqrt[3]{q + \sqrt{p^3 + q^2}}, \quad v = -\sqrt[3]{q - \sqrt{p^3 + q^2}} \qquad （ただし uv = -p）$$
> とおくと，x に関する 3 次方程式 $x^3 + 3px + 2q = 0$ の解は次のとおり．
> $$x = u + v,\ u\omega + v\omega^2,\ u\omega^2 + v\omega$$

■根号の中身が大きい場合
根号の中身が大きい場合，最終的には根号の左側部分の線が垂直になります．これは，TeX
の仕様です（「一般的な描画」を行うことなしにいくらでも大きな根号を出力するには，いず
れ垂直な線を用いざるを得ません）．もっとも，yhmath パッケージや ceo パッケージを用い
ると，垂直な線が用いられるようになるのを遅らせることができます．図 15.1 に，次の記述
に対する LaTeX のデフォルト設定での出力と yhmath パッケージ使用時の出力を挙げます．

```
\[  \sqrt{\frac{\displaystyle \int |f(x)|^2\, dx}
              {\displaystyle \int |g(x)|^2\, dx}}  \]
```

412

$$\sqrt{\dfrac{\displaystyle\int |f(x)|^2\,dx}{\displaystyle\int |g(x)|^2\,dx}} \qquad \sqrt{\dfrac{\displaystyle\int |f(x)|^2\,dx}{\displaystyle\int |g(x)|^2\,dx}}$$

(a) LaTeX のデフォルト (b) yhmath パッケージ使用時

図 15.1 ● 大きな根号

注意　yhmath パッケージ使用時に，yhmath パッケージ不使用時には問題なくタイプセットできる文書のディスプレイ数式でエラーが生じるようになる場合，プリアンブルに「\DeclareFontSubstitution{OMX}{yhex}{m}{n}」という記述を入れるとエラーを回避できることがあります． □

■ 根号の高さの調整

根号の中身の高さが異なると「$\sqrt{b}$」と「$\sqrt{p}$」のように根号の位置も異なってきます．そのような場合，\mathstrut（文字「(」と同じ高さで幅はゼロの支柱）や \vphantom（3.4 節参照）などを用いて個々の根号の中身の高さを揃えると，根号の位置およびサイズを揃えることができます．例えば，「\$\sqrt{\mathstrut b} + \sqrt{\mathstrut p}\$」と記述すると「$\sqrt{b} + \sqrt{p}$」のように出力されます．また，支柱以外のものの高さを \smash（4.5 節参照）を用いて無視させるとよい場合もあります（\vphantom, \smash は数式中でも使えます）．なお，amsmath パッケージ使用時には，\smash[t]{〈文字列〉}（「〈文字列〉」のベースラインより上の部分の高さを無視），\smash[b]{〈文字列〉}（「〈文字列〉」のベースラインより下の部分の高さを無視）のように \smash にオプション引数を付けることもできます．

■ 根号の左上の添字の位置の調整

根号の左上の添字によっては「$\sqrt[p]{n}$」のように添字が根号に近づきすぎることがあります．amsmath パッケージ使用時には，\sqrt のオプション引数の中で \leftroot, \uproot というコマンドを次の形式で用いて添字の位置を調整できます．ただし，「〈上移動量〉」と「〈左移動量〉」は整数で，〈左上の添字〉の上または左への移動量に比例します．例えば，「\$\sqrt[\uproot{4}\leftroot{1}p]{n}\$」くらいの調整を行うとよいでしょう．

\sqrt[\uproot{〈上移動量〉}\leftroot{〈左移動量〉}〈左上の添字〉]{〈根号の中身〉}

なお，amsmath パッケージ不使用時には，\raisebox と \hspace を利用して「\$\sqrt[\raisebox{2.22pt}{\$\scriptscriptstyle p\$\hspace{0.56pt}}]{n}\$」のように記述できます．

15 数式

15.5 数式用アクセントを使いたい・記号を積み重ねたい

アクセント記号用のコマンドを「〈アクセント用コマンド〉{〈アクセント記号を付ける式〉}」の形で用います．また，記号を積み重ねるには \overset などのコマンドを用います．

■「数式用アクセント」のコマンド

表 15.3 に数式用アクセント用のコマンドを挙げます．次の例のように，数式用アクセントは 2 重以上に重ねても構いません．

```
\documentclass{jarticle}
\usepackage{amsmath,bm}%%% bm パッケージは \bm コマンド（15.11 節参照）のために使用
\begin{document}
平面上の単位ベクトル$\bm{e}$を固定し，平面ベクトル$\bm{x}$に対して
$\tilde{\bm{x}} = (\bm{x},\bm{e}) \bm{e}$ ($(\bm{x},\bm{e})$は内積) とおく．
このとき，$\tilde{\tilde{\bm{x}}} = \tilde{\bm{x}}$,
$\widetilde{\bm{x} + \bm{y}} = \tilde{\bm{x}} + \tilde{\bm{y}}$が成り立つ．
\end{document}
```

平面上の単位ベクトル e を固定し，平面ベクトル x に対して $\tilde{x} = (x, e)e$ （(x, e) は内積）とおく．このとき，$\tilde{\tilde{x}} = \tilde{x}$, $\widetilde{x + y} = \tilde{x} + \tilde{y}$ が成り立つ．

▶ 注意　テキスト（非数式部分）でのアクセント記号には，「テキスト用アクセント」のコマンド（3.6 節参照）を用います． □

▶ 注意　\widehat, \widetilde には大きさの上限があります．\widehat, \widetilde を長い式に付ける場合，yhmath パッケージを用いて大きさの上限を引き上げるか，「(〈長い式〉)^」，「(〈長い式〉)~」のような記述で代替してください． □

▶ 注意　amsmath パッケージを用いない場合，数式用アクセントを 2 重以上に重ねたときにアクセント記号がずれることがあります．例えば，単に「$\hat{\hat{x}}$」と記述すると「$\hat{\hat{x}}$」のように出力されます．これを「$\hat{\hat{x}}$」のように補正するには，\skew というコマンドを「\skew{〈補正量〉}{〈補正対象のアクセント〉}{〈アクセントを付ける式〉}」（「〈補正量〉」は補正対象の移動量に比例する実数，右向きが正）という形式で用います．例えば，今の補正例「$\hat{\hat{x}}$」は「$\skew{1}\hat{\hat{x}}$」のように記述しました．なお，amsmath パッケージの古い版では，「数式用アクセントの位置の補正」の機能を利用するためには「\Hat」などの大文字版の名称のコマンドを用いる必要がありました． □

414

表 15.3 ● 数式用アクセント記号

表記	記述	表記	記述	表記	記述	表記	記述
$\bar{a}$	\bar{a}	$\acute{a}$	\acute{a}	$\dot{a}$	\dot{a}	$\vec{a}$	\vec{a}
$\tilde{a}$	\tilde{a}	$\grave{a}$	\grave{a}	$\ddot{a}$	\ddot{a}	$\widetilde{abc}$	\widetilde{abc}
$\hat{a}$	\hat{a}	$\breve{a}$	\breve{a}	$\dddot{a}$	\dddot{a} 注	$\widehat{abc}$	\widehat{abc}
$\check{a}$	\check{a}	$\mathring{a}$	\mathring{a}	$\ddddot{a}$	\ddddot{a} 注		

注：amsmath パッケージで定義されます.

■数式中での記号の積み重ね

数式中で記号などを積み重ねるには, amsmath パッケージが提供する \overset, \underset というコマンドが利用できます. これらは次の形式で用います.

```
\overset{〈上に重ねる記号〉}{〈記号を付ける対象〉}
\underset{〈下に付ける記号〉}{〈記号を付ける対象〉}
```

次の例のように \overset, \underset を組み合わせて用いても構いません.

```
$(0, \dots, \overset{i}{\breve{1}}, \dots, 0)$,\quad
$V \underset{\varphi}{\otimes} W$,\quad
$X \overset{f}{\underset{g}{\rightleftarrows}} Y$%%% 要 amssymb パッケージ
```

$$(0,\ldots,\overset{i}{\breve{1}},\ldots,0),\quad V\underset{\varphi}{\otimes}W,\quad X\overset{f}{\underset{g}{\rightleftarrows}}Y$$

なお, amsmath パッケージ不使用時には, \overset コマンドの代わりに \stackrel というコマンドが使えます（LATEX 自身では, \underset に相当するコマンドは用意していません）. 例えば,「$X \stackrel{\sim}{\equiv} Y$」と記述すると「$X \cong Y$」のように出力されます. ただし, \stackrel コマンドで合成した記号は関係演算子として扱われます.

> **●コラム●** [数式中の空白の調整]
>
> 数式中の個々の文字, 記号の間隔を調整する場合, \hspace など（3.4 節参照）や「\!」（\, の −1 倍の空白を作成）が利用できます. また,「関係演算子の前後」などでの空白量は, \thinmuskip, \medmuskip, \thickmuskip という数式グルー（グルーと同様の伸縮度を伴う寸法ですが,（有限の）寸法の単位には mu のみを用います）で定められます. なお, \thinmuskip は「コンマの直後」などで用いられ, \medmuskip は「前後に通常の文字がある 2 項演算子の前後」などで用いられます. また, \thickmuskip は「前後に通常の文字がある関係演算子の前後」などで用いられます.

415

15　数式

15.6　関数名（sin など）を記述したい

基本的な関数名は「\sin」のような「\ + 関数名」の形のコマンドで出力できます．一般の関数名には，amsmath パッケージが提供する \operatorname などが利用できます．

■関数名の類の表記に用いるコマンド

「sin」，「log」などのよく用いられる関数については，次の例のように「\ + 関数名などの文字列」という形のコマンドで出力できるようになっています（付録 G 参照）．一般に，「lim」などへの添字が右上・右下に付くか真上・真下に付くかは「関数名などを用いた箇所での数式のスタイル（15.3 節参照）」と「コマンド自体」（例えば，sin や cos には，周囲の状況によらず右上・右下に添字が付きます）によって決まります．ただし，次節で説明する \limits などのコマンドを用いて添字の付き方を変更できます．

```
2重数列$\{a_{nm}\}$において,
$\lim_{n \to \infty} \lim_{m \to \infty} a_{nm}$と
$\lim_{m \to \infty} \lim_{n \to \infty} a_{nm}$が一致するとは限らない.
実際, 次のような例がある.
\[    \lim_{n \to \infty} \lim_{m \to \infty} \cos^n \frac{1}{m}
   = \lim_{n \to \infty} 1^n = 1 \neq 0 = \lim_{m \to \infty} 0
   = \lim_{m \to \infty} \lim_{n \to \infty} \cos^n \frac{1}{m}   \]
```

2重数列 $\{a_{nm}\}$ において，$\lim_{n\to\infty} \lim_{m\to\infty} a_{nm}$ と $\lim_{m\to\infty} \lim_{n\to\infty} a_{nm}$ が一致するとは限らない．実際，次のような例がある．

$$\lim_{n\to\infty} \lim_{m\to\infty} \cos^n \frac{1}{m} = \lim_{n\to\infty} 1^n = 1 \neq 0 = \lim_{m\to\infty} 0 = \lim_{m\to\infty} \lim_{n\to\infty} \cos^n \frac{1}{m}$$

■関数名の類をユーザー自身で追加する場合

amsmath パッケージ使用時には，関数名の類を記述するためのコマンドの \operatorname が利用できます．このコマンドは次の形式で用います．\operatorname に「*」を付けずに用いた場合，〈関数名など〉への添字は常に右上・右下に付きます．一方，\operatorname に「*」を付けて用いた場合，ディスプレイスタイルの数式中では添字が真上・真下に付きます．

```
\operatorname{〈関数名など〉}
\operatorname*{〈関数名など〉}
```

また，amsmath パッケージは，「\lim」のようなコマンドを定義するためのコマンドの \DeclareMathOperator も用意しています．これは，次の形式で用います．

416

```
%%% ↓「〈コマンド〉 = \operatorname{〈文字列〉}」となるように定義
\DeclareMathOperator{〈コマンド〉}{〈文字列〉}
%%% ↓「〈コマンド〉 = \operatorname*{〈文字列〉}」となるように定義
\DeclareMathOperator*{〈コマンド〉}{〈文字列〉}
```

■ \operatorname, \DeclareMathOperator の使用例

```
\documentclass{jarticle}  \usepackage{amsmath}
\DeclareMathOperator*{\argmax}{arg\,max}%%% 「\argmax」の定義
\begin{document}%%% \mathrm については 15.10 節を参照してください.
いわゆる応用数学では, 「arg\,max」を次の意味で用いることがある.
\[  x_0 = \argmax_{x \in X} f(x)\ \overset{\mathrm{def}}{\equiv}\ %
    x_0 \in f^{-1}\Bigl( \max_{x \in X} f(x) \Bigr)  \]
同様に, 「arg\,min」は次のように定義される.
\[  x_0 = \operatorname*{arg\,min}_{x \in X} f(x)
    \ \overset{\mathrm{def}}{\equiv}\ %
    x_0 \in f^{-1}\Bigl( \min_{x \in X} f(x) \Bigr)  \]
\end{document}%%% ↑\Bigl, \Bigr は括弧の大きさの調節用のコマンド (15.8 節参照)
```

いわゆる応用数学では,「$\arg\max$」を次の意味で用いることがある.

$$x_0 = \underset{x \in X}{\arg\max} \, f(x) \;\overset{\mathrm{def}}{\equiv}\; x_0 \in f^{-1}\Bigl(\max_{x \in X} f(x) \Bigr)$$

同様に,「$\arg\min$」は次のように定義される.

$$x_0 = \underset{x \in X}{\arg\min} \, f(x) \;\overset{\mathrm{def}}{\equiv}\; x_0 \in f^{-1}\Bigl(\min_{x \in X} f(x) \Bigr)$$

■ amsmath パッケージを用いない場合

LaTeX 自身での \cos などの定義と同様に定義することでも, 「関数名」の類を追加できます. なお, \cos はファイル latex.ltx において次のように定義されています. \nolimits は大型演算子への添字を常に右上・右下に付けるようにするコマンドです (次節参照).

```
\def\cos{\mathop{\operator@font cos}\nolimits}
```

例えば, 先の例の「\argmax」を定義するには, この定義の中の文字列「cos」を「arg\,max」に変更し, さらに \nolimits を削除して次のように記述します.

```
\def\argmax{\mathop{\operator@font arg\,max}}
```

15 数式

15.7 関数名への添字の付き方を変更したい

関数名のコマンド（\sin など）と添字の間で \limits, \displaylimits, \nolimits を用います。

■ TEX の数式における「大型演算子」

TEX の数式での大型演算子というのは，和の記号などのような「ほかの式の前に置かれて，ディスプレイ数式中では基本的には添字が真上・真下に付く記号（または文字列）」を指します（TEX の内部処理のうえでは，\mathop またはそれと同等の設定が適用された記号などです）．関数名の類も，数式用の記号類の役割（15.1 節参照）のうえでは「大型演算子」として扱われます．

■ 大型演算子への添字の付き方を変更するコマンド

大型演算子への添字の付き方は，\limits, \nolimits, \displaylimits というコマンドを用いて制御できます．それらの意味は次のとおりです．

- \limits：添字を大型演算子の真上・真下に付けます．
- \nolimits：添字を大型演算子の右上・右下に付けます．
- \displaylimits：ディスプレイスタイル（15.3 節参照）の箇所では添字は大型演算子の真上・真下に付く一方，それ以外のスタイルの箇所では添字は右上・右下に付きます．

\limits などは，次の例のように大型演算子と上下の添字の間に入れます．「\sum\nolimits \displaylimits_{n > m}」のように \limits などを 2 回以上用いたときには最後に用いたものが有効です．

```
$\lim\limits_{n \to \infty} a_n = \alpha$ならば，
\[ \lim_{n \to \infty} \frac{\sum\limits_{k=1}^n a_k}{n} = \alpha  \]
が成り立つ. %%% ↑分子のスタイルはテキストスタイル
```

$\lim\limits_{n \to \infty} a_n = \alpha$ ならば，

$$\lim_{n \to \infty} \frac{\sum\limits_{k=1}^n a_k}{n} = \alpha$$

が成り立つ.

418

■数式のスタイルを変更する場合

ディスプレイスタイルの数式では大型演算子への添字は基本的には真上・真下に付くので，\displaystyle を用いても次の例のように大型演算子への添字の付き方を変更できます（\cos などのように定義中に \nolimits があらかじめ組み込んであるものは例外です）．

```
正数$a_1$〜$a_n$に対して
$\displaystyle  \lim_{m \to \infty} (a_1^m + \cdots + a_n^m)^{1/m}
= \max_{1 \leq k \leq n} a_k$である.
```

$$\text{正数 } a_1 \sim a_n \text{ に対して } \lim_{m \to \infty} (a_1^m + \cdots + a_n^m)^{1/m} = \max_{1 \leq k \leq n} a_k \text{ である.}$$

注意　プリアンブルで「\everymath{\displaystyle}」のように \everymath を用いると文書中のインライン数式の開始時に一律に \displaystyle を実行できます．ただし，分数の分子，分母のスタイルは別途指定する必要があります．　　　　　　　　　　□

●コラム● ［数式での文字サイズ］

数式での文字サイズは，基本的には \DeclareMathSizes を用いて登録した「非数式部分での文字サイズから数式部分での文字サイズを割り出すための対応表」に従って決まります．\DeclareMathSizes はプリアンブルで次の形式で用います．

```
\DeclareMathSizes{⟨text-size⟩}{⟨t-size⟩}{⟨s-size⟩}{⟨ss-size⟩}
```

ただし，「⟨text-size⟩」は非数式部分での文字サイズ，「⟨t-size⟩」はディスプレイスタイル，テキストスタイルの数式での文字サイズ，「⟨s-size⟩」はスクリプトスタイルの数式での文字サイズ，「⟨ss-size⟩」はスクリプトスクリプトスタイルの数式での文字サイズ（いずれも pt を単位とする実数値（⟨text-size⟩ は寸法でも指定可能））です．例えば，「\DeclareMathSizes{10}{10}{6}{6}」と指定すると，地の文での文字サイズが 10 pt のところで記述された数式中の添字部分の文字サイズは 6 pt になります．

一方，非数式部分の文字サイズが「対応表に登録されていないサイズ」であるときには，「ディスプレイスタイル，テキストスタイルの数式での文字サイズは地の文での文字サイズと同じ」，「スクリプトスタイルの数式での文字サイズは地の文での文字サイズの \defaultscriptratio 倍」，「スクリプトスクリプトスタイルの数式での文字サイズは地の文での文字サイズの \defaultscriptscriptratio 倍」に設定されます．\defaultscriptratio，\defaultscriptscriptratio は，「\renewcommand{\defaultscriptratio}{0.65}」のように \renewcommand で再定義できます．

15 数式

15.8 大きな括弧を書きたい

- 基本的には，\bigl, \Bigr などで括弧類の大きさを調節します．
- 括弧の大きさを自動的に調節させるには，\left, \right を次の形式で用います．
  \left〈左側の括弧〉〈括弧の間の数式〉\right〈右側の括弧〉

■括弧類の大きさを調整するコマンド

括弧の大きさの調整には，基本的には，表 15.4 に挙げる \bigl などのコマンドまたは \left, \right を次の形式で用います．ただし，\left, \right は必ず対にして用いなければなりません．開き括弧，閉じ括弧の一方が不要である場合，「\left\{ ... \right.」や「\left. ... \right\}」のように括弧がないほうでは括弧の代わりにピリオドを用います．一方，表 15.4 の \bigl などは単独の括弧に対して用いても構いません．

- 表 15.4 の \bigl など：〈サイズ調整用のコマンド〉〈サイズの調整対象の括弧類〉
  例：「\bigl(... \bigr)」
- \left, \right：\left〈左側の括弧〉〈括弧の間の数式〉\right〈右側の括弧〉
  例：「\left(\frac{A}{B} \right)」

▶ 注意 amsmath パッケージ使用時には，\bigl などで選択される括弧の大きさは「数式の周囲のテキスト部分での文字サイズ」に追随します．一方，amsmath パッケージ不使用時には，コマンドごとに定まっている特定の大きさを選びます． □

▶ 注意 インライン数式での \left と \right の間では行分割が行われません（\linebreak などでの強制改行も無視されます）． □

▶ 注意 ディスプレイ数式（15.18, 15.19 節参照）で \left, \right を用いる場合，「個々の行の中の『&』で区切られた部分（『&』のない行では個々の行の全体）の中で \left, \right の対応が付く」ように用いてください．特に，複数行にわたる記述を大きな括弧で囲む場合には，表 15.4 のコマンドを用いるか，適宜「\left.」と「\right.」を補ってください． □

■括弧の大きさを調整した例

```
\documentclass{jarticle}
\usepackage{amsmath}%%% gather* 環境（15.19 節参照）のために使用
\begin{document}
\begin{gather*}
  \bigl| |x| - |y| \bigr| \leq |x - y| \leq |x| + |y| \\
```

```
      \int_{\Omega} |f(x) g(x)|\, d\mu
  \leq \left( \int_{\Omega} |f(x)|^p\, d\mu \right)^{1/p}
        \left( \int_{\Omega} |g(x)|^q\, d\mu \right)^{1/q} \\
  \biggl\{  f \in \mathcal{M}%%% \mathcal については 15.10 節参照
  \biggm|   \int_I |f(x)|^2\, dx < \infty
  \biggr\}
\end{gather*}
\end{document}
```

$$\bigl||x| - |y|\bigr| \leq |x - y| \leq |x| + |y|$$

$$\int_{\Omega} |f(x)g(x)|\, d\mu \leq \left(\int_{\Omega} |f(x)|^p\, d\mu \right)^{1/p} \left(\int_{\Omega} |g(x)|^q\, d\mu \right)^{1/q}$$

$$\left\{ f \in \mathcal{M} \ \middle|\ \int_I |f(x)|^2\, dx < \infty \right\}$$

この例の最初の式では，「\left| |x| - |y| \right|」と記述しても「$||x| - |y||$」となり縦線が伸びないことに注意してください（\left，\right は，単純に括弧の間にある数式の高さに基づいて括弧類の大きさを決定します）．

また，最後の式に対しては，\left，\right を2重に用いて次のように記述しても構いません．このほかにも「array 環境（15.14 節参照）を用いて，中央の縦線を『列間の縦罫線』として出力する」といった記述法も知られています．

```
\left\{
  f \in \mathcal{M}\ \left|\ \int_I |f(x)|^2\, dx < \infty \right.
\right\}
```

▶ 注意　三角括弧（\langle，\rangle）には大きさの上限があります．大きなサイズの三角括弧を用いるには，「yhmath パッケージを用いて三角括弧の大きさの上限を引き上げる」という方法や，「exscale パッケージを用いたうえで，三角括弧の部分の文字サイズを変更する（15.13 節参照）」といった方法が使えます． □

表 15.4 ● 括弧類の大きさを調整するコマンド

用途	小　←		サイズ 注1	→ 　大
通常の文字用 注2	\big	\Big	\bigg	\Bigg
開き括弧用	\bigl	\Bigl	\biggl	\Biggl
関係演算子用	\bigm	\Bigm	\biggm	\Biggm
閉じ括弧用	\bigr	\Bigr	\biggr	\Biggr

注1：最小の \bigl などでも，無指定の場合の大きさを下回りません．
注2：分数の斜線の大きさの変更に用います．なお，分数の斜線の前後には空白を入れないのが通例なので，分数の斜線は（数学的意味には反しますが）「通常の文字」として扱います．

15　数式

15.9　長い矢印・可変長の矢印を書きたい

> amsmath パッケージ使用時には，可変長の矢印を作成するコマンドの \xrightarrow，
> \xleftarrow が利用できます．

■可変長の矢印を作成するコマンド

amsmath パッケージ使用時には \xrightarrow，\xleftarrow というコマンドを次の形式で用いて可変長の矢印を作成できます．なお，「[〈矢印の下に付ける記号〉]」の部分は省略可能です（省略した場合，単に矢印の下には何も付きません）．

```
\xrightarrow[〈矢印の下に付ける記号〉]{〈矢印の上に付ける記号〉}
\xleftarrow[〈矢印の下に付ける記号〉]{〈矢印の上に付ける記号〉}
```

■ \xrightarrow，\xleftarrow の使用例

```
\documentclass{jarticle}
\usepackage{amsmath}
\begin{document}
\[
  M %%% ↓オプション引数に空白を入れて長さを調整
  \xrightarrow[\qquad]{\iota_1}                M \times N
  \xrightarrow[\sim]{\ \varphi \times \psi \ } \tilde{M} \times \tilde{N}
  \xleftarrow{\varphi \times \iota_N}          M \times N
\]
\end{document}
```

$$M \xrightarrow{\iota_1} M \times N \xrightarrow[\sim]{\varphi \times \psi} \tilde{M} \times \tilde{N} \xleftarrow{\varphi \times \iota_N} M \times N$$

■ extarrows パッケージを用いる場合

extarrows パッケージは，表 15.5 に挙げるコマンドを提供します．それらは，\xrightarrow などと同様に「〈矢印などを作成するコマンド〉[〈下に付ける記号〉]{〈上に付ける記号〉}」という形式で用います．extarrows パッケージの使用例を挙げます．この例で用いた \text は，数式中に「数式扱いではないテキスト」を書き込むコマンドです（次節参照）．なお，extarrows パッケージは amsmath パッケージも読み込みます．

422

表 15.5 ● extarrows パッケージが提供する可変長の記号

記号	コマンド		記号	コマンド
$\longrightarrow$	`\xlongrightarrow`[注]		$\longleftrightarrow$	`\xleftrightarrow, \xlongleftrightarrow`[注]
$\longleftarrow$	`\xlongleftarrow`[注]		$\Longleftrightarrow$	`\xLeftrightarrow, \xLongleftrightarrow`[注]
$\Longrightarrow$	`\xLongrightarrow`[注]		$=$	`\xlongequal`
$\Longleftarrow$	`\xLongleftarrow`[注]			

注：コマンド名に `\xlong...` または `\xLong...` のように「long」、「Long」が含まれるものは、そのコマンドで出力される「最短の矢印」の長さが長めになっています.

```
\documentclass{jarticle}
\usepackage{extarrows}
\begin{document}
条件(C)\ $\xLongrightarrow{\text{定理1}}$\ 性質(P)
\end{document}
```

条件 (C) $\xLongrightarrow{\text{定理1}}$ 性質 (P)

■ LaTeX 自身の機能のみを用いる場合

LaTeX 自身が提供する長い矢印用のコマンドでは、例えば「`\Longrightarrow`」は「`\Relbar \joinrel\Rightarrow`」のことで、「`\longmapsto`」は「`\mapstochar\relbar\joinrel \rightarrow`」のことであるという具合に、`\relbar`（矢印を伸ばす「−」）、`\Relbar`（矢印を伸ばす「＝」）、`\joinrel`（`\relbar`, `\Relbar` と別の矢印などを接合するコマンド）を用いて短い矢印を伸ばしています. なお、`\mapstochar` というのは `\longmapsto`（$\longmapsto$）などの先頭にある「|」の部分です. そこで、ユーザー自身で `\Relbar` などを用いると、次の例のように長い矢印を作成できます. また、`\leaders`（4.14 節参照）を用いると、`\Relbar`などを繰り返す作業を半自動化できます.

```
$0 \rightarrow 1 \longrightarrow 2 \relbar\joinrel\longrightarrow 3
 \relbar\joinrel\relbar\joinrel\longrightarrow \cdots$
and
$X \mathrel{\mathop{\makebox[6em][s]{%
  \leaders\hbox to.5em{$\Relbar$\hss}\hfill$\Rightarrow$}}
  \limits_{\sim}^{\varphi \otimes \psi}}        Y$
```

$0 \rightarrow 1 \longrightarrow 2 \longrightarrow 3 \longrightarrow \cdots$ and $X \xrightarrow[\sim]{\varphi \otimes \psi} Y$

15　数式

15.10　数式中で書体を変更したい

数式での書体の変更には，基本的には \mathit, \mathbf などの数式用書体変更コマンドを用います．

■数式用の書体変更コマンド

数式での書体変更には，表 15.6 に挙げる各種の数式用書体変更コマンドを用います．それらは，書体変更範囲を各コマンドの引数にして「\mathbf{X}」のような形で用います（次の例も参照してください）．また，amsfonts パッケージまたは amssymb パッケージを読み込むときには，「psamsfonts」オプションを付けると PDF 化などの際に好都合です（なお，amssymb パッケージは amsfonts パッケージを読み込みます）．

```
\documentclass{jarticle}
\usepackage{amsmath}  \usepackage[psamsfonts]{amssymb}
\begin{document}
正数$x_1$〜$x_n$の最大値を$x_{\mathrm{max}}$,
最小値を$x_{\mathrm{min}}$とする.
\begin{gather*}%%% gather* 環境については 15.19 節参照
  \mathit{predicted\_value}_{n+1}
:= \mathit{estimate}(\mathit{predicted\_value}_n,
                     \mathit{observed\_value}_n)
\\
  \operatorname{ad}_{\mathfrak{g}} X \colon\ %
  \mathfrak{g} \ni Y \longmapsto
  (\operatorname{ad}_{\mathfrak{g}} X)(Y) := [X, Y] \in \mathfrak{g}
\\
  \mathcal{S}(\mathbb{R}^n)
= \bigcap_{\alpha\,,\,\beta}
  \bigl\{ f \in C^{\infty}(\mathbb{R}^n)
  \biggm|  \sup_{x\in\mathbb{R}^n} |x^{\alpha}(D^{\beta}f)(x)| < \infty
  \biggr\}
\end{gather*}
\end{document}
```

正数 x_1〜x_n の最大値を $x_{\max}$, 最小値を $x_{\min}$ とする.

$$predicted\_value_{n+1} := estimate(predicted\_value_n, observed\_value_n)$$

$$\mathrm{ad}_{\mathfrak{g}} X\colon\ \mathfrak{g} \ni Y \longmapsto (\mathrm{ad}_{\mathfrak{g}} X)(Y) := [X, Y] \in \mathfrak{g}$$

$$\mathcal{S}(\mathbb{R}^n) = \bigcap_{\alpha,\,\beta} \left\{ f \in C^{\infty}(\mathbb{R}^n) \,\middle|\, \sup_{x\in\mathbb{R}^n} |x^{\alpha}(D^{\beta}f)(x)| < \infty \right\}$$

424

表 15.6 ● 数式用書体変更コマンド

コマンド	適用される書体	例
\mathrm	ローマン体	\mathrm{Aax} → Aax
\mathbf	ボールド体	\mathbf{Aax} → $\mathbf{Aax}$
\mathit	イタリック体 注1	\mathit{Aax} → Aax
\mathsf	サンセリフ体	\mathsf{Aax} → Aax
\mathtt	タイプライタ体	\mathtt{Aax} → $\mathtt{Aax}$
\mathnormal	数式用イタリック体	\mathnormal{Aax} → Aax
\mathcal 注2	カリグラフ体 (手書き風書体のひとつ)	\mathcal{AHS} → $\mathcal{AHS}$
\mathbb 注2, 注3, 注4	ブラックボード・ボールド体 (「黒板での手書き」風ボールド体)	\mathbb{AHS} → $\mathbb{AHS}$
\mathfrak 注3	フラクトゥール体 (ドイツ旧字体のひとつ)	\mathfrak{Aax} → $\mathfrak{Aax}$
\mathscr 注2, 注5	スクリプト体 (手書き風書体のひとつ)	\mathscr{AHS} → $\mathscr{AHS}$ 注6
\mathmc 注7	明朝体	\mathmc{明朝} → 明朝
\mathgt 注7	ゴシック体	\mathgt{ゴシック} → ゴシック

注1：通常，テキスト用のイタリックと同じフォントが用いられます．
注2：大文字のアルファベットに対してのみ適用できます．
注3：amsfonts (amssymb) パッケージなどで定義されます．
注4：記号「k」(= \Bbbk) は amssymb パッケージなどで定義されます．記号「𝟙」を用いるには，例えば dsfont パッケージを用いたうえで「\mathds{1}」のように記述します．
注5：mathrsfs パッケージ，eucal パッケージ (「mathscr」オプション適用時) などさまざまなパッケージで定義されます．\mathscr に対して実際に用いられるフォントはパッケージによって異なりますが，mathrsfs パッケージでは Ralph Smith Formal Script を用いるように定義します．
注6：mathrsfs パッケージを用いた場合の出力です．
注7：pLaTeX 用のクラスファイル (jarticle.cls など) で定義されます．また，「disablejfam」クラスオプション適用時には利用できません．

■数式中での書体変更や「数式でない文字列」の記述に関する注意

- 複数の数式用書体変更コマンドを同時に用いても書体を組み合わせることはできません．例えば，「\$\mathbf{\mathrm{A}}\$」と記述した場合，最も内側の \mathrm のみが有効となった「A」という出力になります．

- 数式用の書体変更コマンドは，「アルファベット」，「数字」，「大文字のギリシャ文字」の書体を変更しますが，それ以外の記号類の書体は変更しません．「記号類を含めて太字にする場合」または「ボールド・イタリック体を用いる場合」については次節を参照してください．

- 引数型のテキスト用書体変更コマンド (3.9 節参照) は数式中でも使えます．ただし，あくまで「テキスト用」のコマンドなので，\textbf などの引数の中では \Delta などの数式用の記号は使えません．

- 数式ではないテキスト (例えば，「(if $x > 0$)」の「if」) が数式中に入るときには，「(\mbox{if}\ x > 0)」のようにそのテキストを \mbox に入れるとよいでしょう．また，amsmath パッケージ使用時には，「数式中のテキスト」を記述するためのコマンドの \text が利用できます (単に，「\text{⟨テキスト⟩}」という形式で用います)．

15 数式

15.11 太字版の数式を書きたい

数式を記号類も含めて一律に太字にするには，\boldmath コマンドを用います．数式中の一部の文字・記号を太字版にするには，bm パッケージが提供する \bm コマンドや amsbsy パッケージが提供する \boldsymbol コマンドを用います．

■数式を太字版にするコマンド

例えば「$\log n! \approx (n + \frac{1}{2}) \log n - n$」のような「記号類も一律に太字にした数式」を作成するには，\boldmath というコマンドが利用できます．また，\boldmath の効果をキャンセルする \unboldmath というコマンドも用意されています．これらは次の形式で用います（ただし，「\mbox の引数の全体」などの何らかのグループの全体に \boldmath などを適用するときには，適用範囲を括弧で囲む必要はありません）．なお，\boldmath, \unboldmath は LaTeX 自身が定義しています．

```
{\boldmath 〈太字版にしたい数式〉}
{\unboldmath 〈通常版に戻したい数式〉}
```

▶ **注意** \boldmath, \unboldmath は「書体変更コマンド」ではなく，あくまで「太字版の数式」と「通常版の数式」を切り換えるコマンドです．特に，\boldmath, \unboldmath を数式中で用いるとエラーが生じます．数式中の一部の文字・記号に \boldmath などを適用するには，\mbox などを用いていったん非数式部分を作り，その中に \boldmath などを適用した数式を入れます（次の，\boldmath の使用例を参照してください）． □

■ \boldmath の使用例

```
\documentclass{jarticle}
\begin{document}%%%            ↓本文用見出しの中の数式を太字化
\section[数列空間$(\ell^2)$]{数列空間{\boldmath $(\ell^2)$}}
数列空間$(\ell^2)$は次のように定義される．
\[ (\ell^2)
  = \Biggl\{ \mbox{\boldmath $x$} = (x_1, x_2, \ldots)
    \Biggm|  \sum_{n=1}^{\infty} |x_n|^2 < \infty  \Biggr\}  \]
$(\ell^2)$の2個の元$\mbox{\boldmath $x$} = (x_n)_n$,
$\mbox{\boldmath $y$} = (y_n)_n$とスカラー$\alpha$に対して,
$\alpha \mbox{\boldmath $x$} = (\alpha x_n)_n$,
$\mbox{\boldmath $x$} + \mbox{\boldmath $y$} = (x_n + y_n)_n$と定義する.
\end{document}
```

1　数列空間 (ℓ^2)

数列空間 (ℓ^2) は次のように定義される.

$$(\ell^2) = \left\{ \boldsymbol{x} = (x_1, x_2, \ldots) \ \middle| \ \sum_{n=1}^{\infty} |x_n|^2 < \infty \right\}$$

(ℓ^2) の 2 個の元 $\boldsymbol{x} = (x_n)_n$, $\boldsymbol{y} = (y_n)_n$ とスカラー α に対して, $\alpha\boldsymbol{x} = (\alpha x_n)_n$, $\boldsymbol{x} + \boldsymbol{y} = (x_n + y_n)_n$ と定義する.

▶ 注意　LaTeX のデフォルトでは和の記号などの大型記号の太字版は用意されていないので, 大型記号に \boldmath を適用しても太字になりません. 太字版の大型記号が要る場合, 太字版の大型記号も提供するパッケージ（txfonts パッケージなど）を併用してください.　　□

■数式中の一部の文字, 記号を太字にするコマンド

数式中の一部の文字, 記号を太字にするには, amsbsy パッケージ（amsmath パッケージから読み込まれます）が提供する \boldsymbol コマンドまたは bm パッケージが提供する \bm コマンドが利用できます. それらは「\boldsymbol{〈太字にする記号〉}」,「\bm{〈太字にする記号〉}」という形式で用います. bm パッケージの使用例を挙げます.

```
\documentclass{jarticle}
\usepackage{bm}%%% amsbsy（または amsmath）パッケージの場合は,
\begin{document}%%% 単に \bm を \boldsymbol に変えます.
$\|\bm{x}\| \geq 0$で, $\|\bm{x}\| = 0 \iff \bm{x} = \bm{0}$,
$\|\alpha \bm{x}\| = |\alpha|\, \|\bm{x}\|$,
$\|\bm{x} + \bm{y}\| \leq \|\bm{x}\| + \|\bm{y}\|$
\end{document}
```

$$\|\boldsymbol{x}\| \geq 0 \text{で}, \|\boldsymbol{x}\| = 0 \iff \boldsymbol{x} = \boldsymbol{0}, \|\alpha\boldsymbol{x}\| = |\alpha|\,\|\boldsymbol{x}\|, \|\boldsymbol{x}+\boldsymbol{y}\| \leq \|\boldsymbol{x}\|+\|\boldsymbol{y}\|$$

▶ 注意　bm パッケージ使用時には, \boldsymbol は \bm の別名になります（ただし, bm パッケージと amsmath パッケージを併用するときには amsmath パッケージを先に読み込んでください）. また, LaTeX のデフォルトでは太字版が用意されていない記号については, amsbsy パッケージが提供する \boldsymbol コマンドを適用しても太字にはなりません. 一方, そのような記号に bm パッケージが提供する \bm コマンドを適用すると「重ね打ち」で太く表記します. いずれにせよ, 和の記号などの太字版が要る場合には, txfonts パッケージなどの太字版の大型記号も提供するパッケージを併用してください.　　□

15 数式

15.12 さまざまな数式用フォントを用いたい

数式用フォントを変更するには，txfonts, mathabx といったパッケージが利用できます．

■各種の書体変更パッケージ

数式用フォントをサポートした書体変更パッケージとしては，txfonts パッケージなどが知られています．それらを用いるには，インストールおよび各種 dviware の設定が正しく行われている場合，基本的には単に「\usepackage{txfonts}」のようにオプションなしで読み込みます．本節の残りの部分では，次の LaTeX 文書の「〈パッケージ読み込み〉」のところで個々の書体変更パッケージを読み込んだ場合の出力例を挙げます．

```
\documentclass{article}
\usepackage{amsmath}  〈パッケージ読み込み〉
\begin{document}
Put $\gamma_n := (1 + \frac{1}{2} + \dots + \frac{1}{n}) - \log n$, then
$\gamma_{n+1}-\gamma_n = \frac{1}{n+1} + \log (1-\frac{1}{n+1}) < 0$ and
\[  \gamma_n = \frac{1}{n} + \sum_{k=1}^{n-1}
        \int_k^{k+1} \left( \frac{1}{k} - \frac{1}{x} \right) dx > 0  \]
yield the existence of limit value $\gamma := \lim \gamma_n$.
\end{document}
```

■ txfonts パッケージ

テキスト用フォント，数式用フォントの両方を Times に類似のフォントに変更するパッケージです．「varg」オプションを適用して読み込むと，数式中の文字「g」，「v」，「w」，「y」がそれぞれ「g」，「v」，「w」，「y」に変わります．なお，今の「g」，「v」，「w」，「y」は，それぞれ \varg, \varv, \varw, \vary というコマンドでも出力できます．

Put $\gamma_n := (1 + \frac{1}{2} + \cdots + \frac{1}{n}) - \log n$, then $\gamma_{n+1} - \gamma_n = \frac{1}{n+1} + \log(1 - \frac{1}{n+1}) < 0$ and

$$\gamma_n = \frac{1}{n} + \sum_{k=1}^{n-1} \int_k^{k+1} \left(\frac{1}{k} - \frac{1}{x} \right) dx > 0$$

yield the existence of limit value $\gamma := \lim \gamma_n$.

■ pxfonts パッケージ

テキスト用フォント，数式用フォントの両方を Palatino に類似のフォントに変更するパッケージです．txfonts パッケージの場合と同様に，「varg」オプションを適用して読み込むと数式中の文字「g」の字形が変わります（\varg も利用できます）．

> Put $\gamma_n := (1 + \frac{1}{2} + \cdots + \frac{1}{n}) - \log n$, then $\gamma_{n+1} - \gamma_n = \frac{1}{n+1} + \log(1 - \frac{1}{n+1}) < 0$ and
> $$\gamma_n = \frac{1}{n} + \sum_{k=1}^{n-1} \int_k^{k+1} \left(\frac{1}{k} - \frac{1}{x}\right) dx > 0$$
> yield the existence of limit value $\gamma := \lim \gamma_n$.

■ Fourier-GUT*enberg* パッケージ

テキスト用フォントを Adobe Utopia に変更し，数式用フォントもそれに合わせるパッケージです．ただし，このパッケージを用いる場合，「\usepackage{fourier}」のようにファイル fourier.sty を読み込みます．「upright」オプションを適用して読み込むと，小文字のギリシャ文字が直立体になります．なお，記号類の太字版は利用できないので注意が必要です．

> Put $\gamma_n := (1 + \frac{1}{2} + \cdots + \frac{1}{n}) - \log n$, then $\gamma_{n+1} - \gamma_n = \frac{1}{n+1} + \log(1 - \frac{1}{n+1}) < 0$ and
> $$\gamma_n = \frac{1}{n} + \sum_{k=1}^{n-1} \int_k^{k+1} \left(\frac{1}{k} - \frac{1}{x}\right) dx > 0$$
> yield the existence of limit value $\gamma := \lim \gamma_n$.

■ mathabx パッケージ

数式用の記号類のみを変更するパッケージです（テキスト用フォントは変更しません）．

> Put $\gamma_n := (1 + \frac{1}{2} + \cdots + \frac{1}{n}) - \log n$, then $\gamma_{n+1} - \gamma_n = \frac{1}{n+1} + \log(1 - \frac{1}{n+1}) < 0$
> and
> $$\gamma_n = \frac{1}{n} + \sum_{k=1}^{n-1} \int_k^{k+1} \left(\frac{1}{k} - \frac{1}{x}\right) dx > 0$$
> yield the existence of limit value $\gamma := \lim \gamma_n$.

■ cmbright パッケージ

テキスト用フォント，数式用フォントの両方を Computer Modern Sans Serif に類似のサンセリフ体に変更するパッケージです（ただし，一般の記号類は変更しません）．なお，このパッケージが利用するフォントの Type1 版は「hfbright」という名称で提供されています．

> Put $\gamma_n := (1 + \frac{1}{2} + \cdots + \frac{1}{n}) - \log n$, then $\gamma_{n+1} - \gamma_n = \frac{1}{n+1} + \log(1 - \frac{1}{n+1}) < 0$
> and
> $$\gamma_n = \frac{1}{n} + \sum_{k=1}^{n-1} \int_k^{k+1} \left(\frac{1}{k} - \frac{1}{x}\right) dx > 0$$
> yield the existence of limit value $\gamma := \lim \gamma_n$.

15　数式

15.13　和の記号や積分記号などを大きなサイズで出力したい

大型記号類の文字サイズも \huge などの文字サイズ変更コマンドに追随させるようにするには，exscale パッケージや amsmath パッケージを用います．

■大きな文字サイズでの大型記号類

LaTeX のデフォルトでは，大型記号類の文字サイズは固定されています（和の記号などには「小さいバージョン」と「大きいバージョン」がありますが，それらはひとつのフォントの中の別々の文字です）．そのため，\LARGE などで文字サイズを変更しても大型記号類の大きさは変わりません（図 15.2 (a)参照）．数式用フォントを変更せずに大型記号類の大きさも文字サイズ指定に追随させるには，exscale パッケージまたは amsmath パッケージを読み込みます．例えば，次の文書に対する出力は図 15.2 (b)のようになります．なお，比較のために「\usepackage{exscale}」という記述を削除したときの出力を同図(a)に示します．

```
\documentclass{article}  \usepackage{exscale}
\begin{document}\LARGE
\[  \int_0^{\infty} e^{-x^2} dx = \frac{\sqrt{\pi}}{2}  \]
\end{document}
```

なお，大型記号類にも独自フォントを用いるようなパッケージ（例えば，txfonts パッケージ）の多くは，大型記号類の文字サイズも可変にしています．そこで，数式用フォントを変更しても大きなサイズの大型記号を利用できます（前節参照）．

▶注意　amsmath パッケージの読み込み時に「cmex10」オプションを適用した場合，（別のパッケージなどを用いて数式用フォントを変更しなければ）大型記号用のフォントは固定サイズで用いられます．　　　　　　　　　　　　　　　　　　　　　　　　　　　　　　□

■特大の積分記号，和の記号

積分記号などの大きさは後続の式の大きさに追随するわけではないので，後続の式に比べ小さくなることがあります．そのようなときにも「exscale パッケージまたは amsmath パッ

$$\int_0^{\infty} e^{-x^2}\, dx = \frac{\sqrt{\pi}}{2} \qquad \int_0^{\infty} e^{-x^2}\, dx = \frac{\sqrt{\pi}}{2}$$

(a) LaTeX のデフォルト　　　　　　(b) exscale パッケージ（または
　　　　　　　　　　　　　　　　　　amsmath パッケージ）使用時

図 15.2 ● 大きなサイズでの大型記号類

430

ケージを用いたうえで積分記号などのみについて文字サイズを変更する」という方法で，大型記号の大きさを調整できます．ただし，文字サイズ変更コマンドは数式中では使えないので，\mbox などを用いていったん「数式ではないテキスト」を作成し，その中に文字サイズを変更した記号を入れてください．

```
\documentclass{jarticle}  \usepackage{exscale}
\begin{document}
\[ \mathop{\mbox{\LARGE$\displaystyle \int$}}\nolimits_{\hskip-10pt a}^b
    \sqrt{  \left( \frac{dx}{dt} \right)^2
          + \left( \frac{dy}{dt} \right)^2}\, dt \]
\end{document}
```

$$\int_a^b \sqrt{\left(\frac{dx}{dt}\right)^2 + \left(\frac{dy}{dt}\right)^2}\, dt$$

■大きさに上限がある括弧の拡大

三角括弧（\langle, \rangle）には大きさの上限がありますが，次の例のように exscale パッケージまたは amsmath パッケージを用いたうえで，三角括弧を大きな文字サイズで出力」（括弧の中身は本来の文字サイズで改めて作成）という方法を用いると，見た目のうえでは大きさの上限を引き上げることができます．なお，yhmath パッケージなどを利用して数式用フォントの側で大きさの上限を引き上げるという方法もあります．

```
\documentclass{jarticle}  \usepackage{exscale}
\newcommand{\xfrac}[2]{\frac{\displaystyle #1}{\displaystyle #2}}
\begin{document}%%% \parbox を用いているのは 2 個の式を横に並べるための措置
\parbox{.3\textwidth}{\texttt{\symbol{92}normalsize}
\[ \left\langle \xfrac{\int f\,d\mu}{\int |f|\,d\mu} \right\rangle \]}
\parbox{.3\textwidth}{\texttt{\symbol{92}LARGE} \LARGE
\[ \left\langle  \vcenter{\hbox{\normalsize$\displaystyle
      \xfrac{\int f\,d\mu}{\int |f|\,d\mu}$}}  \right\rangle  \]}
\end{document}
```

\normalsize   \LARGE

$$\left\langle \frac{\int f\, d\mu}{\int |f|\, d\mu} \right\rangle \qquad \left\langle \frac{\int f\, d\mu}{\int |f|\, d\mu} \right\rangle$$

15 数式

15.14 行列を書きたい

- 行列を書くには，array 環境を用いて「数式中の表」を作成するのが基本です．
- amsmath パッケージ使用時には，matrix 環境，pmatrix 環境などの行列用の環境が利用できます．

■行列を作成する環境

LaTeX では，数式での「行列」を作成するには，array 環境を用いるのが基本です．行列は「数式中の表」（＋それを囲む括弧）なので，次のように表の場合と同じ形式で記述できます．〈書式指定〉で利用可能な指定（「l」（左寄せ），「c」（中央寄せ），「r」（右寄せ）など）や行列の中身の記述の詳細は表（tabular 環境）の場合とまったく同様です（8.1 節などを参照してください）．ただし，array 環境の場合，個々のセルの中身は一般には「テキストスタイルの数式」になります．また，行列を囲む括弧はユーザー自身で補ってください．

```
\begin{array}[〈位置の指定〉]{〈書式指定〉}
〈行列の中身の記述（各項目を & で区切って列挙，行の終端は \\）〉
\end{array}
```

■ array 環境の使用例

```
$\left( \begin{array}{@{\,}cccc@{\,}}
  a_1    & a_2    & \cdots & a_n   \\ a_1^2 & a_2^2 & \cdots & a_n^2\\
  \vdots & \vdots & \ddots & \vdots\\ a_1^n & a_2^n & \cdots & a_n^n
 \end{array} \right)  \qquad
  \left( \begin{array}{@{\,}c@{\,}} x' \\ y' \\ 1 \end{array} \right)
= \left( \begin{array}{@{\,}cc|c@{\,}}%%% 罫線も利用可能
    a_{xx} & a_{xy} & b_x \\
    a_{yx} & a_{yy} & b_y \\ \hline
    \multicolumn{2}{c|}{{}^t\mathbf{0}} & 1%%% \multicolumn も利用可能
  \end{array} \right)
  \left( \begin{array}{@{\,}c@{\,}} x \\ y \\ 1 \end{array} \right)$
```

$$\begin{pmatrix} a_1 & a_2 & \cdots & a_n \\ a_1^2 & a_2^2 & \cdots & a_n^2 \\ \vdots & \vdots & \ddots & \vdots \\ a_1^n & a_2^n & \cdots & a_n^n \end{pmatrix} \quad \begin{pmatrix} x' \\ y' \\ 1 \end{pmatrix} = \left(\begin{array}{cc|c} a_{xx} & a_{xy} & b_x \\ a_{yx} & a_{yy} & b_y \\ \hline {}^t\mathbf{0} & & 1 \end{array} \right) \begin{pmatrix} x \\ y \\ 1 \end{pmatrix}$$

▶ 注意 array 環境での列間隔の 1/2 は \arraycolsep という寸法で与えられます. これは, tabular 環境の場合の \tabcolsep（8.3 節参照）に相当します. □

■ amsmath パッケージが提供する行列用の環境

amsmath パッケージは, 表 15.7 に挙げる行列用の環境を提供しています. それらは, 次のように環境内に行列の中身を入れた形で用います（個々の列は中央寄せになります）.

> \begin{〈環境名〉} 〈行列の中身の記述 (array 環境の場合と同様)〉 \end{〈環境名〉}

▶ 注意 matrix 環境などによる「行列」の列数の上限（デフォルト値は 10）は, MaxMatrixCols というカウンタで定められています. 列数の多い行列を作成したときに「! Extra alignment tab has been changed to \cr.」というエラーが生じた場合には, \setcounter コマンドを用いてカウンタ MaxMatrixCols の値を充分に大きくしてください. □

■ vmatrix 環境の使用例

```
\documentclass{jarticle}  \usepackage{amsmath}
\begin{document}
\[ \begin{vmatrix}
    a_1 & a_2 & \cdots & a_n \\  a_n & a_1 & \cdots & a_{n-1} \\
    \hdotsfor{4}              \\  a_2 & a_3 & \cdots & a_1
  \end{vmatrix}%%% ↑「\hdotsfor{〈列数〉}」は,〈列数〉列を点線で埋める記述
 = \prod_{\xi^n = 1} (a_1 + a_2 \xi + \dots + a_n \xi^{n-1}) \]
\end{document}
```

$$\begin{vmatrix} a_1 & a_2 & \cdots & a_n \\ a_n & a_1 & \cdots & a_{n-1} \\ \hdotsfor{4} \\ a_2 & a_3 & \cdots & a_1 \end{vmatrix} = \prod_{\xi^n = 1} (a_1 + a_2\xi + \cdots + a_n\xi^{n-1})$$

表 15.7 ● amsmath パッケージが提供する行列用の環境

環境名	意味	例
matrix	括弧なしの「行列」	$\begin{matrix} a & b \\ c & d \end{matrix}$
pmatrix	丸括弧で囲んだ行列	$\begin{pmatrix} a & b \\ c & d \end{pmatrix}$
bmatrix	角括弧で囲んだ行列	$\begin{bmatrix} a & b \\ c & d \end{bmatrix}$
Bmatrix	波括弧で囲んだ行列	$\begin{Bmatrix} a & b \\ c & d \end{Bmatrix}$

環境名	意味	例
vmatrix	縦線で挟んだ「行列」	$\begin{vmatrix} a & b \\ c & d \end{vmatrix}$
Vmatrix	2重の縦線で挟んだ「行列」	$\begin{Vmatrix} a & b \\ c & d \end{Vmatrix}$
smallmatrix	括弧なしの小さな「行列」	$\begin{smallmatrix} a & b \\ c & d \end{smallmatrix}$

15 数式

15.15 行列の中に特大の文字を割り込ませたい

`\multicolumn`, `\smash`, `\raisebox` といったコマンドを用いて，割り込ませる文字の位置を調整します．

■行列の中に特大の文字を書き込む方法

　行列の中に大きな文字を入れるには，そのような文字を `\multicolumn`（8.8 節参照），`\raisebox`，`\smash`（4.5 節参照）といったコマンドを用いて配置します．特に，`\raisebox` の引数はテキスト部分なので，次の例のように `\raisebox` の引数中で文字サイズ変更コマンドを用いても構いません（文字サイズ変更コマンドは数式中では使えません）．

```
$\begin{array}[b]{@{}c@{}}
 \overbrace{\hphantom{{a_{n1}}{\cdots}{a_{nn}}}\hspace{4\arraycolsep}}
 ^{{\textstyle n}}  \hspace{2\arraycolsep}
 \overbrace{\hphantom{{b_{m1}}{\cdots}{b_{mm}}}\hspace{4\arraycolsep}}
 ^{{\textstyle m}}  \\
 \left( \begin{array}{@{\,}cccccc@{\,}}
 a_{11} & \cdots & a_{1n} & & & \\
 \vdots & \ddots & \vdots &
 \multicolumn{3}{c}{\raisebox{0pt}[0pt][0pt]{\Huge $*$}} \\%% 大きな *
 a_{n1} & \cdots & a_{nn} & & & \\
        &        & & b_{11} & \cdots & b_{1m} \\
 \multicolumn{3}{c}{\raisebox{0pt}[0pt][0pt]{\Huge $O$}}%% 大きな O
                   & \vdots & \ddots & \vdots \\
        &        & & b_{m1} & \cdots & b_{mm} \end{array}\right)
\end{array}
\begin{array}{@{}l@{}}
 \left. \vphantom{\begin{array}{@{}c@{}}\\ \\ \\ \end{array}}\right\}\,n
 \\ \noalign{\smallskip}
 \left. \vphantom{\begin{array}{@{}c@{}}\\ \\ \\ \end{array}}\right\}\,m
\end{array}$
```

●コラム● ［複数行の添字］

　和の記号などに複数行の添字を付けるには，amsmath パッケージが提供する subarray
環境や \substack コマンドが利用できます．これらは，次の形式で用います．

```
\begin{subarray}{〈位置指定〉} 〈1行目〉\\ ... \\ 〈最終行〉\end{subarray}
\substack{〈1行目〉\\ ... \\ 〈最終行〉}
```

ただし，「〈位置指定〉」は subarray 環境内の各行の揃え方を指定する文字で，「c」は
中央寄せに対応し，それ以外の文字は「左寄せ」に対応します．また，\substack コ
マンドは引数の個々の行を中央寄せで配置します．

```
\documentclass{article}
\usepackage{amsmath}
\begin{document}
\[
  \prod_{\begin{subarray}{l} \text{$p$: prime}     \\
                             \text{$p$ divides $n$}
        \end{subarray}}
    \nu_p(x)
  \qquad
  \sum_{\substack{1 \leq n < \infty \\ m \geq n}}
    \frac{1}{n^2 m^2}
\]
\end{document}
```

$$\prod_{\substack{p:\ \text{prime} \\ p\ \text{divides}\ n}} \nu_p(x) \qquad \sum_{\substack{1 \leq n < \infty \\ m \geq n}} \frac{1}{n^2 m^2}$$

●コラム● ［pmatrix 環境などを用いる場合の注意］

　matrix 環境，pmatrix 環境（15.14節参照）または cases 環境（15.16節参照）を用い
る場合，amsmath パッケージを読み込むのを忘れないでください．amsmath パッケー
ジを用いない場合，matrix 環境などの開始時には LaTeX 自身が定義している \matrix
コマンド（または \pmatrix, \cases コマンド）が実行されますが，それらは matrix
環境などとは異なった形式で用いることを前提としています．そのため，多くの場合
エラーが生じるかユーザーの意図とは異なる出力になります．

15 数式

15.16 「場合わけ」を書きたい

「場合わけ」の記述には，amsmath パッケージが提供する cases 環境が利用できます．
また，array 環境で作成した表の左側に括弧を追加しても構いません．

■ cases 環境

amsmath パッケージは「場合わけ」の記述のための cases 環境を用意しています．この
環境は，次のように形式上は「多くとも 2 列」の表の形で用います（個々の行の文字「&」以
降の部分は省略可能です）．なお，一般に，cases 環境の各行の「式」と「条件」はテキスト
スタイルの数式になります（15.14 節の array 環境などと同様です）．

```
\begin{cases}
  〈1 行目の式〉 & 〈1 行目に対する条件〉 \\
  ...
  〈最終行の式〉 & 〈最終行に対する条件〉
\end{cases}
```

■ cases 環境の使用例

```
\documentclass{jarticle}
\usepackage{amsmath}  \usepackage[psamsfonts]{amssymb}
\begin{document}
\[
    \lim_{n \to \infty} \lim_{m \to \infty} \cos^m (n!\, \pi x)
  = \begin{cases}
      1 & (\text{if}\ x \in \mathbb{Q}) \\
      0 & (\text{otherwise})
    \end{cases}
\]
\end{document}
```

$$\lim_{n \to \infty} \lim_{m \to \infty} \cos^m (n!\, \pi x) = \begin{cases} 1 & (\text{if } x \in \mathbb{Q}) \\ 0 & (\text{otherwise}) \end{cases}$$

■ LaTeX 自身の機能のみを用いる場合

LaTeX 自身の機能のみを用いて場合わけの記述を行うには array 環境による行列の左側のみ
に波括弧を付ければよいので，次の例のように記述できます．

```
\[  \mathop{\mathrm{sgn}}(\sigma)
  = \left\{ \begin{array}{@{\,}r@{\quad}l@{}}
      1 & (\mbox{$\sigma$が偶置換の場合}) \\
     -1 & (\mbox{$\sigma$が奇置換の場合})
    \end{array} \right.  \]
```

$$\mathrm{sgn}(\sigma) = \begin{cases} 1 & (\sigma \text{ が偶置換の場合}) \\ -1 & (\sigma \text{ が奇置換の場合}) \end{cases}$$

■場合わけの個々の式に数式番号を付ける場合

場合わけの個々の式に数式番号を付けるには, cases パッケージが提供する numcases 環境, subnumcases 環境が利用できます. numcases 環境は次の形式で用います. subnumcases 環境も同じ形式で用いますが, subnumcases 環境の場合には数式番号に副番号が付きます (数式番号は subequations 環境 (15.22 節参照) の場合と同様の形式, 例えば「(1a)」,「(1b)」になります). ただし, numcases 環境または subnumcases 環境では, cases 環境とは異なり, 各行の「条件」の部分はテキスト部分 (非数式部分) になることに注意が必要です.

```
\begin{numcases}{〈左側に置く式〉}
  〈1 行目の式〉 & 〈1 行目に対する条件〉 \\
  ...
\end{numcases}
```

■ numcases 環境の使用例

```
\documentclass{jarticle}  \usepackage{cases}
\begin{document}
\begin{numcases}{\mu(n) =}
  1     & ($n = 1$のとき)                      \\
  (-1)^k & ($n$が相異なる$k$個の素数の積のとき) \\
  0     & (それ以外の場合)
\end{numcases}
\end{document}
```

$$\mu(n) = \begin{cases} 1 & (n = 1 \text{ のとき}) & (1) \\ (-1)^k & (n \text{ が相異なる } k \text{ 個の素数の積のとき}) & (2) \\ 0 & (\text{それ以外の場合}) & (3) \end{cases}$$

15 数式

15.17 可換図式を描きたい

簡単な図式は，amscd パッケージが提供する CD 環境で記述できます．複雑な図式に対しては X‑Y‑pic パッケージなどを利用するか，画像にして貼り付けるとよいでしょう．

■ amscd パッケージ

簡単な図式の作成には，amscd パッケージが提供する CD 環境が利用できます．この環境は次のように，環境内に「矢印以外の項目と横矢印を並べた行」と「縦矢印からなる行」を交互に並べた形式で用います．また，「矢印」として利用できる記述を表 15.8 に挙げます．

```
\begin{CD}
  〈項目〉     〈横矢印〉  〈項目〉     〈横矢印〉 ... \\
  〈縦矢印〉              〈縦矢印〉             ... \\
  ...
\end{CD}
```

■ CD 環境の使用例

```
\documentclass{jarticle}  \usepackage{amscd}
\begin{document}
\[ \begin{CD}
    X                @>f>g>  Y    @<\varphi<\psi<  Z            \\
    @V{\alpha}V{\beta}V       @|                  @A{u}A{v}A \\
    P \mbox{@} Q      @.      Y    @=               Y
  \end{CD} \]%%% ↑CD 環境内に文字「@」を書き込むには，「@」を \mbox などに入れます.
\end{document}
```

$$
\begin{array}{ccccc}
X & \xrightarrow[g]{f} & Y & \xleftarrow[\psi]{\varphi} & Z \\
\alpha \Big\downarrow \beta & & \Big\| & & u \Big\uparrow v \\
P@Q & & Y & = & Y
\end{array}
$$

表 15.8 ● CD 環境内で利用できる「矢印」

矢印など	対応する記述		矢印など	対応する記述		矢印など	対応する記述
右向き矢印	@>〈上添字〉>〈下添字〉>		上向き矢印	@A〈左添字〉A〈右添字〉A		横二重線	@=
左向き矢印	@<〈上添字〉<〈下添字〉<		下向き矢印	@V〈左添字〉V〈右添字〉V		縦二重線	@|
						矢印の省略	@.

■XY-pic パッケージ

XY-pic パッケージの簡単な用法は, \xymatrix コマンドの引数の中で matrix 環境と同様に矢印類以外の項目を記述し, 矢印などの線を \ar コマンドで追加するというものです. また, \ar コマンドは, 基本的には次の形式で用います. 〈書式指定〉などでの主な指定を表 15.9, 15.10 に挙げます (機能の詳細についてはユーザーズガイドなどを参照してください).

```
\ar @〈書式指定〉[〈終点の相対位置〉]〈矢印類への添字〉
```

■XY-pic パッケージの使用例

```
\documentclass{article} \usepackage[all]{xy}%%% 使用する dviware に応じたドラ
\begin{document}%%%                              イバ指定も行うとよいでしょう
\[\xymatrix{X \ar@<.5ex>[r] \ar@<-.5ex>[r] \ar@/_{1em}/[drr]_f
  \ar@(dl,ul)[]|{g}   \ar@/^{2em}/@{|-->}[rr]_{\psi}^{\varphi}
  & Y\ar@{=>}[r]& Z\ar@/^/[d]^{\alpha}\\ & & \tilde{Z}\ar@{||==>}[lu]}\]
\end{document}
```

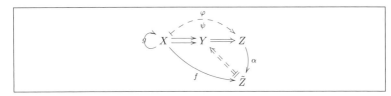

表 15.9 ● \ar コマンドでの矢印類の始点と終点の相対位置の指定に用いる文字

位置	右のセル	左のセル	上のセル	下のセル
指定文字	r	l	u	d

注:右に 2 セル, 下に 1 セル移動した先に向けて矢印を引く場合には「drr」と指定するという具合に,「移動量」に応じた個数だけ「r」などを並べます.

表 15.10 ● \ar コマンドでの矢印類の書式指定

(a) 書式指定の形式

指定内容	記述
線種と線端の形状	@{〈始点の形状〉〈線種〉〈終点の形状〉}
線の曲がり具合	@/^/, @/^{〈寸法〉}/, @/_/, @/_{〈寸法〉}/
線の平行移動量	@<〈移動量〉>
線端での方向	@(〈始点での方向〉,〈終点での方向〉)

(b) 線種

線種	指定	線種	指定
1 重実線	-	2 重実線	=
1 重破線	--	2 重破線	==
1 重点線	.	2 重点線	:
1 重波線	~	波線の破線	~~

(c) 線端の形状 (形状は左が始点側, 右が終点側)

形状	>	<	)	(	|	/	o	x	+
指定	>	<	)	(	|	/	o	X	+

注:「>>」は「≫」に対応するという具合に組み合わせることが可能な組み合わせがあります.

(d) 始点, 終点での向き

向き	上	右上	右	右下	下	左下	左	左上
始点側での指定	u	ur	r	dr	d	dl	l	ul
終点側での指定 注	d	dl	l	ul	u	ur	r	dr

注:矢印類の終点での進行方向とは逆向きになります.

15 数式

15.18 ディスプレイ数式を書きたい (1) —— LaTeX 自身が提供する環境

LaTeX 自身が提供するディスプレイ数式用のコマンド・環境には，「equation 環境」，「\[と \] の組」（1 行数式用），「eqnarray(*) 環境」（複数行の数式用）があります．

■ LaTeX 自身が提供するディスプレイ数式用のコマンド，環境

LaTeX 自身は，ディスプレイ数式を記述するために次のコマンド，環境を用意しています．

- 1 行の数式を記述するためのコマンド，環境：
  equation 環境（数式番号付き），\[と \] の組（数式番号なし）
- 複数行の数式を記述するための環境：
  eqnarray 環境（数式番号付き），eqnarray* 環境（数式番号なし）

多くのクラスファイルのデフォルト設定ではディスプレイ数式は中央寄せで出力される一方，「fleqn」クラスオプション適用時には左寄せで出力されます．左寄せ出力時のディスプレイ数式部分の左余白の寸法は，通常，\mathindent です（\mathindent の値は \setlength で変更できます）．また，多くのクラスファイルのデフォルト設定では，数式番号は式の右側に出力されますが，「leqno」クラスオプションを適用すると式の左側に出力されます．

▶ 注意　特別なクラスファイルを用いている場合を除き，「1 行数式」用のコマンド，環境と「複数行の数式」用の環境を適切に使い分けてください．実際，複数行の数式を記述する際に複数の「1 行数式」を並べると，数式どうしの間隔が広がりすぎることがあります．　　　□

■ 1 行のディスプレイ数式

equation 環境または「\[と \] の組」は次の形式で用います．

```
\begin{equation} 〈数式〉 \end{equation}
\[ 〈数式〉 \]
```

■ equation 環境の使用例

```
\begin{equation}
   \sum_{n = -\infty}^{\infty} \frac{1}{n^2 + a^2}
 = \frac{\pi}{a \tanh \pi a}
 \qquad (a > 0)
\end{equation}
```

440

$$\sum_{n=-\infty}^{\infty} \frac{1}{n^2 + a^2} = \frac{\pi}{a \tanh \pi a} \qquad (a > 0) \qquad\qquad (1)$$

▶ 注意 amsmath パッケージ使用時には，「\[〈数式〉 \]」の代わりに equation* 環境を用いて「\begin{equation*} 〈数式〉 \end{equation*}」と記述できます． □

■複数行のディスプレイ数式

eqnarray 環境，eqnarray* 環境は次の形式で用いて，文字「&」の位置を縦に揃えた複数行の数式を作成します（各行の「&＋等号など」と「&＋右辺」は省略可能）．ただし，数式の最後の行の終端には「\\」は付けません．また，eqnarray 環境の中の一部の行に数式番号を付けない場合，数式番号を付けない行に「\nonumber」を追加します．なお，個々の行の終端の「\\」には，「\\[〈寸法〉]」（〈寸法〉だけ行間隔を変更），「*」（その改行箇所の直後でのページ分割を抑制）というオプション指定ができます．

```
\begin{eqnarray}%%% eqnarray* 環境の場合は環境名が変わるのみです．
    〈1 行目の左辺〉 & 〈1 行目の等号など〉 & 〈1 行目の右辺〉 \\
    〈2 行目の左辺〉 & 〈2 行目の等号など〉 & 〈2 行目の右辺〉 \\
    ...
\end{eqnarray}
```

■ eqnarray 環境の使用例

```
\begin{eqnarray}
        \int_0^{\infty} x^p e^{-x^2} dx
 & = & \frac{1}{2} \int_0^{\infty} t^{(p-1)/2} e^{-t}\, dt \nonumber \\
 & = & \frac{1}{2} \Gamma\Bigl( \frac{p+1}{2} \Bigr)
\end{eqnarray}
```

$$
\begin{array}{rcl}
\displaystyle\int_0^{\infty} x^p e^{-x^2}\,dx & = & \displaystyle\frac{1}{2} \int_0^{\infty} t^{(p-1)/2} e^{-t}\,dt \\[2ex]
& = & \displaystyle\frac{1}{2}\Gamma\Bigl(\frac{p+1}{2}\Bigr) \qquad (1)
\end{array}
$$

▶ 注意 eqnarray(*) 環境では，今の例のように「&」に対応する位置に大きめの空白が入ります．そのため，amsmath パッケージを用いても構わない場合には次節で説明する align 環境などを用いるほうが望ましく，また，eqnarray(*) 環境を使わざるを得ない場合でもユーザー自身で eqnarray(*) 環境を再定義したほうがよいでしょう． □

15 数式

15.19 ディスプレイ数式を書きたい (2) ── amsmath パッケージが提供する環境

amsmath パッケージ使用時には, gather(∗) 環境, align(∗) 環境, multline(∗) 環境といった環境を用いてディスプレイ数式を記述できます.

■ amsmath パッケージが提供するディスプレイ数式用の環境

amsmath パッケージはディスプレイ数式そのものを作成する環境として, 次のような環境を用意しています (環境名に「∗」が付いているほうは「数式番号なし」の環境です).

- 独立な数式を集めた複数行の数式:gather 環境, gather∗ 環境
- 縦に揃える箇所を指定できる複数行の数式:align 環境, align∗ 環境
- ひとつの数式を複数行に分けて記述する環境:multline 環境, multline∗ 環境

これらの環境の最終行以外の個々の行の終端には「\\」を置きます.「\\[⟨寸法⟩]」のように「\\」にオプション引数を付けると, ⟨寸法⟩ だけ行間隔が増えます (⟨寸法⟩ が負なら行間隔が狭まります). gather 環境などの一部の行に数式番号を付けない場合, 数式番号を付けない行に「\notag」を追加します (\nonumber を用いても構いません). また, \tag コマンドを次の形式で用いると数式番号をユーザー自身で指定できます.

```
\tag{⟨数式番号 (番号を囲む括弧の中身のみ)⟩}
\tag*{⟨数式番号 (番号を囲む括弧もユーザー自身で記述)⟩}
```

▶ 注意 amsmath パッケージのデフォルト設定ではディスプレイ数式の途中でのページ分割は起こりません. ディスプレイ数式の途中でのページ分割を許可するには, プリアンブルなどに \allowdisplaybreaks という記述を入れます. なお, \allowdisplaybreaks を指定した場合でも, 行の終端を「*」にした箇所の直後ではページ分割は抑制されます. □

▶ 注意 gather 環境などでは「\\」に付けるオプション引数または「*」は「\\」の**直後**に記述してください (「\\」の後に空白が入ってもいけません). amsmath パッケージが提供する行列用の環境 (15.14 節参照) や cases 環境 (15.16 節参照) でも同様です. □

■ gather(∗) 環境の書式と使用例

```
\begin{gather}%%% gather* 環境の場合は環境名が変わるのみです.
  ⟨1 行目の式⟩ \\  ⟨2 行目の式⟩ \\  ...
\end{gather}
```

```
\begin{gather}
x^n - 1 = (x - 1)(x^{n-1} + x^{n-2} + \dots + 1)    \label{eq:nth} \\
x^{2n+1} + 1 = (x+1)(x^{2n} - x^{2n-1} + \dots + 1) \tag{\ref{eq:nth}$'$}
\end{gather}
```

$$x^n - 1 = (x-1)(x^{n-1} + x^{n-2} + \dots + 1) \tag{1}$$
$$x^{2n+1} + 1 = (x+1)(x^{2n} - x^{2n-1} + \dots + 1) \tag{1$'$}$$

■ align(∗) 環境の書式と使用例

```
\begin{align}%%% align*環境の場合は環境名が変わるのみです.
   〈第1式の左辺〉 & 〈第1式の残り〉 & 〈第2式の左辺〉 & 〈第2式の残り〉 ... \\
   ... %%%「各式の左辺の後」と「式どうしの間」に「&」を入れたものの繰り返し
\end{align}
```

```
\begin{align*}
   x_0 & = A   & x_{n+1} & = \alpha (x_n \cos\theta - y_n \sin\theta) \\
   y_0 & = 0   & y_{n+1} & = \alpha^{-1} (x_n \sin\theta + y_n \cos\theta)
\end{align*}
```

$$
\begin{aligned}
x_0 &= A   & x_{n+1} &= \alpha(x_n \cos\theta - y_n \sin\theta) \\
y_0 &= 0   & y_{n+1} &= \alpha^{-1}(x_n \sin\theta + y_n \cos\theta)
\end{aligned}
$$

■ multline(∗) 環境の書式と使用例

```
\begin{multline}%%% multline*環境の場合は環境名が変わるのみです.
   〈1行目〉 \\ 〈2行目〉 \\ ...
\end{multline}%%% 第1行は左寄せ, 最終行は右寄せ, 中間の行は中央寄せになります.
```

```
\begin{multline}
   f(x_1, x_2, \dots, x_n; y_1, y_2, \dots, y_n; \alpha) \\
   := (x_1 y_1 + \dots + x_n y_n) + \alpha (x_1 y_2 + \dots + x_n y_1) \\
   + \dots + \alpha^{n-1} (x_1 y_n + \dots + x_n y_{n-1})
\end{multline}
```

$$
\begin{multlined}
f(x_1, x_2, \dots, x_n; y_1, y_2, \dots, y_n; \alpha) \\
:= (x_1 y_1 + \dots + x_n y_n) + \alpha(x_1 y_2 + \dots + x_n y_1) \\
+ \dots + \alpha^{n-1}(x_1 y_n + \dots + x_n y_{n-1}) \tag{1}
\end{multlined}
$$

15 数式

15.20 ディスプレイ数式を書きたい (3) —— ディスプレイ数式の部分構造を記述する環境

amsmath パッケージは、ディスプレイ数式内のいくつかの行などをまとめて記述するために gathered 環境、aligned 環境、split 環境などを用意しています.

■数式の一部を記述する環境

amsmath パッケージはディスプレイ数式中のいくつかの行や、一般の数式中の短い記述をまとめて出力する環境も用意しています.

- gathered 環境：gather 環境（前節参照）と同様に複数の行を中央寄せにして出力
- aligned 環境：align 環境（前節参照）と同様に、「&」で指定した位置を縦に揃えて複数の行を出力
- split 環境：ひとつの式を複数行に分割して記述する環境

また、gathered 環境、aligned 環境の中身は gather 環境や align 環境と同様に記述します（前節を参照してください）. 一方、split 環境の中身は次の形式で記述します. split 環境内の個々の行では、縦に揃える位置を 1 箇所だけ文字「&」で指定できます（「&」を用いなくてもよく、その場合は行の右端が「揃える位置」になります）.

```
\begin{split}
  〈1 行目の前半〉 & 〈1 行目の後半〉 \\
  〈2 行目の前半〉 & 〈2 行目の後半〉 \\
  ... %%% 最終行では「\\」は不要です.
\end{split}
```

▶ 注意　gathered 環境などは必ず別の数式の中で用いてください. gathered 環境などは、あくまで「数式の一部」を記述するための環境なので、それらをテキスト部分（非数式部分）で用いるとエラーを引き起こします.　　　　　　　　　　　　　　　　　　　　　　□

■ gathered 環境などの使用例

```
\documentclass{article}
\usepackage{amsmath}
\begin{document}
\begin{gather}
    \begin{gathered} x \geq 0 \\  \sqrt{x} = A \end{gathered}
 \iff \begin{gathered} A \geq 0 \\  x = A^2      \end{gathered}
 \\
```

444

```
  \biggl\{ (x_n, y_n) \biggm|
    \begin{aligned} x_0 & = 1, & x_{n+1} & = A x_n + pB y_n \\[-.5ex]
                    y_0 & = 0, & y_{n+1} & = B y_n + A y_n  \end{aligned}
    \quad (A^2 - pB^2 = 1)
  \biggr\}
  \\
  \begin{split}
   \biggl\{ %%% 「\left\{」とするとエラーが生じます.
      \frac{\partial}{\partial x_1} - i \frac{\partial}{\partial y_1},\ {}
    & \frac{\partial}{\partial x_2} - i \frac{\partial}{\partial y_2},\ %
      \dots, \\
  & \frac{\partial}{\partial x_{n-1}} - i\frac{\partial}{\partial y_{n-1}},
      \ \frac{\partial}{\partial x_n} - i \frac{\partial}{\partial y_n}
   \biggr\}%%% 「\right\}」とするとエラーが生じます.
  \end{split}
\end{gather}
\end{document}
```

$$
\begin{aligned}
x \geq 0 & \quad & A \geq 0 \\
\sqrt{x} = \varLambda & \iff & x = \varLambda^2
\end{aligned} \tag{1}
$$

$$
\left\{ (x_n, y_n) \; \middle| \; \begin{array}{ll} x_0 = 1, & x_{n+1} = A x_n + p B y_n \\ y_0 = 0, & y_{n+1} = B y_n + A y_n \end{array} \quad (A^2 - pB^2 = 1) \right\} \tag{2}
$$

$$
\left\{ \begin{aligned} & \frac{\partial}{\partial x_1} - i \frac{\partial}{\partial y_1}, \; \frac{\partial}{\partial x_2} - i \frac{\partial}{\partial y_2}, \; \dots, \\ & \frac{\partial}{\partial x_{n-1}} - i \frac{\partial}{\partial y_{n-1}}, \; \frac{\partial}{\partial x_n} - i \frac{\partial}{\partial y_n} \end{aligned} \right\} \tag{3}
$$

■ LaTeX 自身の機能を用いる場合

LaTeX 自身が提供する機能のみを用いる場合，先の例で行ったような「小さな式を並べる」という処理は array 環境を用いて実現できます．例えば，先の例の式 (2) の部分は次のようにも記述できます．

```
\left\{ \begin{array}{@{\,}l|l@{\,}}
    (x_n, y_n)
  & \begin{array}{@{}r@{}l@{\quad}r@{}l@{}}
      x_0 & {} = 1,  & x_{n+1} & {} = A x_n + pB y_n \\
      y_0 & {} = 0,  & y_{n+1} & {} = B y_n + A y_n
    \end{array}%%% 「=」の前の「{}」は，関係演算子の前の空白を確保するための記述
    \quad (A^2 - pB^2 = 1)
\end{array} \right\}
```

15 数式

15.21 数式番号の形式を変えたい

数式番号の形式を変更するには，基本的には \theequation を再定義します．数式番号を囲む括弧などの形式を変更するには \@eqnnum（amsmath パッケージ使用時には \tagform@）を再定義します．

■数式番号用のカウンタ

LaTeX では，数式番号は equation という名称のカウンタで数えられています．そこで，このカウンタの出力形式を定めるコマンドの \theequation を再定義すると，数式番号そのものの形式を変更できます．

```
\documentclass{jarticle}
\renewcommand{\theequation}{\roman{equation}}%%% 数式番号は小文字ローマ数字
\begin{document}
\setcounter{equation}{2}%%% 次の式の番号の数値は「3」(文字列としては「iii」)
実数$x$の小数部分を$\langle x \rangle$と書くと，
連続関数$f$と無理数$\alpha$に対して次式が成り立つ.
\begin{equation}
  \lim_{n \to \infty} \frac{1}{n} \sum_{k=1}^n f(\langle k\alpha \rangle)
= \int_0^1 f(x)\, dx
\end{equation}
\end{document}
```

> 実数 x の小数部分を $\langle x \rangle$ と書くと，連続関数 f と無理数 α に対して次式が成り立つ．
>
> $$\lim_{n\to\infty} \frac{1}{n} \sum_{k=1}^n f(\langle k\alpha \rangle) = \int_0^1 f(x)\, dx \qquad\qquad \text{(iii)}$$

■数式番号を囲む括弧などの変更

数式番号を囲む括弧などを変更するには，\@eqnnum というコマンドを再定義します．例えば，日本の初等教育の教科書などでは次のような設定を見かけます．

```
\documentclass{jarticle}
\newcommand{\MARU}[1]{\mbox{\ooalign{%
   \raisebox{.066em}{$\bigcirc$}\cr \hfil #1\hfil}}}%%% 簡易版丸数字
\makeatletter%%%                    この例での \theequation の定義については，
\renewcommand{\theequation}{%%% 第 2 章の末尾のコラムを参照してください.
   \expandafter\protect\expandafter\MARU\expandafter{\the\c@equation}}
```

446

```
\renewcommand{\@eqnnum}{{\normalfont \normalcolor ……\theequation}}
%%% \@eqnnum の，LaTeX でのオリジナルの定義は次のようになっています．
%%% \def\@eqnnum{{\normalfont \normalcolor (\theequation)}}
\makeatother
\begin{document}
\begin{equation}
    \triangle \mathrm{ABC}
  = \frac{1}{2} \mathrm{AB} \cdot \mathrm{AC} \sin \angle \mathrm{BAC}
\end{equation}
\end{document}
```

$$\triangle\mathrm{ABC} = \frac{1}{2}\mathrm{AB}\cdot\mathrm{AC}\sin\angle\mathrm{BAC} \qquad\qquad\text{……①}$$

■ amsmath パッケージを用いる場合

amsmath パッケージでは，数式番号を囲む括弧などの形式は \tagform@ というコマンド
で定められます（amsmath パッケージは \@eqnnum も \tagform@ を呼び出すように再定
義するので，\tagform@ を再定義すれば充分です）．なお，\numberwithin というコマン
ドを「\numberwithin{equation}{〈親カウンタ名〉}」という形式で用いると，数式番号を
「カウンタ〈親カウンタ名〉が増加する際にリセット」し，また，数式番号の出力時にカウン
タ〈親カウンタ名〉の番号を添えて出力するようになります（次の例を参照してください）．

```
\documentclass{jarticle}  \usepackage{amsmath}
\numberwithin{equation}{section}%%% 数式番号を \section ごとにリセット
\makeatletter
\renewcommand{\tagform@}[1]{%%% 数式番号を囲む括弧を角括弧に変更
    \maketag@@@{[\ignorespaces#1\unskip\@@italiccorr]}}%%% 引数 #1 は数式番号
%%% \tagform@ のオリジナルの定義は次のようになっています．
%%% \def\tagform@#1{\maketag@@@{(\ignorespaces#1\unskip\@@italiccorr)}}
\makeatother
\begin{document}\setcounter{section}{1}%%% 次の \section を第2節にします．
\section{気体の状態方程式}
理想気体の状態方程式：
\begin{equation}  PV = nRT  \end{equation}
\end{document}
```

2　気体の状態方程式

理想気体の状態方程式：

$$PV = nRT \qquad\qquad [2.1]$$

15　数式

15.22　数式番号に副番号を付けたい

amsmath パッケージが提供する subequations 環境の中でディスプレイ数式を用いると，数式番号に副番号が付きます．

■数式番号に副番号を付ける環境

　ひとつの式が複数の小さな式に分かれている場合に，その小さな式の各々に「(1a)」，「(1b)」のような副番号（この例では「a」，「b」）を伴う番号を付けるには，amsmath パッケージが提供する subequations 環境が利用できます．この環境は，「副番号を付けるディスプレイ数式」を単に環境内に入れた，次の形式で用います．

```
\begin{subequations}
  〈数式番号に副番号を付けるディスプレイ数式〉
\end{subequations}
```

■ subequations 環境の使用例

```
\documentclass[fleqn]{jarticle}
\usepackage{amsmath}
\begin{document}
次の例のように，極限操作と積分は一般には交換できない.
\begin{subequations}
\begin{gather}
  \lim_{n \to \infty} \int_0^{\pi/2} n \cos^{n-1} x \sin x\, dx
 = \lim_{n \to \infty} \Bigl[ -\cos^n x \Bigr]_0^{\pi/2}
 = \lim_{n \to \infty} 1 = 1
 \\
  \int_0^{\pi/2} \lim_{n \to \infty} n \cos^{n-1} x \sin x\, dx
 = \int_0^{\pi/2} 0\,dx = 0
\end{gather}
\end{subequations}
\end{document}
```

　次の例のように，極限操作と積分は一般には交換できない.

$$\lim_{n \to \infty} \int_0^{\pi/2} n \cos^{n-1} x \sin x \, dx = \lim_{n \to \infty} \left[-\cos^n x \right]_0^{\pi/2} = \lim_{n \to \infty} 1 = 1 \quad (1a)$$

$$\int_0^{\pi/2} \lim_{n \to \infty} n \cos^{n-1} x \sin x \, dx = \int_0^{\pi/2} 0 \, dx = 0 \quad (1b)$$

448

■副番号の形式の変更

subequations 環境は，ファイル amsmath.sty で次のように定義されています（コメントは筆者によります）．この定義の中の，「副番号の設定」というコメントを付けた箇所を変更すると，副番号の形式が変わります．なお，\theparentequation というのは，「副番号以外の部分」（先の例では，数式番号の「1」の部分）に相当します．

```
\newenvironment{subequations}{%
  \refstepcounter{equation}%%% ↓元の数式番号（文字列化したものと数値の両方）の退避
  \protected@edef\theparentequation{\theequation}%
  \setcounter{parentequation}{\value{equation}}%
  \setcounter{equation}{0}%
  \def\theequation{\theparentequation\alph{equation}}%%% 副番号の設定
  \ignorespaces
}{%
  \setcounter{equation}{\value{parentequation}}%%% 元の数式番号の値の復元
  \ignorespacesafterend
}
```

例えば，先の例の LaTeX 文書のプリアンブルの「\usepackage{amsmath}」以降の部分に

```
\makeatletter
\renewenvironment{subequations}{%
\refstepcounter{equation}\protected@edef\theparentequation{\theequation}%
\setcounter{parentequation}{\value{equation}}\setcounter{equation}{0}%
\def\theequation{\theparentequation-\arabic{equation}}%%% 副番号の形式を変更
\ignorespaces}{%
\setcounter{equation}{\value{parentequation}}\ignorespacesafterend}
\makeatother
```

という記述を追加すると，数式番号は「(1-1)」，「(1-2)」となります．

●コラム● ［ディスプレイ数式の上下などに追加される空白の大きさ］

一般に，equation 環境などのディスプレイ数式の前には \abovedisplayskip または \abovedisplayshortskip の大きさのグルーが追加され，ディスプレイ数式の後には \belowdisplayskip または \belowdisplayshortskip の大きさのグルーが追加されます（これらの値は，\setlength コマンドを用いて変更できます）．また，align 環境などの複数行にわたるディスプレイ数式での個々の行の間に追加される空白の大きさは，\jot という寸法で与えられます（\jot の値も \setlength コマンドを用いて変更できます）．

15 数式

15.23 ディスプレイ数式を中断してテキストを書き込みたい

> amsmath パッケージが提供する複数行の数式用のディスプレイ数式環境では，\intertext
> コマンドを用いてディスプレイ数式の途中に割り込むテキストを記述できます．

■ディスプレイ数式にテキストを挟み込むコマンド

amsmath パッケージ使用時には，このパッケージが提供するディスプレイ数式用の環境
（gather 環境，align 環境など，15.19 節参照）の中で，\intertext というコマンドを次の
形式で用いると，複数行の数式の途中にテキストを挟み込むことができます．

```
\intertext{〈数式中に挟み込むテキスト〉}
```

なお，\intertext は，基本的にはディスプレイ数式中の「\\」による改行の直後で用いま
す．「\\」の直後以外の箇所で \intertext を用いると，必要に応じて「\\」を補ってディ
スプレイ数式の「現在の行」を終了させたうえでテキストを挟み込みます．また，テキスト
部分（非数式部分）などで \intertext を用いると，エラーが生じます．

▶ 注意　\intertext の引数の中で（段落内の）強制改行を行う場合には，「\\」の代わりに
「\newline」を用いてください．また，\intertext の引数の中に空白行（または \par）コ
マンドが含まれるとエラーが生じます（やむを得ず \intertext の引数の中で改段落する場
合には，空白行の代わりに \endgraf を用います）．なお，\intertext で挟み込んだテキス
トの途中では改ページできないことにも注意してください．　　　　　　　　　　　　　□

■ \intertext コマンドの使用例

この例では，「辺々引いて」などの挟み込んだテキストの前後を通じて等号の位置が揃うこ
とを確認するとよいでしょう．

```
\begin{align*}
  S  & = 1 \cdot r + 2 \cdot r^2 + \dots + n \cdot r^n \\
  rS & = \hphantom{1 \cdot r + {}}
         1 \cdot r^2 + 2 \cdot r^3 + \dots + n \cdot r^{n+1} \\
\intertext{辺々引いて}
  (1 - r) S & = r + r^2 + \dots + r^n - n \cdot r^{n+1} \\
            & = \frac{r - (n + 1) r^{n+1} + n r^{n+2}}{1 - r} \\
\intertext{したがって, }
  S & = \frac{r - (n + 1) r^{n+1} + n r^{n+2}}{(1 - r)^2}
\end{align*}
```

$$S = 1 \cdot r + 2 \cdot r^2 + \cdots + n \cdot r^n$$
$$rS = \qquad\quad 1 \cdot r^2 + 2 \cdot r^3 + \cdots + n \cdot r^{n+1}$$

辺々引いて

$$(1 - r)S = r + r^2 + \cdots + r^n - n \cdot r^{n+1}$$
$$= \frac{r - (n + 1)r^{n+1} + nr^{n+2}}{1 - r}$$

したがって,

$$S = \frac{r - (n + 1)r^{n+1} + nr^{n+2}}{(1 - r)^2}$$

▶ 注意 \intertext コマンドは,eqnarray(∗) 環境や equation(∗) 環境の中では使えません (amsmath パッケージが提供する,複数行のディスプレイ数式用の環境の中でのみ利用可能です).eqnarray 環境の途中にテキストを挟み込むには,例えば,「\\」コマンドの直後に

```
\noalign{\vspace{〈適当な寸法〉}
  \noindent 〈挟み込むテキスト〉\par
  \vspace{〈適当な寸法〉}}}
```

という記述を入れるという方法が使えます.なお,\noalign は「表の行間に任意の項目を追加」するコマンドです(LATEX の内部処理では,eqnarray(∗) 環境は一種の表として扱われています).　　　　　　　　　　　　　　　　　　　　　　　　　　　　　　　　　　□

────●コラム●［ディスプレイ数式の直前・直後での改ページの起こりやすさの調整］────

　ディスプレイ数式の直前での改ページの起こりやすさは \predisplaypenalty という整数値で指定され,ディスプレイ数式の直後での改ページの起こりやすさは \postdisplaypenalty という整数値で指定されます.これらは,値がゼロのときには改ページを促進も抑制もせず,値が大きくなるほど改ページを抑制します(逆に値が負で絶対値が大きくなるほど改ページを促進します).

　ユーザー自身で \predisplaypenalty または \postdisplaypenalty の値を設定するには,「\predisplaypenalty=100」,「\postdisplaypenalty=0」のように「〈設定する値〉=〈設定する数値〉」という形の記述を行います(\predisplaypenalty などはカウンタではないので,\setcounter コマンドでは変更できません).

15　数式

15.24　数式本体と数式番号との間にリーダーを入れたい

数式本体と数式番号の間にリーダーを入れるという処理は，dotseqn パッケージなどで実現できます．

■ dotseqn パッケージ

dotseqn パッケージは，LaTeX 自身が提供するディスプレイ数式環境を次のように変更します．なお，dotseqn パッケージに指定できるパッケージオプションを表 15.11 に挙げます．

- equation 環境，「\[と \] の組」（displaymath 環境），eqnarray(*) 環境は，数式を左寄せで出力するようになります（数式部分の左余白の大きさは \mathindent です）．
- equation 環境，eqnarray 環境では，数式本体と数式番号の間にリーダーが入ります．

▶ 注意　dotseqn パッケージは，amsmath パッケージが提供するディスプレイ数式用の環境（align 環境など，15.19 節参照）には影響しません．つまり，dotseqn パッケージを用いても，align 環境などで作成した数式の数式番号の前にはリーダーは入りません．また，dotseqn パッケージと amsmath パッケージを併用する場合，equation 環境および「\[と \] の組」に対しては「dotseqn パッケージと amsmath パッケージのうちの後から読み込んだほう」での定義が用いられます．例えば，equation 環境での数式番号の前にリーダーが要るときには，amsmath パッケージを読み込んだ後に dotseqn パッケージを読み込みます．　　　　　　□

■ dotseqn パッケージの使用例

```
\documentclass{jarticle}
\usepackage[nocolsep]{dotseqn}
\begin{document}
\begin{eqnarray}
        B(p, q)
  & = & \int_0^1 x^{p-1} (1 - x)^{q-1}\, dx \nonumber \\
  & = & 2 \int_0^{\pi/2} \cos^{2p-1} \theta \sin^{2q-1} \theta\, d\theta
\end{eqnarray}
\end{document}
```

$$B(p, q) = \int_0^1 x^{p-1}(1-x)^{q-1}\, dx$$
$$= 2 \int_0^{\pi/2} \cos^{2p-1}\theta \sin^{2q-1}\theta\, d\theta \quad . \; . \; . \; . \; . \; . \; . \; . \quad (1)$$

表 15.11 ● dotseqn パッケージに対するオプション

オプション	意味
leftjust	eqnarray(∗) 環境の個々の式の左辺（各行の最初の文字「&」の前の部分）を左寄せにして出力
nocolsep	eqnarray(∗) 環境の個々の式の等号など（2 個の文字「&」の間の部分）の前後に入る余分な空白を削除

■数式番号の前のリーダーを変更する方法

dotseqn パッケージ使用時の数式番号の前のリーダーは \EqnDots というコマンドが作成します．そこで，次の例のように \EqnDots を再定義すると，リーダー部分が変わります．

```
\documentclass{jarticle}  \usepackage[nocolsep]{dotseqn}
\renewcommand{\EqnDots}{%%% \leaders については 4.14 節を参照してください.
  \ \leaders\hbox to.3333zw{\hss\raisebox{.3zw}{.}\hss}\hfill}
\begin{document}
\begin{equation}  \Gamma(x + 1) = x \Gamma(x)  \end{equation}
\end{document}
```

$$\Gamma(x + 1) = x\Gamma(x) \quad \cdots\cdots\cdots\cdots\cdots\cdots\cdots\cdots\cdots\cdots\cdots\cdots\cdots\cdots\cdots\cdots (1)$$

─●コラム●［eqnarray 環境の再定義］─

eqnarray 環境の開始処理は，ファイル latex.ltx で次のように定義されています（紙面の都合で改行位置を変更しています）．この定義をプリアンブルにコピーしたうえで，定義中の「\hskip \tw@\arraycolsep」（2 箇所）を削除し，「\hfil${##}$\hfil」のところを「\hfil${{}##{}}$\hfil」に変更すると，eqnarray(∗) 環境での「余分な空白」を削除できます（ただし，「fleqn」クラスオプション適用時には，ファイル fleqn.clo での \eqnarray の定義のコピーに対して，「\hskip \tw@\arraycolsep」の削除などの変更を施してください）．

```
\def\eqnarray{\stepcounter{equation}%
  \def\@currentlabel{\p@equation\theequation}%
  \global\@eqnswtrue \m@th \global\@eqcnt\z@
  \tabskip\@centering \let\\\@eqncr
  $$\everycr{}\halign to\displaywidth\bgroup
    \hskip\@centering$\displaystyle\tabskip\z@skip{##}$\@eqnsel
    &\global\@eqcnt\@ne\hskip \tw@\arraycolsep \hfil${##}$\hfil
    &\global\@eqcnt\tw@ \hskip \tw@\arraycolsep
      $\displaystyle{##}$\hfil\tabskip\@centering
    &\global\@eqcnt\thr@@ \hb@xt@\z@{\bgroup\hss##\egroup
      \tabskip\z@skip \cr}
```

15 数式

───**●コラム●**［アンバランスな分数に大きな括弧を付ける場合］───

　分子，分母の高さが大きく異なる分数に大きな括弧を付ける場合，単純に \left，\right などを用いると「（最も外側の）分数の中心線」に関して上下対称な括弧になるため，括弧の中身の高さと括弧の高さが大きく異なることがあります．そのような場合には，delarray パッケージを用いたうえで括弧を付けた分数などを「1 行 1 列の行列」として記述すると，次の例のように括弧の大きさと位置を調整できます．

```
\documentclass{jarticle}
\usepackage{amsmath,delarray}
\begin{document}
\[
    A
  = \begin{array}[t]({@{}c@{\,}})
        \cfrac{1}{1 + \cfrac{1}{2 + \cfrac{1}{3 + \dotsb}}}
    \end{array}^2
\]
\end{document}
```

$$A = \left(\cfrac{1}{1 + \cfrac{1}{2 + \cfrac{1}{3 + \cdots}}} \right)^2$$

　delarray パッケージ使用時には，次の形式で「行列を囲む括弧」を指定できます（同様に，tabular 環境に対しても表を囲む括弧を指定できます）．ただし，「〈左側の括弧〉」，「〈右側の括弧〉」の一方のみを省略する場合，省略するほうには「.」を用いてください．また，「〈左側の括弧〉」は「{」，「}」で**囲まないでください**．

```
\begin{array}[〈位置指定〉]〈左側の括弧〉{〈書式指定〉}〈右側の括弧〉
    〈行列の中身の記述〉
\end{array}
```

なお，「〈左側の括弧〉」，「〈右側の括弧〉」のどちらも与えない

```
\begin{array}[〈位置指定〉]{〈書式指定〉}
    〈行列の中身の記述〉
\end{array}
```

という通常の形式での記述もそのまま利用できます．

16: beamer による
プレゼンテー
ション

16.1　プレゼンテーションスライドを作成したい........................ 456

16.2　beamer を使ってみたい... 458

16.3　スライドの雰囲気を変えたい.................................... 460

16.4　スライドの中身を徐々に表示したい............................. 462

16.5　「配布用プリント」専用の処理を入れたい........................ 464

16.6　動画を入れたい.. 466

16 beamer によるプレゼンテーション

16.1 プレゼンテーションスライドを作成したい

LaTeX 文書から出発したプレゼンテーションでは，基本的には「1 スライド」＝「1 ページ」となるような PDF ファイルを作成します．

■ LaTeX とプレゼンテーション

LaTeX はいわゆる「プレゼンテーションツール」とは異なり，あくまでも「文書作成」のツールです．その LaTeX から出発してプレゼンテーションを行おうという場合，

- 個々のスライド（あるいは「隠しているテキストを徐々に見せる」といった演出が入るときには，1 枚のスライドの変化過程の各ステップ）を 1 ページとした文書を作成し，その各ページを（紙芝居のように）次々と提示する

という方法が考えられます．さらに，「個々のスライドからなる文書」を PDF ファイルにすると，そのような提示が（特に「フルスクリーンモード」での閲覧で）容易にできます．

■簡単な例

文書クラスとして例えば jsarticle を用いると，プレゼンテーション用文書に適した大きな文字サイズ（20pt など）が容易に利用できます．

```
\documentclass[a4paper,landscape,20pt,nomag*]{jsarticle}
%%% ↑nomag* オプションは省略可（古い jsarticle.cls にはありません）
\usepackage[dvips]{color}%%% オプションは適宜変更してください
\pagestyle{empty}
\begin{document}
\gtfamily\sffamily
\vspace*{.2\textheight}
\begin{center}
  {\LARGE \LaTeX でのプレゼンテーション}\\
  {\Large 七篠\hspace{1zw}権兵衛}\\
  {\normalsize 平成30年4月1日}
\end{center}
\newpage
\section*{\LaTeX でプレゼンテーションを行うには}
\LaTeX は
\begin{itemize}
\item \< 「プレゼンテーション（専用）ソフトウェア」ではないが，
\item \< 「文書作成」は可能\\ %%% ↓一部の文字列を伏せる
        \textcolor{white}{→「スライド」をPDFファイルの各ページにすれば
        「紙芝居」の要領でプレゼンテーションが可能}
\end{itemize}
```

```
\newpage
\section*{\LaTeX でプレゼンテーションを行うには}
\LaTeX は
\begin{itemize}
\item \<「プレゼンテーション（専用）ソフトウェア」ではないが,
\item \<「文書作成」は可能\\ %%% ↓2ページ目で伏せていた文字列を表示
        →「スライド」をPDFファイルの各ページにすれば
            「紙芝居」の要領でプレゼンテーションが可能
\end{itemize}
\end{document}
```

● 1 ページ目

> # LᴬTₑX でのプレゼンテーション
> ## 七篠　権兵衛
> ### 平成 30 年 4 月 1 日

● 2 ページ目

> ## LᴬTₑX でプレゼンテーションを行うには
> LᴬTₑX は
>
> - 「プレゼンテーション（専用）ソフトウェア」ではないが,
> - 「文書作成」は可能

● 3 ページ目

> ## LᴬTₑX でプレゼンテーションを行うには
> LᴬTₑX は
>
> - 「プレゼンテーション（専用）ソフトウェア」ではないが,
> - 「文書作成」は可能
>   →「スライド」を PDF ファイルの各ページにすれば「紙芝居」の要
>   領でプレゼンテーションが可能

▶ 注意　今の例では非表示にする範囲を「白色」で記述しましたが，表示範囲の制御には一般には 16.4 節で紹介する \pause などのコマンドを用いるほうが適切です（実際，「テーマ」（16.3 節参照）などの設定によっては，「白色」で記述しても隠れないことがあります）.　□

16　beamer によるプレゼンテーション

16.2　beamer を使ってみたい

beamer を用いる場合にも，文書の大枠は一般の文書と変わりませんが，個々のスライド
を frame 環境で記述するという特徴があります．

■プレゼンテーション用クラスファイル

LATEX にはプレゼンテーション用の文書クラスがいろいろと用意されています．古くからあ
るものとしては slides クラスが知られていますし，近年の PDF 化を念頭に置いたものとし
ては prosper，beamer といったものが知られています．本章の残りの部分では，それらのう
ち特に beamer クラスの基本的な用法を紹介します．

■ beamer クラスを用いた文書の構造

beamer クラスを用いたプレゼンテーション用文書は，次のように個々の「スライド」を
frame 環境の形で記述する点に特徴があります．また，graphicx，xcolor といったパッケー
ジがクラスファイル内で読み込まれるので，それらに対する「ドライバ指定」はクラスオプ
ションとして与えます．最終的に PDF ファイル化することを考えると，dvipdfmx オプショ
ンを指定しておくと好都合でしょう（中身が欧文のみの場合には pdftex オプションなども
選択肢となります）．

```
\documentclass[dvipdfmx]{beamer}
〈パッケージ類の読み込み〉
\begin{document}
\begin{frame}{〈見出し〉}%%%　「{〈見出し〉}」は省略可能
  〈1 枚目のスライドの中身〉
\end{frame}
\begin{frame}{〈見出し〉}%%%　「{〈見出し〉}」は省略可能
  〈2 枚目のスライドの中身〉
\end{frame}
...
\end{document}
```

■例：前節の例と同様のサンプル文書

```
\documentclass[dvipdfmx]{beamer}
%%% ↓基準の書体をゴシック体（和文），サンセリフ体（欧文）に変更
\renewcommand*{\kanjifamilydefault}{\gtdefault}
\renewcommand*{\familydefault}{\sfdefault}
```

```
%%% \title などのコマンドも通常の文書と同様に利用可能
\title{\LaTeX でのプレゼンテーション}
\author{七篠\hspace{1zw}権兵衛}
\date{平成30年4月1日}
\begin{document}
\begin{frame}
  \maketitle
\end{frame}

\begin{frame}{\LaTeX でプレゼンテーションを行うには}
\LaTeX は
\begin{itemize}
\item \<「プレゼンテーション（専用）ソフトウェア」ではないが,
\item \<「文書作成」は可能\\
%%% ↓\pause コマンドの位置で，スライドの中身を「一旦停止」します
%%% 　（16.4 節参照）
\pause
        →「スライド」をPDFファイルの各ページにすれば
            「紙芝居」の要領でプレゼンテーションが可能
\end{itemize}
\end{frame}
\end{document}
```

● 2 ページ目（1, 3 ページ目は省略）

LᴬTᴇX でプレゼンテーションを行うには

LᴬTᴇX は
- ▶ 「プレゼンテーション（専用）ソフトウェア」ではないが,
- ▶ 「文書作成」は可能

　この出力例はグレースケールにしていますが，実際の出力では見出し文字列や箇条書きの記号（▶）は藍色になっています.

16 beamer によるプレゼンテーション

16.3 スライドの雰囲気を変えたい

各種の「テーマ」を用いると，手軽にスライドの雰囲気を変更できます．

■ meamer での「テーマ」

beamer クラスを用いたプレゼンテーション用文書においては，各種「テーマ」（デザインコンセプト）を適用することで，スライドの各部の外見を一括して変更できます．テーマの指定には，\usetheme（一般のテーマを設定），\usecolortheme（配色に関するテーマを設定）の 2 コマンドがよく用いられます．

```
\usetheme[〈オプション〉]{〈テーマ名〉}
\usecolortheme[〈オプション〉]{〈テーマ名〉}
```

■テーマを設定した例

本節の残りの部分では，次の文書の「〈テーマ設定〉」のところで各種のテーマ設定を行った場合の出力結果の 1, 2 ページ目を挙げます．

```
\documentclass[dvipdfmx]{beamer}
\renewcommand*{\kanjifamilydefault}{\gtdefault}
\renewcommand*{\familydefault}{phv}
〈テーマ設定〉

\title{\LaTeX でのプレゼンテーション}
以下，\end{document} まで前節の例と同じ
```

■ \usecolortheme{magpie} の場合

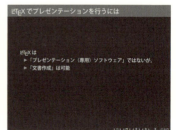

この出力例でグレーになっている部分は，実際の出力では青色となります．また，「magpie」のところを「frigatebird」に変更すると赤色が基調となり，「cormonant」に変更すると緑色が基調となります．

■ \usetheme{Cuerna} の場合

この例の実際の出力は藍色を基調としていますが，「\usecolortheme{lettuce}」を併用すると緑色が基調となり，「\usecolortheme{brick}」を併用すると赤色が基調となります

■ \usetheme{metropolis} の場合

このほかにも各種のテーマが用意されています．beamer 関連ファイルのドキュメント（\$TEXMF（あるいは \$TEXMFDIST）/doc/latex/beamer...）を探してみるとよいでしょう．

また，テーマ関連のコマンドには \usefonttheme（フォント関連のテーマを設定），\useinnertheme（箇条書きなどの体裁に関するテーマを設定），\useoutertheme（見出し部分などの体裁に関するテーマを設定）というものもあります．これらの使用例については beamer のマニュアル（beameruserguide.pdf）の第 16 節などを参照してください．

16 beamer によるプレゼンテーション

16.4　スライドの中身を徐々に表示したい

各スライド内で「オーバーレイ」の設定を行うことで，スライド内の表示する部分と非
表示にする部分を制御できます．

■ \pause による表示範囲の制御

1枚のスライド（frame環境）の中で \pause というコマンドを用いると，その \pause の
ところで表示を一旦停止させるような効果があります．

```
\begin{frame}
〈最初に表示される部分〉
\pause
〈2番目に現れる部分〉
\pause
〈3番目に現れる部分〉
...
\end{frame}
```

■ \pause の例

```
\begin{frame}
\begin{enumerate}
\item 最初の項目　\pause
\item 2番目の項目　\pause
\item 3番目の項目
\end{enumerate}
\end{frame}
```

のようなスライドを用意すると，このスライドは最初は番号1の項目のみが表示され，次の
ページには番号1，2項目が表示されます．さらに次のページには番号1～3の項目がすべて
表示されます．この例では，\pause コマンドによって1枚のスライド（frame環境）が複数
ページに分割されていますが，その分割された個々のページを「オーバーレイ」といいます．

■オーバーレイの指定

beamer では各種のコマンドに次の形式で「どのオーバーレイに適用するか」を表すオプ
ションを指定できます（〈start〉，〈end〉は整数で，省略可能）．

462

```
<⟨start⟩-⟨end⟩>
```

これは「⟨start⟩ 番目のオーバーレイから ⟨end⟩ 番目のオーバーレイまで適用する」という意味です．また，⟨start⟩ を省略した「<-⟨end⟩>」は「最初から ⟨end⟩ 番目まで」を表し，⟨end⟩ を省略した「<⟨start⟩->」は「⟨start⟩ 番目以降」を表します．なお，⟨start⟩ = ⟨end⟩ のときには，「<⟨start⟩-⟨end⟩>」の代わりに「<⟨start⟩>」とも書けます．

■可視・不可視の指定

\visible, \invisible というコマンドを用いると，\pause を用いるよりも細かく表示・非表示にする範囲を指定できます．

```
\visible<⟨オーバーレイの指定⟩>{⟨表示するテキスト⟩}
\invisible<⟨オーバーレイの指定⟩>{⟨非表示にするテキスト⟩}
```

■オーバーレイと可視・不可視の指定の例

```
An \visible<2->{\textcolor<3>{red}{important}} sample.
```

では，文字列「important」は最初のオーバーレイでは非表示（\hphantom で隠したかのような空欄）となり，2 番目以降のオーバーレイで表示されます．さらに 3 番目のオーバーレイでは文字列「important」が赤くなります．

すべての LaTeX のコマンドに対してオーバーレイの指定ができるとは限らないのですが，各オーバーレイでの表示範囲・表示形式を調整したいときにはとりあえず「<⟨start⟩-⟨end⟩>」の指定を試してみるとよいでしょう．

▶ 注意　本節で説明したように，beamer ではオーバーレイの指定のために各種のコマンドの仕様が変更されています．ユーザー自身でマクロを作成する場合には，既存のコマンドが再定義されている可能性にも充分に注意が必要です．　　　　　　　　　　　　　　　□

16 beamer によるプレゼンテーション

16.5 「配布用プリント」専用の処理を入れたい

各種のコマンドには,「プレゼンテーションモードなどのどのモードで有効にするか」を
指定するオプションが導入されています.

■モード指定

beamer クラスを用いた文書は通常は「presentation」(プレゼンテーション) モードで処理さ
れます.一方,\documentclass に「handout」オプションを付けると,「handout」(配布用プ
リント) モードで処理します.同様に「trans」オプションを付けると,「trans」(transparency,
OHP シート) モードで処理します.

▶ 注意 handout, trans の各オプションは,それらを指定しただけでは効果はありません
(テーマによっては影響がある可能性はあります).基本的には,下記の「モード制御」の指
定を併用してはじめてモードに応じた処理が行われます.   □

■モード制御

オーバーレイの場合と同様に,「<>」で囲んだオプションを使って個々のコマンドを有効
にするモードを指定できます.例えば,「\textbf<handout>{...}」という記述は handout
モードでのみ \section として処理され,それ以外のモードでは何もしません.

また,オーバーレイの指定と組み合わせて「handout モード時の 1,2 番目のオーバーレイ」
のような指定を行うには,「handout:1-2」のように「モード名 + コロン」をオーバーレイの
指定に前置します (presentation モードについては,「モード名 + コロン」を省略できます).
その際,「handout:0」のようにオーバーレイの番号として「0」を指定すると,「そのモード
ではオフ」(「handout:0」なら,「handout モードでは適用しない」) という意味になります.

さらに,「『presentation モードの 2 番目のオーバーレイ』または『handout モードの 3 番
目のオーバーレイ』」のような複数のモードについての指定を行うには,各モードについて
の指定を「| + 空白」で区切って並べて「presentation:2| handout:3」のように指定し
ます.

例えば,前節の最後の例

```
An \visible<2->{\textcolor<3>{red}{important}} sample.
```

において,handout モードでは文字列「important」を太字表記にするが赤色にはしない,と
いう処理は

```
An
\visible<2-| handout>{\textcolor<3| handout:0>{red}{%
\textbf<handout>{important}}}
sample.
```

のようにすると実現できます. 実際, \textcolor は「handout:0」によって無効化し, \textbf
は handout モードでだけ有効にしています.

■「配布用プリント」では「テーマ」の設定を外す例

「テーマ」(16.3 節参照) の中には「配布用プリント」には適さないものもあります. 例え
ば, presentation モードには magpie カラーテーマを適用する一方, handout モードには適
用しないという指定は, 次のようにできます.

```
\mode<handout:0>{\usecolortheme{magpie}}
```

ここで用いた \mode はモード指定のためのコマンドで, 次の形式で用います.

```
\mode<〈モード指定〉>{〈処理内容〉}
```

■「配布用プリント」でのみ 4-up にする例

「配布用プリント」でのみ「各ページの縮小版 4 ページ分を 1 ページに印刷」(4-up 出力)
したいというときには, プリアンブルで次のように記述します.

```
\mode<handout>{%%% 次の 2 行が「4-up」のための設定
\usepackage{pgfpages}%
\pgfpagesuselayout{4 on 1}[a4paper,landscape]%
}%%% ↑オプション引数は出力用紙サイズの指定
```

これも先の例と同様で, \mode を用いて「4-up」の設定を handout モード時のみに制限し
ています. なお, 「4 on 1」を「2 on 1」にすると 2-up 出力 (縮小版 2 ページ分を 1 ペー
ジに印刷) になります (この場合, 「landscape」オプションは外せます).

16 beamer によるプレゼンテーション

16.6 動画を入れたい

multimedia パッケージが提供する \movie コマンドが利用できます.

■ multimedia パッケージ

プレゼンテーション用 PDF ファイルに動画を入れるには, まず, プリアンブルで multimedia パッケージを次のように読み込みます.

```
\usepackage{multimedia}
```

▶ 注意　multimedia パッケージ使用時には, 「dvips + ps2pdf」「pdfLATEX」といった手段で PDF 化してください (dvipdfmx には対応していないようです).　　　　　　　　　　　　□

■動画の取り込み

動画を取り込むには, \movie コマンドを次のように用います.

```
\movie[〈オプション〉]{〈代替テキスト〉}{〈動画ファイル名〉}
```

ここで, 「〈オプション〉」は「width=〈幅〉」(動画領域の幅の指定), 「height=〈高さ〉」(動画領域の高さの指定) などで, 「〈代替テキスト〉」は動画の領域に (例えば, 動画の再生開始までに) 表示しておく画像の類です.

本書で実際に動画を見せるのは無理がありますので, 動画を用いる実験は読者に委ねることにします.

付録 A: テキスト用
の記号類

付録A　テキスト用の記号類

■文字コード表

いわゆる「印字可能文字」の文字コードを挙げます．この表では文字「@」は「60 + x」の行の「4」の列にあるので，「@」の文字コードは「60 + 4 = 64」となります．例えば，\symbol を用いた文字コード指定の際に「\symbol{64}」と記述すれば「@」が得られます．

	x									
	0	1	2	3	4	5	6	7	8	9
30 + x			␣	!	"	#	$	%	&	'
40 + x	(	)	*	+	,	−	.	/	0	1
50 + x	2	3	4	5	6	7	8	9	:	;
60 + x	<	=	>	?	@	A	B	C	D	E
70 + x	F	G	H	I	J	K	L	M	N	O

	x									
	0	1	2	3	4	5	6	7	8	9
80 + x	P	Q	R	S	T	U	V	W	X	Y
90 + x	Z	[	\	]	^	_	`	a	b	c
100 + x	d	e	f	g	h	i	j	k	l	m
110 + x	n	o	p	q	r	s	t	u	v	w
120 + x	x	y	z	{			}	~		

■ LaTeX 自身が提供する記号類・特殊文字

記号	対応する記述
Æ	\AE
æ	\ae
IJ	\IJ 注1
ij	\ij 注1
Œ	\OE
œ	\oe
SS	\SS
ß	\ss
Å	\AA，\r{A}
å	\aa，\r{a}
Ł	\L
ł	\l
Ø	\O

記号	対応する記述
ø	\o
␣	\textvisiblespace
·	\cdot 注2，\textperiodcentered
*	\ast 注2, 注3，\textasteriskcentered
●	\bullet 注2，\textbullet
◯	\bigcirc 注2, 注4，\textbigcircle 注5
\	\backslash 注2，\textbackslash
‖	| 注2，\Vert 注2，\textbardbl
…	\dots 注6，\textellipsis
¶	\P 注6，\textparagraph

記号	対応する記述
§	\S 注6，\textsection
†	\dag 注6，\textdagger
‡	\ddag 注6，\textdaggerdbl
√	\surd 注2，\textsurd 注5
ı	\i
ȷ	\j 注7
£	\pounds 注6，\textsterling
©	\copyright 注4, 注6，\textcopyright
®	\textregistered 注4
™	\texttrademark
ª	\textordfeminine
º	\textordmasculine

注1：古い LaTeX では利用できません．　　注2：数式用のコマンドです．　　注3：数式中では「*」で出力できます．
注4：文字サイズが 10 pt から大きくずれると丸が歪むことがあります．そのようなときは，10 pt での出力を \scalebox（4.9 節参照）を用いて拡大・縮小するとよいでしょう．
注5：textcomp パッケージで提供されます．　　注6：数式中でも使用できます．
注7：使用フォントによってはこの記号が欠落していることがあります．

■ T1 エンコーディング使用時に利用できる記号

記号	対応する記述
Đ	\DH
ð	\dh
Đ	\DJ
đ	\dj

記号	対応する記述
Ŋ	\NG
ŋ	\ng
Þ	\TH

記号	対応する記述
þ	\th
‰	\textperthousand
‱	\textpertenthousand

記号	対応する記述
‹	\guilsinglleft
›	\guilsinglright
‚	\quotesinglbase

■数式用記号として定義されている記号のうち非数式部分でもよく用いられるもの

記号	対応する記述	記号	対応する記述	記号	対応する記述	記号	対応する記述
♠	\spadesuit	♣	\clubsuit	♯	\sharp	○	\circ
♡	\heartsuit	♭	\flat	⋆	\star	⌣	\smile
◇	\diamondsuit	♮	\natural	◇	\diamond	⌢	\frown

■ textcomp パッケージが提供する記号

記号	対応する記述	記号	対応する記述	記号	対応する記述
0	\textzerooldstyle	μ	\textmu	゠	\textdblhyphen
1	\textoneoldstyle	℧	\textmho	⟨	\textlangle
2	\texttwooldstyle	Ω	\textohm	⟩	\textrangle
3	\textthreeoldstyle	℃	\textcelsius	⟦	\textlbrackdbl
4	\textfouroldstyle	№	\textnumero	⟧	\textrbrackdbl
5	\textfiveoldstyle	©	\textcopyleft	⦃	\textlquill
6	\textsixoldstyle	℗	\textcircledP	⦄	\textrquill
7	\textsevenoldstyle	SM	\textservicemark	⁄	\textfractionsolidus
8	\texteightoldstyle	฿	\textbaht	¬	\textlnot
9	\textnineoldstyle	♭	\textblank	°	\textdegree
¹	\textonesuperior	℞	\textrecipe	‒	\textminus
²	\texttwosuperior	℀	\textdiscount	×	\texttimes
³	\textthreesuperior	℮	\textestimated	÷	\textdiv
¼	\textonequarter	¦	\textbrokenbar	±	\textpm
½	\textonehalf	ʼ	\textquotestraightbase	∘	\textopenbullet
¾	\textthreequarters	ʺ	\textquotestraightdblbase	←	\textleftarrow
₡	\textcolonmonetary	‽	\textinterrobang	→	\textrightarrow
¤	\textcurrency	⸮	\textinterrobangdown	↑	\textuparrow
¢	\textcent	´	\textasciiacute 注	↓	\textdownarrow
đ	\textdong	`	\textasciigrave 注	※	\textreferencemark
€	\texteuro	ˇ	\textasciicaron 注	⋆	\textborn
ƒ	\textflorin	˘	\textasciibreve 注	⚭	\textmarried
₲	\textguarani	¨	\textasciidieresis 注	o∣o	\textdivorced
£	\textlira	¯	\textasciimacron 注	†	\textdied
₦	\textnaira	˝	\textacutedbl 注	✑	\textleaf
₱	\textpeso	‶	\textgravedbl 注	♪	\textmusicalnote
₩	\textwon	~	\texttildelow	¶	\textpilcrow
$	\textdollaroldstyle	—	\texttwelveudash		
¢	\textcentoldstyle	—	\textthreequartersemdash		

注：「単独のアクセント記号」を出力するためのコマンドです．アクセント記号付きの文字（「á」など）を出力する
には，「3.6　アクセント記号を記述したい」で挙げた「テキスト用アクセント」のコマンドを用います．

469

付録A　テキスト用の記号類

■ pifont パッケージを用いて利用できる記号 (1)（Symbol）

次の表に載っている記号は，pifont パッケージが提供する \Pisymbol というコマンドを用いた「\Pisymbol{psy}{〈その記号の文字コード〉}」という記述で出力できます．文字コードの読み取り方は付録 A の冒頭の「文字コード表」と同様です．例えば，「220 + x」の行の「8」の列にある「™」は「\Pisymbol{psy}{228}」で出力できます．なお，\Pisymbol は fragile なコマンドです．

		0	1	2	3	4	5	6	7	8	9
30 + x					!	∀	#	∃	%	&	∋
40 + x		(	)	∗	+	,	−	.	/	0	1
50 + x		2	3	4	5	6	7	8	9	:	;
60 + x		<	=	>	?	≅	Α	Β	Χ	Δ	Ε
70 + x		Φ	Γ	Η	Ι	ϑ	Κ	Λ	Μ	Ν	Ο
80 + x		Π	Θ	Ρ	Σ	Τ	Υ	ς	Ω	Ξ	Ψ
90 + x		Ζ	[	∴	]	⊥	_	‾	α	β	χ
100 + x		δ	ε	φ	γ	η	ι	φ	κ	λ	μ
110 + x		ν	ο	π	θ	ρ	σ	τ	υ	ϖ	ω

		0	1	2	3	4	5	6	7	8	9
120 + x		ξ	ψ	ζ	{	|	}		~		
160 + x			ϒ	′	≤	⁄	∞	ƒ	♣	♦	♥
170 + x		♠	↔	←	↑	→	↓	°	±	″	≥
180 + x		×	∝	∂	•	÷	≠	≡	≈	…	|
190 + x		—	↵	ℵ	ℑ	ℜ	℘	⊗	⊕	∅	∩
200 + x		∪	⊃	⊇	⊄	⊂	⊆	∈	∉	∠	∇
210 + x		®	©	™	∏	√	·	¬	∧	∨	⇔
220 + x		⇐	⇑	⇒	⇓	◊	⟨	®	©	™	∑
240 + x			⟩	∫							

■ pifont パッケージを用いて利用できる記号 (2)（ZapfDingbats）

次の表に載っている記号は，やはり \Pisymbol コマンドを用いて「\Pisymbol{pzd}{〈その記号の文字コード〉}」という記述で出力できます．また，「\Pisymbol{pzd}」の代わりに「\ding」とも記述できます．文字コードの読み取り方は付録 A の冒頭の「文字コード表」と同様です．なお，\ding も \Pisymbol と同じく fragile なので，注意してください．

		0	1	2	3	4	5	6	7	8	9
30 + x					✁	✂	✃	✄	☎	✆	✇
40 + x		✈	✉	☛	☞	✌	✍	✎	✏	✐	✑
50 + x		✒	✓	✔	✕	✖	✗	✘	✙	✚	✛
60 + x		✜	✝	✞	✟	✠	✡	✢	✣	✤	✥
70 + x		✦	✧	★	✩	✪	✫	✬	✭	✮	✯
80 + x		✰	✱	✲	✳	✴	✵	✶	✷	✸	✹
90 + x		✺	✻	✼	✽	✾	✿	❀	❁	❂	❃
100 + x		❄	❅	❆	❇	❈	❉	❊	❋	●	○
110 + x		■	❏	❐	❑	❒	▲	▼	◆	❖	◗
120 + x		❘	❙	❚	❛	❜	❝	❞			

		0	1	2	3	4	5	6	7	8	9
160 + x			❡	❢	❣	❤	❥	❦	❧	♣	♦
170 + x		♥	♠	①	②	③	④	⑤	⑥	⑦	⑧
180 + x		⑨	⑩	❶	❷	❸	❹	❺	❻	❼	❽
190 + x		❾	❿	➀	➁	➂	➃	➄	➅	➆	➇
200 + x		➈	➉	➊	➋	➌	➍	➎	➏	➐	➑
210 + x		➒	➓	➔	→	↔	↕	➘	➙	➚	➛
220 + x		➜	➝	➞	➟	➠	➡	➢	➣	➤	➥
230 + x		➦	➧	➨	➩	➪	➫	➬	➭	➮	➯
240 + x			➱	➲	➳	➴	➵	➶	➷	➸	➹
250 + x		➺	➻	➼	➽	➾					

■ TIPA パッケージが提供する記号のうちの基本的なもの

　TIPA パッケージが提供する記号のうち，\textipa コマンドを単純に用いて出力できるものを挙げています．文字コードの読み取り方は付録 A の冒頭の「文字コード表」と同様です．例えば，「60 ＋ x」の行の「4」の列にある「ə」は（やはり「文字コード表」から文字「@」の文字コードは 64 なので）「\textipa{@}」で出力できます．また，この記号は「\textschwa」というコマンドでも出力できますが，そういった点や TIPA パッケージが提供するその他の記号などの詳しいことについてはこのパッケージのマニュアルを参照してください．

	0	1	2	3	4	5	6	7	8	9
0 + x	`	´	^	~	¨	˝	˚	˘	ˇ	¯
10 + x	˙	̦	̧	̈	̌	̑	͡	͜		
20 + x	˒	˓	̯	̰	̈	ɩ	ɟ	＋	ˌ	˳
30 + x	ˬ	˒	ˏ	!	'	＇	̗	.	~	̚
40 + x	(	)	*	+	,	-	.	/	ʮ	i
50 + x	ʌ	ʒ	ɥ	ɐ	ɒ	ɣ	θ	ɘ	:	·
60 + x	⌣	=	⁀	?	ə	ɑ	β	ç	ð	ɛ
70 + x	ɸ	ɤ	ﬁ	ɪ	ɹ	ʁ	ʎ	ɯ	ŋ	ɔ
80 + x	ʔ	ʕ	ɾ	ʃ	θ	ʊ	ɯ	χ	ʏ	
90 + x	ʒ	[	ˈ	]	̑	̀	a	b	c	
100 + x	d	e	f	g	h	i	j	k	l	m
110 + x	n	o	p	q	r	s	t	u	v	w
120 + x	x	y	z	‖	¦	ǂ	̆			

	0	1	2	3	4	5	6	7	8	9
130 + x	＼	＼	＼	̗	／	／	／	‿	ˎ	ˏ
140 + x	＼	＼	̗	／	／	／	｜	‖	↓	↑
150 + x	↗	↘	̌	̂	̃	̃	ʼ	ˮ	̛	̨
160 + x	b	d	ɖ	ɟ	ɛ	g	ɩ	ɭ	ɹ	ʞ
170 + x	ɫ	λ	ƛ	ʬ	ɳ	æ	ω	Ω	ʃ	ʈ
180 + x	ȶ	ts	ɥ	ʮ	ʒ	ɕ	ƀ	ʙ	ʕ	˂
190 + x	˒	ǀ	ʌ	ȼ	ʗ	ʥ	ɚ	ɞ	ɜ	ʛ
200 + x	ʁ	ɠ	ɟ	ʜ	ɿ	ʝ	ƙ	ʟ	ꞎ	ɷ
210 + x	ɓ	ɗ	ɼ	ɾ	ɬ	œ	ɿ	ʧ	ʊ	ɢ
220 + x	ʡ	ʢ	ʐ	℘	ʙ	ɓ	ɕ	ɖ	ɟ	ɢ
230 + x	æ	ç	ħ	ɟ	ʄ	ɭ	ɬ	ɭ	ɰ	ɳ
240 + x	ɴ	ɲ	Θ	ʈ	ɹ	ɺ	ʀ	œ	ø	ʂ
250 + x	ʈ	ʍ	ʐ	ʑ	þ	ʚ				

■各種ロゴ

　この表に示すロゴのうち，「\TeX」，「\LaTeX」，「\LaTeXe」は LaTeX 自身が提供します．それ以外のものは，例えば，\AmS は amsmath パッケージなどで定義されるという具合にあちこちで定義されています．ただし，下記のものは texnames パッケージでまとめて定義されています．

ロゴ	対応する記述	ロゴ	対応する記述	ロゴ	対応する記述
TeX	\TeX	$\mathcal{A}_{\mathcal{M}}\mathcal{S}$-TeX	\AmSTeX	SLiTeX	\SLITEX
LaTeX	\LaTeX	$\mathcal{A}_{\mathcal{M}}\mathcal{S}$-LaTeX	\AmSLaTeX	PiC	\PiC
LaTeX 2_ε	\LaTeXe	BibTeX	\BibTeX	PiCTeX	\PiCTeX
LaTeX 2.09	\LaTeXo	LA$\mathcal{M}\mathcal{S}$-TeX	\LAMSTeX	VorTeX	\VorTeX
$\mathcal{A}_{\mathcal{M}}\mathcal{S}$	\AmS	METAFONT	\MF		

付録 A　テキスト用の記号類

■ otf パッケージが提供する記号類

ただし，この表は「専用のコマンドを割り当てられている記号」のみを載せています．

記号	対応する記述	記号	対応する記述	記号	対応する記述
☑	`\ajMasu`	⌘	`\ajCommandKey`	☞	`\ajRightHand` `\ajPICT{→}`
ゟ	`\ajYori`	⏎	`\ajReturnKey`	☜	`\ajLeftHand` `\ajPICT{←}`
〢	`\ajKoto`	☎	`\ajPhone` `\ajPICT{電話}`	☝	`\ajUpHand` `\ajPICT{↑}`
〳	`\ajUta`	〒	`\ajPostal` `\ajPICT{〒}`	☟	`\ajDownHand` `\ajPICT{↓}`
〵	`\ajWhiteSesame`	〒	`\ajvarPostal` `\○〒, \ajLig{○〒}`	✄	`\ajRightScissors`
〵	`\ajBlackSesame`	☀	`\ajSun` `\ajPICT{晴}`	✄	`\ajLeftScissors`
␣	`\ajVisibleSpace`	☁	`\ajCloud` `\ajPICT{曇}`	✂	`\ajUpScissors`
✓	`\ajCheckmark`	☂	`\ajUmbrella` `\ajPICT{雨}`	✁	`\ajDownScissors`
■	`\ajSenteMark`	☃	`\ajSnowman` `\ajPICT{雪}`	→	`\ajRightBArrow`
□	`\ajGoteMark`	Ⓙ	`\ajJIS` `\ajLig{JIS}`	⇨	`\ajRightWArrow`
♠	`\ajSpade` `\ajPICT{Spade*}`	Ⓙ	`\ajJAS` `\ajLig{JAS}`	←	`\ajLeftBArrow`
♡	`\ajHeart` `\ajPICT{Heart}`	Ⓑ	`\ajBall` `\ajPICT{野球}`	⇦	`\ajLeftWArrow`
◇	`\ajDiamond` `\ajPICT{Diamond}`	♨	`\ajHotSpring` `\ajPICT{湯}`	↑	`\ajUpBArrow`
♣	`\ajClub` `\ajPICT{Club*}`	✿	`\ajWhiteFlorette` `\ajPICT{花}`	⇧	`\ajUpWArrow`
♤	`\ajvarSpade` `\ajPICT{Spade}`	✻	`\ajBlackFlorette` `\ajPICT{花 *}`	↓	`\ajDownBArrow`
♥	`\ajvarHeart` `\ajPICT{Heart*}`			⇩	`\ajDownWArrow`
♦	`\ajvarDiamond` `\ajPICT{Diamond*}`			↘	`\ajRightDownArrow`
♧	`\ajvarClub` `\ajPICT{Club}`			↙	`\ajLeftDownArrow`
				↖	`\ajLeftUpArrow`
				↗	`\ajRightUpArrow`

付録 B: 各種の欧文
フォント

付録B　各種の欧文フォント

付録Bの個々の表では，次のような表記を用いています．

- 出力例に「*」が付いているもの：「その属性のためにデザインされたフォントが存在するとは限らず，別のデザインのフォントを加工しているもの」（例えば，スラント体を「直立体のフォントに斜体をかけたもの」で代用している場合）を表します．
- シリーズまたはシェイプの欄が「sl (it)」のように括弧書きを伴っている場合：「括弧の中の属性はその前にある属性で代替される」（「sl (it)」の例では「it シェイプは sl シェイプで代替される」）ことを表します．
- 出力例のところが「—」となっている場合：「デフォルト設定では利用可能ではなく，別の書体で代替される」ことを表します．その属性に対応するフォントが存在する場合もありますが，その場合でも通常はユーザー自身でそのフォントを入手・インストール（および LaTeX で利用可能になるように設定）する必要があります．

また，この付録Bは既存のフォントを網羅することを意図したものではなく，典型的な属性に対して用いられるフォントの紹介を意図しています．

■ Computer Modern Roman（cmr）ファミリー

		シリーズ		
		m	b	bx
シェイプ	n	cmr10 etc.	cmb10 etc.	**cmbx10 etc.**
	it	*cmti10 etc.*	—	*cmbxti10*
	sl	*cmsl10 etc.*	—	*cmbxsl10*
	sc	CMCSC10	—	—

■ Computer Modern Sans Serif（cmss）ファミリー

		シリーズ		
		m	sbc	bx
シェイプ	n	cmss10 etc.	cmssdc10	**cmssbx10**
	sl (it)	*cmssi10 etc.*	—	—

■ Computer Modern Typewriter（cmtt）ファミリー

		シリーズ	
		m	bx
シェイプ	n	cmtt10 etc.	—
	it	*cmitt10*	—
	sl	*cmsltt10*	—
	sc	CMTCSC10	—

■ Times（ptm）ファミリー

		シリーズ	
		m	b (bx)
シェイプ	n	Times-Roman	**Times-Bold**
	it	*Times-Italic*	***Times-BoldItalic***
	sl	*Times-Roman**	***Times-Bold****
	sc	TIMES-ROMAN*	**TIMES-BOLD***

　なお，Times あるいは Times 類似のフォントを用いる場合には，数式フォントもサポートした mathptmx パッケージや txfonts パッケージを用いるのもよいでしょう．

■ Helvetica（phv）ファミリー

		シリーズ			
		m	mc	b (bx)	bc
シェイプ	n	Helvetica	Helvetica-Narrow	**Helvetica-Bold**	**Helvetica-Narrow-Bold**
	sl (it)	*Helvetica-Oblique*	*Helvetica-Narrow-Oblique*	***Helvetica-BoldOblique***	***Helvetica-Narrow-BoldOblique***
	sc	HELVETICA*	HELVETICA-NARROW*	**HELVETICA-BOLD***	**HELVETICA-NARROW-BOLD***

■ Courier（pcr）ファミリー

		シリーズ	
		m	bx
シェイプ	n	Courier	**Courier-Bold**
	sl (it)	*Courier-Oblique*	***Courier-BoldOblique***
	sc	COURIER*	**COURIER-BOLD***

■ Avant Garde（pag）ファミリー

		シリーズ	
		m	db (b, bx)
シェイプ	n	AvantGarde-Book	**AvantGarde-Demi**
	sl (it)	*AvantGarde-BookOblique*	***AvantGarde-DemiOblique***
	sc	AVANTGARDE-BOOK*	**AVANTGARDE-DEMI***

■ Bookman（pbk）ファミリー

		シリーズ	
		l (m)	db (b, bx)
シェイプ	n	Bookman-Light	**Bookman-Demi**
	it	*Bookman-LightItalic*	***Bookman-DemiItalic***
	sl	*Bookman-Light**	***Bookman-Demi****
	sc	BOOKMAN-LIGHT*	**BOOKMAN-DEMI***

付録 B　　各種の欧文フォント

■ New Century Schoolbook（pnc）ファミリー

<table>
<tr><td rowspan="2" colspan="2"></td><td colspan="2">シリーズ</td></tr>
<tr><td>m</td><td>b (bx)</td></tr>
<tr><td rowspan="4">シェイプ</td><td>n</td><td>NewCenturySchlbk-Roman</td><td>**NewCenturySchlbk-Bold**</td></tr>
<tr><td>it</td><td>*NewCenturySchlbk-Italic*</td><td>***NewCenturySchlbk-BoldItalic***</td></tr>
<tr><td>sl</td><td>*NewCenturySchlbk-Roman**</td><td>***NewCenturySchlbk-Bold***</td></tr>
<tr><td>sc</td><td>NEWCENTURYSCHLBK-ROMAN*</td><td>**NEWCENTURYSCHLBK-BOLD***</td></tr>
</table>

■ Palatino（ppl）ファミリー

<table>
<tr><td rowspan="2" colspan="2"></td><td colspan="2">シリーズ</td></tr>
<tr><td>m</td><td>b (bx)</td></tr>
<tr><td rowspan="4">シェイプ</td><td>n</td><td>Palatino-Roman</td><td>**Palatino-Bold**</td></tr>
<tr><td>it</td><td>*Palatino-Italic*</td><td>***Palatino-BoldItalic***</td></tr>
<tr><td>sl</td><td>*Palatino-Roman**</td><td>***Palatino-Bold***</td></tr>
<tr><td>sc</td><td>PALATINO-ROMAN*</td><td>**PALATINO-BOLD***</td></tr>
</table>

　なお，pplx（または pplj）ファミリーを用いた場合にはスモール・キャプスの出力などが改善します．また，Palatino あるいは Palatino 類似のフォントを用いる場合には，数式フォントもサポートした mathpazo パッケージや pxfonts パッケージを用いるのもよいでしょう．

■ Zapf Chancery（pzc）ファミリー

<table>
<tr><td rowspan="2"></td><td rowspan="2"></td><td>シリーズ</td></tr>
<tr><td>mb (m)</td></tr>
<tr><td>シェイプ</td><td>it (n, sl)</td><td>*ZapfChancery-MediumItalic*</td></tr>
</table>

●コラム● ［「本物」のスモール・キャプスと「代用品」のスモール・キャプス］

　最初からスモール・キャプスとしてデザインされたフォントが存在しない場合には，例えば文字サイズが \normalsize であるところで「S{\footnotesize MALL} C{\footnotesize APS}」のように処理するという具合にごまかすことが一応できます．付録 B の個々の表のスモール・キャプスの出力で「*」が付いているものは，今の例のような細工を「仮想フォント」という仕組みを利用して行っています．

　もっとも，スモール・キャプスの小文字部分に対して単純に大文字を縮小して用いたのでは，小文字部分がいくぶん細く見えるといった問題が生じることもあります．それゆえ，最初からスモール・キャプスとしてデザインされたフォントが利用できる場合にはそれを用いるにこしたことはありません．

付録 C: picture 環境

付録 C　　picture 環境

■ pict2e パッケージ

pict2e パッケージを用いると picture 環境の機能が拡張されます（picture 環境は LaTeX 自身が提供する環境ですが，オリジナルの picture 環境のままでは描ける図形に厳しい制限がつきます）．pict2e パッケージは，graphicx パッケージや color パッケージと同様に「ドライバ指定」を必要とします．〈ドライバ指定〉には「dvips」，「dvipdfm」などが利用可能です．

```
\usepackage[〈ドライバ指定〉]{pict2e}
\usepackage[〈ドライバ指定〉,〈その他のオプション〉]{pict2e}
```

なお，付録 C での picture 環境内で用いる各種のコマンドの機能の説明は，pict2e パッケージを併用した場合を念頭に置いています．

「〈その他のオプション〉」としてよく用いられるものには，「pstarrows」（矢印の形状を変更するオプション，図 C.1 (a) 参照）があります．矢印の形状のデフォルトは図 C.1 (b) に示すような形状で，この場合を明示的に指定するオプションは「ltxarrows」です．

▶ 注意　graphicx パッケージや color パッケージと pict2e パッケージを併用する場合，それらのパッケージのすべてに対して「同一のドライバ指定」を行ってください．また，pict2e パッケージに対しては nosetpagesize というオプションを**指定しないで**ください．　　　□

■描画領域の設定

```
\begin{picture}(〈width〉,〈height〉)(x_0,y_0)
  〈各種の描画コマンド（後述）〉
\end{picture}
```

- 「〈width〉」，「〈height〉」はそれぞれ picture 環境での描画領域の幅と高さを \unitlength という寸法を単位として表した数値です（\unitlength のデフォルト値は 1 pt です）.
- picture 環境には（横組の場合）水平方向右向きを x 軸の正の向きとし，それに直交する方向の上向きを y 軸の正の向きとする直交座標系が設定されています（図 C.2 参照）．その座標系における描画領域の左下隅の座標が (x_0, y_0) です．なお，「(x_0, y_0)」は省略可能で，省略した場合は描画領域の左下隅が原点（点 $(0, 0)$）になります．

■ picture 環境内への個々の図形・文字列の配置

```
\put(〈xpos〉,〈ypos〉){〈item〉}
```

(a)「pstarrows」オプション適用時　　(b)「ltxarrows」オプション適用時（デフォルト）

図 C.1 ● picture 環境での矢印の形状（pict2e パッケージ使用時）

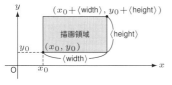
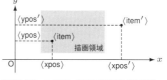

図 C.2 ● picture 環境での描画領域　　　　図 C.3 ● \put コマンドでの文字列などの配置

- 座標（$\langle\text{xpos}\rangle, \langle\text{ypos}\rangle$）の位置に配置対象の $\langle\text{item}\rangle$ を置きます．ただし，正確には（$\langle\text{xpos}\rangle, \langle\text{ypos}\rangle$）は $\langle\text{item}\rangle$ の「基準点」（例えば，線分の一方の端点）の座標です．
- picture 環境での座標系の単位長（「1」に対応する長さ）は \unitlength です．例えば，2 点 $(0, 0)$, $(2, 0)$ の距離の実寸は $2 \times$ \unitlength になります．
- 図 C.3 の $\langle\text{item}'\rangle$（「\put($\langle\text{xpos}'\rangle,\langle\text{ypos}'\rangle$){$\langle\text{item}'\rangle$}」で配置）のように picture 環境の描画領域の外部に描いても構いません．むしろ，picture 環境には「描画領域の外部にはみ出す部分は表示しないという機能は**ない**」という点に注意が必要です．

■線分・矢印

\put(x_0, y_0){\line($\langle\text{xdir}\rangle,\langle\text{ydir}\rangle$){$\langle\text{shift}\rangle$}}
\put(x_0, y_0){\vector($\langle\text{xdir}\rangle,\langle\text{ydir}\rangle$){$\langle\text{shift}\rangle$}}

- \line は線分を作成し，\vector は矢印を作成します．
- 点 (x_0, y_0) は線分・矢印の始点で，その点から（$\langle\text{xdir}\rangle, \langle\text{ydir}\rangle$）の方向に線分・矢印を描きます．ただし，$\langle\text{xdir}\rangle$, $\langle\text{ydir}\rangle$ には -1000 以上 1000 以下の整数を用います．
- 「$\langle\text{shift}\rangle$」はゼロ以上の実数で，描かれる線分・矢印が鉛直（$y$ 軸に平行）ではない場合，線分・矢印の始点と終点の x 座標の差が $\langle\text{shift}\rangle$ になります（$\langle\text{shift}\rangle$ は線分・矢印の長さとは限らないので注意してください）．鉛直な線分・矢印の場合は長さが $\langle\text{shift}\rangle$ になります（図 C.4 参照，ただし，x が正ならば $\text{sgn}(x) = 1$, x が負ならば $\text{sgn}(x) = -1$, $\text{sgn}(0) = 0$ です）．
- \vector の長さをゼロにする（$\langle\text{shift}\rangle = 0$ にする）と，矢印の「やじり」部分のみが出力されます．長さがゼロの矢印と後述する \qbezier コマンドなどによる曲線を組み合わせることで曲線の矢印が描けます．

付録 C   picture 環境

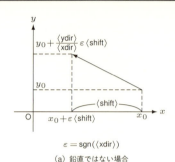
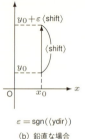

$\varepsilon = \mathrm{sgn}(\langle\mathrm{xdir}\rangle)$

(a) 鉛直ではない場合

$\varepsilon = \mathrm{sgn}(\langle\mathrm{ydir}\rangle)$

(b) 鉛直な場合

図 C.4 ● \line，\vector の始点・終点

図 C.5 ● 矢印の太さを変更した例

■線分などの太さの指定

```
\linethickness{⟨太さ⟩}
```

- 「⟨太さ⟩」は \line などで描かれる線分などの図形での線の太さとして用いる寸法です．なお，このコマンドでの線の太さの指定は，後述する \framebox による枠や \qbezier コマンドでの曲線など，picture 環境内のほぼすべての図形に適用されます．
- 「\linethickness{0.4pt}」あるいは「\linethickness{0.8pt}」と記述する代わりに「\thinlines」あるいは「\thicklines」と記述しても構いません．
- \vector での矢印の「やじり」部分の大きさは，（pict2e パッケージ使用時には）線の太さに応じて変わります（図 C.5 参照）．

■円・円板

```
\put(⟨xcenter⟩,⟨ycenter⟩){\circle{⟨diameter⟩}}%%%   円（円周）
\put(⟨xcenter⟩,⟨ycenter⟩){\circle*{⟨diameter⟩}}%%% 円板
```

- これらは中心が (⟨xcenter⟩, ⟨ycenter⟩) で直径が ⟨diameter⟩ の円・円板を描きます．「*」を付けない \circle は円周のみを描き，「*」を付けると塗りつぶした円板を描きます（図 C.6 参照）．ただし，⟨diameter⟩ はゼロ以上の実数です．

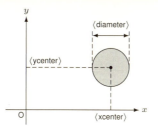

図 C.6 ● 円・円板

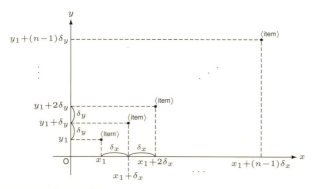

図 C.7 ● \multiput による繰り返し配置

■同一オブジェクトの繰り返し配置

\multiput(x_1, y_1)(δ_x, δ_y){n}{⟨item⟩}

- 項目 ⟨item⟩ を n 回繰り返して配置します.
- 1 回目は点 (x_1, y_1) に配置し，2 回目以降は直前に配置した位置から (δ_x, δ_y) だけ移動した位置に配置します.
- 通常は，以下の一連の記述と同等です（図 C.7 参照）.

    \put(x_1, y_1){⟨item⟩}
    \put($x_1 + \delta_x, y_1 + \delta_y$){⟨item⟩}
    ...
    \put($x_1 + (n-1)\delta_x, y_1 + (n-1)\delta_y$){⟨item⟩}

付録C　picture環境

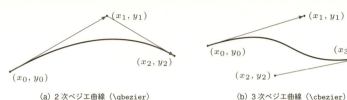

図 C.8 ● 2次・3次のベジエ曲線

■2次・3次のベジエ曲線

```
\qbezier(x_0,y_0)(x_1,y_1)(x_2,y_2)%%% 2次ベジエ曲線
\cbezier(x_0,y_0)(x_1,y_1)(x_2,y_2)(x_3,y_3)%%% 3次ベジエ曲線
```

- \qbezier コマンドに対する3点 (x_0, y_0), (x_1, y_1), (x_2, y_2) は2次ベジエ曲線の制御点と呼ばれる点です。同様に、\cbezier コマンドに対する4点 (x_0, y_0), (x_1, y_1), (x_2, y_2), (x_2, y_2), (x_3, y_3) は3次ベジエ曲線の制御点です．
- \qbezier コマンドによる曲線は、点 (x_0, y_0) から点 (x_1, y_1) に向かう方向へ描き始め、点 (x_1, y_1) から点 (x_2, y_2) に向かう方向へ進みながら終点 (x_2, y_2) へ到達します（点 (x_1, y_1) を通るとは限りません．図 C.8 を参照してください）．
- \cbezier コマンドによる曲線は、点 (x_0, y_0) から点 (x_1, y_1) に向かう方向へ描き始め、点 (x_2, y_2) から点 (x_3, y_3) に向かう方向へ進みながら終点 (x_3, y_3) へ到達します（2点 (x_1, y_1), (x_2, y_2) を通るとは限りません）．また、LaTeX のオリジナルの picture 環境では \cbezier コマンドは利用できないので、注意してください．

■長方形の枠

```
\put(x_min,y_min){\framebox(⟨width⟩,⟨height⟩)[⟨pos⟩]{⟨item⟩}}
```

- 点 $(x_{\min}, y_{\min})$ を左下の頂点とする、幅が ⟨width⟩ で高さが ⟨height⟩ の枠を作成します．
- 「⟨item⟩」は枠の中に入れる文字列などで、「⟨pos⟩」は枠と ⟨item⟩ との位置関係を表す文字列です．⟨pos⟩ としては「c」（枠の中央）あるいは「t」（上寄せ），「b」（下寄せ），「l」（左寄せ），「r」（右寄せ）を組み合わせた文字列を用います．例えば、「tr」は枠の右上隅を表します（図 C.9 参照）．なお、「[⟨pos⟩]」の部分は省略可能で、省略した場合は ⟨pos⟩ = c として扱われます．

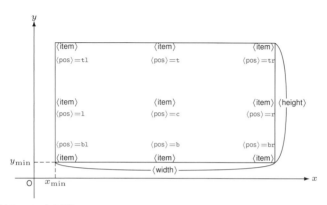

図 C.9 ● \framebox による枠

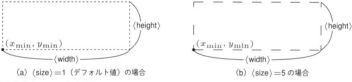

(a) 〈size〉=1（デフォルト値）の場合　　(b) 〈size〉=5 の場合

図 C.10 ● \dashbox による枠

- 枠の内部を塗りつぶすという機能は用意されていないので，必要があれば \rule と組み合わせてください．幅が 〈width〉× \unitlength で高さが 〈height〉× \unitlength の長方形を枠と同じ位置に置けばよいので，次のような記述が利用できます．

```
\put($x_{\min}$,$y_{\min}$){\textcolor{〈適当な色〉}{%
   \rule{〈width〉\unitlength}{〈height〉\unitlength}}}
\put($x_{\min}$,$y_{\min}$){\framebox(〈width〉,〈height〉)[〈pos〉]{〈item〉}}
```

■破線の枠

```
\put($x_{\min}$,$y_{\min}$){\dashbox{〈size〉}(〈width〉,〈height〉)[〈pos〉]{〈item〉}}
```

- \framebox の場合と同様に点 $(x_{\min}, y_{\min})$ を左下の頂点とする，幅が 〈width〉で高さが 〈height〉の枠を作成します（図 C.10 参照）．枠の中に入れる文字列などが 〈item〉で，枠の中身と枠との位置関係が 〈pos〉で与えられるという点も \framebox の場合と同

483

付録 C　picture 環境

様です．ただし，「⟨size⟩」は破線の実線部分および間隙部分の長さ（\unitlength を単位として表した数値）で，「{⟨size⟩}」の部分を省略した場合には ⟨size⟩ = 1 として扱われます．

■見えない枠

\put($x_{\min}$,$y_{\min}$){\makebox(⟨width⟩,⟨height⟩)[⟨pos⟩]{⟨item⟩}}

- これは，配置対象の ⟨item⟩ を \framebox の場合と同様に配置します（図 C.9 参照）が，枠は出力されません．
- 特に，枠の幅・高さをともにゼロにした場合，枠の中心や左下隅などはすべて点 $(x_{\min}, y_{\min})$ になります．そのため，例えば「\put(10,10){\makebox(0,0)[tl]{X}}」と記述すると文字列「X」を「左上隅が点 $(10, 10)$ に一致する」ように置くという具合に，文字列などの位置を細かく指定できます．

■四隅を四分円にした枠

\put(x_{c},t_{c}){\oval[$r_{\max}$](⟨width⟩,⟨height⟩)[⟨pos⟩]}

- 枠の全体を描いたときの枠の中心が点 $(x_{\mathrm{c}}, y_{\mathrm{c}})$ で，枠の全体を描いたときの枠の幅と高さがそれぞれ ⟨width⟩，⟨height⟩ の枠を描きます．
- 第 1 オプション引数（$r_{\max}$）は，枠の四隅の四分円の半径の上限を表す寸法または数値です（数値を与えた場合，寸法を \unitlength 単位で表した数値として扱われます）．「[$r_{\max}$]」の部分は省略可能で，省略した場合には $r_{\max} = 20\,\mathrm{pt}$ として扱われます（図 C.11 参照）．また，LaTeX のオリジナルの picture 環境ではこのオプション引数は利用できません．
- 第 2 オプション引数（⟨pos⟩）は「枠のどの部分を描くか」の指定で，次の 4 種の文字を組み合わせた文字列を用います：t：下半分を消去，b：上半分を消去，l：右半分を消去，r：左半分を消去．例えば，「tr」という指定では下半分と左半分が消されて右上の 1/4 のみが描かれます（図 C.12 (a)参照）．なお，「[⟨pos⟩]」の部分は省略可能で，省略した場合は枠の全体を描きます．特に，\oval を「\put(x_{c},y_{c}){\oval[r](2r,2r)[⟨pos⟩]}」という形で用いると，図 C.12 (b)に示すような中心が $(x_{\mathrm{c}}, y_{\mathrm{c}})$ で半径が r の円の右上，右下，左上，左下のいずれかの部分の四分円が描けます．

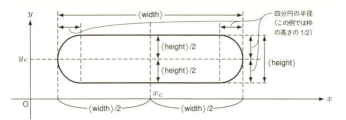

(a) 枠の幅・高さの小さいほうの 1/2 が $r_{\max}$ 以下である場合

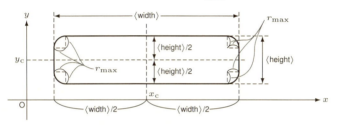

(b) 枠の幅・高さの小さいほうの 1/2 が $r_{\max}$ を超える場合

図 C.11 ● \oval による枠

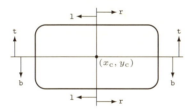

(a) t, b, l, r のそれぞれに対応する範囲

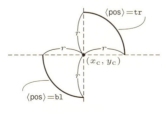

(b) \put(x_c, y_c){\oval[r](2r,2r)[⟨pos⟩]} の場合

図 C.12 ● \oval の描画範囲の指定

付録 C　picture 環境

■図形に色を付ける場合

　picture 環境自身には色付けのためのコマンドは用意されていませんので，色付きの図形を
描く場合には color パッケージが提供する \textcolor，\color の各コマンドを用いてくだ
さい（3.13 節参照）．\put で配置する特定の図形に色を付けるには

```
\put(10,10){\textcolor{blue}{\line(1,1){10}}}
```

という具合に \textcolor コマンドが使えます．また，複数の図形にまとめて同じ色を付け
るには

```
\begingroup%%% グループ（この場合は色を付ける範囲）の開始
\color{blue}%%% 以下，\endgroup までにある図形を青色で描画
\put(10,10){\line(1,1){10}}
\put(15,10){\line(2,1){10}}
...
\endgroup%%%   グループの終了
```

という具合に \color コマンドを用いるとよいでしょう．

付録 D: METAPOST

付録 D　METAPOST

■ METAPOST とは

METAPOST は META 言語（TeX と対になるフォント作成ソフトウェア METAFONT での図形描画に用いられる言語）で記述された図形を EPS 形式に変換して出力するソフトウェアです．例えば，ファイル sample.mp として

```
prologues := 1;
beginfig(1);
  pickup pencircle scaled 0.4pt;
  draw fullcircle scaled 2cm shifted (1cm, 1cm);
  pickup pencircle scaled 1pt;
  draw fullcircle scaled 1.2cm shifted (1cm, 1cm)
       withcolor 0.4white;
endfig;
end.
```

という内容のファイルを用意し，このファイルが存在するディレクトリで

```
mpost sample
```

という処理を実行すると，図 D.1 に示すような同心円が記述された EPS ファイル sample.1 が作成されます．

この付録 D では，METAPOST の基本的な用法を説明します．META 言語の詳細については『METAFONT ブック』(Donald E. Knuth 著，鷺谷好輝訳，アスキー出版局，1994 年）などを参照してください．METAFONT と METAPOST の機能の大半は共通です．ただし，完全互換ではありません．実際，先の例の「withcolor 0.4white」は METAPOST での拡張機能ですし，METAFONT の機能のうち「フォント作成」に特化した機能は METAPOST では削除されています．なお，METAPOST ソースファイル（METAPOST で作成する図を記述したファイル）の名称の拡張子は，通常「.mp」にします．

図 D.1 ● METAPOST で作成した簡単な図

■ METAPOST ソースファイルの基本的な構造と個々の図の出力先ファイルの名称

METAPOST ソースファイルは，基本的には次の構造を持ちます．

```
〈各種設定〉
beginfig(〈図番号〉);
〈番号〈図番号〉の図の記述〉
endfig;
〈「beginfig(〈図番号〉);... endfig;」の繰り返し〉
end.
```

「〈各種設定〉」は先の例の「prologues := 1;」（出力結果を単独の EPS ファイルとして使えるようにする設定）などですが，空にしても構いません．「label を用いた文字列の書き込み」（後述）を用いない場合には，「prologues := 1;」としておくとよいでしょう．「end」は「METAPOST プログラム（図形データ）の終端」を表します．また，「〈図番号〉」は整数で，「beginfig(〈図番号〉);」から「endfig;」までの部分がひとつの画像になります．個々の画像の出力先ファイルの名称は，デフォルトでは次のようになります．

- 〈図番号〉が正の場合：METAPOST ソースファイルの名称の拡張子を「.〈図番号〉」に変えたもの（先の例では，ファイル sample.mp の中の「beginfig(1);」と「endfig;」の間の部分がファイル sample.1 に出力されます）
- 〈図番号〉が負の場合：METAPOST ソースファイルの名称の拡張子を「.ps」に変えたもの

なお，充分に新しい METAPOST では，〈各種設定〉のところで次の形式で個々の画像の出力先ファイル名を指定できます．

```
filenametemplate "〈出力先ファイルの名称の指定文字列〉";
```

「〈出力先ファイルの名称の指定文字列〉」では，「%j」（METAPOST ソースファイルの名称から拡張子を取り除いたもの），「%c」（図番号が正のときには図番号，図番号が負のときには文字列「ps」）という指定が利用できます．図番号については「%3c」（図番号が正で 2 桁以下のときには先頭に 0 を補って 3 桁表記にする）のように桁数も設定できます．例えば，

```
filenametemplate "%j-%c.mps";
```

という設定では，ファイル sample.mp の中の個々の図は「sample-1.mps」といった名称のファイルに出力されます．なお，「.mps」は「METAPOST EPS」を表します．

付録
D

付録 D　METAPOST

489

付録 D　METAPOST

■寸法の単位，座標系

　図の中での座標などの指定では，「cm」などの通常の単位を用いた指定が概ね可能です．また，単位を省略した場合は，bp を単位として扱われます．例えば，点の座標について「(10，10)」と「(10bp，10bp)」は同じです．なお，座標系は紙面の左下を原点とし，水平方向右向きが x 軸の正の向きで鉛直方向上向きが y 軸の正の向きとなる直交座標系です．

■文字列定数，コメント

　METAPOST ソースファイルでは，文字「"」で挟まれた部分は文字列定数です．文字列定数の外では，文字「%」から行末までは（TEX 文書の場合と同様に）コメントになります．例えば，次の記述の「線の太さは 0.4pt」の部分はコメントです．

```
pickup pencircle scaled 0.4pt; %%% 線の太さは0.4pt
```

■文，等式

　METAPOST ソースファイルでは，個々の指示は「文」の形で記述され，文の終端にはセミコロンを置きます．例えば，「prologues := 1;」というのはひとつの文です．また，変数も利用できます．例えば，次の記述では変数「u」を 10 mm にしたうえでその変数を線分の両端の座標の記述に用いています（個々の描画コマンドについては後述します）．

```
u := 10mm; %%% u に 10 mm を代入
draw (u, u)--(2u, 2u); %%% 2 点 (u, u)，(2u, 2u) を結ぶ線分
```

　なお，META 言語では，代入には「:=」を用います．ただの「=」を用いた場合，それは単に等式の両辺が等しいという「条件式」の記述になります．例えば，

```
a := 0; c := 10;
b - a = c - b;
```

という記述では，最後の式「b - a = c - b;」は変数 b についての方程式になり，(a, c の値は既知なので) METAPOST はこの方程式を解いて「b = 5」であるものとして扱います．

▶ 注意　今の例に限らず，META 言語では変数に「具体的な数値の」係数が付く場合には「2u」のように係数を変数の前にそのまま置けます（もちろん「2 * u」とも書けます）．　　□

▶ 注意　METAPOST が自動的に解ける方程式は，基本的には「定数係数の連立 1 次方程式」のみです．それ以外の形式の方程式を解かせるには工夫が必要です．　　□

490

▶ 注意　等号「=」は「条件」なので，「u = 10;」と「u = 100;」のような矛盾した条件がある
と「! Inconsistent equation (off by ⟨offset⟩).」（⟨offset⟩ は「与えられた条件から
⟨offset⟩ = 0 という矛盾が生じた」ことを表す数値）というエラーが生じます．このエラーが
生じた場合，条件式ではなく代入にする（「=」を「:=」にする）必要がある箇所を調べてくだ
さい．一方，「無駄な式」があると「! Redundant equation.」というエラーが生じます．
このエラーが生じた場合，2個またはそれ以上の式が「a = b;」と「a - b = 0;」のような
一方を削除できる関係にないかどうかを調べてください．なお，そのほかのエラー（例えば，
「! Isolated expression.」）が生じたときには，エラーメッセージに続くエラー箇所の抜
粋などを参考にして METAPOST ソースファイル中の誤った記述を訂正してください．　□

　なお，「z1」のような「z + 数値（など）」の形の変数あるいは「z」は点の座標（あるいは
位置ベクトル）を表す変数（pair 型の変数）として定義されています．また，「x1」「y1」は
それぞれ「点 z1 の x 座標」，「点 z1 の y 座標」を表すというように，$zk = (xk, yk)$（k は
数値など）となるような変数「xk」，「yk」が用意されています（同様に z = (x, y) です）．

■数式の記述

　数式の記述は先の例の「b - a = c - b;」の各辺に見られるように，四則演算について
は「+」（加法），「-」（減法），「*」（乗法），「/」（除法）を数値などの間で用いて記述できま
す．計算の優先順位を示す括弧には，通常「(」，「)」のみを用います．そのほか，表 D.1 に
挙げる関数・演算子も利用できます（誤解のおそれがない場合には，「sqrt(2)」の代わりに
「sqrt2」のように括弧を省略できます）．なお，「$k[x, y]$」の形の記述では x, y がベクト
ルでもよく，例えば 2 点 z1, z2 を結ぶ線分を 1：2 の比に内分する点（の位置ベクトル）は
「1/3[z1, z2]」のように表せます．また，線分の長さの計算などに適宜「++」演算子を利
用すると「オーバーフロー」が起こりにくくなります．

表 D.1 ● META 言語での数式で利用できる主な関数・演算子

記述	意味	記述	意味
x ** y	x^y	ceiling(x)	x 以上の整数のうちで最小のもの
x ++ y	$\sqrt{x^2 + y^2}$	floor(x)	x 以下の整数のうちで最大のもの
x +-+ y	$\sqrt{x^2 - y^2}$	round(x)	x に最も近い整数（floor($x + 0.5$)）
$k[x, y]$	$(1 - k)x + ky$	x mod y	x を y で割ったときの余り（一般には $x - y *$ floor(x/y)）
abs(x)	$\|x\|$（絶対値，ベクトルの大きさ）		
sqrt(x)	$\sqrt{x}$	sind(x)	角 x の正弦（x の単位は「度」）
		cosd(x)	角 x の余弦（x の単位は「度」）
max(x_1, ..., x_k)	x_1〜x_k の最大値	dir(x)	方向角が x 度の単位ベクトル（(cosd(x), sind(x))）
min(x_1, ..., x_k)	x_1〜x_k の最小値		
z dotprod z'	2 ベクトル z, z' の内積	angle(x, y)	ベクトル (x, y) の方向角

491

付録D　METAPOST

■曲線の描画

曲線を描くには draw というコマンドを次の形式で用います（「〈色などの指定〉」は省略可）.

```
draw 〈描画対象の曲線〉 〈色などの指定〉;
```

例えば、「draw (0, 0)--(10, 10);」と記述すると 2 点 (0,0), (10,10) を結ぶ線分が描かれます（一般的な曲線の記述の仕方は後述します）. なお、「draw」コマンドの代わりに「drawarrow」コマンドを用いると曲線の終点が矢印になります. また、「drawdblarrow」コマンドを用いると曲線の始点と終点の 2 箇所が矢印になります.

曲線に色を付けるには、〈色などの指定〉で「withcolor 〈色名〉」（例えば、「withcolor blue」）または「withcolor (〈rgb カラーモデルでのパラメータ〉)」（例えば、「withcolor (0, 0.5, 1)」）の形式で指定します. なお、冒頭の例の「0.4white」は「白の強度が 0.4」すなわち「60% のグレー」を表します.（各種のカラーモデルについては表 3.15 参照）.

▶ 注意　充分に新しい METAPOST では「withcmykcolor (〈cmyk カラーモデルでのパラメータ〉)」,「withgreyscale 〈gray カラーモデルでのパラメータ〉」という指定も可能です.　□

線を破線などにするには、〈色などの指定〉のところに次の形式の記述を追加します.

```
dashed dashpattern(on 〈実線部分の長さ〉 off 〈間隙部分の長さ〉
                   〈on ..., off ... の繰り返し〉)
```

なお、実線部分と間隙部分の長さを自動設定させるには「dashed evenly」と指定します.

```
beginfig(2);
  draw (1mm, 5mm)--(10mm, 5mm) dashed evenly;
  draw (1mm, 3mm)--(10mm, 3mm) dashed dashpattern(on 1.5mm off 0.5mm);
  draw (1mm, 1mm)--(10mm, 1mm) withcolor 0.5white
        dashed dashpattern(on 2mm off 0.5mm on 0.5mm off 0.5mm);
endfig;
```

■線の太さの指定

線の太さは次の形式で指定します. 例えば、「pickup pencircle scaled 0.4pt;」では線の太さを 0.4 pt に設定します. なお、線の太さのデフォルト値は 0.5 bp です.

```
pickup pencircle scaled 〈線の太さ〉;
```

▶ 注意 「pickup pencircle scaled 0.4pt;」というのは，本来は「線を引くために，直径 0.4pt の円状のペン先を持ったペンを採用する」ということです．ペン先の形状を変更することでも，さまざまな効果が得られます． □

■パス（曲線）

複数の点の間に「..」または「...」（2 点を滑らかな曲線で結ぶ指定），「--」（2 点を線分で結ぶ指定）を入れて並べると，パス（曲線）を指定できます．また，曲線の始点と終点が一致する閉曲線を記述する場合には，曲線の終点のところを「cycle」とします．次の例では，始点と終点が一致している場合でも曲線の終端を「cycle」にした場合と始点の座標を改めて書き込んだ場合とでは異なることにも注意してください．

```
beginfig(3);
  pickup pencircle scaled 1pt;  u := 1mm;
  draw (u, 4u)--(4u, 7u)--(7u, 4u)--(4u, u)--cycle;
  draw (u, 4u)..(4u, 7u)..(7u, 4u)..(4u, u)..cycle withcolor 0.4white;
  draw (12u, 2u)..(10u, 5u)..(16u, 2u)..cycle withcolor 0.4white;
  draw (12u, 2u)..(10u, 5u)..(16u, 2u)..(12u, 2u);
endfig;
```

▶ 注意 曲線の内部の塗りつぶしに用いる閉曲線の記述では，曲線の終端を「cycle」にしてください． □

なお，パスは「パス型の変数」に保存できます．例えば，次の記述では 4 点 (0, 0), (10, 0), (10, 10), (0, 10) を頂点とする正方形の周からなるパスを「p」という変数に保存しています．パス型の変数は，次の例のように同じ曲線を繰り返し利用する場合に有用です．

```
path p; %%% パス型の変数 p の宣言
p := (0, 0) -- (10, 0) -- (10, 10) -- (0, 10) -- cycle;
pickup pencircle scaled 2pt;    draw p withcolor 0.5white;
pickup pencircle scaled 0.5pt;  draw p;
```

付録 D METAPOST

■定義済みのパス

次の 4 種のパスはあらかじめ定義されています．これらのパスは一般には拡大や平行移動など（後述します）で変形してから用いられます．なお，一般の円弧などはループ処理を用いて「パラメータ表示された曲線」として描けます．

- unitsquare：4 点 $(0\,\mathrm{bp}, 0\,\mathrm{bp})$，$(1\,\mathrm{bp}, 0\,\mathrm{bp})$，$(1\,\mathrm{bp}, 1\,\mathrm{bp})$，$(0\,\mathrm{bp}, 1\,\mathrm{bp})$ を頂点とする正方形の周
- quartercircle：原点中心，直径 1 bp の円の右上 1/4 の部分（始点は $(0.5\,\mathrm{bp}, 0\,\mathrm{bp})$，終点は $(0\,\mathrm{bp}, 0.5\,\mathrm{bp})$）
- halfcircle：原点中心，直径 1 bp の円の上半分（始点は $(0.5\,\mathrm{bp}, 0\,\mathrm{bp})$，終点は $(-0.5\,\mathrm{bp}, 0\,\mathrm{bp})$）
- fullcircle：原点中心，直径 1 bp の円

▶ 注意　fullcircle などでの曲線は厳密には真円（の弧）ではなく，円周あるいは円弧を近似したものです．　□

■曲線の向き（接線の方向）の指定

「..」などを用いた曲線の記述では，曲線の端点あるいは途中の通過点の前後に「{〈ベクトル〉}」の形の記述を追加することで，その点での曲線の向きを〈ベクトル〉の方向に設定できます．例えば，「(0, 0){(1, 1)}..(2, 1)」では曲線は点 $(0,0)$ から $(1,1)$ の向きに出て行き，「(0, 0)..{(1, -1)}(2, 1)」では曲線は点 $(2,1)$ に到達するところで $(1,-1)$ の向きに進みます．また，〈ベクトル〉としては「up」（$(0,1)$ の別名），「down」（$(0,-1)$ の別名），「right」（$(1,0)$ の別名），「left」（$(-1,0)$ の別名）も利用できます．

```
beginfig(4);
  pickup pencircle scaled 2pt;  u := 1mm;
  draw (5u, u){(-1, 1)}..(u, 5u){up}..(3u, 7u){right}
      ..{(1,-1)}(5u, 6u){(1, 1)}..(7u, 7u){right}
      ..(9u, 5u){down}..{(-1,-1)}cycle withcolor 0.6white;
  pickup pencircle scaled 0.4pt;
  draw (5u, u)..(u, 5u)..(3u, 7u)..(5u, 6u)..(7u, 7u)..(9u, 5u)..cycle;
endfig;
```

なお，4 点 (x_k, y_k) $(0 \leq k \leq 3)$ を制御点とする 3 次ベジエ曲線（図 C.8 参照）は次のように記述できます．

```
draw (x_0,y_0) .. controls (x_1,y_1) and (x_2,y_2) .. (x_3,y_3);
```

■**閉曲線で囲まれた領域の塗りつぶし**

閉曲線で囲まれた領域を塗りつぶすには fill というコマンドを次の形式で用います（「〈色の指定〉」は省略できます）．「〈色の指定〉」の部分では，draw コマンドの場合と同様に「withcolor blue」などの指定が利用できます．

```
fill 〈内部を塗りつぶす閉曲線〉 〈色の指定〉;
```

▶ 注意 fill コマンドで塗りつぶす曲線は「cycle」を用いた閉曲線にしてください． □

次の例では，塗りつぶす領域の指定と曲線自身の描画（塗りつぶす範囲の縁取り）のために同じ曲線を2回用いるので，パス型の変数を利用しています．なお，塗りつぶしと曲線の描画の順序を逆にした場合の出力も調べてみるとよいでしょう．

```
beginfig(5);
  pickup pencircle scaled 1pt;  u := 1mm;
  path p;
  p :=   (u, 3u)..(3u, 5u)..(7u, 3u)..(11u, u)
      ..(13u, 3u)..(11u, 5u)..(7u, 3u)..(3u, u)..cycle;
  fill p withcolor 0.8white;
  draw p;
endfig;
```

■**ベクトルやパスの変換（移動，変形）**

ベクトルやパスには，拡大や平行移動などの変換を施すことができます．

- 平行移動：shifted 〈移動量〉　　（〈移動量〉はベクトル）
- 拡大・縮小
    - 原点中心の拡大・縮小：scaled 〈拡大率〉
    - 原点中心で x 軸方向のみの拡大・縮小：xscaled 〈拡大率〉
    - 原点中心で y 軸方向のみの拡大・縮小：yscaled 〈拡大率〉

付録 D　METAPOST

- 傾斜：slanted 〈傾斜度〉
  〈傾斜度〉$= s$ とすると，$(x, y) \mapsto (x + sy, y)$ という変換
- 回転
  - 原点中心の回転：rotated 〈回転角〉
  - 一般の回転：rotatedaround (〈回転の中心〉, 〈回転角〉)

これらの指定は変形対象の直後で行います．例えば，「(1, 1) rotated 90」はベクトル $(-1, 1)$ で，「fullcircle scaled 2」は「原点中心，直径 2 bp の円周」です．また，複数の変形を行うときには，変形の順序に注意してください．例えば，「(1, 1) rotated 90 shifted (1, 1)」は「((1, 1) rotated 90) shifted (1, 1)」で，これは「(-1, 1) shifted (1, 1)」すなわち「(0, 2)」です．一方，「(1, 1) shifted (1, 1) rotated 90」は「((1, 1) shifted (1, 1)) rotated 90」で，これは「(2, 2) rotated 90」すなわち「(-2, 2)」になります．なお，拡大率に寸法を指定したときには，「拡大率として与えた寸法を 1 bp で割ったもの」が実際の拡大率になります．例えば，1 in/1 bp $= 72$ なので「scaled 1in」は「scaled 72」と同じです．また，付録 D の冒頭の例の「fullcircle scaled 2cm」では拡大率は 2 cm/1 bp ですが，fullcircle は直径 1 bp の円周なので拡大後は直径 2 cm の円周になっています．

```
beginfig(6);
  u := 5mm;
  path p;
  p := fullcircle xscaled 4u yscaled 2u; %%% 楕円
  draw p shifted (3u, 2u);
  draw p rotated 30 shifted (3u, 2u) withcolor 0.4white;
  z1 = (6u, u); z2 = (12u, u); z3 = (10u, 3u);
  p := z1 -- z2 -- z3 -- cycle;
  draw p; %%% ↓相似な三角形を作図
  draw p shifted -z1 scaled (abs(z3 - z1)/abs(z2 - z1))
          rotated (angle(z3 - z1) - angle(z2 - z1)) shifted z1;
endfig;
```

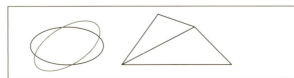

■ループ処理

METAPOSTでは，次の形式のループ処理ができます（そのほかのループ処理，条件処理については『METAFONTブック』などを参照してください）．

```
for 〈変数〉 = 〈変数値 1〉, 〈変数値 2〉, ..., 〈変数値 n〉: 〈繰り返し内容〉 endfor
for 〈変数〉 = 〈初期値〉 step 〈変化量〉 until 〈終値〉: 〈繰り返し内容〉 endfor
for 〈変数〉 = 〈初期値〉 upto 〈終値〉: 〈繰り返し内容〉 endfor
```

これらの最初のものは，「〈変数〉＝〈変数値 1〉のときの〈繰り返し内容〉」，「〈変数〉＝〈変数値 2〉のときの〈繰り返し内容〉」，……，「〈変数〉＝〈変数値 n〉のときの〈繰り返し内容〉」をこの順に並べたものになります．例えば，次の例の中の「for z = z1, z2, z3: z -- endfor」は「z1 -- z2 -- z3 --」と同じです．この例のように「for ... endfor」の部分が何らかの文の一部となってもよいので，「for ... endfor」の部分自体は**文になるとは限りません**．また，「for z = z1, z2, z3: fill p shifted z; endfor」は「fill p shifted z1; fill p shifted z2; fill p shifted z3;」と同じです．

```
beginfig(7);
  u  := 5mm;
  path p;  p := fullcircle scaled 1mm;
  z1 = (u, u); z2 = (2u, 2u); z3 = (5u, 3u);
  draw for z = z1, z2, z3: z -- endfor cycle;
  for z = z1, z2, z3: fill p shifted z; endfor
endfig;
```

次に，「for 〈変数〉 = 〈初期値〉 step 〈変化量〉 until 〈終値〉: 〈繰り返し内容〉 endfor」は〈変数〉の値を〈初期値〉から〈変化量〉だけ変化させながら〈繰り返し内容〉を繰り返します．ループ処理は，〈変化量〉が正のときには〈変数〉の値が〈終値〉以下である間繰り返され，〈変化量〉が負のときには〈変数〉の値が〈終値〉以上である間繰り返されます．また，「upto」は「step 1 until」と同じです．例えば，「for n = 1 upto 5: 〈繰り返し内容〉 endfor」は「for n = 1 step 1 until 5: 〈繰り返し内容〉 endfor」と同じで，変数 n の値が 1, 2, 3, 4, 5 のときの〈繰り返し内容〉を並べます．次の例では，楕円の弧あるいはリサジュー図形をパラメータ表示された曲線として，ループ処理を用いて描いています．この例と同様

付録D　METAPOST

に考えて（1変数）関数のグラフを描くこともできますし，少し工夫すれば簡単な図形の内部に「グラデーションをかけた塗りつぶし」を行うことも可能です．

```
beginfig(8);
  path p;  u := 5mm;
  a := 3u;  b := u;  n := 20;
  s = angle(cosd(15)/a, sind(15)/b);  e = angle(cosd(60)/a, sind(60)/b);
  p := (0, 0) --
      for i = 0 upto n - 1:
        (a * cosd((i/n)[s, e]), b * sind((i/n)[s, e])) ..
      endfor
      (a * cosd(e), b * sind(e)) -- cycle;
  fill p shifted (u, u) withcolor 0.8white;  draw p shifted (u, u);
  draw (for i = 0 upto 360: (u * cosd(3i), u * sind(2i)) .. endfor cycle)
      shifted (5u, 2u);
endfig;
```

■ 図の中への文字列の書き込み

図の中に文字列を入れるには，label というコマンドを次の形式で用います．

```
label(〈書き込む対象〉,〈書き込む位置〉);
```

また，「〈書き込む対象〉」は文字列定数などですが，「btex 〈LaTeX 文書の断片〉 etex」の形で LaTeX のコマンドを含むような記述も書き込めるということになっています．ただし，次の例のように「プリアンブル」などの指定も要ります．

```
verbatimtex
\documentclass{article}
\begin{document}
etex;
beginfig(1);
  draw fullcircle scaled 1.5cm shifted (1cm, 1cm);
  label(btex $\pi r^2$ etex, (1cm, 1cm));  %%% 円の中心に「$\pi r^2$」を記入
endfig;
end.
```

なお，「verbatimtex」と「etex;」の間の \documentclass などの記述には，必要なパッケージの読み込みなどを追加しても構いません．また，和文文字列を図の中に書き込む場合は \documentclass のところで和文対応の文書クラスを指定し，かつ，METAPOST ソースを pmpost（和文対応 METAPOST, jmpost という名称であることもあります）で処理してください．

今の例では文字列を単に「label(⟨文字列⟩, ⟨座標⟩)」のように配置しましたが，この場合 ⟨文字列⟩ の中心の位置が ⟨座標⟩ になります．一方，「label」を「label.top」とすると ⟨文字列⟩ を ⟨座標⟩ の真上に置きます．同様に，「label.bot」では真下，「label.rt」では右，「label.lft」では左に置きます．

▶注意　設定によっては，METAPOST での処理時に「-tex=platex」のようなコマンドラインオプションなどを通じて図中の文字列を LaTeX 処理する際に用いるプログラム名（例えば platex）を指定する必要があります．なお，充分に新しい METAPOST では「verbatimtex」の次の行の先頭に「%&platex」のような形式の記述を入れることでも，図中の文字列を LaTeX 処理する際に用いるプログラムを指定できるということになっています．　　　　□

▶注意　「btex ... etex」を用いて図に文字列を書き込む場合，「prologues := 1;」などの prologues の設定は通常は不要です．ただし，prologues を設定しない場合，出力ファイルは「完全な」EPS ファイルではなく dvips, dvipdfmx などで処理する LaTeX 文書の中で用いることを念頭に置いた MPS（METAPOST EPS）ファイルとなります．これが問題となる場合（例えば，METAPOST EPS ファイルと一般の EPS ファイルを区別せずに扱う dviware を用いる場合），prologues を「prologues := 3;」のように設定するとよいでしょう（「prologues := 3;」という指定は充分に新しい METAPOST で利用可能です）．　□

■ PSfrag パッケージでの文字列の置換に用いるダミー文字列を書き込む場合

図の中に PSfrag パッケージでの文字列の置換（9.7 節参照）に用いるダミー文字列を書き込む場合は，次の例のように（btex, etex を用いずに）文字列を書き込みます．

```
prologues := 1;
defaultfont := "rpcrr";
beginfig(1);
  draw fullcircle scaled 1.5cm shifted (1cm, 1cm);
  label("A", (1cm, 1cm));
endfig;
end.
```

この例の，「defaultfont := "rpcrr";」というのは文字列に使用するフォントを Courier

付録D　METAPOST

にするための設定です．この中の「rpcrr」を「rptmr」に変えると Times-Roman が用いられ，「rphvr」に変えると Helvetica が用いられます．ほかのフォントも同様に指定できますが，標準的な POSTSCRIPT フォントを用いるのが無難です（充分に新しい METAPOST を用いている場合は，prologues の値を 2 あるいは 3 にするのもよいでしょう）．

今の例を METAPOST で処理したときに処理結果がファイル filename.1 に出力されたとすると，そのファイルを次のように LaTeX 文書中で用いれば図の中の文字列「A」を「πr^2」に置換できます（9.7 節参照）．

```
\documentclass{article}
\usepackage[dvips]{graphicx}
\usepackage{psfrag}
\begin{document}
\begin{center}
  \psfrag{A}[c][c]{$\pi r^2$}
  \includegraphics{filename.1}
\end{center}
\end{document}
```

●コラム● ［2 直線の交点など］

相異なる 4 点 z1, z2, z3, z4 について，2 点 z1, z2 を通る直線と 2 点 z3, z4 を通る直線との交点を考えてみます．その交点を z5 とすると，点 z5 が 2 点 z1, z2 を通る直線上にあるという条件は「z5 = k[z1, z2];」（k は実数）と表せます．同様に，「z5 = t[z3, z4];」（t は実数）とも表せるのですが，ここで用いた「k」，「t」は式を立てるためだけに用いた変数で，それらの値が必要になることはあまりありません．そのような「具体的な値はどうでもいい」変数は「whatever」と書けます．例えば，今の例の 2 個の条件式は「z5 = whatever[z1, z2];」および「z5 = whatever[z3, z4];」と書いても構いません（2 箇所の whatever は別々の変数を表します）．もちろん，点の座標（あるいは位置ベクトル）が簡単な公式で書ける点については公式を使えばよいのですが，三角形の垂心の作図のように個々の点の位置を METAPOST に計算してもらうほうが簡単な場合もあります．また，一般の 2 曲線（パス）についても，それらの交点がただ 1 個のときには，交点を簡単に得られる仕組みが用意されています．

付録 E: 文献データベースと BIBTEX

付録 E 文献データベースと BIBTEX

■ BIBTEX を併用した参考文献リストの作成の概要

BIBTEX は，LATEX 文書内で \cite コマンドで参照した文献の情報を文献データベースファイルから抽出して，参考文献リストの形に整形・出力するソフトウェアです．

BIBTEX を併用した参考文献リストの作成の手順は次のようになります．

1. 文献データベースファイル（書式は後述します）を準備します．

2. LATEX 文書中で，\cite コマンドで文献を引用します（13.2 節参照）．「文書中では言及しないが参考文献リストには載せる」文献があるときには，その文献の参照キーを「\nocite{〈参照キー〉}」のように \nocite コマンドで指定できます（\nocite の引数には複数の参照キーをコンマ区切りで並べても構いません）．また，「\nocite{*}」は文献データベースの全項目を参考文献リストに載せるという意味になります．

3. LATEX 文書中で，\bibliographystyle コマンドを「\bibliographystyle{〈文献スタイル名〉}」という形で用いて「文献スタイル」を指定します．

4. LATEX 文書中で，\bibliography コマンドを「\bibliography{〈文献データベースファイル名〉}」という形で用いて文献データベースを指定します（ただし，文献データベースファイル名の拡張子は省略します）．\bibliography{bib1,bib2} という具合に複数の文献データベースファイル名をコンマ区切りで列挙しても構いません．なお，\bibliography コマンドは，参考文献リストを作成する箇所に記述します．

5. LATEX 文書をタイプセットし，手順 2〜4 で記述した情報を aux ファイルに抽出します．

6. 手順 5 で作成した aux ファイルを BIBTEX（通常は pbibtex コマンド（jbibtex という名称であることもあります）を用いれば充分です）で処理して，参考文献リスト（thebibliography 環境）を記述したファイルを作成します．この処理の際には，LATEX 文書中で実際に \cite を用いて引用した文献と \nocite コマンドで直接指定した文献のみが抽出されます．

7. 「LaTeX Warning: Label(s) may have changed. ...」の警告が生じなくなるまで LATEX 文書のタイプセットを繰り返します．手順 6 で作成した参考文献リストは \bibliography コマンドの処理の際に読み込まれます．

手順 1 で用意する文献データベースファイル（bib ファイル）のファイル名の拡張子は「.bib」にします．例えば，手順 4 で「\bibliography{bib1,bib2}」と指定したら，手順 6 では 2 個の bib ファイル bib1.bib，bib2.bib から参考文献データを抽出します．

手順 6 で作成されるファイル（bbl ファイル，データベースから抽出された文献リストが thebibliography 環境の形で記述されたファイル）のファイル名は，通常，BIBTEX で処理した aux ファイルの名称の拡張子を「.bbl」に変えたものになります．また，手順 6 では，手順 3 で指定した文献スタイルに対応する「文献スタイルファイル」（bst ファイル）も用いられます（文献スタイルファイルのファイル名は「〈文献スタイル名〉.bst」です）．

▶ 注意　BIBTEX 自身には「文献データベースの管理」の機能はありません．もっとも，bib ファイルを直接取り扱える文献データベース管理ソフトもありますし，既存の文献データベースを bib ファイルに変換するソフトウェアも知られています． □

■文献データベースの使用例

●手順 1：文献データベースの準備

文献データベースとして，次の内容のファイル（ファイル名は，sample.bib とします）を用いた場合を考えます．

```
@book{TeXbook,
    author = "Knuth, Donald E.",
    title = "The {\TeX}book",
    publisher = "Addison-Wesley",
    year = 1986
}
```

この記述では，著者（author）が「Donald E. Knuth」氏（データベースでの記述は「姓, 名」の形にしています）でタイトル（title）が「The TEXbook」，出版社（publisher）が「Addison-Wesley」社，発行年（year）が「1986」年の書籍（book）を「TeXbook」という参照キーで登録しています．

●手順 2～4：文献の引用，文献スタイルの指定，文献データベースの指定

今の文献データベース中の書籍『The TEXbook』を引用して参考文献リストに載せる場合，次の文書（ファイル名を bibsample.tex とします）のように参照キーの「TeXbook」を \cite の引数に入れます．

```
\documentclass{jarticle}
\begin{document}
\TeX に関する最も基礎的な文献としては，
まず『The {\TeX}book』\<\cite{TeXbook}が挙げられます．

\bibliographystyle{plain}%%% 文献スタイルは「plain」スタイル
\bibliography{sample}%%% ファイル sample.bib から文献データを抽出
\end{document}
```

●手順 5：参照キー，文献スタイル名，文献データベース名の aux ファイルへの抽出

ファイル bibsample.tex をタイプセットしたときに生成する aux ファイル bibsample.aux の中身は次のようになり，\cite, \bibliographystyle, \bibliography の各コマンドで指定した項目が書き出されています（「\citation{TeXbook}」は「\cite{TeXbook}」に

503

付録 E　文献データベースと BIBTEX

対応し，「\bibstyle{plain}」は「\bibliographystyle{plain}」に対応します．また，
「\bibdata{sample}」は「\bibliography{sample}」に対応します）．

```
\relax
\citation{TeXbook}
\bibstyle{plain}
\bibdata{sample}
```

●手順 6：参考文献のデータベースからの抽出

次に，aux ファイル bibsample.aux を pbibtex で処理して，引用した文献をファイル sample.bib から抽出します．具体的には，コマンドライン上で次のコマンドを実行します．

```
pbibtex bibsample
```

この操作で生成されるファイル bibsample.bbl の中身は次のような参考文献リストです．

```
\begin{thebibliography}{1}

\bibitem{TeXbook}
Donald~E. Knuth.
\newblock {\em The {\TeX}book}.
\newblock Addison-Wesley, 1986.

\end{thebibliography}
```

●手順 7：抽出した参考文献リストの読み込み

ファイル bibsample.tex のタイプセットを繰り返します．手順 6 で作成したファイル bibsample.bbl は \bibliography コマンドのところで読み込まれ，次のような出力が得られます．

> TEX に関する最も基礎的な文献としては，まず『The TEXbook』[1] が挙げられます．
>
> ## 参考文献
>
> [1] Donald E. Knuth. *The TEXbook*. Addison-Wesley, 1986.

■基本的な文献スタイル

次の表の文献スタイル名のうち，文字「j」で始まるもの（jplain など）は jBIBTEX（日本語対応 BIBTEX）用の文献スタイルです．また，「説明」欄で文献番号の形式に言及していない場合，文献の番号付けは thebibliography 環境に任せます．なお，ここに挙げるもののほかにも各種の学術雑誌用の文献スタイルが用意されています．

文献スタイル名	説明
plain, jplain	シンプルなスタイル（先の使用例を参照してください）
unsrt, junsrt	文献を並べ替えずに本文での言及順に記述
abbrv, jabbrv	著者名を短縮形で表記（例えば「Donald E. Knuth」を「D. E. Knuth」と短縮）
alpha, jalpha	「文献番号」として「第 1 著者の姓の省略形と出版（発行）年の省略形の組み合わせ」を使用
abbrvnat	abbrv スタイルの natbib パッケージ対応版
plainnat	plain スタイルの natbib パッケージ対応版
unsrtnat	unsrt スタイルの natbib パッケージ対応版

■ BIBTEX が使用する文献データベースファイルでの各文献データの記述

BIBTEX 用の文献データベースファイル（bib ファイル）では，個々の文献は次の形式で記述します（先の例のファイル sample.bib を参照してください）．

```
@〈文献の種類〉{〈参照キー〉,
    〈項目名〉 = "〈その項目の値〉",
    〈「〈項目名〉 = "〈値〉"」の形の記述のコンマ区切りリスト〉
    }
```

〈文献の種類〉などの記述では，次の 3 点に注意してください．

- 〈文献の種類〉，〈参照キー〉，〈項目名〉のところでは，大文字と小文字は区別されません．例えば，文献の種類を「book」と書いても「BOOK」と書いても同じです．
- 各項目とその値は，「〈項目名〉 = "〈値〉"」の形のほかに「〈項目名〉 = {〈値〉}」のように記述しても構いません．また，値が「2008」のような整数のときには「year = 2008」のように値の部分を引用符などで囲まずに記述できます．
- 文献のタイトルなどの文字列の記述では，「大文字と小文字が変化してはいけない文字列」（数式，略語など）を括弧「{」，「}」で囲んでください（タイトルなどの文字列の 2 語目以降を小文字化する文献スタイルもあります）．これは LATEX のコマンドについても例外ではありません．先の例でも書名を「title = "The {\TeX}book"」のように記述しましたが，この「{\TeX}」の部分で括弧「{」，「}」で囲んでいるのは単に \TeX の直後の文字列 book とコマンド \TeX を区切るためだけではなく，コマンド \TeX の大文字・小文字が変化しないようにするという目的もあります．

付録 E

付録 E 文献データベースと BIBTEX

505

付録 E　文献データベースと BIBTEX

▶ 注意　BIBTEX は文献の参照キーの大文字と小文字の違いを区別しないという点に充分に注意してください．実際，BIBTEX は「TeXbook」と「texbook」のように大文字と小文字の違いしか差のない参照キーを区別しないので，「@book{TeXbook, ...}」のような項目と「@book{texbook, ...}」のような項目が文献データベースに存在すると，(J)BIBTEX での文献抽出処理の際に「重複項目」があるとしてエラーが生じます．　　　　　　　□

▶ 注意　括弧で囲まれた範囲であっても「{\itshape 〈文字列〉}」のように開き括弧の直後が何らかのコマンドである場合，〈文字列〉の部分は括弧で囲まれていない場合と同様に扱われます．そのようなときに〈文字列〉の部分の大文字・小文字が変化しないようにするには，「{{\itshape 〈文字列〉}}」のように余分に括弧で囲んでください．

コマンドとその引数についても同様で，小文字化されるような文字列の中で単に「\H{O}」と記述してあるとコマンド \H が小文字化の対象となる一方，「{\H{O}}」では引数の「O」のほうが小文字化の対象となります．さらに「{{\H{O}}}」とすると，コマンド \H とその引数「O」のどちらも小文字化されなくなります．　　　　　　　□

■文献の種類として一般的に利用できるもの

文献の種類	説明	必須項目
article	論文，学術雑誌の記事	author, title, journal, year
book	発行主体が明確な書籍	author または editor, title, publisher, year
booklet	発行主体が明確でない書籍	title
inbook	書籍の一部	author または editor, title, chapter または pages, publisher, year
incollection	書籍に収録されている文書（それ自身のタイトルを持つもの）	author, title, booktitle, publisher, year
proceedings	学術会議の proceedings（議事録）	title, year
inproceedings conference	学術会議の proceedings に収められているもの	author, title, booktitle, year
mastersthesis	修士論文	author, title, school, year
phdthesis	博士論文	author, title, school, year
manual	マニュアル文書	title
techreport	技術報告	author, title, institution, year
unpublished	公式には刊行されていないもの	author, title, note
misc	ほかのどの分類にもあてはまらないもの	（なし）

なお，サポートされる「文献の種類」は文献スタイルごとに定まっているので，この表にない種類がサポートされていることもあります．また，文献の種類として形式的に「comment」を用いて「@comment{〈コメント〉}」と記述すると，「〈コメント〉」の部分はコメントとして扱われます．

■文献データの項目名として一般的に利用できるもの

項目名	説明
address	発行主体（出版社など）の所在地
author	著者名 注1
booktitle	当該文献を含んでいる書籍（議事録）のタイトル（文献の種類が「incollection」などのときに使用．通常の書籍のタイトルは「title」項目）
chapter	当該文献が書籍などの一部であるときの章番号など（文献の種類が「inbook」などのときに使用）
edition	書籍などの版
editor	編者名 注1
howpublished	出版（刊行）形態についての特記事項
institution	技術報告の発行主体（文献の種類が「techreport」などのときに使用）
journal	当該文献を収録している学術雑誌名（文献の種類が「article」などのときに使用）
key	author 項目がない場合に author 項目の代わりに用いられる文字列
month	出版（刊行）の月
note	任意の補足説明
number	学術雑誌などの（第何巻第何号というときの）「号数」
organization	会議の主催機関やマニュアルの発行主体
pages	ページ番号（ページ範囲）．「pages = "12--45"」（「12〜45 ページ」の場合），「pages = "123+"」（「123 ページ以降」の場合）のように記述
publisher	発行主体（出版社など）の名称
school	学校名（文献の種類が「mastersthesis」，「phdthesis」のときに使用）
series	シリーズものの書籍の「シリーズ名」
title	当該文献のタイトル
type	文献の種類として参考文献リストに載せる文字列 注2
volume	学術雑誌などの「巻数」
year	出版年
yomi	著者名の「読み方」を author 項目と同じ形式で記述 注3

注 1：人名の和文表記については「門間␣直美」のように姓と名の間に空白を入れます（和文文字の空白を入れても構いません）．欧文表記については，「〈姓〉,␣〈名〉」（例えば，「Knuth, Donald E.」），「〈名〉␣〈姓〉」（例えば，「Donald E. Knuth」）のどちらの形式でも構いません．もっとも，ミドルネームがあったり「Jr.」が付いたりして姓・名が長くなるときには「〈姓〉,␣〈名〉」の形式が無難です．

また，著者が 2 名以上のときには，著者名を「Brookfield, Anthony and Dickson, Charles」という具合に「␣and␣」で区切ります．コンマ（＋ 空白）で区切るのではないので注意してください．jBIBTEX を利用する場合には，著者名の区切りに「和文文字のコンマ」（，）および「テン」（、）も利用できます．

注 2：例えば，文献の種類が「phdthesis」の場合には文献の種類を表した「PhD thesis」という文字列も bbl ファイルに書き出されますが，その部分に用いる文字列を type 項目で指定できます．

付録 E　文献データベースと BIBTEX

注3：yomi 項目は JBIBTEX が利用する項目で，文字どおり author 項目の読み方を与えます（読み方はひらがなで与えてもローマ字表記で与えても構いません）．ただし，読み方をひらがなで与えた場合，文献スタイルが jabbrv などのときの「文献番号」に yomi 項目の短縮形が用いられます．そのようなときに「文献番号」には漢字表記（の短縮形）を用いるには，LATEX 文書のプリアンブルで「\newcommand{\noop}[1]{}」のように \noop コマンドを定義したうえで，yomi 項目の記述を

> ```
> yomi = "{\noop{〈並べ替えに用いる文字列〉}}〈1 文字目〉}〈残りの部分〉"
> ```

という形式（「yomi = "{\noop{もんま なおみ}門} 間 直美"」のような形）で記述するという対処法が知られています．

このほかにも，例えば，文献に関連する（あるいは文献そのものである）ウェブサイトの URL を「url = "http://..."」という具合に記述するなどして，適宜項目を追加して構いません（利用されない項目は単に無視されます）．

■エラーが生じた場合

aux ファイルを BIBTEX で処理した際にエラーが生じた場合は，処理時のログファイル（通常，処理対象の aux ファイルの名称の拡張子を「.blg」に変えた名称のファイルです）の中のエラーメッセージを参考に文献データベースの記述を修正してください．例えば，次のようなエラーメッセージが現れた場合，「9 行目」でコンマ（項目間の区切り）あるいは閉じ括弧「}」（ひとつの文献の記述の終端）が欠けていることが発覚したということなので，その近辺を調べて欠けているコンマなどを補ってください．

> ```
> I was expecting a ',' or a '}'---line 9 of file zzz.bib
>  :
>  :    year = 1986
> ```

なお，bib ファイルの行末コードが CR ＋ LF の場合にはエラーメッセージでの行番号が「エラーが発覚した箇所の実際の行番号の約 2 倍」になっていることがあるので，注意してください（その場合，今のエラーメッセージに対応する実際のエラー箇所は 4 行目になります）．むしろ，エラーメッセージの直後にある「エラー箇所の直後の抜粋」（今の例では「year = 1986」）に着目するほうがエラー箇所を探しやすいかもしれません．

付録 F: mendex

付録 F　mendex

■ mendex とは

　mendex は，LATEX 文書から抽出した索引項目データ（idx ファイル）に対して同一の索引項目をまとめる処理や項目の並べ替え処理を施して，実際に読み込むべき索引（theindex 環境）を作成することを主目的とするソフトウェアです．なお，mendex は makeindex というソフトウェアを本格的に和文対応にしたものです（makeindex もやはり idx ファイルを処理して索引を作成します）．mendex と makeindex の間には多少の相違がありますが，本書では主に mendex について説明します．

■ mendex の基本的な使用法

```
mendex 〈オプション指定〉 〈索引項目データファイル名〉
```

　「〈索引項目データファイル名〉」は，\index コマンドを用いて索引語を指定した LATEX 文書をタイプセットしてできる idx ファイルの名称です（14.1，14.2 節参照）．なお，1 個の idx ファイル 〈filename〉.idx を mendex で処理すると，mendex のデフォルトではファイル 〈filename〉.ind に索引そのものが出力されます．また，処理時のエラーメッセージなどは，mendex のデフォルトではファイル 〈filename〉.ilg に記録されます．

■ mendex のコマンドラインオプション

オプション	意味
-c	索引項目中の 2 個以上連続した空白文字を 1 個に整理し，索引項目の先頭または末尾の空白文字を無視（例えば，「␣␣A␣B␣」，「A␣␣B␣」，「A␣B␣」をすべて「A␣B」であるものとして処理）
-f	読み方を与えていない漢字を含む索引項目も強制的に出力
-g	日本語の頭文字の区切りとして「あかさた……わ」（各行の最初の文字）を使用（デフォルトでは「あいうえ……ん」（50 音の各文字）を使用）
-i	索引データを標準入力から読み込んで処理
-l	並べ替え処理の際に索引項目内の空白文字を無視して比較
-p 〈page〉	〈page〉が整数の場合，索引の先頭ページを 〈page〉 に設定
-q	エラーメッセージおよび警告メッセージ以外のメッセージの表示を抑制（ログファイルには記録されます）
-r	連続したページをまとめる処理を抑制（例えば，「1, 2, 3」を「1–3」にせず，「1, 2, 3」のままで出力）
-d 〈file〉	ファイル 〈file〉 を辞書ファイルとして使用
-o 〈file〉	処理結果の索引データをファイル 〈file〉 に出力
-s 〈file〉	ファイル 〈file〉 を索引スタイルファイルとして使用（索引スタイルファイルの名称の拡張子が「.ist」の場合，〈file〉 のところでは「.ist」を省略可能）
-t 〈file〉	ファイル 〈file〉 をログファイルとして使用
-E	入出力ファイルの漢字コードを EUC-JP として処理
-J	入出力ファイルの漢字コードを JIS として処理
-S	入出力ファイルの漢字コードを Shift_JIS として処理
-U	入出力ファイルの漢字コードを UTF-8 として処理

-1 オプションについては，例えば「fairyland」と「fairy ring」という 2 個の索引項目の順序を考えます．この例では，-1 オプションを適用しないときには文字列をそのまま比較して「fairy ring」が先に並べられます．一方，-1 オプション適用時には文字列「fairyland」と文字列「fairyring」（「fairy ring」から空白文字を削除したもの）が比較され，「fairyland」が先に並べられます．ただし，-1 オプションは「比較処理の際に限り」空白文字を無視するだけなので，-1 オプション適用時にも，実際に出力された索引の中では「fairy ring」の空白文字はそのまま保たれます（単に索引語の順序が変わるだけです）．

-p オプションについては，「-p any」（索引の開始ページを「最終ページ」の次のページに設定），「-p even」（索引の開始ページを「最終ページ」の次のページ以降で最初の偶数ページに設定），「-p odd」（索引の開始ページを「最終ページ」の次のページ以降で最初の奇数ページに設定）という指定も可能です．ただし，「最終ページ」というのは処理した idx ファイルに対応する log ファイル（ファイル〈filename〉.idx に対しては，ファイル〈filename〉.log）に記載されているページ番号のうちの最後のものです．もっとも，索引部分の開始ページを指定するには，mendex の -p オプションを利用するよりも，\printindex コマンドの直前で（必要があれば \clearpage などで明示的に改ページしたのち）ユーザー自身で「\setcounter {page}{〈開始ページ〉}」のように開始ページを指定するほうが無難です．

■ mendex の辞書ファイル

mendex の辞書ファイルは「単語（和文文字列）とその単語（和文文字列）の読み方を空白文字（タブ文字でも構いません）で区切ったもの」を 1 行につき 1 項目記述した形式のファイルです．例えば，「既約」という語を「きやく」という読み方で登録し，「表現」という語を「ひょうげん」という読み方で登録した辞書ファイルは次のようになります．

```
既約␣きやく
表現␣ひょうげん
```

この辞書ファイルを用いると，索引語を単に「\index{表現}」のように指定しても，辞書に従って「ひょうげん」という読み方であるものとして扱われます．また，「\index{既約表現}」のような索引語の指定についても，「既約表現」の先頭部分の「既約」が辞書ファイルに登録されていて，しかも残りの「表現」も辞書ファイルに登録されています．そのため，それぞれの部分の読みを用いて「きやくひょうげん」という読みであるものとして扱われます．

▶ 注意　mendex は，辞書ファイルに載っている文字列の中から「読み方を取得する文字列の先頭からなるべく長く一致するもの」を選びます．例えば，

511

付録 F　mendex

> 明朝　みょうちょう
> 体　たい
> 明朝体　みんちょうたい

という内容の辞書ファイルを用いた場合に、「\index{明朝体}」という索引語の指定を行った場合を考えます。この場合、索引語の「明朝体」の先頭部分から辞書ファイルに載っている文字列を取り出すと「明朝」と「明朝体」の2個がありますが、「明朝体」のほうが長いので「みんちょうたい」という読み方が用いられます。

□

■索引スタイルファイルの構造

索引スタイルファイル（ist ファイル）は「設定項目名」と「その項目の値」を空白文字またはタブ文字で区切って列挙したファイルで、次の例のような中身を持ちます。基本的には 1 項目 ＝ 1 行 の形で記述しますが、「文字列型」の値（後述します）の直前や値の途中で改行しても構いません。また、索引スタイルファイルの名称の拡張子は、通常「.ist」にします。

```
delim_0 "\\dotfill "
lethead_flag 1
```

各設定項目の値は「整数」、「文字」、「文字列」のいずれかの型で、整数型の値は単に「1」のように 10 進表記します。また、文字型の値は「'a'」のように単引用符で囲みます。文字列型の値は「"abc"」のように二重引用符で囲みます。

なお、文字列型の値に文字「\」あるいは「"」が含まれる場合には、それらに文字「\」を前置してください。例えば、「"\""」は文字列「"」を表し、「"\\\""」は文字列「\"」を表します。先の例の項目「delim_0」の値は文字列「\dotfill␣」です。同様に、改行文字は「\n」で表し、タブ文字は「\t」で表します。また、文字型の値として文字「\」を指定する場合には、「'\\'」と記述します。

▶ 注意　文字型の値として文字「'」を指定する場合、mendex 用の ist ファイルでは「'''」と記述しますが、makeindex 用の ist ファイルでは「'\''」と記述します。

□

索引スタイルファイルで設定されるパラメータは、大別すると次の 2 種です。

- 入力ファイルスタイルパラメータ：索引項目データファイル（idx ファイル）の書式に関係するパラメータです。「索引項目」と「読み方」の区切りに用いる文字（actual パラメータ、デフォルト値は文字「@」）などがあります。
- 出力ファイルスタイルパラメータ：出力される索引（ind ファイル）の書式に関係する

パラメータです.「索引項目」と「ページ番号」の間の区切り（delim_0 などのパラメータ，デフォルト値は文字列「,␣」）などがあります.

■入力ファイルスタイルパラメータ

パラメータ	型	デフォルト値	意味
keyword	文字列	"\\indexentry"	索引項目の記述に用いるコマンド
arg_open	文字	'{'	keyword で指定したコマンドの引数を囲む開き括弧
arg_close	文字	'}'	keyword で指定したコマンドの引数を囲む閉じ括弧
range_open	文字	'('	ページ範囲指定の開始を示す文字
range_close	文字	')'	ページ範囲指定の終了を示す文字
level	文字	'!'	索引項目の階層間の区切り
actual	文字	'@'	索引項目とその「読み方」（並べ替えのキー）の区切り
encap	文字	'|'	ページ番号の書式指定，範囲指定に用いる文字
quote	文字	'"'	mendex のエスケープ文字（actual などで指定される特殊文字の意味を打ち消す文字）
escape	文字	'\\'	mendex の第 2 のエスケープ文字（コマンド「\」などの記述に利用）
page_compositor	文字列	"-"	複数の番号を組み合わせた「1 2」といったページ番号を用いる際の，ページ番号の構成要素間の区切り（この例では「-」）

level, encap, actual の各パラメータで指定される文字が索引項目に含まれるときには，それらの前に quote パラメータで指定される文字を置いてください．例えば，mendex のデフォルト設定のもとで文字「!」，「|」，「@」自身を索引項目にするには「\index{"!}」，「\index{"|}」，「\index{"@}」のように記述します．また，「\!」のように「escape パラメータで指定される文字 + level, encap, actual のいずれかで指定される文字」の形の文字列（コマンド）が索引項目に含まれる場合には，「\index{..."\"!...}」，「\index{..."\"|...}」，「\index{..."\"@...}」のように escape パラメータで指定される文字のほうにも quote パラメータで指定される文字を置きます（単に「\"!」などと記述すると，「\"」のところで「"」が通常の文字になってしまいます）.

■出力ファイルスタイルパラメータ

パラメータ	型	意味とデフォルト値
preamble	文字列	索引ファイルの冒頭に置かれる文字列 デフォルト値："\\begin{theindex}\n"
postamble	文字列	索引ファイルの末尾に置かれる文字列 デフォルト値："\n\n\\end{theindex}\n"
setpage_prefix	文字列	mendex の -p オプションを用いたときに設定される「索引部分の開始ページ」の前に置く文字列　デフォルト値："\n␣␣\\setcounter{page}{"
setpage_suffix	文字列	mendex の -p オプションを用いたときに設定される「索引部分の開始ページ」の後に置く文字列　デフォルト値："}\n"

付録F mendex

パラメータ	型	意味とデフォルト値
group_skip	文字列	索引項目の頭文字が切り換わる際に追加される文字列（ただし、mendex の -g オプション適用時には、日本語で始まる項目については「あ行」、「か行」などの「行」が変わるごとに追加）　デフォルト値："\n\n$_{\sqcup\sqcup}$\\indexspace\n"
lethead_flag	整数	値がゼロでない場合のとき、かつ、その場合のみ索引項目の頭文字を見出しとして使用（正の値のときは英字を大文字出力、負の値のときは英字を小文字出力）（mendex 用）　デフォルト値：0
heading_flag	整数	lethead_flag と同じ　デフォルト値：0
headings_flag	整数	lethead_flag と同じ（makeindex 用）　デフォルト値：0
letter_head	整数	lethead_flag（heading_flag）の値がゼロでない場合の「和文文字で始まる索引項目の頭文字の文字種」に対応する整数（1 はカタカナに、2 はひらがなに対応. mendex 用）　デフォルト値：1
lethead_prefix	文字列	索引項目の頭文字が切り換わる際に頭文字の前に付ける文字列（mendex 用, lethead_flag（heading_flag）の値がゼロでないときのみ有効）　デフォルト値：空文字列
heading_prefix	文字列	lethead_prefix と同じ（makeindex と mendex に共通, lethead_flag（heading_flag）あるいは headings_flag の値がゼロでないときのみ有効）　デフォルト値：空文字列
lethead_suffix	文字列	索引項目の頭文字が切り換わる際に頭文字の後に付ける文字列（mendex 用, lethead_flag（heading_flag）の値がゼロでないときのみ有効）　デフォルト値：空文字列
heading_suffix	文字列	lethead_suffix と同じ（makeindex と mendex に共通, lethead_flag（heading_flag）あるいは headings_flag の値がゼロでないときのみ有効）　デフォルト値：空文字列
item_0	文字列	第 1 階層の項目の直前に置く文字列　デフォルト値："\n$_{\sqcup\sqcup}$\\item$_\sqcup$"
item_1	文字列	第 2 階層の項目の直前に置く文字列（直前の項目が第 2 階層、第 3 階層の項目の場合）　デフォルト値："\n$_{\sqcup\sqcup\sqcup\sqcup}$\\subitem$_\sqcup$"
item_01	文字列	第 2 階層の項目の直前に置く文字列（直前の項目がページ番号を持った第 1 階層の項目の場合）　デフォルト値："\n$_{\sqcup\sqcup\sqcup\sqcup}$\\subitem$_\sqcup$"
item_x1	文字列	第 2 階層の項目の直前に置く文字列（直前の項目がページ番号なしの第 1 階層の項目の場合）　デフォルト値："\n$_{\sqcup\sqcup\sqcup\sqcup}$\\subitem$_\sqcup$"
item_2	文字列	第 3 階層の項目の直前に置く文字列（直前の項目が第 3 階層の項目の場合）　デフォルト値："\n$_{\sqcup\sqcup\sqcup\sqcup\sqcup\sqcup}$\\subsubitem$_\sqcup$"
item_12	文字列	第 3 階層の項目の直前に置く文字列（直前の項目がページ番号を持った第 2 階層の項目の場合）　デフォルト値："\n$_{\sqcup\sqcup\sqcup\sqcup\sqcup\sqcup}$\\subsubitem$_\sqcup$"
item_x2	文字列	第 3 階層の項目の直前に置く文字列（直前の項目がページ番号なしの第 2 階層の項目の場合）　デフォルト値："\n$_{\sqcup\sqcup\sqcup\sqcup\sqcup\sqcup}$\\subsubitem$_\sqcup$"
delim_0	文字列	第 1 階層の項目と最初のページ番号の間の区切り　デフォルト値："，$_\sqcup$"
delim_1	文字列	第 2 階層の項目と最初のページ番号の間の区切り　デフォルト値："，$_\sqcup$"
delim_2	文字列	第 3 階層の項目と最初のページ番号の間の区切り　デフォルト値："，$_\sqcup$"
delim_n	文字列	ページ番号間の区切り　デフォルト値："，$_\sqcup$"
delim_r	文字列	ページ範囲の開始ページと終了ページの間に置く文字列　デフォルト値："--"
delim_t	文字列	索引項目のページ番号リストの終端に置く文字列　デフォルト値：空文字列
suffix_2p	文字列	ページ番号がちょうど 2 ページ連続する場合に「delim_n と 2 ページ目の番号」の代わりに用いる文字列（値が空文字列でない場合のみ有効）　デフォルト値：空文字列
suffix_3p	文字列	ページ番号がちょうど 3 ページ連続する場合に「delim_r と 3 ページ目の番号」の代わりに用いる文字列（値が空文字列でない場合のみ有効. また, suffix_mp も有効な場合, suffix_3p のほうが優先）　デフォルト値：空文字列

パラメータ	型	意味とデフォルト値
suffix_mp	文字列	ページ番号が 3 ページ以上連続する場合に「delim_r と末尾のページ番号」の代わりに用いる文字列（値が空文字列でない場合のみ有効） デフォルト値：空文字列
encap_prefix	文字列	ページ番号の書式指定の際にコマンド名の前に置く文字列 デフォルト値："\\\\"
encap_infix	文字列	ページ番号の書式指定の際にコマンド名とページ番号の間に置く文字列 デフォルト値："{"
encap_suffix	文字列	ページ番号の書式指定の際にページ番号の後に置く文字列 デフォルト値："}"
line_max	整数	1 行の文字数の基準値（1 行に収まる「半角」文字の個数）　デフォルト値：72
indent_space	文字列	索引項目が複数行にわたるときに 2 行目以降の行頭に置く文字列 デフォルト値："\t\t"
indent_length	整数	indent_space で指定した文字列の幅に相当する数値　デフォルト値：16
symhead_positive	文字列	lethead_flag（heading_flag）の値が正である場合に，数字・記号で始まる項目に対する見出しとして用いる文字列　デフォルト値："Symbols"
symhead_negative	文字列	lethead_flag（heading_flag）の値が負である場合に，数字・記号で始まる項目に対する見出しとして用いる文字列　デフォルト値："symbols"
symbol	文字列	symbol_flag の値がゼロでない場合に，数字・記号で始まる項目に対する見出しとして用いる文字列（mendex 用）．symbol の値が空文字列でない場合には，symhead_positive あるいは symhead_negative より symbol が優先 デフォルト値：空文字列
symbol_flag	整数	symbol_flag の値がゼロなら symbol パラメータを使用せず，ゼロでなければ symbol パラメータを使用（mendex 用）　デフォルト値：1
numhead_positive	文字列	headings_flag の値が正である場合に，数字のみからなる項目に対する見出しとして用いる文字列（makeindex 用）　デフォルト値："Numbers"
numhead_negative	文字列	headings_flag の値が負である場合に，数字のみからなる項目に対する見出しとして用いる文字列（makeindex 用）　デフォルト値："numbers"
priority	整数	和文・欧文が混在する索引項目の並べ替えの際に，和欧文間に空白文字を入れた状態で比較するかどうかを指定する整数（ゼロでない値の場合は空白文字を入れた状態で比較し，ゼロの場合は空白文字を入れない状態で比較．mendex 用）　デフォルト値：0
character_order	文字列	並べ替えの際の記号，英字，和文文字の優先順位を表す文字列（mendex 用）．「S」（記号・数字），「E」（英字），「J」（和文文字）を先に並べる順に列挙 デフォルト値："SEJ"
page_precedence	文字列	ページ番号の形式の優先順位を表す文字列（事実上 makeindex 用）．「R」（大文字のローマ数字），「r」（小文字のローマ数字），「n」（算用数字），「A」（大文字のアルファベット），「a」（小文字のアルファベット）を先に並べる順に列挙 デフォルト値："rRnaA"

item_0, item_12 あるいは delim_0 などの索引項目の階層に関係するパラメータの名称については，パラメータ名の番号と階層数とが 1 だけずれているので，注意してください（パラメータ名のほうではゼロから数えています）．

また，mendex が理解するパラメータには「lethead_flag と heading_flag」のように同じ意味のものがあります（makeindex との互換性のために，makeindex が理解するパラメータと同じ名称も使えるようになっています）．索引スタイルファイルの中で，そのような同じ意味のパラメータを両方指定した場合あるいは同じパラメータを複数回指定した場合には，最後に指定した値が有効になります．

515

付録 F　mendex

`priority` パラメータと `character_order` パラメータについては，次の 2 個の索引項目の順序を考えます．

```
\index{tableかんきょう@table環境}
\index{table*かんきょう@table\textasteriskcentered\,環境}
```

この場合，mendex のデフォルト設定（priority の値はゼロ）では，2 個の文字列「table かんきょう」と「table* かんきょう」の比較になり，「table」の直後の「か」と「*」のところで初めて相違が生じます．ここで，mendex のデフォルト設定では character_order パラメータの値は「SEJ」なので，記号（S）である「*」のほうが和文文字（J）である「か」よりも先になります．つまり，mendex のデフォルト設定では項目「table* 環境」が項目「table環境」より先に並びます．

一方，priority の値を 1 にした索引スタイルファイルを用いると，「読み方」（並べ替えのキー）の部分の和欧文間に空白文字を入れた 2 個の文字列「table␣かんきょう」と「table*␣かんきょう」の比較になり，「table␣かんきょう」のほうが先になります．つまり，項目「table環境」が項目「table* 環境」より先に並びます．

なお，priority の値はデフォルト値（ゼロ）のままで，character_order の値を文字列「JES」くらいにしても項目「table 環境」を項目「table* 環境」より先に並べることができます．ただし，character_order を変更すると索引項目の並び方が大きく変わるので，注意が必要です．

▶ 注意　character_order に関係する文字種の判別の際には，空白文字も「記号」として扱われます．　　　　　　　　　　　　　　　　　　　　　　　　　　　　　　　　　□

　page_precedence は，例えば，「第 1 章に先立つ部分のページ番号はローマ数字で表記し，第 1 章以降のページ番号は算用数字で表記している書籍」のようにページ番号に複数の形式を用いる文書の索引を作成する場合に関係します．makeindex を用いる場合には，page_precedence パラメータでの「r」などの順序を文書全体における「ページ番号の形式の変更順」に合わせておくと，（idx ファイルを複数に分割している場合にも）索引項目でのページ番号リストを適切に並べ替えることができます．

▶ 注意　pLATEX の場合はページ番号に漢数字も利用できますが，ページ番号が漢数字の場合は「3 ページ以上連続したページ番号をまとめる」処理は行われません．　　　　　　　　□

付録 G: 数式用の
記号類

付録 G　数式用の記号類

　付録 G では，数式用記号をその記号の役割（「通常の文字」，「2 項演算子」など）に沿って分類し，その中で，各コマンドの提供元（「LaTeX 自身」，「amssymb パッケージ」など）に概ね従って分類しています．なお，個々の記号は「通常の文字」，「2 項演算子」，「矢印類以外の関係演算子」，「大型演算子」，「関数名」，「括弧類」，「矢印類」，「数式の上下に付けるもの」，「省略記号」の順に記載しています．

▶注意　数式用フォントをカスタマイズするパッケージによっては，amssymb パッケージが提供する記号なども独自に提供していることがあります．例えば，txfonts パッケージあるいは pxfonts パッケージを使用した場合，amssymb パッケージを読み込まなくても amssymb パッケージが提供する記号を利用できます．　　　　　　　　　　　　　　　　　　　　　□

■通常の文字
●ギリシャ文字（LaTeX 自身が定義）

文字	コマンド	文字	コマンド	文字	コマンド	文字	コマンド	文字	コマンド
α	\alpha	θ	\theta	π	\pi	ϕ	\phi	Λ	\Lambda
β	\beta	ϑ	\vartheta	ϖ	\varpi	φ	\varphi	Ξ	\Xi
γ	\gamma	ι	\iota	ρ	\rho	χ	\chi	Π	\Pi
δ	\delta	κ	\kappa	ϱ	\varrho	ψ	\psi	Σ	\Sigma
ϵ	\epsilon	λ	\lambda	σ	\sigma	ω	\omega	Υ	\Upsilon
ε	\varepsilon	μ	\mu	ς	\varsigma	Γ	\Gamma	Φ	\Phi
ζ	\zeta	ν	\nu	τ	\tau	Δ	\Delta	Ψ	\Psi
η	\eta	ξ	\xi	υ	\upsilon	Θ	\Theta	Ω	\Omega

　大文字のギリシャ文字のうち，この表には載っていないもの（アルファ「A」など）に対応するコマンドは定義されていないので通常のアルファベットで代用してください．

● amsmath パッケージが提供する斜体の大文字ギリシャ文字用のコマンド

文字	コマンド	文字	コマンド	文字	コマンド	文字	コマンド
$\varGamma$	\varGamma	$\varLambda$	\varLambda	$\varSigma$	\varSigma	$\varPsi$	\varPsi
$\varDelta$	\varDelta	$\varXi$	\varXi	$\varUpsilon$	\varUpsilon	$\varOmega$	\varOmega
$\varTheta$	\varTheta	$\varPi$	\varPi	$\varPhi$	\varPhi		

● txfonts，pxfonts パッケージが提供する直立体の小文字ギリシャ文字用のコマンド

記号	コマンド	記号	コマンド	記号	コマンド	記号	コマンド	記号	コマンド
α	\alphaup	ζ	\zetaup	λ	\lambdaup	ρ	\rhoup	φ	\phiup
β	\betaup	η	\etaup	μ	\muup	ϱ	\varrhoup	φ	\varphiup
γ	\gammaup	θ	\thetaup	ν	\nuup	σ	\sigmaup	χ	\chiup
δ	\deltaup	ϑ	\varthetaup	ξ	\xiup	ς	\varsigmaup	ψ	\psiup
ε	\epsilonup	ι	\iotaup	π	\piup	τ	\tauup	ω	\omegaup
ε	\varepsilonup	κ	\kappaup	ϖ	\varpiup	υ	\upsilonup		

●一般の記号（LATEX 自身が定義）

記号	コマンド	記号	コマンド	記号	コマンド	記号	コマンド	記号	コマンド
ℵ	\aleph	ℓ	\ell	∂	\partial	⊤	\top	∀	\forall
ℏ	\hbar	∞	\infty	∇	\nabla	⊥	\bot	∃	\exists
ı	\imath	ℜ	\Re	℘	\wp	∠	\angle	¬	\neg, \lnot
ȷ	\jmath	ℑ	\Im	∅	\emptyset	△	\triangle	\	\backslash

付録 G

● latexsym パッケージで定義される記号

記号	コマンド	記号	コマンド	記号	コマンド
℧	\mho	□	\Box	◇	\Diamond

● amssymb パッケージで定義される記号

記号	コマンド	記号	コマンド	記号	コマンド	記号	コマンド
ℏ	\hslash	ð	\eth	∡	\measuredangle	◊	\lozenge
⅋	\Bbbk	Ⓢ	\circledS	∢	\sphericalangle	◆	\blacklozenge
Ⅎ	\digamma	∄	\nexists	‵	\backprime	★	\bigstar
ϰ	\varkappa	∅	\varnothing	╱	\diagup	▽	\triangledown
⊐	\beth	∁	\complement	╲	\diagdown	▲	\blacktriangle
⅃	\gimel	⅁	\Game	□	\square	▼	\blacktriangledown
⅂	\daleth	Ⅎ	\Finv	■	\blacksquare		

● txfonts, pxfonts パッケージで定義される記号

記号	コマンド	記号	コマンド	記号	コマンド	記号	コマンド
⅄	\lambdabar	⊤	\Top	♤	\varspadesuit	♦	\vardiamondsuit
⅄	\lambdaslash	⊥	\Bot	♥	\varheartsuit	♣	\varclubsuit
◆	\Diamondblack	◈	\Diamonddot				

■ 2項演算子

● LATEX 自身が定義している記号

記号	コマンド	記号	コマンド	記号	コマンド	記号	コマンド
×	\times	●	\bullet	∧	\wedge, \land	▷	\triangleright
÷	\div	○	\circ	∨	\vee, \lor	◁	\triangleleft
±	\pm	◯	\bigcirc	∩	\cap	△	\bigtriangleup \varbigtriangleup
∓	\mp	⊕	\oplus	∪	\cup		
\	\setminus	⊖	\ominus	⊎	\uplus	▽	\bigtriangledown \varbigtriangledown
·	\cdot	⊗	\otimes	⊓	\sqcap	†	\dagger
∗	\ast注	⊘	\oslash	⊔	\sqcup	‡	\ddagger
⋆	\star	⊙	\odot	⨿	\amalg	≀	\wr

注：単に「*」と書いても構いません.

付録 G　数式用の記号類

● latexsym パッケージで定義される記号

記号	コマンド	記号	コマンド	記号	コマンド	記号	コマンド
▷	\rhd	⊵	\unrhd	◁	\lhd	⊴	\unlhd

● amssymb パッケージで定義される記号

記号	コマンド	記号	コマンド	記号	コマンド	記号	コマンド
∖	\smallsetminus	∔	\dotplus	⊼	\barwedge	⊞	\boxplus
⋏	\curlywedge	⋗	\gtrdot	⊼	\doublebarwedge	⊟	\boxminus
⋎	\curlyvee	⋖	\lessdot	⊻	\veebar	⊠	\boxtimes
⋋	\leftthreetimes	⊛	\divideontimes	⊝	\circleddash	⊡	\boxdot
⋌	\rightthreetimes	⋒	\Cap, \doublecap	⊚	\circledcirc	·	\centerdot
⋊	\rtimes	⋓	\Cup, \doublecup	⊛	\circledast	⊺	\intercal
⋉	\ltimes						

● txfonts, pxfonts パッケージで定義される記号

記号	コマンド	記号	コマンド	記号	コマンド	記号	コマンド
⅋	\invamp	⊘	\circledbslash	⊡	\boxast	⋔	\nplus
○	\medcirc	⊙	\circledbar	⊘	\boxslash	⊞	\sqcapplus
●	\medbullet	⊚	\circledwedge	⊠	\boxbslash	⊔	\sqcupplus
≀	\Wr	⊘	\circledvee	⊡	\boxbar		

■関係演算子（矢印類以外）

● LaTeX 自身が定義している記号

記号	コマンド	記号	コマンド	記号	コマンド	記号	コマンド	記号	コマンド
≐	\doteq	⌣	\smile	≫	\gg	⊂	\subset	∉	\notin
≠	\neq, \ne	⌢	\frown	≪	\ll	⊇	\supseteq	⊥	\perp
≡	\equiv	≍	\asymp	≻	\succ	⊆	\subseteq	⊢	\vdash
∼	\sim	∣	\mid	≺	\prec	⊒	\sqsupseteq	⊣	\dashv
≃	\simeq	∥	\parallel	⪰	\succeq	⊑	\sqsubseteq	⊨	\models
≅	\cong	≥	\geq, \ge	⪯	\preceq	∈	\in	⋈	\bowtie
≈	\approx	≤	\leq, \le	⊃	\supset	∋	\ni, \owns	╱	\not注
∝	\propto								

注：後続の関係演算子に重ね書きして「否定」の意味を表す斜線（例：「\not\equiv」＝「≢」）

● latexsym パッケージで定義される記号

記号	コマンド	記号	コマンド	記号	コマンド	記号	コマンド
⋈	\Join	⤳	\leadsto	⊐	\sqsupset	⊏	\sqsubset

520

● amssymb パッケージで定義される記号 (1)

記号	コマンド	記号	コマンド	記号	コマンド	記号	コマンド
∵	\because	∼	\thicksim	⪅	\lessapprox	≼	\preccurlyeq
∴	\therefore	≈	\thickapprox	⋘	\lll, \llless	⋞	\curlyeqprec
϶	\backepsilon	∝	\varpropto	≷	\gtrless	≾	\precsim
⋔	\pitchfork	⌣	\smallsmile	⋛	\gtreqless	⪷	\precapprox
≬	\between	⌢	\smallfrown	⪌	\gtreqqless	⊩	\Vdash
≒	\fallingdotseq	∣	\shortmid	≶	\lessgtr	⊪	\Vvdash
≓	\risingdotseq	∥	\shortparallel	⋚	\lesseqgtr	⊨	\vDash
≐	\doteqdot, \Doteq	⩾	\geqslant	⪋	\lesseqqgtr	▷	\vartriangleright
≎	\bumpeq	⪖	\eqslantgtr	⊒	\supseteqq	⊵	\trianglerighteq
≏	\Bumpeq	≧	\geqq	⊑	\subseteqq	◁	\vartriangleleft
≗	\circeq	≳	\gtrsim	⋑	\Supset	⊴	\trianglelefteq
≖	\eqcirc	⪆	\gtrapprox	⋐	\Subset	▶	\blacktriangleright
≜	\triangleq	⋙	\ggg, \gggtr	≽	\succcurlyeq	◀	\blacktriangleleft
≈	\eqsim	⩽	\leqslant	≼	\curlyeqsucc	△	\vartriangle
∽	\backsim	⪕	\eqslantless	≿	\succsim	⊸	\multimap
⋍	\backsimeq	≦	\leqq	⪸	\succapprox		
≊	\approxeq	≲	\lesssim				

● amssymb パッケージで定義される記号 (2) （「否定の斜線」付きのもの）

記号	コマンド	記号	コマンド	記号	コマンド	記号	コマンド
≁	\nsim	⪊	\gnapprox	⊋	\supsetneqq	⊀	\nprec
≇	\ncong	≮	\nless	⊋	\varsupsetneqq	⊀	\npreceq
∤	\nmid	≰	\nleq	⊈	\nsubseteq	⪵	\precneqq
⟊	\nshortmid	≨	\lneq	⊊	\subsetneq	⋨	\precnsim
∦	\nparallel	⪇	\nleqslant	⊊	\varsubsetneq	⪹	\precnapprox
⋕	\nshortparallel	≰	\nleqq	⊈	\nsubseteqq	⊬	\nvdash
≯	\ngtr	≨	\lneqq	⊊	\subsetneqq	⊮	\nVdash
≱	\ngeq	⪇	\lvertneqq	⊊	\varsubsetneqq	⊭	\nvDash
⪈	\gneq	⋦	\lnsim	⊁	\nsucc	⊯	\nVDash
≱	\ngeqslant	⪉	\lnapprox	⊁	\nsucceq	⋫	\ntriangleright
≩	\ngeqq	⊉	\nsupseteq	⪶	\succneqq	⋭	\ntrianglerighteq
≩	\gneqq	⊋	\supsetneq	⋩	\succnsim	⋪	\ntriangleleft
⪈	\gvertneqq	⊋	\varsupsetneq	⪺	\succnapprox	⋬	\ntrianglelefteq
⋧	\gnsim	⊉	\nsupseteqq				

注：この表にないものは \not を用いて斜線を合成するといった方法で作成するとよいでしょう．

付録 G　　数式用の記号類

● txfonts，pxfonts パッケージで定義される記号

記号	コマンド	記号	コマンド	記号	コマンド	記号	コマンド
⊰	\strictif	:∼	\colonsim	⊫	\VDash	⊸	\multimapboth
⊱	\strictfi	∷∼	\Colonsim	⊯	\VvDash	⊶	\multimapdot
⊰⊱	\strictiff	:≈	\colonapprox	⊚	\circledgtr	⊷	\multimapdotinv
:−	\coloneq	∷≈	\Colonapprox	⊙	\circledless	⊶⊷	\multimapdotboth
−:	\eqcolon	//	\varparallel	⋉	\lJoin	⊶	\multimapdotbothA
∷−	\Coloneq	\\\\	\varparallelinv	⋊	\rJoin	⊷	\multimapdotbothB
−∷	\Eqcolon	⫽	\nvarparallel	⋈	\openJoin	⑨	\multimapbothvert
≔	\coloneqq	⫻	\nvarparallelinv	⋈	\lrtimes	⑨	\multimapdotbothvert
=:	\eqqcolon	≧	\succeqq	×	\opentimes	⑨	\multimapdotbothAvert
∷=	\Coloneqq	≦	\preceqq	⊶	\multimapinv	⑨	\multimapdotbothBvert
=∷	\Eqqcolon	∌̸	\notni				

　なお，多くの記号に対して「\nsucceqq」（＝「≱」，「\not\succeqq」と同じ）のような「\not＋〈既存の記号〉」の別名が用意されています．「〈既存の記号〉」が単一のコマンドの場合，「\not＋〈既存の記号〉」の別名は「〈既存の記号〉の名称の先頭に『n』（あるいは『not』）を追加した形」の名称のコマンドです（例えば，「\not\succeqq」は「\nsucceqq」となります）．ただし，定義済みのすべての記号に対して「\not＋その記号」の別名が用意されているわけではないので，必要に応じて \not を用いてください．

■大型演算子
● LaTeX 自身が定義している記号

記号	コマンド	記号	コマンド	記号	コマンド	記号	コマンド	記号	コマンド
∑	\sum	∩	\bigcap	⊔	\bigsqcup	⊕	\bigoplus	∫	\int
∏	\prod	∪	\bigcup	⋀	\bigwedge	⊗	\bigotimes	∮	\oint
∐	\coprod	⊎	\biguplus	⋁	\bigvee	⊙	\bigodot	∫	\smallint

● amsmath パッケージで定義される記号

記号	コマンド	記号	コマンド	記号	コマンド	記号	コマンド
∬	\iint	∭	\iiint	⨌	\iiiint	∫⋯∫	\idotsint

● txfonts，pxfonts パッケージで定義される記号

記号	コマンド	記号	コマンド	記号	コマンド
✕	\varprod	∮	\varointctrclockwise	∰	\varoiiintclockwise
⊞	\bignplus	∯	\oiint	∰	\oiiintctrclockwise
⊓	\bigsqcap	∯	\oiintclockwise	∰	\varoiiintctrclockwise
⊞	\bigsqcapplus	∯	\varoiintclockwise	⨖	\sqint
⊎	\bigsqcupplus	∯	\oiintctrclockwise	⨗	\sqiint
∮	\ointclockwise	∯	\varoiintctrclockwise	⨘	\sqiiint
∮	\varointclockwise	∰	\oiiint	⨍	\fint
∮	\ointctrclockwise	∰	\oiiintclockwise		

■関数名または関数名に類似したもの

● LaTeX 自身が定義している関数名の類

表記	コマンド	表記	コマンド	表記	コマンド	表記	コマンド	表記	コマンド
arccos	\arccos	coth	\coth	hom	\hom	lim sup	\limsup	sec	\sec
arcsin	\arcsin	csc	\csc	inf	\inf	ln	\ln	sin	\sin
arctan	\arctan	deg	\deg	ker	\ker	log	\log	sinh	\sinh
arg	\arg	det	\det	lg	\lg	max	\max	sup	\sup
cos	\cos	dim	\dim	lim	\lim	min	\min	tan	\tan
cosh	\cosh	exp	\exp	lim inf	\liminf	Pr	\Pr	tanh	\tanh
cot	\cot	gcd	\gcd						

● 数式中の「mod」（LaTeX 自身が定義）

- \bmod：2 項演算子としての「mod」

- \pmod：括弧付きの「mod」（括弧の中に入れる式を \pmod の引数にします）

  例：「$a \bmod p$」→「$a \bmod p$」，「$a \pmod{p}$」→「$a \pmod{p}$」

● amsmath パッケージで定義される関数名に類似のコマンド

表記	コマンド	表記	コマンド	表記	コマンド
$\varliminf$	\varliminf	inj lim	\injlim	proj lim	\projlim
$\varlimsup$	\varlimsup	lim	\varinjlim	lim	\varprojlim

定義されていない「関数名」は，amsmath パッケージが提供する \operatorname コマンドを用いて記述できます．

523

付録 G　　数式用の記号類

■括弧類
● LaTeX 自身が定義している記号

記号	コマンド
{	\\{, \lbrace
}	\\}, \rbrace
⌈	\lceil

記号	コマンド
⌉	\rceil
⌊	\lfloor
⌋	\rfloor

記号	コマンド
⟨	\langle 注1
⟩	\rangle 注1
⦇	\lgroup 注2

記号	コマンド
⦈	\rgroup 注2
⎰	\lmoustache 注2
⎱	\rmoustache 注2

記号	コマンド
|	\vert 注3
‖	\Vert, \\|

注1：大きさに上限があります．yhmath パッケージなどを用いると大きさの上限を引き上げることができます．
注2：「大きい括弧専用」です．\left，\right または \bigl などを用いて大きさを調整してください．
注3：単に「|」と書いても構いません．

● amsmath パッケージが定義する「左右の区別」のある縦線・2 重縦線

記号	開き括弧扱いのコマンド	閉じ括弧扱いのコマンド
|	\lvert	\rvert
‖	\lVert	\rVert

ただし，「左右の区別」というのは縦線，2 重縦線の字形に関するものではなく，それらの記号の前後の文字や記号との間の空白の入り方に関するものです．

● txfonts，pxfonts パッケージで定義される記号

記号	コマンド
⟦	\llbracket
⟧	\rrbracket

記号	コマンド
⦑	\lbag 注1
⦒	\rbag 注1

記号	コマンド
⦑	\Lbag 注2
⦒	\Rbag 注2

注1：大きさに上限があります．
注2：\left，\right などでの大きさの変更はできません．

■矢印類
● LaTeX 自身が定義している記号

記号	コマンド
→	\rightarrow, \to
←	\leftarrow, \gets
↔	\leftrightarrow
⇒	\Rightarrow
⇐	\Leftarrow
⇔	\Leftrightarrow
↑	\uparrow
↓	\downarrow
↕	\updownarrow
⇑	\Uparrow
⇓	\Downarrow

記号	コマンド
⇕	\Updownarrow
↗	\nearrow
↘	\searrow
↖	\nwarrow
↙	\swarrow
↦	\mapsto
⟼	\longmapsto
↪	\hookrightarrow
↩	\hookleftarrow
⇀	\rightharpoonup
⇁	\rightharpoondown

記号	コマンド
↼	\leftharpoonup
↽	\leftharpoondown
⇌	\rightleftharpoons
⟶	\longrightarrow
⟹	\Longrightarrow
⟵	\longleftarrow
⟸	\Longleftarrow
⟷	\longleftrightarrow
⟺	\Longleftrightarrow \iff

数式中での可変長の矢印については「15.9　長い矢印・可変長の矢印を書きたい」を参照してください．

● amssymb パッケージで定義される記号

記号	コマンド	記号	コマンド	記号	コマンド
⇒	\Rrightarrow	⇉	\rightrightarrows	↫	\looparrowleft
⇐	\Lleftarrow	⇄	\rightleftarrows	⌢	\curvearrowright
↠	\twoheadrightarrow	⇆	\leftrightarrows	⌣	\curvearrowleft
↞	\twoheadleftarrow	⇇	\leftleftarrows	↻	\circlearrowright
↣	\rightarrowtail	⇈	\upuparrows	↺	\circlearrowleft
↢	\leftarrowtail	⇊	\downdownarrows	↛	\nrightarrow
↾	\upharpoonright 注	↱	\Rsh	↚	\nleftarrow
↿	\upharpoonleft	↰	\Lsh	↮	\nleftrightarrow
⇂	\downharpoonright	⇝	\rightsquigarrow	⇏	\nRightarrow
⇃	\downharpoonleft	↭	\leftrightsquigarrow	⇍	\nLeftarrow
⇋	\leftrightharpoons	↬	\looparrowright	⇎	\nLeftrightarrow

注：「\restriction」という別名も定義されています.

● txfonts，pxfonts パッケージで定義される記号

記号	コマンド	記号	コマンド	記号	コマンド
↤	\mappedfrom	⇢	\dashrightarrow	⊡→	\boxdotright
⟻	\longmappedfrom	⇠	\dashleftarrow	←⊡	\boxdotleft
↦	\mmapsto	⇠⇢	\dashleftrightarrow	⊏⇒	\boxRight
⟼	\longmmapsto	↠	\ntwoheadrightarrow	⇐⊐	\boxLeft
↤	\mmappedfrom	↞	\ntwoheadleftarrow	⊡⇒	\boxdotRight
⟻	\longmmappedfrom	↗	\Nearrow	⇐⊡	\boxdotLeft
⇒	\Mapsto	↘	\Searrow	◇→	\Diamondright
⟹	\Longmapsto	↖	\Nwarrow	←◇	\Diamondleft
⇐	\Mappedfrom	↙	\Swarrow	◇→	\Diamonddotright
⟸	\Longmappedfrom	⟳	\circleright	←◇	\Diamonddotleft
⇒	\Mmapsto	⟲	\circleleft	◇⇒	\DiamondRight
⟹	\Longmmapsto	⊙→	\circleddotright	⇐◇	\DiamondLeft
⇐	\Mmappedfrom	←⊙	\circleddotleft	◇⇒	\DiamonddotRight
⟸	\Longmmappedfrom	□→	\boxright	⇐◇	\DiamonddotLeft
↜	\leftsquigarrow	←□	\boxleft		

付録 G

数式用の記号類

525

付録 G　　数式用の記号類

■数式の上下に付けるもの

● LaTeX 自身が定義している記号

表記	記述
〈数式〉	\overline{〈数式〉}
〈数式〉	\underline{〈数式〉}

表記	記述
〈数式〉→	\overrightarrow{〈数式〉}
←〈数式〉	\overleftarrow{〈数式〉}

表記	記述
⏞〈数式〉	\overbrace{〈数式〉}
⏟〈数式〉	\underbrace{〈数式〉}

\overbrace と \underbrace は,「\overbrace{〈数式〉}^{〈括弧の上に付ける式〉}」あるいは「\underbrace{〈数式〉}_{〈括弧の下に付ける式〉}」という形式でも使えます.

例：$\overbrace{a + \cdots + a}^{n 個}$　→　$\overbrace{a + \cdots + a}^{n 個}$

● amsmath パッケージで定義されるコマンド

表記	記述
〈数式〉→	\underrightarrow{〈数式〉}
←〈数式〉	\underleftarrow{〈数式〉}

表記	記述
←〈数式〉→	\overleftrightarrow{〈数式〉}
←〈数式〉→	\underleftrightarrow{〈数式〉}

● yhmath パッケージで定義されるコマンド

表記	記述
⏜〈数式〉	\wideparen{〈数式〉}

表記	記述
⌣〈数式〉	\widering{〈数式〉}

表記	記述
⏜〈数式〉	\widetriangle{〈数式〉}

注：括弧または三角形の大きさには上限があります.

■省略記号

● LaTeX 自身が定義している記号

記号	コマンド	備考
$\ldots$	\ldots	ベースライン上の3点（例：$f(x_1, \ldots, x_n)$）
$\cdots$	\cdots	演算子の間などの3点（例：$x_1 < \cdots < x_n$）
$\ddots$	\ddots	行列の中などで用いられることがある斜めの3点[注]

注：「右上がりの3点」が要る場合は, 例えば yhmath パッケージが提供する \adots コマンドが利用できます.

● amsmath パッケージで定義されるコマンド

コマンド	意味	例
\dotsb	演算子の間の3点[注]	$a_1 + \cdots + a_n$
\dotsc	コンマなどの句読点の前の3点[注]	$(x_1, \ldots, x_n)$

コマンド	意味	例
\dotsi	積分記号間の3点[注]	$\int \cdots \int$
\dotsm	「積」の途中の3点[注]	$a_1 \cdots a_m$
\dotso	その他一般の3点	

注：「演算子の『間』」といった形容をしていますが,「$a_1 + a_2 + \cdots$」の場合のように省略記号より後の部分が省略されている場合にも, 省略記号以降に式が続いている場合に準じて用いられます. なお, amsmath パッケージ使用時の数式中の \dots は, 直後にある文字, 記号に応じて自動的に \dotsb などのいずれかを用います.

参考文献

　　本書と併用するとよい解説書あるいは本書の内容よりも深い話題を扱った解説書を紹介しています．ただし，網羅的な文献リストにすることを意図したものではありません．特に，LaTeX に関する参考書は多数出版されているので，ここに挙げられているもののほかにも優れた参考書を発見できることでしょう．

● LaTeX の解説

『[改訂第 7 版] LaTeX 2ε 美文書作成入門』は定評のある入門・解説書で，各版の執筆時点での TeX 界の動向に比較的すばやく反応していることでも知られています．『LaTeX 2ε 階梯 第 2 版』，『LaTeX 2ε 入門・縦横文書術』は，pTeX による和文処理に関する造詣の深い藤田氏による解説書で，縦組文書を取り扱う機会の多いユーザーには後者は特に有用でしょう．『独習 LaTeX 2ε』は本書の姉妹書で，基本的な内容を忠実に押さえる一方，LaTeX 文書の作成における各種の注意点についての言及も多数含まれている点に特色があります．

[1] 奥村晴彦，黒木裕介著：[改訂第 7 版] LaTeX 2ε 美文書作成入門，技術評論社，2017 年.
[2] 藤田眞作著：LaTeX 2ε 階梯 第 2 版，ピアソン・エデュケーション，2000 年.
[3] 藤田眞作著：LaTeX 2ε 入門・縦横文書術，ピアソン・エデュケーション，2000 年.
[4] 吉永徹美著：独習 LaTeX 2ε，翔泳社，2008 年.

● LaTeX に関する各種パッケージ・周辺ツールの解説

『The LaTeX Companion』は LaTeX 自身および各種のパッケージの総合的な解説です．『The LaTeX Graphics Companion』は文字どおりグラフィックス関係のパッケージについて詳しい文献です．『The LaTeX Web Companion』は LaTeX 文書の HTML 化あるいは PDF 化に用いるパッケージと関連プログラムに関する解説です．ただし，これらについてはパッケージの所在と概要を知るのに用いて，各パッケージが提供するコマンドの書式・機能の詳細については個々のパッケージの最新のマニュアルなどを参照したほうがよいでしょう．

[5] Frank Mittelbach, Michel Goossens, Johannes Braams, David Carlisle, Chris Rowley, The LaTeX Companion, 2nd edition, Addison-Wesley Professional, 2004.
[6] Michel Goossens, Frank Mittelbach, Sebastian Rahtz, Denis Roegel, Herbert Voss, The LaTeX Graphics Companion, 2nd edition, Addison-Wesley Professional, 2007.
[7] Michel Goossens, Sebastian Rahtz, The LaTeX Web Companion, Integrating TeX, HTML and XML, Addison-Wesley Professional, 1999.

LATEX 2ε 辞典

参考文献

● LATEX でのマクロ作成に関する解説

『LATEX 自由自在』と『LATEX マクロの八衢』は定評のあるマクロ作成に関する解説書です．
『LATEX 本づくりの八衢』は和文組版にまつわるマクロの作成例を豊富に含みます．『LATEX 2ε
標準コマンド ポケットリファレンス』は本書と同様のコマンドリファレンスですが，各種の
カスタマイズ例が載っているためマクロ作成についての参考書としても有用です．『改訂新版
TEX ブック』と『TEX by Topic』は，TEX 自身の機能についての正確かつ詳細な情報が必要に
なった際に参照するとよいでしょう．

[8] 磯崎秀樹著：LATEX 自由自在，サイエンス社，1992 年．

[9] 藤田眞作著：LATEX マクロの八衢，アジソン・ウェスレイ・パブリッシャーズ・ジャパ
ン，1995 年．
オンライン版：`http://xymtex.com/fujitas2/yatimata2/v200/yatimata2.pdf`

[10] 藤田眞作著：LATEX 本づくりの八衢，アジソン・ウェスレイ・パブリッシャーズ・ジャパン，
1996 年．

[11] 本田知亮著：LATEX 2ε 標準コマンド ポケットリファレンス，技術評論社，2005 年．

[12] Donald E. Knuth 著，斎藤信雄監修，鷺谷好輝訳：改訂新版 TEX ブック コンピュータに
よる組版システム，アスキー，1989 年．

[13] Victor Eijkhout 著，富樫秀昭訳：TEX by Topic —TEX をより深く知るための 39 章—，ア
スキー，1999 年．
原書オンライン版：http://tug.ctan.org/info/texbytopic/TeXbyTopic.pdf

Index

━━━ コマンド ━━━
記号／数字

\␣	88
\!	415
\"	93
\#	91
\$	91
\%	91
\&	91
\'	93
\(	406
\ (	119
\)	406
\+	169
\,	88
\-	87, 169
\.	93
\<	85
\=	93, 168
\>	168
\@addtoreset	219
\@afterindentfalse	61
\@afterindenttrue	61
\@Alph	52
\@alph	52
\@arabic	52
\@author	46
\@begintheorem	202
\@biblabel	383
\@caption	322
\@captype	295, 306
\@cite	378
\@citess	380
\@date	46
\@dblfloat	328
\@dblfpbot	336
\@dblfpsep	336
\@dblfptop	336
\@dotsep	364
\@dottedtocline	364, 366
\@eqnnum	446
\@evenfoot	69
\@evenhead	69
\@float	328
\@floatboxreset	318
\@fnsymbol	52
\@fpbot	336
\@fpsep	336
\@fptop	336
\@idxitem	398
\@Kanji	52
\@listI	192

\@listi	190
\@listii	190
\@listiii	190
\@listiv	190
\@listv	190
\@listvi	190
\@lnumwidth	363
\@makecaption	322
\@makechapterhead	62
\@makeenmark	233
\@makefnmark	212
\@makefntext	214
\@makeschapterhead	63
\@maketitle	46
\@marginparreset	228
\@minus	64
\@mkboth	73
\@oddfoot	69
\@oddhead	69
\@opargbegintheorem	202
\@plus	64
\@pnumwidth	363, 364
\@Roman	52
\@roman	52
\@savemarbox	228
\@seccntformat	57
\@startsection	61, 64
\@starttoc	368
\@thefnmark	212
\@thmcounter	200
\@thmcountersep	201
\@title	46
\@tocrmarg	363, 364
\[	406, 440
\\	82, 168
\]	406, 440
\`	93
_	91
\'	93
\{	91, 524
|	524
\}	91, 524
\~	93
\○	119
\●	119
\◇	119
\◆	119
\□	119
\■	119
\△	118
\▽	118
\※	121

A

\a	169
\AA	468
\aa	468
\abovecaptionskip	320
\abovedisplayshortskip	449
\abovedisplayskip	449
\acute	415
\addcontentsline	358, 368
\addtocontents	358, 368
\addtocounter	13
\addtolength	14
\addvspace	112
\adots	526
\AE	468
\ae	468
\aj半角	121
\ajBall	472
\ajBlackFlorette	472
\ajBlackSesame	472
\ajCheckmark	472
\ajCloud	472
\ajClub	472
\ajCommandKey	472
\ajDiamond	472
\ajDownBArrow	472
\ajDownHand	472
\ajDownScissors	472
\ajDownWArrow	472
\ajGoteMark	472
\ajHashigoTaka	121
\ajHeart	472
\ajHotSpring	472
\ajJAS	472
\ajJIS	472
\ajKakko	119
\ajKakkoKansuji	119
\ajKakkoRoman	119
\ajKakkoroman	119
\ajKaku	119
\ajKoto	472
\ajKuroKaku	119
\ajKuroMaru	119
\ajKuroMaruKaku	119
\ajLeftBArrow	472
\ajLeftDownArrow	472
\ajLeftHand	472
\ajLeftScissors	472
\ajLeftUpArrow	472
\ajLeftWArrow	472
\ajLig	120

529

Index

\ajMaru 119
\ajMaruKaku 119
\ajMaruKansuji 119
\ajMasu 472
\ajMayuHama 121
\ajNijuMaru 119
\ajPeriod 119
\ajPhone 472
\ajPICT 121
\ajPostal 472
\ajRecycle 119
\ajReturnKey 472
\ajRightBArrow 472
\ajRightDownArrow 472
\ajRightHand 472
\ajRightScissors 472
\ajRightUpArrow 472
\ajRightWArrow 472
\ajRoman 119
\ajroman 119
\ajSenteMark 472
\ajSnowman 472
\ajSpade 472
\ajSun 472
\ajTatsuSaki 121
\ajTsuchiYoshi 121
\ajTsumesuji 121
\ajTumesuji 121
\ajUmbrella 472
\ajUpBArrow 472
\ajUpHand 472
\ajUpScissors 472
\ajUpWArrow 472
\ajUta 472
\ajvarClub 472
\ajvarDiamond 472
\ajvarHeart 472
\ajvarPostal 472
\ajvarSpade 472
\ajVisibleSpace 472
\ajWhiteFlorette 472
\ajWhiteSesame 472
\ajYori 472
\aleph 519
\allowbreak 86
\allowdisplaybreaks 442
\Alph 52
\alph 52
\alpha 518
\alphaup 518
\alsoname 397
\amalg 519
\AmS 471
\AmSLaTeX 471
\AmSTeX 471
\and 44

\angle 519
\appendix 42
\approx 520
\approxeq 521
\ar 439
\arabic 52
\arccos 523
\arcsin 523
\arctan 523
\arg 523
\arraycolsep 433
\arrayrulecolor 266
\arrayrulewidth 246
\arraystretch 242
\ast 468, 519
\asymp 520
\author 44

B

\b 93
\backepsilon 521
\backmatter 42
\backprime 519
\backsim 521
\backsimeq 521
\backslash 468, 519
\backslashbox 257
\balanceclearpage 40
\bar 415
\barwedge 520
\baselineskip 150
\baselinestretch 30
\Bbbk 519
\because 521
\belowcaptionskip 320
\belowdisplayshortskip
.... 449
\belowdisplayskip 449
\beta 518
\betaup 518
\beth 519
\between 521
\bfdefault 105
\bfseries 99
\bibliography 502
\bibliographystyle 502
\bibname 382
\BibTeX 471
\Big 421
\big 421
\bigcap 522
\bigcirc 468, 519
\bigcup 522
\Bigg 421
\bigg 421
\Biggl 421

\biggl 421
\Biggm 421
\biggm 421
\Biggr 421
\biggr 421
\Bigl 421
\bigl 421
\Bigm 421
\bigm 421
\bignplus 523
\bigodot 522
\bigoplus 522
\bigotimes 522
\Bigr 421
\bigr 421
\bigskip 88
\bigsqcap 523
\bigsqcapplus 523
\bigsqcup 522
\bigsqcupplus 523
\bigstar 519
\bigtriangledown 519
\bigtriangleup 519
\biguplus 522
\bigvee 522
\bigwedge 522
\binom 411
\bkcountfalse 160
\bkcounttrue 160
\blacklozenge 519
\blacksquare 519
\blacktriangle 519
\blacktriangledown 519
\blacktriangleleft 521
\blacktriangleright 521
\bm 427
\bmod 523
\boldmath 426
\boldsymbol 427
\Bot 519
\bot 519
\bottomfraction 333
\bou 128
\boutenchar 129
\bowtie 520
\Box 519
\boxast 520
\boxbar 520
\boxbslash 520
\boxdot 520
\boxdotLeft 525
\boxdotleft 525
\boxdotRight 525
\boxdotright 525
\boxLeft 525
\boxleft 525

\boxminus 520	\cite 376	\curlyeqsucc 521
\boxplus 520	\Citeauthor 388	\curlyvee 520
\boxRight 525	\citeauthor 388	\curlywedge 520
\boxright 525	\citedash 381	\curvearrowleft 525
\boxslash 520	\citeform 381	\curvearrowright 525
\boxtimes 520	\citeleft 381	\Cvs 65
\break 86	\citemid 381	
\breakboxparindent 160	\citen 380	**D**
\breve 415	\Citep 388	\d 93
\bullet 468, 519	\citep 388	\dag 468
\Bumpeq 521	\citepunct 381	\dagger 519
\bumpeq 521	\citeright 381	\daleth 519
	\Citet 388	\dashbox 483
C	\citet 388	\dashleftarrow 525
\c 93	\citeyear 388	\dashleftrightarrow 525
\Cap 520	\cleaders 141	\dashlinedash 248
\cap 519	\cleardoublepage 84	\dashlinegap 248
\caption 292	\clearpage 84	\dashrightarrow 525
\captionfloatsep 327	\ClearWallPaper 76	\dashv 520
\captionfontsetup 327	\cline 244	\date 44
\captionsetup 305, 324	\clubsuit 469	\dblbotfraction 333
\cbezier 482	\colon 407	\dblfloatpagefraction 333
\cdashline 248	\Colonapprox 522	\dblfloatsep 334
\cdot 468, 519	\colonapprox 522	\dbltextfloatsep 334
\cdots 526	\Coloneq 522	\dbltopfraction 333
\cellcolor 265	\coloneq 522	\ddag 468
\centerdot 520	\Coloneqq 522	\ddagger 519
\centering 144	\coloneqq 522	\ddddot 415
\CenterWallPaper 76	\Colonsim 522	\dddot 415
\cfoot 71	\colonsim 522	\ddot 415
\cfrac 411	\color 106	\ddots 526
\chapter 55, 59	\colorbox 108	\DeclareFontShape 103
\chead 71	\columnbreak 39	\DeclareKanjiFamily 103
\check 415	\columncolor 264	\DeclareLayoutCaption 327
\chi 518	\columnsep 35	\DeclareMathOperator 416
\chiup 518	\columnseprule 37, 39	\DeclareMathSizes 419
\CID 120	\columnwiselinenumberstrue	\DeclareRobustCommand 12
\circ 469, 519	 175	\defaultscriptratio 419
\circeq 521	\complement 519	\defaultscriptscriptratio
\circle 480	\cong 520	 419
\circlearrowleft 525	\contcaption 309	\definecolor 107
\circlearrowright 525	\contentsline 362	\DefineFNsymbols 217
\circledast 520	\contentsname 360	\deg 523
\circledbar 520	\ContinuedFloat 308	\Delta 518
\circledbslash 520	\contsubfigure 309	\delta 518
\circledcirc 520	\contsubtable 309	\deltaup 518
\circleddash 520	\coprod 522	\descriptionlabel 189
\circleddotleft 525	\copyright 468	\det 523
\circleddotright 525	\cos 523	\dfrac 410
\circledgtr 522	\cosh 523	\DH 468
\circledless 522	\cot 523	\dh 468
\circledS 519	\coth 523	\diagdown 519
\circledvee 520	\csc 523	\diagup 519
\circledwedge 520	\Cup 520	\Diamond 519
\circleleft 525	\cup 519	\diamond 469
\circleright 525	\curlyeqprec 521	\Diamondblack 519

531

Index

Index

\Diamonddot 519
\DiamonddotLeft 525
\Diamonddotleft 525
\DiamonddotRight 525
\Diamonddotright 525
\DiamondLeft 525
\Diamondleft 525
\DiamondRight 525
\Diamondright 525
\diamondsuit 469
\digamma 519
\dim 523
\ding 118, 470
\displaylimits 418
\displaystyle 411
\div 519
\divideontimes 520
\DJ 468
\dj 468
\documentclass 24
\dominilof 371
\dominilot 371
\dominitoc 371
\dopartlof 371
\dopartlot 371
\doparttoc 371
\dosectlof 371
\dosectlot 371
\dosecttoc 371
\dot 415
\Doteq 521
\doteq 520
\doteqdot 521
\dotplus 520
\dots 468, 526
\dotsb 526
\dotsc 526
\dotsi 526
\dotsm 526
\dotso 526
\doublebarwedge 520
\doublecap 520
\doublecup 520
\doublerulesep 250
\doublerulesepcolor 266
\Downarrow 524
\downarrow 524
\downdownarrows 525
\downharpoonleft 525
\downharpoonright 525

E

\ell 519
\emptyset 519
\encodingdefault 104
\end@dblfloat 328

\end@float 328
\endgraf 82
\endnote 232
\endnotemark 232
\endnotetext 232
\enoteformat 233
\enoteheading 233
\enotesize 233
\enspace 88
\ensuremath 406
\epsilon 518
\epsilonup 518
\eqcirc 521
\Eqcolon 522
\eqcolon 522
\EqnDots 453
\Eqqcolon 522
\eqqcolon 522
\eqref 349
\eqsim 521
\eqslantgtr 521
\eqslantless 521
\equiv 520
\eta 518
\etaup 518
\eth 519
\evensidemargin 35
\everymath 419
\exists 519
\exp 523
\ext@⟨type⟩ 329
\externaldocument 344

F

\fakelistoffigures 370
\fakelistoftables 370
\faketableofcontents 370
\fallingdotseq 521
\familydefault 104
\fancypagestyle 71
\fbox 116
\fboxrule 108, 116
\fboxsep 108, 116
\fcolorbox 108
\fint 523
\Finv 519
\firstlinenumber 174
\flat 469
\floatevery 319
\floatname 330
\floatpagefraction 333
\floatplacement 331
\floatruletick 326
\floatsep 334
\floatstyle 331
\fnsymbol 52

\fnum@⟨type⟩ 329
\fontencoding 99
\fontfamily 99
\fontseries 99
\fontshape 99
\fontsize 97
\footnote 210
\footnotemargin 217
\footnotemark 210
\footnoterule 216
\footnotesep 214
\footnotesize 97
\footnotetext 210
\footrulewidth 71
\footskip 35
\forall 519
\fps@⟨type⟩ 328
\frac 410
\frame 116
\framebox 482
\FrameRule 161
\FrameSep 161
\frotmatter 42
\frown 469, 520
\ftype@⟨type⟩ 328
\furikanaaki 135

G

\Game 519
\Gamma 518
\gamma 518
\gammaup 518
\gcd 523
\ge 520
\genfrac 411
\geq 520
\geqq 521
\geqslant 521
\gets 524
\gg 520
\ggg 521
\gggtr 521
\gimel 519
\gnapprox 521
\gneq 521
\gneqq 521
\gnsim 521
\graphicspath 279
\grave 415
\gtdefault 105
\gtfamily 99
\gtrapprox 521
\gtrdot 520
\gtreqless 521
\gtreqqless 521
\gtrless 521

\gtrsim 521	\indexname 398	\l@subparagraph 363
\guillemotleft 91	\indexspace 399	\l@subsection 363
\guillemotright 91	\inf 523	\l@subsubsection 363
\guilsinglleft 468	\infty 519	\l@table 363
\guilsinglright 468	\inhibitglue 85	\label 340
\gvertneqq 521	\injlim 523	\labelenumi 185
	\input 48	\labelenumii 185
H	\int 522	\labelenumiii 185
\H 93	\intercal 520	\labelenumiv 185
\hangafter 149, 310	\intertext 450	\labelitemi 181
\hangindent 149, 310	\intextsep 334	\labelitemii 181
\hat 415	\invamp 520	\labelitemiii 181
\hbar 519	\invisible 463	\labelitemiv 181
\hdashline 248	\iota 518	\labelsep 191
\hdotsfor 433	\iotaup 518	\labelwidth 191
\headheight 35	\itdefault 105	\Lambda 518
\headrulewidth 71	\item 178, 182, 188, 398	\lambda 518
\headsep 35	\itemindent 191	\lambdabar 519
\heartsuit 469	\itemsep 191	\lambdaslash 519
\height 130	\itshape 99	\lambdaup 518
\hfil 89		\LAMSTeX 471
\hfill 89	**J**	\land 519
\hhline 250	\j 92, 468	\langle 524
\hline 238	\jidoukintou 133	\LARGE 97
\hoffset 35	\jmath 519	\Large 97
\hom 523	\Join 520	\large 97
\hookleftarrow 524	\joinrel 423	\larger 96
\hookrightarrow 524	\jot 449	\LaTeX 471
\hphantom 89, 260		\LaTeXe 471
\hrulefill 140	**K**	\LaTeXo 471
\hsize 155	\k 93	\layoutcaption 326
\hskip 88	\Kana 135	\layoutfloat 326
\hslash 519	\Kanji 52	\Lbag 524
\hspace 88	\kanjiencoding 99	\lbag 524
\hss 89	\kanjiencodingdefault 104	\lbrace 524
\ht 123	\kanjifamily 99	\lceil 524
\Huge 97	\kanjifamilydefault 104	\ldots 526
\huge 97	\kanjiseries 99	\le 520
	\kanjiseriesdefault 104	\leaders 141
I	\kanjishape 99	\leadsto 520
\i 92, 468	\kanjishapedefault 104	\leavevmode 83
\idotsint 522	\kappa 518	\left 420
\iff 524	\kappaup 518	\Leftarrow 524
\iiiint 522	\kenten 128	\leftarrow 524
\iiint 522	\ker 523	\leftarrowtail 525
\iint 522	\kill 168	\leftharpoondown 524
\IJ 468	\kintou 132	\leftharpoonup 524
\ij 468		\leftleftarrows 525
\Im 519	**L**	\leftlinenumbers 175
\imath 519	\L 468	\leftmargin 191
\in 520	\l 468	\leftmargini 191
\include 48	\l@chapter 363	\leftmarginii 191
\includegraphics 278	\l@figure 363	\leftmarginiii 191
\includeonly 49	\l@paragraph 363	\leftmarginiv 191
\indent 83	\l@part 363	\leftmarginv 191
\index 390	\l@section 363	\leftmarginvi 191

Index

\leftmark 69
\Leftrightarrow 524
\leftrightarrow 524
\leftrightarrows 525
\leftrightharpoons 525
\leftrightsquigarrow 525
\leftroot 413
\leftskip 148
\leftsquigarrow 525
\leftthreetimes 520
\leq 520
\leqq 521
\leqslant 521
\lessapprox 521
\lessdot 520
\lesseqgtr 521
\lesseqqgtr 521
\lessgtr 521
\lesssim 521
\lfloor 524
\lfoot 71
\lg 523
\lgroup 524
\lhd 520
\lhead 71
\lim 523
\liminf 523
\limits 418
\limsup 523
\line 479
\linebreak 82, 86
\linelabel 174
\linenumberfont 175
\linenumbers 174
\linenumbersep 175
\linenumberwidth 175
\lineskip 150
\lineskiplimit 150
\linespread 30, 242
\linethickness 480
\listof 330
\listoffigures 355
\listoftables 355
\listparindent 191
\lJoin 522
\ll 520
\llap 125
\llbracket 524
\LLCornerWallPaper 76
\Lleftarrow 525
\lll 521
\llless 521
\lmoustache 524
\ln 523
\lnapprox 521
\lneq 521

\lneqq 521
\lnot 519
\lnsim 521
\log 523
\Longleftarrow 524
\longleftarrow 524
\Longleftrightarrow 524
\longleftrightarrow 524
\Longmappedfrom 525
\longmappedfrom 525
\Longmapsto 525
\longmapsto 524
\Longmmappedfrom 525
\longmmappedfrom 525
\Longmmapsto 525
\longmmapsto 525
\Longrightarrow 524
\longrightarrow 524
\looparrowleft 525
\looparrowright 525
\lor 519
\lozenge 519
\LRCornerWallPaper 76
\lrtimes 522
\Lsh 525
\lstinline 171
\lstinputlisting 171
\lstset 171
\ltimes 520
\LTleft 268
\LTpost 269
\LTpre 269
\LTright 268
\lVert 524
\lvert 524
\lvertneqq 521

M

\mainmatter 42
\makeatletter 11
\makeatother 11
\makebox 132, 484
\makeindex 392
\makelabel 195
\maketitle 44
\Mappedfrom 525
\mappedfrom 525
\Mapsto 525
\mapsto 524
\mapstochar 423
\marginpar 226
\marginparpush 228
\marginparsep 228
\marginparwidth 228
\markboth 67, 72
\markright 72

\mathbb 425
\mathbf 425
\mathbin 407
\mathcal 425
\mathclose 407
\mathfrak 425
\mathgt 425
\mathindent 440
\mathit 425
\mathmc 425
\mathnormal 425
\mathop 407
\mathopen 407
\mathord 407
\mathpunct 407
\mathrel 407
\mathring 415
\mathrm 425
\mathscr 425
\mathsf 425
\mathstrut 413
\mathtt 425
\max 523
\mbox 87
\mcdefault 105
\mcfamily 99
\mddefault 105
\mdseries 99
\measuredangle 519
\medbullet 520
\medcirc 520
\medmuskip 415
\medskip 88
\MF 471
\mho 519
\mid 520
\Midline 126
\MidlineHeight 126
\min 523
\minilof 371
\minilot 371
\minitoc 371
\Mmappedfrom 525
\mmappedfrom 525
\Mmapsto 525
\mmapsto 525
\mode 465
\models 520
\modulolinenumbers 174
\movie 466
\mp 519
\mtcsetdepth 371
\mtcsetfont 371
\mtcsetpagenumbers 371
\mtcsetrules 371
\mtcsettitle 371

\mtcsettitlefont 371
\mu 518
\multfootsep 217
\multicolumn 240, 252
\multimap 521
\multimapboth 522
\multimapbothvert 522
\multimapdot 522
\multimapdotboth 522
\multimapdotbothA 522
\multimapdotbothAvert 522
\multimapdotbothB 522
\multimapdotbothBvert 522
\multimapdotbothvert 522
\multimapdotinv 522
\multimapinv 522
\multiput 481
\multirow 254
\muup 518

N

\nabla 519
\natural 469
\ncong 521
\ne 520
\Nearrow 525
\nearrow 524
\neg 519
\negthinspace 88
\neq 520
\newcolumntype 274
\newcommand 11
\newenvironment 12
\newfloat 330
\newindex 402
\newline 238
\newpage 84
\newrefformat 349
\newtheorem 196
\newtheoremstyle 207
\nexists 519
\NG 468
\ng 468
\ngeq 521
\ngeqq 521
\ngeqslant 521
\ngtr 521
\ni 520
\nLeftarrow 525
\nleftarrow 525
\nLeftrightarrow 525
\nleftrightarrow 525
\nleq 521
\nleqq 521
\nleqslant 521
\nless 521

\nmid 521
\noalign 244
\nobreak 86
\nocite 502
\nofiles 351, 359
\noindent 83
\nolimits 418
\nolinebreak 86
\nolinenumbers 174
\nonumber 441
\nopagebreak 87
\nopunct 199
\normalbaselineskip 242
\normalmarginpar 230
\normalsize 31, 97
\not 520
\notag 442
\notin 520
\notni 522
\nparallel 521
\nplus 520
\nprec 521
\npreceq 521
\nRightarrow 525
\nrightarrow 525
\nshortmid 521
\nshortparallel 521
\nsim 521
\nsubseteq 521
\nsubseteqq 521
\nsucc 521
\nsucceq 521
\nsupseteq 521
\nsupseteqq 521
\ntriangleleft 521
\ntrianglelefteq 521
\ntriangleright 521
\ntrianglerighteq 521
\ntwoheadleftarrow 525
\ntwoheadrightarrow 525
\nu 518
\numberline 367
\numberwithin 447
\nuup 518
\nvarparallel 522
\nvarparallelinv 522
\nVDash 521
\nVdash 521
\nvDash 521
\nvdash 521
\Nwarrow 525
\nwarrow 524

O

\O 468
\o 468

\oalign 124
\oddsidemargin 35
\odot 519
\OE 468
\oe 468
\oiiint 523
\oiiintclockwise 523
\oiiintctrclockwise 523
\oiint 523
\oiintclockwise 523
\oiintctrclockwise 523
\oint 522
\ointclockwise 523
\ointctrclockwise 523
\Omega 518
\omega 518
\omegaup 518
\ominus 519
\onecolumn 36
\ooalign 124
\openJoin 522
\opentimes 522
\operatorname 416
\oplus 519
\oslash 519
\otimes 519
\oval 484
\overbrace 526
\overleftarrow 526
\overleftrightarrow 526
\Overline 126
\overline 526
\OverlineHeight 126
\overrightarrow 526
\overset 415
\owns 520

P

\P 468
\p@enumi 185
\p@enumii 185
\p@enumiii 185
\p@enumiv 185
\pagebreak 84, 87
\pagecolor 107
\pagefootnoterule 217
\pageref 340
\pagestyle 66
\pagewiselinenumbers 175
\paperheight 29, 35
\paperwidth 29, 35
\par 82
\paragraph 55, 59
\parallel 520
\ParallelLText 157
\ParallelPar 157

Index

`\ParallelRText` 157
`\parbox` 152, 154
`\parindent` 150
`\parpic` 314
`\parsep` 191
`\parshape` 176
`\parskip` 151
`\part` 55, 59
`\partial` 519
`\partlof` 371
`\partlot` 371
`\partopsep` 191
`\parttoc` 371
`\pause` 462
`\pcaption` 326
`\perp` 520
`\phantom` 89
`\Phi` 518
`\phi` 518
`\phiup` 518
`\Pi` 518
`\pi` 518
`\PiC` 471
`\piccaption` 315
`\piccaptioninside` 315
`\piccaptionoutside` 315
`\pichskip` 314
`\PiCTeX` 471
`\Pisymbol` 470
`\pitchfork` 521
`\piup` 518
`\pm` 519
`\pmod` 523
`\postdisplaypenalty` 451
`\pounds` 468
`\Pr` 523
`\prec` 520
`\precapprox` 521
`\preccurlyeq` 521
`\preceq` 520
`\preceqq` 522
`\precnapprox` 521
`\precneqq` 521
`\precnsim` 521
`\precsim` 521
`\predisplaypenalty` 451
`\prettyref` 349
`\prime` 408
`\printindex` 393
`\prod` 522
`\projlim` 523
`\proofname` 198
`\propto` 520
`\protect` 54
`\ps@`⟨style⟩ 68
`\psfrag` 288

Q

`\qbezier` 482
`\qedhere` 198
`\qedsymbol` 198
`\qquad` 88
`\quad` 88
`\quotedblbase` 91
`\quotesinglbase` 468

R

`\r` 93
`\raggedleft` 144
`\raggedright` 144
`\raisebox` 122
`\rangle` 524
`\Rbag` 524
`\rbag` 524
`\rbrace` 524
`\rceil` 524
`\Re` 519
`\ref` 174, 340
`\reflectbox` 130
`\refname` 382
`\refstepcounter` 13
`\reftextafter` 347
`\reftextbefore` 347
`\reftextcurrent` 347
`\reftextfaceafter` 347
`\reftextfacebefore` 347
`\reftextfaraway` 347
`\reftextlabelrange` 347
`\reftextpagerange` 347
`\relax` 178
`\Relbar` 423
`\relbar` 423
`\renewcommand` 11
`\renewenvironment` 13
`\rensuji` 136
`\rensujiskip` 136
`\resizebox` 130, 281
`\restriction` 525
`\restylefloat` 319, 331
`\reversemarginpar` 226, 230
`\rfloor` 524
`\rfoot` 71
`\rgroup` 524
`\rhd` 520
`\rhead` 71
`\rho` 518
`\rhoup` 518
`\right` 420

`\Rightarrow` 524
`\rightarrow` 524
`\rightarrowtail` 525
`\rightharpoondown` 524
`\rightharpoonup` 524
`\rightleftarrows` 525
`\rightleftharpoons` 524
`\rightlinenumbers` 175
`\rightmargin` 191
`\rightmark` 69
`\rightrightarrows` 525
`\rightskip` 148, 311
`\rightsquigarrow` 525
`\rightthreetimes` 520
`\risingdotseq` 521
`\rJoin` 522
`\rlap` 125
`\rmdefault` 105
`\rmfamily` 99
`\rmoustache` 524
`\Roman` 52
`\roman` 52
`\romanencoding` 99
`\romanfamily` 99
`\romanseries` 99
`\romanshape` 99
`\rotatebox` 131, 283
`\rowcolor` 264
`\rrbracket` 524
`\Rrightarrow` 525
`\Rsh` 525
`\rtimes` 520
`\ruby` 134
`\rule` 140
`\runninglinenumbers` 175
`\rVert` 524
`\rvert` 524

S

`\S` 468
`\sb` 408
`\scalebox` 130, 281
`\scdefault` 105
`\scriptscriptstyle` 411
`\scriptsize` 97
`\scriptstyle` 411
`\scshape` 99
`\Searrow` 525
`\searrow` 524
`\sec` 523
`\secdef` 62
`\section` 55, 59
`\sectlof` 371
`\sectlot` 371
`\secttoc` 371
`\see` 396

536

\seealso	396
\seename	397
\selectfont	99
\seriesdefault	104
\setcounter	13
\setfnsymbol	217
\setlength	14
\setminus	519
\SetWatermarkAngle	75
\SetWatermarkFontSize	75
\SetWatermarkLightness	75
\SetWatermarkScale	75
\SetWatermarkText	75
\sfdefault	105
\sffamily	99
\shapedefault	104
\sharp	469
\shortmid	521
\shortparallel	521
\shortstack	124
\showkeyslabelformat	343
\sideset	409
\Sigma	518
\sigma	518
\sigmaup	518
\sim	520
\simeq	520
\sin	523
\sinh	523
\SK@@ref	343
\skew	414
\skip\footins	217
\slashbox	257
\sldefault	105
\SLITEX	471
\slshape	99
\small	97
\smaller	96
\smallfrown	521
\smallint	522
\smallsetminus	520
\smallskip	88
\smallsmile	521
\smash	123, 413
\smile	469, 520
\sp	408
\spadesuit	469
\sphericalangle	519
\splitfootnoterule	217
\sqcap	519
\sqcapplus	520
\sqcup	519
\sqcupplus	520
\sqiiint	523
\sqiint	523

\sqint	523
\sqrt	412
\sqsubset	520
\sqsubseteq	520
\sqsupset	520
\sqsupseteq	520
\square	519
\SS	468
\ss	468
\stackrel	415
\star	469, 519
\stepcounter	13
\stockheight	51
\stockwidth	51
\strictfi	522
\strictif	522
\strictiff	522
\subfigure	305
\subfloat	304
\subitem	398
\subparagraph	55, 59
\subsection	55, 59
\Subset	521
\subset	520
\subseteq	520
\subseteqq	521
\subsetneq	521
\subsetneqq	521
\substack	435
\subsubitem	398
\subsubsection	55, 59
\subtable	305
\succ	520
\succapprox	521
\succcurlyeq	521
\succeq	520
\succeqq	522
\succnapprox	521
\succneqq	521
\succnsim	521
\succsim	521
\sum	522
\sup	523
\suppressfloats	300
\Supset	521
\supset	520
\supseteq	520
\supseteqq	521
\supsetneq	521
\supsetneqq	521
\surd	468
\swapnumbers	206
\Swarrow	525
\swarrow	524
\switchlinenumbers	175
\symbol	114, 468

T

\t	93
\tabcolsep	243
\tableofcontents	354, 360
\tabularxcolumn	262
\tag	442
\tagform@	447
\tan	523
\tanh	523
\tate	154
\tau	518
\tauup	518
\tcbox	162
\tcbuselibrary	162
\TeX	471
\text	425
\textacutedbl	469
\textasciiacute	469
\textasciibreve	469
\textasciicaron	469
\textasciicircum	91
\textasciidieresis	469
\textasciigrave	91, 469
\textasciimacron	469
\textasciitilde	91
\textasteriskcentered	468
\textbackslash	91, 468
\textbaht	469
\textbar	91
\textbardbl	468
\textbf	99
\textbigcircle	468
\textblank	469
\textborn	469
\textbraceleft	91
\textbraceright	91
\textbrokenbar	469
\textbullet	468
\textcelsius	469
\textcent	469
\textcentoldstyle	469
\textcircled	116
\textcircledP	469
\textcolonmonetary	469
\textcolor	106
\textcopyleft	469
\textcopyright	468
\textcurrency	469
\textdagger	468
\textdaggerdbl	468
\textdblhyphen	469
\textdegree	469
\textdied	469
\textdiscount	469
\textdiv	469
\textdivorced	469

Index

\textdollar 91
\textdollaroldstyle 469
\textdong 469
\textdownarrow 469
\texteightoldstyle 469
\textellipsis 468
\textemdash 91
\textendash 91
\textestimated 469
\texteuro 469
\textexclamdown 91
\textfiveoldstyle 469
\textfloatsep 334
\textflorin 469
\textfouroldstyle 469
\textfraction 333
\textfractionsolidus 469
\textgravedbl 469
\textgreater 91
\textgt 99
\textguarani 469
\textheight 32, 35
\textinterrobang 469
\textinterrobangdown 469
\textipa 471
\textit 99
\textlangle 469
\textlbrackdbl 469
\textleaf 469
\textleftarrow 469
\textless 91
\textlira 469
\textlnot 469
\textlquill 469
\textmarried 469
\textmc 99
\textmd 99
\textmho 469
\textminus 469
\textmu 469
\textmusicalnote 469
\textnaira 469
\textnineoldstyle 469
\textnumero 469
\textohm 469
\textonehalf 469
\textoneoldstyle 469
\textonequarter 469
\textonesuperior 469
\textopenbullet 469
\textordfeminine 468
\textordmasculine 468
\textparagraph 468
\textperiodcentered 468
\textpertenthousand 468
\textperthousand 468

\textpeso 469
\textpilcrow 469
\textpm 469
\textquestiondown 91
\textquotedblleft 91
\textquotedblright 91
\textquotesingle 91
\textquotestraightbase
.... 469
\textquotestraightdblbase
.... 469
\textrangle 469
\textrbrackdbl 469
\textrecipe 469
\textreferencemark 469
\textregistered 468
\textrightarrow 469
\textrm 99
\textrquill 469
\textsc 99
\textsection 468
\textservicemark 469
\textsevenoldstyle 469
\textsf 99
\textsixoldstyle 469
\textsl 99
\textsterling 468
\textstyle 411
\textsubscript 122
\textsuperscript 122
\textsurd 468
\textthreeoldstyle 469
\textthreequarters 469
\textthreequartersemdash
.... 469
\textthreesuperior 469
\texttildelow 469
\texttimes 469
\texttrademark 468
\texttt 99
\texttwelveudash 469
\texttwooldstyle 469
\texttwosuperior 469
\textunderscore 91
\textup 99
\textuparrow 469
\textvisiblespace 468
\textwidth 32, 35
\textwon 469
\textyen 91
\textzerooldstyle 469
\tfrac 410
\TH 468
\th 468
\thanks 44
\theendnotes 232

\theenumi 185
\theenumii 185
\theenumiii 185
\theenumiv 185
\theequation 446
\thefigure 316
\thefootnote 212
\thelinenumber 175
\thempfootnote 212
\theorembodyfont 204
\theoremheaderfont 204
\theorempostskipamount
.... 205
\theorempreskipamount 205
\theoremstyle 205, 206
\thepage 69
\therefore 521
\Theta 518
\theta 518
\thetable 316
\thetaup 518
\thickapprox 521
\thicklines 480
\thickmuskip 415
\thicksim 521
\thinlines 480
\thinmuskip 415
\thinspace 88
\thispagestyle 66
\tilde 415
\TileSquareWallPaper 76
\TileWallPaper 76
\times 519
\tiny 97
\title 44
\to 524
\toclineskip 365
\today 45
\Top 519
\top 519
\topfraction 333
\topmargin 35
\topsep 191
\topskip 32
\triangle 519
\triangledown 519
\triangleleft 519
\trianglelefteq 521
\triangleq 521
\triangleright 519
\trianglerighteq 521
\trivlist 202
\ttdefault 105
\ttfamily 99
\twarichu 138
\twarigaki 138

Index

538

\twocolumn	36
\twoheadleftarrow	525
\twoheadrightarrow	525

U

\u	93
\ULCornerWallPaper	76
\UMOline	126
\UMOlineThickness	126
\unboldmath	426
\underbrace	526
\underleftarrow	526
\underleftrightarrow	526
\Underline	126
\underline	126, 526
\UnderlineDepth	126
\underrightarrow	526
\underset	415
\unitlength	478
\unlhd	520
\unrhd	520
\Uparrow	524
\uparrow	524
\updefault	105
\Updownarrow	524
\updownarrow	524
\upharpoonleft	525
\upharpoonright	525
\uplus	519
\uproot	413
\upshape	99
\Upsilon	518
\upsilon	518
\upsilonup	518
\upuparrows	525
\URCornerWallPaper	76
\usecolortheme	460
\usefont	99
\usefonttheme	461
\useinnertheme	461
\useoutertheme	461
\usepackage	9
\usetheme	460
\UTF	120

V

\v	93
\varbigtriangledown	519
\varbigtriangleup	519
\varclubsuit	519
\varDelta	518
\vardiamondsuit	519
\varepsilon	518
\varepsilonup	518
\varg	428
\varGamma	518

\varheartsuit	519
\varinjlim	523
\varkappa	519
\varLambda	518
\varliminf	523
\varlimsup	523
\varnothing	519
\varoiiintclockwise	523
\varoiiintctrclockwise	
	523
\varoiintclockwise	523
\varoiintctrclockwise	523
\varointclockwise	523
\varointctrclockwise	523
\varOmega	518
\varparallel	522
\varparallelinv	522
\varPhi	518
\varphi	518
\varphiup	518
\varPi	518
\varpi	518
\varpiup	518
\varprod	523
\varprojlim	523
\varpropto	521
\varPsi	518
\varrho	518
\varrhoup	518
\varSigma	518
\varsigma	518
\varsigmaup	518
\varspadesuit	519
\varsubsetneq	521
\varsubsetneqq	521
\varsupsetneq	521
\varsupsetneqq	521
\varTheta	518
\vartheta	518
\varthetaup	518
\vartriangle	521
\vartriangleleft	521
\vartriangleright	521
\varUpsilon	518
\varv	428
\varw	428
\varXi	518
\vary	428
\VDash	522
\Vdash	521
\vDash	521
\vdash	520
\vec	415
\vector	479
\vee	519
\veebar	520

\verb	114
\verbatim@font	115, 166
\Vert	468, 524
\vert	524
\vfil	89
\vfill	89
\visible	463
\voffset	35
\VorTeX	471
\vpageref	346
\vphantom	89, 413
\vref	346
\vskip	88
\vspace	88
\vss	89
\VvDash	522
\Vvdash	521

W

\warichu	138
\warigaki	138
\wedge	519
\WFclear	313
\widehat	415
\wideparen	526
\widering	526
\widetilde	415
\widetriangle	526
\width	130
\wp	519
\Wr	520
\wr	519
\wrapoverhang	312

X

\Xi	518
\xi	518
\xiup	518
\xleaders	141
\xleftarrow	422
\xLeftrightarrow	423
\xleftrightarrow	423
\xlongequal	423
\xLongleftarrow	423
\xlongleftarrow	423
\xLongleftrightarrow	423
\xlongleftrightarrow	423
\xLongrightarrow	423
\xlongrightarrow	423
\xrightarrow	422
\xymatrix	439

Y

\yen	91
\yoko	137, 154

Index

Z

\z@ 65
\zeta 518
\zetaup 518

セ

\西暦 45

ワ

\和暦 45

一般

記号／数字

$ 406
$$ 406
gentombow パッケージ 51
^ 408
_ 408
| 524
~ 88
1-in-2 パッケージ 223
2 重アクセント 92

A

abstract 環境 44
afterpage パッケージ 301
align 環境 442
align∗ 環境 442
aligned 環境 444
alltt 環境 167
alltt パッケージ 167
amsbsy パッケージ 427
amscd パッケージ 438
amsmath パッケージ ... 406, 414, 442
amsthm パッケージ 198, 206
array 環境 432
array パッケージ 238
arydshln パッケージ 248
ascmac パッケージ 117, 158
aux ファイル 8, 341, 355

B

bbl ファイル 502
beamer 458
bib ファイル 502
BibTeX 502
bm パッケージ 427
Bmatrix 環境 433
bmatrix 環境 433
boites パッケージ 161
bottomnumber（カウンタ） 332
boxnote 環境 158
bp（長さの単位） 14
breakbox 環境 160
bst ファイル 502

C

calc パッケージ 32
caption パッケージ 308, 324
cases 環境 436
cases パッケージ 437
ccaption パッケージ 309
center 環境 144
ceo パッケージ 412
chapterbib パッケージ 386
cite パッケージ 380
clo ファイル 27
cls ファイル 27
cmbright パッケージ 429
color パッケージ 106
colortbl パッケージ 264, 266
comment パッケージ 94
CTAN 10

D

dblbotnumber（カウンタ） 332
dbltopnumber（カウンタ） 332
dcolumn パッケージ 261
delarray パッケージ 454
depth 123
description 環境 188
displaymath 環境 406
document 環境 24
dotseqn パッケージ 452
draftwatermark パッケージ 74
dvi ファイル 8
dviware 8

E

eclbkbox パッケージ 160
em（長さの単位） 14
emath パッケージ 194
endfloat パッケージ 302
endnotes パッケージ 232
enumi（カウンタ） 182
enumii（カウンタ） 182
enumiii（カウンタ） 182
enumiv（カウンタ） 182
enumerate 環境 182
enumerate パッケージ 186
eqnarray 環境 440
eqnarray∗ 環境 440
equation（カウンタ） 446
equation 環境 440
equation∗ 環境 441
ex（長さの単位） 14
exscale パッケージ 430
extarrows パッケージ 422

F

fancyhdr パッケージ 70
figure（カウンタ） 316
figure 環境 292
figure∗ 環境 296
fixltx2e パッケージ 75
float パッケージ ... 294, 307, 319, 330
flushleft 環境 144
flushright 環境 144
fontenc パッケージ 90
footmisc パッケージ 215
footnpag パッケージ 218
Fourier-GUT*enberg*(fourier) パッケージ 429
fragile なコマンド 54
frame 環境 458
framed 環境 161
framed パッケージ 161
ftnright パッケージ 220
furikana パッケージ 134

G

gather 環境 442
gather∗ 環境 442
gathered 環境 444
geometry パッケージ 32, 34
graphicx パッケージ 130, 278

H

H（長さの単位） 14
height 123
hhline パッケージ 250

I

idx ファイル 392
ind ファイル 392
indent パッケージ 148
indentation 環境 148
indentfirst パッケージ 60
index パッケージ 402
ist ファイル 400, 512
itembox 環境 158
itemize 環境 178

J

jdkintou パッケージ 133
jumoline パッケージ 126

L

lastpage パッケージ 350
latexsym パッケージ 519
leftbar 環境 161
lineno パッケージ 174

list 環境 190
listings パッケージ 170
lmodern パッケージ 90
lofdepth（カウンタ）............. 357
log ファイル 8
longtable 環境 268
lotdepth（カウンタ）............. 357
lstlisting 環境 170

M

makeidx パッケージ 393, 397
makeindex 510
makejvf 102
map ファイル 102
math 環境 406
mathabx パッケージ 429
matrix 環境 433
MaxMatrixCols（カウンタ）
.... 433
mendex 393, 510
——のコマンドラインオプ
ション 510
——の辞書ファイル 511
METAPOST 488
METAPOST ソースファイル
.... 488
minipage 環境 153, 154, 211,
234
minitoc パッケージ 370
moreverb パッケージ 166
multicol パッケージ 38, 222,
296
multicols 環境 38
multicols＊環境 38
multimedia パッケージ 466
multline 環境 442
multline＊環境 442

N

natbib パッケージ 388
niceframe パッケージ 159
nidanfloat パッケージ 40, 222,
298
notoccite パッケージ 379
numcases 環境 437

O

okumacro パッケージ 128,
132, 134
otf パッケージ 118, 120
overpic 環境 286
overpic パッケージ 286

P

papersize special 29
Parallel 環境 156

parallel パッケージ 156
picins パッケージ 314
pict2e パッケージ 478
picture 環境 478
pifont パッケージ 118, 470
plext パッケージ 128, 136, 154,
258, 326
pmatrix 環境 433
prettyref パッケージ 349
proof 環境 198
PSfrag パッケージ 288
PSTricks パッケージ 257, 285
pt（長さの単位）...................... 14
pxfonts パッケージ 428

Q

Q（長さの単位）........................ 14
quotation 環境 146
quote 環境 146

R

ragged2e パッケージ 147
robust なコマンド 54
rotating パッケージ 273

S

screen 環境 158
secnumdepth（カウンタ）....... 58
setspace パッケージ 31
shadebox 環境 158
shaded 環境 161
sidewaysfigure 環境 273
sidewaystable 環境 273
slashbox パッケージ 257
smallmatrix 環境 433
split 環境 444
splitbib パッケージ 384
stdfn パッケージ 224
subarray 環境 435
subequations 環境 448
subfig パッケージ 304, 357
subfigure パッケージ 305, 357
subnumcases 環境 437
supertabular 環境 270
supertabular パッケージ 270

T

tabbing 環境 194
table（カウンタ）................... 316
table 環境 292
table＊環境 296
tabular 環境 238
tabularx 環境 262
tabularx パッケージ 262
tcolorbox 環境 162
tcolorbox パッケージ 162

textcomp パッケージ 469
thebibliography 環境 374
theindex 環境 398
theorem パッケージ 204
TIPA パッケージ 471
toc ファイル 355
tocdepth（カウンタ）............. 356
topnumber（カウンタ）......... 332
totalnumber（カウンタ）...... 332
trivlist 環境 199, 202
txfonts パッケージ 428
type1cm パッケージ 97

U

udline パッケージ 127
ulem パッケージ 127

V

varioref パッケージ 346
verbatim 環境 166
verbatim パッケージ 167
verbatim＊環境 166
Vmatrix 環境 433
vmatrix 環境 433

W

wallpaper パッケージ 76
warichu パッケージ 138
wrapfig パッケージ 312
wrapfigure 環境 312
wraptable 環境 312

X

xcolor パッケージ 110
Xy-pic パッケージ 439

Y

yhmath パッケージ 412, 414

Z

zw（長さの単位）..................... 14

ア

アクセント記号 92
網掛け 108
異体字 120
色の混合 110
引用風の記述 146
上付き文字 122, 408
上添字 408
動く引数 54
エンコーディング 98
大型演算子 418
オーバーレイ 462
オプション引数 7

541

Index

カ

改行
　段落内の—— 82
改段 84
改段落 82
回転（文字列などの） 131
改ページ 84
拡大（文字列などの） 130
囲み文字 118
飾り枠 158
箇条書き
　番号付きの—— 182
　番号なしの—— 178
　見出し付きの—— 188
下線 126
画像
　LATEX 文書と—— 276
　——の大きさ 280
　——の回転 282
　——の拡大率 280
　——の貼り付け 278
括弧の大きさの調整 420
可変長の矢印 422
カラーモデル 107
環境 7
環境依存文字 120
関数名 416
記号の積み重ね 415
脚注 210
　——と本文部分との区切り
　.. 216
脚注記号 210, 212
脚注テキスト 210, 214
脚注番号 218
キャプション 292
　——での文字サイズ 322
　——の前後の空白量 320
行送り 150
　表での—— 242
行番号 174
行列 432
均等割り 132
空白 88
空白行 82
クラスオプション 24
クラスオプションファイル
　.. 27
クラスファイル 27
グルー 64
グループ 7, 98
グローバル・オプション 41
罫線 140
　——の色（表での） 266
　表での—— 238, 239, 244,
　246, 248
圏点 128

合字 90
後注 232
コマンド 7
コメント 94
根号 412
コントロール・シンボル 7
コントロール・ワード 7

サ

索引 390
　——の作成手順 392
　——の体裁の変更 398
索引項目
　——の階層化 394
　——の登録 390
　——のページ番号の形式
　.. 396
索引スタイルファイル ... 400, 512
参考文献リスト 374
シェイプ 98
字下げ量（段落の先頭の） 150
下付き文字 122, 408
下添字 408
斜線（表のセルの中の） 256
縮小（文字列などの） 130
上下移動（文字列の） 122
シリーズ 98
白抜き 108
数式 406
　インライン数式 406
　ディスプレイ数式 406
　——のスタイル 410
数式番号 446
スクリプトスクリプトスタイル
　.. 411
スクリプトスタイル 411
図式 438
図と表を並べて配置 306
図表とキャプションの位置関係
　.. 326
図表の配置
　図の配置 292
　その場に配置 294
　——の抑制 300
　表の配置 292
　文書末への配置 302
図目次 355
制御点 482
セルの結合 252
セルの書式変更 240
セルの背景色 265
宣言型 98
相互参照 340
　文書間の—— 344

タ

高さ 123
多重アクセント 92
ダッシュ（′） 408
縦組 154, 258
縦中横 136
単語間スペース 88
段落間の空白 151
中央寄せ 144
積み重ね（文字・記号の） 124
ツメ 78
ディスプレイ数式 440
ディスプレイスタイル 411
定理型の環境 196
テキストスタイル 411
テキストの回り込み 310
テキスト領域 32
点のない i 92
点のない j 92
ドライバ指定 106, 130, 278
トリミング 284
ドロップ・キャプス 151
トンボ 50

ナ

ノンブル 68

ハ

倍角ダッシュ 394
背景画像 76
背景文字列 74
バウンディングボックス ... 276,
284
柱 54, 68
パッケージ 7, 9
半角カナ 121
版面 32
引数 7
引数型 98
左側の添字 409
左寄せ 144
左寄せ（数式の） 440
ビューポート 284
表 238
　——での行送り 242
　——での列間隔 243
　幅を指定した—— 262
　複数ページにわたる——
　.................................. 268, 270
　——への注釈 234
表目次 355
ファミリー 98
フォントメトリック 102
深さ 123
複数行の添字 435
複数の図表を並べて配置 304

プライム記号 408
プリアンブル 7, 24
振り仮名 134
プリティ・プリント 168
フロート 292
──の型 295
──の新設 328, 330
文献スタイルファイル 502
文献データベース 502
文献の引用 376
文献番号の整列 380
文書クラス 24, 26
分数 410
平方根 412
ページスタイル 66
ページ幅の図表 296, 298
ページ番号 68
ベジエ曲線 482

傍注 226
傍点 128
補色 111

マ

丸囲み 116, 118
右寄せ 144
見出し
──の番号 56
──のレベル 58
番号なし箇条書きの──
.... 180
目次用の── 54
──用のコマンド 54
目次 354
──の新設 368
目次項目
──の削除 359

──の追加 358
──のレベル 356
文字サイズ 96
──の相対指定 96

ヤ

横組 154

ラ

リーダー 141
累乗根 412
ルビ 134
連数字 136
連分数 411

ワ

枠囲み 116, 158
割注 138

543

装丁　大下　賢一郎
DTP　吉永　徹美
編集　山本　智史

LATEX 2_ε辞典　増補改訂版
2018 年 8 月 24 日　初版第 1 刷発行

著　　者　　吉永　徹美（よしなが・てつみ）
発行人　　佐々木　幹夫
発行所　　株式会社　翔泳社（https://www.shoeisha.co.jp/）
印刷・製本　株式会社　加藤文明社印刷所
ⓒ2018 Tetsumi Yoshinaga

※本書は著作権法上の保護を受けています。本書の一部または全部について（ソフト
　ウェアおよびプログラムを含む）、株式会社翔泳社から文書による許諾を得ずに、
　いかなる方法においても無断で複写、複製することは禁じられています。
※本書へのお問い合わせについては、002 ページに記載の内容をお読みください。
※落丁・乱丁はお取り替えいたします。03-5362-3705 までご連絡ください。

ISBN978-4-7981-5707-8 Printed in Japan